Jahrbuch

der

Schiffbautechnischen Gesellschaft

45. Band
1951

Springer Fachmedien Wiesbaden GmbH

1951

Additional material to this book can be downloaded from http://extras.springer.com.

ISBN 978-3-662-37466-5   ISBN 978-3-662-38231-8 (eBook)
DOI 10.1007/978-3-662-38231-8

Moritz Weber.

Inhaltsverzeichnis.

Geschäftliches.

Vorstand der Gesellschaft:

Vorsitzender:
Professor Dr.-Ing. G. Schnadel, Hamburg.

Stellvertretende Vorsitzende:
Professor Dr.-Ing. E. h., Dr.-Ing. F. Horn, Berlin.
Direktor Dr. Wm. Scholz, Hamburg.

Beisitzer:

Professor Dr.-Ing. E. h. Dr.-Ing. A. Agatz, Bremen.
Dr.-Ing. C. T. Buff, Bremen.
Direktor H. Bunte, Lübeck.
H. v. Dietlein, Hamburg.
J. A. Edye, Hamburg.
Direktor Dr.-Ing. Fr. Fröhlich, Berlin.
Direktor H. Jastram, Hamburg.
Professor Dr.-Ing. G. Kempf, Hamburg.
Dr. J. Kulenkampff, Bremen.

Generaldirektor Dr.-Ing. O. Meyer, Augsburg.
Dr.-Ing. K. Mohr, Geesthacht.
Ing. O. Oelkers, Hamburg.
Dr.-Ing. H. Roester, Bremen.
Direktor F. J. Schellenberger, Erlenbach/M.
Professor Dr.-Ing. H. Schenck, Aachen.
Direktor O. Schrödter, Bremerhaven.
Direktor Dipl.-Ing. J. Wolfenstetter, Bremen.

Geschäftsführer:
Albert Timm, Hamburg.

Geschäftsstellen:
Hamburg 1, Ferdinandstr. 56, III. Fernspr.: 33 51 41.
Berlin-Charlottenburg, Hardenbergstr. 35. Fernspr.: 32 51 81, App. 368.

I.

Ehrenmitglieder:

Gustav BAUER, Dr.-Ing. E. h. Dr.-phil. Professor, Hamburg (seit 1950).
Emil GOOS, Dr.-Ing. E. h., Hamburg (seit 1950).
Theodor HITZLER, Werftbesitzer, Hamburg (seit 1950).

Verstorbene Ehrenmitglieder:

Seine Kaiserliche Hoheit Kronprinz WILHELM (seit 1902; † 1951).
Reichspräsident Generalfeldmarschall VON HINDENBURG (seit 1931; † 1934).
Seine Königliche Hoheit Dr.-Ing. E. h. Großherzog FRIEDRICH AUGUST (Ehrenvorsitzender seit Gründung) (seit 1930; † 1931).
Seine Königliche Hoheit HEINRICH, Prinz von Preußen (seit 1902; † 1929).
Seine Königliche Hoheit Großherzog FRIEDRICH FRANZ IV. (seit 1904; † 1945).
Seine Königliche Hoheit FRIEDRICH, Großherzog von Baden (seit 1907; † 1907).
Rudolf HAACK, Kgl. Baurat, ehem. Schiffbaudirektor der Stettiner Schiff- und Maschinenbau-A.G. „Vulcan" (seit 1908; † 1909).
Geo PLATE, Präsident des Norddeutschen Lloyd (seit 1911; † 1914).
Hermann BLOHM, Dr.-Ing. E. h., ehem. Werftbesitzer i. Fa. Blohm & Voß, Hamburg (seit 1918; † 1930).
Georg CLAUSSEN, Dr.-Ing. E. h., Kgl. Baurat, ehem. Direktor v. J. C. Tecklenborg A.G., Geestemünde (seit 1919; † 1919).
Carl BUSLEY, Dr.-Ing. E. h., Geheimer Regierungsrat, Professor, Berlin (seit 1920; † 1928).
Johannes RUDLOFF, Dr.-Ing. E. h., Wirklicher Geheimer Oberbaurat, Professor, Berlin (seit 1923; † 1934).
Viktor NAWATZKI, Generaldirektor, ehem. Vorsitzender des Aufsichtsrates des Bremer Vulkan, Eisenach (seit 1924; † 1940).
Philipp HEINEKEN, Dr.-Ing. E. h., früher Präsident des Norddeutschen Lloyd, Bremen (seit 1924; † 1947).
Walter LAAS, Professor, Biesenthal/Mark (seit 1950; † 1951).

Inhaber der Goldenen Denkmünze der Schiffbautechnischen Gesellschaft:

Seine Majestät Kaiser WILHELM II. (seit 1907; † 1941).
Seine Königliche Hoheit Dr.-Ing. E. h. Großherzog FRIEDRICH AUGUST (seit 1908; † 1931).
Carl Busley, Dr.-Ing. E. h., Geheimer Regierungsrat, Professor, Berlin (seit 1913; † 1928).
Rudolf VEITH, Dr.-Ing., Wirklicher Geheimer Oberbaurat, Berlin (seit 1915; † 1917).
Hermann FRAHM, Dr.-Ing. E. h., Werftdirektor i. R., Hamburg (seit 1924; † 1939).
Gustav BAUER, Dr.-Ing. E. h., Dr. phil., Professor, Hamburg (seit 1925).
Johannes RUDLOFF, Dr.-Ing. E. h., Wirklicher Geheimer Oberbaurat, Professor, Berlin (seit 1933; † 1934).
Imanuel LAUSTER, Dr.-Ing. E. h., Geheimer Baurat, Augsburg (seit 1934; † 1948).
Hans BÜRKNER, Dr.-Ing. E. h., Geheimer Oberbaurat, Berlin (seit 1935; † 1943).
Johann SCHÜTTE, Dr.-Ing. E. h., Geheimer Regierungsrat, o. Professor em., Berlin (seit 1939; † 1940).
Hermann FÖTTINGER, Dr.-Ing., o. Professor an der Technischen Hochschule, Berlin (seit 1942; † 1945).

Inhaber der Silbernen Denkmünze der Schiffbautechnischen Gesellschaft:

Hermann FÖTTINGER, Dr.-Ing., o. Professor an der Technischen Hochschule, Berlin (seit 1906; † 1945).
Ludwig GÜMBEL, Dr.-Ing., ehem. Professor an der Technischen Hochschule, Berlin (seit 1914; † 1923).
Gustav BAUER, Dr.-Ing. E. h., Dr. phil., Professor, Hamburg (seit 1916).
Karl SCHAFFRAN, Dr.-Ing., Hamburg (seit 1920; † 1945).
Tjard SCHWARZ, Geheimer Marinebaurat a. D., Wandsbek (seit 1927; † 1931).
Rudolf WAGNER, Dr.-Ing. E. h., Dr. phil., ehem. Direktor der Wagner Hochdruck Dampfturbinen K.G., Hamburg (seit 1928; † 1935).
Günther KEMPF, Dr.-Ing., Professor, Direktor der Hamburgischen Schiffbau-Versuchsanstalt, Hamburg (seit 1930).
Carl SCHULTHES, Marinebaurat a. D., Berlin (seit 1932; † 1933).
Emil GOOS, Dr.-Ing. E. h., Hamburg (seit 1933).
Georg SCHNADEL, Dr.-Ing., Professor, Vorstandsmitglied des Germanischen Lloyd, Hamburg (seit 1936).
Fritz HORN, Dr.-Ing. E. h., Dr.-Ing., o. Professor an der Technischen Universität Berlin (seit 1939).
Fritz BRÖKING, Ministerial-Dirigent i. R., Berlin (seit 1943).
Theodor HITZLER, Werftbesitzer, Hamburg (seit 1944).

II. Tätigkeit der Gesellschaft im Geschäftsjahr 1951.

a) Allgemeines und Bericht über Gemeinschaftsveranstaltungen.

Im Jahre 1951 wurden unter dem Vorsitz von Professor Dr.-Ing. G. Schnadel mehrere Vorstandssitzungen abgehalten. Die Arbeiten der Geschäftsstelle in den ersten Monaten galten besonders der Erweiterung des Mitgliederkreises. Auf der vorjährigen Mitgliederversammlung waren viele ehemalige Mitglieder erschienen, die ihre Mitgliedschaft in der neu konstituierten STG noch nicht erneuert hatten. Es gelang, viele dieser alten Freunde zum Wiedereintritt in die STG zu bewegen, dazu kamen Interessenten, die der STG bisher noch nicht angehörten. Besondere Aufmerksamkeit wurde auf die Werbung korporativer Mitglieder gelegt.

Im Laufe des Geschäftsjahres 1951 fanden zwei Gemeinschaftsveranstaltungen unserer Gesellschaft mit dem Verein Deutscher Ingenieure, Bezirksverein Hamburg, statt. Am 16. Januar 1951 sprach Direktor Dipl.-Ing. P. Schuler, Augsburg, im Museum für Völkerkunde, Hamburg, über:

Schwerölverarbeitung in Schiffsdieselmotoren

und führte interessante Lichtbilder vor.

Die Beteiligung war außerordentlich stark, ebenso die Wortmeldungen zu den Ausführungen des Herrn Direktor Schuler. Unser Vorsitzender, Professor Dr.-Ing. G. Schnadel, übernahm nach einer Begrüßungsansprache durch den Vorsitzenden des Bezirksvereins des VDI Hamburg, Dr.-Ing. A. Raupp, die Leitung der Vortragsveranstaltung.

Die nächste Zusammenkunft unserer Mitglieder fand am 16. März 1951 mit den VDI-Mitgliedern des Bezirksvereins Hamburg in der Universität Hamburg, Hörsaal A, statt. Dr.-Ing. Brühl (Deutsche Edelstahlwerke Krefeld) sprach über:

Entwicklung und Stand der deutschen eisenschaffenden Industrie.
(Vergleich der europäischen und amerikanischen Industrie, Edelstahl-, Buntmetall- und Schrottlage.)

Die Vertretung des STG-Vorsitzenden für diesen Abend hatte Professor Dr.-Ing. K. Illies.

Mit der Gesellschaft zur Förderung des Verkehrs, e. V., Hamburg, veranstaltete die STG am 22. Februar 1951 einen Sprechabend im großen Sitzungssaal des Eisenhüttenhauses in Düsseldorf. Nach einer Eröffnungsansprache durch Professor Dr.-Ing. G. Schnadel hielt Baudirektor Dr.-Ing. A. Bolle, Hamburg, einen Vortrag über:

Der Hamburger Hafen im Wiederaufbau.

Darauf sprachen: Dr.-Ing. E. h. O. Hartmann VDI, Kassel, über:

Entwicklungsstand und Aussichten des Hochdruckdampfbetriebes in der Binnenschiffahrt (mit Lichtbildern),

und Dipl.-Ing. K. Schmidt, Köln, über:

Verbrennungsmotor oder Dampfmaschine in der Binnenschiffahrt.

Diese Zusammenkunft war von über 300 besonders interessierten Mitgliedern beider Gesellschaften besucht. Die Diskussionen waren außerordentlich lebhaft. Anschließend trafen sich die Beteiligten im Zähringer Hof in Düsseldorf zu weiteren Aussprachen. Auch hier zeigte es sich, daß die Veranstaltung von Sprechabenden eine besonders zu pflegende Aufgabe unserer Gesellschaft sein muß. Die Vorstandsmitglieder und Vortragenden beider Vereinigungen wurden vom Oberbürgermeister der Stadt Düsseldorf besonders herzlich empfangen. In der Zeitschrift „Schiff und Hafen" (Heft 3, 1951, S. 85) wurde ein Bericht über diese drei Vorträge veröffentlicht. Die Zeitschrift „Hansa" brachte ebenfalls einen ausführlichen Bericht in den Heften 12 und 13.

Am 23. Februar 1951 hatte die Deutsche Babcock & Wilcox-Dampfkessel-Werke A. G., Oberhausen, Sonder-Interessenten zu einer eingehenden Besichtigung ihres Werkes in Oberhausen eingeladen. Es wurden insbesondere Schiffswasserrohrkessel — mechanische Kohlefeuerung für See- und Binnenschiffe — vorgeführt und durch einen Vortrag erläutert. Leider mußte die Teilnehmerzahl auf 40 Personen begrenzt bleiben, so daß sehr viele Mitglieder unserer Gesellschaft an dieser Besichtigung nicht teilnehmen konnten. Von der Direktion der Deutschen Babcock & Wilcox-Dampfkessel-Werke A.G. wurde aber in Aussicht gestellt, zu einem späteren Zeitpunkt eine Besichtigung zu wiederholen.

Am 7. Juni 1951 veranstaltete der Verband Deutscher Elektrotechniker, Bezirk Hamburg e. V., in Gemeinschaft mit der Schiffbautechnischen Gesellschaft e. V., im großen Saal des Museums für Völkerkunde, Hamburg, eine Vortragsreihe:

Elektrotechnik im Schiffbau.

Folgende Vortragsthemen standen zur Behandlung:

Elektrische Hilfsantriebe.

Maschinen und Generatoren: Dipl.-Ing. Ch. Breitenstein VDE, Still, Hamburg.
Regel- und Steuergeräte: Obering. E. G. Papke VDE, Conz Hamburg.
Deckshilfsmaschinen: Dipl.-Ing. W. Heil VDE, AEG-Schiffbau, Hamburg.

Bordinstallation.

Ein- oder zweipolige Installation?!: Dipl.-Ing. B. Bleicken, STG Hamburg.

Elektrische Propellerantriebe.

Drehstromantriebe: Obering. Dipl.-Ing. H. J. Kosack VDE, STG, SSW Erlangen.
Gleichstromantriebe: Dipl.-Ing. H. Niemeyer VDE, BBC Hamburg.

Befehls- und Meldeanlagen.

Kommando- und Meldeanlagen: Direktor Dipl.-Ing. M. Evers VDE, S & H Braunschweig.
Funknachrichten und Navigation: Obering. Dr. phil. H. H. Rust, Debeg Hamburg.

Zu allen Vorträgen hatten sich Diskussionsredner gemeldet, die unter Leitung des Herrn Dr.-Ing. R. Meister VDE zu Worte kamen.

b) Frühjahrstagung im Juni 1951 in Berlin.

Auf vielfachen Wunsch unserer Mitglieder wurde eine Frühjahrstagung unserer Gesellschaft vom 14. bis 16. Juni 1951 in Berlin, dem früheren Sitz unserer Gesellschaft seit 1899, durchgeführt. Die Stadt Berlin und die Technische Universität Berlin-Charlottenburg bereiteten unseren Mitgliedern einen würdigen Empfang. Der zwanglose Begrüßungsabend am 14. Juni fand mit Damen in der mit den Flaggen der deutschen Reedereien und Werften geschmückten Mensa des Studentenhauses der Technischen Universität statt.

Am folgenden Tage wurde die stark besuchte Tagung im Studentenhaus der Technischen Universität durch eine Begrüßungsansprache unseres Vorsitzenden, Professor Dr.-Ing. G. Schnadel, Hamburg, eröffnet:

Meine Damen und Herren!

Ich eröffne die heutige Tagung der Schiffbautechnischen Gesellschaft. Es ist mir eine besondere Ehre, Herrn Dr. Schreiber als Vertreter des Bürgermeisters der Stadt Berlin begrüßen zu können. Ebenso freue ich mich, den Herrn Bundesbevollmächtigten Min.Dr. Krohne hier in unserer Mitte zu sehen, der mit der STG und mit den wissenschaftlichen Gesellschaften überhaupt in besonders enger Beziehung steht.

Weiter begrüße ich den Hausherrn, den Herrn Rektor der Technischen Hochschule, Magnifizenz Dr. Pflaum, der uns in großzügiger Weise die Räume für unsere Tagung zur Verfügung gestellt hat; Herrn Senator Hausmann, den Leiter der Verkehrsbetriebe der Stadt Berlin; Herrn Dr. Hübner vom Bundeswirtschaftsministerium; Herrn Dr. Gehlhoff vom Amt für Wissenschaft.

Es ist mir auch eine Ehre, die Vertreter der Besatzungsmächte hier bei unserer Tagung begrüßen zu können.

Ebenso begrüße ich die Vertreter der befreundeten Vereine, insbesondere den Vorsitzenden des Bezirksvereins Berlin des Vereins Deutscher Ingenieure, Herrn Dr. Kramer.

Ich möchte hervorheben, daß die wissenschaftlichen Gesellschaften ein besonders enges Band mit der Stadt Berlin verknüpft. Der VDI, der VDE und die STG hatten ihren Sitz seit ihrer Gründung in Berlin. Die STG hat von 1899 bis 1943 alle ihre Hauptversammlungen in Berlin abgehalten. Bis zum heutigen Tag hat die Gesellschaft ihren Sitz in Berlin beibehalten, obwohl notwendigerweise der Sitz der Verwaltung nach dem Westen verlegt werden mußte, da eine Führung der Geschäfte von Berlin aus nicht möglich war.

Es erscheint mir heute von Wichtigkeit, den Rückblick auch auf die Nachkriegszeit auszudehnen. Im Jahre 1945 wurde von mir verlangt, die STG in eine neu zu bildende Kammer der Technik überzuführen. Ich habe diese Überführung verweigert, weil ich der Überzeugung bin, daß die wissenschaftlichen Gesellschaften nur in Freiheit und Selbständigkeit gedeihen können. Die wissenschaftlichen Gesellschaften sind rein demokratische Unternehmen, die nur auf der Grundlage freier und ungezwungener Arbeit ihrer Mitarbeiter bestehen können. Es gehört ein großer Idealismus dazu, in den wissenschaftlichen Gesellschaften aktiv mitzuarbeiten, insbesondere für diejenigen, die auch sonst mit Arbeit reichlich versehen sind.

Es wurde von mir auch verlangt, die STG aufzulösen. Auch dies habe ich verweigert, da eine Auflösung mit den gesetzlichen Bestimmungen nicht vereinbar war. Es ist mir nach vielen Mühen gelungen, die Gesellschaft wieder zu eröffnen, und ich hoffe, sie einer neuen Blüte entgegenführen zu können. Die Gesellschaft zählt heute wieder mehr als 800 Mitglieder, und wir hoffen, im Laufe des Jahres wieder eine Gesamtzahl von 1000 Mitgliedern erreichen zu können.

Vieles ist schon erreicht worden. Es ist uns geglückt, dem Schiffbau wieder eine gewisse Freiheit zu sichern und dadurch die Möglichkeit zu erhalten, moderne Schiffe bauen zu können. Aber es treten immer noch große Schwierigkeiten auf, die insbesondere durch die nachgeordneten Organe der Besatzungsmächte hervorgerufen werden, welche sich häufig auf alte, völlig überlebte Verordnungen aus früheren Jahren beziehen. Nachdem aber die Besatzungsmächte und die Hohen Kommissare im Westen den Schiffbau vollständig freigegeben haben, nachdem sie uns auch zu unserer Freude die Wiedererrichtung der Versuchsanstalt für Wasserbau und Schiffbau in Berlin gestattet haben, muß auch die Möglichkeit zur Forschung gegeben werden. Wir legen nicht den geringsten Wert darauf, Forschungen auszuführen, welche irgend etwas mit militärischen Dingen zu tun haben. Wir wollen lediglich auf dem Gebiet des Handelsschiffbaus forschen. Es wäre ein Widersinn, wenn die Forschung auf dem Gebiet des Handelsschiffbaus nicht zugleich mit der Wiedererrichtung der Versuchsanstalt für Wasserbau und Schiffbau in Berlin genehmigt werden würde. Sonst müßten die großen finanziellen Aufwendungen der Stadt Berlin für diesen Zweck als unverantwortlich bezeichnet werden.

Wir sind der Überzeugung, daß der Fortschritt, der bis heute schon erreicht worden ist, nicht plötzlich gestoppt werden kann, da gerade auf dem Gebiet der Wissenschaft eine Zusammenarbeit im Interesse aller Völker von größter Bedeutung ist. Die Wissenschaft hat sich bisher als eines der wenigen Gebiete gezeigt, auf dem die Zusammenarbeit und die dauernde Versöhnung der Völker die größten Fortschritte gemacht hat. Wir sind sicher, daß dies auch auf dem Gebiet des Schiffbaus der Fall sein wird. Aber gerade deshalb, weil wir auf eine dauernde Aussöhnung der Völker hinarbeiten wollen, legen wir größten Wert darauf, daß alle Hindernisse beseitigt werden, welche diese Versöhnung unmöglich machen. Es werden noch immer zahlreiche Deutsche innerhalb und außerhalb Deutschlands gefangengehalten, welche nach Gesetzen verurteilt worden sind, die nur auf Deutsche angewendet werden, während alle Angehörigen anderer Staaten den Schutz des internationalen Rechts genießen. Wir können es nicht für gerecht halten, Ausnahmegesetze nur gegen Deutsche anzuwenden und die auf Grund der Ausnahmegesetze Verurteilten in dauernder Gefangenschaft zu halten, obwohl wir bei vielen von ihnen wissen, daß sie nach den geltenden Rechtsgrundsätzen kein Unrecht getan haben. Auch verdienstvolle Mitglieder unserer Gesellschaft befinden sich noch unter dem Ausnahmerecht in Gefangenschaft. Wir hoffen, daß auch dieses Unrecht baldigst beseitigt wird, um den Weg für eine dauernde Befriedung der Völker frei zu machen.

Seitens der Stadt Berlin sprach in Vertretung des Regierenden Bürgermeisters Herr Bürgermeister Dr. Schreiber:

Wir freuen uns hier in Berlin über jeden Besuch, den wir von außerhalb unserer Stadtgrenzen erhalten. Besonders aber freut es uns, daß eine so angesehene wissenschaftliche Gesellschaft die Tradition ihrer Berliner Tagungen fortsetzt.

Wenn auch Berlin am eigentlichen Schiffbau nur sehr wenig beteiligt ist, ist es doch in hohem Maße daran interessiert, daß sein Maschinenbau und die Leistungen mancher anderen Gewerbe an der Ausrüstung von Schiffen beteiligt werden.

Wir freuen uns der lebendigen Beziehungen, die die Berliner Technische Wissenschaft zu dem Schiffbau unterhält und haben unser Interesse an diesem Zweig der Technik durch die kürzlich erfolgte Übernahme der Schiffbautechnischen Versuchsanstalt in die legitime Obhut West-Berlins zum Ausdruck gebracht.

Die Schiffbautechnische Gesellschaft, die in der Vergangenheit so viel dazu beigetragen hat, der deutschen Schiffahrt in der Welt Geltung und Ansehen zu verschaffen, hat in der Zeit des Verbots oder der erzwungenen Einschränkung auf diesem so wichtigen Gebiete ihre Forschungsarbeit nicht

vernachlässigt. Sie wird glücklich sein, daß es der klugen und zielsicheren Politik der Bundesregierung gelungen ist, die Fesseln, die dem Schiffbau zunächst angelegt waren, zu lösen. Wir sind
froh und glücklich darüber, daß wir nun wieder in der Lage sind, der deutschen Flagge auf den
Weltmeeren die Geltung zu verschaffen, auf die sie einen legitimen Anspruch hat.

Wir haben uns hier in Berlin herzlich mitgefreut, als die Schiffbau treibenden Seestädte aus
Anlaß der Wiedererlangung der Schiffbaufreiheit Flaggenschmuck angelegt haben. Wir hier in
Berlin werden erst wieder flaggen, wenn wir als 12. Land in die Bundesrepublik aufgenommen
worden sind. — Das fordern wir nicht nur unseretwegen, sondern vor allen Dingen auch im Interesse
der seelisch und wirtschaftlich so schwer bedrängten tapferen Bevölkerung des sowjetisch be-
herrschten Raumes. Die Eingliederung Berlins wäre für sie und uns und für ganz Deutschland
endlich ein sichtbares Zeichen dafür, daß der Gedanke der deutschen Einheit, der uns alle erfüllt,
auf dem Wege zu seiner Erfüllung ist.

Auf diese Zusammenhänge richte ich Ihre Aufmerksamkeit! Sorgen Sie dafür, daß sie in Ihrer
Heimat immer deutlicher erkannt werden und helfen Sie mit zur Erfüllung unserer Wünsche um
Deutschlands willen!

Seine Magnifizenz, der Rektor der Technischen Universität, Herr Professor Dr.-Ing. W. Pflaum,
führte dann folgendes aus:

> Herr Bürgermeister,
>
> Meine Damen und Herren!

Die Schiffbautechnische Gesellschaft wurde 1899 in Berlin gegründet, wie Sie soeben den Worten
ihres Herrn Vorsitzenden entnehmen konnten. Die Gesellschaft war sehr bald die Fachvereinigung,
sie war schlechthin die Schiffbautechnische Gesellschaft. Die Jahrestagung wurde ein technisch-
wissenschaftliches und zugleich gesellschaftliches Ereignis.

Der Tagungsort blieb stets Berlin, und zwar war die Aula der Technischen Hochschule Berlin
der würdige Tagungsraum. Der Krieg, die Vernichtung des Hauptgebäudes der Technischen Hochschule Berlin brachte Störungen, und der Zusammenbruch die Notwendigkeit einer Neugründung.
Sie erfolgte bekanntlich im August 1950, als in Berlin eingetragene und zugelassene Gesellschaft
mit dem alten Namen „Schiffbautechnische Gesellschaft". Wenn wir uns auch nicht in dem alten
Tagungsraum befinden können, so ist immerhin der große Saal des Studentenhauses freundlich und
angenehm für eine Tagung.

Die augenblickliche Zerstörung der Einheit Deutschlands und die allgemeine zerrissene Lage
spiegelt sich auch in der Tatsache wider, daß zur Zeit die Hauptgeschäftsstelle der Schiffbautechnischen Gesellschaft nicht wie früher in Berlin, sondern zur Zeit in Hamburg ist. Berlin als
die traditionelle Tagungsstätte und Hort von Wissenschaft und Lehre des Schiffbaus und Hamburg
als der Sammelpunkt des praktischen Schiffbaus müssen eines Tages wieder zusammenkommen!

In diesem Zusammenhang scheint mir die Feststellung nicht unerheblich, daß wir hier in Berlin
bereits eine geraume Zeit vor der Freigabe des praktischen Schiffbaus in der Lehre aller Fesseln
entledigt wurden. Ferner läßt der Ausbau der Schiffbauabteilung an der Technischen Universität
Berlin-Charlottenburg keine wesentlichen Wünsche mehr offen, so daß alle Voraussetzungen für
ein erfolgreiches einheitliches Studium hier gegeben sind. Seit kurzem wird auch die sogenannte
Schleuseninsel im Tiergarten hinsichtlich der Versuchsanstalt für Wasserbau und Schiffbau mit der
bekannten großen und zur Zeit in Deutschland nur einmaligen Schlepprinne ausschließlich von der
Technischen Universität, und zwar von den Professoren Press und Horn betreut. Das Institut
für Strömungsforschung am gleichen Ort blieb dagegen ununterbrochen in den Händen der Technischen Universität. Damit sind auch wieder alle Voraussetzungen für experimentelle und Forschungsarbeiten gegeben. Wir alle müssen hoffen und wünschen, daß — wie im Falle der Lehre —
auch hinsichtlich der Forschung auf dem Gebiet des Schiffbaus bald alle Fesseln fallen, die uns
hier noch auferlegt sind.

Wir Berliner haben gerade in den letzten Jahren gelernt, nicht die Hoffnung aufzugeben. Wir
sind bisher in einigen entscheidenden Phasen unseres Daseins nach dem Zusammenbruch noch nicht
enttäuscht worden, wenn auch die Zahl unserer Wünsche leider nicht klein ist. Wir heben sehr gerne
hervor, daß wir den Besatzungsmächten für ihre Hilfe besonders dankbar sind. So erhoffe ich z. B.
für die Schiffbautechnische Gesellschaft und die Technische Universität, daß bald der alte, würdige
Tagungsraum, die Aula, wiederhergestellt werden möge und die Schiffbautechnische Gesellschaft
wie früher ihr Schwergewicht in Berlin und nicht anderswo hat.

Wir Berliner freuen uns herzlich, Gäste aus Westdeutschland hier begrüßen zu können, und als
derzeitiger Rektor der Technischen Universität Berlin-Charlottenburg habe ich das Vergnügen und

die Ehre, Sie auch im Namen der Technischen Universität auf dem alten akademischen Boden begrüßen zu können! Ich wünsche der Tagung einen so angenehmen und erfolgreichen Verlauf, daß sehr bald der Wunsch laut werden möge, auch die nächste Hauptversammlung in Berlin abzuhalten.

Die Behörde für Wirtschaft des Hamburger Senats ließ durch Herrn Dipl.-Ing. K a e g e l e r Grüße übermitteln. Anschließend nahm Herr Dipl.-Ing. W e l l m a n n das Wort:

Als Vertreter des Landes Bremen bringe ich die besten Grüße und Wünsche zum Gelingen dieser Arbeitstagung hierher mit. Wir sehen in der Wahl des Tagungsortes Berlin als dem alten Stammsitz der Schiffbautechnischen Gesellschaft einen guten Griff und haben uns auch von der Weser her, mit den Tauben um die Wette, auf den Weg hierher gemacht — ich meine natürlich die westdeutschen Brieftauben! —, um durch unsere Teilnahme die Verbundenheit mit der großen Schwester Berlin zu bekunden.

Ich überbringe insbesondere die Grüße der Werften, der Weserschiffahrt und des Weserbundes, der gerade in der vorigen Woche wiedererstanden ist. Sie richten sich vornehmlich an die Berliner Industrie als bewährten Zulieferern unserer Werften, die sich mit denen an Havel und Spree in ihrem zähen Ringen um ihren Bestand engstens verbunden fühlen. Wir wünschen ihnen, daß sie durchhalten mögen, bis die Wasserwege wieder frei sind nach Ost und West zu friedlichem Wettbewerb.

Nun aber soll mein Kollege, Herr Dipl.-Ing. K l o e s s als Vertreter des Schiffbaues das Wort nehmen, um zu bekunden, daß in der zurückliegenden Zeit der Beschränkungen auch in Bremen weitergearbeitet worden ist an den Problemen der Gestaltung von Schiffen. So meinen wir als Vertreter der Technik unseren besten Beitrag zu leisten zur Festigung der Brücken zwischen Berlin und dem Bund.

Vom Verband technisch-wissenschaftlicher Vereine nahm das Wort zur Begrüßung Herr Professor Dr. K r a m e r . Er überbrachte die Grüße des Vorstandes dieser alle technisch-wissenschaftlichen Vereine umfassenden Organisation. Herr Professor Dr. K r a m e r brachte noch besonders zum Ausdruck, daß er den stellvertretenden Vorsitzenden der STG, Professor Dr. H o r n , als den Wiederbegründer des Vereins Deutscher Ingenieure in Berlin ansähe.

Professor S c h n a d e l dankte den Rednern für ihre Begrüßungsworte.

Dann begannen die Vorträge der Herren

Dipl.-Ing. H. K l o e s s , Bremen,
     Über Schiffsformen und ihre Entwicklung;

Ministerialrat a. D. O. S c h l i c h t i n g , Berlin,
     Über die hydrodynamischen Grundlagen des Froudeschen Verfahrens zur
     Bestimmung des Schiffswiderstandes und dessen technische Durchführung;

Professor Dr.-Ing. E. h., Dr.-Ing. F. H o r n , Berlin, über:
     Beitrag zur Theorie des Drehmanövers und der Kursstabilität;

Professor Dr.-Ing. habil. A. O p p i t z , Kiel, über:
     Von der Leistungssteigerung zur Hochleistung der Motoren.

Diese Vorträge sind ausführlich im vorliegenden Jahrbuch auf den Seiten 33—128 abgedruckt.

Die weiter gehaltenen Vorträge der Herren

Dipl.-Ing. W. H e i l , Hamburg, über
     Dieselelektrische Schraubenantriebe für Spezialschiffe;

Dr.-Ing. F. B u s m a n n , Hamburg, über:
     Aktiv-Ruder

sind in der Zeitschrift „Schiff und Hafen" in Heft 7, Ausgabe Juli 1951, so ausführlich veröffentlicht worden, daß von einer nochmaligen Wiedergabe in diesem Jahrbuch abgesehen werden konnte.

Am Freitagabend, 15. Juni, hatte der Senat von Berlin unsere Mitglieder zu einem zwanglosen Treffen im Gästehaus am Wannsee eingeladen. Es wurde hier den Teilnehmern Gelegenheit zur gegenseitigen Fühlungnahme nach der langen beruflichen Trennungszeit durch die Kriegs- und nachfolgenden Jahre gegeben. Dem Senat der Stadt Berlin sei auch an dieser Stelle unser besonderer Dank für die eindrucksvolle Feierstunde ausgesprochen.

Der 16. Juni war für die Besichtigung von vier Industriewerken,

Borsig A.G., Berlin-Tegel
Siemens-Schuckertwerke A.G., Berlin-Siemensstadt
AEG-Turbinen-Fabrik, Berlin
Kraftwerk West,

vorgesehen. Die festgesetzten Höchstteilnehmerzahlen wurden durch die vielen Anmeldungen in wenigen Tagen erreicht. Mit Sonderautobussen wurden die Mitglieder unserer Gesellschaft zu den Werken gefahren und dort von den leitenden Stellen willkommen geheißen. Unsere Gesellschaft ist allen Werken, die uns die Möglichkeit zur Besichtigung ihrer Anlagen gaben, zu großem Dank verpflichtet.

Ein ausführliches Besichtigungsprogramm war seitens der Industriefirmen vorbereitet, das von den Tagungsteilnehmern bei allen vier Werken das größte Interesse fand.

Eine gemeinsame Kaffeestunde im Studentenhaus der TU beschloß die Frühjahrstagung in Berlin, die erneut den Beweis erbrachte, daß solche Zusammenkünfte für alle Mitglieder überaus wertvoll sind und auch künftig wiederholt werden müßten.

c) Hauptversammlung im November 1951 in Hamburg.

Nachdem im November 1950 auf der ersten Zusammenkunft nach dem Kriege beschlossen wurde, auch die nächste Hauptversammlung wieder in Hamburg zu veranstalten, wurde bereits im Laufe des Sommers mit den Vorarbeiten der Tagung begonnen.

Am Bußtag, 21. November 1951, trafen sich über 600 Mitglieder mit ihren Damen im großen Saal des „Atlantic"-Hotels — eine Beteiligung, die weit über unsere Erwartungen hinausging. Zu unserer Freude waren wieder viele Mitglieder und Gäste aus dem In- und Ausland nach Hamburg gekommen.

In den Nachmittagsstunden fanden noch zwei Fachausschuß-Sitzungen statt:

1. Fachausschuß für Schiffsmaschinenwesen, Leitung Professor Dr.-Ing. K. Illies;
2. Fachausschuß für Widerstand und Vortrieb, Leitung Professor Dr.-Ing. G. Kempf.

Am 22. November wurde im „Curio-Haus" um 9.15 Uhr die ordentliche Mitgliederversammlung durch den ersten Vorsitzenden der Gesellschaft eröffnet. Herr Professor Schnadel sprach den Mitgliedern seine Anerkennung über den besonders starken Besuch der Mitgliederversammlung in diesem Jahre aus und erklärte die geschäftliche Sitzung für beschlußfähig.

Niederschrift über die ordentliche Mitgliederversammlung am Donnerstag, dem 22. November 1951, im Curio-Haus in Hamburg.

Tagesordnung:

1. Bericht des Vorsitzenden über die Entwicklung der STG
2. Bericht über die Finanzlage der STG
3. Herausgabe des Jahrbuches
4. Festsetzung des Jahresbeitrages
5. Zuwahlen in den Vorstand
6. Verschiedenes.

Der Vorsitzende bat um das Einverständnis, Punkt 5 der Tagesordnung vorwegzunehmen und stellte den Antrag, die Herren

Otto Schrödter, Bremerhaven, i. Fa. Grundmann & Gröschel, Bremerhaven

Hans Jastram, Inhaber der Hamburger Motorenfabrik Carl Jastram, Hamburg

Otto Oelkers, Mitinhaber der Schiffswerft Johann Oelkers, Hamburg-Wilhelmsburg

in den Vorstand zu wählen. Es erfolgte kein Widerspruch, so daß die Herren einstimmig gewählt wurden.

Zu Punkt 1: Der Vorsitzende gibt einen Bericht über die Entwicklung der STG. Insbesondere gedenkt er der im vergangenen Jahr verstorbenen Mitglieder

> Professor W. Laas, Biesenthal
> Generalkonsul Heinr. Ohlendorf, Bremen
> Patentanwalt Dipl.-Ing. J. Fritze, Hamburg
> Werftbesitzer Franz-Jos. Meyer, Papenburg
> Schiffbauing. Oskar Meyer, Berlin, zuletzt Rijeka
> Obering. Hermann Rolle, Hamburg.

Die Anwesenden erheben sich im Andenken an die Verstorbenen von den Plätzen.

Mit 842 Einzel- und 130 korporativen Mitgliedern nähert sich die Mitgliederzahl der Gesellschaft dem ersten Tausend. Diese Entwicklung ist um so erfreulicher, als die Lage des Schiffbaus und der Werften noch nicht wieder den Friedensstand erreicht hat.

Die Gesellschaft hat die wissenschaftliche Arbeit in großem Umfang wiederaufgenommen. Folgende Fachausschüsse wurden gebildet:

> F.-A. Schiffsmaschinenwesen (Professor Illies)
>
> F.-A. Widerstand und Vortrieb (Professor Kempf)
>
> F.-A. Konstruktion, Statik und Schweißung (Professor Hansen)
>
> F.-A. Schiffssicherheit (Dipl.-Ing. Heberling)
>
> F.-A. Geschichte des Schiffbaus (Professor Erbach, nach dem Ableben von Professor Laas).

Diese Fachausschüsse haben Arbeitsausschüsse gebildet, die die verschiedenen Gebiete intensiv bearbeiten, und zwar:

> der F.-A. Schiffsmaschinenwesen den A.-A. Dampfanlagen
> A.-A. Motorenanlagen
> A.-A. Elektrotechnik
> A.-A. Hilfsmaschinen
> A.-A. Meßwesen an Bord;
> der F.-A. Konstruktion, Statik und Schweißung den
> A.-A. Leichtmetall und Sonderwerkstoffe;

ein weiterer A.-A. für Fragen des Schiffbaustahls ist vorgesehen.

Es ist erwünscht, daß die Mitglieder an die Fachausschüsse herantreten, sofern das Bedürfnis besteht, die F.-A. zu weiteren Forschungsarbeiten zu veranlassen. Dies gilt insbesondere für Anregungen seitens der Industrie.

Eine Aufgabe des F.-A. für die Geschichte des Schiffbaus ist es, die Entwicklung des Schiff- und Schiffsmaschinenbaus der letzten 50 Jahre zu schreiben. Die noch lebenden Zeugen der Entwicklung werden zur Mitarbeit aufgefordert, damit kostbares Wissensgut und persönliche Erfahrungen, die nicht alle schriftlich niedergelegt worden sind, der Forschung nutzbar gemacht werden können.

Leider stehen der Forschung nicht genügend Geldmittel zur Verfügung, und die Beschränkungen im Schiffbau sind noch nicht endgültig aufgehoben, Forschungsarbeiten werden gehemmt und teilweise verhindert.

Der Vorsitzende berichtet weiter über die Zusammenarbeit mit dem Technischen Ausschuß beim Seeverkehrsbeirat, dem Mitglieder unserer Gesellschaft angehören. Es ist vorgesehen, unsere Fachausschüsse damit zu beauftragen, die Förderungswürdigkeit neuer Erfindungen und Arbeitsverfahren gutachtlich zu bearbeiten und zu beurteilen. Der Vorsitzende ist selbst Mitglied des Seeverkehrsbeirates.

Weiterhin ist beabsichtigt, eine enge Verbindung zwischen dem Rat. Kuratorium für Wirtschaft und den Fachausschüssen der STG herzustellen. Unser neues Vorstandsmitglied, Herr Otto Schrödter, hat sich grundsätzlich bereit erklärt, gegebenenfalls die Leitung der Rationalisierungs-Gemeinschaft Schiffbau zu übernehmen und für eine gute, dem Schiff- und Schiffsmaschinenbau dienliche Zusammenarbeit Sorge zu tragen.

Internationale Beziehungen wurden wieder angeknüpft. Der Vorstand war auf den internationalen Kongressen vertreten:

Am Internationalen Verbrennungsmotoren-Kongreß in Paris 1951, vom 7. bis 19. Mai, nahm der Vorsitzende teil, und an der Internationalen Konferenz der Schiffbau- und Schiffsmaschinenbau-Ingenieure in London, 1951 vom 23. Juni bis 7. Juli (International Conference of Naval

Architects and Marine Engineers 1951), nahmen der Vorsitzende und der stellvertretende Vorsitzende, Dr. Scholz, teil.

Es konnte nicht festgestellt werden, daß der deutsche Schiffbau mit der Entwicklung nicht Schritt gehalten hat, obwohl dem Ausland für Forschungszwecke im Schiffbau weitaus größere Geldmittel zur Verfügung stehen. Es ist jedoch erforderlich, die neuen Fortschritte des Auslandes zu beobachten und auch selbst an der Erforschung und Entwicklung weiterzuarbeiten.

Zu Punkt 2 der Tagesordnung: Bericht über die Finanzlage der STG.

Herr Jastram gibt einen Rechenschaftsbericht über das Rechnungsjahr 1950 (s. S. 17) und hebt die vorbildliche Buchhaltung und die sorgsame und sparsame Geschäftsführung besonders hervor.

Dem Vorstand und der Geschäftsführung wurden von der Versammlung Entlastung erteilt.

Der Vorsitzende dankt den Rechnungsprüfern und der Geschäftsführung im Namen des Vorstandes und der Versammlung und betont, daß die sparsame Führung der Geschäfte ganz besonders im Hinblick auf die geleistete Arbeit anzuerkennen sei.

Zu Punkt 3 der Tagesordnung: Herausgabe des Jahrbuchs.

Trotz des Guthabens zu Beginn des Jahres 1951 wäre es nicht möglich gewesen, das Jahrbuch in der vorliegenden würdigen Form herauszubringen, wenn nicht aus den Kreisen der körperschaftlichen Mitglieder namhafte Spenden geleistet worden wären, für die an dieser Stelle nochmals gedankt wird. (Namentliche Spenderliste s. S. 16.) In der Vorstandssitzung vom 21. November 1951 ist beschlossen worden, den körperschaftlichen Mitgliedern eine Erhöhung des Beitrages durch Selbsteinschätzung vorzuschlagen, um den Etat ins Gleichgewicht zu bringen. In diesem Falle könnte auf weitere Sonderspenden und Zuwendungen verzichtet werden (s. Punkt 4).

Zu Punkt 4 der Tagesordnung: Festsetzung des Jahresbeitrages.

Der Vorstand hat beschlossen, der Versammlung vorzuschlagen, den Jahresmitgliedsbeitrag für Einzelmitglieder auf DM 20,— festzusetzen und die Kosten für das Jahrbuch auf DM 10,— für Mitglieder zu erhöhen. Der Betrag von DM 10,— erscheint in Anbetracht dessen, daß der Verlag das Jahrbuch normalerweise mit DM 30,— verkauft, nicht zu hoch.

Die Höhe des Beitrages für die korporativen Mitglieder soll der Selbsteinschätzung der einzelnen Mitglieder überlassen bleiben. Es wird kein Einspruch aus der Versammlung erhoben.

Zu Punkt 6 der Tagesordnung: Verschiedenes.

Wahl eines neuen Rechnungsprüfers. Da Herr Jastram in den Vorstand eingetreten ist und als Vorstandsmitglied nicht mehr Rechnungsprüfer sein kann, erklärt sich die Versammlung einstimmig damit einverstanden, daß die Herren Hardt und Dr. Engelkamp die Rechnungsprüfung übernehmen.

Lebenslängliche Mitgliedschaft für Gründungsmitglieder. Der Vorschlag des Vorstandes, den fünf Herren, die der Gesellschaft seit ihrer Gründung im Jahre 1899 angehören, die lebenslängliche Mitgliedschaft ohne Beitragszahlung unter Überreichung einer Ehrenurkunde zu verleihen, wird von der Versammlung einstimmig angenommen. Es handelt sich um die Herren

Ziv.-Ing. Heinr. Block, Hamburg

Obering. Dentler, Cadolzburg bei Fürth

Obering. von Essen, Plön

Obering. Alwin Schultz, Lübberstedt

Obering. Theod. Zöpf, Hamburg.

Herr von Essen, als Vertreter der Gründungsmitglieder, gedenkt in seinen Dankesworten für die Ehrung der Verdienste Otto Schlicks, der zur Entwicklung nicht nur des Schiffbaus, sondern des Maschinenbaus überhaupt, entscheidend beigetragen hat.

Die Geschäftsstelle der Schiffbautechnischen Gesellschaft e. V., Hamburg, wurde im August vom Ballindamm 25 nach der Ferdinandstraße 56, III. Stock, verlegt.

Ein neues Mitgliederverzeichnis wurde am 15. September 1951 herausgebracht.

Der Vorsitzende dankt den Anwesenden für das zahlreiche Erscheinen und für ihre Mitwirkung.

Schluß der Versammlung: 9.55 Uhr.

Um 10 Uhr wurde der wissenschaftliche Teil der Tagung mit folgenden Worten durch den Vorsitzenden Professor Dr.-Ing. Schnadel eröffnet:

Meine Damen und Herren!

Es ist mir eine besondere Freude, zunächst die Vertreter der Behörden und der befreundeten Vereine zu begrüßen, insbesondere

den Vertreter des Senats der Hansestadt Hamburg, Herrn Senator Professor Dr. Schiller,
den Vertreter der Hansestadt Bremen, Herrn Professor Agatz,
und den Vertreter des Herrn Bundesverkehrsministers, Herrn Ober-Reg.-Baurat Hartung,

die Vertreter der befreundeten Vereine und Organisationen, mit denen wir aufs engste zusammenarbeiten, insbesondere den Vertreter

der Hafenbautechnischen Gesellschaft
des Vereins Deutscher Ingenieure
des Vereins Deutscher Eisenhüttenleute
des Architekten- und Ingenieur-Vereins, Hamburg
des Vereins Deutscher Elektrotechniker
des Verbandes Technisch-Wissenschaftlicher Vereine
des Verbandes Deutscher Schiffswerften
des Verbandes Deutscher Reeder,
der Gesellschaft zur Förderung des Verkehrs, Hamburg.

Ehe ich kurz zu den Problemen, die uns beschäftigen, Stellung nehme, möchte ich zunächst Herrn Senator Professor Schiller das Wort erteilen zur Begrüßung unserer Gesellschaft und ihrer Mitglieder durch den Senat der Freien Hansestadt Hamburg:

Auszug aus der Begrüßungsrede des Hamburger Wirtschaftssenators,
Professor Dr. Karl Schiller.

In einer großangelegten Begrüßungsansprache eröffnete der Hamburger Wirtschaftssenator, Professor Dr. Karl Schiller, die Jahrestagung der STG im Curio-Haus und überbrachte die besten Wünsche des Herrn Bundesverkehrsministers und des Senats der Hansestadt. Wie Professor Schiller ausführte, erfülle ihn das vom Militärischen Sicherheitsamt der Alliierten verhängte Verbot für Schiffsreparaturen auf dem Gelände von Blohm & Voß mit Sorge und Ungeduld. Der deutsche Schiffbau, eine ausgesprochen friedliche Aufgabe, bedeute einen wichtigen Beitrag unseres Landes zur Befriedigung der Bedürfnisse der Wirtschaft und diene der Entlastung unserer Devisenbilanz. Die finanziellen Vorbereitungen zum Wiederaufbau dieser Hamburger Werft seien schon sehr weit vorgeschritten, und hieraus ergebe sich die an die Alliierten zu stellende Frage, wie lange sie noch die Liquidierung der letzten dem deutschen Schiffbau auferlegten Beschränkungen hinauszögern wollen.

Es sei bedauerlich, daß die Kapazität der deutschen Werften, die nur 55% ihrer Vorkriegsleistungsfähigkeit betrage, immer noch nicht erweitert werden dürfe. Die deutsche Schiffahrt, d. h. die deutsche Handelsflotte, müßte heute, verglichen mit der Zeit nach dem ersten Weltkrieg, dem Stand von 1926 entsprechen. Mit rund einer Million BRT habe sie aber erst den Umfang der Jahre 1921/22 erreicht. Die Schiffbauproduktion betrage nur 35—40% der Bauleistung von 1921, und damit liege die Entwicklung der deutschen Schiffahrt nicht nur gegenüber der damaligen Nachkriegszeit erheblich zurück, sondern vollziehe sich auch sehr viel langsamer. Die Beschränkungen, die dem deutschen Schiffbau hinsichtlich der Quantität noch auferlegt sind, bedingen ein Ausweichen in die Qualität, d. h. nur Schiffe mit höchster Leistungsfähigkeit seien zu planen und zu bauen. Eine Subventionierung der Werften wird sowohl von den Küstenländern als auch vom Bund abgelehnt, hingegen sei man bereit, mit Krediten für den Schiffbau und Remontagekrediten für die Werften den Wiederaufbau der deutschen Handelsflotte zu fördern.

Hamburg, so führte Professor Schiller aus, sei mit aller Energie am Werk und entschlossen, diesen großen Hafen wieder zu einem Standort des Dieselmotorenbaues für Schiffe zu gestalten. In Zusammenarbeit mit dem Bund werde Hamburg dafür sorgen, daß die MAN-Werke wieder in ihren alten Motorenbauhallen im Hamburger Hafen, die derzeit zur Lagerung von Reparationsgütern dienen, wieder ihren Betrieb aufnehmen können. Was dieser Umstand für den Schiffbau bedeutet, brauche ich, so sagte Professor Schiller, vor einem Kreis von Fachleuten, wie dieser in der STG zusammengefaßt ist, nicht näher zu begründen.

Die Versammlung dankte dem Redner mit lebhaftem Beifall.

Dann sprach Herr Dr.-Ing. Alfred Raupp VDI, Hamburg, als Vertreter des Deutschen Verbandes technisch-wissenschaftlicher Vereine und des Vereins Deutscher Ingenieure folgende Worte:

Sehr geehrter Herr Senator,
Sehr verehrter Herr Professor Schnadel,
Meine sehr geehrten Damen und Herren!

Es ist mir nicht nur eine hohe Ehre, sondern auch eine aufrichtige Freude, der Schiffbautechnischen Gesellschaft zu ihrer diesjährigen Mitgliederversammlung die Grüße des Deutschen Verbandes technisch-wissenschaftlicher Vereine und des Vereins Deutscher Ingenieure überbringen zu dürfen. Mit dem hiesigen Bezirksverein des Vereins Deutscher Ingenieure wünschen auch alle übrigen technisch-wissenschaftlichen Organisationen der Stadt Hamburg, die zum großen Teil durch ihre Vorsitzenden hier vertreten sind, ein gutes Gelingen dieser Veranstaltung. Herr Senator Schiller hat in seinen Ausführungen insbesondere auf die Bedeutung der Tagungen der Schiffbautechnischen Gesellschaft für die Hamburger Wirtschaft und Industrie hingewiesen. Erlauben Sie mir bitte, heute noch auf eine Aufgabe hinzuweisen, in der die Schiffbautechnische Gesellschaft für uns technisch-wissenschaftlichen Vereine eine ganz besondere Bedeutung hat.

Wie nach jedem schweren Kriege ist auch nach dem letzten, weltweite Ausmaße besitzenden Kampf der Völker mit der Zerstörung der wirtschaftlichen Zusammenhänge, mit der Umschichtung in Völkern, politischen Anschauungen und gesellschaftlichen Zusammenhängen das Ringen um die Klärung der weltanschaulichen Grundlagen der Menschheit ganz stark in den Vordergrund aller Diskussionen getreten. Immer mehr zeichnet sich in diesem Ringen die Erkenntnis ab, daß die überragende Bedeutung der Technik im Guten und im Bösen den Ausgangspunkt für alle Betrachtungen bilden muß, die Klärung oder gar Ordnung in die Notwendigkeiten der geistigen Haltung unserer Zeit zu bringen versuchen. Diese Erkenntnis findet ihren Ausdruck in den vielen Bemühungen der technischen Organisationen, in Vorträgen und Tagungen das Wesen dieser immateriellen Kraft „Technik" zu erfassen und es sinnvoll in eine aus langsamem geschichtlichem Werden entstandene Kultur einzubauen. Ich erinnere hier besonders an die beiden großen Sondertagungen des Vereins Deutscher Ingenieure, die in Kassel über die Verantwortung des Ingenieurs und die in Marburg über Mensch und Arbeit im technischen Zeitalter. In Kassel hat dieser Aufbruch der Ingenieure sogar zu einer feierlichen Niederlegung des dort erarbeiteten Gedankengutes in einem „Bekenntnis des Ingenieurs" geführt. Aber nicht nur die rein ethische Seite dieses Problems, auch die praktische wird auf den verschiedensten Wegen immer mehr einer Verwirklichung entgegengeführt, so z. B. in dem Entwurf des Gemeinschaftsausschusses der Technik zu einem „Gesetz über die Berufsbezeichnung Ingenieur", der vor einiger Zeit der Bundesregierung überreicht wurde. Immer deutlicher werden die Zeichen, daß der technische Mensch herausstrebt aus der Isolierung, in die ihn die reine Beschäftigung mit seiner technischen Aufgabe gebracht hat, und seinen bestimmenden Anteil fordert an den Entscheidungen über die Einordnung seiner Tätigkeit und seiner Erzeugnisse in die gemeinschaftlichen Aufgaben der Völker und der ganzen Menschheit.

Diese große Aufgabe des Ingenieurs ist aber eine Berufung, die alle Techniker aller Völker angeht, und sie kann nur in ihrer entscheidenden Bedeutung für das Schicksal der ganzen Menschheit gelöst werden, wenn sie von allen Seiten angepackt wird und der geistige Austausch des Gedankengutes vor keiner Landesgrenze und keinem Kontinent haltmacht.

Auch die Schiffbautechnische Gesellschaft pflegt mit den anderen technisch-wissenschaftlichen Vereinen diese Besinnung auf das Wesentliche des Berufs ihrer Mitglieder. Gerade sie aber besitzt die internationalen Beziehungen und die Verflechtung mit den technischen Kreisen aller Länder, die für ein so wichtiges Gemeinschaftswerk nötig sind. Das zeigt am deutlichsten das Interesse der Ausländer an dieser Versammlung und die große Zahl von ausländischen Teilnehmern an ihr. Möge die Schiffbautechnische Gesellschaft sich der Mission, zu der sie durch diese Verflechtung mit dem Ausland für die Bemühungen um die richtige Einordnung der Technik in die Gesamtkultur der heutigen Menschheit berufen ist, mit besonderer Wärme annehmen, und möge ihre diesjährige Hauptversammlung im In- und Ausland den Widerhall finden, der dieser wichtigen und bedeutsamen Veranstaltung gebührt.

Anschließend hielt Herr Professor G. Schnadel eine längere Begrüßungsrede folgenden Inhalts:

Meine Damen und Herren!

Ich möchte meinen Herren Vorrednern herzlich für ihre Begrüßungsworte und die guten Wünsche danken, die sie zur 3. Tagung unserer Gesellschaft nach dem Kriege ausgesprochen haben.

Auf die Entwicklung unserer Gesellschaft habe ich bereits bei der eigentlichen Generalversammlung hingewiesen. Ich glaube sagen zu können, daß die Entwicklung unsere eigenen Erwartungen übertroffen hat, da wir an körperschaftlichen und persönlichen Mitgliedern schon nahezu das erste Tausend erreicht haben. Was aber von besonderer Wichtigkeit und wert ist hervorgehoben zu werden, sind zwei Dinge:

Zum ersten die außerordentliche Anteilnahme, welche der gesamte Schiffbau, die Schiffbauindustrie, die Maschinenbauindustrie, die Eisenindustrie, die Elektroindustrie und der Hafenbau unserer Tagung entgegenbringen, und daß unsere Gesellschaft von allen den großen Kräften getragen wird, welche die ungeheuere Bedeutung der wissenschaftlichen Arbeit für den Fortschritt der Menschheit, für den Fortschritt der Technik und für die Zukunft unseres Volkes erkannt haben.

Zum zweiten ist es von besonderer Bedeutung, daß es gelungen ist, diese Gesellschaft unter den schwierigsten Verhältnissen wieder zu gründen und, wie wir hoffen, einer neuen Blütezeit entgegenzuführen.

Dies ist gelungen in einer Zeit, in der der Schiffbau noch zu den verbotenen Industrien gehörte, in einer Zeit, in der immer noch die friedliche Forschung behindert wurde.

Wir geben gern zu, daß wir von manchen Stellen Unterstützung im Kampf um unsere Selbstbehauptung erhalten haben. Das Vermögen, das wir für die Forschung und zum Schutze unserer Gesellschaft zurückgelegt hatten, ist nicht nur abgewertet, sondern bei der Behandlung der Hypotheken vom Finanzministerium zum Zwecke des Lastenausgleichs zu 90% beschlagnahmt worden. Man kann wohl sagen, daß die wissenschaftlichen Gesellschaften niemals so behandelt und so mangelhaft unterstützt worden sind wie in der gegenwärtigen Zeit. Das ist eine einfache Feststellung, die deswegen von Bedeutung ist, weil wir immer wieder an unsere Mitglieder herantreten müssen, um den wissenschaftlichen Stand unserer Gesellschaft aufrechtzuerhalten. Es ist wohl ohne weiteres einzusehen, daß die Ausgaben für wissenschaftliche Zwecke allein unsere Einnahmen aufzehren. In unserer Zeit wird für die kulturellen und wissenschaftlichen Dinge gerade am wenigsten getan, obwohl das Gegenteil für die Zukunft unseres Volkes vielleicht am wichtigsten wäre. Dabei darf nicht vergessen werden, daß gerade unsere Mitglieder aus demjenigen Teil der Bevölkerung stammen, der durch die Währungsreform und ihre Folgen am schwersten betroffen worden ist, ebenso wie unsere Gesellschaft selbst.

Selbstverständlich versuchen wir aus diesen Schwiergkeiten herauszukommen, insbesondere durch die Neuaufnahme der Zusammenarbeit mit denjenigen Organisationen, welche an der wissenschaftlichen Forschung besonders interessiert sind. Wir stehen in Verhandlungen mit dem Rationalisierungskuratorium für Wirtschaftlichkeit, um eine enge persönliche und wissenschaftliche Zusammenarbeit zu organisieren. Ebenso wollen wir mit dem Museum für Hamburgische Geschichte in der Forschung über Geschichte des Schiffbaus zusammenarbeiten.

Wir hoffen, daß es auch dem Verkehrsministerium gelingen wird, Mittel für die wissenschaftliche Forschung im Schiffbau bereitzustellen, und schließlich hoffen wir auch auf Unterstützung für die historisch-technische Forschung unseres Fachausschusses für die Geschichte des Schiffbaus.

Trotzdem werden wir uns nicht entmutigen lassen. Wir vertrauen nach wie vor auf die Opferwilligkeit unserer Mitglieder und auf die Unterstützung der uns angeschlossenen Organisationen und körperschaftlichen Mitglieder, welche zwar schwer geschädigt worden sind, die sich aber in einem hoffnungsvollen Wiederaufstieg befinden.

So blicken wir auch am heutigen Tage vertrauensvoll in die Zukunft. Sie werden aus dem umfangreichen Programm an wissenschaftlichen Vorträgen, das wir abzuwickeln im Begriff sind, ersehen, daß jedenfalls die wissenschaftliche Stellung unserer Gesellschaft trotz der widrigen wirtschaftlichen Verhältnisse nicht gelitten hat, und daß wir unsere alte Stellung wieder einnehmen, die wir uns im Laufe eines halben Jahrhunderts errungen haben.

Um 10.20 Uhr begannen die technischen Vorträge, die bis in die Abendstunden hinein dauerten, unterbrochen nur durch eine kurze Mittagspause.

Am Freitag wurden die Vorträge ab 10 Uhr fortgesetzt. Der letzte Vortrag dieses Tages begann um 17 Uhr.

(Sämtliche Vorträge finden Sie der Reihe nach veröffentlicht auf den S. 129 bis 299.)

Am 24. November hatten die Deutsche Werft und die Howaldts-Werke, Hamburg, Sonderinteressenten zur Besichtigung ihrer Werften eingeladen, der ein großer Teil der Tagungsteilnehmer Folge leistete.

Die übrigen Mitglieder folgten einer Einladung ins Museum für Hamburgische Geschichte. Herr Professor Dr. Walter Hävernick begrüßte als Hausherr seine Gäste mit folgenden Worten:

Namens des Museums für Hamburgische Geschichte heiße ich die Anwesenden auf das herzlichste willkommen. Es ist ein gutes Omen, daß der Fachausschuß für die Geschichte des Schiffbaus im Hörsaal unseres Instituts sich versammelt hat, um durch einen Vortrag von Professor Erbach einen Überblick über den Stand der Forschung zu geben: sind doch die historischen Museen überhaupt an einer Geschichte der Technik wegen der engen Wechselbeziehungen zwischen Geschichte,

Wirtschaft und Technik sehr interessiert. Der Umfang der Abteilung „Schiffahrt" im Museum für Hamburgische Geschichte legt Zeugnis ab von der Bedeutung, die Schiffahrt und Schiffbau in Hamburgs Vergangenheit und Gegenwart einnehmen.

In Anbetracht dieser Tatsache ist unser Museum lebhaft daran interessiert, daß die Erforschung der Schiffbau-Geschichte durch einen Fachausschuß der STG energisch in Angriff genommen wird. Nach unseren Erfahrungen ist es notwendig, von vornherein scharf zu trennen zwischen der reinen Forschung und der Darstellung in volkstümlichen Büchern und in den Schausammlungen der Museen. Nicht minder notwendig scheint aber eine leistungsfähige Organisation des Forscherkreises, ausgerüstet mit einem festen Plan und planmäßigen Mitteln. Denn kaum auf einem anderen Gebiet verwandter Art herrscht eine solche Meinungsverschiedenheit und Planlosigkeit wie bei der Erforschung der Schiffbau-Geschichte. Es muß von vornherein Sorge getragen werden, die vom jeweils internationalen Stand technischen Könnens bestimmte Menge theoretischer Leistungen in Übereinstimmung zu bringen mit der Einzelforschung praktischer Anwendung an den einzelnen Hafen- und Werftplätzen. Mit Ausnahme des Deutschen Museums zu München befassen sich alle historischen Museen der Bundesrepublik — und auch das Museum für Hamburgische Geschichte — nur mit Schiffbau und Schiffahrt eines eng begrenzten Gebietes, und auch nur hier können sie für ihren Teil mithelfen. Die Koordinierung aller dieser verschieden interessierten Institute und Forscher wird nur gelingen, wenn am Anfang aller weiteren Bemühungen zunächst einmal ein klarer Plan gefaßt wird, wobei man gleichzeitig an eine Beschaffung der Gelder denken mag.

Möge diese heutige Versammlung dazu beitragen, die Forscher und die interessierten Kreise der Werftindustrie einander näherzubringen. Das Museum für Hamburgische Geschichte, das gegenwärtig wohl die reichste Sammlung von Modellen und Bildern in Westdeutschland besitzt, ist zu einer praktischen Zusammenarbeit bereit und begrüßt in diesem Sinne den Redner, Herrn Professor Dr. Erbach.

Danach nahm Herr Professor Dr.-Ing. Rudolf Erbach, Düsseldorf, über das Thema:

Forschungen aus der Blütezeit des Bauens hölzerner Segelschiffe
im 19. Jahrhundert

das Wort (s. S. 288.)

Anschließend fand eine allgemeine Besichtigung der Schiffahrtsabteilung des „Museums für Hamburgische Geschichte" unter sachkundiger Führung statt.

Um 13 Uhr fanden sich noch viele Teilnehmer zu einem Abschiedstreffen im Landungsbrücken-Restaurant ein, womit die November-Tagung ihren Abschluß erreichte.

d) Nachstehend aufgeführten Mitgliedern unserer Gesellschaft danken wir für die finanzielle Hilfe bei der Herausgabe des ersten und zweiten Jahrbuches (44. und 45. Band) nach dem Kriege.

Aktiengesellschaft „Weser", Bremen.
Allg. Electricitäts-Gesellschaft Schiffbau, Hamburg.
Aluminium-Walzwerke Singen G. m. b. H., Singen-Hohentwiel.
Amag-Hilpert-Pegnitzhütte A. G., Pegnitz (Ofr.).
Babcockwerke Schiffskesselbau Oberhausen A. G., Hamburg.
Bayer. Schiffbauges. m. b. H., vorm. Anton Schellenberger, Erlenbach.
Benzin- und Petroleum-Gesellschaft m. b. H., Hamburg.
Ewald Berninghaus, Schiffswerft u. Masch.-Fabrik, Duisburg.
Bochumer Verein für Gußstahlfabrikation A. G., Bochum.
Bohn & Kähler, Motoren- und Maschinenfabrik A.-G., Kiel.
Borsig Aktiengesellschaft, Berlin.
Bremer Vulkan, Schiffbau und Maschinenfabrik, Bremen.
Brown, Boveri & Cie. A.-G., Mannheim.
Willy Bruns G. m. b. H., Hamburg.
Daimler-Benz Aktiengesellschaft, Stuttgart-Untertürkheim.
Der Senator für Häfen, Schiffahrt und Verkehr, Bremen.

Deutsche-Afrikanische-Schiffahrts-Gesellschaft m. b. H., Hamburg.
Deutsche Vacuum Oel Aktiengesellschaft, Hamburg.
Deutsche Werft Aktiengesellschaft, Hamburg.
Dortmund-Hoerder Hüttenunion, Aktiengesellschaft, Dortmund.
Eisenwerk Wülfel, Hannover-Wülfel.
Julius & August Erbslöh, Wuppertal-Barmen.
Esso Aktiengesellschaft, Hamburg.
Fama und Famin, G. m. b. H., Hannover.
Fendel Schiffahrts-Aktiengesellschaft, Mannheim.
Flensburger Schiffsbau-Gesellschaft, Flensburg.
Otto Fuchs, Metallwerke, Meinerzhagen (Westf.)
Germanischer Lloyd, Hauptverwaltung, Hamburg.
Gießerei Sande G. m. b. H., Sande (Oldenburg).
Glasurit-Werke M. Winkelmann, Hamburg.
Gutehoffnungshütte Oberhausen A.-G., Oberhausen (Rhld.)
Hamburg-Amerika Linie, Hamburg.
Hamburg-Südamerikanische Dampfschiffahrts-Gesellschaft, Eggert & Amsinck, Hamburg.
Haniel & Cie. G. m. b. H., Duisburg-Ruhrort.
Hansa-Eisen Trippe & Co. G. m. b. H., Düsseldorf.
Hansa-Motorenfabrik Gust. Altmann, Hamburg-Bahrenfeld.

Hansestadt Hamburg, Behörde für Wirtschaft und Verkehr, Hamburg.
Hartmann & Braun, Aktiengesellschaft, Frankfurt (Main).
Heidenreich & Harbeck, Hamburg
Howaldtswerke Aktiengesellschaft, Hamburg.
Hüttenwerk Huckingen A.-G., Duisburg-Wanheim.
Hüttenwerke Ilsede-Peine Aktiengesellschaft, Peine.
Hüttenwerk Oberhausen Aktiengesellschaft, Oberhausen (Rhld.)
Klöckner-Humboldt-Deutz A.-G., Köln-Deutz.
Körting Maschinen- und Apparatebau Aktiengesellschaft, Hannover.
Ernst Komrowski, Hamburg.
Lübecker Flender-Werke Aktiengesellschaft, Lübeck.
C. Lühring, Schiffswerft, Brake-Unterweser.
Mannesmannröhren- und Eisenhandel G. m. b. H., Hamburg.
Maschinenbau-Aktiengesellschaft Balcke, Bochum.
Maschinenfabrik Augsburg-Nürnberg, Augsburg.
Meidericher Schiffswerft, Duisburg-Meiderich.
Messingwerk Unna A.-G., Unna (Westf.)
Motorenwerke Mannheim A.-G., vorm. Benz, Mannheim.
Norddeutscher Lloyd, Bremen.
Norderwerft Köser u. Meyer, Hamburg.
Nordseewerke Emden G. m. b. H., Emden.

Orenstein-Koppel und Lübecker Maschinenbau-Gesellschaft, Lübeck.
Ottensener Eisenwerk Aktiengesellschaft, Hamburg.
Claudius Peters Aktiengesellschaft, Hamburg.
Rhespag Ludwigshafen, Rhein. Speditions- und Schiffahrts A. G., Ludwigshafen.
Rickmers Werft, Bremerhaven-Lehe.
Ruhrstahl Aktiengesellschaft, Witten (Ruhr).
Chr. Ruthof G. m. b. H., Mainz-Kastel.
Sartori & Berger, Hamburg.
Siemens-Schuckertwerke A.G., Erlangen.
Stahlwerk Osnabrück Aktiengesellschaft, Osnabrück.
L. & C. Steinmüller G. m b. H., Gummersbach.
Hans Still Motorenfabrik, Hamburg.
Hugo Stinnes Reederei Akt.-Ges., Hamburg.
Ad. Strüver, Aggregatebau, Hamburg.
H. C. Stülcken Sohn, Schiffswerft, Hamburg.
Unterweser Reederei A.-G., Bremen.
Verband der deutschen Hochseefischereien, Bremerhaven.
Verband Deutscher Reeder, Hamburg.
Verband Deutscher Schiffswerften e. V., Hamburg.
J. M. Voith G. m. b. H., Heidenheim (Brenz).
Werft Nobiskrug G. m. b. H., Rendsburg.
Westdeutsche Mannesmannröhren A.-G., Düsseldorf.
Westfälische Leichtmetallwerke, Nachrodt (Westf.)
Westfälische Union Aktiengesellschaft, Hamm (Westf.)
Westfalia Separator A.-G., Oelde (Westf.)

e) Abrechnung über Ein- und Ausgaben
im Geschäftsjahr 1950 der Schiffbautechnischen Gesellschaft e. V. Hamburg—Berlin.

Einnahmen	DM	Ausgaben	DM	DM
Mitgliedsbeiträge	24 185,50	Laufende Geschäftsunkosten in Hamburg:		
		Gehälter	3 064,50	
		Büro- und Werbematerial	2 715,72	
		Postalische Kosten	1 028,48	
		Miete, Heizung, Beleuchtung ..	792,36	
		Sonstige Kosten	1 290,34	8 891,40
		Reisekosten		596,—
		Tagungskosten		1 400,43
		Unkosten des Fachausschusses:		
		Geschichte des Schiffbaues ..		132,—
				11 019,83
		Überschuß der Einnahmen über die Ausgaben.............	13 165,67	
		Abschreibung auf Inventar....	13,88	13,88
			13 151,79	
		Vermögenszuwachs		13 151,79
	DM 24 185,50			**DM 24 185,50**

Hamburg, 31. Dezember 1950.   Geprüft und richtig befunden:

H. Hardt   H. Jastram

III. Bericht über die Tätigkeit der Fachausschüsse.

a) „Widerstand und Vortrieb" in der STG.

Von Professor Dr.-Ing. **G. Kempf,** Hamburg.

Der Fachausschuß für Widerstand und Vortrieb hat im Jahre 1951 zwei Sitzungen abgehalten unter Teilnahme seiner Mitglieder:

Professor Dr.-Ing. G. Kempf, Hamburg, als Vorsitzenden
Dr.-Ing. H. Amtsberg, Berlin
Dipl.-Ing. Kannt, Bremerhaven
Professor Dipl.-Ing. E. Klindwort, Berlin
Dipl.-Ing. H. K. Kloeß, Bremen
Min.-Rat a. D. O. Schlichting, Berlin
Professor-Ing. Troost, Wageningen
Dipl.-Ing. Weingart, Hamburg.

Es besteht die Absicht, den Kreis der Teilnehmer an den Sitzungen fallweise durch Hinzuziehung von Gästen zu ergänzen.

In der ersten am 20. April 1951 abgehaltenen Sitzung wurde der Aufgabenkreis des Fachausschusses festgestellt und in folgender Gliederung angenommen:

I. Schiffsform	a) Form und Wellensystem
	b) Theorie des Wellenwiderstandes
	c) Reibung und Rauhigkeit
	d) Verhalten in Wellen
II. Propeller	a) Schrauben-Theorie-Kavitation
	b) Nachstrom und Sog
	c) Flügelzahl — Vibrationen
	d) Sonderpropeller
III. Modellversuche	a) Methoden
	b) Turbulenz
	c) Vergleichsversuche
IV. Probe- und Dienstfahrt	a) Geschwindigkeit
	b) Leistung
	c) Beschleunigungen
	d) Bewuchs
V. Steuereigenschaften	a) Kursstetigkeit
	b) Drehfähigkeit und Ruderform
	c) Schiffsversuche
VI. Flachwasserprobleme	
VII. Stabilität und Schwingungen	

Die Bearbeitung der einzelnen Aufgaben wurde auf die Mitglieder verteilt mit der Bitte, bis zur nächsten Sitzung einen gedrängten Übersichtsbericht über den wissenschaftlichen und technischen Stand auf dem betreffenden Gebiet vorzulegen.

Diese Berichte wurden auf der zweiten Sitzung am 21. November 1951 vorgelegt und einzeln im Fachausschuß erörtert.

Es wurde daraufhin beschlossen, zunächst die Fahrtmessungen auf Schiffen auf einen zuverlässigen Stand zu bringen und durch Rundfrage bei den Werften deren Urteil über die zuverlässigsten Meßgeräte und Meßmethoden zu ermitteln, um daraufhin beim Technischen Ausschuß des Seeverkehrsbeirates die erforderlichen Mittel einzuwerben.

Diese Mittel betragen für je drei Torsions-, Schub- und Fahrtmesser DM 50 000,—. Die Meßgeräte sind so eingerichtet, daß sie auswechselbar auf verschiedehen Schiffen eingesetzt werden können.

Als Meßtrupp wurde der bei der HSVA bestehende eingearbeitete Trupp vorgesehen, dessen jeweilige Ergänzung durch Hinzuziehen von Studierenden vorgeschlagen wurde.

Die Bearbeitung der anderen Aufgaben kann vom Fachausschuß zwar erörtert und gefördert werden, es muß aber den einzelnen Forschern überlassen bleiben, welche Aufgaben und wie sie sie bearbeiten wollen.

b) Schiffsmaschinenwesen in der STG für die Zeit von August 1950 bis Ende 1951.

Von Professor Dr.-Ing. **K. Illies**, Hannover.

Nach Wiedererrichtung der STG im August 1950 wurde auch der Fachausschuß Schiffsmaschinenwesen neu gegründet. Dem Fachausschuß obliegen folgende Aufgaben, die durch Vorbereitung und Halten von Vorträgen, Herausgabe von Veröffentlichungen in Zeitschriften und STG-Forschungsheften sowie gemeinsame Besprechungen der Mitglieder des Fachausschusses durchgeführt werden:

1. Bearbeitung technisch-wissenschaftlicher und praktischer Fragen des Schiffsmaschinenbaues im allgemeinen Interesse. Derartige Fragen können nicht immer von einzelnen Firmen oder Instituten allein behandelt werden, da das Arbeitsgebiet unter Umständen zu groß und vielseitig wird, sowie geschäftliche Interessen gelegentlich eine wirklich neutrale Bearbeitung nicht zulassen; eine völlig objektive, neutrale Bearbeitung ist Aufgabe des Fachausschusses.

2. Unterrichtung der im Beruf stehenden Ingenieure, Techniker usw. über den neuesten Stand der Technik.

Hierbei ist auch an Ingenieure anderer Fachrichtungen zu denken, die unter Umständen wertvolle Beiträge zu einer Entwicklung im Schiffsmaschinenwesen geben können.

3. Förderung des Nachwuchses auf dem Gebiet des Schiffsmaschinenbaues.

4. Bearbeitung von Gutachten im allgemeinen Interesse.

5. Fühlungnahme mit Fachausschüssen anderer technisch-wissenschaftlicher Vereine, wie z. B. VDI, VDE usw.

Die Aufgaben des Fachausschusses gewinnen an Bedeutung durch den Umstand, daß dem Seeverkehrsbeirat des Bundesverkehrsministers ein Technischer Ausschuß angegliedert ist, der den Bundesverkehrsminister gutachtlich bei der Förderung von Entwicklungsarbeiten auf dem Gebiete des Schiffbaues und Schiffsmaschinenbaues und bei Schiffsneubauten berät. Dieser TA trifft seine Stellungnahme nach Anfordern von Ausarbeitungen beispielsweise der Fachausschüsse der STG, der Hochschulinstitute usw.

Der Fachausschuß Schiffsmaschinenwesen wurde aufgeteilt in verschiedene Arbeitsausschüsse, und zwar

1. Arbeitsausschuß Dampfanlagen
2. Arbeitsausschuß Motorenanlagen
3. Arbeitsausschuß Elektrotechnik
4. Arbeitsausschuß Hilfsmaschinen und Apparate
5. Arbeitsausschuß Meßwesen.

Der Fachausschuß hielt in der Berichtszeit vier Besprechungen in Hamburg ab; an diesen Besprechungen nahmen die Mitglieder aller Arbeitsausschüsse gemeinsam teil, was sich als vorteilhaft bei der Behandlung von Grenzgebieten erwiesen hat. Aus diesem Grunde werden auch Schiffbauer zu den Besprechungen hinzugezogen.

Die erste Besprechung am 12. Januar 1951 diente der Konstituierung und Vorbesprechung zu bearbeitender Aufgaben. Außerdem wurde ein für den Februar in Düsseldorf vorgesehener Sprechabend über ,,Dampf- oder Dieselantrieb in der Binnenschiffahrt" vorbereitet.

Auf der zweiten Besprechung am 27. April 1951 wurden die deutschen Schiffsneubauten kritisch betrachtet und Referate der Arbeitsausschüsse Dampfanlagen und Motorenanlagen über diese Schiffe gehalten. Nach diesen Referaten und der folgenden Aussprache kam der FA zu der Ansicht, daß ein Teil der nach dem Kriege gebauten deutschen Schiffe nicht dem neuesten Stand der Technik entspricht. Dies gilt weniger für Motorenanlagen als mehr für Dampfanlagen, bei denen die Vorteile des Hochdruckdampfes nicht genügend beachtet wurden; es wurden in vielen Fällen veraltete Kesselanlagen eingebaut usw.

Die dritte FA-Sitzung am 4. Oktober 1951 befaßte sich mit der Verwendung schnellaufender Dieselmotoren für den Antrieb seegehender Schiffe und mit der Möglichkeit einer Zwischenüberhitzung für Dampfanlagen seegehender Schiffe, um den Brennstoffverbrauch zu senken. Über beide Fragen wurde eingehend diskutiert, jedoch noch keine einheitliche Stellungnahme erreicht. Beide Themen mußten in der Zeit bis zur vierten Ausschußsitzung näher vorbereitet werden.

Die vierte Ausschußsitzung am 12. November 1951 behandelte wieder die Frage schnellaufender Dieselmaschinen und der Zwischenüberhitzung. Außerdem wurde allgemein über das Vortragswesen gesprochen.

Die Verwendung schneller laufender Dieselmotoren ($n = 600$) wurde nach eingehender Aussprache für förderungswürdig erachtet.

Auch die Frage der Zwischenüberhitzung wurde positiv beantwortet; es sollen theoretische und konstruktive Untersuchungen hierüber durchgeführt werden.

Zu den Vorträgen auf der Hauptversammlung der STG wurde bemerkt, daß es wünschenswert sei, diese Vorträge so zu gestalten, daß sie auch für Ingenieure anderer Fachrichtungen soweit verständlich sind, daß die vorliegenden Probleme und ihre Lösungen erkannt werden; dies ist besonders im Hinblick darauf, daß auch von Ingenieuren anderer Fachrichtungen wertvolle Beiträge zu einer Weiterentwicklung geleistet werden können, wichtig. Eine derartige Rücksichtnahme ist bei reinen Fachausschußsitzungen bzw. Sprechabenden, zu denen nur Fachleute einer bestimmten Richtung kommen, nicht erforderlich. Es wurde weiter betont, daß es zur Vorbereitung einer Diskussion unerläßlich ist, die Vorträge einige Wochen vor der Vortragsveranstaltung bei der STG einzureichen, um sie dort zu vervielfältigen. Ferner wurde allgemein gewünscht, daß die Vortragenden die vorgesehenen Vortragszeiten nicht überschreiten.

Der Sprechabend in Düsseldorf am 22. Februar 1951 beschäftigte sich mit der Frage „Dampf- oder Motorantrieb für Binnenschiffe". Es sprachen Herr Dr.-Ing. E. h. Hartmann über Dampfanlagen und Herr Dipl.-Ing. K. Schmidt über Motoranlagen. Beide Vorträge lösten eine lebhafte Diskussion aus und es wurden sehr viele schriftliche Diskussionsbeiträge eingesandt. Eine endgültige Klärung der Frage Dampf- oder Motorantrieb für Binnenschiffe konnte naturgemäß nicht erzielt werden.

Der **Fachausschuß** setzt sich wie folgt zusammen:

Leiter:

Professor Dr.-Ing. K. Illies, Technische Hochschule Hannover, Lehrstuhl für Schiffsmaschinenbau, Hannover, Welfengarten 1.

Stellvertretender Leiter:

Dipl.-Ing. Direktor P. Schutte, Ottensener Eisenwerk A. G., Hamburg-Altona, Postschließfach 163.

Fachausschuß allgemein:
(ohne Zugehörigkeit zu einem bestimmten Arbeitsausschuß)

Dipl.-Ing. Direktor B. Bleicken, Hamburg-Fuhlsbüttel.

Dipl.-Ing. J. Heimberg, Germanischer Lloyd, Hamburg.

Obering. O. Sassenhagen, Hamburg-Amerika-Linie, Hamburg.

Dipl.-Ing. Reg.-Baudirektor H. Waas, Bundes-Verkehrsministerium, Offenbach/Main.

Dipl.-Ing. H. Zinnius, Germanischer Lloyd, Hamburg.

Arbeitsausschuß Dampfanlagen:

Dipl.-Ing. Prok. W. Bauer-Schlichtegroll, Wahodag, Hamburg.

Leiter:

Dipl.-Ing. Direktor W. Brose (auch Arbeitsausschuß Hilfsmaschinen und Arbeitsausschuß Motoren), A. G. Weser, Werk Seebeck, Bremerhaven.

Obering. Helmut Bock, Babcockwerke Schiffskesselbau Oberhausen A. G., Büro Hamburg, Hamburg.

Dipl.-Ing. Obering. H. Henning, Ottensener Eisenwerk A. G., Hamburg.

Dipl.-Ing. H. Schepler, Howaldtswerke A. G., Hamburg.

Dipl.-Ing. W. Schleiermacher, SSW, Mülheim/Ruhr.

Arbeitsausschuß Motoranlagen:

Dipl.-Ing. Direktor P. Schuler, MAN, Augsburg.

Leiter:

Dipl.-Ing. Direktor W. Brose, A. G. Weser, Werk Seebeck, Bremerhaven (siehe auch A. A. Dampfanlagen).

Dr.-Ing. K. Mohr, WUMAG, Hamburg-Geesthacht.

Dr.-Ing. E. Puls, Hanseatische Motorenges. m. b. H.

Dipl.-Ing. P. Roegler, Motorenwerke Mannheim A. G., Mannheim.

Dipl.-Ing. Obering. K. Schmidt, Klöckner-Humboldt-Deutz A. G., Köln-Deutz.

Fachausschuß Elektrotechnik:

Leiter:

Dipl.-Ing. Min.-Dirigent a. D. Ch. Breitenstein, Hans Still Motorenfabrik, Hamburg.

Dipl.-Ing. Obering. H. J. Kosack, SSW, Erlangen.

Dipl.-Ing. H. Leo, Bremer Vulkan, Bremen-Vegesack.

Dipl.-Ing. Direktor E. Schmidt, AEG, Hamburg.

Arbeitsausschuß Hilfsmaschinen und Apparate:

Leiter:

Direktor Dr.-Ing. E. Blaum, Atlas-Werke A. G., Bremen.

Dipl.-Ing. Direktor W. Brose, A. G. Weser, Werk Seebeck, Bremerhaven (siehe auch A. A. Dampfanlagen).

Obering. Dr.-Ing. O. Prinzing, Techn. Überwachungsverein, Hamburg.

Arbeitsausschuß Meßwesen an Bord:

Leiter:

Ziviling. H. Hoppe, Hamburg-Fuhlsbüttel.

Dipl.-Ing. H. Brehme, Theodor Zeise, Hamburg-Altona.

Obering. H. Boye, Hamburg.

IV. Unsere Toten.

KURT FISCHER

Am 5. März 1948 starb in Bockhorn kurz vor Vollendung seines 62. Lebensjahres Dipl.-Ing. Kurt Fischer, Marineoberbaurat und Referent in der U-Boots-Konstruktionsabteilung der deutschen Kriegsmarine.

Schon während des ersten Weltkrieges war Fischer im U-Boots-Bau beim Torpedoressort der damaligen Kaiserlichen Werft Kiel tätig. Als im Jahre 1934 in Deutschland die Konstruktion und der Bau von U-Booten wieder aufgenommen wurde, gehörte Fischer zu den ersten, die von dem verstorbenen Ministerialdirektor Dr.-Ing. E. h. Friedrich Schürer, dem verdienstvollen Leiter der U-Boots-Konstruktionsabteilung, zur Mitarbeit herangezogen wurden.

In dieser Dienststelle erwarb sich Fischer große Verdienste um die Entwicklung der U-Boote. Als im Frühjahr 1935, nach Abschluß des Flottenvertrages mit England, die ersten U-Boote von 250 t Deplacement von Stapel liefen, konnten nur wenige außer den engeren Mitarbeitern Schürers beurteilen, welches Maß an wissenschaftlicher Arbeit und Beherrschung dieses Fachgebietes es bedurft hatte, um diese Leistung zu vollbringen. Fischer hatte wesentlichen Anteil daran.

Ihm oblag während des zweiten Weltkrieges die Bearbeitung der Fragen der Bauausführung der U-Boote und die Auswertung der Kriegserfahrungen für die Verbesserung der U-Boote. Seine großen Erfahrungen, seine hervorragenden Kenntnisse und Fähigkeiten kennzeichnen seine Persönlichkeit, die in den Herzen seiner Mitarbeiter und Freunde unvergessen bleibt.

Wenn die britische Admiralität in ihrem Bericht über den U-Boots-Krieg 1939—1945 „The battle of the Atlantic" in nüchterner Sachlichkeit und ohne Haß die Worte fand:

„Our ideas of heroism may differ, but it was not without reason in May 1945, when all was lost, that Admiral Dönitz paid tribute to the tenacity of his men, who were laying down their arms ,after a heroic fight, which knows no equal'."

dann wollen wir Schiffbauer auch der Kameraden gedenken, deren Namen in den Berichten über diesen Kampf ungenannt blieben und deren Leistungen darum doch nicht vergessen werden sollen.

Kurt Fischer war einer von ihnen.

JULIUS KOLKMANN

wurde am 10. August 1870 geboren, als der Sieg von Wörth eingeläutet wurde. In diesem Zeichen stand sein ganzes Werden und Wirken, bis beim Zusammenbruch Deutschlands am 9. Februar 1945 die erste Granate, die sein stolzes Haus auf der Hohen Zinne in Elbing traf, sein erfolgreiches Leben auslöschte.

Auf dem Kolkehof bei Duisburg, dem alten Familienbesitz der Kolkmanns, das bald der aufblühenden Industrie und dem Hafen der Rheinstadt weichen mußte, verlebte er als zehntes unter noch mehr Geschwistern eine sonnige und kernige Jugend. Das Realgymnasium zu Duisburg vermittelte dem aufgeweckten, strebsamen jungen Mann das Rüstzeug fürs Leben. Es folgte das Studium auf den technischen Hochschulen Karlsruhe und Charlottenburg.

Am 1. September 1895 trat Julius Kolkmann bei F. Schichau, Elbing, als Konstrukteur für Schiffsmaschinenbau ein. Unter persönlicher Leitung des genialen Ingenieurs Carl H. Ziese, des späteren Inhabers der Schichauwerke, entwickelte er sich zum erstrangigen Konstrukteur. Da alle Chefposten der Maschinenbauabteilungen durch mit dem Werk gewachsenen Ingenieuren besetzt waren, wählte Zieses Scharfblick Kolkmann für Konstruktion und Vertrieb des neuen Zweiges der Schleppkopf-Sauge-Bagger (System Frühling), die gerade eine Umwälzung im Baggerbetrieb hervorgerufen und die alten Systeme im In- und Ausland in den Schatten gestellt hatten. Die Entwicklung des Schichauschen Baggerbaus und die großen Erfolge in fast allen größeren Ländern der Erde haben diese Wahl vollauf gerechtfertigt.

Kolkmanns unermüdlicher Einsatz im Konstruktionsbüro und Betrieb und auf zahlreichen Reisen bis in die entferntesten Länder fand seine Krönung in der gegen die Weltkonkurrenz durchgesetzten Lieferung der Schleppkopf-Sauge-Hopper-Bagger, der größten und leistungsfähigsten ihrer Zeit, für den Whangpoo, deren Einsatz es ermöglichte, daß nunmehr auch die größten Ozeanschiffe den Whangpoo auch bei Ebbe bis Shanghai und weiter hinauf befahren konnten. Keine der anderen Weltfirmen wagte es damals, die harten Bedingungen des „Whangpoo Conservancy Board" anzunehmen. In einem Alter, in dem andere sich zur Ruhe zu setzen pflegen, wagte Kolkmann für seine Firma den Einsatz, ja er scheute nach Anlieferung des ersten Baggers nicht, die beschwerliche Reise nach dem Fernen Osten zu unternehmen und den Bonus für die Mehrleistung herauszuholen. Eine Minderleistung am Arbeitsort des Baggers hätte vertraglich die Zurückweisung dieses Millionenobjektes zur Folge gehabt.

Schon früh hatte der Oberingenieur Kolkmann Prokura erhalten und schließlich übertrug man ihm auf Grund seiner reichen Erfahrungen und Kenntnisse als Maschinenbaudirektor die Oberleitung sämtlicher Maschinenbau-Konstruktionsbüros, einschließlich Kessel-, Motoren-, Turbinen- und Lokomotivbau. Im Jahre 1939, nach 45 jähriger treuester Pflichterfüllung, machte er jüngeren Kräften Platz, nicht ohne seine wertvollen Erfahrungen weiterhin seinen Kollegen und den Schichauwerken zur Verfügung zu stellen.

Sein gewandtes und vornehmes Auftreten, gepaart mit erfinderischem Ingenieurgeist und ausgezeichneten Sprachkenntnissen, half maßgeblich, die Firma F. Schichau in der ersten Reihe der deutschen Werften und Maschinenbauanstalten zu halten. Sein liebenswürdiges, offenes Wesen und sein unbeirrbarer Sinn für Gerechtigkeit gewannen ihm die Herzen seiner Mitarbeiter und Kollegen, die ihm ein dankbares Gedenken bewahren über das Grab hinaus, das ihm seine treue Lebensgefährtin in seinem Elbinger Garten bereitet hat.

In der Schiffbautechnischen Gesellschaft, zu deren begeisterten Gründern er gehört, soll Julius Kolkmann nicht vergessen sein.

WALTER LAAS

Am 16. Oktober 1951 ist Professor Walter Laas, ehemaliges Vorstandsmitglied des Germanischen Lloyd, in Biesenthal im 82. Lebensjahr nach kurzer Krankheit verstorben. Bis in das hohe Alter hat er es verstanden, sich eine seltene Frische zu bewahren, die ihn befähigte, an den wissenschaftlichen Arbeiten des Schiffbaues bis zuletzt teilzunehmen.

Professor Laas wurde am 7. Februar 1870 in Berlin geboren. Nach seinem Studium an der Gewerbeakademie — der späteren Technischen Hochschule — in Berlin, wo er 1894 die Abschlußprüfung bestand, arbeitete er einige Zeit als Assistent. Darauf war er einige Jahre auf der Werft von Jos. L. Meyer in Papenburg tätig. Hier wurde er insbesondere mit dem Bau kleinerer Schiffe vertraut. Er beteiligte sich an dem 1. Preisausschreiben des Deutschen Seefischerei-Vereins und erhielt für den Entwurf eines Loggers den Kaiserpreis. 1897 ging er nach Kiel. Nach kurzer Tätigkeit auf der Kaiserlichen Werft nahm er eine Stellung auf der Friedr. Krupp Germaniawerft AG an, wo er vornehmlich als Betriebsingenieur wirkte. Im Anschluß an seine Kieler Tätigkeit wurde er stellvertretender Bürochef der Werft J. C. Tecklenborg AG in Geestemünde.

Im Jahre 1904 wurde er als o. Professor für praktischen Schiffbau an die Technische Hochschule in Berlin berufen. Im Jahre 1905 unternahm er eine Reise mit dem Fünfmastvollschiff „Preußen" nach Chile, auf welcher er sich insbesondere mit der Messung von Meereswellen beschäftigte. Die auf dieser Reise gewonnenen Erkenntnisse legte er in einem Vortrag 1906 der Schiffbautechnischen Gesellschaft vor. Im Jahre 1907 hielt er einen weiteren Vortrag vor der Schiffbautechnischen Gesellschaft über „Entwicklung und Zukunft der großen Segelschiffe".

Im ersten Weltkrieg wurde Professor Laas als Leutnant der Landwehr eingezogen und wurde später Hauptmann und Kompanieführer. Anschließend daran wurde er reklamiert und einige Zeit im Marinedienst beschäftigt.

Nach dem Kriege widmete er sich Fragen, die den Wiederaufbau der Handelsflotte, die Reform des Schiffbau-Unterrichts an der Hochschule usw. betrafen. Im Jahre 1923 wurde er zum Rektor der Technischen Hochschule Berlin gewählt, ein Amt, welches er zwei Jahre führte.

Nach dem Tode von Professor Pagel wurde Professor Laas Anfang 1926 in den Vorstand des Germanischen Lloyd berufen. Aus dem Lehrkörper der Technischen Hochschule schied er damals aus. Fragen, betreffend die Unsinkbarkeit der Schiffe, die Schiffssicherheit und den Freibord wurden sein besonderes Arbeitsgebiet. Im Auftrage der Reichsregierung wurde er deswegen als Delegierter zu der Schiffssicherheitskonferenz 1929 und Freibordkonferenz 1930 nach London entsandt. 1935 trat Professor Laas beim Germanischen Lloyd in den Ruhestand.

In der Schiffbautechnischen Gesellschaft, deren Gründungsmitglied er war, hat Professor Laas viele Jahre mitgewirkt, zahlreiche Vorträge gehalten und war stets bemüht, ihre Ziele zu fördern. Dem Vorstand der Schiffbautechnischen Gesellschaft gehörte er von 1926 bis 1936 an. Von 1928 bis 1931 führte er den Vorsitz dieser Gesellschaft. Auf Vorschlag von Professor Laas, der sich stets gern mit Fragen über die Geschichte des deutschen Schiffbaues beschäftigt hatte, wurde 1936 ein Fachausschuß „Geschichte des deutschen Schiffbaues" ins Leben gerufen, den er als Obmann bis zu seinem Tode geleitet hat und für den er unermüdlich tätig war. Nach Ausbruch des letzten Krieges stellte er seine Arbeitskraft der Marine zur Verfügung und hatte in verschiedenen Dienststellungen seine großen Erfahrungen wirksam verwerten können. Auch nach dem Kriege hatte er insbesondere der Schiffbautechnischen Gesellschaft seine Arbeitskraft gewidmet. Im Jahre 1950 gab er einen Bericht über die Tätigkeit des Fachausschusses „Geschichte des deutschen Schiffbaues" seit 1935. Auf der Hauptversammlung 1951 der Schiffbautechnischen Gesellschaft beabsichtigte er einen Vortrag zu halten über „Die Pflege der Schiffsgeschichte im Ausland und in Deutschland".

Die Leistungen von Professor Laas wurden von vielen Seiten anerkannt. Die Technische Hochschule Berlin ernannte ihn zum Honorar-Professor, die Schiffbautechnische Gesellschaft übertrug ihm im Jahre 1950 die Ehrenmitgliedschaft. Mit Professor Laas ist einer der bekanntesten deutschen Schiffbauer heimgegangen, der es in den langen Jahren seiner Tätigkeit als Hochschulprofessor, als Direktor des Germanischen Lloyd, als Mitglied der Schiffbautechnischen Gesellschaft verstanden hat, sich im In- und Ausland Anerkennung und Freunde zu werben.

FRANZ JOSEPH MEYER

wurde am 13. März 1875 in Papenburg/Ems als Sohn des Werftbesitzers Dr.-Ing. E. h. Jos. L. Meyer geboren. Nach dem Besuch des Papenburger Realprogymnasiums machte er sein Abitur am Realgymnasium in Münster/Westf. Schon frühzeitig erhielt er auf der väterlichen Werft und den zahlreichen, damals in Papenburg bestehenden Holzschiffswerften seine Anregungen, so daß es für ihn feststand, daß auch er als viertes Glied in der Familie wieder Schiffbau als seinen Lebensberuf erwählen wollte. Zuerst arbeitete er praktisch auf der väterlichen Werft, 1894 bezog er dann die Technische Hochschule Berlin, die er mit der damaligen Abschlußprüfung als staatlich geprüfter Bauführer des Schiffbaues verließ. Nach Ableistung seines Einjährigenjahres bei der Matrosenartillerie trat er 1899 in den väterlichen Betrieb ein. Schon damals mußte er seinen Vater in der Leitung der Werft vertreten, da dieser längere Zeit wegen einer Krankheit sich nicht seiner Werft widmen konnte.

50 Jahre war Franz Joseph Meyer dann leitend in der Firma Jos. L. Meyer tätig, zuerst als Teilhaber, nach dem Tode seines Vaters und seines Bruders als alleiniger Inhaber. Unter seiner Leitung wurden etwa 350 Schiffe und 120 kleinere Fahrzeuge, wie Prähme, Fähren usw. erbaut. Trotz aller Stürme der Zeiten, wie zwei Weltkriege, Inflation, Deflation und Arbeitsmangel gelang es Franz Joseph Meyer, das Werk seiner Väter zu erhalten und auszubauen. Die Bauten, die seine Werft während dieser langen Periode verließen, trugen seinen Stempel. Da es durchweg Spezialschiffe waren, die nur in geringer Zahl, meistens nur einmal gebaut wurden, gehörte eine große Erfahrung, großes Wissen und Umsicht dazu, alle Schiffe zur Zufriedenheit der Besteller zur Ablieferung zu bringen, was ihm immer gelungen ist. Besonders dem Entwurf der Linienrisse und den Stabilitätsfragen, die bei diesen Schiffen in·immer neuen Formen auftraten, widmete er seine besondere Aufmerksamkeit.

Den ersten Weltkrieg machte er als Kapitänleutnant bei der Matrosenartillerie mit. Auch in dieser Zeit wurde er mit Konstruktionen neuer Entwürfe für die damalige Marine beauftragt. Noch in den letzten Tagen des zweiten Weltkrieges, im April 1945, wurde seine Werft durch Bomben in wesentlichen Teilen zerstört. Mit der ihm angeborenen Energie nahm er schon im Mai 1945 die Aufräumungs- und Wiederaufbauarbeiten wieder auf, so daß Ende 1946 die Werft nahezu wieder vollständig hergestellt war.

Sein ganzes Tun und Trachten war auf seine Werft und die Papenburger Wirtschaft ausgerichtet. Deshalb wurde Franz Joseph Meyer schon in jungen Jahren zur Mitarbeit in den dafür zuständigen Gremien herangezogen. So war er 40 Jahre Mitglied der Industrie- und Handelskammer für Ostfriesland und Papenburg in Emden, davon lange Jahre als Vizepräsident; ebenso lange war er Mitglied der Handels- und Schiffahrtsdeputation in Papenburg, die er viele Jahre als Vorsitzender leitete. Beide Institutionen ernannten ihn zum Ehrenmitglied. Ferner gehörte er jahrzehntelang als Mitglied dem Bezirksausschuß bei der Regierung in Osnabrück an. Auch als Kreistagsabgeordneter vertrat er die Interessen seiner Heimatstadt.

Bis zu seinem Tode war Franz Joseph Meyer in seinem Betrieb tätig. Am 4. April 1951 setzte ein Herzschlag diesem arbeitsreichen Leben ein Ende. Mit ihm, der der STG im Jahre 1902 als Fachmitglied beigetreten war, verlieren wir eines unserer ältesten Mitglieder.

FRANZ VOLQUART MEYER

Alle „Schiffbaubeflissenen" unserer alten Charlottenburger Hochschule der ersten Jahrzehnte dieses Jahrhunderts erfreuten sich seiner allzeit gütigen und mitfühlenden Förderung, da er als Konstruktionsingenieur Geheimrat Flamms wirkte und dessen Vitalität zum Segen der damals immer zahlreicher werdenden Jünger des aufblühenden deutschen Schiffbaus, auszugleichen verstand. Gar viel hat er uns von seinen gediegenen Fachkenntnissen vermittelt, und gar mancher der später führenden Männer deutscher und ausländischer Werften wird seiner in Dankbarkeit gedacht haben und noch gedenken.

Sein Andenken auch in der Schiffbautechnischen Gesellschaft, der er von Anbeginn ein treues Mitglied war, zu erhalten, ist eine Dankespflicht, auch, wenn F. V. Meyer selbst in seiner übergroßen Bescheidenheit nicht mit einer Erwähnung seiner Verdienste einverstanden wäre.

Im September 1950 ist Franz Volquart Meyer, 81 Jahre alt, in seiner Geburtsstadt Lübeck verstorben. Dort konnte er mit seiner ihn in jeder Beziehung ergänzenden Lebensgefährtin in der Nähe des urdeutschen Bauernhofes des Sohnes und im Kreise prächtiger Enkelkinder einen gesegneten Lebensabend genießen.

Nach dem Schiffbaustudium in Charlottenburg führte den Sohn eines Lübecker Schiffszimmermeisters der Berufsweg auf die Germaniawerft Kiel, Stettiner Vulcan, Bremer Vulkan und später ins Reichsmarine-Amt, bis er 1901 dem Rufe an die Technische Hochschule folgte, um hier in mehr als zehnjähriger Lehrtätigkeit sein reichhaltiges Wissen und seine vorbildliche Lebensauffassung der Jugend zu vermitteln. Von 1911 bis 1929 wirkte er als Oberingenieur und Konstruktionschef bei F. Schichau in Danzig. Dort gingen aus seinen Büros die Pläne so manches Handels- und Kriegsschiffes hervor, wie „Homeric", „Columbus" u. a. m.

Trotz seiner rastlosen Tätigkeit fand F. V. Meyer noch Zeit, als alter Herr des A. V. Hütte den schiffbaulichen Teil des Ingenieur-Fachbuches „Hütte" zu bearbeiten und an der Neuausgabe von „Brix-Bootsbau" mit der ihm eigenen Gründlichkeit mitzuarbeiten.

Hilfsbereitschaft und Güte, Idealismus und Härte auch gegen sich selbst waren die Merkmale im Leben dieses deutschen Schiffbauers, der uns Älteren unvergeßlich bleibt und dem Nachwuchs Vorbild sein soll.

HEINRICH OHLENDORF

Am 3. April 1951 verstarb im Alter von 70 Jahren in Bremen Generalkonsul Heinrich Ohlendorf, der Alleininhaber des Speditionshauses Fr. Naumann sen., Bremen. Mit ihm verliert diese Firma ihren Chef, der ihr seit über 50 Jahren als alleiniger Inhaber vorstand.

Über das Wohl der eigenen Firma hinaus hat Generalkonsul Heinrich Ohlendorf auch die Interessen des gesamtdeutschen Speditionsgewerbes an führender Stelle vertreten. Er war eine Persönlichkeit, die überall geachtet war ob ihres klugen Rates und ihrer schöpferischen Ideen und aber auch ihres oft bewiesenen Vermögens, Gegensätze zu überbrücken und Streitende zu Freunden zu machen. Mit ihm verliert auch der Hafen Bremen einen unermüdlichen Förderer.

Während der Dauer eines Vierteljahrhunderts war er Vorsitzender des Vereins Bremer Spediteure, zu dessen Ehrenvorsitzenden er im Jahre 1951 ernannt wurde. Seit vielen Jahren gehört er dem Vorstand des Vereins Bremer Baumwollspediteure und Lagerhalter e. V. an. Eine Reihe von Jahren war er Mitglied des Vorstandes der Bremer Baumwollbörse. Über 20 Jahre wirkte er als türkischer Generalkonsul in Bremen. Ferner gehörte er den Aufsichtsräten des Germanischen Lloyd und der Hamburg-Bremer Feuerversicherung A.G. an.

Das Angedenken dieses wahrhaft königlichen Kaufmanns wird auch in der Schiffbautechnischen Gesellschaft unvergessen bleiben.

JULIUS RIPKEN

wurde am 22. März 1883 in Rüstringen geboren, besuchte dort die Volksschule und hierauf die Gewerbeschule in Wilhelmshaven. Nach praktischer Ausbildung besuchte er die höhere Staatslehranstalt in Bremen, an der er die Abschlußprüfung im Schiffbau ablegte.

Im März 1906 wurde er als beamteter Werfthilfstechniker auf der Kaiserlichen Werft Wilhelmshaven angestellt und mit Konstruktionsarbeiten im Schiffbaukonstruktionsbüro beschäftigt, wobei er sich durch gute Kenntnisse, namentlich auch bei Festigkeitsrechnungen, auszeichnete. Dies gab Veranlassung, ihm 1924 die Festigkeitsuntersuchungen für den Stapellauf des Kreuzers „Emden" zu übertragen, eine damals noch wenig gekonnte Aufgabe, bei der es die Druckverteilung des elastischen Schiffskörpers auf einer elastischen Unterlage zu ermitteln galt. Dabei zeigte Ripken, daß er nicht nur diese schwierige Aufgabe vollkommen beherrschte, sondern daß allgemein seine

Fähigkeiten weit über seinen bisherigen Aufgabenkreis und seine Dienststellung hinausgingen. Sein damaliger Vorgesetzter fühlte sich daher verpflichtet, ihm unter Überwindung aller bürokratischen Schwierigkeiten die Wege zu ebnen, die ihn zu der ihm zukommenden Stellung führen konnten. Im September 1925 legte er zunächst im Alter von 42 Jahren die Anstellungsprüfung für die Beamten der Marine-Ingenieur-Laufbahn mit dem Gesamturteil „Vorzüglich bestanden" ab und wurde am 1. November 1925 zum Technischen Obersekretär, am 12. Mai 1927 zum Marine-Ingenieur ernannt.

Im September 1933 konnte endlich die von vornherein bestehende Absicht verwirklicht und Ripken in das Konstruktionsamt des Oberkommandos der Kriegsmarine einberufen werden, wo er anfangs als Sachbearbeiter, später als Referent das Gebiet „Festigkeit der Schiffe, Dock- und Hellingfragen" übernahm. Er wurde am 1. Oktober 1934 zum Technischen Regierungsinspektor, am 1. Juni 1935 zum Technischen Regierungsoberinspektor und am 1. April 1937 zum Amtsrat befördert. Seine Übernahme in den höheren Dienst als Marineoberbaurat wäre unter anderen Verhältnissen sicher gewesen. Seine Leistungen wurden auch durch Verleihung des Kriegsverdienstkreuzes I. Klasse mit Schwertern anerkannt.

Ripken war ein ausgezeichneter, selbständig denkender und handelnder Techniker, der durch Selbststudium eine wissenschaftliche Höhe erreicht hatte, die auf seinem Gebiet weit über das Maß normaler akademischer Bildung hinausging. Dabei verfiel er nicht in den Fehler vieler Autodidakten, die glauben, alles erreichen zu können, sondern wußte auch die Tatsachen der Erfahrung richtig zu deuten. Dabei blieb er ohne jede Überheblichkeit und erwies sich als wahrhaft vornehmer Charakter.

Die Flucht aus Berlin und die Kriegsfolgen erschütterten seine Gesundheit. Er verschied im Dezember 1945 im Lazarett Eckernförde-Carlshöhe.

KURT ROESER

wurde am 30. März 1888 zu Graudenz geboren. Nach dem Besuch der dortigen Oberrealschule widmete er sich dem Studium des Schiffbaufaches an der Technischen Hochschule zu Danzig. Die erforderliche praktische Arbeitszeit leistete er auf der Kaiserlichen Werft Danzig und bei der Schiffswerft J. W. Klawitter, Danzig, ab. In die Studienzeit fiel auch die Ableistung seiner militärischen Dienstpflicht bei der I. M. A. A. Kiel-Friedrichsort und der militärischen Übungen.

Im Dezember 1911 legte er die Diplomhauptprüfung im Schiffbaufach ab. Nach etwa einjähriger Tätigkeit im Auslande zur weiteren Ausbildung im Betrieb und Büro bei der Kesselfabrik Otto Gibat in Charkow (Südrußland), trat er bei der Firma Blohm & Voß, Hamburg, ein, wo er im Konstruktionsbüro für Handelsschiffbau bei der Ausarbeitung von Projekten und Erledigung theoretischer Rechnungen beschäftigt wurde. Mit Beginn des ersten Weltkrieges wurde er — Januar 1914 zum Leutnant d. R. M. A. befördert — zur Truppe eingezogen und machte den Krieg bis zum März 1917 mit, seit 1916 als Oberleutnant. Er wurde dann zur Werft des Marinekorps in Ostende als Betriebsdirigent für Schiffbau kommandiert, wo ihm die Instandsetzung von Zerstörern, T-Booten, Minensuchbooten und Hilfsfahrzeugen nebst der Überwachung der zugehörigen Werkstätten unterstand. Im Herbst 1917 wurde dieser Betrieb nach Gent verlegt, wo ein Instandsetzungsbetrieb für Torpedoboote und Hilfsfahrzeuge neu aufgezogen wurde. Er leitete dort den schiffbaulichen Teil und die schiffbaulichen Werkstätten bis zum Abbau 1918. Nach Rückführung aus dem flandrischen Raum wurde er zur U-Boots-Bauaufsicht bei der Werft Blohm & Voß kommandiert. Auf Grund der Demobilisierungsbestimmungen gelangte er anschließend zu der Firma Krupp, Essen. Roeser wurde hier zunächst als Assistent im Werkstoffprüfungsfach bei der Abnahmezentrale in der Abnahme von Schiffs- und Schiffsmaschinenteilen — später $3\frac{1}{2}$ Jahre lang als Abteilungsleiter — in der Dienststelle verwendet. Zu bemerken ist hier, daß er 1921 an der Danziger Technischen Hochschule im Schiffbaufach zum Dr.-Ing. promovierte. Die Doktorarbeit über Schwimmdocks ist im Jahrbuch der Schiffbautechnischen Gesellschaft, der er im Jahre 1917 als Fachmitglied beigetreten war, veröffentlicht.

Im Jahre 1925 erfolgte in den Gesenkschmieden der Firma Krupp eine größere Ausweitung, und Roeser wurde als Assistent und stellvertretender Betriebsleiter dorthin versetzt. Im Juli 1927 trat Roeser in die Dienste der I. G. Farben in Ludwigshafen, für die er in Essen ein Abnahmebüro für das Industriegebiet einrichtete und leitete.

Die fortschreitende Wirtschaftskrise hatte zur Folge, daß nach etwa vier Jahren die umfangreichen Bestellungen der I. G. fast ganz aufhörten und die Abnahmestelle Essen im Herbst 1931 aufgelöst werden mußte. Er wurde nach einer in Ludwigshafen vorgenommenen Umstellung auf die Brennstoffwirtschaft in der Folge bei der Verkaufsgesellschaft der I. G., der Deutschen Gasolin A. G. im Industriegebiet als Vertreteringenieur eingesetzt und bearbeitete als solcher den Essener und Bochumer Bezirk bis Ende 1934.

Mit dem 1. Januar 1935 wurde Dr. Roeser als Schiffbau-Diplomingenieur vom damaligen Reichskriegsministerium für die Bearbeitung von Unterbringungs- und Fertigungsfragen von Schiffbau- und Marinegerät bei der Wehrwirtschaftsinspektion VI, Münster, angestellt. Im Jahre 1936 wurde er von der Marine als Offizier (Kapitänleutnant, Ing.) übernommen und in der Folgezeit — Herbst 1937 Korv.-Kpt. geworden — als Leiter der Zentralgruppen beim Rüstungskommando Stuttgart und Rüstungskommando IV, Berlin, verwendet. Trotz des Widerstandes des Wehrwirtschaftsamtes, aber mit seinem Einverständnis, wurde er dann zum O. K. M. kommandiert. Am 26. November 1939 konnte er als Referent im K.-Amt, K I, in der Abteilung „Kleine Schiffe", seinen Dienst beim O. K. M. aufnehmen. Im K.-Amt wurde ihm nach kurzer Übergangszeit, in der er die Gewichtskontrolle und allgemeine schiffbauliche Fragen für „Kleine Schiffe" bearbeitet hatte, das Referat für Minensuchboote, Kanonenboote, Geleitfahrzeuge und Sonderfahrzeuge überlassen, das er mit einigen Einschränkungen oder Ergänzungen bis zum Abschluß der Kapitulation behielt.

Im Juli 1945 im Entlassungslager Meldorf aus der Wehrmacht entlassen, wurde er von der britischen Besatzungsmacht auf Grund seines Dienstgrades „Marineoberbaurat" in Haft gesetzt und bis Februar 1946 im Konzentrationslager Neuengamme festgehalten.

Nun folgten schwere und entbehrungsreiche Jahre. Nach Berlin zurückgekehrt, versuchte er mit aller Energie, wieder festen Fuß zu fassen. Da wollte es ein tragisches Geschick, daß er scheiden mußte, als er im Begriff stand, seinem hohen Wissen entsprechend, sich endlich wieder eine gesicherte und geachtete Position zu verschaffen. Ein Leiden, das seinen Ursprung aus seiner Haft im Konzentrationslager hatte, warf ihn aufs Krankenlager; am 18. August 1950 machte ein Gehirnschlag seinem arbeitsreichen Leben ein Ende.

EWALD SACHSENBERG

Am 14. Juli 1948 entschlief nach kurzem, aber schwerem Leiden im Alter von 69 Jahren der emeritierte Ordinarius für Betriebswissenschaften an der Technischen Hochschule Dresden, Professor Dr.-Ing. Ewald Sachsenberg.

Er wurde am 16. Juni 1877 in Roßlau a. d. Elbe als Sohn des Kommerzienrates Georg Sachsenberg geboren. An der Technischen Hochschule Berlin studierte er Schiff- und Schiffsmaschinenbau und legte hier dann im Jahre 1904 die Diplomhauptprüfung ab. Ein Jahr später promovierte er in Berlin auf Grund von Trossenmessungen beim Schleppen von Flußkähnen.

Von 1905 bis 1907 war Sachsenberg auf der Germaniawerft in Kiel tätig. Er arbeitete dann im Jahre 1907 etwa ein halbes Jahr in Belfast bei Harland & Wolff. Das Jahr 1908 verbrachte er mit Studienreisen durch englische Werften und Anlagen. Von 1909 bis 1915 war Sachsenberg Leiter der eigenen Werft in Köln-Deutz. Von 1915 bis 1918 war er auf der Kaiserlichen Werft in Wilhelmshaven als Betriebsdirigent tätig, um im Jahre 1919 die Konstruktionsarbeiten in der Reichstreuhandgesellschaft in Berlin zu übernehmen, die darauf hinzielten, während des Abbaues der Marine unproduktive Zertrümmerungen von Schiffen durch Umbauten derselben wieder produktiv machen zu können. Nach Auflösung der Reichstreuhandgesellschaft ging Sachsenberg zur Lampenfabrik Frister in Berlin, um dann vom Jahre 1921 bis 1939 an der Technischen Hochschule Dresden als Professor für Fabrikbau, Organisation, Technologie, Werkzeugmaschinen, Psychotechnik tätig zu sein. Für organisatorische Aufgaben hatte sich Professor Sachsenberg auch bereits schon im Jahre 1920 an der Technischen Hochschule Berlin habilitiert.

Im Jahre 1939 nahmen die Nationalsozialisten an seiner früheren Zugehörigkeit zu einer Freimaurerloge und zum Rotaryklub Anstoß und er mußte fristlos aus der Technischen Hochschule ausscheiden, da man ihn nicht mehr geeignet zur Erziehung der studentischen Jugend hielt.

Während seiner Tätigkeit an der T. H. Dresden arbeitete er besonders auch an Rationalisierungsaufgaben. Als Sachverständiger auf diesem Gebiet wurde er besonders von der Türkei herangezogen. Es reizte ihn, in seinen Forschungsarbeiten Neuland zu betreten und Pionierarbeit zu leisten. Er gründete beispielsweise ein Verpackungsprüffeld als erstes Institut seiner Art in Deutschland. Durch grundlegende Untersuchungen in seinem Institut für Psychotechnik hat er die Schäden einer falschen Arbeitsplatzgestaltung nachgewiesen. Er hat die Gesetze der Ermüdung studiert und über die Beziehung zwischen Arbeit und Rhythmus umfassende Untersuchungen gemacht.

Eine Fülle von mehr als 150 Buch- und Zeitschriftenveröffentlichungen wird über seinen Tod hinaus zukünftigen Ingenieuren und Wissenschaftlern Anregungen und Grundlagen zu ihrem Schaffen geben. Die Schüler Sachsenbergs werden seine stets lebendigen Vorlesungen in Dresden nicht vergessen, wenn er auch bei den Studenten als ein gefürchteter Prüfer bekannt war.

Trotz einer gewissen Kühle seines Wesens schlug in seiner Brust ein warmes Herz für alles Schöne und Gute.

FRIEDRICH SENST

Friedrich Senst wurde am 21. September 1897 in Röbel/Mecklenburg geboren. Nach Ablegung der Reifeprüfung am Realgymnasium in Güstrow trat er im Juli 1915 als Marinebau-Eleve bei der Kaiserlichen Marine ein. Im ersten Weltkrieg stand er in Diensten der Kaiserlichen Marine, bei dessen Beendigung als Leutnant zur See d. R.

Nach seiner praktischen Ausbildung auf der Neptunwerft in Rostock begann er im Februar 1919 das Schiffbaustudium an der Technischen Hochschule Berlin und legte am 26. Juli 1922 die Diplomhauptprüfung ab. Von September 1922 bis Ende März 1925 war er als Konstrukteur und Betriebsassistent bei der Friedr. Krupp Germaniawerft A. G. in Kiel tätig.

Nachdem die neue Reichsmarine wieder mit der Ergänzung ihrer Baubeamten beginnen mußte, konnte auch Senst seine ursprüngliche Absicht, Marinebaubeamter zu werden, verwirklichen. Nach Ausbildung als Marinebauführer auf der Marinewerft Wilhelmshaven legte er im März 1927 die 2. Hauptprüfung ab und wurde zum Regierungsbaumeister, im Januar 1928 zum Marinebaurat ernannt.

Nach mehrjähriger Tätigkeit auf der Marinewerft Wilhelmshaven leitete er vom April 1931 bis zum Oktober 1935 die Bauaufsicht des Oberkommandos der Kriegsmarine bei der Deutsche Werke Kiel A. G. und der Friedr. Krupp Germaniawerft in Kiel. Seiner besonderen Aufgabe, bei den Privatwerften die nach dem ersten Weltkrieg verlorengegangenen Erfahrungen im Kriegsschiffbau wieder zu vermitteln und die in Wilhelmshaven völlig neu entwickelte geschweißte Bauweise des Schiffskörpers einzuführen, widmete er sich in hervorragender Weise.

Im Oktober 1935 kehrte Senst wieder zur Marinewerft Wilhelmshaven zurück, wo er zuerst als Betriebsdirektor (im Juni 1937 zum Marineoberbaurat ernannt) und von August 1940 bis zum Oktober 1942 als Schiffbaudirektor wirkte. Besondere Verdienste erwarb er sich zuerst um den Personalaufbau, der den ungeahnt wachsenden Ansprüchen angepaßt werden mußte, und dann vor allem im Kriege bei der Beseitigung der Gefechtsschäden. Mit großem organisatorischen Geschick regelte er die Verteilung der Arbeitsobjekte im gesamten Nordsee-Werftbereich, um eine gleichmäßige Ausnutzung der Werftkapazität und kürzeste Termine zu erreichen.

Ein Kommando zur Personalabteilung des Konstruktionsamtes des O. K. M. in Berlin entsprach nicht der Veranlagung dieses regen und tatkräftigen Menschen, und es war ihm daher eine besondere Genugtuung, als er am 18. Januar 1945 die Leitung der Technischen Abteilung des Oberwerftstabes Niederlande übernehmen konnte. Doch schon am 27. Februar 1945 ist er auf einer Dienstfahrt von Amsterdam nach Den Helder verschollen. Alle Nachforschungen blieben ohne Erfolg, lediglich sein Koppel wurde gefunden.

Der Schiffbautechnischen Gesellschaft war er ein treues Fachmitglied seit dem Jahre 1923.

HENRY STEMMER

Am 3. Dezember 1951 starb plötzlich und unerwartet durch Herzschlag Marineoberbaurat a. D. Diplomingenieur Henry Stemmer. Er wurde am 31. März 1900 in Hamburg geboren. Nach dem Besuch der Oberrealschule Vor dem Holstentor und nach einer zweijährigen praktischen Tätigkeit auf der Reiherstiegwerft, studierte er an der Technischen Hochschule Berlin-Charlottenburg Schiffbau.

Als junger Diplomingenieur war Henry Stemmer als Schiffbaukonstrukteur bei der Reiherstiegwerft, Hamburg, bei der Werft Nüske & Co., Stettin, und bei Blohm & Voß, Hamburg, tätig. Er arbeitete in diesen Stellungen im Fischdampfer-, Frachtschiff- und Großschiffbau und nahm auch an der Konstruktion des Schnelldampfers „Europa" teil.

Von 1927 bis 1935 war Stemmer Assistent an der Technischen Hochschule bei Professor Dr.-Ing. E. h., Dr.-Ing. F. Horn. Während dieser Zeit war es ihm vergönnt, an der Hochseemeßfahrt der „San Francisco", zu derem Gelingen er mit beigetragen hat, teilzunehmen.

Im Jahre 1935 trat Stemmer bei der Marinewerft Wilhelmshaven ein, wo er bis zum Ende dieser Werft verblieb, und wo er u. a. als Leiter des Versuchswesens, der Werkstattbetriebe und der Konstruktion tätig war. Er trat auch in die Laufbahn der Marinebaubeamten ein und war seit 1941 Marineoberbaurat. In diese Zeit fallen zahlreiche an Bord von Schiffen ausgeführte Messungen von Bewegungen, Beanspruchungen und Vibrationen, deren Ergebnisse für die Konstruktion und den Betrieb der Kriegsschiffe von großem Wert waren. Sehr sorgfältig hat Stemmer den Bewegungsablauf und die Beanspruchungen während der Stapelläufe gemessen und auch hierüber Modellversuche durchgeführt, die erst den sicheren Ablauf der großen Schlachtschiffe in dem engen Wilhelmshavener Bauhafen ermöglichten.

Im Jahre 1950 hatte sich für ihn ein neues Arbeitsfeld bei der Hamburgischen Schiffbau-Versuchsanstalt eröffnet. Es wurde ihm die Aufgabe gestellt, die Abteilung für Messungen an Bord von Schiffen wieder aufzubauen. Mitten aus dieser Arbeit, die er mit großem Erfolg ausführte, wurde er nun durch den Tod gerissen.

Der Verstorbene, der seit 1928 Mitglied unserer Gesellschaft war, zeichnete sich durch zuverlässige und verantwortungsbewußte Arbeit, durch kameradschaftliche Haltung und durch ein stets liebenswürdiges Wesen aus. Alle, die ihn kannten, werden sich seiner immer gern erinnern und sein Andenken in Ehren halten.

CARL STOCKHUSEN

Carl Stockhusen wurde am 22. September 1869 in Pinneberg geboren. Nach beendeter Schulzeit in seinem Geburtsort trat er im April 1884 bei der Werft von D. W. Kremer, Elmshorn, als Schiffbaulehrling ein. Im Frühjahr 1888 unternahm er mehrere Segelschiffsreisen nach Brasilien, Westindien, Nordamerika, Portugal, England usw. Nach seiner Rückkehr besuchte er einige Zeit die von A. Stuhlmann geleitete Schiffbauklasse der früheren Hamburger Gewerbeschule.

Anfang März des Jahres 1891 nahm Stockhusen eine Stellung im schiffbautechnischen Büro bei der Firma F. Schichau in Elbing an. Hier wurde ihm Gelegenheit geboten, sich mit allen im Schiffbau vorkommenden technischen Arbeiten, hauptsächlich im Kleinschiffbau und Torpedobootsbau, vertraut zu machen.

Am 1. August 1895 trat er dann in die Dienste der Germaniawerft in Kiel. Da um diese Zeit die Germaniawerft mit dem Bau der ersten Torpedoboote für die Marine begann, wurde ihm Gelegenheit geboten, seine bei Schichau in Elbing erworbenen Kenntnisse im Torpedobootsbau gut zu verwerten. Auch im Großschiffbau und dem gerade in Kiel aufblühenden Segelsport war ihm auf der Germaniawerft Gelegenheit geboten, seine Kenntnisse zu erweitern. So entstand in dieser Zeit die von ihm entworfene, stählerne, etwa 16 Segellängen große Segeljacht „Vesta", die später in das Eigentum des bekannten Berliner Seglers Büxenstein überging und viele Preise im In- und Ausland erwarb. Ab Juni 1901 war er bei der Firma G. Seebeck A. G. in Bremerhaven tätig. Neben seiner Arbeit in der Reparaturabteilung und für den Werftausbau beschäftigte er sich hier weiterhin mit dem Entwurf und Bau großer Segeljachten. So entstand dort außer der 16-Segellängen-Jacht „Thea" für Konsul H. Diedrichsen die größte bis dahin in Deutschland gebaute Segeljacht „Armgard", die sich noch bis zur letzten Zeit erfolgreich an den Langstreckenrennen im Stillen Ozean beteiligte. Anfang 1906 übernahm er dann bei den Howaldtswerken in Kiel den Posten eines stellvertretenden Bürochefs. Er wurde bald darauf zum Oberingenieur und Leiter des schiffbautechnischen Büros für Handelsschiffbau ernannt. Diese Stellung hatte er über 25 Jahre inne, und es sind während dieser Zeit etwa 300 Handelsschiffe der verschiedensten Größen und Arten unter seiner Mitwirkung erbaut worden. Erwähnt sei ferner, daß er für Schiffbauingenieure einen Spezialrechenschieber geschaffen hat und später einen sogenannten Knotenschieber.

Obwohl Carl Stockhusen im Jahre 1931 in den Ruhestand getreten war, war er noch weiterhin als Berater und Sachverständiger für verschiedene Reedereien und Behörden tätig. Im Handelsschiff-Normenausschuß vertrat er die Howaldtswerke noch bis zum Jahre 1939.

Als der Tod am 18. September 1948 seinem arbeitsreichen Leben ein Ende setzte, verlor die Schiffbautechnische Gesellschaft mit ihm eines ihrer Gründungsmitglieder.

MORITZ WEBER

Am 10. Juni 1951 starb kurz vor der Vollendung seines 80. Lebensjahres der ord. Professor emerit. der Technischen Hochschule Berlin, Dr.-Ing. Moritz Weber. Die Tatsache, daß er seit Januar 1949 in einem Heim des Diakonissenhauses Neuendettelsau bei Ansbach — wohin man ihn über die Luftbrücke gebracht hatte — gepflegt und betreut wurde, läßt erkennen, daß sein Lebensabend unter dem Zeichen des schweren Schicksals unseres Vaterlandes stand, um das er sich als Wissenschaftler und Hochschullehrer hohe Verdienste erworben hat.

Moritz Weber wurde am 18. Juli 1871 in Leipzig geboren. Sein beruflicher Lebensweg führte ihn nach seiner Ausbildung in Hannover und Göttingen im Jahre 1899 nach Berlin, wo er als Regierungsbaumeister bei der Eisenbahn am ersten Projekt der Elektrifizierung der Stadtbahn und an der Wasserversorgung des Bahnhofs Berlin-Charlottenburg mitarbeitete. Im Jahre 1904 wurde er ord. Professor für Mechanik an der Technischen Hochschule Hannover und folgte im Jahre 1913 einer Berufung als ord. Professor für Mechanik des Schiff- und Schiffmaschinenbaues an die Technische Hochschule Berlin. Dort wirkte er bis zu seiner Emeritierung im Jahre 1936. Im Laufe dieser Zeit hatte er mehrere Jahre lang das Dekanat der Fakultät für Maschinenwesen innegehabt. Anläßlich seiner Emeritierung wurde er Ehrensenator der Technischen Hochschule Berlin und Anfang 1950 Ehrensenator der Technischen Universität Berlin.

Die wissenschaftliche Tätigkeit und die Veröffentlichungen Webers decken den weiten Umfang seiner Interessen auf. Er hat gearbeitet über die Bewegung des Halleyschen Kometen, über das d'Alembertsche Prinzip, die Lagrangesche Bewegungsgleichung, den vollkommenen Massenausgleich und über Probleme der Koppelschwingungen. Seine besondere Liebe galt der Ähnlichkeitsmechanik und Modellwissenschaft, die er für Deutschland in eine vorbildliche Systematik brachte. Über diese Arbeiten berichtete er mehrfach vor der Schiffbautechnischen Gesellschaft, deren Fachmitglied er seit 1913 war.

Aus den Bedürfnissen des Schiffbaus zur Bestimmung des Schiffswiderstandes erwuchs die Aufgabe, eine exakte Ähnlichkeitsmechanik zu schaffen. Seine erste Veröffentlichung vom Jahre 1919 in dem Jahrbuch der Schiffbautechnischen Gesellschaft legt Zeugnis hiervon ab. Weber erkannte sehr bald, daß das wissenschaftliche Hilfsmittel der Ähnlichkeitsmechanik und Dimensionsanalyse nicht nur für das Modellversuchswesen des Schiffbaus unmittelbar Bedeutung hat, sondern auch für Modellversuche auf anderen Gebieten der technischen Physik, wie Wärmetechnik, Elektrotechnik, für Probleme auf dem Gebiet der Elastizitäts- und Festigkeitslehre, also für Probleme auf fast allen Zweigen der angewandten Naturwissenschaft. Er erkannte aber auch, daß die Ähnlichkeitsphysik mehr leistet als nur eine Anweisung für die Anstellung von Modellversuchen, und hob die allgemeine wissenschaftliche Bedeutung des Ähnlichkeitsprinzips hervor, wie sie schon von Newton angedeutet worden ist. Hiervon gibt seine Veröffentlichung „Das allgemeine Ähnlichkeitsprinzip der Physik und sein Zusammenhang mit der Dimensionslehre und der Modellwissenschaft" im Jahrbuch der Schiffbautechnischen Gesellschaft 1930 Auskunft. Eine Abhandlung im Jahrbuch 1942 enthält eine historische Betrachtung über den Werdegang des Versuchswesens im Schiffbau in Verbindung mit einer Würdigung der beiden Modellforscher Froude und Reech.

Die Diskussionen dimensionsloser Kennwerte in der Atomphysik und der Kosmologie sprengen zwar den Rahmen der von Weber gemachten Voraussetzungen für den Gültigkeitsbereich seiner Darlegungen, sie beweisen aber die von ihm klar gesehene weitreichende praktische Bedeutung dieses Wissenschaftszweiges. Als wissenschaftliches Erbe verbleibt, die Webersche Systematik auf die unvollständige und mathematische Ähnlichkeitslehre auszudehnen und sie in die allgemeine Lehre von den Analogien einzuordnen.

Das Bild von Weber wäre unvollständig, wenn nicht seine allgemeinen Interessen erwähnt würden: Wer mit ihm, der so gern und unermüdlich in der Landschaft umherschweifen konnte, eine Wanderung unternahm, war beeindruckt von seinen Kenntnissen der lebenden und unbelebten Natur; sein Liebhaberwissen in der Botanik war beachtlich.

Webers letzte Lebenstage waren schwer. Seine körperlichen und seelischen Leiden achtete er gering; er erreichte das Ziel seiner Jugend, von sich selbst völlig absehen zu können.

ERNST AXEL WELIN

wurde am 10. November 1862 in Stockholm geboren. Nach seinem Studium an der Technischen Hochschule seiner Heimatstadt fand er seine erste Stellung bei Nordenfelt Guns- & Ammunition Co. Ltd., London, im Jahre 1884. Gleichzeitig setzte er hier sein Studium bei der „Kings College" bis zum Jahre 1888 fort. In diesem Jahre machte er sich selbständig und gründete eine eigene Gesellschaft, die später „The Welin Davit & Engineering Co. Ltd. genannt wurde, und errichtete bald Tochtergesellschaften in Hamburg, Paris, Göteborg und New York.

Mit dem schottischen Ingenieur, MacLachlan, der ebenfalls die Fabrikation von Bootsdavits aufgenommen hatte, trat seine Gesellschaft bald in scharfen Wettbewerb, bis schließlich beide Gesellschaften miteinander vereinigt wurden. Die Davits, die diese vereinigten Gesellschaften herstellten, wurden dann Welin-MacLachlan-Davits benannt.

Das Wirken Ernst Axel Welins beschränkte sich aber nicht nur auf technisches Gebiet, er war Mitbegründer der Schwedischen Handelskammer und der Anglo-Swedish Society, London. Bei den Weltausstellungen in Chikago 1893 und in St. Louis 1904 war er Hilfskommissar für sein Heimatland Schweden.

Auf militärischem Gebiet war er auch zeitweise tätig, zum Beispiel erfand er im Jahre 1891 eine Verschlußvorrichtung für Kanonen.

Ferner zeigte er auch großes Verständnis und Interesse für soziale Angelegenheiten; so gründete er z. B. zusammen mit seiner Frau, mit der er in glücklicher Ehe lebte, ein Seemannsheim in den West-India-Docks in London.

Am 25. Juli 1951 setzte der Tod dem arbeitsreichen Leben Ernst Axel Welins, der unserer Gesellschaft seit dem Jahre 1901 als Fachmitglied angehörte, ein Ende.

Vorträge.

V. Über Schiffsformen und ihre Entwicklung.

Von Dipl.-Ing. **Hans K. Kloeß**, Bremen.

Es ist mir eine besondere Ehre, heute anläßlich der ersten Nachkriegstagung der Schiffbautechnischen Gesellschaft in Berlin den ersten fachlichen Vortrag halten zu dürfen. Bevor ich zum Thema übergehe, möchte ich dem Vorstand der STG für die Anregung zu dieser Arbeit danken, deren Ergebnis ich mich nun bemühen will, in möglichst kurz gefaßter Form vorzutragen.

Einleitung.

Eine Geschichte der Schiffsformen gibt es nicht. Es gibt aber eine sehr reichhaltige Literatur älteren und jüngeren Datums, aus der mehr geschöpft werden kann, als in Kürze wiederzugeben möglich ist. Das umfangreiche Quellenverzeichnis ist am Schluß des Vortragstextes angegeben.

Es sei betont, daß bei dem Versuch, einen Überblick über die Entwicklung von Schiffsformen zu geben, die Frage, wieweit die uns überlieferten Linienrisse des Altertums und Mittelalters richtig sind, zunächst von sekundärer Bedeutung ist. Zweifel hinsichtlich ihrer Richtigkeit sind am Platze und werden wiederholt zum Ausdruck gebracht. Das Quellenverzeichnis aber läßt erkennen, daß die neuerdings hauptsächlich angezweifelten Busleyschen Arbeiten nur unter anderen mitbenutzt wurden. Im übrigen sind sie innerhalb der Schiffbautechnischen Gesellschaft über 30 Jahre lang unangefochten geblieben.

Vom geschichtlichen Standpunkt betrachtet, steht ein Zeitraum von 5000 Jahren zur Verfügung, dem Unterlagen über Formgebung seegehender Schiffe zu entnehmen sind. Das Studium der Schiffsformen über die Jahrtausende legt eine Einteilung in sechs Hauptabschnitte nahe.

Abschnitt I ist vor allem gekennzeichnet durch eine natürliche Entwicklung, d. h. durch einen Ausleseprozeß infolge unmittelbarer und ständiger Einwirkung der Natur. Die den Schiffbau ausübenden Menschen waren damals ebensosehr in der Seemannschaft bewandert wie in der Schiffbaukunst. Ihre Erfahrung wurde durch handwerkliche Lehre mündlich vererbt.

Den Abschluß dieses Abschnittes bilden im nordischen Raum die Wikingerschiffe, die als Höhepunkt einer schiffbaulichen und seemännischen Entwicklung anzusehen sind.

Abschnitt II reicht demnach vom Wikingerschiff bis zu der Zeit, da die stetige, natürliche Entwicklung gestört wird. Dieses ist mit dem Einsetzen der Entdeckerperiode, also etwa um 1500 unserer Zeitrechnung, der Fall. Über das Normannenschiff, die Schiffe der Kreuzfahrer, geht die Entwicklung zur Kogge und den durch Holland beeinflußten Kauffahrern und bestückten Segelschiffen. Parallel dazu entwickeln sich die Mittelmeergaleeren bis zu ihrem letzten großen Auftreten in der Schlacht bei Lepanto.

Abschnitt III beginnt mit der sprunghaften Ausweitung der bekannten Welt, die ebenso sprunghaft den Bedarf an Schiffsraum sowie an seetüchtigen Segelschiffen größerer Abmessungen wachsen läßt. Es blieb keine Zeit mehr für eine natürliche Entwicklung, und der Erfahrungsschatz der handwerklich ausgebildeten Schiffbauer konnte mit den rasch anwachsenden Anforderungen nicht mehr Schritt halten. Für eine natürliche Auslese waren die Stückzahlen damals noch zu gering, und für das Sammeln von Erfahrungen waren Bauzeiten und Reisedauer im Verhältnis zur Lebensdauer der Menschen zu lang. Dieser Abschnitt reicht etwa bis zur Mitte des 18. Jahrhunderts, als sich die ersten Auswirkungen der von den Franzosen begonnenen Theorie des Schiffes im praktischen Schiffbau bemerkbar machten. Nichts läßt die damalige Situation besser erkennen als das Vorwort Chapmans aus seiner berühmten Abhandlung über den Schiffbau (1775) *[2]* und verschiedene Abschnitte aus C. D. G. Müllers Werk (1791) *[3]*. Abschnitt III kann demnach mit den ersten Schleppversuchen etwa um das Jahr 1750 abgeschlossen werden.

Auf Grund der theoretischen Arbeiten und der wachsenden Fortschritte auf allen Gebieten der Naturwissenschaften konnten bis zum Ende des 19. Jahrhunderts auch auf dem Gebiet des Schiffbaus der Erfahrungsschatz und die Anforderungen wieder mehr ins Gleichgewicht gebracht werden, und es ergibt sich ein IV. Abschnitt, den wir von 1750 etwa bis 1880 reichen lassen. In ihm gelangt die Entwicklung der Segelschiffe und der Segelschiffahrt zu einem kaum zu übertreffenden Höhepunkt, gekennzeichnet durch die Entwicklung des alten Kriegsschiffes über die französischen Fregatten von 1785 bis zu den mit Recht berühmten amerikanischen Clippern.

Abschnitt V beginnt nun mit der modernen Schleppversuchstechnik und mit einem neuen Suchen, hervorgerufen durch den Eisenschiffbau, die Einführung des Maschinenantriebes und der Schiffsschraube. Die Fülle der verschiedensten, sich ständig ändernden Schiffsformen und Bauweisen sind der Ausdruck dieser Epoche, die vom Ende des 19. Jahrhunderts bis etwa in die dreißiger Jahre dieses Jahrhunderts reicht. Die Entwicklung dieser Epoche ist nicht unnatürlich insoweit, als Anforderungen und Kenntnisse wieder ins Gleichgewicht kommen. Allerdings sind diese Kenntnisse zum großen Teil durch Versuchstechnik und empirisch erworben. Sie haben uns aber in die Lage versetzt, bereits eine große Annäherung an das überhaupt mögliche Optimum zu erzielen.

Der letzte und VI. Abschnitt, in dessen Beginn wir jetzt zu stehen meinen, dürfte die Ablösung der rein empirisch-versuchstechnischen Kenntnisse durch lückenloses, mathematisch exaktes Erkennen des Verhaltens gegebener Schiffsformen bezüglich Widerstand, Propulsion und Bewegungen im Seegang umschließen. Ayre stellt bei seiner Eröffnungsrede zur Hauptversammlung der INA 1951 allerdings in Frage, ob dieser Zustand jemals eintreten wird. Er ist aber auch der Ansicht, daß alle Anstrengungen gemacht werden sollten, ihn möglichst bald zu erreichen.

Abschnitt I (3000 v. Chr. bis 500 n. Chr.)

Die Formen aller Fahrzeuge sind bestimmt durch die Aufgabe, die sie zu erfüllen haben, durch die Art des Antriebes, durch die zu befahrenden Gewässer und schließlich durch das Baumaterial.

Eine Liste besonders kennzeichnender oder bekannt gewordener Typschiffe gibt Bild 1 wieder.

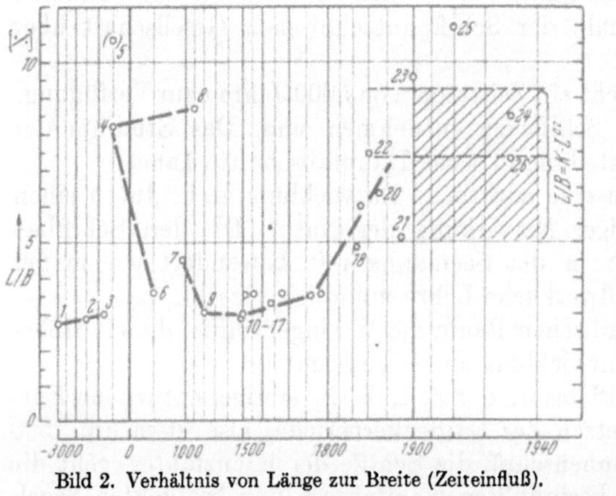

Die Formen alter und ältester Schiffe zeigen Körper, bei denen der Versuch einer Anpassung an die Wellenform der See zu spüren ist. Durch Ruder angetriebene Schiffe sind im Verhältnis zu ihrer Breite durchweg länger als Segelschiffe, die bis in das 18. Jahrhundert von einem für unsere Begriffe erstaunlich niedrigen Verhältnis L/B bleiben. Aus der Auftragung der Verhältnisse L/B, beide in der Wasserlinie gemessen, über der Zeit (Bild 2) erkennen wir, wie langsam und nur zögernd man zur Vergrößerung von L/B geschritten ist.

Bild 2. Verhältnis von Länge zur Breite (Zeiteinfluß).

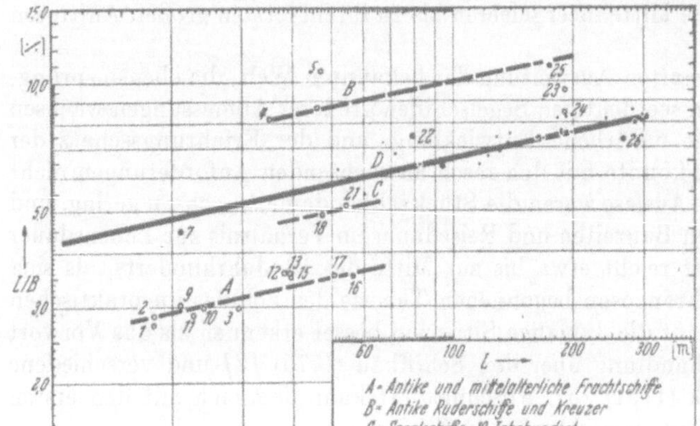

Man darf aber hierbei den erheblichen Einfluß der Schiffslänge auf das Verhältnis L/B nicht außer acht lassen. Die absolute Schiffslänge ist durch Rücksicht auf die Längsfestigkeit, d. h. durch das handwerkliche Können und das zur Verfügung stehende Baumaterial, früher stets beschränkt gewesen.

Zur Darstellung des Längeneinflusses ist daher im Diagramm (Bild 3) das Verhältnis L/B über L im doppeltlogarithmischen Netz aufgetragen. Die mittlere Gerade gibt jetzt übliche L/B-Werte wieder, wie sie sich aus Stabilitätsrücksichten ergeben. Die angeschriebenen Zahlen bedeuten die laufende Nummer der in Tabelle Bild 1 aufgeführten Schiffe.

Die ersten Schiffe, von denen wir einigermaßen sichere Kunde als Seeschiffe haben, sind die der Phönizier.

Bild 3. Verhältnis von Länge zur Breite (Längeneinfluß).

In einer Arbeit von Sir George Holmes [6] und Busley [9] finden sich Anhalte über die Formgebung solcher Schiffe (Bild 4), die auf etwa 200—300 t Verdrängung gewachsen waren. Es handelt

1	2	3	4	5	6	7	8	9	10	11	12	13	14	15	
Lfd. Nr.	Schiffstyp	Schiffsname	An-trieb	Bau-jahr	L/B_{wL}	$\frac{B_{wL}}{T}$	δ	φ	$\frac{\nabla}{L^3}\cdot 10^3$	$\frac{\mathfrak{F}\; v}{\sqrt{g\cdot L}}$	$\frac{v}{\sqrt{L}}$	Tangenten der Spantareal-kurve t_v	t_{max}	Verdr. $\odot$	Spantform
·/·	·/·	·/·	·/·	·/·	·/·	·/·	·/·	·/·	·/·	·/·	Kn.	·/·	·/·	·/·	·/·
1	Ägyptisches Fluß- und Küstenschiff. Altes Reich		(S)R	–3000	2,73	5,50	0,45	0,643	11,0	—	—	0,9	1,9	∼auf M.S.	Kreis
2	Ägyptisches Küstenschiff. Neues Reich		(S)R	–800	2,86	5,25	0,59	—	13,7	—	—	—	—	∼auf M.S.	Rechteck
3	Phönizisch.Küsten-Seeschiff		(S)R	–800	2,99	4,90	0,586	0,700	13,4	—	—	1,0	2,1	h. M. S.	Parabelartig
4	Attische Triere (Haak) ...		(S)R	–500	8,20	4,60	0,59	—	1,91	0,18	0,6	—	—	v. M. S.	Tetraederartig
5	Attische Triere II (Gruser).		(S)R	500	10,60	1,76	0,45	—	2,27	0,18	0,6	—	—	v. M. S.	Tetraederartig
6	Römisches Getreideschiff ..		S(R)	300	3,60	4,00	0,50	—	9,7	—	—	—	—	∼auf M.S.	runde V-Form
7	Wikingerschiff		S, R	900	4,49	5,60	0,347	0,567	3,08	0,30	1,0	0,4	1,5	∼auf M.S.	spitze V-Form
8	Galeere Venedig		(S)R	1100	8,70	2,20	0,50	—	3,00	0,27	0,9			—	V-Form
9	Normannenschiff		(S)R	1200	3,04	4,05	0,423	0,622	11,30	—	—	0,8	1,5	∼auf M.S.	runde V-Form
10	Kogge (Hansa)		S	1500	2,99	3,25	0,602	0,717	20,7	—	—	1,2	2,4	hint. M.S.	runde V-Form
11	Koggen ähnlich	„Santa Maria"	S	1480	2,88	3,44	0,57	—	20,0	0,22	0,75	—	—	—	runde V-Form
12	Bestücktes Handelsschiff ..	„Henry Grace à Dieu"	S	1515	3,52	2,54	0,513	—	16,3	0,15	0,50	—	—	—	herzartige V-Form
13	Bestücktes Handelsschiff ..	„Adler v. Lübeck"	S	1560	3,54	2,50	0,55	—	17,5	—	—	—	—	—	herzartige V-Form
14	Linienschiff	„Sovereig of the Seas"	S	1637	3,30	2,66	0,57	—	19,7	—	—	—	—	vor M.S.	herzartige V-Form
15	Fregatte (Brandenburg) ..	„Friedrich Wilhelm zu Pferde"	S	1681	3,58	2,62	0,606	0,718	18,1	0,16	0,55	2,2	2,8	vor M.S.	herzartige V-Form
16	Linienschiff	„Victory"	S	1765	3,51	2,35	0,572	—	19,8	0,19	0,63	—	—	—	herzartige V-Form
17	Fregatte (Frankreich).....		S	1785	3,54	2,36	0,528	0,668	17,8	—	—	1,2	1,8	hint. M.S.	V-Form,vorn leicht hohl
18	Clipper ......·.......	„Rainbow"	S	1845	4,88	2,31	0,528	0,662	9,60	0,36	1,2	1,1	2,3	vor M.S.	hohle V-Form
19	Clipper	„Cutty Sark"	S	1850	6,00	1,80	0,47	—	7,25	0,30	1,0	—	—	—	V-Form,vorn leicht hohl
20	Clipper (Eisenschiff)	„Palgrave"	S	1870	6,35	2,45	0,67	—	6,8	0,24	0,8	—	—	—	hohle V-Form
21	Schoner (Baltimore)	„Howard Smith"	S	1888	5,15	2,69	0,639	0,684	8,95	—	—	2,1	2,3	vor M.S.	gerade V-Form
22	Schnellpostdampfer	(„Royal Mail")	(S)P	1860	7,45	2,78	0,43	—	2,79	—	—	—	—	—	hohle V-Form
23	Schnellpostdampfer´	„Kaiser Wilhelm der Große"	D	1897	9,57	2,51	0,627	0,675	2,74	0,26	0,88	—	—	2% h.M.S.	V-Form
24	Fracht- u. Passagierschiff..	„Scharnhorst"	T	1935	8,48	2,56	0,627	—	3,40	0,25	0,84	—	—	—	V-Form (Maier)
25	Kreuzer................	„Duquai-Trouain"	TE	1920	10,91	3,66	0,55	0,595	1,44	0,417	1,40	—	—	h. M.S.	V-Form
26	Schlachtschiff		T	1935	7,31	3,60	0,54	0,576	2,82	0,31	1,04	—	—	h. M.S.	Bug-Wulst- und Sackspanten

Bild 1. Schiffsliste.

sich hier ohne Zweifel um seegehende Küstenschiffe, die hauptsächlich durch Segel angetrieben wurden. Das Schiff ist nach heutigen Begriffen für ein Seeschiff ungewöhnlich flach, mit einem B/T von 5,0 (Bild 5).

Die attische Triere *[9]* hat als Ruderschiff einen wesentlich anderen Streckungsgrad als alle anderen Schiffe des Altertums. Er wird von einigen Forschern mit einem L/B zwischen 8 und 10

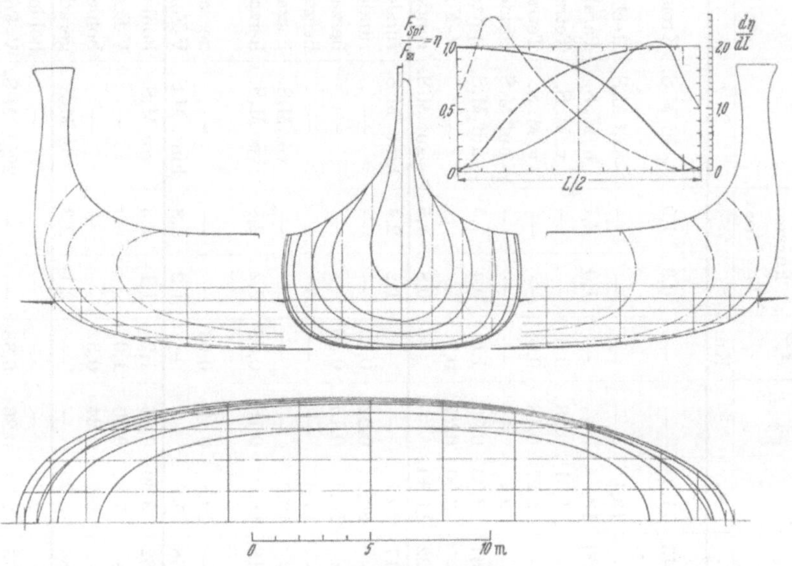

Bild 4. Phönizisches Küstenschiff.

angegeben. Das B/T schwankt nach diesen Angaben zwischen 4,6 und 2. Die Schiffsform selbst, soweit sie richtig wiedergegeben ist *[5, 6* und *9]*, ähnelt der späteren, von Kretschmer vorgeschlagenen Tetraederform mit einem schmal zulaufenden Vorschiffskeil und einem löffelförmig hochgezogenen flachen Achterschiff.

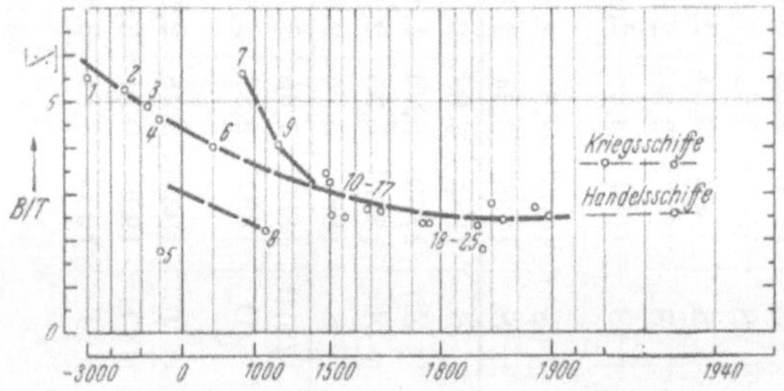

Eine hohle V-Spantform haben die späteren römischen Galeeren gehabt, während ein römisches Getreideschiff aus dem 3. Jahrhundert n. Chr. wieder ein L/B von nur 3,6 aufweist und auch in der Spantgestaltung eine mehr runde und völlige V-Spantform zeigt. Vor- und Hinterschiff waren auch hier fast formgleich *[6]*.

Bild 5. Verhältnis von Breite zu Tiefgang.

Abschnitt II (600—1500)

Die Auftragung von L/B und B/T zeigt eine verhältnismäßig stetige Entwicklung der Handelsschiffe über die Jahrtausende. Ausnahmen bilden in ihren Formen und Verhältniszahlen die Galeeren und die Wikingerschiffe, die als Kriegsschiffe zu gelten haben. Während die Galeeren des Mittelalters lang und schmal gebaut wurden, ist beim Wikingerschiff mit einem im Verhältnis doppelt so breiten Schiffskörper wieder auf die Hochseefahrt Rücksicht genommen, wobei die frühen Wikingerschiffe in erster Linie als Ruderboote anzusehen sind. Das L/B jedoch ist etwa 4,5, während das der Ruderschiffe des Mittelmeeres zwischen 6,5 und 10 beträgt.

Der Linienriß eines Wikingerschiffes (Bild 6) zeigt ausgesprochene V-Spanten, die eine zunehmende Reserveverdrängung in vertikaler Richtung, also bei Stampfbewegungen, sicherstellen. Die Form der Wikingerschiffe zeigt noch zwei andere Merkmale. Erstens die schon früher bei den Phöniziern festgestellte Formgleichheit von Vor- und Hinterschiff, die nicht nur die Spantform, sondern auch die Verdrängungsverteilung betrifft (d. h. der Verdrängungsschwerpunkt liegt sowohl beim phönizischen Schiff als auch bei den Wikingern fast in der Mitte); zweitens eine Verdrängungsverteilungskurve, die für einen geringstmöglichen Wellenwiderstand geeignet erscheint. An der Schiffsform selbst können wir keine weiteren Geheimnisse entdecken. Es bleibt uns aber unerklärlich, wie diese offenen, flachen Boote jahrhundertelang in derselben Form die Hochsee befahren haben, und zwar nicht das Mittelmeer, sondern die Nordmeere und auf ihren Entdeckungs- und Raubfahrten bis nach Amerika und durch die Biskaya nach Sizilien gelangten. Neben der Bauweise, die angeblich eine Schmiegsamkeit in schwerer See vermitteln sollte, muß ein nie wieder erreichtes seemännisches Können ausschlaggebend gewesen sein. Ich möchte hier die Unterscheidung zwischen primitivem Schiff und Hochseeschiff noch einmal machen. Wenn Busley und Höhler vom elastischen Wikingerschiff sprechen und diese Elastizität als beabsichtigt für die Fahrt im Seegang erwähnen, unterliegen sie möglicherweise einem geschichtlichen Irrtum. In der

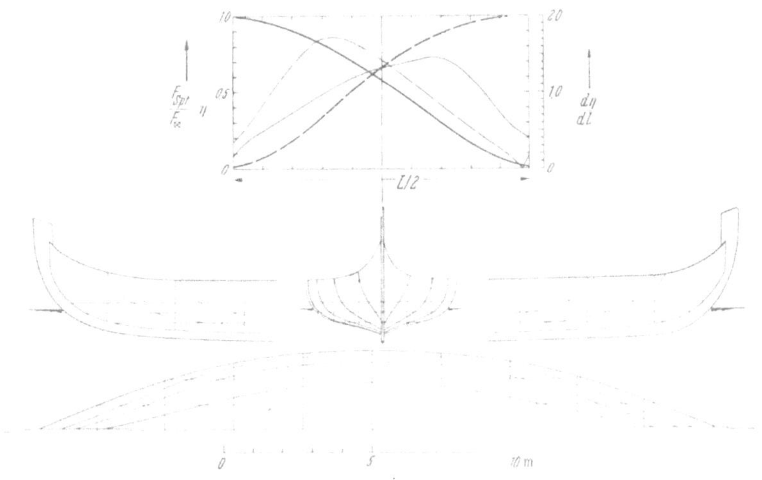

Bild 6. Wikingerschiff (Gokstad).

Bauweise müssen wir unterscheiden zwischen den frühen, primitiven Wikingerschiffen und den Schiffen der Wikinger-Hochblüte der Jahre 900—1100. Lienau beschreibt für diese Periode starre Verbindungen der nunmehr auf Kiel und Steven gebauten Schiffe *[22]*.

Das erstemal in der Geschichte des Schiffbaus begegnen wir hier einer Form, der offensichtlich das Bestreben zugrunde lag, gute See-Eigenschaften mit relativ hoher Geschwindigkeit zu verbinden. Wenn wir die absolute Geschwindigkeit dieses Schiffes mit etwa 8—9 Knoten annehmen, die unter Segel bei der geringen Völligkeit sicherlich zu erreichen waren, erhalten wir eine Froudsche Zahl von $\mathfrak{F} = 0{,}3$ oder $v/\sqrt{L} = 1{,}1$ (Fuß-Knoten), d. h. ein Schiff, das auf einer Wellenlänge fuhr. Es war diesbezüglich verwandt mit unseren großen Kreuzern. Lienau kommt für das in Ohra gefundene Wikingerschiff zu dem gleichen Ergebnis *[19]*, indem er unter Benutzung der Versuchsergebnisse der H. S. V. A. mit diesem Boot und unter der Annahme einer keinesfalls übertriebenen Vortriebsleistung eine Geschwindigkeit von $v/\sqrt{L} = 1$ ermittelt. Besonders zu erwähnen ist der von Lienau angestellte Vergleich des Ohra-Bootes mit einem Renn-Ruderboot, das mit den modernsten Mitteln der Versuchstechnik lediglich auf geringsten Widerstand gezüchtet worden ist. Danach ist das Wikingerschiff widerstandstechnisch nur wenig unterlegen, hat aber gegenüber dem Ruder-Rennboot ausreichende Stabilität und Hochsee-Eigenschaften. Es liegt also im Wikingerschiff eine Bestform vor, die offensichtlich das Ergebnis jahrhundertelanger handwerklicher und seemännischer Erfahrung ist.

Im übrigen bestehen feine Unterschiede in der Form zwischen dem Wikinger-Ruder-Schiff von Ohra und dem Wikinger-Segel-Schiff von Gokstad, auf die Lienau besonders hinweist.

Es ist keine Frage, daß diese hervorragenden Seeleute auch eine Art Frachtschiff besessen haben, das völliger, kürzer und mehr auf Sicherheit in schwerer See gebaut war.

Nachdem die Enkel der Wikinger in der Normandie seßhaft geworden waren, wurden auch die Aufgaben des Schiffbaues andere. Der Teppich der Königin Mathilde in Bayeux gibt uns keine Aufklärungen, die über das hinausgehen, was wir aus der Geschichte erfahren haben, daß nämlich die Flotte Wilhelms des Eroberers nicht aus Kriegsschiffen bestand. Er hatte eine voll ausgerüstete Armee mit Pferden, Proviant und Kriegsgerät nach England geschafft, wozu Transportschiffe nötig waren. Die Form seiner Schiffe hatte schon mehr Ähnlichkeit mit den späteren Fahrzeugen der Kreuzzugszeit als mit den Schiffen der Wikinger, die außer mit Menschen nicht beladen worden waren (Bild 7) *[5, 6, 11 und 22]*.

Mit dem Ende der Wikingerzeit scheint es, als ob schiffbaulich die Fortentwicklung abrisse. Die Verdrängungsverteilungen (Bild 8) lassen noch eine Verwandtschaft mit dem Normannenschiff, aber nicht mehr mit den zwei Jahrhunderte jüngeren „Koggen" und den späteren Schiffen erkennen.

Sie zeigen zwar alle ausgesprochene V-Spanten mit zunehmender Reserveverdrängung beim Stampfen und Tauchen, sowie gleiche Spantgestalt im Vor- und Hinterschiff, aber nur das Wikingerschiff besitzt eine ausgesprochen niedrige Eintrittstangente, wie sie sich erst 800 Jahre später bei der Maierform wiederfindet. Für die Beurteilung der Schiffsform beschränkt man sich jedoch zweckmäßig nicht nur auf die Eintrittstangente der Spantarealkurve. Für das Aufspüren verwandtschaftlicher Beziehungen scheint die erste Ableitung der gesamten Spantarealkurve besonders geeignet.

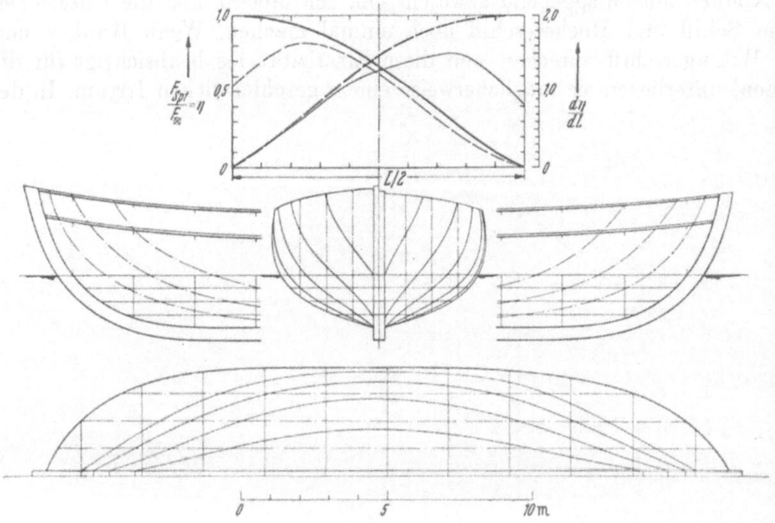

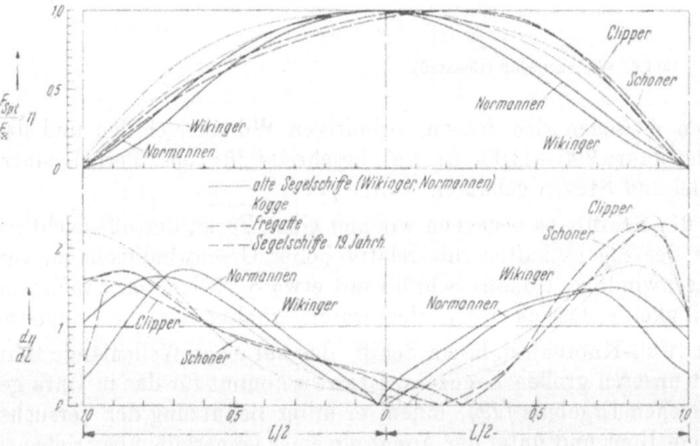
Bild 7. Normannenschiff.

Bild 8 zeigt eine Gegenüberstellung der ersten Ableitung verschiedener Verdrängungsverteilungen von den, über die Jahrhunderte gesehen, markantesten Schiffstypen. Diese läßt erkennen, daß die hohe Schiffbaukunst der Wikinger den Normannen wohl noch geläufig gewesen ist, den Erbauern der „Koggen" *[4,5,6,9]* aber sich nicht mehr übermittelt hatte. Gleichmäßige, schön durchgebildete Formen lassen dann erst wieder die amerikanischen Schoner und Clipper erkennen, während noch die für ihre Zeit schon sehr fortschrittliche Fregatte (Bild 12) — Linienriß aus dem Buch von Müller, 1791 — auf eine wenig regelmäßig durchgebildete Schiffsform hindeutet. Aus der gleichen Darstellung ist auch im Wandern des Hauptspantes nach vorn der Erfolg der französischen Schiffstheorie für gute Segeleigenschaften zu erkennen. Bei der Fregatte liegt er zwischen dem amerikanischen Clipper und der Kogge sowie den Wikingerschiffen.

Bild 8. Verwandtschaft der Verdrängungsverteilungen.

Die späteren Kriegsschiffe bis zu Beginn des 19. Jahrhunderts entwickelten sich aus den Handelsschiffstypen der Kreuzfahrer und den Koggen. Unsere Auftragung der L/B- und B/T-Verhältnisse läßt dies erkennen.

Kriegsschiffe der folgenden Jahrhunderte sind in ihrer Form den Forderungen hoher Geschwindigkeiten nicht angepaßt. Sie sind in erster Linie mit Bewaffnung versehene Handelsfahrzeuge und auf Tragfähigkeit, d. h. also mit verhältnismäßig großer Verdrängung entworfen.

Abschnitt III (1500—1750)

Ganz besonders heben sich die Fahrzeuge dieser Epoche als zusammenhängende Gruppe in Bild 9 hervor. In diesem Schaubild sind die Schlankheitsgrade $V/L^3 \cdot 1000$ über der Zeit aufgetragen.

Der Schlankheitsgrad kann auch geschrieben werden: $\dfrac{\nabla}{L^3} 10^3 = \dfrac{\delta \cdot 10^3}{(L/B)^2 \cdot B/T}$.

Wir erkennen, daß der Schlankheitsgrad in ganz besonderem Maße geeignet ist, die große Linie der schiffbaulichen Entwicklung zu beobachten.

Wir stellen einen erheblichen Abbau der Schlankheit fest. Die Schiffe werden im Vorschiff sehr völlig und verlieren die Formgleichheit der Spanten für Vor- und Hinterschiff. Die Wasserlinien erhalten vorn sehr hohe Eintrittswinkel, d. h. bauchige Linien mit stark vorderlichen Lagen des Verdrängungsschwerpunktes. Das Hinterschiff wird dementsprechend schlanker, offenbar in dem Bestreben, dem sehr mäßigen Ruderblatt genügend Wasser zuströmen zu lassen.

Außerdem meinte man, der Form der Fische etwas nachmachen zu müssen, nämlich den runden Kopf mit einem sich nach hinten verjüngenden Körper zu kombinieren [1 u. 2].

C. G. D. Müller gibt in seinem 1791 erschienenen Werk über die Schiffbaukunst auch die damalige Widerstandstheorie wieder, die von der Annahme ausging, daß das Vorschiff für den Widerstand allein verantwortlich sei. Er betont aber in der Vorrede zu seinem Buch [3], daß die von ihm beschriebene Errechnung des

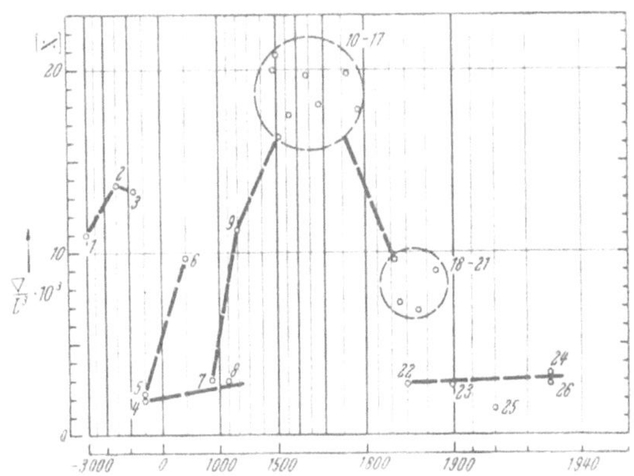

Bild 9. Schlankheitsgrad.

Widerstandes nach Bouguer nicht richtig sei. Er ist also keineswegs damit einverstanden, daß lediglich das Vorschiff als widerstandsbildend angesehen wird.

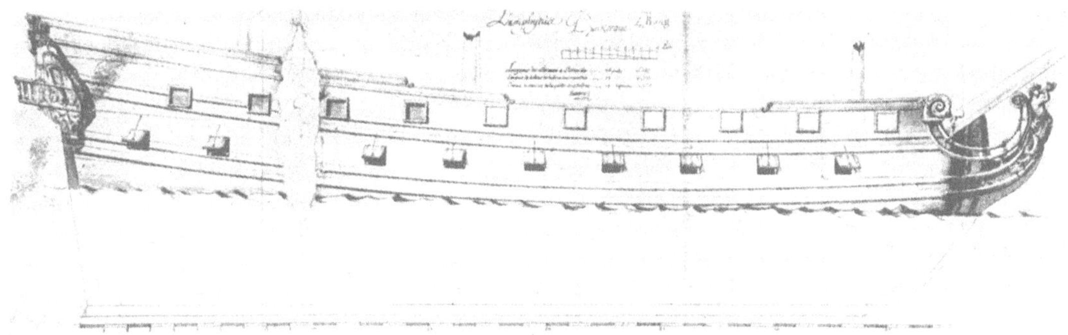

Bild 10. „L'Amphytrite.“

Bild 11. „Le Soleil Royal.“

Das völlige Vorschiff, das ausgeprägte V-Spanten zeigt, also eine wachsende Reserveverdrängung in vertikaler Richtung, gestattet auf Grund der Massierung von Verdrängung vorn den Bau der Schiffe ohne Back und mit nach vorn abfallendem Sprung. Die Schiffe erhielten prächtige Hecks mit zuweilen 4—5 Decks übereinander im Hinterschiff, während das Vorschiff, nach vorn zu niedriger werdend, mit Bugspriet und dem Anbau zur Aufnahme der Gallionsfigur endete. (Bild 10 „L'Ampbytrite" und Bild 11 „Le Soleil Royal" aus Dunkerque.)

Abschnitt IV (1750—1878)

Man hatte inzwischen offenbar erkannt, daß die Schiffe einen zu hohen Wellenwiderstand hatten. Die Franzosen waren die ersten, die unter der Regierung von Richelieu dieser Frage besondere Aufmerksamkeit schenkten. Colbert hatte nach Gründung der Pariser Akademie der Wissenschaften im Jahre 1663 hervorragende Männer herangezogen, um die Grundlage des praktischen und theoretischen Schiffbaus wissenschaftlich durcharbeiten zu lassen. Renaud, Jakob und Johann Bernoulli und Paul Hoste erscheinen als Autoren theoretischer Werke über die Konstruktion von Schiffen [1]. Letzterer schreibt im Jahre 1697 in seiner „Theorie de la Construction des Vaisseaux" unter anderem:

„Es kann nicht geleugnet werden, daß die Schiffbaukunst, welche für den Staat eine wichtige ist, von allen Künsten am wenigsten entwickelt ist. Die erfahrenen Konstrukteure entwerfen die wichtigsten Schiffsformen fast ganz nach Augenmaß. Der Zufall spielt beim Bau der Schiffe mit. Schiffe, deren Risse mit großer Sorgfalt durchgearbeitet sind, bewähren sich oft schlechter als solche, die mit weniger Überlegung gebaut sind."

Ähnlich äußert sich Chapman fast 100 Jahre später noch. Hoste war der erste, der sich mit dem Problem der Stabilität der Schiffe beschäftigte und auf die Bedeutung des Systemschwerpunktes und seiner Lage zum Verdrängungsschwerpunkt hinwies. Es dauerte aber fast 50 Jahre, bis seine Anregungen richtige Würdigung fanden. Frankreich fing so als erstes Land mit der Schiffbauforschung an. Ab Mitte des 18. Jahrhunderts ist die Pariser Akademie der Wissenschaften führend in der Förderung der Schiffbauprobleme. Sie setzte Preise aus für Abhandlungen über Stabilität, Manövrierfähigkeit und Widerstand sowie Bewegung im Seegang und zog damit immer wieder die bedeutendsten Gelehrten, nun Daniel Bernoulli, Leonhard Euler und Chapman, heran. Man erkannte, wie Chapman 1768 ausdrückte, daß „die Schiffbaukunst niemals zur Entfaltung gelangen kann, wenn nicht theoretische und praktische Kenntnisse vereinigt werden".

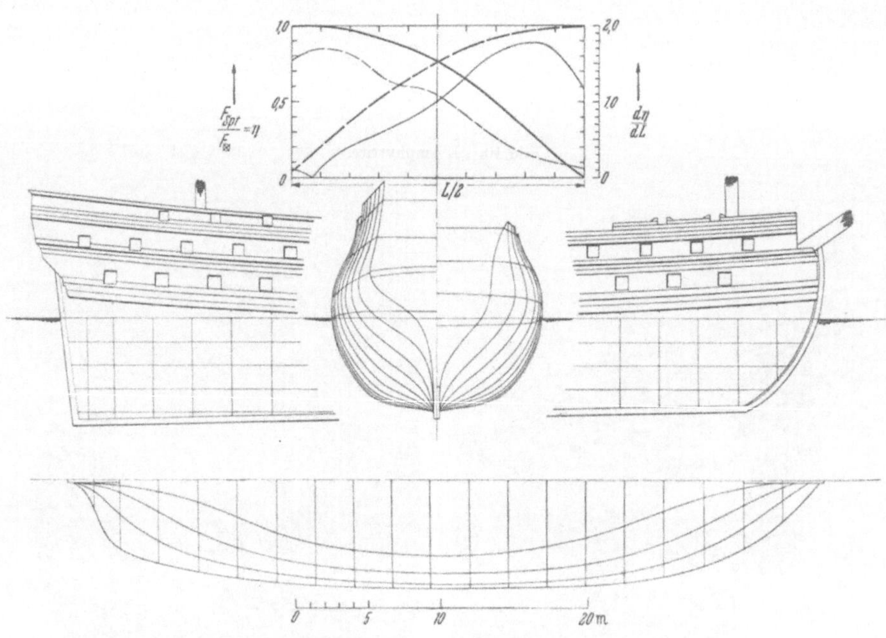

Bild 12. Französische Fregatte 1785.

Um die Bestimmung des Schiffswiderstandes bemühten sich außer den Genannten: Bouguer, Borda und D'Alembert. Die ersten systematischen Schleppversuche dürften um 1750 von Borda in Lorient durchgeführt worden sein. Borda ist auch durch seine Ausflußversuche mit der nach ihm benannten Borda-Mündung bekannt geworden. Die Schleppversuchseinrichtung ist von Thevenard 1790 eingehend beschrieben und zeichnerisch dargestellt worden. Als Versuchskörper dienten mathematisch bestimmte Körper, meistens Rotationsparaboloide.

Es ist auffallend, daß Chapman bei den von ihm mitgeteilten Schleppversuchsergebnissen [2] (Bild 13) weder angibt, wer diese Versuche gemacht hat, noch wo diese durchgeführt worden sind. Anscheinend handelt es sich aber auch hier um die Bordaschen Versuche.

<table>
<tr><td rowspan="2">Poids des corps.</td><td colspan="2">N°. 1.
27 Schep.</td><td colspan="2">N°. 2.
27 Schep.</td><td colspan="2">N°. 3.
27 Schep.</td><td colspan="2">N°. 4.
22 Schep.</td><td colspan="2">N°. 5.
19¼ Schep</td><td colspan="2">N°. 6
16¼ Schep</td><td colspan="2">N°. 7.
12 Schep.</td></tr>
<tr><td colspan="14">Leurs Figures.</td></tr>
<tr><td>Poids attirant.</td><td>Poids retardant.</td><td>A</td><td>B</td><td>C</td><td>D</td><td>E</td><td>F</td><td>G</td><td>H</td><td>I</td><td>O</td><td>P</td><td>R</td><td>P</td></tr>
<tr><td>¼ du poids du corps.</td><td>½ du poids.</td><td>25⅓</td><td>26¼</td><td>24¼</td><td>27⅓</td><td>26½</td><td>25¼</td><td>25⅓</td><td>27¼</td><td>24¼</td><td>30.</td><td>26¼</td><td>45.</td><td>29½</td></tr>
<tr><td>Poids tot. du corps.</td><td>Moitié du poids.</td><td>14.</td><td>14.</td><td>14⅓</td><td>14⅓</td><td>16½</td><td>13¼</td><td>13¼</td><td>15.</td><td>16.</td><td>24⅓</td><td>24¼</td><td>38.</td><td>19¼</td></tr>
<tr><td>1½ fois le poids.</td><td>Moitié du poids.</td><td>11.</td><td>10⅓</td><td>11½</td><td>10½</td><td>13½</td><td>11.</td><td>11.</td><td>10¼</td><td>11¼</td><td>12½</td><td>17½</td><td>30½</td><td>24.</td></tr>
<tr><td>37 Schep. en total.</td><td>12⅓ Sch. en total.</td><td>12⅓</td><td colspan="2">Perte & au fond de l'eau.</td><td>11</td><td>14.</td><td>10¼</td><td>11.</td><td>10.</td><td>11¼</td><td>12.</td><td>16.</td><td></td><td></td></tr>
</table>

Temps écoulé pendant que le corps a parcouru 74 pieds en total. (Secondes.)

Bild 13. Systematische Schleppversuchsergebnisse von 1760.

Um die Bedeutung der planmäßigen, wissenschaftlichen Arbeiten der Franzosen über die Theorie des Schiffes zu würdigen, muß noch erwähnt werden, daß die Arbeiten des Antoine Thevenard, einem Escadrechef und Marineminister (1792) dem späteren Werftdirektor in Lorient und Professor in Paris, Friedrich Reech, als Anregung dienten, sich schon im Jahre 1844, also 30 Jahre vor Froude, mit der Modellwissenschaft zur Erforschung des Schiffswiderstandes zu befassen. Aus diesem Jahre stammt die Reechsche Formel oder das Reechsche Modellgesetz, welches in der heutigen Schreibweise die Form hat: $V : v = \sqrt{L} : \sqrt{1} = \sqrt{\lambda}$. Das Gesetz drückt die bekannte Bedingung aus, die zur Übertragung der Modell-Ergebnisse auf die geometrisch ähnliche Großausführung zu erfüllen ist, um geometrische Ähnlichkeit der beiden unter der Wirkung von Trägheit und Schwere stehenden Wellensysteme von Schiff und Modell sicherzustellen. Auf Grund der Tatsache, daß die Engländer uns in der 2. Hälfte des 19. Jahrhunderts im Eisenschiffbau unterrichtet haben, sind wir geneigt, sie für die größeren Schiffbauer zu halten. Gestützt werden diese Annahmen noch durch die weitere Tatsache, daß die englische Flotte fast ein Jahrhundert siegreich gegen die französische aufgetreten ist. Wenn wir aber die Frage von Theorie und Praxis in der Schiffbaukunst näher beleuchten, müssen wir gerechterweise feststellen, daß die Franzosen für zwei Jahrhunderte die Lehrmeister des Schiffbaus auf der ganzen Welt gewesen sind. Die englischen Seesiege sind nicht das Ergebnis besserer Schiffe, sondern der Erfolg größerer Härte und besserer militärischer und seemännischer Führung.

Es ist in diesem Zusammenhang vielleicht erwähnenswert, daß zwei der bedeutendsten Leistungen in der Theorie des Schiffbaus, die von England her kommen, nämlich die Gleichung für das Stabilitätsmoment von dem Arzt Atwood, und die moderne Modellversuchstechnik von dem Nichtschiffbauer William Froude herrühren.

Wenn wir uns über die Schiffsformen und die Kunst des Schiffbaus unterhalten, müssen wir also die französische Leistung besonders hervorheben. Sie wurde übrigens auch von englischer Seite rückhaltlos anerkannt [4 u. 6]. Es ist eine schon in der ältesten Literatur immer wieder erwähnte Tatsache, daß die Engländer die erbeuteten und gekaperten französischen Schiffe nicht nur für ihre Flotte wieder in Dienst stellten, sondern sie wiederholt auch nachgebaut haben, während umgekehrt die Franzosen Schiffe englischen Ursprungs, die in ihre Hände fielen, abtakelten und lediglich als Wohnschiffe verwandten.

Die Fortsetzung der französischen Schiffbaukunst können wir in den amerikanischen Clippern und Schonern erkennen. Einen der schönsten und auch am weitesten durchgearbeiteten Entwürfe eines Schiffskörpers zeigt Bild 14. Die Bestätigung für die Vollkommenheit der Linienentwürfe zu diesen Segelschiffen finden wir auch in Bild 8, wo die Verdrängungsverteilungskurven verschiedener Segelschiffstypen mit ihren ersten Ableitungen dargestellt sind. Wie die Schiffe der Wikinger und Normannen eine klare Verwandtschaft zeigen, erkennen wir sie auch bei den Clippern und Schonern, als dem zweiten schiffbaugeschichtlichen Höhepunkt der unserer Betrachtung zugrunde gelegten Zeitspanne von 5000 Jahren.

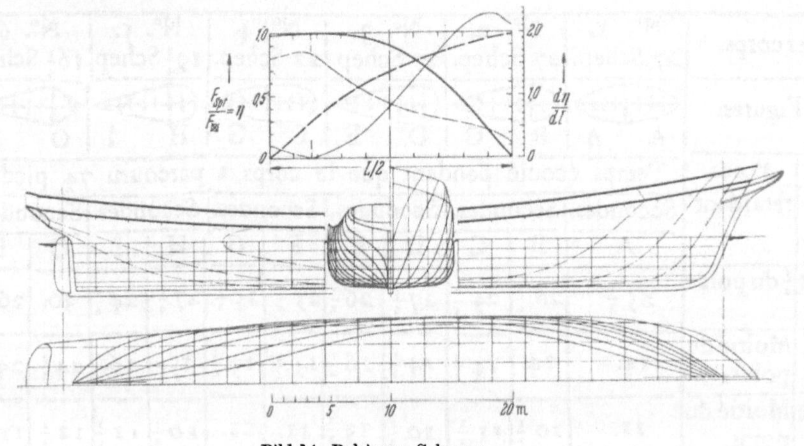

Bild 14. Baltimore-Schoner.

Abschnitt V (1879—1930)

Dieser Zeitabschnitt bringt uns eine große Fülle von brauchbaren und unbrauchbaren Schiffsformen, die alle aus dem Bestreben entstanden sind, den Widerstand bzw. die Antriebsleistung für die gewünschte Geschwindigkeit möglichst niedrig zu halten oder den Wirkungsgrad des Antriebes zu erhöhen. Vor allen Dingen gestattete die Verwendung von Eisen und Stahl, die Länge der Schiffe so zu steigern, wie es aus Gründen geringsten Wellenwiderstandes angebracht schien. Damit wird das L/B-Verhältnis außer dem Widerstand nur noch durch Stabilitätsrücksichten beeinflußt, so daß sich für neuzeitliche Schiffe L/B-Werte wie nach Diagramm (Bild 3) ergeben.

Der Modellversuchstechnik verdanken wir die Mittel, sehr verschiedene Arten von Schiffsformveränderungen mehr oder weniger lokaler Natur zu untersuchen. Während in den ersten Abschnitten eine nur langsame und schwerfällige Entwicklung mit nur wenig Formveränderungen über die Jahrhunderte hinweg zu beobachten ist, wird es nun recht lebhaft. Mit Beginn des 20. Jahrhunderts finden wir eine Menge Sonderformen, deren Untersuchung die Schleppversuchsanstalten beschäftigte.

Wir können, wie auf dem Lichtbild (Bild 15) gezeigt, die markantesten Schiffsformen dieser Epoche einteilen in eine Gruppe, bei der die Behandlung des Gesamtwiderstandes, d. h. also eine Verminderung von Reibungs- und Formwiderstand, richtunggebend war. Diese Gruppe fängt mit dem Sackspantenschiff als einem versuchstechnisch günstigen Ergebnis für Widerstandsverhältnisse in glattem Wasser bei niedrigen F r o u d schen Zahlen an. Sie endet mit dem Hyperbelschiff.

Eine zweite Gruppe beschäftigt sich nur mit dem Vorschiff, und zwar nur mit der Verminderung des Formwiderstandes. Hier sind der Bugwulst von T a y l o r und die Y o u r k e w i t c h - Form zu nennen.

Eine dritte Gruppe betrifft die Schiffsmittelteile und ist gekennzeichnet durch örtliche Einschnürungen und Ausbuchtungen der Schiffsform und auch durch Veränderung der Hauptspantenquerschnitte. Für diese Gruppe ist die Arc-Form und die „corrugated ship form" dargestellt worden.

Eine letzte Gruppe schließlich enthält jene Schiffsformen, die nur das Hinterschiff betreffen, um hauptsächlich den Antriebsgütegrad zu erhöhen. In diese Gruppe gehört in erster Linie das Hinterschiff von H o g n e r, das eine konzentrische Behandlung des Mitstromes anstrebt, dann der Kielwulst von K e m p f mit der bekannten Verbesserung des Mitstromes bei V - Spant - Hinterschiffen und schließlich das C a r l o t t i sche Hinterschiff, bei dem der Versuch unternommen wird, dem Verdrängungsmitstrom mit der Schraube auszuweichen.

Historisch gesehen ergibt sich aber in der Behandlung dieser Sonderformen etwa nachstehende chronologische Ordnung.

In der zweiten Hälfte des 19. Jahrhunderts ist nach der Seeschlacht bei Lissa der Rammbug oder Rammsteven bei sämtlichen Kriegsmarinen eingeführt worden.

Im Jahre 1908 oder 1910 erscheint der Bugwulst von Admiral T a y l o r. Mir war bisher bekannt, daß es sich hier um ein Zufallsprodukt gehandelt hat, indem nämlich ein Modell mit der notwendigen Verkleidung eines Torpedoausstoßrohres im vordersten Vorschiff beim Schleppversuch einen geringeren Widerstand zeigte als das Modell ohne dieses Ausstoßrohr. Taylor sagt, daß seit Anfang dieses Jahrhunderts dann alle Schlachtschiffe der amerikanischen Marine mit Bugwulsten ausgerüstet worden seien. Der Bugwulst sei nicht das Ergebnis von Versuchen aufs Geratewohl, sondern Taylor habe im Schrifttum einen Hinweis auf ein schwanähnliches Vorschiff gefunden, bei dem durch Interferenz zweier Bugwellensysteme eine Widerstandsersparnis entstand. Diese Bemerkung deutet auf den vorerwähnten Rammsteven hin. In der Literatur war aber nichts über das Rammstevenvorschiff zu finden, und es konnte mir auch von keiner Versuchsanstalt etwas über Versuche

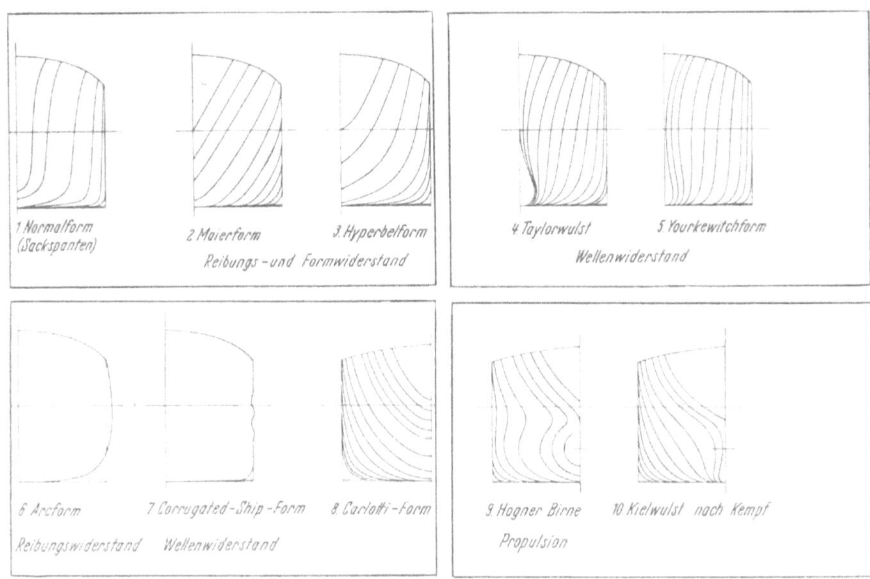

Bild 15. Neuzeitliche Spantformen.

mit diesem Vorschiff mitgeteilt werden. Es erscheint durchaus glaubhaft, daß der Rammsteven eine ähnlich widerstandsvermindernde Wirkung verursachte wie der Bugwulst. In beiden Fällen kommt es auf eine erhebliche Verlängerung der unteren Wasserlinien heraus, die beim Rammsteven bis zum Ende gestrakt, beim Bugwulst gekappt und abgerundet werden. Versuchsergebnisse mit verschiedenen Bugwulsten muß ich als bekannt voraussetzen. Wenn es auch ohne weiteres gelungen ist, den Widerstand eines Modelles im glatten Wasser des Versuchstankes um $5-7\%$ zu verringern, so hat der Bugwulst aber ohne Zweifel eine wenig günstige Wirkung auf das Verhalten der Schiffe im Seegang ausgeübt. Es ist bekannt, daß mit Bugwulst ausgerüstete Schiffe den Stampfdrehpunkt nach vorn verrückten, daher eine Tendenz zur Schräglage nach vorn während der Fahrt zeigen mit ihren Nachteilen für die Fahrt in See *[14]*. Dazu kommt die mangelnde Reserveverdrängung im Oberwasserschiff, die bei Fahrt gegen See das vollkommene Eintauchen und Überschwemmtwerden der Vorschiffe nach sich zieht.

Mit Ausnahme amerikanischer Schlachtschiffe wurde der Bugwulst unter anderem angewandt bei der „Europa", der jetzigen „Liberté", bei der „Bremen" und bei der „Potsdam". Mit einem Bugwulst umgebaute Vorschiffe haben außerdem stark an Luvgierigkeit

Bild 16. Wulstschiff im Seegang.

gelitten. Aus einer Reihe von Lichtbildern über das Verhalten von Bugwulstschiffen im Seegang zeige ich hier die „Bremen" auf dem Atlantik bei schwerer See (Bild 16). Ich darf hier einflechten, daß Interferenz auch bei V-Spanten durch ideelle Verlängerung der Wasserlinien zu erreichen ist.

Eine Schiffsform, die sich rein äußerlich wie eine sanfte Abart der Bugwulstform darstellt, ist die Yourkewitch-Form. Yourkewitch gibt nach einer Formel in Abhängigkeit von der Geschwindigkeit die Stelle einer Einschnürung der Wasserlinie an und hat damit im Modellversuch ähnliche Verbesserungen erzielt wie der Bugwulst $[x = (v/\sqrt{L_m} - 1)\, L/4]$.

Mit seiner Formel hat er es manchem leicht gemacht, ohne Verletzung seines Patentes ein günstiges Ergebnis zu erzielen. Mir ist nur ein Fall einer legalen Anwendung der Yourkewitch-Form bekannt geworden, und zwar bei der „Normandie". Vielleicht ist es Zufall, vielleicht ist es bezeichnend, daß allein die Franzosen sich auch hier genügend überlegen gezeigt haben, der Arbeit eines Mannes, die ihnen eine Verbesserung versprach, gebührende Anerkennung zu zollen. Da der Taylor-Wulst und die Yourkewitch-Form sich lediglich auf die Verminderung des Wellenwiderstandes beziehen, sind sie für Schiffe kleiner Froudescher Zahlen uninteressant. Die Grenze der Anwendung liegt etwa zwischen $\mathfrak{F} = 0{,}25$ bis $0{,}35$ oder in Fußknoten zwischen $v/\sqrt{L} = 0{,}6$ bis $1{,}2$.

Wir kommen nun zu den Schiffsformen, die den übrigen Schiffskörper betreffen. Als älteste Form wäre die Köppensche Form zu erwähnen, bei der eine Bodenwölbung in Längsrichtung die widerstandsvermindernde Wirkung ausüben sollte. Versuchsergebnisse sind hierüber nicht auffindbar gewesen. Wahrscheinlich sind Verbesserungen auch nur bei bestimmten Geschwindigkeitsgraden gemessen worden. Von einer praktischen Anwendung ist nichts bekannt.

Aus dem Jahre 1904 stammt die Tetraederform von Baurat Kretschmer, die aus der Schiffswiderstandsformlehre von Professor Riehn aus Hannover entwickelt worden ist. In der Patentschrift heißt es:

„Eine Schiffsform, bei der das eine Ende löffelförmig, das andere Ende keilförmig gestaltet und bei der der Tiefgang am keilförmigen Ende am größten, am löffelförmigen Ende gleich Null ist, . . ." usw.

Wir kennen diese Schiffsform schon aus Abschnitt I, wo wir unter den Trieren des Altertums etwas Ähnliches gefunden haben.

Eine Bodenwölbung in Querrichtung ist vor mehreren Jahren von der Hamburgischen Schiffbau-Versuchsanstalt vorgeschlagen worden und soll auch eine widerstandsvermindernde Wirkung, sowie eine Verbesserung der Zuströmung zur Schraube gebracht haben. Die gleiche Schiffsform habe ich aber in dem Werke des Vizeadmirals Paris aus dem Jahre 1888 *[5]* gefunden, wo er diese Form als die Urform eines portugiesischen Fischereifahrzeuges darstellt (Bild 17). Eine Verwandtschaft der Spantform mit dem phönizischen Schiff (Bild 1) ist zu erkennen, mit dem Unterschied allerdings, daß Vor- und Achterschiff nicht mehr unmittelbar als formgleich anzusprechen sind.

Professor Kempf hat, was weniger bekanntgeworden ist, einmal auch eine Schiffsform mit seitlichen Wölbungen vorgeschlagen, die den durch das Eigenwellensystem erzeugten Druckverhältnissen Rechnung tragen sollten. Diese Schiffsform ist allerdings auch im Schleppversuch nicht erprobt worden.

In den zwanziger Jahren kam Dr. Telfer mit einer Schiffsform in die verschiedenen Versuchsanstalten, deren Seitenwände in Wellenlinien eingeschnürt waren und die er „corrugated ship form" nannte. Eine Verbesserung des Widerstandes konnte manchmal in der Größenordnung von 2%

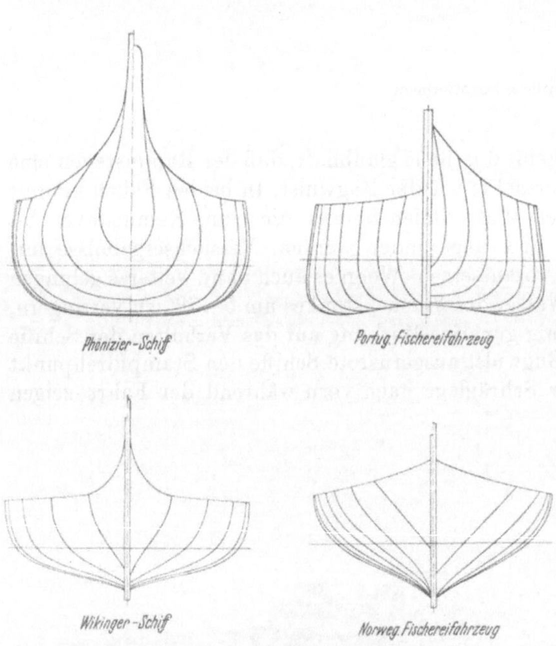

Bild 17. Verwandte Spantformen.

gemessen werden. Soweit ich mich erinnere, stammt der Gedanke von einem Mr. Harvey, der seinerzeit auch in der Hamburgischen Versuchsanstalt erschien. Ob ein großes Schiff in dieser Form ausgeführt worden ist, entzieht sich meiner Kenntnis.

In die Reihe der seitlichen Ausbuchtungen der Schiffswände gehört auch die formstabile Anschwellung von Dr. Foerster, die neben einer Verbesserung der Formstabilität auch einen gleichmäßigen Verlauf der Wasserlinien in der Schwimmebene und der ihr benachbarten Tauchungen ermöglichte und sicherlich auch eine Verbesserung des Widerstandes zur Folge hatte.

In diesem Zusammenhang ist es von Interesse zu erwähnen, daß, wie ich alter Schiffbauliteratur entnehmen konnte, den Segelschiffen in früherer Zeit bei mangelnder Stabilität eine zweite Außenhaut verschiedener Dicke aus Eichenplanken angepaßt wurde, wodurch ohne Zweifel ähnliche Wirkungen sich ergaben.

Die Spantquerschnitte der alten Segelschiffe erscheinen in der Arc-Form von Sir Joseph Isherwood wieder. Statt der üblichen Kimm mit einem kleinen Krümmungshalbmesser und senkrechten Seitenwänden im Hauptspant werden an den Boden gekrümmte Seitenwände mit großem Krümmungshalbmesser angeschlossen. Wenn ich mich recht erinnere, hat Isherwood aber, um mit der Verdrängung nicht zu kurz zu kommen, vielfach die Breite vergrößert. Damit verringerte er das parallele Mittelschiff und erhielt gleichmäßig geformte Wasserlinien und ohne Zweifel eine Verkleinerung der benetzten Oberfläche. Das Ergebnis war offenbar eine Verringerung des Reibungs- und Wirbelwiderstandes. Schleppversuche mit der Isherwood-Form haben hohe Admiralitätskonstanten ergeben, die Schiffe waren aber teuer im Bau und, soviel ich weiß, sind nur einige dieser Form auf eigene Kosten der Isherwoodschen Gesellschaft in Bau genommen worden. Die Isherwoodsche Arc-Form führte mit ihrer Hauptspantfläche notwendigerweise wieder zur Anwendung von V-Spanten, die wir im Laufe unserer Betrachtung als die am meisten benutzte Spantform über die Jahrhunderte hinweg angetroffen haben. Für Hochsee-Frachtschiffe U- oder Sackspanten anzuwenden, blieb der letzten Jahrhundertwende vorbehalten, und wir können dafür wohl den Eisenschiffbau verantwortlich machen. Dazu kam, daß die Sackspantenschiffe niedriger Froudescher Zahlen beim Modellschleppversuch sowohl im Widerstand als auch in der Propulsion verhältnismäßig gut abschnitten und sich daher allgemeiner Beliebtheit erfreuten. Bei etwas größerer Froudescher Zahl gelang es, ihren Widerstand wieder geringer zu halten, indem man die unteren Spantfüße auffächerte. Der Vorsteven blieb aber vollkommen senkrecht und das normale Schiff der ersten Jahrzehnte dieses Jahrhunderts hatte dann vollkommen die Form eines Bügeleisens. Die Schiffe wurden verhältnismäßig lang, ihre Froudesche Zahl war niedrig und die Verdrängung ziemlich stark ins Vorschiff gepackt. Die Völligkeiten bewegten sich ungefähr um 0,78 bis 0,8, und bei Seegang und Wind blieben sie stehen oder mußten beigedreht liegen.

Diese Schiffe, deren Formen ja allgemein bekannt sind, wurden vorzugsweise von englischen Werften bis in die zwanziger Jahre hinein gebaut, und einige von ihnen sind noch im Jahre 1950 an deutsche Reeder verkauft worden. Zu ihrem senkrechten Vorsteven, der aussieht, als hätte er einen Fall nach achtern, paßt das elliptische Heck der alten Segelschiffe, das bei uns schon Jahre vorher von dem Kreuzerheck bei allen Handelsschiffen abgelöst worden war. Das Kreuzerheck hat den Vorteil, die Schwimmwasserlinie zu verlängern und gegen achterliche See eine Verdrängungsreserve und damit eine Stütze zu bilden. Wenn man das Kreuzerheck über der Wasserlinie abschneidet, erhält man das sogenannte Spiegelheck, dem man eine Verbesserung der Trimmlage bei schnellen Schiffen zuschreibt. Es fand daher hauptsächlich bei modernen Kriegsfahrzeugen Anwendung.

Als wulstförmige Verdickung im Hinterschiff muß hier außer dem Vorschlag von Hogner, der eine konzentrische Behandlung des Mitstromes anstrebt, der Kempfsche Keilwulst erwähnt werden, der besonders bei V-spantförmigen Hinterschiffen auf dem Wege über eine gleichmäßige Mitstromverteilung den Propulsionswirkungsgrad bei Einschraubenschiffen um 3—4% zu verbessern imstande war.

Eine wesentliche Verbesserung des Propellerwirkungsgrades bei Ein- und Mehrschraubern wird durch ein ganz neues Schiffsformpatent angestrebt, nämlich durch die sogenannte Carlotti-Achterschiffsform. Es handelt sich hier um ein löffelförmig ausgebildetes Hinterschiff, wie wir es von den Schiffen der Antike her kennen, das mit gleichmäßig runden Spanten, verbunden mit einem normalen Vorschiff, eine Art Tetraederform ergibt. Zum Docken und als Verkleidung für die Schraubenwellen werden leitflächenartig verwundene Flossen angebracht, die mit dazu beitragen sollen, den Schrauben das Wasser besser zuzuführen. Dabei wird als wesentlich hingestellt, was ja an sich allgemein geläufig ist, den Propeller in die propulsionstechnisch günstigste Lage zum Schiffskörper stellen zu können, da diese Forderung bei den normalen Hinterschiffen nicht gut durchführbar sei.

Es ist keine Frage, daß man bei geschickter Ausführung dieser Gedanken manche normale Heckkonstruktion erheblich übertreffen wird. In Frankreich sind erfolgreiche Versuche bereits durchgeführt worden und einige Handelsschiffe, darunter mehrere von 8000 t dw, befinden sich mit dieser Heckform im Bau. Die Form wird von der Werft in Dünkirchen propagiert, die auf jahrhundertealte Erfahrung zurückblickt und erhebliches schiffbauliches Können bis in die Neuzeit bewiesen hat.

Gerechterweise muß in diesem Zusammenhang erwähnt werden, daß F. F. Maier bei seiner Schiffsform eine sehr ähnliche Lösung für das Achterschiff vorgeschlagen hatte. Sie scheiterte aber an der praktischen Undurchführbarkeit. Die Folge davon war, daß die Maierform, entgegen dem technischen Testament und den Absichten ihres Urhebers, mit normalem Hinterschiff kombiniert wurde und man allgemein in der Hauptsache vom Maierbug oder Maiersteven zu hören bekam.

Wir haben nun eine Reihe von Schiffsformen kennengelernt, die zum Teil den Wellenwiderstand (Taylor-Wulst und Yourkewitch-Form) und zum Teil den Reibungswiderstand (Arc-Form) verringert haben, und schließlich solche, die in erster Linie den Antrieb verbessern sollten. Aber keine dieser Formen ist entstanden durch eine genaue Beobachtung aller Strömungsvorgänge um den Schiffskörper. Der Modellversuchstechnik verdanken wir die Möglichkeit hierzu, und sie wurde, gleichzeitig mit Taylor im Tank von Washington von Bruckhoff und Maier in den Jahren 1904 bis 1906 in der Versuchsstation des Norddeutschen Lloyd in Bremerhaven erstmals angewandt. Die Methode muß als bekannt vorausgesetzt werden. Sie ergab sehr verwundene Ablaufwege der einzelnen Wasserteilchen bei den damals normalen Sackspantenschiffen. Sie führte aber auch zu Schiffsformen, auf denen die Wasserteilchen auf kürzestem Wege abflossen. Die Abflußlinien schneiden die Spanten stets senkrecht. Wenn wir uns Abflußlinien in möglichst gestrecktem Zustand vorstellen und die dazu senkrechten Kurven zeichnen, erhalten wir zwei Bündel sich kreuzender Hyperbeln, von denen das eine die Abflußlinien und das andere den Schiffskörper darstellt, und zwar einen Schiffskörper, dessen Spanten aus einer Schar von Hyperbelästen bestehen.

Diese Hyperbelform ist die Form des absolut geringsten Widerstandes, eine Tatsache, die beweist, wie sehr Reibungs- und Wirbelwiderstand sowie Wellenwiderstand voneinander abhängen. Versuche mit der Hyperbelform, die etwa 20 Jahre zurückliegen, haben bei gleichen Abmessungen und gleicher Verdrängungsverteilung ein normales U-Spantenschiff mit etwa 15, und ein Maierschiff mit etwa 8% geschlagen. Ich kann nicht annehmen, daß der Unterschied an Reibungs- und Wirbelwiderstand zwischen der reinen Maierform, die auch schon recht vernünftige Abflußlinien hatte, und der Hyperbelform allein ganze 8% ausmacht. (Die Modelle waren alle aufgerauht.)

Nach der Hyperbelform sind bis jetzt von Schiffbauingenieur van Dieren in Holland, dem die erste Anregung zu ihrer konstruktiven Durchführung zu verdanken ist, einige Boote gebaut worden, die sich nicht nur durch elegantes Äußeres, sondern auch durch hervorragende Widerstands- und Segeleigenschaften auszeichnen. Zum Bau von großen Schiffen nach dieser Form konnte sich bis jetzt niemand entschließen, weil der Bau zu teuer wird. Es gibt nämlich kein gerades Stück am ganzen Schiff. Vor- und Hinterschiff laufen in stets enger werdenden Hyperbeln ganz allmählich ineinander über. Es gibt keine Stelle am Schiffskörper, die etwa nicht strakt oder nicht gleichmäßig glatt in die benachbarte Stelle übergeht. Die Hyperbelform ist eine der elegantesten und schönsten Lösungen für die Formgebung eines Schiffskörpers.

Als Vorläufer der Hyperbelform muß die Maierform angesehen werden, und zwar in der Gestalt, in der sie uns von ihrem Urheber überliefert worden ist. Die von ihm erdachte Theorie, die der Ausbildung seiner Form zugrunde lag und die sich unmittelbar aus den bei Bruckhoff durchgeführten Versuchen herleitete, kann ich als bekannt voraussetzen. Wesentlich waren für ihn als gedachter Angriffspunkt des Widerstandes die Schwerpunkte der halben Spantflächen, die auf einer möglichst gestreckten Kurve liegen mußten. Aber noch wesentlicher war für ihn, was nicht so bekannt ist, die Formgleichheit von Vor- und Achterschiff, die er sogar bei der Form der Verdrängungsverteilungskurve berücksichtigte. So zeichnete er stets nur eine Hälfte des Schiffes, also nur den Spantriß des Vorschiffes. Das Hinterschiff entwarf er, indem er die gleichen Spanten, d. h. also auch die gleichen Spantareale auf die Schiffslänge so verteilte, bis er die gewünschte Verdrängung und Schwerpunktslage erhielt. Er zeichnete seine Entwürfe mit geraden oder leicht gebogenen parallelen Spanten, die je nach dem Schiffstyp in bestimmtem Winkel zur Mittelebene geneigt waren.

Maier hatte vieles vom Bau der alten Segelschiffe, vor allem der Clipper, an denen er als junger Mann selbst mitgearbeitet hatte, gelernt. Es war sein Bestreben, die guten See-Eigenschaften dieser Schnellsegler zu verbinden mit nunmehr in den Schleppversuchsanstalten meßbaren, geringsten Widerständen.

Schluß.

Als Ergebnis der vorgetragenen Untersuchungen ist festzustellen:

1. Die Spantformen der Schiffe sind über 1000 Jahre hindurch fast unverändert geblieben.

Eine Ausnahme bilden nur die Schiffe der Ägypter und Phönizier, die, soweit uns überliefert, kegelschnittartige Formen vorgezogen haben (siehe Schrifttum).

Die für mehr als ein Jahrtausend vorherrschende Spantform ist der V-Spant mit seinen Varianten einer leicht konkaven oder leicht hohlen oder Herzform.

2. Die Verdrängungsverteilungskurven sind selbstverständlich verschieden zwischen Ruderschiffen und Segelschiffen. Eine stark vorderliche Schwerpunktslage mit großem Eintrittswinkel der Wasserlinie ist aber bei Segelschiffen offensichtlich nur für drei Jahrhunderte, nämlich vom beginnenden 16. bis zum Ausgang des 18. Jahrhunderts, festzustellen. Das mag im Zusammenhang stehen mit der eigenartigen Widerstandstheorie, die seit Ende des 17. bis Ende des 18. Jahrhunderts verfochten wurde und die uns in deutscher Sprache durch das erwähnte Werk von C. G. D. Müller überliefert ist.

Die Erkenntnis, daß diese Theorie nicht zutreffend war, lag vor. Den Beweis finden wir in den französischen Fregatten vom Ende des 18. Jahrhunderts, deren entwurfmäßige Fortsetzung in den amerikanischen und später englischen Clippern zu erblicken ist. Die Vorschiffsformen werden leicht hohl, sowohl in der Spantform als auch in der Verdrängungsverteilung, d. h. die Tangenten nähern sich Null und man erreichte unter Segel bisher ungeahnte Geschwindigkeiten. Während die Froudeschen Zahlen in Fußknoten jahrhundertelang bestenfalls 0,5 betrugen, wurden sie bei den Clippern bis auf 0,8 und 1,1 gesteigert. Absolut war die Erhöhung der Geschwindigkeiten natürlich noch erheblich größer. Nelsons „Victory“ erreichte mit vollen Segeln bei günstigsten Verhältnissen etwa 8 Knoten, während von den Clippern „Cutty Sark“ und „Flying Cloud“ Geschwindigkeiten von 15, ja sogar 18 Knoten berichtet werden.

3. Sonderformen für Vor- und Achterschiffe treten erst mit dem Beginn des 20. Jahrhunderts auf.

4. Auftragung der L/B-Verhältnisse über die Jahrtausende gibt wegen des Einflusses der absoluten Länge (Festigkeitsrücksichten) kein klares Bild.

5. Kontinuierlicher erscheint die Entwicklung in der Abnahme der B/T-Verhältnisse, die für Kriegs- und Handelsfahrzeuge eine bis in die Neuzeit stetig abnehmende Tendenz zeigen.

6. Anders verhält es sich mit dem Schlankheitsgrad $V/L^3 \cdot 10^3$. Während die Trieren und Galeeren mit den Wikingerschiffen und den heutigen eisernen und mit Maschine angetriebenen Schiffen in einer Reihe liegen, fallen die Schiffe der Zeit von 1500 bis 1800 vollkommen heraus und erscheinen um mehr als das Doppelte gedrungener als die späteren Schnellsegler.

7. Die Untersuchungen bezogen sich lediglich auf seegehende Fracht- und Kriegsschiffe. Die Schiffe der Flüsse und Binnenseen haben in den verschiedenen Ländern auch ihre verschiedenen Formen, und es wäre Aufgabe einer weiteren Arbeit, auch für diese eine Übersicht zu schaffen.

8. Es muß Aufgabe der Forschung bleiben, weiteres Licht in das Dunkel der bisher überlieferten alten und ältesten Schiffsformen zu bringen. Fingerzeige ergeben sich ohne weiteres aus den bis in unsere Tage überlieferten kleinen Fahrzeugen, wie sie heute noch in den Ursprungsländern oder ihren Nachbarländern erhalten geblieben sind.

Bild 17 zeigt als Beispiel die Ähnlichkeit der Formen zwischen dem überlieferten Phönizierschiff und dem von Vizeadmiral Paris 1888 als Urform angegebenen, noch heute gebräuchlichen portugiesischen Fischereifahrzeug sowie zwischen dem Wikingerschiff und den auch heute noch gebauten norwegischen Fischerbooten. Diese Verwandtschaft scheint auf einen Weg zu führen, der von der Forschung beschritten werden müßte, um genaueres Material über die Schiffe des frühen Altertums und des Mittelalters aufzufinden.

Den Herren Dipl.-Ing. F. Umlauf, Ing. Sprengel und Külbel der Maierform G. m. b. H. schulde ich besonderen Dank für erfolgreiche Mithilfe bei Beschaffung der wichtigsten Literatur sowie bei Ausarbeitung der Schaubilder und Auftragungen.

Schrifttum.

[1] Hoste, Paul: Theorie de la Construction des Vaisseaux. Paris, 1697.
[2] Chapman, Frédéric de: Traité de la Construction des Vaisseaux. Paris, 1775.
[3] Müller, C. D. G.: Anfangsgründe der Schiffbaukunst. Berlin, 1791.
[4] Scott Russel: The modern System of Naval Architecture. London, 1864.
[5] Vizeadmiral Paris: Souvenirs de Marine. Paris 1888.
[6] Sir George Holmes: Ancient and Modern Ships. London, 1900.
[7] Schwarz, Tjard: Die Entwicklung des Kriegsschiffbaues vom Altertum bis zur Neuzeit. Göschen, Bd. 471, 1909.
[8] Chef-Ingénieur Schwartz: Frédéric Reech, Aufsatz Lorient, 1914.
[9] Busley, C.: Schiffe des Altertums. STG-Jahrbuch, 1919.
[10] Georgen, O.: Geschichte des Kriegsschiffsbaues. Berlin, 1919.
[11] Busley, C.: Schiffe des Mittelalters und der neueren Zeit, STG-Jahrbuch 1920.
[12] Lubbock, Basil: Sail. London, 1927—29.
[13] Hogner, E.: Achsensymmetrische Zuströmung zur Schiffsschraube. Hydromech. Probl. Schiffsantr. 1932.
[14] Kempf: Das Verhalten verschiedener Schiffsformen im Seegang. WRH, 1932.
[15] Farrère, Claude: Histoire de la Marine Française. Paris, 1934.
[16] Chapelle, Howard de: The History of American Sailing Ships. New York, 1935.
[17] Rittmeister, Wolfgang: Die Schiffsfibel. Leipzig, 1936.

[18] Höhler, Fritz: Plankenschiff oder Spantenschiff. Schiffbau, 1936.

[19] Lienau, O.: Die Wikingerboote von Danzig und ihre technische Bedeutung im Schiffbau der Ost-germanen. Schiffbau, 1937.

[20] Laas, W.: Der deutsche Schiffbau um das Jahr 1800. STG-Jahrbuch, 1939.

[21] Ehrbach, R.: Deutsche Segelschiffahrt und deutscher Segelschiffbau zur Zeit der Reichsgründung. STG-Jahrb. 1940.

[22] Lienau, O.: Norwegische und ostdeutsche Schiffe zur Zeit der Wickinger. Schiff und Werft, 1943.

[23] Höver, Otto: Von der Kogge zum Clipper. Hamburg, 1948.

[24] Lefol, Lucien u. Albert Sebille: Dunkerque et ses chantiers de construction naval. Paris, 1950.

Erörterung.

Dr.-Ing. E. Foerster, Hamburg.

Ich sehe den Wert des Vortrages nicht nur in einer Dokumentation der Technikgeschichte, sondern erblicke darin auch Anregungen von teils hochaktueller Art. Die vom Vortragenden erwähnte Kreuzerform des Hinterschiffes mit ihrem topfartigen Oberschiff möchte ich stärker bewertet sehen als der Vortragende. Diese ursprünglich für Kriegsschiffe entstandene Hinterschiffsform ist zuerst von den Engländern in den Handelsschiffbau eingeführt worden, und zwar nicht, um damit eine verlängerte Wasserlinie zu erzielen, sondern unter grundlegender Änderung der Flächenlage der Spanten für den Zustrom des Wassers zu den Propellern, d. h. durch eine mehr liegende Anordnung der Spanten und mehr senkrecht hängende Wellenhosen — außerdem mit der Wirkung erheblicher Vergrößerung der Stabilität und schließlich auch zum Schutz der Schiffe bei schwerer nachlaufender See gegen das Überkommen hoher Brechseen. Diesen Erwägungen schreibe ich auch die Entstehung der hohen Hinterschiffskastelle bei den mittelalterlichen Großschiffen zu, bei denen der hintere Aufbau keineswegs nur zur Schaffung exklusiver Kommandantensalons diente, sondern — schon bei der kleinen Karavelle des Columbus — den Sinn hatte, das Schiff beim Lenzen vor schwerer See vor dem Wassereinbruch von hinten übers Deck zu schützen. Ich schreibe zahlreiche Verluste von Fischdampfern um die Jahrhundertwende auch dem Fehlen eines hinteren schützenden Bollwerkes gegen die nachlaufende See zu. In der Tat haben die Schiffstypen der Hochseefischerei in neuerer Zeit, bis zu den 24-m-Fischkuttern herunter, fast ausnahmslos hintere Aufbauten mit zum Schutz bei dieser, in brecherreicher Sturmsee laufend, gefährlichsten aller Fahrtrichtungen erhalten.

Ich weise noch darauf hin, daß einige der historischen Schiffe Anklänge an das formstabile Prinzip zeigen, welches ich und danach verschiedene Schiffbauer zur Regulierung der Stabilität bei nachträglicher Zufügung von Aufbauten an Stelle von festem Ballast verwendet haben. Zuerst wurde damit der alte Raddampfer „Prinzessin Heinrich" kuriert, der beim Landen der Passagiere so starke Schlagseite bekam, daß er den Spitznamen „Selbstentlader" erhielt. Die formstabilen Anbauten nach meinen Vorschlägen verminderten die betreffende Schlagseite von 15 auf 2 Grad und brachten das Schiff unter Herausnahme des festen Ballastes auf seinen richtigen Konstruktionstiefgang und damit auf seine alte Konstruktionsgeschwindigkeit zurück. Dann wurden die formstabilen Anschwellungen in richtiger Form bei der „Cap Polonio" angewendet, um Zusatztopgewichte von etwa 900 t auszugleichen, zwar so, daß das Maximum der Anschwellungsbreite im Ankunftstiefgang, bei dem dann größten Stabilitätsbedürfnis lag. Dadurch wurde die „Cap Polonio" das einzige Schiff der internationalen, auf dem La Plata fahrenden Tonnage, welches am La Plata ohne Doppelboden-Wasserballast einlaufen konnte. Unerwartet war die Verbesserung der Admiralitätskonstante, also der Antriebsgüte, um etwa 8 % bei 18 kn, nachträglich durch Modellversuche bestätigt und dadurch erklärt, daß die über das Mittelschiff erstreckten Anschwellungen die sogenannten „Schultern", also die Übergänge vom Schiffsmittelteil zu den Enden, abmilderten.

Die formstabilen Anschwellungen sind dann einige zwanzigmal in der Handelsschiffahrt angewendet worden, aber viel häufiger im Kriegsschiffbau, wo viel größere, die Antriebsgüte ebenfalls nicht beeinträchtigende Anschwellungen (Blisters) bei mehreren Kriegsmarinen häufig als Torpedoschutz angewendet worden sind.

Die negative Wertung der Sackspantenform will ich vom Gesichtspunkt des wirtschaftlichsten Antriebes aus nur für das Vorschiff, aber nicht für das Hinterschiff gelten lassen, da sich gerade durch die extreme Sackspantenform, also die Schaffung nahezu senkrechter Schiffswände vor dem Propeller, eine größere Gleichmäßigkeit des Nachstromes für die oberen und unteren Propellerquadranten erzielen läßt, während die noch bis in dieses Jahrhundert hinein für Einschraubenschiffe angewandte Segelschiffsform mit breitem Oberteil der Spanten und schlanken Spantfüssen sehr ungleiche Nachstromverhältnisse für den oberen und den unteren Propellerquadranten und damit eine ungünstige Propellerwirkung und sogar den Impuls zu Vibrationen des Schiffskörpers vom Propeller her ergaben.

Ich möchte mit der Feststellung schließen, daß die neuere Entwicklung der Formgestaltung durch österreichisch-deutsches Zusammenwirken bei der Maierform in dem Sinne anzuerkennen sei, daß die Weltschiffahrt dieser Reform eine beträchtliche Verbesserung der Seetüchtigkeit und der Wirtschaftlichkeit des Antriebes verdankt, die man — wenn auch nicht in quantitativem Sinne, so doch in ihrer Bedeutung — z. B. dem deutschen Dieselmotor gleichstellen kann.

Professor Albrecht Ehrenberg, Berlin.

Wenn ich zu dem soeben gehörten Vortrag einige Bemerkungen zu machen habe, so wollen Sie diese nicht als Kritik, sondern als ergänzende Beiträge auffassen.

1. Der nach Ansicht des Vortragenden nicht ohne weiteres zu erklärende große Überhang des Vor- und Hinterschiffes der alten Nilbarken dürfte eine Überlieferung aus der Zeit sein, als die Schiffe dieses Flußgebietes noch aus Bündeln von Papyrusstauden hergestellt wurden, deren kegelförmig ausgeschärften Enden als Abschluß nach oben gebogen wurden, so daß die Fahrzeuge am Bug und Heck eine weit überhängende Löffelform erhielten. Solche Fahrzeuge sind heute noch in Afrika (Tsatsee) und in Südamerika (Titikakasee) gebräuchlich. Sie lassen sich ohne besondere Werkzeuge einfach herstellen und dürften selbst in holzreichen Gegenden die Vorläufer der Holz- und Rindenschiffe gewesen sein.

2. Von den Wikingerschiffen wurde im Vortrag behauptet, daß sie sich bei Biegebeanspruchung in der Längsrichtung besonders elastisch verhalten hätten. Ich glaube, daß es sich dabei um eine Verwechslung mit der Querfestigkeit handelt. Die Klinkerbauweise der Außenhaut unter Verwendung von Eisennägeln läßt im Gegenteil infolge der guten Aufnahme der Scherkräfte in den Längsnähten auf einen sehr starren Längsverband schließen. Dagegen war die Verbindung der Außenhaut mit den Spanten sehr elastisch. Die einzelnen Plankengänge waren nämlich nur durch Riemen mit den Spanten verschnürt, so daß diese die durch das unvermeidliche Quellen und Schwinden der Planken verursachten Querverschiebungen der Außenhaut nicht hindern konnten und so ein Stauchen oder Reißen der Planken vermieden wurde. Diese Verschiebbarkeit erforderte möglichst schwach gebogene Spanten, und das führte zwangsläufig zu der von dem Vortragenden besonders hervorgehobenen idealen V-Form derselben.

3. Der als besonders auffallend bezeichnete starke Sprung am Vor- und Hinterschiff dieser Fahrzeuge ist hauptsächlich darauf zurückzuführen, daß die Wikinger keine verlorenen Gänge kannten und daher alle Außenhautplanken bis zu den Steven durchführten. Es ist an den Funden deutlich zu erkennen, welche Schwierigkeit die Unterbringung und Befestigung der vielen schmalen Plankenenden trotz des großen Sprunges an den Steven bereitet hat, während die Erbauer der bei Danzig-Ora gefundenen etwa gleichaltrigen Boote diese Schwierigkeit mit Hilfe verlorener Gänge schon sehr elegant gelöst haben.

4. Das vom Vortragenden als „Hansakogge" gezeigte Bild stellt keine Kogge, sondern eine „Holk" dar, die sich von der Kogge dadurch unterscheidet, daß die kravel gebaute Außenhaut im Bereich des Vor- und Achterkastells aufbauartig bis zu den Decks derselben hochgezogen ist. Bei den Koggen dagegen bestehen diese Kastelle aus gerüstartigen Plattformen, die ohne organischen Zusammenhang mit dem Schiffskörper frei auf Stützen ruhen. Der Bauart nach sind die Koggen geklinkert und gleichen den Normannenschiffen. Der Übergang zur Holkbauweise ist insofern von großer Bedeutung gewesen, als er dazu geführt hat, daß die bis dahin an St.-B. hängenden Seitenruder mit ihrer querschiffs gerichteten Pinne durch das Mittelruder am Hintersteven verdrängt wurden, da die Außenwand des Heckaufbaues die Durchführung der Querpinne erschwerte.

5. Vom Vortragenden wird die Bezeichnung „Fregatte" als Sammelbegriff für besonders schlanke Segelschiffe verwendet. Dagegen ist zu sagen, daß diese Bezeichung zwar von einer besonders schlanken Galeerenart (Fregata) stammt, später aber zum rein militärisch-taktischen Begriff wurde, indem jedes Kriegsschiff mit nur einer Batterie unter dem Oberdeck, ohne Rücksicht auf seine Form, Fregatte hieß. Die Handelsmarine hat diese Bezeichnung nicht gekannt. Als Prototyp des schnellen Handelssegelschiffes ist nicht die Fregatte, sondern die in Holland als Kaperschiff entwickelte Fleute anzusehen.

6. Zur Ehrenrettung der vom Vortragenden wegen der unschönen Spantformen getadelten alten Schiffbauer aus der Blütezeit des ozeanischen Holzschiffbaues sei daran erinnert, daß sie darauf angewiesen waren, natürlich gewachsene Krummhölzer beim Bau der Spanten zu verwenden und daher gezwungen waren, sich den gegebenen Formen anzupassen.

Professor Dipl.-Ing. **Ernst Klindwort,** Berlin.

Ich bin nicht in der Lage, die interessanten Ausführungen des Herrn Vortragenden nach der Seite des Beginns der Formgebung von Schiffen zu erweitern, wohl aber möchte ich zum Stand der Dinge am anderen Ende einige ergänzende Ausführungen machen. Der Vortragende hat, als er das Bild der „Bremen" zeigte, gesagt, daß wir uns über die Beurteilung der See-Eigenschaften der Schiffe mit Bugwulst einig wären. Ich muß für mich und, wie ich denke, für eine Reihe weiterer Fachgenossen bemerken, daß es wohl auch noch andere Meinungen geben kann. Ich vermag mich auch den weiteren Ausführungen des Herrn Vortragenden über die enormen Kräfte und Stöße, die auf den Bugwulst kommen und die zu Vibrationen und lecken Nieten Anlaß gegeben haben sollen, nach meinen bisherigen Erfahrungen mit Schiffen dieser Art nicht anzuschließen.

Was Sie auf dem Bild der „Bremen" beim Einsetzen des Vorschiffs in schwerem Seegang soeben gesehen haben, können Sie unter entsprechenden Umständen bei jedem Schiff, auch bei einem Schiff mit einer Maierform, beobachten. Bild 1 zeigt ein Fahrtbild der „Europa" bei mittlerem Seegang, auf dem zu erkennen ist, daß ein gewaltiger „Rauschebart" das Vorschiff umgibt.

Bild 1.

Die Gründe für diese Erscheinung und deren Folgewirkungen, die sich bei beiden Schiffen — bei der „Europa" vielleicht noch ausgeprägter als bei der „Bremen" — gezeigt haben, sind folgende:

1. Die Höhe des Vorschiffs über Wasser ist bei diesen beiden Nordatlantik-Schnelldampfern im Verhältnis zu ihrer Länge so gering, wie bei keinem anderen vergleichbaren neueren Schiffe dieser Art. Es ist nun keineswegs so, daß dieser Mangel den Konstrukteuren der Schiffe bei der Konstruktion entgangen wäre. Im Gegen-

teil, es sind wiederholt Überlegungen gemacht worden, ein zusätzliches Backdeck aufzusetzen. Diese Absicht ließ sich jedoch infolge der von der Reederei mit Rücksicht auf die beschränkten Tiefenverhältnisse an der Kolumbuskaje in Bremerhaven gestellten scharfen Tragfähigkeitsforderungen nicht verwirklichen.

Bild 2.

Bild 3.

2. Der Ausfall der Spanten im Vorschiff entsprach der Gewohnheit der damaligen Zeit (etwa 1927) und ist — verglichen mit dem heute üblichen — gering zu nennen, wie sich aus Bild 2 und 4 ergibt.

3. Der vollkommen aus Platten und Winkeln gebaute Vorsteven hat bei der „Europa" aus herstellungstechnischen Gründen eine Breite in der Wasserlinie von rund 1 m (50 cm Radius) erhalten. Nachteile zeigten sich beim Schleppversuch nicht, da das Tankwasser am Modell keine Schaumwirkung hervorruft. Erst bei den ersten Erprobungen des Schiffes stellte sich heraus, daß dieser stumpfe Abschluß der Wasserlinie eine stärkere Schaumbildung verursacht, die, wie Bild 3 zeigt, unter dem Einfluß der Sogwirkung des Fahrtwindes, vermehrt durch evtl. Gegenwind, schon bei relativ geringem Seegang zum Entstehen eines fein zerstäubten Sprühgischtes führt, der sich über das ganze Vorschiff verbreitet.

4. Dieses Hochreißen des Gischtes wurde erleichtert durch einen relativ geringen Ausfall des Vorstevens nach vorn, wodurch das gegen den Bug anlaufende Wasser nach oben ausweichen konnte, so daß die Schaumbildung in verhältnismäßig großer Höhe ansetzte.

Bild 2 läßt die bauliche Ausführung des Vorstevens der „Europa" und die Dicke des CWL-Einlaufs erkennen. Bild 3 zeigt die eben beschriebenen und begründeten Folgen dieser Konstruktion. Bild 4 ermöglicht, für die vorgebrachten Erklärungen den bündigen Nachweis im einzelnen zu führen.

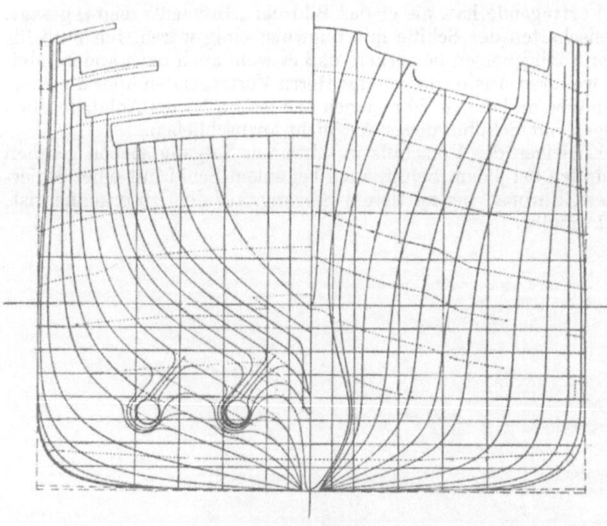
Bild 4.

„Europa" und „Bremen" sind nicht die einzigen beiden großen Schnelldampfer in der Nordatlantikfahrt geblieben, die einen Bugwulst erhalten haben. Vielmehr ist es so, daß die überwiegende Zahl der zwischen beiden Weltkriegen für diesen Dienst gebauten großen Schnelldampfer mit Bugwulst gebaut ist. Nur die Engländer haben bei ihren beiden großen Schiffen „Queen Mary" und „Queen Elizabeth" sowie bei der kleineren „Mauretania" vom Bugwulst keinen Gebrauch gemacht.

Auf der Werft von Blohm & Voß ist der Bugwulst nach der erstmaligen Anwendung auf der „Europa" später in Verbindung mit der von dieser Werft weiter betriebenen Entwicklung der Schiffsformen wiederholt angewendet worden. Hierbei sind selbstverständlich die mit der „Europa" gemachten Erfahrungen ausgewertet und dadurch ähnliche Erscheinungen, wie sie sich auf diesem Schiff gezeigt hatten, vermieden worden.

Bild 5 zeigt das Vorschiff der „Potsdam" im Schwimmdock von vorn, Bild 6 das gleiche von einer mehr achtern gelegenen Stelle von einem Seitenkasten des Docks aufgenommen. Auf diesem Bild ist besonders

Bild 5.

Bild 6.

eindrucksvoll der Linienverlauf dieser neueren Schiffe erkennbar. Vergleicht man die Größe des hier sichtbaren Bugwulstes mit den Gesamtmaßen, so sind die vom Vortragenden behaupteten Wirkungen schwer vorstellbar.

In der Tat sind diese auch in keiner Weise eingetreten. Aus den Berichten des Kommandos der „Potsdam" und insbesondere solcher Angehörigen der Besatzung, die sowohl dieses Schiff wie die von der Maierform-Gesellschaft (hinsichtlich der Form) entworfenen Schwesterschiffe „Scharnhorst" und „Gneisenau" gefahren haben, hat sich übereinstimmend ergeben, daß die „Potsdam" zum mindesten kein schlechteres Seeschiff war.

Bei einer nach mehreren Reisen der „Potsdam" vorgenommenen Besichtigung des

Bild 7.

Bild 8.

Plattenbereichs um den Wulst herum sind Schäden oder Leckagen irgendwelcher Art nicht festgestellt worden. Kleinere Anfressungen, von denen auch Aufnahmen gemacht worden sind, sahen nicht anders aus und waren nicht größer als an anderen Stellen der Außenhaut. Sie lassen keinen Rückschluß auf das Vorhandensein von örtlicher Kavitation zu, womit im Falle eines Abreißens der Strömung u. U. hätte gerechnet werden müssen.

Auch das letzte von der Werft von Blohm & Voß gebaute große Handelsschiff, ein Nordatlantik-Schnelldampfer für die Deutsche Amerika-Linie (Hapag-Lloyd), der unter der Bau-Nr. 523 bekannt geworden ist, hatte die gleiche Form erhalten.

Würde eine Werft wie die genannte über ein Jahrzehnt an dieser Form festgehalten und sie ständig wieder gebaut haben, wenn mit ihr die vom Herrn Vortragenden genannten Nachteile verbunden gewesen wären? Auch die Hamburg-Amerika-Linie als Bestellerin des Schiffes hätte sich nach jahrelangen eigenen Erfahrungen mit dem Bugwulst sicher nicht zu der Anwendung dieses Konstruktionselements bei ihrem jüngsten Neubau entschlossen, wenn die genannten Behauptungen zugetroffen hätten.

Bild 7 zeigt ein weiteres Schiff mit dieser Form, das Vorschiff des Schnelldampfers „Pretoria" für die Deutschen Afrika-Linien.

Auch anderwärts sind Schiffe mit Bugwulst gebaut, darunter zahlreiche Kriegsschiffe verschiedener Nationen, ebenso wie eine Reihe von Hilfsschiffen, von denen Bild 8 ein Beispiel zeigt.

Zum Schluß möchte ich Ihnen noch ein Beispiel für ein Bugwulstschiff zeigen, dessen Urheberschaft Sie wahrscheinlich nicht sofort erraten. Es ist ein von der Maierform-Gesellschaft entworfenes Schiff, dessen Form von dieser so günstig beurteilt wurde, daß sie zum Gegenstand einer Patentanmeldung gemacht wurde.

Ich möchte diese Ausführungen schließen, indem ich der Hoffnung Ausdruck gebe, daß, so wie die Geschichte der technisch-wissenschaftlichen Leistungen der genannten Werft noch nicht geschrieben ist, auch die wirt-schaftliche Geschichte dieser Werft noch nicht ihren Abschluß gefunden haben möge. Möge darüber hinaus im Sinne des Wortes, das der Herr Vorsitzende zu Beginn dieser Tagung über die Notwendigkeit eines offenen Wortes sprach, dann auch das politische Geschick dieser Werft seine gebührende Würdigung finden, sowohl hinsichtlich der für die Erhaltung der Werft unternommenen Bemühungen, wie auch hinsichtlich mancher Versäumnisse, bei deren Vermeidung die Dinge vielleicht schon früher eine andere und bessere Wendung genommen hätten.

Ministerialrat i. R. **O. Schlichting,** Berlin.

Auf Grund der Veröffentlichung von Taylor und eigener Schleppversuche habe ich die Wulstform bei der mir s. Z. zufallenden Formentwicklung der deutschen Kriegsschiffe für Große Kreuzer und Schlachtschiffe schon vor dem ersten Weltkrieg zur Anwendung gebracht. Sie ist, soweit mir bekannt, auch für die letzten Großkampfschiffe beibehalten worden und hat, soweit ich unterrichtet bin, unbefriedigende See-Eigenschaften nicht ergeben, zumal in der später angewandten Verbindung mit über Wasser ausfallenden Spantformen.

Professor **W. Laas,** Biesenthal (schriftlich eingesandt).

Der Vortrag gibt einen Überblick über die Schiffsformen unter Wasser von den ersten gebauten Booten bis zu den Schnelldampfern der Neuzeit, also über einen Zeitraum von etwa 5000 Jahren.

Erstaunlich ist die Fülle der Möglichkeiten, innerhalb der Grenzen der Hauptabmessungen Länge, Breite und Tiefgang das Schiff unter Wasser so zu formen, daß eine gute Geschwindigkeit und die sonst gewünschten See-Eigenschaften erreicht werden. Kloeß versucht, diese Möglichkeiten durch die Jahrtausende zu verfolgen und in eine gewisse Ordnung zu bringen. Das ist möglich für die neuere Zeit auf Grund von Linienrissen und Fahrtergebnissen. Leider sind die Formen der früheren Jahrtausende nur von den einigermaßen vollständig ausgegrabenen Schiffen der Völker Nordeuropas vorhanden. Für die antiken Schiffe des Mittelmeers (Ägypter, Phönizier, Griechen, Karthager und Römer) und des Mittelalters (Galeeren, Hansekoggen und spätere Schiffe) gibt es nur Rekonstruktionen aus der neueren Zeit mit allen Mängeln und Fehlern solcher Versuche, ein Bild von diesen Schiffen und besonders von ihren Unterwasserformen zu gewinnen.

Hiernach kann für die älteren Zeiten von einem mathematischen Verfahren, wie es Kloeß anwendet, kein Erfolg erwartet werden. Die meisten der benutzten Rekonstruktionen sind mit Recht schon vor Jahrzehnten von der Kritik abgelehnt worden. Daher sind auch die Folgerungen aus diesen unsicheren Unterlagen hinfällig.

Immerhin bleibt der Versuch wertvoll, Unterwasserformen von Schiffen in einer Übersicht zusammenzufassen.

Es ist ein Zeichen für die Schwierigkeit der Aufgabe, daß es auch der neueren mathematisch-physikalischen Strömungsforschung trotz der großen Zahl der Schiffbauversuchsanstalten in den verschiedenen Ländern nicht gelungen ist, für ein Schiff von einem bestimmten (auf anderen Wegen ermittelten) Gewicht die Form unter Wasser zu finden, die dem Schiff die gewünschten See-Eigenschaften auf langer Fahrt, auch bei schlechtem Wetter, in einem bestmöglichen Kompromiß sichert.

Friedrich Jorberg, Berlin-Zehlendorf (schriftlich eingesandt).

Ich möchte zu dem Vortrag des Herrn Kloeß, soweit es sich um seine Ausführungen auf historischem Gebiet handelt, folgendes bemerken:

Der Vortragende stützt sich bei seinen Angaben überwiegend — jedenfalls soweit es sich um Vorbilder bis zum Ende des 18. Jahrhunderts (Victory) handelt — auf die Maßangaben und die Risse, die Geheimrat Busley in seinem Buche „Die Entwicklung des Segelschiffs" — Berlin 1920 — veröffentlicht hat.

Es steht fest, daß die damaligen Arbeiten des Geheimrats Busley als bahnbrechend zu bezeichnen und bestimmt waren, die von ihm begonnenen Forschungen weiterhin anzuregen und fortzusetzen. Geheimrat Busley war, wie er selbst vor der Schiffbautechnischen Gesellschaft ausführte, sich aber völlig klar darüber, daß seine Rekonstruktionsmodelle nichts Vollendetes darstellen konnten und daß weitere eingehendere und langwierigere Forschungen nötig waren, um seine Arbeiten zu ergänzen und nach Möglichkeit zu vollenden.

Geheimrat Busley und seinen Mitarbeitern standen damals leider für die Forschung, Planung, Entwurf und Ausführung nur eine verhältnismäßig kurze Zeit zur Verfügung; die Arbeiten selbst mußten „terminmäßig" abgeliefert werden.

· Geheimrat Busley hat seinerzeit zu einer sachlichen allgemeinen Kritik seiner Arbeit aufgefordert. Diese Kritik hat aber erst nach 1922, nach dem Erscheinen seines obenerwähnten Buches eingesetzt.

Das Buch bzw. der Modellbau haben ziemlich scharfe Kritik durch Vogel, Voigt, Assmann, Köster, Cohn und Anderson erfahren.

Ich muß annehmen, daß diese Kritiken dem Vortragenden nicht bekannt waren. Fast das gesamte Material der Abmessungen ist in dem Buche von Busley mit Vorsicht zu verwenden, zumal auch nirgends angegeben ist, auf welche Art die Vermessung erfolgt ist. Busley gibt selber zu, daß er die Abmessungen oft nur „vermutet" hat.

Bezüglich des phönizischen Schiffes muß ich Herrn Kloeß widersprechen, wenn er behauptet: die ersten Schiffe, von denen wir einigermaßen sichere Kunde als Seeschiffe haben, sind die der Phönizier. Die Fahrzeuge der Phönizier, von denen wir tatsächlich nur sehr wenig wissen, waren ebenso wie die Schiffe der Ägypter Küstenfahrzeuge! Die errechnete Größe von 200 bis 300 t erscheint mir reichlich hoch. Gerade der Entwurf dieses Phönizierschiffes durch Busley ist von allen Seiten als Phantasiegebilde abgelehnt worden.

Leider hat es der Vortragende auch unterlassen anzugeben, welches „Wikingerschiff" er seinen Forschungen zugrunde gelegt hat. Es ist allgemein bekannt, daß keines der bisher ausgegrabenen Wikingerschiffe mit einem anderen übereinstimmt. Da man die Bauart des phönizischen Schiffes und seine Eigenheiten nicht kennt, ist es m. E. unmöglich, einen Vergleich mit einem Wikingerschiff zu ziehen.

Das Märchen von dem Teppich von Bayeux, den die Königin Mathilde hergestellt haben soll, ist schon lange widerlegt. Ich verweise auf die eingehende Darstellung des Herrn Professors Lienau im Forschungsheft Nr. 11 der Schiffbautechnischen Gesellschaft.

Die „Santa Maria" des Kolumbus ist niemals ein Kogge gewesen, sie war ein karweel gebautes Fahrzeug, anscheinend aus der Gascogne (Biskaya) stammend.

Die Forschungen des Vortragenden wären — soweit sie sich auf den ausgesprochenen historischen Teil beziehen — außerordentlich interessant, wenn sie auf tatsächliche geschichtliche archivalische Feststellungen der Abmessungen und Vermessungen beruhen würden. Solange aber diese tatsächlichen Unterlagen fehlen oder nicht einwandfrei nachgewiesen werden können, ist es m. E. abwegig, solche Ergebnisse vergleichsweise in Kurven darzustellen.

Meiner Ansicht nach könnten Erfolge auf einem Gebiete, wie es Herr Kloeß vorgetragen hat, erst erzielt werden, wenn die von Geheimrat Busley begonnenen Arbeiten in der Schiffbaugeschichte fortgesetzt, wissenschaftlich gefördert und durchgeführt worden sind.

Dipl.-Ing. H. K. Kloeß, Bremen (Schlußwort).

Allen Herren, die sich an der Erörterung mündlich und schriftlich beteiligt haben, nämlich den Herren Dr.-Ing. E. Foerster, Ministerialrat O. Schlichting, Professor Ehrenberg, Professor Klindwort, Professor Laas und Herrn Jorberg, habe ich für ihre Anteilnahme an meiner Arbeit zu danken.

Die Erörterungsbeiträge enthalten Ergänzungen und wichtige Anregungen zu weiterer Arbeit auf dem vorgetragenen Gebiet und nicht zuletzt auch einige Kritik an den durch mich herangezogenen Quellen. Es handelt sich hierbei besonders um die von Geheimrat Busley und seinen Mitarbeitern rekonstruierten Schiffskörper des Altertums und des frühen Mittelalters. Aus meinem Quellenverzeichnis ist jedoch zu ersehen, daß ich nicht allein dieser Arbeit meine Beurteilung von Schiffsformen der früheren Zeiten entnommen habe. In weitgehendem Maße bediente ich mich dabei gerade in diesem Punkt der englischen Werke von Scott Russel, Sir George Holmes und des Buches des französischen Vizeadmirals Paris.

Auch habe ich an mehreren Stellen, selbst in der gekürzten mündlich vorgebrachten Fassung, meine Zweifel hinsichtlich der Richtigkeit der besonders von Busley überlieferten Linien zum Ausdruck gebracht. Ich habe auch erwähnt, daß ich einen Weg zur Analyse der Schiffslinien versuche, für den an sich die Richtigkeit oder Unrichtigkeit der überlieferten Risse von sekundärer Bedeutung ist, solange er geeignet erscheint, Verwandtschaften von Formen untereinander aufzudecken und es uns ermöglicht, gerade jene Frage, inwieweit die bekannten Linienrisse richtig oder falsch sind, einer Klärung zuzuführen. (S. Bild 8: „Verwandtschaft der Verdrängungsverteilungen".)

Ich darf Herrn Jorberg hierzu erwidern, daß ich meinen Untersuchungen stets das Wikingerschiff von Gokstad zugrundegelegt habe, was auch im Vortrag verschiedentlich erwähnt worden ist. Ich habe auch keinen Vergleich des phönizischen Schiffes mit einem Wikingerschiff angestellt, sondern ich habe, wie aus Bild 17 hervorgeht, das phönizische Schiff mit einem jetzt noch gebräuchlichen portugiesischen Fichereifahrzeug und das Wikingerschiff von Gokstad mit einem jetzt noch in Nordnorwegen zum Fischfang verwendeten Fischereifahrzeug verglichen. Über die Herkunft der „Santa Maria" des Columbus sind sich die Forscher heute noch gar nicht einig, und den Riß der Fregatte „Friedrich Wilhelm zu Pferde" habe ich von vornherein bemängelt im Vergleich zu dem Originalriß der französischen Fregatte, den ich in Bild 12 zeige.

Wichtig schien mir vor allem, von den einigermaßen als verläßlich überlieferten Linienrissen wie Wikingerschiff von Gokstad, französische Fregatte aus dem Buch von Müller [3], Baltimore-Clipper aus dem Buch von Howard de Chapelle [16] usw. den Vergleich der ersten Ableitung der Verdrängungsverteilungskurven anzustellen. Dieser zeigt eine auffallende Verwandtschaft zwischen dem Gokstadschiff und dem sogenannten Normannenschiff. Bevor wir nun keine positiven Beweise in Händen haben, daß dieses Normannenschiff formmäßig ein Phantasiegebilde ist, müssen wir im Hinblick auf andere hier aufgedeckte Verwandtschaften — französische Fregatte, Baltimore-Clipper, Wikingerschiff und norwegisches Fischereiboot — annehmen, daß die Form des Normannenschiffes nicht so falsch ist, wie neuerdings behauptet wird. In einer der Kritiken gerade bezüglich des Normannenschiffes (R. C. Anderson) wird außerdem nicht die Form, sondern die Besegelung des Modelles vom Normannenschiff als Anachronismus bezeichnet.

Ich möchte auch in einem weiteren Punkt nicht mißverstanden werden: Ich habe in dem Vortrag erwähnt, daß die Eintrittstangente der Verdrängungsverteilungskurve kein Kriterium abgeben kann für die Beurteilung eines Wellenwiderstandes, sondern daß vielmehr die erste Ableitung der gesamten Verdrängungsverteilungskurve, zumindest aber jene des Vorschiffes, ausschlaggebend ist. Ich hatte auch gesagt, daß eine Tangente gleich Null oder Null zustrebend allein noch keinen geringsten Wellenwiderstand sichert, wie ja durch die Bugwulstschiffe und durch die sogenannten ideellen Verlängerungen bewiesen wird.

Herrn Professor Ehrenbergs Ausführungen über die Schmiegsamkeit der Wikingerschiffe finde ich besonders aufschlußreich bezüglich der Feststellung, daß es sich um einen starren Längsverband handelt und um eine dagegen sehr elastische Verbindung der Außenhaut mit den Spanten.

Die von Herrn Professor Klindwort in Lichtbildern gezeigten Anwendungen des Bugwulstes durch die Firma Blohm & Voß sind bekannt. Es ist auch bekannt, daß über die Eignung von Bugwulstschiffen in schwerer See kaum mehr Meinungsverschiedenheiten bestehen. Was die Maierform-Gesellschaft in einem besonderen Fall für große Tragfähigkeit bei geringstem Tiefgang einmal konstruiert hat, betraf ein kleineres Rhein-Seeschiff, das nicht für Hochseefahrt bestimmt war und, einmal in der Biskaya eingesetzt, im Vergleich mit einem V-Spantschiff gleicher Größe sich sehr schlecht bewährt hatte.

Herrn Professor Laas danke ich dafür, daß er meinen Versuch, Unterwasserformen von Schiffen in einer Übersicht zusammenzufassen und miteinander zu vergleichen, als wertvoll bezeichnet hat. Ich werde in seinem Sinne bemüht bleiben mitzuhelfen, das Dunkel der bisher überlieferten ältesten Schiffsformen etwas ins Licht zu rücken, wozu ich glaube ohne weiteres Möglichkeiten vorgeschlagen zu haben durch Aufmessung und Erforschung der uns in den verschiedensten Gegenden der Erde bis heute überlieferten kleinen seegehenden Fahrzeuge der eingeborenen Bevölkerungen, von denen wir wissen, daß sie sich über Jahrtausende formgleich erhalten haben.

VI. Über die hydrodynamischen Grundlagen des Froudeschen Verfahrens zur Bestimmung des Schiffswiderstandes und dessen technische Durchführung.

Von Ministerialrat a. D. **O. Schlichting**, Berlin.

1. Aufgaben des Froudeschen Modellversuchs.

Aufgabe des Froudeschen Modellversuchs ist im allgemeinen die Zuordnung von Schiffsgeschwindigkeit und Schiffswiderstand bzw. der für dessen Überwindung erforderlichen Antriebsleistung für ruhiges oder bewegtes Wasser zu ermitteln. Ihre Lösung umfaßt in diesem Falle zwei Abschnitte: die Gewinnung und die Umrechnung des Modellversuchsergebnisses auf das Schiff. Ist nur die günstigste Schiffsform auf Grund des Vergleichs von Modellwiderständen zu bestimmen, so kann im allgemeinen auf deren Umrechnung verzichtet werden.

Bei Lösung dieser Aufgabe bereitet die gesetzmäßige Erfassung des Einflusses der Flüssigkeitszähigkeit auf den Widerstand auch gegenwärtig noch große Schwierigkeiten.

2. Zusammensetzung des zähigkeitsbedingten Widerstandsanteils aus Reibungs- und Druckwiderstand.

a) Der Reibungswiderstand.

Die Zähigkeit einer Flüssigkeit ruft an jeder festen Fläche, wenn diese oder die Flüssigkeit bewegt wird, einen Reibungswiderstand hervor, der sich aus den in die Bewegungsrichtung fallenden Komponenten der tangential an der Fläche angreifenden Reibungskräfte zusammensetzt. Es hat sich gezeigt, daß die Größe des Reibungswiderstandes nicht von der stofflichen Beschaffenheit der festen Fläche, sondern der umgebenden Flüssigkeit abhängt. Daraus ergibt sich, daß die die feste Fläche benetzenden Flüssigkeitsteilchen beim Reibungsvorgang nicht auf ihr gleiten, sondern festhaften, und daß der Reibungswiderstand nur durch ein gegenseitiges Verschieben von Flüssigkeitsteilchen entsteht. Diese werden vermöge der Zähigkeit von den festhaftenden Teilchen mitgenommen und nehmen ihrerseits die benachbarten Teilchen mit Verschiebungsgeschwindigkeiten mit, die innerhalb einer verhältnismäßig dünnen Schicht, der Prandtlschen Grenzschicht, auf Null abnehmen. Die entstehenden Flüssigkeitsbewegungen können grundsätzlich in zweierlei Formen schlicht oder laminar und wirbelnd oder turbulent auftreten und entsprechend verschiedene Reibungswiderstände erzeugen.

Die grundsätzlichen Bedingungen, unter denen die eine oder die andere Reibungsart auftritt, sind erstmalig vom Engländer Reynolds ermittelt und 1883 bekanntgegeben worden. Er stellte fest, daß der Übergang der einen in die andere Bewegungsform von der Größe des nach ihm benannten Verhältniswertes $Re = \dfrac{v \cdot l}{\nu}$ abhängt. Wenn v die Geschwindigkeit ist, mit der eine glatte Fläche angeströmt wird oder sich durch ein ruhendes Medium bewegt, l die Flächenlänge und $\nu = \eta : \dfrac{\gamma}{g}$ die kinematische, d. h. die auf die Masse $\dfrac{\gamma}{g}$ bezogene Zähigkeit η des Mediums ist. Reynolds fand mit dieser Beziehung das allgemeine Ähnlichkeitsgesetz für den Reibungsvorgang von Flüssigkeiten und Gasen. Sie hat die Grundlage für die wissenschaftliche Erforschung des Reibungswiderstandes gebildet. Die Ähnlichkeit eines Reibungsvorganges bedingt ein gleichbleibendes Verhältnis der Reibungsschichtdicke zur Länge der angeströmten Fläche und gemäß der Reynoldsschen Zahl wird diese Bedingung bei gleichbleibendem Produkt von v und l und gleichem ν erfüllt. Da hiernach bei steigendem v Ähnlichkeit besteht, wenn l entsprechend kleiner wird, so ergibt sich, daß mit steigendem v die Grenzschichtdicke in gleichem Maße abnimmt und umgekehrt.

Das Aneinander-Vorbeigleiten der Flüssigkeitsteilchen der reibenden Grenzschicht erzeugt Schubspannungen, die sich von deren äußerem Rand bis zur festen Wand zur Wandschubspannung ähnlich den Schubspannungen eines freitragenden Balkens summieren, nur daß an Stelle des Verschiebungsweges die Verschiebungsgeschwindigkeit tritt.

b) Der zähigkeitsbedingte Druckwiderstand.

An gekrümmten Oberflächen, wie sie Schiffsformen haben, ergibt die Zähigkeit außer dem Reibungs- noch einen Druckwiderstand, der sich aus den Längsschiffskomponenten rechtwinklig zur Oberfläche gerichteter Druckkräfte zusammensetzt. Dieser Widerstand entsteht dadurch, daß die Grenzschicht durch die Reibung an Staudruckhöhe gegenüber der sie einschließenden reibungsfreien Verdrängungsströmung verliert und durch deren Eindringen von der Oberfläche abgelöst wird, so daß sich beide Strömungen unter Druckeinbuße in einem Totwassergebiet vermischen. Diese Druckeinbuße hat zur Folge, daß die Längsschiffsresultierende der auf das Hinterschiff ausgeübten Druckkräfte geringer als diejenige der auf das Vorschiff ausgeübten ist, und dieser Unterschied ergibt den zähigkeitsbedingten Druckwiderstand.

3. Das Verfahren für die Umrechnung des Modell- auf den Schiffswiderstand.

Der Froudesche Modellversuch macht von der Tatsache Gebrauch, daß geometrisch ähnliche Wellen beim Modell und Schiff erzeugt werden, wenn sich deren Geschwindigkeiten wie die Wurzeln aus den Fahrzeuglängen verhalten, und daß sich dann die Wellenwiderstände wie die dritten Potenzen der Längen verhalten. Ihre Reibungswiderstände sind dagegen, wie die Reynoldssche Zahl lehrt, dann ähnlich, und zwar gleich groß, wenn das Modell sovielmal schneller als das Schiff fährt wie es kürzer ist. Die Unähnlichkeit der sich bei gleichen Wellenwiderständen einstellenden Reibungswiderstände zwingt zur rechnungsmäßigen Erfassung der Reibungswiderstände, und zwar nicht nur für das Schiff, sondern auch für das Modell, da für dieses erst durch Abzug des Reibungswiderstandes vom gemessenen Schleppwiderstand der auf das Schiff umzurechnende Wellenwiderstand zusammen mit dem zähigkeitsbedingten Druckwiderstand gewonnen wird. Dieser wurde von Froude dem Wellenwiderstand auf Grund der Anschauung zugeschlagen, daß er nur von der Masse, aber nicht von der Zähigkeit der bewegten Flüssigkeit abhängig sei. Diesem Vorgehen wird auch heute noch gefolgt, obwohl der Ablösungswiderstand des Modells erst beim Erreichen von solchen Reynolds-Ziffern von der Zähigkeit unabhängig wird, bei denen der Ablösungsbereich demjenigen des Schiffs praktisch geometrisch ähnlich ist.

Froudes Verdienst besteht besonders auch darin, daß er die Verschiedenartigkeit der auf das Schiff umzurechnenden Anteile des Modellwiderstandes erkannt und Unterlagen für die Berechnung, besonders des Reibungswiderstandes, geschaffen hat.

4. Die Froudesche Berechnung des Reibungswiderstandes auf Grund von Plattenschleppversuchen.

Um den Reibungswiderstand rechnerisch zu bestimmen, schied Froude die Oberflächenform als bestimmenden Faktor aus, indem er als Reibungswiderstand einer gekrümmten den einer ebenen Fläche gleicher Länge und Größe gelten ließ, und hiernach wird auch heute noch verfahren. Den Reibungswiderstand ebener Flächen bestimmte Froude für den Modellbereich aus dem Schleppwiderstand ebener glatter Platten als eine solche Funktion der Fortschrittsgeschwindigkeit v und der Flächenlänge l, daß er mit $v^{1,825}$ und einer abnehmenden Potenz von l veränderlich ist. Dem Einfluß der Oberflächenrauhigkeit des Schiffs trug Froude auf Grund von Schleppversuchen mit der Korvette Greyhound durch Änderung der Exponenten des Längenfaktors für die Ermittlung des Schiffswiderstandes Rechnung.

An dieser numerischen Berechnung des Oberflächenreibungswiderstandes ist vielfach bis zur Gegenwart festgehalten worden. Auf Grund ziemlich umfangreicher Sommer und Winter durchgeführter Schleppversuche habe ich noch den Temperatureinfluß auf die Zähigkeit berücksichtigt und dessen Berechnung gelegentlich eines Vortrages von Gümbel über das Oberflächen-Reibungsproblem vor unserer Gesellschaft 1912 mitgeteilt.

5. Die Ableitung des Reibungswiderstandes der ebenen glatten Fläche aus Versuchsergebnissen von Rohr- und Kanalströmungen.

In neuerer Zeit haben von Kármán und besonders Prandtl und seine Göttinger Mitarbeiter in jahrzehntelangem Bemühen den Reibungswiderstand durch Untersuchung von durch Druck in geschlossenen Gerinnen erzeugte Rohr- und Kanalströmungen erforscht. Diese Forschungsmethode fußte auf der Tatsache, daß der Reibungswiderstand gleich dem Impulsverlust in der Reibungsschicht ist; sie entspricht der Ermittlung des Propellerschubes durch die Impulszunahme der Propellerströmung. Sie beruhte ferner auf der Überlegung, daß das für die Größe des Impulsverlustes maßgebliche, die Abhängigkeit der Strömungsgeschwindigkeit vom Wandabstand ausdrückende Geschwindigkeitsprofil vollständig durch die Dicke und die Verschiebungsgeschwindigkeit der Reibungsschicht, also nach dem Ähnlichkeitsgesetz durch die mit diesen Größen gebildete Reynolds-Ziffer bestimmt sei. Als Verschiebungsgeschwindigkeit gilt hier die Geschwindigkeit v, mit der sich die beiden Seiten der Reibungsschicht unter dem Einfluß der Zähigkeit parallel zueinander verschieben. Beim Vergleich des Reibungsvorganges an der Platte und im Rohr- oder Kanalgerinne entspricht die Grenzschichtdicke an der Platte dem Abstand, in welchem die Gerinneströmung den Scheitelwert ihrer Geschwindigkeit erreicht, d. h. demjenigen der Rohr- oder Kanalachse, da in deren Bereich die gegenseitige Verschiebung der Flüssigkeitsteilchen und damit die Reibung nahezu ebenso aufhört wie am Außenrand der Grenzschicht einer bewegten Platte. Ferner entspricht die Verschiebungsgeschwindigkeit der Platte oder von ihr aus gesehen deren Anströmungsgeschwindigkeit dem Scheitelwert der Strömungsgeschwindigkeit im Gerinne (s. Bild 1). Entsprechend dieser Sachlage wurde der Wandreibungswiderstand, den die Grenzschicht einer Platte entstehen läßt, durch den Impulsverlust

Bild 1. Darstellung des Geschwindigkeitsprofils der Rohrströmung bzw. der Grenzschicht.

einer Gerinneströmung gleicher Reynolds-Ziffer ermittelt. Dazu wurde die Geschwindigkeitsverteilung in der Gerinneströmung durch Messung bestimmt, und es war nun die Aufgabe, das Geschwindigkeitsprofil durch die Reynolds-Ziffer in allgemeingültiger Form auszudrücken.

Das Profil der laminaren Strömung konnte Blasius durch ein einfaches Potenzgesetz erfassen. Für die turbulente Strömung bereitete die Erfassung des Geschwindigkeitsprofils durch die Reynolds-Ziffer außerordentliche Schwierigkeiten. Die Aufgabe wurde durch dessen Ermittlung in dimensionsloser Form gelöst. Dazu wurden die Strömungsgeschwindigkeiten und der Wandabstand mittels einer aus dem gemessenen Druckabfall der Gerinneströmung abgeleiteten Schubspannungsgeschwindigkeit dimensionslos, und zwar der letztere in Form einer mit dieser gebildeten Reynolds-Ziffer ausgedrückt. Das Geschwindigkeitsprofil entsprach mit dem Logarithmus des dimensionslosen Wandabstandes dem Gesetz einer Geraden. Mit den daraus zu ermittelnden Produkten aus der Scheitelgeschwindigkeit der Strömung und den den Wandabständen zugehörigen Geschwindigkeitsverlusten ergaben sich die örtlichen Impulsverluste über die Grenzschichtdicke. Die für die Ermittlung des Gesamtimpulsverlustes erforderliche Integration dieses Ausdruckes bot bei seiner Kompliziertheit auch ihrerseits große Schwierigkeiten. Der Impulsverlust der Grenzschicht einer bewegten Platte war damit in Abhängigkeit von deren Dicke bestimmt. Die ihr zugehörige Plattenlänge folgte daraus, daß die Zunahme des Impulsverlustes mit der Anströmungslänge des Gerinnes der örtlichen Wandschubspannung gleichgesetzt werden konnte. Dadurch, daß diese sich durch die

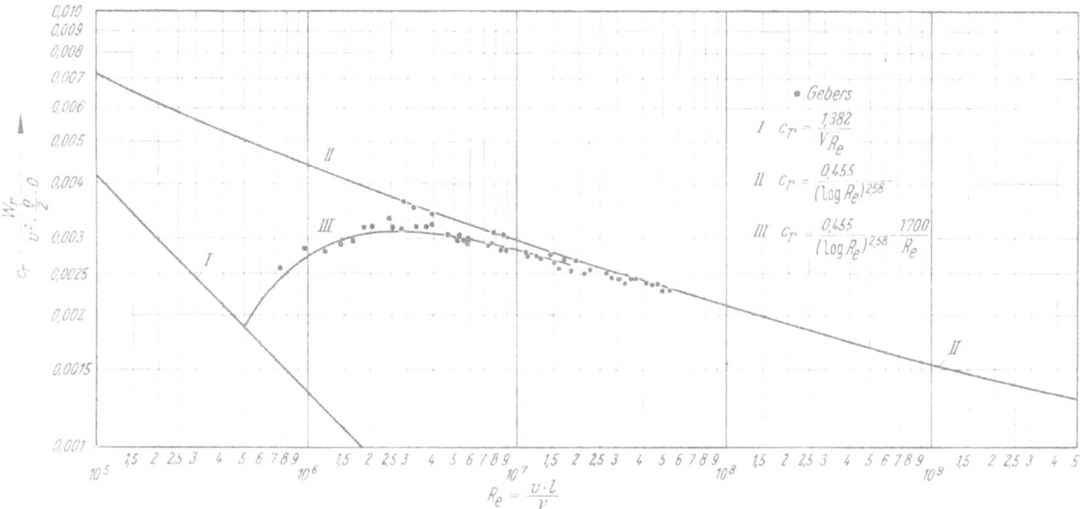

Bild 2. Kurven der Widerstandsbeiwerte c_r für die ebene glatte Fläche, in Göttingen abgeleitet aus Rohrversuchen.

mit der Grenzschichtdicke gebildete Reynolds-Ziffer ausdrücken ließ, ergab sich die Längenzunahme und durch deren Integration die Plattenlänge selbst in Abhängigkeit von der Reynolds-Ziffer. Damit war die Abhängigkeit von Plattenlänge und Reibungswiderstand gegeben. H. Schlichting hat für die Abhängigkeit des spezifischen Reibungswiderstandes c_r, eine einfache, aber voll befriedigende Näherungsformel berechnet. Hiernach ist $c_r = \dfrac{0{,}455}{(\log Re)^{2{,}58}}$, wenn $c_r = \dfrac{W}{\varrho/2 \cdot v^2 \cdot O}$ der auf die Flächengröße O und den Staudruck $\varrho/2 \cdot v^2$ bezogene Widerstand W ist.

Die Rechnungsergebnisse für die laminare und die turbulente Strömung sind in Bild 2 durch Kurven 1 und 2 dargestellt.

6. Bereiche der verschiedenen Reibungszustände.

Die für die laminare und die turbulente Reibung geltenden Kurven des spezifischen Reibungswiderstandes geben zwar dessen Größe in Abhängigkeit vom Re-Wert an, sie sagen aber nichts darüber aus, in welchen Bereichen die eine oder die andere Reibung entsteht. Diese Frage wird angenähert durch die die beiden ersteren verbindende Kurve 3 beantwortet. Sie wurde von Prandtl auf Grund der Überlegung errechnet, daß es einen Reynolds-Zifferbereich für die ebene Fläche geben muß, bei dessen Überschreitung durch eine Längen- oder Geschwindigkeitssteigerung die zunächst laminare Reibung von hinten beginnend in die turbulente übergeht. Infolgedessen ist in einem solchen Übergangsbereich der Widerstand für den unterhalb jener Re-Schwelle liegenden Flächenteil mit den seinem Längenbereich nach Re zugeordneten c_r-Werten für laminare Reibung und für den darüberliegenden Flächenteil mit den c_r-Werten für turbulente Reibung zu berechnen. Der Re-Bereich für das Ansteigen der c_r-Werte aus der laminaren in die turbulente Zone wurde von ihm auf Grund der Ergebnisse der Geberschen Plattenschleppversuche eingesetzt. Gebers ist es durch die außerordentliche Sorgfalt, mit der er seine Plattenschleppversuche ausgeführt hat, gelungen, den Übergang von laminarer zu turbulenter Reibung versuchsmäßig so zu erfassen, wie er nach der Theorie erwartet werden kann. Nach dieser endet der laminare Zustand etwa bei $Re = 5 \cdot 10^5$ und beginnt der turbulente etwa bei $Re = 5 \cdot 10^7$. Dazwischen besteht ein Übergangswiderstand. Der Übergangsbereich von $5 \cdot 10^5$ bis $5 \cdot 10^7$ wird für Modellversuche weitgehend in Anspruch genommen. Zum Beispiel ergibt sich für ein Modell von 5 m Länge bei 2 m Schleppgeschwindigkeit, entsprechend einer Schiffsgeschwindigkeit von 18 kn für ein Fahrzeug von 100 m Länge bei 20° Wassertemperatur ein Wert von $2 \cdot 10^6$.

7. Unterschiede der rechnungsmäßig und durch Plattenschleppversuche ermittelten Reibungswiderstände.

Beim Ordnen der von Froude durch Plattenschleppversuche gewonnenen Werte für den spezifischen Reibungswiderstand nach Reynolds-Ziffern ergibt sich, daß sie den Göttinger durch Rohrversuche für die turbulente Reibung ermittelten im üblichen Längen- und Geschwindigkeitsschleppbereich von Schiffsmodellen ziemlich nahekommen. Sie liegen etwa 5% unter ihnen. Daraus ist zu schließen, daß sie bei turbulenter Reibung erschleppt sind. Bei Re-Werten unterhalb 10^5 sinken sie erheblich ab, und zwar um so mehr, je höher die Schleppgeschwindigkeit, also je geringer gleichzeitig die Plattenlänge ist. Diese Erscheinung ist offenbar auf das Entstehen laminarer Reibung zurückzuführen. Daß die Froudeschen Werte für die Berechnung des Schiffswiderstandes bis in die Gegenwart hinein verwendet sind und verwendet werden konnten, läßt darauf schließen, daß sie den Reibungswiderstand im üblichen Schleppbereich auch nach seiner Längenabhängigkeit einigermaßen befriedigend erfassen, obwohl ihr Aufbau dem Reynoldsschen Ähnlichkeitsgesetz nicht entspricht. Im besonderen spricht dafür auch die befriedigende Übereinstimmung von Widerstandswerten, die sich in Wien und Lichtenrade für in verschiedenen Maßstäben geschleppte Modelle bei Umrechnung ihres Widerstandes auf einen Einheitsmaßstab ergeben hat. Diese Tatsache und die Anpassung der Froude-Werte an die für turbulente Reibung ermittelten Göttinger Werte im üblichen Schleppbereich läßt andererseits darauf schließen, daß beim Schleppen von Schiffsmodellen überwiegend turbulente Reibung entsteht. Der laminare Strömungszustand, dessen weitgehende Erhaltung die Geberschen Versuchswerte anzeigen, ergibt nicht denjenigen Reibungszustand, der nach dem Vorhergesagten bei Modellschleppversuchen tatsächlich vorherrscht und der in Gestalt der turbulenten Reibung erstrebt werden muß. Denn die laminare Reibung ist ein labiler, nicht mit einiger Sicherheit herzustellender Vorgang. Sie muß auch deswegen vermieden werden, weil sie einen unverhältnismäßig großen Ablösungswiderstand erzeugen kann. Gebers Verdienst bleibt es aber, eine wichtige Bestätigung für die Bedingungen geliefert zu haben, unter denen die beiden verschiedenen Arten des Reibungswiderstandes auftreten und ineinander übergehen.

8. Von der Hamburgischen Versuchsanstalt aus den Göttinger Forschungen gezogene Folgerung.

Die in Bild 2 dargestellten hydrodynamischen Forschungsergebnisse haben nach ihrer Bekanntgabe im Jahre 1932 die Hamburgische Versuchsanstalt veranlaßt, den damals kühnen Entschluß zu fassen, für die Berechnung des Reibungswiderstandes die für die turbulente Reibung der ebenen Fläche in Göttingen erforschten Werte zugrunde zu legen und für die Herstellung dieses Zustandes durch Einführung des „Stolperdrahts" Sorge zu tragen, dessen Wirksamkeit als Turbulenzerzeuger Prandtl schon 1914 gezeigt hat. Die letztere Maßnahme ist nach der vorher erörterten zahlenmäßigen Lage der Froudeschen Werte die eingreifendere. Ein grundsätzlich gleichartiges Vorgehen zur Erzielung turbulenter Reibung hatte Gümbel bereits im vorher angeführten Vortrag empfohlen, indem er vorschlug, am Schleppwagen vor dem Modell eine Platte anzuordnen. Für die Verfolgung dieses Vorschlages bot sich jedoch damals noch keine ausreichende hydrodynamische Erkenntnisgrundlage.

9. Zur Erzielung turbulenter Reibung nach dem Hamburger Vorbild in England durchgeführte methodische Versuche.

Die Auffassung, daß es geboten ist, dem Kempfschen Vorgehen zu folgen, ist jetzt offenbar allgemein verbreitet, wie aus einem im Jahre 1949 vor der Inst. of Nac. arch. gehaltenen Vortrag hervorgeht. In diesem wird festgestellt, daß sich bei Vergleichsversuchen verschiedener Versuchsanstalten mit gleichen Modellen Widerstandsunterschiede bis zu 10% ergeben haben, daß diese Unterschiede einem verschiedenen Reibungszustand der Grenzschichtströmung zuzuschreiben seien und Maßnahmen zur Erzielung turbulenter Reibung erforderten, ferner, daß bei einer solchen Sachlage das Festhalten an den Froudeschen Berechnungswerten nicht mehr begründet sei, und daß ein Teil der bisher durchgeführten Modellversuche der Wiederholung bedürfe.

Der Vortrag behandelt eingehend die unter verschiedenen Versuchsbedingungen zur Feststellung des laminaren Widerstandsbereichs angewandten Methoden und die Frage, welche Versuchsbedingungen dessen Ausdehnung besonders fördern und die zu seiner Beschränkung erprobten Maßnahmen. Daß hierbei die Anwendung des Stolperdrahts im Vordergrund steht, mag für Herrn Kempf eine besondere Genugtuung sein. Nach dem Vortrag nimmt die laminare Widerstandsbeeinflussung mit zunehmender Schärfe des Eintrittswinkels der Bugwasserlinien ab. Der Bereich der laminaren Beeinflussung hängt besonders von der durch die Schiffsform bedingten Druckverteilung in der Verdrängungsströmung ab. Das Eintreten der Turbulenz wird dort, wo die Schiffsform zunehmenden Druck und infolgedessen eine Verzögerung und Verdickung der Grenzschichtströmung herbeiführt, begünstigt. Sie wird auch durch bucklige Stewenformen gefördert. Indessen wird festgestellt, daß die bisher durchgeführten Versuche den Formeinfluß auf die Entwicklung von Turbulenz nicht genügend klären, indem z. B. eine Änderung des Verhältnisses von Breite zu Tiefgang eine unverhältnismäßig große Änderung des Reibungswiderstandes hervorgerufen hat. Zur Klärung der Frage, welche Formen die Erzeugung von Turbulenz besonders erschweren und welche Mittel zu deren Erzielung für die allgemeine Verwendung besonders geeignet sind, wird die Fortsetzung der Versuche als erforderlich angesehen.

10. Hydrodynamische Untersuchungen von H. Schlichting über die Ursachen und den Re-Ziffernbereich für das Eintreten von Turbulenz.

Eine umfassende Klärung der grundsätzlichen Bedingungen, unter denen turbulente Reibung entsteht, und der Ursache dieses Entstehens haben nach einem ebenfalls 1949 von H. Schlichting gehaltenen Vortrag unter außerordentlichen mathematischen Schwierigkeiten besonders von Deutscher Seite durchgeführte Untersuchungen gebracht. Gestützt auf Arbeiten besonders von Tollmien weist H. Schlichting für die ebene Fläche nach, daß das Umschlagen einer laminaren in die turbulente Strömung, wie schon von Reynolds vermutet, einem Unstabilwerden der Laminarströmung zuzuschreiben ist; er weist dazu als Parallele auf das Knickproblem eines Stabes hin. Schlichting führt seinen Nachweis für das Unstabilwerden der Laminarströmung durch Untersuchung der Einwirkung, welche vorgegebene kleine Schwingungen von Flüssigkeitsteilen bei zunehmendem Re-Wert auf die Grenzschichtströmung haben. Er findet auf Grund des Geschwindigkeitsprofils dieser Strömung, daß die Schwingungen je nach ihrer Frequenz abklingen, indifferent oder angefacht werden, und ermittelt auch den Reynolds-Zifferbereich dieser Erscheinung. Mit sehr geringem Turbulenzgrad in einer Kanalströmung von amerikanischer Seite durchgeführte Versuche haben die Rechnungsergebnisse H. Schlichtings und damit die ihnen zugrunde liegende Theorie bestätigt. Zugleich geht aus ihnen die Berechtigung der früher von von Karman vertretenen Ansicht hervor, daß bei den üblichen Turbulenzgraden in strömender Luft an Luftschiffmodellen durchgeführte Widerstandsmessungen weniger für den Formwiderstand als für den Turbulenzgrad des Kanals kennzeichnend seien.

11. Untersuchungsergebnisse H. Schlichtings für die geformte Oberfläche.

Anschließend hat H. Schlichting die Abhängigkeit des Re-Zifferbereichs für den Strömungsumschlag von der Oberflächenform als Stabilitätsproblem untersucht. Dieser Bereich wird durch die Form wesentlich mitbestimmt, weil die Form für die Druckverteilung maßgebend ist. Die Druckverteilung beeinflußt aber das Geschwindigkeitsprofil der Grenzschicht, und dieses die Stabilität der Laminarströmung; deren Erhaltung verlangt eine fortlaufende Abnahme des Geschwindigkeitsunterschiedes mit dem Wandabstand, d. h. ein konvexes Profil, und ein solches kann nur soweit bestehen, als in der von der Körperform erzeugten Verdrängungsströmung ein Druckanstieg nicht stattfindet. Doch braucht der laminare Zustand auch in diesem Falle nicht zu bestehen, vielmehr kann Turbulenz schon im Druckabfallgebiet, und zwar bei um so geringerer Anlauflänge eintreten, je höher die Re-Ziffer ist.

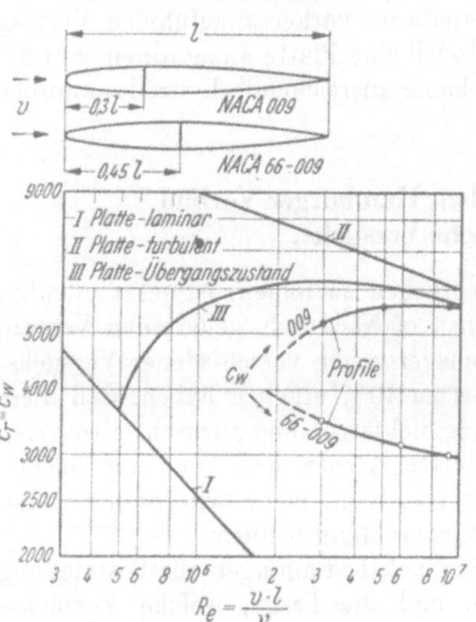

Bild 3. Formabhängigkeit des Reibungswiderstandes Laminarströmung erzeugender Profile. (Aus H. Schlichting: Über die Theorie der Turbulenzentwicklung.)

Der Ausgangspunkt und das technische Ziel dieser Untersuchung des Formeinflusses auf den Strömungszustand liegt auf dem Gebiete der Luftfahrt, wo zur Ersparnis von Reibungswiderstand die Entwicklung Laminarströmungen erzeugender Bauprofile erstrebt wird. H. Schlichting berichtet, daß diese Ersparnis 50% gegenüber Profilen mit turbulenter Strömung betragen kann und weist auch auf die Ausnutzbarkeit solcher Untersuchung für die Entwicklung von Turbinenprofilen hin (s. Bild 3).

12. Aus der Untersuchung von H. Schlichting für die schiffbauliche Modelltechnik zu ziehende Folgerung.

Für den schiffbaulichen Schleppversuch kommt es, wie vorher erörtert, darauf an, die laminare Strömung zu vermeiden. Die Abhängigkeit ihres Bereichs von der Körperform macht es verständlich, daß bei untergetauchten Körpern Widerstände gemessen werden können, die erheblich unter denjenigen liegen, die für eine ebene Fläche bei turbulentem Reibungswiderstand gelten. Von besonderer Bedeutung ist die Feststellung, daß das Entstehen von Turbulenz durch Steigerung des Reynolds-Zifferwertes begünstigt wird. Sie spricht also für die Anwendung möglichst großer Modelle, also großer Maßstäbe. Dies erscheint auch mit Rücksicht auf die Beschränkung der Grenzschichtablösung auf einen möglichst gleichen Bereich, wie er am Schiff besteht, erwünscht, da eine Erzeugung von Turbulenz dies an sich noch nicht bedingen wird.

13. Versuchsmethoden zur Erfassung des durch die Oberflächengestalt entstehenden Reibungs- und Ablösungswiderstandes.

Einen Überblick über die Veränderlichkeit des reibungs- und des zähigkeitsbedingten Druck- oder Ablösungswiderstandes von elliptischen Profilen durch das Übergehen der laminaren in die turbulente Strömung gibt Bild 4. Daß sich diese Veränderlichkeit auf etwa den Reynolds-Zifferbereich beschränkt, in dem sich auch der Widerstand der ebenen Fläche ändert, wird daran liegen, daß alle Profile an ihren Enden verhältnismäßig scharf gekrümmt sind und daher die Ablösung nach Eintreten der Turbulenz an einen engen Krümmungsbereich gebunden ist. Die Veränderlichkeit wird dargestellt durch den Unterschied der spezifischen Werte c_p für den Gesamtwiderstand gegenüber dem spezifischen Reibungswiderstand der ebenen glatten Fläche.

Die Berechnung des Reibungswiderstandes ohne Berücksichtigung des Einflusses der Zähigkeit auf den Druckwiderstand ist daher eine aus der Schwierigkeit der Erfaßbarkeit dieser Einflüsse geborene Notlösung. Ihr Nachteil liegt auch darin, daß sich damit der Rauhigkeitseinfluß der Schiffsoberfläche einer versuchsmäßigen Erfassung durch den Vergleich des aus Modellversuchen ermittelten und des aus Probefahrtsergebnissen abzuleitenden Schiffswiderstandes entzieht. Nach Föttinger läßt sich der Reibungswiderstand zusammen mit dem zähigkeitsbedingten Druckwiderstand einer Schiffsform durch Schleppen von untergetauchten Doppelschiffsmodellen ermitteln. Solche Versuche sind vor etwa 1½ Jahrzehnten von Graff und Amtsberg in umfassender Weise ausgeführt und deren Ergebnisse unserer Gesellschaft vorgetragen worden. Sie wurden zur Gewinnung grundsätzlicher Erkenntnisse über den den Wellenwiderstand nicht einschließenden Formwiderstand auf Rotationskörper ausgedehnt und für diese der Druck- und der Reibungs-widerstand durch sehr sorgfältige Druckmessungen und hydrodynamisch durch Rechnung zum Teil besonders bestimmt. Als Gesamtergebnis wurde u. a. festgestellt, daß an dem Unterschied zwischen dem Reibungswiderstand der ebenen Fläche und dem Gesamtwiderstand für das untergetauchte Modell der Druckwiderstand maßgeblich mit einem von der Völligkeit des Hinterschiffs abhängigen Betrage beteiligt ist. Für ein untersuchtes Schiffsmodell wurde ein Druckwiderstand von etwa 10% ermittelt. Den Druckwiderstand eines Schiffsmodells hatte vorher auch Laute im Rahmen sehr umfangreicher Strömungsmessungen bestimmt.

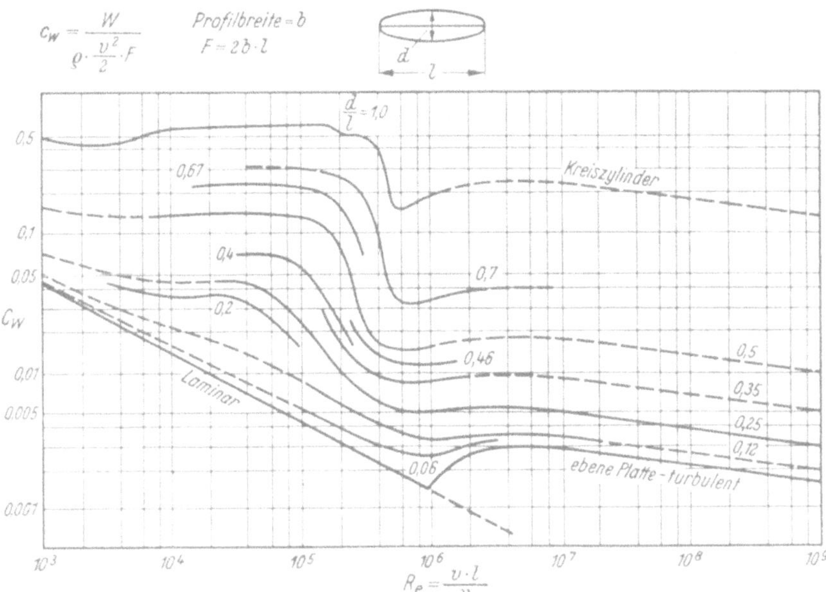

Bild 4. Widerstandsbeiwerte elliptischer Profile c_w. (Aus: Jahrb. d. dt. Luftfahrtforschung 1942.)

Solche Untersuchungen sind aber wegen ihrer Schwierigkeit laufend nicht durchführbar. Die Stichhaltigkeit ihrer Ergebnisse erscheint auch dadurch beeinträchtigt, daß besonders für Doppelmodelle spiegelbildlich übereinstimmende Strömungen nicht zu erzielen sein werden. Dagegen wird eine einfache versuchsmäßige Bestimmung des Reibungs- und Ablösungswiderstandes von Schiffsmodellen dadurch möglich sein, daß die laufenden Schleppversuche unter gegebenenfalls künstlicher Erzeugung turbulenter Reibung bis zu Geschwindigkeiten hinab ausgedehnt werden, bei denen die Wellenbildung verschwindet. Das Erreichen solcher Geschwindigkeiten wird dadurch gekennzeichnet, daß der Unterschied zwischen den spezifischen Werten des gemessenen Modellwiderstandes und des turbulenten Reibungswiderstandes der ebenen Fläche für beliebig absinkende Schleppgeschwindigkeiten infolge Verschwindens der Wellenbildung nicht mehr abnimmt. Dieser Unterschied stellt den zähigkeitsbedingten Druck- oder Ablösungswiderstand zugleich mit dem Formeinfluß auf den Reibungswiderstand dar und kann als solcher für die Berechnung des Schiffswiderstandes eingesetzt werden, wenn beim Modell eine Ablösung wie am Schiff erzielt wird.

14. Ergebnisse von Schleppversuchen bei verschwindender Wellenbildung.

Die spezifischen Widerstandswerte aus Schleppergebnissen bei verschwindender Wellenbildung sind in Bild 5 zusammengestellt. Sie sind aus Versuchen ermittelt, die in verschiedenen Maßstäben mit Modellen der verschiedensten, vom Schnellboot bis zum Frachtschiff reichenden Schiffstypen ausgeführt wurden. Die aus ihnen gebildete Mittelkurve überhöht diejenige für den spezifischen Reibungswiderstand der ebenen Fläche um einen spezifischen Ablösungswiderstand und form-

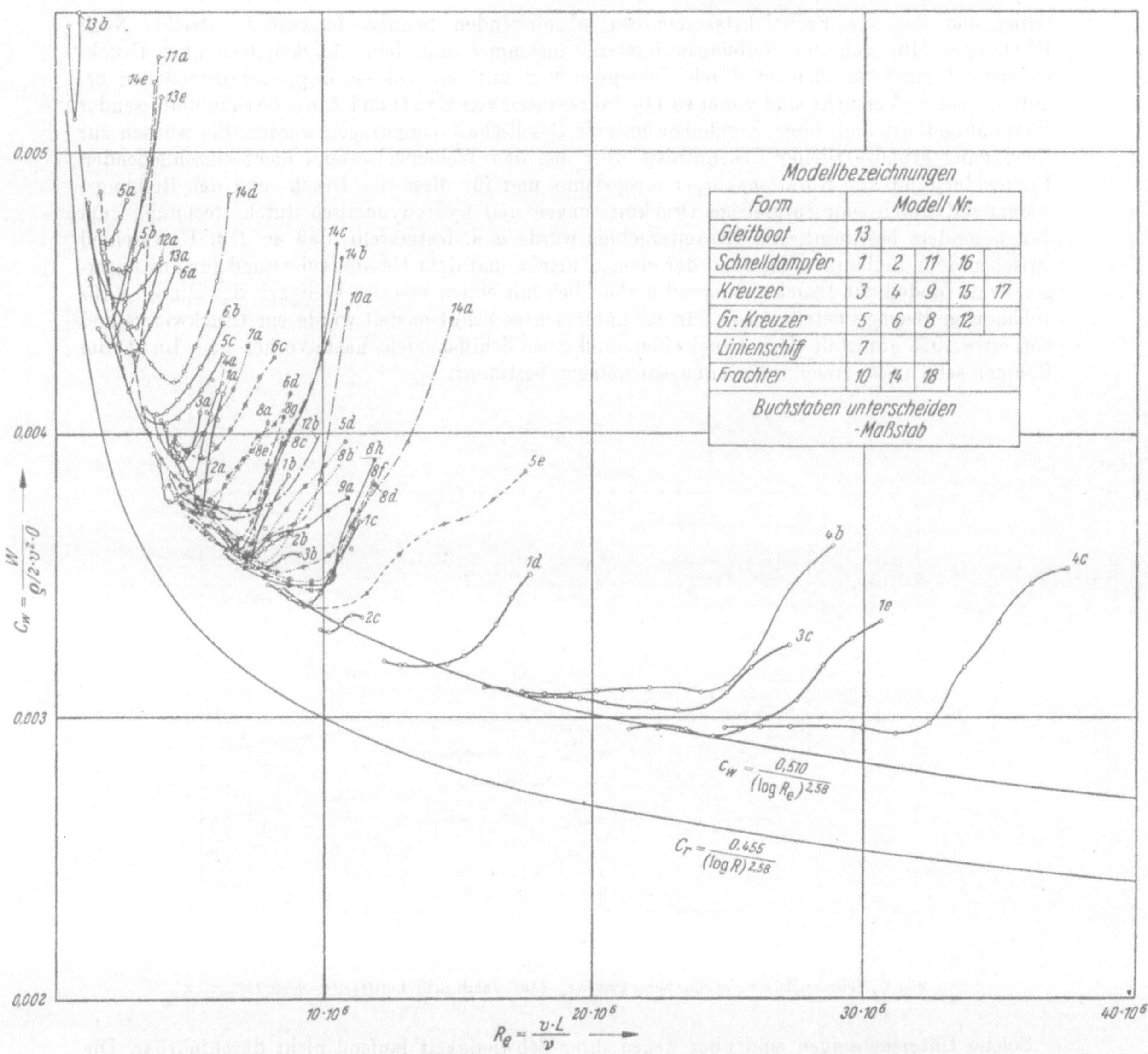

Bild 5. Widerstandsbeiwerte c_w für verschiedene Modellfamilien und aus den c_w-Werten verschwindender Wellenbildung sich ergebende Kurve der Widerstandsbeiwerte für den Formreibungswiderstand $c_w = \dfrac{0{,}510}{(\log R)^{2{,}58}}$.

bedingten Anteil des Reibungswiderstandes von 12%. Die durch die Froude-Ziffer $f = \dfrac{v}{\sqrt{lg}}$ ausgedrückten Geschwindigkeiten, bei welchen die Kurvenäste der verschiedenen Modellwiderstände in jene Mittelkurve einschwenken, sind von der Völligkeit des Hinterschiffs abhängig und liegen etwa zwischen $f = 0{,}12$ und $0{,}24$. Eine systematische Untersuchung der Abhängigkeit dieser Geschwindigkeiten für verschwindende Wellenbildung von der Völligkeit auf Grund umfassender Versuchswerte erscheint erwünscht. Daß sich diese Kurvenäste zum Teil der Kurve des Reibungswiderstandes der ebenen Fläche fortlaufend nähern, kann daran liegen, daß die Versuche ohne Turbulenzerzeuger ausgeführt und dadurch ihre Ergebnisse laminar beeinflußt sind.

15. Maßstababhängigkeit des Ablösungswiderstandes.

Wie sich der Ablösungsbereich und damit der Ablösungswiderstand mit der Reynolds-Ziffer bei Schiffsformen ändert, scheint eine allzuwenig geklärte Frage zu sein. In Hamburg vor 1½ Jahrzehnten über einen weiten Re-Bereich ausgeführte Maßstabversuche haben die Frage der Veränderlichkeit des Ablösungswiderstandes mit Re nicht klären lassen; doch gelingt dies vielleicht bis zu einem gewissen Grade, wenn, was damals nicht geschehen war, bei solchen Versuchen die Turbulenzerzeugung sichergestellt wird und Meßanordnungen angewendet werden, bei denen der Modellwiderstand nicht durch Schwankungen der Schleppwagengeschwindigkeit beeinflußt wird. Solche Versuche werden auch bei möglichst verschiedenen Wassertemperaturen auszuführen sein, da dies ein sehr geeignetes Mittel zur Erweiterung des hydrodynamischen Ähnlichkeitsmaßstabes ist, indem z. B. einer Temperatursteigerung von 7° auf 25° eine Längensteigerung des Modells um 30% entspricht. Jedenfalls wird nicht ohne weiteres angenommen werden können, daß mit der Erzielung turbulenter Reibung auch schon das Entstehen eines maßstabunabhängigen Ablösungswiderstandes gesichert ist.

Herr Betz hat mir zur Frage, wie weit der Ablösungswiderstand mit der Reynolds-Ziffer veränderlich sei, folgende Auffassung mitgeteilt: Er möchte der Ansicht zustimmen, wonach auch die Formwiderstandsziffer, d. h. der spezifische zähigkeitsbedingte Formwiderstand von der Reynoldsschen Zahl abhängt. Die Stelle, wo im wesentlichen Ablösung stattfindet, hänge ja schließlich vom Zustand der Grenzschicht und damit von der Reynoldsschen Zahl ab. Er glaube, daß besonders bei Schiffen mit ihrer seines Wissens nicht scharf definierten Ablösungsstelle eine Abhängigkeit von der Reynoldsschen Zahl bestände. Andererseits könne man sich natürlich vorstellen, daß die Widerstandsziffer sich mit wachsender Reynolds-Zahl einem Grenzwert nähert, so daß bei großen Reynolds-Zahlen keine Abhängigkeit mehr von dieser besteht. Sicher wäre so etwas zu erwarten, wo man im Gebiet des Rauhigkeitseinflusses ist, in welchem die Oberflächenreibung der rauhen Platte bereits unabhängig von der Reynolds-Ziffer ist.

16. Einfluß der Rauhigkeit auf den Schiffswiderstand.

Von noch größerer Wichtigkeit als die Klärung des Maßstabeinflusses auf den Ablösungswiderstand ist für die Ermittlung des Schiffswiderstandes die Erfassung des Rauhigkeitseinflusses der Schiffsoberfläche. Dabei ist zu unterscheiden zwischen der Rauhigkeit und den Unregelmäßigkeiten der Schiffsoberfläche, besonders in Gestalt von Plattenkanten, Öffnungen und Vorsprüngen.

Der Einfluß der Rauhigkeit auf den Widerstand ebener Flächen ist von Prandtl und seinen Mitarbeitern durch Versuche und Rechnung weitgehend grundsätzlich geklärt worden. Dazu wurde wiederum die Geschwindigkeitsverteilung der Grenzschicht in Rohren und Kanälen zunächst an Flächen mit einer gleichmäßig verteilten Sandrauhigkeit verschiedener Sandkorndurchmesser von Nikuradse untersucht und weiterhin auch der Rauhigkeitswiderstand von technisch rauhen Flächen, im besonderen von Schiffsblechen. Schultz-Grunow hat 1937 in einem umfassenden Vortrag von dieser Gesellschaft über den dabei von Prandtl eingeschlagenen Weg und die gewonnenen Ergebnisse berichtet. Hiernach wird wiederum wie bei der glatten Fläche die Abhängigkeit der gemessenen Strömungsgeschwindigkeiten vom Wandabstand dimensionslos erfaßt. Dabei ergaben sich auch für die Grenzschichten rauher Flächen Geschwindigkeitsprofile nach dem Gesetze von Geraden, und zwar derart, daß sie der Profilgeraden für die glatte Fläche parallel liefen. Es ergab sich, daß der Abstand, in dem sie das tun, von dem Verhältnis der wirksamen Rauhigkeitshöhe zur Dicke der Reibungsschicht abhängt, und zwar zunächst auf Grund der Versuche, die Nikuradse mit Rohren ausführte, die mit einem Belag von dicht gepacktem Sand versehen waren. Die wirksame Rauhigkeitshöhe ist durch die Sandkorndicke nur in einem Geschwindigkeitsbereich bestimmt, indem der Reibungswiderstand mit dem Quadrat der Verschiebungsgeschwindigkeit v ansteigt. Denn am Grunde der Sandkörner entsteht dadurch, daß sie die turbulente Strömung abbremsen, eine laminare Unterströmung. Deren Dicke wird im Gebiet der quadratischen Widerstandszunahme durch die Sandkorndicke bestimmt und bestimmt ihrerseits deren wirksame Rauhigkeitserhebung. Die Dicke dieser Unterströmung nimmt aber mit absinkender Geschwindigkeit v zu und hüllt dadurch die Rauhigkeitserhebungen zunehmend ein, bis sie schließlich in der laminaren Unterschicht verschwinden. Dann wirkt die rauhe wie eine glatte Oberfläche auf die turbulente Strömung. Dieser Vorgang ergibt sich auch bei solchen Rauhigkeiten, wie sie technische Oberflächen haben. Deren Rauhigkeiten haben eine ungleichmäßige Höhe, Verteilung und Dicke. Sie lassen sich jedoch in die nach der Korndicke abgestuften Sandrauhigkeiten nach Maßgabe ihres Widerstandes einordnen, der in Gerinneströmungen bei Geschwindigkeiten entsteht, die ihn mit deren Quadrat ansteigen lassen. Der technischen Rauhigkeit wird auf diese Weise eine äquivalente Rauhigkeit auf Grund der Sandkorndicke zugeordnet. Die so eingeordneten rauhen Oberflächen ergaben infolge der Bildung jener laminaren Unterschicht Geschwindigkeitsprofile, die einerseits vom Verhältnis der Schicht- zur Korndicke und andererseits von einer mit der Korndicke und mit der aus dem Druckverlust abgeleiteten Wandschubspannungsgeschwindigkeit gebildeten Reynoldsschen Zahl abhängig waren, wobei diese Abhängigkeit wiederum eine nach der

Rauhigkeitsverteilung verschiedene war. Infolge der Veränderlichkeit des Impulsverlustes von diesen Faktoren ergab sich für dessen Integration über die Grenzschichtdicke und für dessen Zuordnung zur Plattenlänge auf Grund der Integration der Impulszunahme nach der Anströmungslänge ein äußerst komplizierter Ausdruck. Ihre mathematische Behandlung war daher noch erheblich schwieriger als bei der Ermittlung des Widerstandes der glatten Fläche. Deren Durchführung ist wohl im besonderen H. Schlichting zu verdanken.

Der Reibungswiderstand der rauhen Fläche wurde durch zwei Kurvenscharen erfaßt, deren eine den Widerstand bei steigender Länge und deren andere ihn bei steigender Geschwindigkeit für eine gegebene

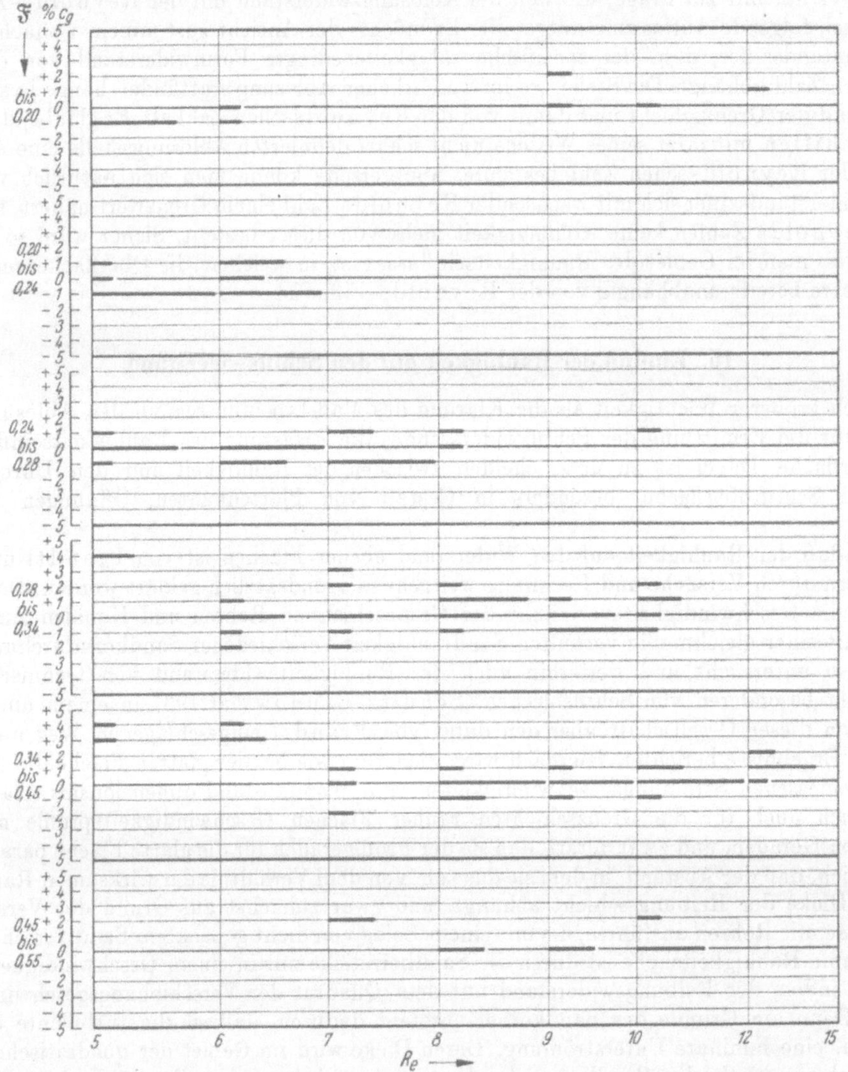

Bild 6. Häufigkeitsverteilung der c_w-Unterschiede in % gegenüber dem Sollwert. Meßergebnisse der Marine-Versuchsanstalt Lichtenrade. (Nach Verfahren Wellenkamp.) 5 mm Strichlänge = 1 Meßwert.

äquivalente Sandkorndicke angab. Die Widerstandsvermehrung durch sauber gestrichene Schiffsbleche als solche erwies sich nach diesen auch durch Kempf bestätigten Untersuchungen als recht gering gegenüber der glatten Fläche: sie beträgt für den Schiffsbereich 5 bis 10%, während die tatsächliche Vermehrung durch die vorher angegebene Gesamtrauhigkeit des Schiffes bei einem probefahrtsmäßigen Zustand nach Untersuchungen von Kempf 30 bis 40% beträgt. Die Aufklärung der Anteile, welche die verschiedenen Rauhigkeitsarten des Schiffes an diesem Unterschiede haben, und wie derselbe am wirksamsten herabgesetzt werden kann, erscheint geboten. Dies könnte vielleicht im Rahmen einer internationalen Arbeitsgemeinschaft durch Schiffsschleppversuche bei verschwindender Wellenbildung oder durch Widerstandsmessungen an Schiffen geschehen, die in gleichmäßig strömenden Gewässern verankert werden. Ihnen würden Modellschleppversuche bei verschwindender Wellenbildung gegenüberzustellen sein.

17. Für Schleppversuche anzuwendende Modellgrößen.

Nach dem vorher Ausgeführten ist jedenfalls schon für die Erzeugung eines dem Schiff möglichst entsprechenden Ablösungswiderstandes das Schleppen großer Modelle geboten. Noch mehr gilt dies für die Leistungsbestimmung selbst angetriebener Modelle sowohl im Hinblick auf die Erzeugung turbulenter Schraubenreibung wie auf die Unterbringung der erforderlichen Antriebseinrichtung. Es erscheint daher zweckmäßig, die Modelle so groß zu machen, wie es deren Herstellung aus Paraffin mit seinen großen Vorzügen zuläßt. In Rücksicht auf diese werden Modelle bis 6,6 m Länge ausführbar sein, womit sich für Frachtschiffmodelle schon Gewichte bis zu etwa 1¾ t ergeben. Nimmt man entsprechend dem im regelmäßigen Dienst ausgenutzten Fahrbereich solcher Schiffe an, daß die geringste Schleppgeschwindigkeit bei $f = 0,15$ liegt und daß laufend bis mindestens 10° Wassertemperatur herabgeschleppt werden soll, so ergibt sich eine Reynoldssche Kennziffer von etwa 6×10^6. Bei einem solchen Reynolds-Wert wird auch im allgemeinen turbulente Reibung ohne künstliche Erzeugung entstehen. Über diese Frage lassen die Bilder 6 und 7 ein gewisses Urteil zu.

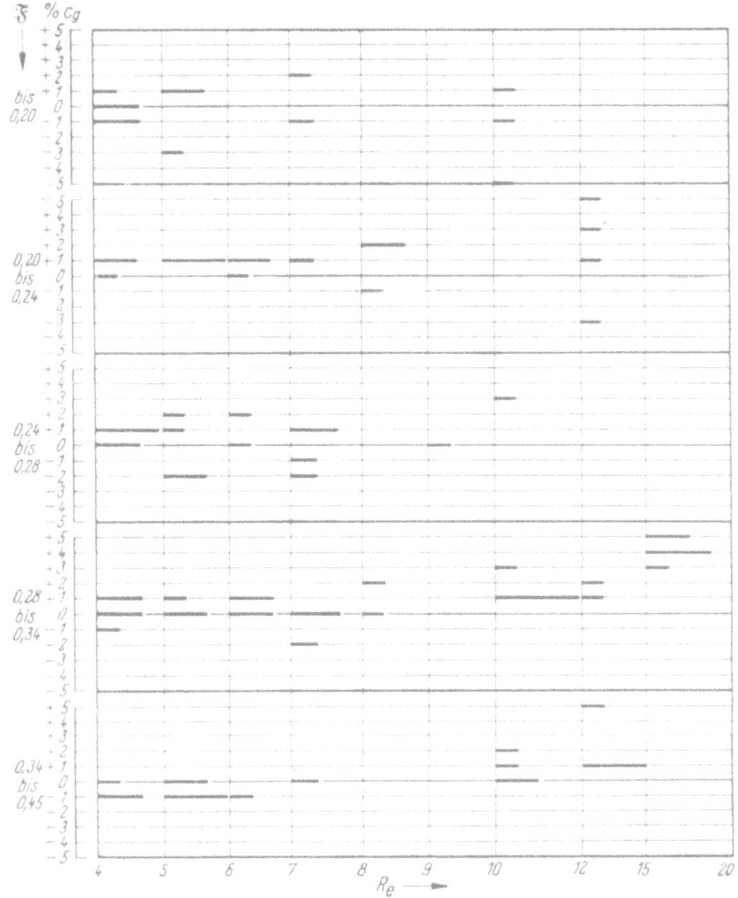

Bild 7. Häufigkeitsverteilung der c_w-Unterschiede in % gegenüber dem Sollwert. Meßergebnisse der Wiener Versuchsanstalt. 5 mm Strichlänge = 1 Meßwert.

Sie geben für die Bild 5 zugrunde liegenden ohne Turbulenzerzeugung ausgeführten Maßstabversuche, soweit letztere in Wien und Lichtenrade durchgeführt waren, die Abweichungen der aus diesen Versuchen ermittelten spezifischen Formreibungswiderstände von der auf Bild 5 angegebenen Mittelkurve an. Diese Abweichungen sind in Abhängigkeit von der Reynolds- und der Froude-Ziffer nach ihrer Häufigkeit durch die Länge von Strichen und nach ihrer Größe durch deren Abstand von einer den Sollwert bezeichnenden Mittellinie dargestellt.

Nach beiden Bildern sind die Abweichungen für den niederen f-Bereich mindestens schon von $Re = 6 \cdot 10^6$ ab so gering und regelmäßig verteilt, daß ein laminarer Einfluß offenbar nicht mehr bestanden hat. Für höhere f-Werte steigt ihnen entsprechend der Re-Wert und erreicht z. B. für $f = 0,3$ schon den Wert 12.10^6, so daß sich hierbei eine laminare Beeinflussung erst recht nicht geltend macht. Diese Feststellungen beruhen freilich auf Schleppversuchen mit ziemlich scharfen

Modellen, für die die laminare Widerstandsbeeinflussung nach dem vorher Erörterten grundsätzlich geringer ist. Daher ist es ratsam, um ohne Turbulenzerzeuger auszukommen, für völlige Modelle die Länge von 6,6 m nicht zu unterschreiten.

18. Wahl der Rinnenabmessungen.

Von Modellgröße und Geschwindigkeit hängen die Abmessungen der Schlepprinne, im besonderen zunächst die Rinnenbreite und Tiefe ab.

Die Höchstgeschwindigkeiten, mit welchen Seeschiffe fahren, liegen unter einem f-Wert von 0,34, doch ist es geboten, Schleppversuche über die Dienstgeschwindigkeit eines Schiffes auszudehnen; daher mag für Schiffe ein f-Wert von 0,34 als höchste Schleppgeschwindigkeit gelten. Die angezogenen, in verschieden breiten Rinnen und auf verschiedenen Tiefen ausgeführten Maßstabversuche ergaben auch Anhaltspunkte für die zur Vermeidung einer Widerstandsbeeinflussung erforderliche Bemessung der Rinnenbreite und Tiefe. Hiernach muß die Rinnenbreite B ein vom Verhältnis der Verdrängung D zur Länge l^3 mitabhängiges Vielfaches von l sein. Nach Schleppversuchen eines Modells, das den für $f = 0,34$ hohen Verdrängungswert $\frac{D \cdot 10^3}{l^3} = 3,26$ hatte, soll $B/l \geqq 1,8$, für ein Modell von 6,6 m, also $B \geqq 12$ m sein. Dabei würde $v = 2,75$ m/sec. und für $10°$ Schlepptemperatur $Re = 13,5 \cdot 10^6$ sein. Für Modelltypen, die bis zu f-Werten $= 0,45$ zu schleppen sind, werden die Werte $\frac{D \cdot 10^3}{l^3}$ auf 2 sinken und nach jenen Maßstabversuchen bei Tiefwasserversuchen und einer Rinnenbreite von 12 m mit absinkenden $\frac{D \cdot 10^3}{l^3}$-Werten die l-Werte nach folgender Übersicht zu beschränken und ihnen die angegebenen v- und R-Werte zugeordnet sein.

Während die Modellänge für den niederen f-Bereich durch den für die Erzeugung von Turbulenz erforderlichen Re-Wert bestimmt wird, hängt sie nach Vorstehendem für den höheren f-Bereich von der die Wellenbildung und damit deren Beeinflussung durch die Rinnenbreite bestimmenden Höhe der f-Werte ab. Für $f > 0,6$ scheint indessen diese Beeinflussung infolge einer Umbildung des trochoidalen Wellensystems zurückzutreten und die Rinnenbreite, also der Wert B/l keine so ausschlaggebende Bedeutung für die Bemessung der Modellänge zu haben.

Tabelle 1.

$f =$	0,34	0,38	0,42	0,45
$\dfrac{D \cdot 10^3}{l^3}$	3,26	2,5	2,2	2
l	6,6	6	5,5	4,8
v	2,75	2,9	3,1	3,1
Re	15	13	11	11,5

Die Beeinflussung des Wellenwiderstandes durch die Wassertiefe wird im allgemeinen überschätzt. Die Wellenhöhe klingt mit der Fahrwassertiefe verhältnismäßig schnell ab. Die zur Vermeidung eines ins Gewicht fallenden Tiefeneinflusses auf die Wellenbildung erforderliche Wassertiefe t ergibt sich nach der trochoidalen Wellentheorie aus der Beziehung $t = \dfrac{v^2}{0{,}36 \cdot g} = \dfrac{v^2}{3,5}$. Für die auf Grund einer angenommenen Rinnenbreite von 12 m und die nach Tabelle 1 zur Vermeidung eines Breiteneinflusses innezuhaltende Schleppgeschwindigkeit von 3,1 m würde eine Rinnentiefe von 3 m ausreichen. Zur Vermeidung einer Beeinflussung der Verdrängungsströmung wird sich eine gewisse Vergrößerung dieser Tiefe empfehlen. Auf beschränkter, die Wellenbildung beeinflussender Wassertiefe nimmt die Widerstandsbeeinflussung durch die Rinnenbreite B nach Versuchen mit einem Modell, dessen Länge $l = 7,13$ und dessen $\dfrac{D \cdot 10^3}{l^3} = 3,26$ war, für gleichbleibende f-Werte erheblich zu. Die zu ihrer Vermeidung bei sinkendem t/l-Wert innezuhaltenden f-Bereiche ergaben sich für jene $\dfrac{l}{B}$ und $\dfrac{D \cdot 10^3}{l^3}$-Werte nach folgender Tabelle:

Eine solche Geschwindigkeitsbeschränkung wird in der allgemeinen Schiffahrt freilich auch in gewissem Maße durch die Rücksicht auf den bei abnehmender Wassertiefe bei Fahrgeschwindigkeiten bis zur Wellenfortpflanzungsgeschwindigkeit stark zunehmenden Leistungsbedarf von selbst erforderlich werden.

Tabelle 2.

$\dfrac{t}{l}$	$= 0,216$	0,16	0,11	0,094
f	$= 0,25$	0,18	0,13	0,11

Die Rinnenlänge L muß so groß sein, daß sie einen stationären Zustand der Wellenbildung herstellen und über eine ausreichend lange Meßstrecke aufrecht erhalten läßt. Sie muß dazu ein genügend großes Vielfaches der Länge des mit dem Modell fortschreitenden trochoidalen Wellensystems sein. Da von dieser Länge die Modellänge für einen zu erzielenden Froude-Zifferwert f abhängt, so wird die Rinnenlänge auch ein Vielfaches der Modellänge sein müssen. Die Größe dieses Vielfachen wird durch die Ausdehnung der für folgende Schleppvorgänge zurückzulegenden Wegabschnitte bestimmt:

1. Das Beschleunigen des Modells auf die vorgesehene Versuchsgeschwindigkeit,
2. Das Aufrechterhalten dieser Geschwindigkeit, bis die Wellenbildung beendet ist,
3. Das Einregeln der Schleppkraft auf den erzeugten Schleppwiderstand,
4. Das Messen der Zuordnung von Widerstand und Modellgeschwindigkeit,
5. Das Abbremsen des Modells.

19. Grundsätzliche Durchführung des Schleppversuchs.

Zur Beschränkung der Rinnenanlage und auch der Kosten des Schleppbetriebes werden die Längen der für diese Vorgänge beanspruchten Wegabschnitte möglichst zu beschränken sein. Nach in Lichtenrade mit dem Wellenkampschen Schleppverfahren gewonnenen Erfahrungen ist es, um die Wellenbildung innerhalb einer möglichst kurzen Strecke zu erzielen, zweckmäßig, das Beschleunigen des Modells auf eine Geschwindigkeit v so vorzunehmen, daß die Beschleunigung von einem vorgegebenen Wert b_0 proportional dem jeweils zurückgelegten Beschleunigungsweg x auf 0 abnimmt, wenn die Beschleunigungsstrecke s zurückgelegt ist. In diesem Falle ist $b_0 = \dfrac{v^2}{s}$ und

$$v_x = \sqrt{b_0\left(2\,x - \frac{x^2}{s}\right)}.$$

Für die Ausdehnung des zur Wellenbildung beanspruchten Wegabschnittes gilt folgendes: Mit dem Ende einer Modellbeschleunigung wird noch nicht der stationäre Zustand der Wellenbildung und daher auch noch nicht eine gleichförmige Modellgeschwindigkeit und ein gleichförmiger Widerstand erreicht. Dies wird dadurch bedingt, daß die von den Primärwellen durch Echowellen gebildeten Wellengruppen nur mit der halben Geschwindigkeit des Modells fortschreiten und, bis sie dessen Heck erreichen, noch Widerstandsschwankungen eintreten lassen. Zur beschleunigten Erzeugung eines stationären Wellensystems ist daher die zwangsweise Aufrechterhaltung der Modellgeschwindigkeit im Anschluß an den kinematischen Beschleunigungsvorgang geboten.

Damit der Wegabschnitt für die anschließend vorzunehmende Einregelung der Schleppkraft auf den Widerstand möglichst kurz wird, erscheint es zweckmäßig, diese selbsttätig vor sich gehen und vor allem geboten, sie ungestört von Geschwindigkeitsschwankungen eines Schleppwagens vor sich gehen zu lassen.

Der Wegabschnitt für die Geschwindigkeitsmessung wird dadurch abgekürzt werden, daß die Geschwindigkeit laufend oder mittels sehr kurzer Zeitabschnitte als Verhältnis von Weg und Zeit erfaßt wird. Dies ist auch erforderlich, damit Beschleunigungen oder Verzögerungen feststellbar sind und geprüft werden kann, ob diese gering genug waren, um ein einwandfreies Meßergebnis durch Eliminierung etwa durch sie hervorgerufener Massenkräfte des Modells zu erhalten.

Zur Abkürzung der Bremsstrecke ist es zweckmäßig, den Bremsvorgang sich mit einer regelbaren stetig auf 0 abnehmenden Verzögerung vollziehen zu lassen.

Auf welches Vielfache der Modellänge bei Erfüllung dieser grundsätzlich zu stellenden Bedingungen die Rinnenlänge beschränkt werden kann, hängt von der Ausbildung der Schleppeinrichtung ab. Die Durchführung jener Maßnahmen sollte nicht dem persönlichen Gefühl überlassen sein, sondern deren zweckmäßige und wegsparende Ausführung durch selbsttätige, Regelvorgänge gesichert werden. Für Flachwasserversuche werden die Längen größer als für Tiefwasser sein müssen.

20. Vor- und Nachteile des Wellenkampschen Schleppverfahrens.

Das Wellenkampsche Schleppverfahren, das Modell mit Drahtzügen und Gewichten anzutreiben, hat den Vorzug, daß die zu bewegenden Massen der Schleppeinrichtung sehr gering sind. Daher konnte der Schleppvorgang in Lichtenrade nach diesem Verfahren innerhalb einer sehr kurzen, nur 9 Modellängen betragenden Schleppstrecke, d. h. mit den dort üblichen 5 m langen Modellen in einer 45 m langen Rinne durchgeführt werden.

Daß es auch recht genaue Messungen durchführen läßt, ergibt sich aus einem Vergleich, der in Bild 6 bis 9 in gleichartiger Weise gemäß Abschnitt 17 aufgetragenen Ergebnisse von in Lichtenrade, Wien, Hamburg, Berlin durchgeführten Schleppversuchen gleichartiger Modelle.

Nach Bild 6 liegen die Abweichungen der nach dem Wellenkamp-Verfahren in Lichtenrade gemessenen Widerstände vom Sollwert bei $f \gtrless 0,28$ für Re-Werte $> 5 \cdot 10^6$ und bei $f \lessgtr 0,28$ für Re-Werte $> 8 \cdot 10^6$ innerhalb $\pm 2\%$. Die Abweichungen der mittels Froudescher Schleppwagen in Wien gemessenen Widerstandswerte liegen bei $f \lessgtr 0,2$ für Re-Werte von 4 bis $10 \cdot 10^6$ innerhalb

$\pm\,2\%$, überschreiten diesen Betrag aber fast durchweg erheblich für Re-Werte $>10\cdot10^6$. Die Abweichungen der in Hamburg mit Froude-Wagen gemessenen Werte liegen bei allen f-Werten nur für Re-Werte zwischen 10 und $12\cdot10^6$ innerhalb $\pm\,2\%$. Kennzeichnend ist für die beiden Froudeschen Anstalten das erhebliche Ansteigen der Abweichungen vom Sollwert für R-Werte $>10\cdot10^6$. Es ist offenbar auf das Schleppen zu großer Modelle zurückzuführen. Daß die Lichtenrader Anstalt mit ihrer kurzen Rinne im Hinblick auf Meßgenauigkeit recht günstig dasteht, zeigt besonders die Zusammenstellung jener Abweichungen auf Bild 9, die auch diejenigen für die Berliner Froude-Anstalt einschließt, im Vergleich mit Bild 6.

Der meßtechnische Vorgang des Wellenkamp-Verfahrens beruht auf dem Gedanken, nicht den Widerstand in Abhängigkeit von der Modellgeschwindigkeit wie bei Froude, sondern die letztere

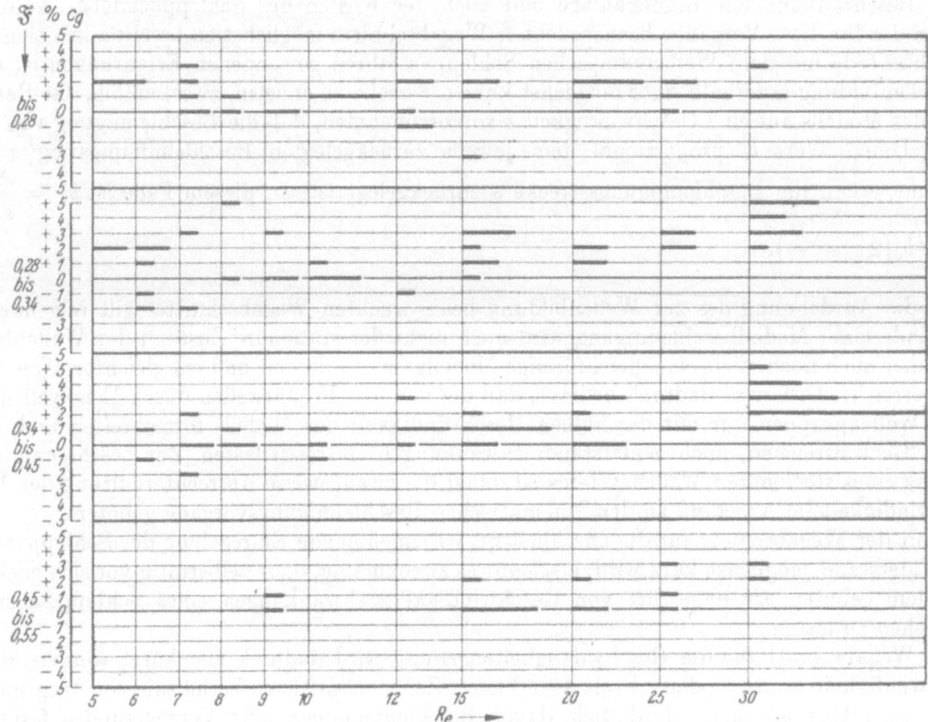

Bild 8. Häufigkeitsverteilung der c_w-Unterschiede in % gegenüber dem Sollwert. Meßergebnisse der Hamburger Versuchsanstalt. 4 mm Strichlänge = 1 Meßwert.

in Abhängigkeit von dem ersteren zu messen. Diese Zuordnung entspricht dem natürlichen Hergang bei der Erprobung von Schiffen und ist dadurch begründet, daß als Voraussetzung für die Erzielung eines gleichbleibenden Bewegungsvorganges und einer einwandfreien Messung die Unveränderlichkeit der Antriebskraft in Gestalt einer Gewichtskraft, nicht aber diejenige einer Geschwindigkeit mit unbedingter Sicherheit hergestellt werden kann. Das Wellenkamp-Verfahren entbehrt aber in seiner bisherigen Ausbildung der Möglichkeit, das Schleppgewicht auf den beim Schleppen erzeugten Widerstand einzuregeln, da das Gewicht vorgegeben werden muß, ohne daß die sich durch den Beschleunigungsvorgang ergebende Geschwindigkeit und der ihr zugeordnete Widerstand genauer bekannt ist. Klingt die durch die Vorgabe eines nicht genau genug passenden Schleppgewichts entstehende Beschleunigung oder Verzögerung auf der Meßstrecke nicht genügend ab, so muß der Versuch wiederholt werden, wozu die Rinne bis zur Wasserberuhigung brach liegen muß. Eine Beschleunigung oder Verzögerung kann nur soweit zugelassen werden, als sie hydrodynamisch keinen Einfluß hat. Das ist der Fall, wenn sich das Versuchsergebnis nach Eliminierung der durch die Modellbeschleunigung oder Verzögerung entstehenden Massenkraft ohne Streuung in die Reihe der übrigen einfügt. Das Wellenkampverfahren entbehrt aber auch der Vielseitigkeit. Es hat wohl Widerstands-, Trimmessungen, auch Wellenaufnahmen und recht genaue Leistungsmessungen an selbstfahrenden Modellen durchführen lassen. Es fehlt ihm aber der das Modell begleitende Meß- und Beobachtungsstand für ergänzende Feststellungen sowie die Möglichkeit, das Modell in bewegtem Wasser oder bei nicht genügender Schwimmfähigkeit sicher zu führen und die Möglichkeit, ihm für einen motorischen Antrieb Strom zuzuführen, wie sie der Froudesche Wagen bietet.

21. Vor- und Nachteile des Froudeschen Schleppverfahrens.

Das die angeführten Vorzüge bietende Froudesche Verfahren, das Modell durch einen Wagen zu schleppen, hat seinerseits den Nachteil, daß sich jede Geschwindigkeitsschwankung des Wagens auf das mit ihm gekuppelte Modell überträgt. Es stellt daher außerordentlich hohe Anforderungen an die Gleichmäßigkeit der Wagengeschwindigkeit, zumal wenn der Schleppwiderstand mit Ge-

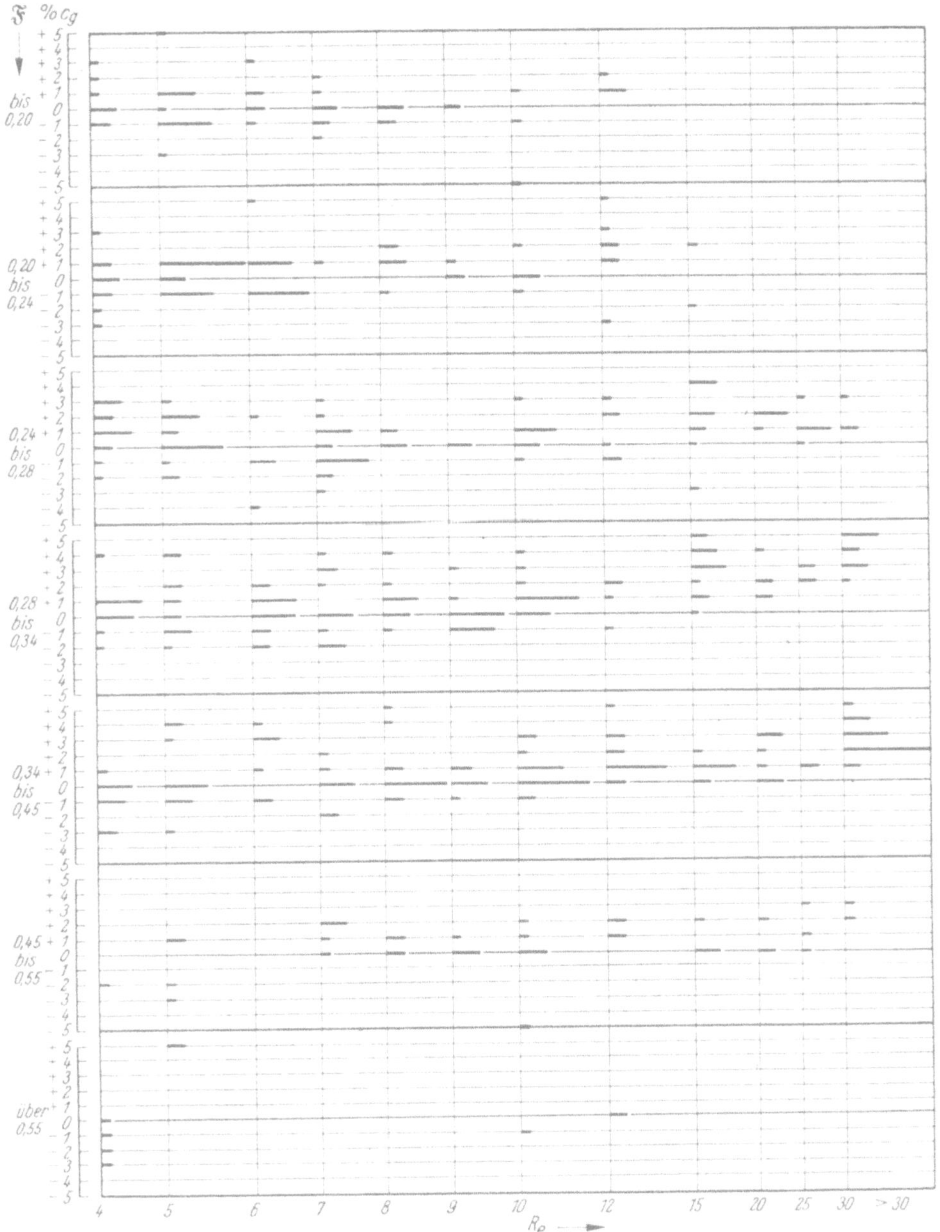

Bild 9. Häufigkeitsverteilung der c_w-Unterschiede in % gegenüber dem Sollwert. Meßergebnisse der Versuchsanstalten Lichtenrade, Wien, Hamburg und Berlin (Schleuseninsel). 2 mm Strichlänge = 1 Meßwert.

wichten an einer Waage oder mittels einer durch Kontakte gesteuerten Federwaage ausgewogen wird. Ungleichmäßigkeiten der Wagengeschwindigkeiten entstehen hauptsächlich durch Ungleichmäßigkeiten des Wagen-Rollwiderstandes. Deren Vermeidung erfordert eine außerordentliche Gleichmäßigkeit der Geleislage des Wagens nicht nur der Höhe, sondern auch der Seite nach sowie genau runde Räder von übereinstimmendem Durchmesser. Für die vor einigen Jahren in den Vereinigten Staaten erbaute Taylor-Schleppanstalt durfte auf je 15 m Geleislänge der Höhenunterschied $^1/_{12}$ mm nicht überschreiten. Nach Gebers müssen die Geleise auf $^1/_{10}$ mm genau liegen.

Der Wagen soll nach ihm seine Laufrichtung möglichst so genau innehalten, daß die seitlichen
Führungsrollen nicht zum Eingriff kommen. Diese Anforderungen sind außerordentlich schwer
und nur mit erheblichen Kosten und Umständen auf die Dauer zu befriedigen. Dabei kommt
es nicht so sehr auf die Einschränkung der Geschwindigkeitsunterschiede an sich als auf diejenige von Beschleunigungen und Verzögerungen des Wagenlaufs an. Dessen erforderliche Gleichmäßigkeit wird bei nicht sehr gleichmäßiger Geleislage auch kaum durch Regeln mittels Röhren-
steuerung während des Meßvorgangs zu erreichen sein. Da der Froudesche Wagen auf die Fortbewegung durch Radreibung angewiesen ist, so muß er auch eine nicht geringe Masse haben, was
das Vorsehen beträchtlicher Antriebs- und Bremsstrecken in Verbindung mit erheblichen Antriebsleistungen erfordert und die Regelung der Wagengeschwindigkeit erschwert.

22. Vereinigung der Vorzüge des Froude- und Wellenkamp-Verfahrens durch Anordnung einer Gewichtsschleppeinrichtung auf dem Wagen.

Die Vereinigung der Vorzüge beider Verfahren kann dadurch erreicht werden, daß das Modell vom
Froude-Wagen aus an einem über Scheiben laufenden Drahtzug durch ein regelbares Gewicht geschleppt wird. Mangels eines kraftschlüssigen Zusammenhangs zwischen Wagen und Modell braucht
die Geschwindigkeit des Wagens der dem Modell durch sein Schleppgewicht erteilten Geschwindigkeit nur so nahe zu kommen, daß der Bewegungsspielraum zwischen Modell und Wagen nicht
größer als beim Begleiten eines selbstgetriebenen Modells durch den Froudeschen Schleppwagen ist.
Daher kommt es hier weniger auf die Erzielung einer gleichmäßigen Wagengeschwindigkeit als
eines geringen Wagengewichts zur Beschränkung der Anlauf- und Bremsstrecke und der Antriebsleistung an.

23. Elektromotorische Antriebs- und Beschleunigungsweise des Wagens.

Zur Erzielung eines geringen Wagengewichts ist nicht ein Antrieb des Wagens von ihm selbst aus,
sondern von einem ortsfesten Stand aus mit einem doppelseitigen Drahtzug vorgesehen, wie er auch
sonst schon angewendet ist. Diese Antriebsweise läßt für einen rinnenbreiten Wagen auch bei
großer Rinnenbreite ein gleichmäßiges Spuren erzielen. Gemäß Bild 10 läuft das am leichten

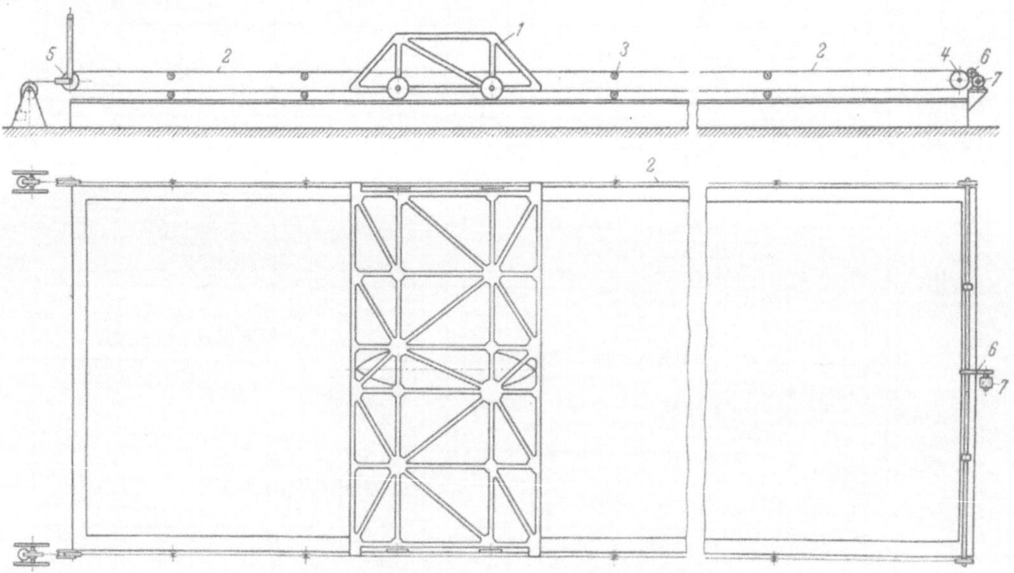

Bild 10. Anordnung des Schleppwagenantriebs.

Fachwerkwagen 1 angreifende Triebdrahtpaar 2 über Stützrollen 3 zum Triebtrommelpaar 4 und
kehrt über ein gewichtbelastetes Spannscheibenpaar 5 zum Wagen zurück. Unter Trommel ist hier
im allgemeinen ein Antriebskörper mit einer Spiralnut von solcher Länge zu verstehen, daß sich ein
auf ihr befestigter, in die Nut einlegender Triebdraht über die ganze Laufstrecke auf- und abwickeln
kann; eine Scheibe hat nur eine einfache Nut. An die gemeinsame Welle der beiderseitigen Triebtrommeln schließt mit einer auswechselbaren Übersetzung 6 der Wagentriebmotor 7 an. Dieser
wird z. B. durch einen Leonardgenerator so mit Strom versorgt, daß seine Drehgeschwindigkeit
über einen weiten, fein abgestuften Geschwindigkeitsbereich geregelt werden kann. Diese Regelung

geschieht gemäß Abschn. 19 so, daß der Wagen mit dem zunächst an ihn gekuppelten Modell mit der Geschwindigkeit $v_x = \sqrt{b_0 \cdot (2x - x^2/s)}$ über die Beschleunigungsstrecke s angetrieben wird, wobei die Anfangsbeschleunigung $b_0 = v^2/s$ und v die Endgeschwindigkeit ist. Dazu kann etwa die in Bild 11 dargestellte Regeleinrichtung dienen. Diese schließt an die Trommel eines dem Wagen angeschlossenen Drahtzugs durch einen gewichtsbelasteten Regeldrahtzug 1 an, der eine kegelig geformte Trommel 2 in Bewegung setzt. Diese treibt einen Seilzug 3, der die eingehängte Scheibe 4 trägt. Der an dieser hängende Drahtzug 5 treibt über Trommel 6 die Reibscheibe 7 an, auf der die Scheibe 8 abrollt und mittels Spindeltrieb 9/10 den Generatorwiderstand 11 schaltet. Dieser soll nur in einem solchen Bereich f geschaltet werden, innerhalb dessen die Spannung und damit die Drehgeschwindigkeit des Wagenmotors proportional dem Schaltweg y veränderlich ist. Zur Beschränkung dieses Schaltbereiches dient die dem Wagentriebmotor vorgeschaltete Übersetzung 6 (Bild 10). Die Generatorspannung e wird entsprechend der für den Beschleunigungsvorgang vorgesehenen Zuordnung von Weg x und Geschwindigkeit v_x so geregelt, daß $e_y = \sqrt{b_0 \cdot \left(2y - \dfrac{y^2}{c \cdot f}\right)}$ ist. Hierbei ist $c \cdot f$ derjenige Anteil des Schaltwegs f, welcher mittels der ihm zugeordneten Spannung e die jeweils vorgesehene Versuchsgeschwindigkeit erreichen läßt, und $b_0 = \dfrac{e^2}{c \cdot f}$. Für die Erzeugung der Spannung e_y ist eine für alle Versuchsgeschwindigkeiten gleichbleibende Veränderlichkeit $\sqrt{2y - \dfrac{y^2}{c \cdot f}}$ und eine nach der vorgesehenen Versuchsgeschwindigkeit sich bestimmende Veränderlichkeit $\sqrt{b_0}$ herzustellen. Ersteres geschieht durch die kegelförmige Trommel 2, indem ihre Mantellinie so geformt ist, daß durch die Abwicklung des Seilzugs 3 ein die Spannung e_y ergebender Schaltweg erzeugt wird, wenn der Modellweg x^n zurückgelegt wird; dazu muß ihr Radius entsprechend $\dfrac{d}{dx}\sqrt{2x - \dfrac{x^2}{s}}$ veränderlich sein. Letzteres geschieht durch das Reibgetriebe, indem dessen Abrollradius entsprechend $\sqrt{b_0} = \dfrac{e}{\sqrt{c \cdot f}}$ eingestellt wird.

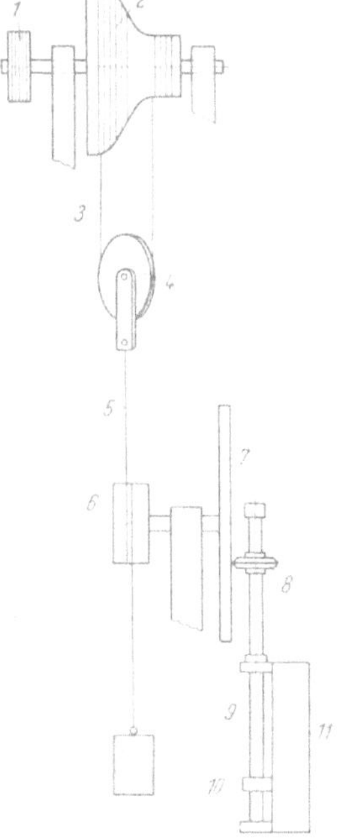

Bild 11. Regelvorrichtung
für Leonardgenerator.

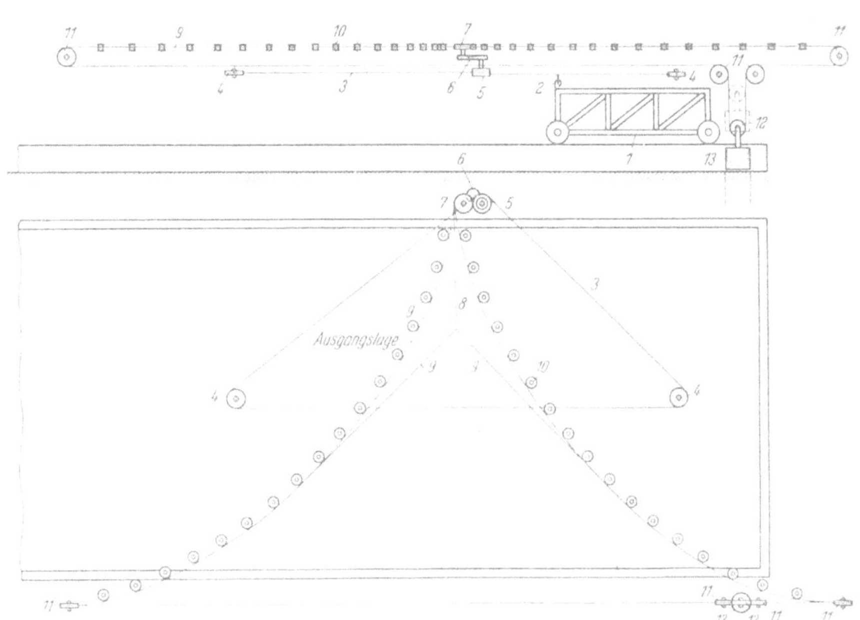

Bild 12. Gewichtsbeschleunigungstrieb des Wagens.

24. Mechanischer Beschleunigungstrieb.

Zur Beschränkung der Leistung des Wagentriebmotors ist für die Beschleunigung von Wagen und Modell diesen ein Gewichtsbeschleunigungstrieb nach Bild 12 parallel geschaltet. Dieser greift am Wagen 1 mittels eines eine Schlaufe 2 tragenden endlosen Seilzugs 3 an, der über die Scheiben 4 läuft und von der Trommel 5 angetrieben wird. Diese ist über eine den Beschleunigungsweg

ändernde auswechselbare Übersetzung 6 an eine Trommel 7 und letztere durch einen Drahtzug 8 an
einen doppelseitigen katapultartig aus einer spitzwinkligen in die gestreckte Lage übergehenden
Seiltrieb 9 angeschlossen. Dieser gleitet an einer aus Rollen 10 bestehenden Gleitbahn entlang und
nimmt nach Führung über Scheiben 11 eine Flaschenzugscheibe 12 auf, die das Beschleunigungs-
gewicht 13 trägt. Dieses besteht aus einem Wasserbehälter, dessen Füllung entsprechend der jeweils
zu beschleunigenden Modellmasse und der zu erzielenden Versuchsgeschwindigkeit durch eine
Druck- und Saugpumpe geändert werden kann. Damit die vorgesehene stetig abnehmende Beschleunigung erzielt wird, ist die Gleitbahn als Asteroide geformt, d. h. als eine Kurve, wie sie etwa
als Hüllkurve durch einen von einer senkrechten Wand auf den Boden gleitenden Stab beschrieben wird.

Die Einwirkung der mechanischen Beschleunigungseinrichtung endet mit dem Beschleunigungsvorgang und gleichzeitig damit die Steuerung des Regelwiderstandes für den Wagentrieb. Vermöge
letzterer bleibt daher auf der anschließenden Wellenbildungsstrecke die als Beschleunigungsend-
geschwindigkeit erreichte Wagenantriebsgeschwindigkeit fortlaufend erhalten.

25. Schleppgewichtstrieb.

Nach Durchlaufen der zur Wellenbildung vorgesehenen Strecke wird das Modell vom Wagen
entkuppelt und sein Schleppen durch das Schleppgewicht vom Wagen aus setzt ein. Bild 13 zeigt
die am Wagen angeordnete Schleppeinrichtung. Bei dieser greift an den Enden einer das Modell
überquerenden Spreize 1 ein doppelseitiger Modelldrahtzug 2 an, umschlingt das auf einer gemein-

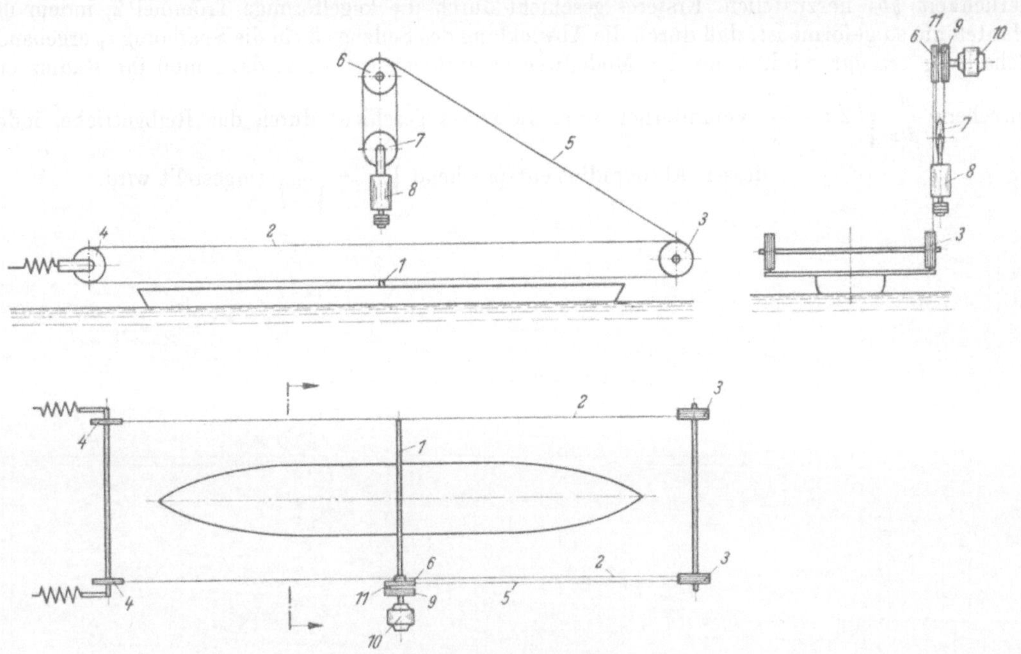

Bild 13. Schleppgewichtstrieb.

samen Triebwelle sitzende Trommelpaar 3 und kehrt über ein ebenso gelagertes Spannscheibenpaar 4 zur Querspreize zurück. An eine der beiden Triebtrommeln schließt der Schleppdrahtzug 5
an. Dieser über die Scheibe 6 laufende Drahtzug nimmt in einer Bucht in Flaschenzuganordnung
die Scheibe 7 mit dem Schleppgewicht 8 auf und endet an der konachsial mit der Scheibe 6 angeordneten Schlepptriebtrommel 9, an welche der Schlepptriebmotor 10 angeschlossen ist. Dieser
Motor wird durch einen Folgekontakt 11 so gesteuert, daß er das Schleppgewicht beim Auswandern
des Modells gegenüber dem Wagen auf gleichbleibender Höhe hält. Dazu besitzt der Schlepptriebmotor zwei Felder für entgegengesetzte Drehrichtungen mit einem Stärkeverhältnis 1:2. Der
Stromkreis des schwächeren Feldes ist stets geschlossen und erzeugt einen auf Schließen des Folgekontaktes gerichteten Drehsinn. Derjenige des stärkeren Feldes wird erst durch Berührung der
beiden Kontaktstücke des Folgekontaktes 11 geschlossen. Von diesen ist das eine außenmittig an
der der Schlepptrommel 9 gegenüberliegenden Seite der Scheibe 6, das andere entsprechend gegenüber an der Schlepptriebtrommel angeordnet. Diese Anordnung bewirkt, daß der Motor der von

der Scheibe 6 vorgesehenen Drehung fortlaufend in spielender Berührung folgt und daß bei gleichem Durchmesser von Scheibe und Schlepptriebtrommel das von ersterer bewirkte Heben oder Senken der Schleppgewichtsscheibe 7 von letzterer fortlaufend aufgehoben wird.

Eine Seitenverschiebung oder ein Aus-der-Richtung-Schwenken des Modells kann allenfalls durch seitlich am Modell oder an dessen Querspreize vom Wagen aus angreifende Spanndrähte verhindert werden. Dazu müssen deren Befestigungsstellen am Wagen größeren Auswanderungsbewegungen des Modells gegen letzteren folgen. Dies könnte dadurch bewirkt werden, daß sie an Muttern befestigt werden, die von an den Wagenseiten in dessen Längsrichtung angeordneten Spindeln entsprechend der Modellauswanderung hin und her verschoben werden. Dazu würden sie von Folgemotoren angetrieben werden können, die durch das Triebtrommelpaar 3 mittels Folgekontakt gesteuert werden.

26. Regelung des Schleppgewichts.

Mit der Entkupplung des Modells setzt die Regelung seines Schleppgewichts ein. Die Grundlage hierfür ist eine laufende Geschwindigkeitsmessung. Diese kann durch einen auf dem Wagen gelagerten Fliehkraftregler geschehen. Diesem wird gemäß Bild 14 die Modellgeschwindigkeit durch ein Differentialgetriebe zugeführt, dessen eines Sonnenrad vom Wagen aus durch Trieb 1 und dessen, anderes vom Modelldrahtzug 2 oder einem ihm parallel geschalteten Drahtzug angetrieben wird. Die von den Fliehkörpern auf den Stempel 3 übertragene Fliehkraft wird zu einem Teil durch ein am Hebel 4 angeordnetes Laufgewicht 5, zum anderen durch eine Indikatorfeder 6

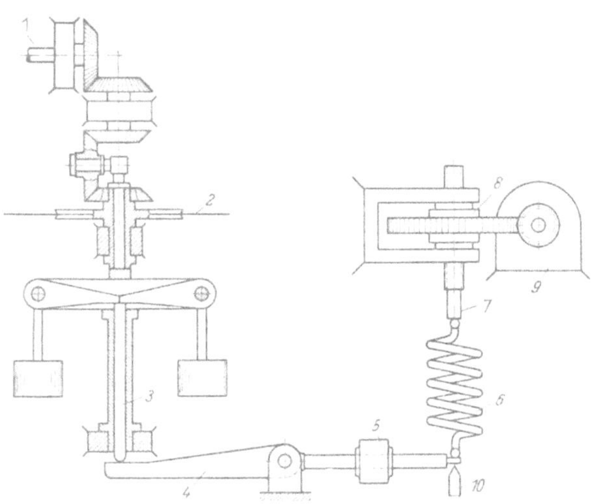

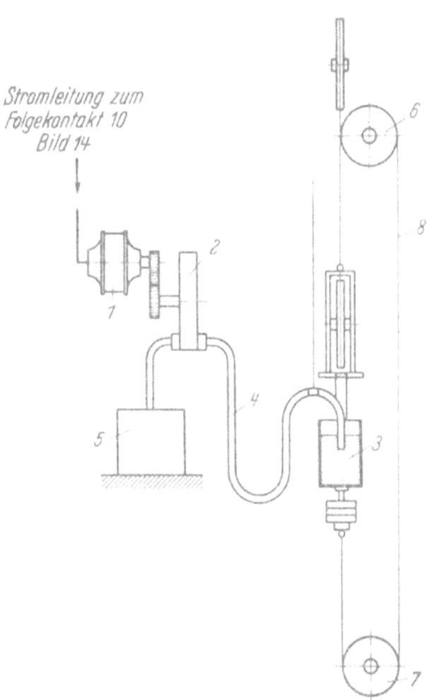

Bild 14. Geschwindigkeitsmessung durch Fliehkraft zur Regelung der Schleppgewichts-Steuerpumpe.

Bild 15. Regelung des Schleppgewichts durch die Steuerpumpe.

aufgenommen. Deren Druck wird durch Steuern einer Spindel 7 mittels eines Schneckenradtriebes 8 erzeugt, der an einen Regelmotor 9 angeschlossen ist. Dieser wird in derselben Weise wie der Schlepptriebmotor 10 gemäß Abschn. 25 durch das Öffnen und Schließen eines einseitig am Hebel 4 angeordneten Folgekontakts 10 gesteuert. Da dessen Umdrehungen für den durch die Indikatorfeder und das Stellgewicht ausgewogenen Fliehkraftdruck und damit für die Modellgeschwindigkeit kennzeichnend sind, kann diese durch ein an ihn angeschlossenes Schreibwerk aufgezeichnet werden.

Die Regelbarkeit des Schleppgewichts kann dadurch geschaffen werden, daß dies zu einem Teil aus einem wassergefüllten Behälter besteht, dessen Inhalt durch eine Regelpumpe geändert werden kann. Die auf Bild 15 dargestellte Regeleinrichtung schließt an den Folgekontakt 10 des Bildes 14 an. An diesen Kontakt ist durch ein zweites Stromkreisepaar, das beim Eintritt in die Regelstrecke selbsttätig eingeschaltet wird, der Regelmotor 1 mit solcher Drehrichtung angeschlossen, daß bei zunehmender Fliehkraft, also zunehmender Modellgeschwindigkeit, die von ihm mit einer auswechselbaren Übersetzung betriebene Regelpumpe 2 aus dem Schleppgewichtsbehälter 3 mittels eines eintauchenden Schlauchs 4 saugt und in einen angeschlossenen Behälter 5 drückt oder im entgegengesetzten Fall umgekehrt. Auf diese Weise wird ein eine Geschwindigkeitssteigerung oder

Verminderung bewirkender Unterschied zwischen Schleppkraft und Widerstand so lange vermindert, bis ein solcher nicht mehr vorhanden und eine gleichbleibende Modellgeschwindigkeit hergestellt ist. Diese Regelweise ist insofern günstig, als sie nicht auf das Einregeln einer bestimmten Geschwindigkeit, sondern auf die Beseitigung einer Beschleunigung oder Verzögerung hinwirkt. Seitliche Schwankungen des Schleppgewichts bei Verzögerungen oder Beschleunigungen des Wagens können durch einen über die Scheiben 6 und 7 laufenden, die Flaschenzugscheibe mit dem Schleppgewichtbehälter einschließenden Drahtzug 8 verhindert werden.

Das Regeln der Schleppkraft kann auch nach Bild 16 durch eine die flaschenzugförmig angeordnete Schleppgewichtsscheibe belastende, längsschiffs angeordnete Laufgewichtswaage geschehen, deren Laufgewicht ein Umsteuermotor gleicher Art wie der Pumpenmotor 1 Bild 15 steuert, in dem er wie dieser an den Steuerkontakt einer Fliehkraftwaage angeschlossen ist und deren Laufgewicht so steuert,

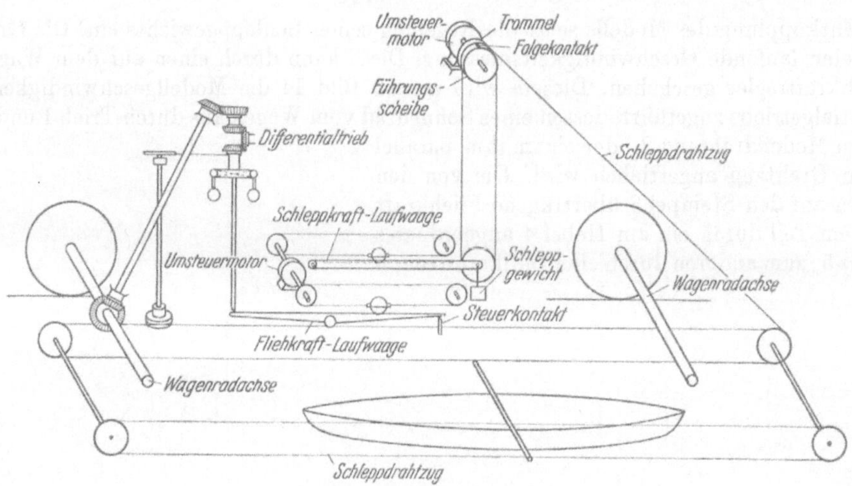

Bild 16. Schleppkraftregelung.

daß beim Steigen der Fliehkraft, also der Modellgeschwindigkeit durch ein zu großes Schleppgewicht die Schleppgewichtswaage entlastet wird und umgekehrt. Dieser Vorgang dauert jeweils so lange, bis das Steigen oder Fallen der Modellgeschwindigkeit aufhört, also die Gleichförmigkeit der Bewegung durch die Auslastung des Modellwiderstandes hergestellt ist.

Nach Beendigung der Schleppgewichtsregelung wird der Regelmotor 1 des Bildes 15 bzw. der Schleppkraftregelmotor 9 des Bildes 16 abgeschaltet und das Modell läuft dann unter dem Einfluß einer unveränderlichen Schleppkraft mit voraussichtlich sehr gleichmäßiger Geschwindigkeit auf der anschließenden Geschwindigkeitsmeßstrecke weiter.

27. Messung der Modellgeschwindigkeit als Verhältnis von Weg und Zeit.

Die Modellgeschwindigkeit kann auch in der üblichen Art durch Messung der Durchlaufzeiten von Wegabschnitten bestimmt werden. Dazu kann an der Wagenseite parallel dem Modelldrahtzug 2 des Bildes 13 ein Geschwindigkeitsmeßdrahtzug angeordnet werden. Dieser Meßdrahtzug trägt einen die Wegkontakte passierenden Kontaktgeber oder ein Sperrstück für die Wegabschnitte markierende und Selenzellen steuernde Lichtschranken. Die Durchlaufzeitpunkte können photoelektrisch durch die Stellungen einer gleichmäßig umlaufenden Scheibe auf Bildstreifen mit so großer Genauigkeit aufgenommen werden, daß auch Beschleunigungen oder Verzögerungen zu messen sind.

28. Bremseinrichtung für Modell und Wagen und Steuerung der Schleppvorgänge.

Für das Bremsen des Modells kann am Wagen ein Sperrhebel, für dasjenige des Wagens ein gewichtbelastetes Sperrseil vorgesehen werden, gegen das der Wagen mit ziemlich gleichmäßig auf 0 abnehmender Verzögerung anläuft.

Die Schleppvorgänge für die einzelnen Wegabschnitte können durch gemäß den Schlepperfahrungen zu verteilende Wegkontakte eingeleitet und beendet werden.

29. Schleppen vom festen Stand aus.

Das Schleppen des Modells kann auch vom festen Stand aus mit grundsätzlich ähnlichen Einrichtungen für das Beschleunigen, Regeln des Schleppgewichts und Messen der Geschwindigkeit geschehen.

30. Leistungsmessung für selbstfahrende Modelle.

Die Propeller-Drehmomente und Schübe werden von. Triebteilen sehr geringer Massen ausgeübt und sind daher durch Federn sehr viel leichter als die Widerstände von Schiffsmodellen aufzunehmen, die mit ihren großen Massen angreifen. Daher können für diese Messungen durch Kontakte gesteuerte Federn gut verwendet werden, während dies für die Aufnahme von Modellwiderständen nicht gilt. Als Meßfedern sind Indikatorfedern besonders geeignet, da sie mit ihren kugeligen Enden nicht durch Einspannmomente, sondern nur auf Drehung beansprucht werden. Ihre Anordnung ist so zu treffen, daß sie Drehmoment und Schub möglichst nahe der Entstehungsquelle erfassen, damit durch den Fortfall störender Reibungskräfte ein wiederholtes Nacheichen der Meßeinrichtung entbehrlich wird. Sie sollen so an den Triebwerkteilen angreifen, daß deren Lage nahezu erhalten bleibt. Dazu kann ihre Steuerung durch umsteuerbare Motoren mittels einseitiger Kontakte vorgesehen werden.

Erörterung.

Dr.-Ing. **H. Amtsberg**, Berlin.

Herr Ministerialrat S c h l i c h t i n g hat uns soeben in seinem Vortrag noch einmal die schwierigen Probleme vor Augen geführt, die mit der Durchführung von schiffbaulichen Modellversuchen und mit der Übertragung der dabei gewonnenen Ergebnisse auf das naturgroße Schiff verbunden sind. Es ist höchst dankenswert, daß Herr S c h l i c h t i n g in sehr sachkundiger und kritischer Art systematisch die grundsätzlichen Forderungen angegeben hat, die auf Grund der modernen hydrodynamischen Erkenntnisse erfüllt sein müssen, wenn man wirklich zuverlässige Ergebnisse erreichen will. Wenn auch diese Forderungen schon seit längerem bekannt sind, so möchte ich doch glauben, daß sie bei früheren Modellversuchen nicht immer in genügendem Maße beachtet und befolgt worden sind. So sind denn auch neuerdings mehr und mehr Zweifel laut geworden, ob die unzähligen bisher durchgeführten Schleppversuche einschließlich der systematischen Versuchsserien auch wirklich richtig angelegt, richtig bewertet und ausgewertet worden sind.

Bei der Fülle der von dem Vortragenden angeschnittenen Fragen ist es mir im Rahmen meines kurzen Diskussionsbeitrages nicht möglich, auf Einzelheiten einzugehen. Ich möchte mich daher auf einige wenige Punkte beschränken.

Herr S c h l i c h t i n g hat unter anderem auch die Frage der künstlichen Turbulenzerzeugung behandelt, eine Maßnahme, die sich bei kleinen Modellen als unbedingt notwendig erweist und die sich — soweit ich aus meiner eigenen Erfahrung bei Modellversuchen mit Stolperdrähten bzw. Aufrauhungen im Vorschiff etwas dazu sagen darf — im großen und ganzen bisher schon recht gut bewährt hat. Ich möchte glauben, daß diese Frage in Zukunft eine große Rolle spielen wird, allein schon deshalb, weil die in den meisten vorhandenen Versuchsanstalten begrenzten Rinnenabmessungen zu Modellgrößen zwingen, mit denen man zwangsläufig in einen ungünstigen Bereich von Re-Zahlen kommt. Auch im Ausland schenkt man, wie der Vortragende bereits selbst hervorhob, zur Zeit den Mitteln zur künstlichen Turbulenzerzeugung große Aufmerksamkeit. Daß dieser Kunstgriff keine Ideallösung ist, ist auch meine Meinung, denn es bleibt immer noch die Frage offen, ob hierdurch bereits die erforderliche Stabilität der Lage der Ablösungsstelle und damit die zuverlässige Übertragung der gemessenen Widerstände auf das naturgroße Schiff gesichert ist. Wenn Herr S c h l i c h t i n g sich aus solchen Erwägungen heraus für möglichst große Modelle ausspricht, so ist ihm grundsätzlich zuzustimmen. Das hätte jedoch zur Folge, daß viele Schiffbauversuchsanstalten mit ihren Rinnenabmessungen nicht mehr auskommen würden; sie werden sich also notgedrungen weiter um geeignete Mittel zur Turbulenzerzeugung bemühen müssen.

Eine Frage, auf die in dem Vortrag nicht eingegangen wurde, die aber m. E. nicht unberücksichtigt gelassen werden darf, ist die Frage der Oberflächenbeschaffenheit der Modelle. Ich möchte in diesem Zusammenhang nur auf die eingehenden Untersuchungen von W e i t b r e c h t hinweisen, die in dem Forschungsheft unserer Gesellschaft, Folge 14, Mai 1944 veröffentlicht sind und wonach infolge des Arbeitsganges bei der Herstellung von Paraffinmodellen Welligkeiten in der Oberfläche entstehen können, deren Einfluß auf den Widerstand nicht zu unterschätzen ist.

Herr Ministerialdirektor S c h l i c h t i n g kommt nun auf Grund der von ihm aufgezeichneten Grundlagen zu einem Plan einer Schiffbau-Versuchsanstalt, der recht radikal von den Plänen vorhandener Anstalten abweicht, und zwar schlägt er ein verbessertes Wellenkamp-Verfahren vor. Ich nehme an, Sie werden mir alle zustimmen, wenn ich sage, daß kein anderer als Herr Ministerialrat S c h l i c h t i n g zu einem solchen Vorstoß legitimiert ist, hat er doch seinerzeit in der nur 45 m langen Schlepprinne der Versuchsanstalt in Lichtenrade nach dem Wellenkamp-Verfahren anerkanntermaßen recht gute Ergebnisse hinsichtlich der Meßgenauigkeit erzielt, was insbesondere bei den Versuchen mit Modellfamilien zutage tritt. Bei seinem jetzigen Plan sucht er die bisherigen Nachteile des Wellenkamp-Verfahrens insbesondere durch Anordnung eines Begleitwagens und einer Vorrichtung zur Regelung der Wellenkamp-Zugkraft zu vermeiden. Beides sind Maßnahmen, die das an sich so einfache und billige Wellenkamp-Verfahren erheblich komplizieren und verteuern dürften. Für reine Modellschleppversuche zur Bestimmung des Widerstandes in glattem Wasser mag eine solche Anlage sich durchaus bewähren können. Die Länge der Schlepprinne müßte dann aber wohl wesentlich größer als die der Anstalt in Lichtenrade sein, wenn die von Herrn Schlichting angegebenen Mindestmodellgrößen eingehalten werden sollen.

Die heute in den Versuchsanstalten anfallenden Aufgaben gehen nun aber weit über die des reinen Schleppversuchs in glattem Wasser hinaus. Insbesondere hat sich neuerdings mehr und mehr gezeigt, daß einseitig auf Glattwasserzustand gezüchtete Schiffsformen unter den tatsächlichen Reisebedingungen auf See vielfach nicht die günstigsten Eigenschaften zeigten, sowohl was die Bewegungen des Schiffes im Seegang, als auch die zur Aufrechterhaltung einer mittleren Reisegeschwindigkeit erforderlichen Antriebsleistungen betrifft. Es werden also schon aus diesem Grund Modellversuche in künstlich erzeugtem Seegang mehr als bisher eine Rolle zu spielen haben, und ich kann mir nur schwer vorstellen, daß man derartigen Aufgaben mit einer Wellenkamp-Anlage, wie sie Herr Schlichting vorschlägt, ausreichend wird gerecht werden können. Dazu kommen weitere Untersuchungen, wie z. B. Ruderversuche, Versuche über die Manövriereigenschaften von Schiffen, Strömungsmessungen, insbesondere Mitstrommessungen u. a. m. und nicht zuletzt Propulsionsversuche, über deren Bewährung im Rahmen des Schlichtingschen Planes einer Versuchsanstalt ich doch gewisse Zweifel zum Ausdruck bringen möchte. Auf der anderen Seite ist doch aber durch langjährige Erfahrungen erwiesen, daß an der Bewährung von sachgemäß bemessenen und sorgfältig ausgeführten Froude-Anlagen keineswegs zu zweifeln ist.

Herr Schlichting hat in seinem heutigen Vortrag nur eine Möglichkeit einer von den Froude-Anlagen abweichenden Versuchseinrichtung für schiffbauliche Modellversuche in Betracht gezogen. Ich möchte mir erlauben, in diesem Zusammenhang noch auf eine weitere Möglichkeit hinzuweisen, die eine ganze Reihe von Vorteilen zu bieten vermag, und zwar ist dies ein Umlauftank, in dem also das Wasser strömt und das Modell an Ort und Stelle bleibt, so wie es beispielsweise in Windkanälen der Fall ist. Der Aufbau eines solchen Umlauftanks ist ähnlich dem einer Kavitationsanlage, nur mit dem Unterschied, daß der Umlauftank eine offene Meßstrecke mit freier Wasseroberfläche zur Untersuchung von Überwassermodellen besitzt. Auf Einzelheiten der zweckmäßigsten Abmessungen eines solchen Tanks will ich hier nicht eingehen, möchte aber erwähnen, daß der Bau eines Umlauftanks mit einem Querschnitt von 3×3 m in der Meßstrecke bereits vor rund zehn Jahren in Wien geplant war und daß Vorversuche an einem Modell — ich glaube, es war im Maßstab 1:6 oder 1:7 angefertigt — sehr erfolgversprechende Ergebnisse gezeitigt haben. Die Vorzüge des Umlauftanks sind kurz folgende:

Man kann verhältnismäßig kleine Modelle benutzen, da infolge des Turbulenzgrades des strömenden Wassers laminare Grenzschichtbildung so gut wie ausgeschlossen ist. — Die Beobachtungsmöglichkeit ist sehr gut, da das Modell fest steht und das Wasser strömt. — Alle Kraftkomponenten können auf sehr einfache Weise ausgewogen werden. — Es ergeben sich verhältnismäßig kurze Versuchszeiten, da unmittelbar im Anschluß an eine Messung bei bestimmter Geschwindigkeit die nächste Messung bei einer anderen vorgenommen werden kann und somit die lästige Wartezeit, die bei Versuchen in der Schlepprinne bis zur Beruhigung der Wasseroberfläche 15 bis 20 Minuten beträgt, entfällt; die Regelung der Strömungsgeschwindigkeit geschieht durch einfache Regelung der Drehzahlen der das Wasser umwälzenden Propellerpumpe. — Ich könnte noch eine ganze Reihe anderer Vorzüge dieser Versuchseinrichtung aufzählen, möchte aber meine ergänzenden Bemerkungen hiermit abschließen.

Es ist mir ein Bedürfnis, Herrn Ministerialrat Schlichting im Namen aller am schiffbaulichen Versuchswesen Interessierten nochmals für seine gründliche Zusammenstellung aller an Modellversuche zu stellenden Forderungen, sowie für manchen wertvollen Hinweis auf die Meßtechnik zu danken. Viele Punkte werden noch eines gründlichen Studiums des gedruckten Vortrages bedürfen. Seine Pläne für eine s. E. zweckmäßige Schiffbauversuchsanstalt verdienten zweifellos besondere Beachtung, wenn es sich darum handeln würde, eine neue Anstalt mit verhältnismäßig geringen Mitteln aufbauen zu müssen. Wie Sie aus den Ausführungen des Herrn Vorsitzenden heute morgen bzw. aus Pressenotizen entnommen haben, sind wir seit kurzem aber wieder in der glücklichen Lage, in der früheren Preußischen Versuchsanstalt für Wasser-, Erd- und Schiffbau, Berlin, auf der Schleuseninsel im Tiergarten eine Froude-Anlage zu besitzen. Wenn auch diese Anstalt, die seit 1945 unter östlichem Einfluß gestanden hat, heute noch den Eindruck einer fast völligen Zerstörung macht, so sind die Schäden, insbesondere an den Einrichtungen für schiffbauliche Modellversuche, doch nicht so erheblich, daß sie nicht in kürzester Zeit behoben werden könnten. Seit der etwa vor Monatsfrist erfolgten Übernahme der Anstalt ist in diesem Sinne bereits erhebliche Aufbauarbeit geleistet worden. Leider bestehen, obwohl im deutschen Schiffbau alle Beschränkungen inzwischen gefallen sind, auf dem Gebiet der angewandten wissenschaftlichen Forschung im Schiffbau immer noch die gleichen sehr einschneidenden Beschränkungen, wie sie schon seit Jahren gelten. Wir alle wünschen und hoffen, daß diese Beschränkungen recht bald gelockert werden mögen, wie es auf anderen wissenschaftlichen Forschungsgebieten kürzlich bereits geschehen ist, damit auch die Versuchsanstalt auf der Schleuseninsel wieder ihren Teil zum Aufbau einer deutschen Handelsflotte beitragen kann.

Ministerialrat a. D. O. Schlichting, Berlin (Schlußwort).

Ich danke Herrn Dr. Amtsberg für die Beurteilung, die er meiner Interpretation der hydrodynamischen Probleme des Schiffswiderstandes hat zuteil werden lassen. Seiner dazu geäußerten Ansicht, daß auch die Modellrauhigkeit als Widerstandsfaktor in Betracht zu ziehen sei, kann ich freilich nicht zustimmen. Die Ausführungen von Weitbrecht, auf die sich Dr. Amtsberg bezeiht, sind zu hypothetisch, und die von Weitbrecht aus seinem Versuchsmaterial abgeleitete Folgerung ist zu wenig schlüssig, um einen Einfluß der Modellrauhigkeit nachzuweisen. Nach allgemeiner Anschauung und nach Kempf (vgl. Jahrbuch 1937) sind Schiffsmodelle hydraulisch glatt und deswegen ihr Widerstand einer laminaren Beeinflussung unterworfen, welche die von Weitbrecht dargelegten Unterschiede von Modellversuchsergebnissen erklärlich macht und auch im Abschnitt 9 meines Vortrags behandelt ist.

Gegen meine technischen Vorschläge wendet Herr Amtsberg zunächst ein, daß sie das einfache Wellenkampsche Schleppverfahren erheblich komplizere und verteuere, und daß sie auch erheblich größere Rinnenlängen erfordere. Das Wellenkamp-Verfahren steht ja aber in meinem Vortrag nicht zur Erörterung, da es, wie ich betont habe, nicht genügend vielseitige Versuche ausführen läßt. Meine Vorschläge beziehen sich vielmehr deswegen auf das Schleppen von Modellen an einem Froudeschen Wagen, jedoch nicht mit einer Meß-einrichtung nach Froude, d. h. mit einer Schleppkraftwaage, sondern mit einem Gewichtsdrahtzug nach Wellenkamp, so daß einerseits die Vielseitigkeit der Untersuchungsmöglichkeiten, die der Froudesche Wagen bietet, und andererseits die Genauigkeit der Messungen nach Wellenkamp erreicht wird, ohne daß schwer zu befriedigende Anforderungen an die Genauigkeit der Gleisverlegung zu erfüllen sind. Dabei läßt die vorgesehene Antriebsweise des Wagens, die vorgesehene Schleppkraftregelung und die Geschwindigkeits-messung noch eine erhebliche Verkürzung der Schleppstrecke und einen erheblich größeren Spielraum für die Bemessung der Modellgröße entstehen, die die Anlage- und Betriebskosten erheblich erniedrigen, und zwar letztere besonders auch durch Ersparnis an Beheizungskosten für die verkürzte Rinnenhalle. Bei dem hier nur allein statthaften Vergleich mit den Froudeschen Schleppverfahren liegen also die Verhältnisse umgekehrt, wie Dr. Amtsberg dargestellt hat. Er verkennt auch die Sachlage, wenn er sagt, daß man sich die Vornahme von Propulsionsversuchen und von Modellversuchen in künstlichem Seegang nach meinen Vorschlägen schwer vorstellen könne. Solche Versuche werden mit dem Froudeschen Schleppwagen ganz in der von mir vorge-sehenen Weise ausgeführt. Denn das geschleppte oder selbstgetriebene Modell wird hierbei in einen mit dem Schleppgewicht oder dem Restwiderstand belasteten Drahtzug frei beweglich eingespannt, damit es den See-gangseinwirkungen in der für einen Vergleich mit dem Verhalten des Schiffes erforderlichen Weise und dem Propellerschub nachgeben kann, was bei einem Schleppen an der Froudeschen Schleppwaage nicht möglich ist. Das vorgesehene Verfahren gestattet es auch durchaus, alle solche Untersuchungen auszuführen, bei denen Quer- oder Schwenkbewegungen eintreten, z. B. Versuche bei schräg einfallendem Seegang und Untersu-chungen über Kursstabilität und Steuerfähigkeit sowie Versuche mit unstabilen oder nicht schwimmfähigen Körpern, z. B. mit Schiffspropellern. Dazu kann von den Anordnungen des Kranbaues Gebrauch gemacht werden, bei denen Längs-, Quer- und Schwenkbewegungen auf verschiedene unabhängig bewegliche Kräne und Laufkatzen verteilt werden. Der Rinnenwagen würde zu diesem Zweck mit einem längsschifflaufenden Hilfswagen und dieser mit einem querbeweglichen, das Modell kraftschlüssig, aber mit den jeweils gewünschten Freiheitsgraden erfassenden Wagen auszustatten sein, wobei der Drahtzug am Hilfswagen angreifen kann. Der Zusatzwiderstand des kleinen Hilfswagens ist gering und leicht meßbar. Diese Einrichtung gestattet es, nicht nur Längsschiffwiderstände, Querkomponenten und Drehkräfte, letztere beiden mit passend eingeschalteten Vorrichtungen zum Messen, sondern auch davon unabhängig die Bewegungseigenschaften des Modells, z. B. Schlingern und Gieren, zu untersuchen. Die durch den angenommenen ungleichmäßigen Wagenlauf verur-sachten Auswanderungsbewegungen des Modells sind im Vergleich mit denjenigen durch Seegang erzeugten nur gering und mit dem vorgesehenen leichten Wagen mit größerer Genauigkeit nachzusteuern, als es beim schweren Froude-Wagen möglich ist. Strömungsmessungen am Modell werden in der Regel mit an diesem selbst ange-ordneten Vorrichtungen ausgeführt, so daß hierfür Bewegungsunterschiede zwischen Modell und Wagen kein Hindernis bilden. Wenn schließlich Herr Amtsberg meint, mit einer gut ausgebildeten Froude-Schlepp-einrichtung ließen sich erfahrungsgemäß auch einwandfreie Untersuchungsergebnisse gewinnen, so habe ich das in meinem Vortrag unter Berufung auf die Geberschen Versuchsergebnisse bereits betont. Er übergeht aber die meine Vorschläge begründende Tatsache, daß die gute Ausbildung der Froudeschen Schleppeinrich-tung außerordentlich schwer zu erreichen ist, und daß mangels ihrer gemäß Bild 8 und 9 nicht wenige Versuchs-ergebnisse Froudescher Anstalten infolge von baulichen Mängeln die erforderliche Meßgenauigkeit vermissen lassen, und daß selbst genaue Meßeinrichtungen Froudescher Anstalten infolge der bei ihnen gebotenen Beschränkung der Rinnenbreiten unbefriedigende Ergebnisse liefern können.

Aus Vorstehendem geht hervor:

1. Die Gefahr, daß durch ungleichmäßige Wagengeschwindigkeiten vom Modell Massenkräfte auf die Meß-einrichtung übertragen werden, läßt die zwangsläufige Kupplung von Modell und Wagen, wie sie nach Froude stattfindet, grundsätzlich so ungeeignet erscheinen, daß ihr gegenüber der Nachteil von Bewegungsunterschieden zwischen Modell und Wagen beim Schleppen am Drahtzug für fast alle Versuche belanglos ist.

2. Das Vorsehen eines Seilantriebes für den Wagen ermöglicht die Anwendung großer Wagenspannweiten und damit die für hinreichend große Modelle erforderlichen Rinnbreiten anzuordnen.

3. Der Drahtzugantrieb ergibt die Möglichkeit, das Modell sowohl Längs- wie Querbewegungen und Schwen-kungen gegenüber einer Mittellage ausführen zu lassen und gestattet, die mannigfachsten Kräfte- und Bewe-gungsuntersuchungen anzustellen. Dabei wird es vielfach zweckmäßig sein, verschiedenartige Untersuchungen am selben Modell nicht gleichzeitig, sondern getrennt voneinander unter gleichen Versuchsbedingungen aus-zuführen.

Die Empfehlung Dr. Amtsbergs, Versuche in Strömungsgerinne auszuführen, halte ich in diesem Zusam-menhang, d. h. für die in meinem Vortrag behandelte Bestimmung des Schiffswiderstandes nicht für gegeben, so sehr ich für andere Untersuchungen Strömungsgerinne auch für dringend notwendig halte. Das letztere geht schon daraus hervor, daß unser Ausschuß für Widerstand und Vortrieb auf mein Betreiben die Verfügbar-machung von Floßgerinnen für schiffbauliche Versuche erstrebt hat. Dabei war aber nicht die Untersuchung des Modellwiderstandes in turbulentem Wasser, sondern die Gewinnung eines stationären Meßstandes für Stabilitäts- und andere Versuche der entscheidende Grund. Ob man gut tut, Widerstandsuntersuchungen anstatt in ruhendem, in strömendem Wasser zur Erzielung turbulenter Reibung auszuführen, ist eine noch durchaus offene Frage. Bei Versuchen in strömendem Wasser ist der Turbulenzgrad ein nicht zu vernach-lässigender Faktor, so daß nach von Karman Versuchsergebnisse mit Luftschiffmodellen im Windkanal weniger für deren Formwiderstand als für die Turbulenz des Windkanals kennzeichnend waren. Auch die Tatsache, daß Schiffspropeller hinter selbst getriebenen Modellen in dem sicherlich einigermaßen turbulenten Heckwasser ihr Drehmoment mit der Reynoldsschen Zahl ihrer Betriebsbedingungen mehr oder weniger ändern, läßt den Schluß zu, daß die Tatsache eines turbulenten Zustandes der Strömung allein keinen eindeu-tigen Versuchszustand ergibt, sondern einen Unsicherheitsfaktor einschließt. Unabhängig davon wird auch der Ablösungswiderstand noch von der Modellgröße abhängig sein. Diese ist aber bei den in Frage kommenden Abmessungen von Umlaufgerinnen immer sehr beschränkt. Eben deswegen wurde auch ein Floßgerinne mit seinen erheblich größeren Abmessungen für Strömungsversuche in Betracht gezogen.

VII. Beitrag zur Theorie des Drehmanövers und der Kursstabilität.

Von Professor Dr.-Ing. E. h. Dr.-Ing. **F. Horn**, Berlin.

1. Mein Vortrag will nur eine Studie sein, die zu einem alten, aber noch bei weitem nicht ausgeschöpften Problem der Schiffstheorie, dem der Manövriereigenschaften eines Schiffes, einen Beitrag liefern möchte.

Mit Bezug auf diese Eigenschaften stellt man an ein Schiff hauptsächlich drei Anforderungen: Es soll erstens gut kursstabil sein, sich insbesondere auch bei schräger See unter mäßiger Ruderbetätigung auf geradem Kurs halten lassen. Es soll zweitens bei Einleitung eines Drehmanövers leicht und schnell auf die Ruderbetätigung ansprechen. Und es soll drittens, falls eine große Evolutionsbewegung erforderlich wird, was außer bei Kriegsschiffen besonders bei zahlreichen kleineren Fahrzeugen in Frage kommt, möglichst kurze Wendungen ausführen, mit anderen Worten, einen Drehkreis möglichst kleinen Durchmessers fahren können.

Was die beiden erstgenannten Anforderungen anbelangt, so leuchtet ohne weiteres ein, daß sie entgegengesetzte Tendenz aufweisen. Denn unter sonst gleichen Bedingungen wird das kursstabilere Schiff schwerer auf eine Ruderbetätigung ansprechen als das weniger kursstabile. Hier wird es also auf eine Kompromißlösung ankommen, für deren Herbeiführung die bisherigen Erkenntnisse und Erfahrungen noch recht unvollkommen sind. Ob und wie die dritte, durch die Größe des Drehkreises bezeichnete Eigenschaft mit der Kursstabilität verknüpft ist, ist von vornherein nicht ganz so einfach zu übersehen.

Zunächst steht fest, daß eine befriedigende Lösung des sehr verwickelten Problems nur auf dem Wege einer Synthese von Theorie und Experiment, bei dem neben dem Großversuch auch der Modellversuch eine wesentliche Rolle spielen wird, gefunden werden kann. In diesem Sinne möchte mein Vortrag hauptsächlich dahingehend einen Beitrag zu leisten versuchen, daß erstens die Theorie etwas weiter ausgebaut wird und daß auf dieser Grundlage zweitens die Frage erörtert wird, mit welchem Mindestmaß von Modellversuchen man wird auskommen können, um für jede individuelle Schiffsform, für die es gewünscht wird, von vornherein ein zuverlässiges Urteil über deren Manövriereigenschaften zu gewinnen. Im vorliegenden Rahmen vernachlässige ich zunächst noch den Einfluß, den der Schraubenstrahl im Falle eines hinter der Schraube gelegenen Ruders auf die an diesem bei einem Drehmanöver entstehende Strömungskraft ausübt.

2. Die Grundlage der Theorie liefern in bekannter Weise die für die Fortbewegung eines Schiffes auf gekrümmter Bahn geltenden allgemeinen Bewegungsgleichungen. Bei deren Ansatz geht man nach dem Vorbilde von Kucharski *[1]*[1] zweckmäßig von einem natürlichen Koordinatensystem mit dem Massenschwerpunkt G des Fahrzeugs als Koordinatenanfangspunkt aus, bei dem gemäß Bild 1 die Achsen durch die Tangente und Normale zur Schwerpunktsbahn sowie durch die zu beiden senkrecht stehende Hochachse (Z-Achse) gebildet werden. Mit den aus Bild 1 ersichtlichen Bezeichnungen lauten dann die Gleichungen der bei der Steuerfahrt hauptsächlich in Frage kommenden Bewegungen — zu denen im vorliegenden Rahmen die Krängungsbewegung nicht gerechnet zu werden braucht — zunächst ganz allgemein.

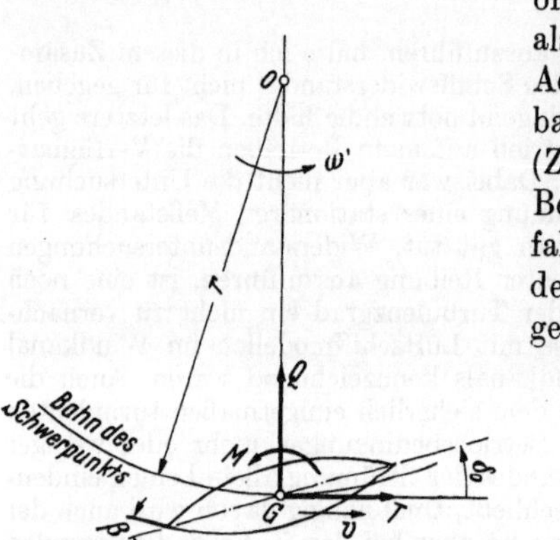

Bild 1. Prinzipskizze für Schiff beim Drehmanöver.

$$m' \frac{dv}{dt} = T, \tag{1}$$

$$m'' \frac{v^2}{r} = Q, \tag{2}$$

$$J_z' \frac{d\omega}{dt} = M. \tag{3}$$

---

[1] Die in eckige Klammern gesetzten Zahlen beziehen sich auf das am Schluß des Vortrages befindliche Schrifttumsverzeichnis.

Hierbei sind die gesamten hydrodynamischen, am System Schiff plus Ruder wirkenden Kräfte und Momente — zu denen im allgemeinen Fall auch Seegangskräfte zählen — in den durch den Massenschwerpunkt G gehenden Kraftkomponenten T in Richtung der Längs-, Q in Richtung der Querbewegung sowie in dem auf die Z-Achse bezogenen Drehmoment M zusammengefaßt. Den infolge beschleunigter Translation bzw. Drehbewegung am Schiffskörper zusätzlich entstehenden Wasserdrucken ist in bekannter Weise dadurch Rechnung getragen, daß an Stelle der Massengrößen des Schiffs, nämlich der Masse $m = \varrho \cdot V$ und dem auf die Hochachse durch G bezogenen Massenträgheitsmoment $J_z = \varrho \cdot V \cdot i^2$ (i = Trägheitsradius) die sogenannten „scheinbaren" Massengrößen m', m'' und J_z' eingeführt sind. Nach einer bekannten Theorie, die einerseits die schräge Translation, andrerseits die Drehbewegung betrifft, lassen sich die scheinbaren Größen mit praktisch ausreichender Näherung rechnerisch erfassen [2, 3], worauf ich später noch etwas zurückkomme. Erwähnt sei vorerst nur, daß m'' nur unbedeutend von m abweicht, daher näherungsweise gleich m gesetzt werden kann. Außerdem vereinfachen wir das Problem dadurch, daß wir mit einer Konstanz der Bahngeschwindigkeit v rechnen. Daraufhin fällt die erste Gleichung ganz fort, und es verbleiben die beiden letzten Gleichungen.

Auf Grund der von der Aerodynamik [4] entwickelten und von Weinblum [5] für das Drehmanöver von Schiffen übernommenen Ansätze kann man in erster Näherung, bei der unter Zugrundelegung kleiner Driftwinkel δ, Ruderwinkel β und Winkelgeschwindigkeiten ω mit linearen Beziehungen zwischen diesen Größen und den von ihnen hervorgerufenen Strömungskräften bzw. -momenten gerechnet wird, für Glattwasserzustand setzen

$$Q = Q_\delta \cdot \delta + Q_\omega \cdot \omega + Q_\beta \cdot \beta \,, \tag{4}$$

$$M = M_\delta \cdot \delta + M_\omega \cdot \omega + M_\beta \cdot \beta \,, \tag{5}$$

wobei die auf der rechten Seite stehenden, mit Indizes versehenen Q- und M-Größen $Q_\delta = \dfrac{\partial Q}{\partial \delta}$, $Q_\omega = \dfrac{\partial Q}{\partial \omega}$, $Q_\beta = \dfrac{\partial Q}{\partial \beta}$ usw. unter der eben genannten Voraussetzung in erster Näherung konstant und überdies bei Vernachlässigung von Reibung und Wellenbildung dem Staudruck $q = \varrho/_2\, v^2$ proportional sind.

Während die Glieder mit δ und β keiner Erläuterung bedürfen, da sie Querkraft und Moment eines unter dem „Anstellwinkel" δ bzw. β angeströmten „Profils" bezeichnen, hat die Konzeption der Glieder mit ω anscheinend größere Schwierigkeiten bereitet. Man hat wohl zunächst mehr oder weniger empirisch auf die Existenz dieser Glieder geschlossen, weil tatsächliche Beobachtungen einen wesentlich höheren Grad von Seitenstabilität sowohl auf geradem Kurs wie beim Drehmanöver erkennen ließen, als es ohne Existenz dieser Glieder möglich gewesen wäre. Bezeichnend hierfür ist ein auch bereits von Weinblum zitierter Ausspruch von Klemperer [4]. „Es ist so, als ob die Bahnkrümmung wie mit einem unsichtbaren Ruder das Schiff auf seiner richtigen Bahn zu halten hilft." In der Tat erweist sich dieser Einfluß — dessen Vorhandensein übrigens auch schon Kucharski [1] erwähnt, wenn er ihn auch unter der ausdrücklichen Voraussetzung eines sehr kleinen ω nicht in sein Schema aufgenommen hat — als außerordentlich stark, und es erschien mir daher wünschenswert, ihn auch von seiten der Theorie her besser als bisher zu erfassen zu suchen. Hierfür liefert der Sonderfall eines Tragflächenboots aus dem Grunde ein besonders anschauliches Beispiel, weil sich bei diesem sämtliche Konstanten Q_{index} und M_{index} der Gl. (4) und (5) und daraufhin der gesamte Vorgang des Drehmanövers mit guter Näherung analytisch erfassen läßt. Ich habe daher im Rahmen dieser Studie geglaubt, diesen Sonderfall an den Anfang stellen zu sollen.

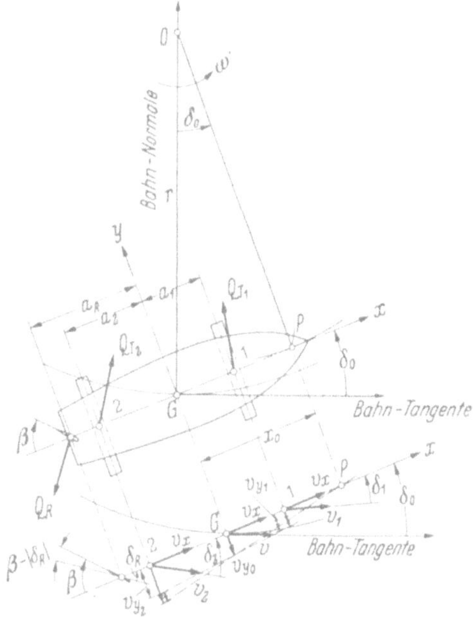

Bild 2. Strömungskräfte, Geschwindigkeiten und Driftwinkel bei Fahrt eines Tragflächenbootes auf gekrümmter Bahn.

3. In Bild 2 ist schematisch ein bei hoher Geschwindigkeit v von 2 Tragflächen getragenes Tragflächenboot in seiner einem beliebigen Zeitpunkt t entsprechenden Lage während eines Drehmanövers im instationären Übergangszustand zwischen geradem Kurs und ausgewachsenem Dreh-kreis im Grundriß dargestellt. Bei zeitlich unveränderlichem Driftwinkel δ_o, den die Tangente an die Schwerpunktsbahn mit der Längsachse des Fahrzeugs bildet, wäre der Bewegungszustand kinematisch durch eine konzentrische Bewegung des mit dem Bug nach innen weisenden Fahrzeugs um den momentanen Mittelpunkt 0 der Bahnkrümmung gekennzeichnet, wobei sich der Driftwinkel nach dem Heck zu vergrößert, nach dem Bug zu verkleinert und im Punkt P, dem sogenannten taktischen Drehpunkt, verschwindet. Dieser Fall trifft in der Tat für die letzte, stationäre, Phase des Drehmanövers zu, d. i. für den vollausgebildeten Drehkreis. Im allgemeinen Fall zeitlich ver-änderlichen Driftwinkels überlagert sich jedoch der geschilderten Bewegung noch eine Drehbewe-gung um den Massenschwerpunkt G. Infolgedessen gilt für die Veränderlichkeit des Driftwinkels δ mit dem Längsort (allgemeiner Index n) gemäß der Nebenskizze von Bild 2 zunächst näherungs-weise der grundlegende Ansatz[1]

$$\delta_n = -\frac{v_{yn}}{v} = -\frac{v'_{yn} + v''_{yn}}{v} \tag{6}$$

wobei v'_{yn} und v''_{yn} die den beiden genannten Bewegungen entsprechenden Anteile der Quergeschwin-digkeit v_y bezeichnen. Nun ist der der Bahnkrümmung entsprechende Anteil, wie aus der Skizze und den darin eingetragenen Bezeichnungen ersichtlich,

$$v'_{yn} = -(x_0 - a_n)\,\omega' , \tag{7}$$

mit

$$\omega' = \frac{v}{r} \tag{8}$$

gleich der (momentanen) Winkelgeschwindigkeit der Bahnkrümmung. Ferner bezeichnet

$$v''_{yn} = a_n \cdot \frac{d\delta_o}{dt} \tag{9}$$

den aus der zeitlichen Veränderlichkeit des Driftwinkels δ_0 der Schwerpunktsbahn entspringenden Anteil der Quergeschwindigkeit. Somit wird gemäß (7) und (9)

$$v_{yn} = v'_{yn} + v''_{yn} = -x_0 \cdot \omega' + a_n\left(\omega' + \frac{d\delta_o}{dt}\right).$$

Da nun

$$\omega = \omega' + \frac{d\delta_o}{dt} \tag{10}$$

die gesamte (momentane) Winkelgeschwindigkeit darstellt, wird

$$v_{yn} = -x_0 \cdot \omega' + a_n \cdot \omega . \tag{11}$$

Da ferner gemäß Abbildung

$$x_0 \approx r \cdot \delta_o \tag{12}$$

ist, ergibt sich auf Grund von (6), (11), (12) und (8) schließlich die sehr einfache, aber m. W. bisher nicht verwertete Beziehung

$$\delta_n = \delta_o - \frac{a_n}{v} \cdot \omega . \tag{13}$$

Für die Orte von Tragflächen und Ruder gilt daher

$$\left.\begin{aligned}\delta_1 &= \delta_o - \frac{a_1}{v} \cdot \omega \, ; \\[1mm] \delta_2 &= \delta_o - \frac{a_2}{v} \cdot \omega \, ; \\[1mm] \delta_R &= \delta_o - \frac{a_R}{v} \cdot \omega \, .\end{aligned}\right\} \tag{14}$$

Hiermit ist nun der Weg zur Ermittlung der horizontalen Querkomponenten Q_1, Q_2 und Q_R der Strömungskräfte eröffnet. Und zwar gilt für die Tragflächenkräfte allgemein

$$Q_T = q \cdot \delta \cdot f_{QT} \tag{15}$$

---

[1] Linksweisende Winkel, Winkelgeschwindigkeiten und Momente werden als positiv bezeichnet.

mit q = Staudruck = $\varrho/_2\, v^2$ und mit f_{QT} gleich einer aus der Gestalt und dem Profil der Tragfläche unschwer zu berechnenden Konstanten, wie dies im Anhang I näher erläutert ist. Hiernach weist f_{QT} grundsätzlich folgenden Bau auf

$$f_{QT} = 2 \int_0^b \zeta'_{AT} \cdot \varphi\,(\gamma) \cdot df_T \tag{16}$$

worin $df_T = t \cdot ds$ ein Element der Tragfläche (t = Profiltiefe), ζ'_{AT} dessen Auftriebsgradiente und $\varphi\,(\gamma)$ eine bestimmte Funktion des Winkels bedeutet, unter dem das Tragflächenelement in der Querrichtung gegen die Horizontale geneigt ist. b ist die in der Wasserlinie gemessene halbe Breite der eingetauchten Tragflächenkontur (vgl. Bild 8 des Anhangs). — Ferner gilt für die Ruderkraft

$$Q_R = q \cdot \zeta'_{AR}\,(\beta + \delta_R)\,F_R = q\,(\beta + \delta_R)\,f_{QR} \tag{17}$$

mit F_R = Ruderfläche und ζ'_{AR} gleich der Auftriebsgradienten des Ruderprofils. Analog dem Bau von f_{QT} ist

$$f_{QR} = \zeta'_{AR} \cdot F_R \tag{18}$$

gesetzt worden.

Auf Grund der Gl. (14) für die Driftwinkel ergeben sich dann die gesamte Querkraft und das gesamte Drehmoment nach Ordnung der Glieder und Einführung zusammenfassender Konstanten in der Form

$$Q = Q_1 + Q_2 + Q_R = q\,\Big(\delta_o \sum f_Q - \frac{\omega}{v} \sum f_Q \cdot a + \beta \cdot f_{QR}\Big) = q\,\Big(K_\delta \cdot \delta_o - K_\omega \cdot \frac{\omega}{v} + f_{QR} \cdot \beta\Big). \tag{19}$$

$$M = M_1 + M_2 + M_R = Q_1 \cdot a_1 + Q_2 \cdot a_2 + Q_R \cdot a_R$$

$$= q\,\Big(\delta_o \sum f_Q \cdot a - \frac{\omega}{v} \sum f_Q \cdot a^2 + \beta \cdot f_{QR} \cdot a_R\Big)$$

$$= q\,\Big(N_\delta \cdot \delta_o - N_\omega \cdot \frac{\omega}{v} + f_{QR} \cdot a_R \cdot \beta\Big). \tag{20}$$

Die in (19) und (20) neu eingeführten Konstanten sind, wie aus der Ableitung ersichtlich, folgendermaßen definiert:

$$K_\delta = \sum f_Q\,, \tag{21}$$

$$K_\omega = \sum f_Q \cdot a = N_\delta\,, \tag{22}$$

$$N_\omega = \sum f_Q \cdot a^2\,, \tag{23}$$

wobei $\sum f_Q = f_{QT_1} + f_{QT_2} + f_{QR}$ gesetzt ist und $\sum f_Q \cdot a$ und $\sum f_Q \cdot a^2$ sinngemäß gebaut sind.

Man erkennt sogleich die grundsätzliche Übereinstimmung der Gl. (19) und (20) mit den ursprünglichen allgemeinen Gl. (4) und (5). Vor allen Dingen geht aber aus der Ableitung die Bedeutung und die große Rolle hervor, die die Konstanten der Glieder mit der Winkelgeschwindigkeit ω spielen, wobei insbesondere auf die den Typ eines Trägheitsmoments tragende Größe N_ω [Gl. (23)] hingewiesen sei. Darüber hinaus ist besonders bemerkenswert, daß die Konstante K_ω mit N_δ identisch ist. — Hervorgehoben sei außerdem, daß sämtliche Konstanten den Einfluß des Ruders als Teil des Lateralplans einschließen.

Wir setzen nun die Werte von Q und M in die ursprünglichen Bewegungsgleichungen (2) und (3) ein und erhalten, unter Vernachlässigung des Einflusses der mitbewegten Wassermassen — was in diesem Sonderfall augenscheinlich zulässig ist —, mit

$$m'' \cdot \frac{v^2}{r} \simeq m \cdot v \cdot \omega' = \varrho \cdot V \cdot v \left(\omega - \frac{d\delta_o}{dt}\right)$$

und mit $K_\omega = N_\delta$, als Gleichungen der Quer- und Drehbewegung

$$\omega - \frac{d\delta_o}{dt} = \frac{1}{2\,V}\,(K_\delta \cdot v \cdot \delta_o - N_\delta \cdot \omega + f_{QR} \cdot v \cdot \beta) \tag{24}$$

$$\frac{d\omega}{dt} = \frac{v^2}{2\,V \cdot i^2}\,(N_\delta \cdot \delta_o - N_\omega \cdot \frac{\omega}{v} + f_{QR} \cdot a_R \cdot \beta)\,. \tag{25}$$

In bekannter Weise *[1, 4]* läßt sich nunmehr aus diesen beiden Differentialgleichungen, in denen, bei jeweils konstantem Ruderwinkel β, der Driftwinkel δ_0 der Schwerpunktsbahn und die Winkelgeschwindigkeit ω der Drehbewegung als Veränderliche auftreten, für jede einzelne dieser Größen, durch Elimination der andern, je eine neue Differentialgleichung bilden. In allgemeiner Form lautet diese für δ_0

$$\frac{d^2\delta_o}{dt^2} + 2\,w\,\frac{d\,\delta_o}{dt} + p\cdot\delta_o = -\,s_\delta\cdot\beta \tag{26}$$

und für ω

$$\frac{d^2\omega}{dt^2} + 2\,w\,\frac{d\omega}{dt} + p\cdot\omega = s_\omega\cdot\beta \tag{27}$$

mit

$$2\,w = \frac{v}{2\,V}\left(K_\delta + \frac{N_\omega}{i^2}\right), \tag{28}$$

$$p = \frac{v^2}{4\,V^2\cdot i^2}\left[K_\delta\cdot N_\omega - N_\delta\,(2\,V + N_\delta)\right], \tag{29}$$

$$s_\delta = \frac{v^2}{4\,V^2\cdot i^2}\left[f_{QR}\cdot N_\omega - f_{QR}\cdot a_R\,(2\,V + N_\delta)\right], \tag{30}$$

$$s_\omega = \frac{v^3}{4\,V^2\cdot i^2}\,f_{QR}\,(K_\delta\cdot a_R - N_\delta). \tag{31}$$

Die Gl. (26) und (27) bieten in ihrer grundsätzlichen Gestalt gegenüber dem bisher Bekannten nichts Neues. Es ist beispielsweise bekannt, daß im Falle $\beta = 0$, also bei Fahrt auf geradem Kurs, ein positives p eine positive Kursstabilität bedeutet und daß das Fahrzeug in diesem Falle nach einer vorübergehenden Störung in einen neuen geraden Kurs einschwingt. Gemäß dem Charakter der Differentialgleichungen als solcher, wie sie (für $\beta = 0$) einer gedämpften freien Schwingung entsprechen, geht, wie ebenfalls bekannt, dieses Einschwingen in den neuen Kurs je nach den jeweiligen Größen der Konstanten p und w entweder aperiodisch oder periodisch mit mehr oder weniger schnell abnehmender Amplitude vor sich (vgl. Abschn. 5). Schließlich ist bekannt [1], daß die Lösung der vollständigen Gl. (26) bzw. (27) den Weg dazu eröffnet, um bei vorgegebenem Ruderwinkel β den zeitlichen Verlauf des Kurswinkels ϑ durch Integration zu ermitteln, während dies für die gekrümmte Kursbahn in geschlossener Form nur bis zu mäßigen Kursabweichungen gelingt. Jedoch ist wiederum die Ermittlung des Drehkreisradius r_0 ohne Schwierigkeit möglich. Man kann ihn z. B. unmittelbar aus (27) ableiten, da im vollausgebildeten Drehkreis ein stationärer Zustand herrscht, in dem $\omega = \omega' = v/r_0$ und die Ableitungen von ω gleich Null werden. Hiermit wird

$$r_0 = \frac{v}{\omega} = v\cdot\frac{p}{s_\omega}\cdot\frac{1}{\beta} = \frac{K_\delta\cdot N_\omega - N_\delta\,(2\,V + N_\delta)}{f_{QR}\,(K_\delta\cdot a_R - N_\delta)}\cdot\frac{1}{\beta}. \tag{32}^1$$

Während nun aber, wie gesagt, die vorstehend angedeuteten Zusammanhänge keine grundsätzlich neuen Erkenntnisse darstellen, ist der vorliegende Sonderfall des Tragflächenboots dadurch gekennzeichnet, daß alle in die Konstanten der Gleichungen eingehenden Größen, abgesehen von den aus Versuchsergebnissen ohne weiteres zugänglichen Profilbeiwerten von Tragflächen und Ruder, auf Grund der geschilderten Theorie auch quantitativ erfaßbar sind und daß somit die Kursstabilitätsverhältnisse wie auch der gesamte Verlauf des Drehmanövers mit ausreichender Näherung in allen Einzelheiten theoretisch analysiert werden können. Nach dieser Richtung habe ich einige Untersuchungen an Hand eines konkreten Beispiels vorgenommen, und zwar eines Tragflächenboots von 57 t Gewicht und 50 kn Geschwindigkeit. Aus Bild 3, das das Boot in dem dieser hohen Fahrt entsprechenden herausgehobenen Zustand zeigt, ist die Anordnung von Tragflächen

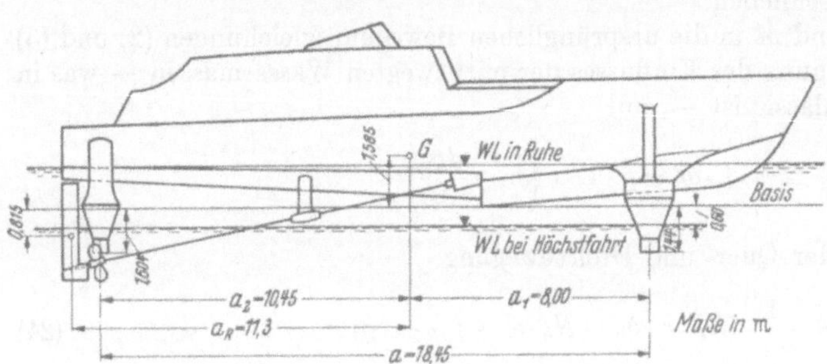

Bild 3. Tragflächenboot von 57 t Gewicht als Rechnungsbeispiel.

---

[1] Es könnte auffallen, daß lt. (32) der Drehkreisradius von der Geschwindigkeit v unabhängig ist. Dies ist darauf zurückzuführen, daß in den Ansätzen die Einflüsse von Zähigkeit und, was wesentlicher ist, auch von Wellenbildung unberücksichtigt geblieben, mit anderen Worten, daß Querkräfte und Momente einfach dem Staudruck $\varrho/2\,v^2$ proportional angenommen sind. Als erste Näherung erscheint dies im vorliegenden Rahmen jedoch statthaft.

und Ruder einschl. der Maße ersichtlich. In den nachstehenden Abschn. 4 u. 5 werden einige Ergebnisse dieser Untersuchungen mitgeteilt, die ein gewisses allgemeineres Interesse besitzen dürften.

4. Es werden zunächst einige Folgerungen gezogen, denen zum Teil auch eine allgemeinere, d. h. nicht auf Tragflächenboote beschränkte Bedeutung zukommt:

a) An Hand zahlenmäßiger Rechnung läßt sich leicht der außerordentlich große Einfluß der „gekrümmten" Strömung, d. h. also des Wachsens des Driftwinkels von vorn nach hinten, feststellen. Würde man diesen Einfluß vernachlässigen, indem man in den Gl. (19) und (20) die Glieder mit ω unberücksichtigt läßt, so bliebe zwar die allgemeine Form der Gl. (26) und (27) ungeändert, jedoch ergäben sich an Stelle der in (28) bis (31) angegebenen Konstanten die folgenden:

$$2\,w^x = \frac{v}{2\,V} \cdot K_\delta \,, \tag{28a}$$

$$p^x = -\,\frac{v^2}{2\,V \cdot i^2} \cdot N_\delta \,, \tag{29a}$$

$$s_\delta{}^x = -\,\frac{v^2}{2\,V \cdot i^2} \cdot f_{QR} \cdot a_R \,, \tag{30a}$$

$$s_\omega{}^x = \frac{v^3}{4\,V^2 \cdot i^2} \cdot f_{QR} \cdot K_\delta \cdot a_R \,. \tag{31a}$$

Nach der zahlenmäßigen Ausrechnung ergibt sich $p = 2,3\,p^x$, die Kursstabilität wird also durch den Einfluß der gekrümmten Strömung auf das 2,3fache vergrößert. In gleichem Maße, und zwar von 34 m auf 78,5 m, wird andrerseits der Drehkreisradius vergrößert. Bei der Dämpfungsgröße $2w$ ergibt sich eine Vergrößerung auf nahezu das 5fache.

Hiernach ist der Einfluß der gekrümmten Strömung von geradezu entscheidender Bedeutung.

b) Bemerkenswert ist ferner der außerordentlich große Beitrag, den eine am Heck angeordnete Ruderflosse, nicht als Steuerflosse, sondern als Teil des Lateralplans, für die Kursstabilität leistet. Bei dem gezeigten Boot würde deren Größe auf nahezu den zehnten Teil sinken, wenn der Ruderquertrieb durch einen Strahlantrieb an Stelle einer Steuerflosse erzeugt würde.

c) Eine gewisse Verknüpfung der Größen von Kursstabilität und Drehkreisradius wird dadurch erkennbar, daß, wie aus dem Vergleich von (29) und (32) ersichtlich, der Zähler der letzteren Gleichung mit dem Ausdruck in der eckigen Klammer von (29) übereinstimmt. Diesem Zusammenhang habe ich aus dem Gesichtspunkt heraus, daß die Kursstabilität ein Maß für die Drehfähigkeit in der Anfangsphase des Drehmanövers, der Drehkreisradius ein solches für die in der Endphase abgibt, näher nachgehen zu sollen geglaubt und habe u. a. untersucht, wie verschiedene Änderungen der Anordnung von Tragflächen und Ruder gegenüber dem Bootskörper, im vorliegenden Falle also gegenüber dem Massenschwerpunkt G, die Kursstabilität einerseits, den Drehkreis andrerseits, beeinflussen. Von den Ergebnissen dieser Untersuchungen, auf die im einzelnen näher einzugehen zu weit führen würde, sei folgendes hervorgehoben:

I. Grundsätzlich brauchen sich Änderungen der Anordnung auf die Größen der Kursstabilität und des Drehkreisradius nicht in gleichem Grade oder auch nur in gleichem Sinne auszuwirken. Es gibt bei ein und demselben Bootskörper Anordnungen, bei denen die Drehfähigkeit in der Endphase auf Kosten derer der Anfangsphase, andere, bei denen umgekehrt die Anfangsphase gegenüber der Endphase im Hinblick auf Drehfähigkeit begünstigt wird.

II. Eine verhältnisgleiche Beeinflussung beider Größen findet nur in dem Falle statt, daß das System Tragflächen plus Ruder in unveränderter Anordnung zueinander relativ zum Bootskörper (Massenschwerpunkt) verlagert wird.

III. Bei festgehaltener Lage der Tragflächen zum Boot läßt sich eine Anordnung des Ruders errechnen, in der der Wert der Kursstabilität, und eine andere, in der der Drehkreisradius zu einem Minimum wird. Nebenbei sei mitgeteilt, daß das Minimum der Kursstabilität bei einer Anordnung des Ruders unmittelbar hinter der vorderen Tragfläche, statt nach Entwurfsskizze hinter der hinteren, eintritt und daß dabei der Drehkreisradius zwar nicht seinen Kleinstwert, aber doch im Vergleich zu der Entwurfsanordnung den sehr kleinen Wert von 19,5 m aufweist.

5. Es seien hierunter noch einige Untersuchungen angeschlossen, in denen die Anwendung der Theorie auf gewisse, einmal für die Kursstabilität, sodann für den Verlauf des Drehmanövers charakteristische Beispiele wenigstens in großen Zügen angedeutet wird. Diese Untersuchungen zerfallen in solche allgemeiner Art, die demgemäß ganz allgemein, also auch für Verdrängungsfahrzeuge gelten, und in die numerischen Anwendungen auf das bereits erwähnte Tragflächenboot.

a) Bei den ersten beiden Beispielen wird das Verhalten des auf geradem Kurs, also bei Ruderlage Null, fahrenden Fahrzeugs bei plötzlich (stoßweise) auftretenden Störungen untersucht.

Wegen $\beta = 0$ haben wir es in diesen Fällen mit einer homogenen Differentialgleichung der durch die Störung wachgerufenen Bewegung zu tun. Halten wir uns etwa an die Gl. (26), so ist bekanntlich für die Lösung einer solchen Gleichung charakteristisch, ob die Größe

$$\nu = \sqrt{w^2 - p} \tag{33}$$

reell oder imaginär ausfällt. In ersterem Falle, $w^2 > p$, stellt die Lösung

$$\delta_0 = C_1 e^{-(w-\nu)t} + C_2 e^{-(w+\nu)t} \tag{34}[1]$$

ein aperiodisches Abklingen der durch die Störung wachgerufenen Bewegung dar, während im Falle $w^2 < p$ die Lösungsgleichung die Form annimmt

$$\delta_0 = e^{-wt} (C_1' \cos \nu't + C_2' \sin \nu't) \tag{35}$$

mit

$$\nu' = \sqrt{p - w^2}. \tag{33a}$$

Gl. (35) entspricht bekanntlich einer periodischen gedämpften Schwingung.

Die beiden Integrationskonstanten C sind jeweils durch die bei dem betreffenden Fall herrschenden Anfangsbedingungen gegeben. Hierfür sind im Anhang II zwei Beispiele enthalten.

Auf Grund der obigen Lösung für δ_0 läßt sich nunmehr auch der Verlauf der Kursbahn ermitteln. Und zwar gilt zunächst gemäß Bild 4a für die während des Zeitelements dt vor sich gehende Änderung des **Kurswinkels** ϑ

$$d\vartheta = \frac{v}{r} dt = \omega' dt. \tag{36}$$

Für ω' wird unter Beachtung von (10) mit $\beta = 0$ und mit

$$\zeta = 1 + \frac{N_\delta}{2V} \tag{37}$$

aus (24) die Beziehung ermittelt

$$\omega' = \frac{v}{\zeta \cdot 2V} \left(K_\delta \cdot \delta_0 - \frac{N_\delta}{v} \cdot \frac{d\delta_0}{dt} \right), \tag{38}$$

woraufhin sich der Kurswinkel ϑ in der Größe ergibt

$$\vartheta = \int_0^t \omega' \cdot dt$$

$$= \frac{K_\delta \cdot v}{\zeta \cdot 2V} \cdot \int_0^t \delta_0 \cdot dt - \frac{N_\delta}{\zeta \cdot 2V} \cdot \delta_0. \tag{39}$$

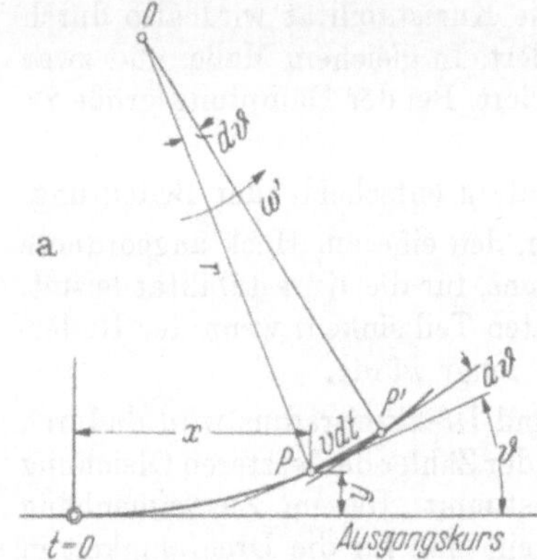

Bild 4a, b. Prinzipskizze zur Erläuterung der Berechnung des Kurswinkels ϑ (Bild 4a) und der Geschwindigkeitskomponenten v_x und v_y (Bild 4b).

Das im ersten Gliede stehende Integral läßt sich auf Grund von (34) oder (35) ohne weiteres lösen. Wie die aus dem Anhang ersichtliche Lösung erkennen läßt, lenkt das Fahrzeug, sofern positive Kursstabilität vorhanden ist, nach Abklingen der Störbewegung, d. i. allgemeiner für den Zeitpunkt $t = \infty$, wiederum in einen geraden, aber von dem ursprünglichen abweichenden Kurs ein.

Um zur **Kursbahn** zu gelangen, beachten wir, daß deren Koordinaten x und y gemäß Abb. 4b in der Größe gegeben sind

$$x = \int_0^t v_x \cdot dt = v \int_0^t \cos \vartheta \, dt$$

$$y = \int_0^t v_y \cdot dt = v \int_0^t \sin \vartheta \cdot dt. \tag{40}$$

---

[1] Diese Form der Lösungsgleichung ist aus dem Grunde gewählt worden, weil sie eine leichtere Durchführung der späteren Integrationen ermöglicht als die üblichere Form

$$\delta_0 = e^{-wt} (C_1 e^{\nu t} + C_2 e^{-\nu t}).$$

Da im Rahmen der bisherigen Aufgabe, bei nur eine einmalige anfängliche Störung des bei Ruderlage Null, also auf ursprünglich geradem Kurs fahrenden Fahrzeugs vorausgesetzt ist, sich die Kursabweichungen offenbar in mäßigen Grenzen halten werden, kann $\cos \vartheta \approx 1$ und $\sin \vartheta \approx \vartheta$ gesetzt werden, woraufhin sich die Gl. (40) vereinfachen zu

$$\left.\begin{aligned} x &= v \cdot t \\ y &= v \int_0^t \vartheta \cdot d t. \end{aligned}\right\} \tag{40a}$$

Das in der Gleichung für y stehende Integral läßt sich auf Grund von (39) ebenfalls ohne weiteres lösen.

Es folgt nunmehr die Anwendung vorstehender Ableitungen auf zwei Beispiele, in denen zwei verschiedene Arten plötzlicher (stoßartiger) Störungen des Fahrzeugs veranschaulicht werden:

I. Störung durch Drehstoß. Dieser Fall ist dadurch gekennzeichnet, daß dem auf geradem Kurs befindlichen Fahrzeug ein Drehimpuls um die Hochachse erteilt wird, dessen Größe durch $J_z \cdot \omega_0$ gegeben ist, worin ω_0 eine Winkelgeschwindigkeit um die Hochachse bezeichnet, die im Zeitpunkt $t = 0$ dem Fahrzeug stoßartig aufgezwungen wird. ω_0 ist von mäßiger, im übrigen beliebiger Größe vorauszusetzen.

Die Durchführung der Rechnung in Anwendung auf das Tragflächenboot Bild 3 ist im Anhang II S. 93/94, wiedergegeben. Das Ergebnis ist, unter Zugrundelegung eines $\omega_0 = 2{,}5^1/s$, in Gestalt des zeitlichen Verlaufs des Driftwinkels δ_0, der Winkelgeschwindigkeit ω' der Bahnkrümmung und des Bahnwinkels ϑ sowie in Gestalt der Bahnkurve in Bild 5 wiedergegeben.

Wie zunächst aus dem Verlauf der Kurven dieser Abbildung ersichtlich, spielt sich der ganze durch die Störung hervorgerufene Vorgang bis zum Erreichen des neuen stetigen Stadiums in außerordentlich kurzer Zeit ab. Diese Tatsache, die auch die beiden folgenden Beispiele kennzeichnet, ist auf die sehr große Kursstabilität des vorliegenden Fahrzeugs zurückzuführen. Infolge

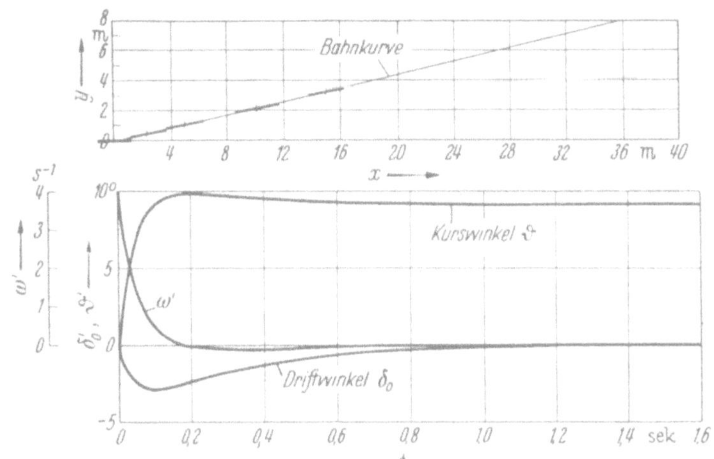

Bild 5. Diagramm der für das Verhalten des Tragflächenbootes laut Bild 3 nach einem Drehstoß charakteristischen Größen.

der gleichfalls sehr starken Dämpfung klingt die Störung aperiodisch ab. Trotz der beträchtlichen Stärke der Störung ist nach rund 1,5 s, d. i. bei 50 kn Geschwindigkeit nach einer Wegstrecke von rund 40 m, der neue gerade Kurs erreicht, der eine Abweichung von rund 9° gegen den Ursprungskurs zeigt. Bemerkenswert ist, daß der Störungsvorgang mit einer scharfen Bahnkrümmung beginnt, indem deren anfänglicher Winkelgeschwindigkeit $\omega' = \omega_0 (1-\zeta) = 3{,}98^1/s$ ein Krümmungsradius $r = v/\omega' = 6{,}5$ m entspricht. Diese scharfe Krümmung geht dann aber gemäß dem Verlauf der Kurve ω' in außerordentlich kurzer Zeit ($\sim 0{,}2$ s) auf einen verschwindend kleinen Wert zurück.

II. Störung durch zentrischen Stoß. Diese sei quer zum Ausgangskurs vorausgesetzt. Es wird somit dem Fahrzeug durch den zentrischen Stoß eine der Stärke des Impulses entsprechende Quergeschwindigkeit v_{y0} aufgezwungen. Da diese im Zeitpunkt $t = 0$ bereits als vorhanden zu betrachten ist, bewegt sich das Fahrzeug gemäß nebenstehender Skizze in diesem Zeitpunkt bereits in der Richtung v_0, und die Bahn weist am Ort des Stoßimpulses einen Knick auf.

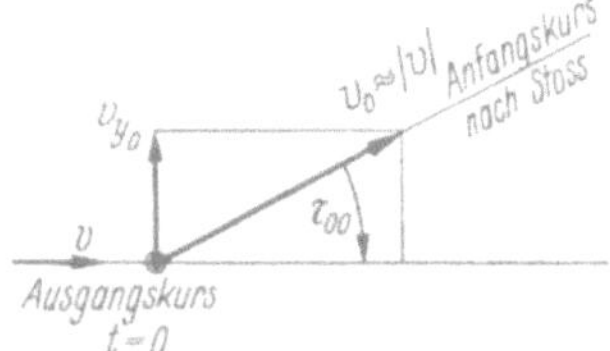

Die diesem Fall entsprechenden mathematischen Ansätze sowie die aus diesen sich ergebenden Hauptgrößen in Gestalt des Driftwinkels[1] δ'_0, der Winkelgeschwindigkeit ω', des Kurswinkels ϑ'

---

[1] Der hochstehende Strich (') bedeutet, daß die betreffenden Größen nicht auf den ursprünglichen Ausgangskurs, sondern auf den mit $t = 0$ einsetzenden schrägen Kurs bezogen sind.

und der Ordinate y' der Bahnkurve sind aus Anhang II, S. 94/95, ersichtlich. Der Verlauf dieser Größen ist ferner unter Zugrundelegung eines Verhältnisses $v_{y0}/v = 0{,}2$ in Bild 6 veranschaulicht.

Das letztere Verhältnis ist gemäß der obigen Textskizze mit dem Kurswinkel identisch, unter dem das Boot unmittelbar nach dem Stoß gegen den ursprünglichen Kurs liegt und der somit im Gradmaß 11,5° beträgt. Dieser Winkel bezeichnet gleichzeitig offenbar auch den anfänglichen Driftwinkel. Nach dem Abklingen der Störung, das auch in diesem Fall nur die kurze Zeit von rund 1,5 s braucht, liegt der Endkurs nur noch unter 6,5° gegen den ursprünglichen Kurs. Zur besseren Veranschaulichung des Vorgangs ist bei der Bahnkurve die jeweilige Lage des Fahrzeugs, gekennzeichnet durch den Driftwinkel, durch dicke Striche angedeutet.

Bemerkenswert ist, daß auch in diesem Fall nach dem Stoß sofort eine Bahnkrümmung vorhanden ist. Der für $t = 0$ herrschenden Winkelgeschwindigkeit von rund $-1{,}0^1/s$ entspricht ein Krümmungsradius von rund 25 m.

b) **Drehmanöver.** Wir wollen bei dem vorliegenden Beispiel einen über den ganzen Zeitverlauf konstanten Ruderwinkel β voraussetzen. Es stünde aber grundsätzlich nichts im Wege, statt dessen auch mit einem nach einer Funktion $\beta = f(t)$ veränderlichen Ruderwinkel zu rechnen.

Bei der gewählten Voraussetzung ist einbegriffen, daß das Ruder aus geradem Kurs heraus **momentan** auf den Winkel β gelegt wird, daß es also bei $t = 0$ bereits diese Winkellage aufweist.

Die Rechnung unterscheidet sich von der bisherigen lediglich dadurch, daß das auf der rechten Seite von (26) bzw. (27) auftretende Störglied, das unter der angegebenen Voraussetzung eine **Konstante** darstellt, jetzt in die Rechnung einbezogen

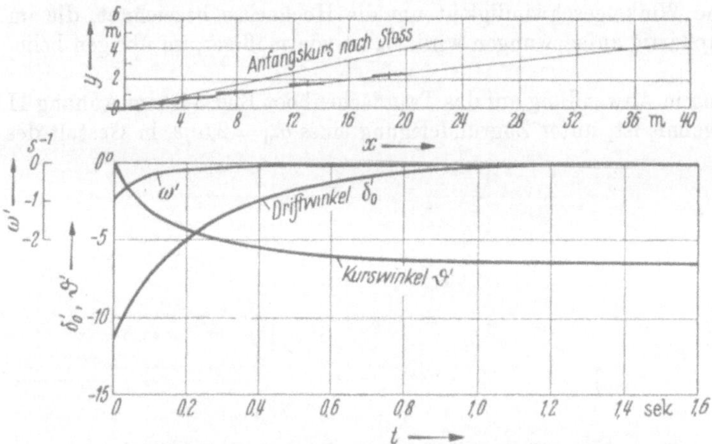

Bild 6. Diagramm der für das Verhalten des Tragflächenbootes laut Bild 3 nach einem zentrischen Stoß charakteristischen Größen.

wird. In allbekannter Weise wird eine solche Gleichung derart gelöst, daß, wenn beispielsweise die Gl. (26) zugrunde gelegt wird, an Stelle von δ_0 eine neue Veränderliche

$$\delta_o{}^+ = \delta_o + \frac{s\delta}{p} \cdot \beta \tag{41}$$

tritt, woraufhin (26) in die homogene Form

$$\frac{d^2\delta_o{}^+}{dt^2} + 2w\,\frac{d\delta_o{}^+}{dt} + p \cdot \delta_o{}^+ = 0 \tag{42}$$

übergeführt wird. In der allgemeinen Lösung erscheint $\delta_0{}^+$ in genau gleicher Form wie δ_0 nach Gl. (34), nur fallen die Integrationskonstanten C_1 und C_2 den geänderten Anfangsbedingungen entsprechend jetzt anders aus. Der weitere Gang der Rechnung zur Ermittlung von ω' und ϑ sowie der Koordinaten x und y der Bahnkurve entspricht sinngemäß dem vorher, S. 84/85, behandelten Fall, nur lassen sich die Integrationen zur Ermittlung der letztgenannten Größen in geschlossener, den Näherungsgl. (40a) entsprechender Form nur bis zu Kurswinkeln $\vartheta < 15°$ durchführen. Darüber hinaus müßte die Bahnkurve punktweise auf Grund der genauen Gl. (40) ermittelt werden.

Im einzelnen ist die Durchführung der Rechnung, zunächst in allgemeiner Form, aus Anhang II, S. 95/96, ersichtlich. Daran schließt sich die zahlenmäßige Anwendung auf das Tragflächenboot Bild 3 unter Zugrundelegung eines Ruderwinkels von 30°. Die Ergebnisse sind in einer den Bildern 5 und 6 entsprechenden Form in Bild 7 veranschaulicht.

Im Gegensatz zu den vorher behandelten Fällen ist jetzt im Zeitpunkt $t = 0$ weder eine Quergeschwindigkeit noch eine Winkelgeschwindigkeit vorhanden. Dagegen tritt auch hier sofort eine Bahnkrümmung in Erscheinung, deren (negative) Winkelgeschwindigkeit ω'_0 sich mit der positiven Winkelgeschwindigkeit $(d\delta_0/dt)$ zu Null ausgleicht. Durch diese in einem der beabsichtigten Wendung entgegengesetzten Sinn verlaufende Bahnkrümmung wird das bekannte anfängliche Ausweichen des Fahrzeugs nach der der gewollten Wendung entgegengesetzten Seite eingeleitet, dessen Ausmaß allerdings im vorliegenden Falle nur 0,8 m beträgt.

Infolge der bereits erwähnten, bei diesem Boot vorhandenen hohen Kursstabilität bei starker Dämpfung ist der Endzustand in Gestalt einer gleichförmigen Drehkreisbewegung praktisch bereits nach rund 1,2 s entsprechend einer Wegstrecke von rund 30 m erreicht. Da in diesem Zeitpunkt der Kurswinkel ϑ erst etwa 11° beträgt, läßt sich die ganze Bahnkurve in diesem Fall mit voll ausreichender Näherung mittels geschlossener Integration erfassen. — Der Drehkreisradius fällt mit 78,5 m reichlich groß aus.

Wie mit Bezug auf die in diesem Paragraphen enthaltenen Rechnungen, einschließlich denen des zugehörigen Anhangs II, noch zusammenfassend hinzugefügt sei, sind diese Rechnungen hier weniger des unmittelbaren Interesses halber wiedergegeben, das dem als Beispiel gewählten Tragflächenboot zukommt, als um ganz allgemein den Gang solcher Rechnungen zu veranschaulichen und um insbesondere zu zeigen, daß und wie sich bei Kenntnis der 3 Konstanten K_δ, N_δ und N_ω der gesamte Manövriervorgang einschließlich der Kursstabilität, allerdings unter gewissen vereinfachenden Voraussetzungen (Vernachlässigung des Einflusses des Schraubenstrahls auf das Ruder, Vernachlässigung der Krängung, Aufrechterhaltung der Fortschrittsgeschwindigkeit) auf verhältnismäßig einfache Weise mit vermutlich ausreichender Näherung erfassen läßt.

6. Wir gehen nun zu den uns vornehmlich interessierenden Fahrzeugen, nämlich den Verdrängungsfahrzeugen, über und fragen uns, was wir für diese von den aus der Behandlung der Tragflächenboote gewonnenen Lehren nutzbar machen können.

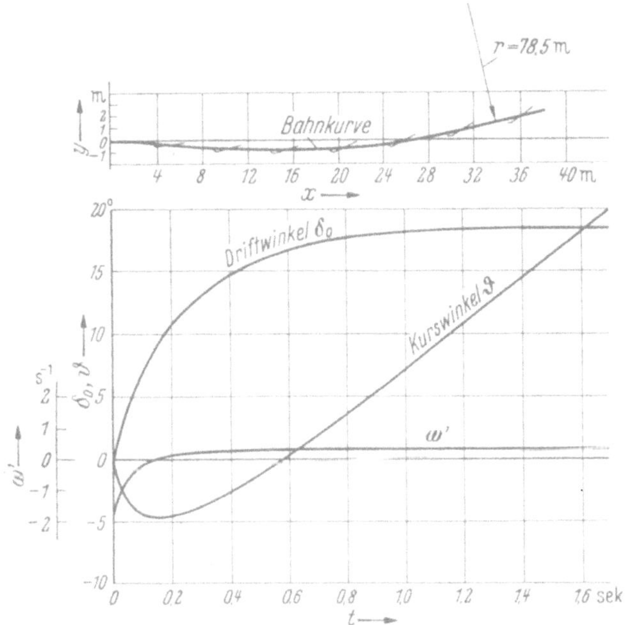

Bild 7. Diagramm der für das Verhalten des Tragflächenbootes laut Bild 3 nach plötzlichem Ruderlegen auf 30° B.B. charakteristischen Größen.

Da ist zunächst festzustellen, daß der allgemeine Bau der grundlegenden Differentialgleichungen für die Quer- und Drehbewegung sicherlich unverändert bleibt und somit auch der Bau der Lösungsgleichung samt den aus ihr zu ziehenden allgemeinen Folgerungen, vgl. die Abschn. 4 und 5. Als wesentlich ist dabei hervorzuheben, daß, sobald die in den Differentialgleichungen auftretenden Konstanten der Glieder mit δ_0 und ω bekannt sind — die der Glieder mit β werden in der Regel ohne weiteres zur Verfügung stehen — auch bei Verdrängungsfahrzeugen der ganze Manövriervorgang einschließlich der Kursstabilitätsverhältnisse im Rahmen der vorgenannten vereinfachenden Voraussetzungen der Berechnung zugänglich ist. Es bleibt allerdings noch die Frage zu untersuchen, ob auch bei Verdrängungsfahrzeugen die Konstanten K_ω und N_δ identisch sind. — Ferner ist zu beachten, daß bei Verdrängungsfahrzeugen dem Einfluß der mitbewegten Wassermasse Rechnung getragen werden muß. Dieser Einfluß kommt, da, wie bereits in Abschn. 2 erwähnt, die scheinbare Masse m'' [Gl. (2)] nach der dafür maßgebenden Theorie *[2]* die Masse des Schiffs nur unbedeutend übersteigt, wesentlich nur in der scheinbaren Vergrößerung des Massenträgheitsmoments J_z zum Ausdruck. Wir können ihm, um an den bisherigen, für das Tragflächenboot ohne Berücksichtigung der mitbewegten Wassermassen abgeleiteten Beziehungen möglichst wenig zu ändern, formal dadurch Rechnung tragen, daß wir, unter Beibehaltung der Schiffsmasse $\varrho \cdot V$, lediglich eine scheinbare Vergrößerung des Trägheitsradius von i auf i' einführen, derart, daß

$$i' = i \sqrt{\frac{J_z{}'}{J_z}} \tag{43}$$

gesetzt wird — wobei wir uns allerdings darüber klar sein müssen, daß i' keine physikalische Bedeutung hat, sondern eine reine Rechengröße darstellt. Was das Verhältnis $J_z{}'/J_z$ anbelangt, so geben hierfür die von Lamb *[2]* an Rotationsellipsoiden vorgenommenen Untersuchungen in Verbindung mit dem der individuellen Spantform Rechnung tragenden Verfahren von Lewis *[3]* wenigstens einen ungefähren Anhalt. Größenordnungsmäßig wird man etwa mit einem Verhältnis $J_z{}'/J_z \approx 2$ rechnen können. — Wir können uns im Rahmen dieser Studie mit einer solchen summarischen Betrachtung um so eher begnügen, als der Einfluß der scheinbaren Vergrößerung des Massenträgheitsmoments nicht nur, wie bekannt und durch Gl. (32) ohne weiteres bestätigt, die Größe des Drehkreisradius unberührt läßt, sondern auch das Kriterium der Kursstabilität. Dieses wird nämlich durch den in der eckigen Klammer von (29) stehenden Ausdruck geliefert, und dieser enthält ausschließlich Formgrößen des Schiffskörpers, keinerlei Massengrößen. Letztere kommen lediglich in dem, das Maß der Kursstabilität mitbestimmenden, vor der eckigen Klammer stehenden Faktor in Gestalt der sich im Nenner befindenden Größe i^2 bzw. jetzt i'^2 zur Geltung. — Im übrigen dürfte es keine größeren Schwierigkeiten bieten, die Größe von J_z' durch besonderen Versuch, und zwar auf dem Wege der Registrierung der Torsionsschwingungen eines in normaler Schwimmlage befindlichen, mit maßstabgerechtem Trägheitsradius i ausgeführten Modells um eine durch G gehende vertikale Achse unter Einwirkung einer Torsionsfeder zu ermitteln. Indem ein solcher Ausschwingungsversuch außerdem noch in Luft vorgenommen wird, läßt sich auch das Verhältnis J_z'/J_z feststellen.

Während es nun aber gelang, die Konstanten der Differentialgleichungen bei dem Tragflächenboot auf rein analytischem Wege abzuleiten, liegen die Verhältnisse bei Verdrängungsfahrzeugen wesentlich verwickelter. In der Tat sind Modellversuche hier nicht zu entbehren. Trotzdem erscheint es von Wert, zu prüfen, wie weit man auf theoretischem Wege gelangt, weil dies einen Wegweiser dafür gibt, bis zu welchem Grade bzw. in welcher Art Modellversuche unentbehrlich sind oder, anders ausgedrückt, mit welchem Mindestmaß von Modellversuchen man wird auskommen können.

7. Es erscheint angebracht, an dieser Stelle zunächst wenigstens ganz generell etwas über die bisher bekannten und üblichen Modellversuchsmethoden zur Ermittlung der Steuereigenschaften eines Schiffes zu sagen, soweit diese Methoden dem hier vorliegenden Zwecke dienen, die Konstanten der Glieder mit δ_0 und ω in den Gleichungen für die Quer- und Drehbewegung bzw. allgemeiner, den Verlauf der Querkräfte Q und Drehmomente M als Funktionen von δ_0 einerseits, von ω andrerseits festzustellen.

Ein Teil dieser Aufgabe wird offenbar durch Schrägschleppversuche gelöst, und zwar der Teil, der die Abhängigkeit der Querkraft und des Moments vom Driftwinkel bei schräger Translation betrifft (Glieder mit δ_0). Indem solche Versuche einmal ohne Ruder, sodann mit Ruder, und zwar für jeden Driftwinkel bei mehreren Ruderwinkeln durchgeführt werden, ist man auch in der Lage, die Wirkung des Ruders, die sich ja, wenn dieses unmittelbar an ein Totholz anschließt, nicht auf die Erzeugung eines Ruderdrucks an der Ruderflosse selbst beschränkt, herauszuschälen. Aus den Versuchen mit Ruder in Nullstellung gewinnt man unmittelbar die Konstanten K_δ und N_δ.

Um die zusätzlichen Strömungskräfte und -momente bei gekrümmter Bahn zu erfassen, ist man bisher folgende Wege gegangen:

a) den des Versuchs im Rundlauftank. Es liegt auf der Hand, daß man durch solche Versuche, die freilich die Schaffung einer umfangreichen Sonderversuchsanlage voraussetzen, den Einfluß der Bahnkrümmung sehr systematisch, auch bei verschiedenen Driftwinkeln und Ruderwinkeln, untersuchen und feststellen kann.

b) den des Versuchs mit gekrümmtem Modell. Diese von der Aerodynamik entwickelte Methode [4] beruht darauf, daß, wenn die Krümmung der Mittellinie des gekrümmten Modells und die Bahnkrümmung gleich groß sind, alsdann bei schräger Translation des gekrümmten Modells unter einem mit dem Driftwinkel der Schwerpunktsbahn übereinstimmenden Anstellwinkel des gekrümmten Modells gegen die Schlepprichtung die Anstellwinkel für sämtliche Längsorte in beiden Fällen miteinander übereinstimmen. Dieser Methode, die u. a. von Weinblum auch bei Schiffsmodellen diskutiert und angewendet worden ist [5, 6], haften gewisse grundsätzliche Mängel an, die jedoch nach Vergleichsuntersuchungen möglicherweise nicht wesentlich ins Gewicht fallen.

Immerhin ist die Brauchbarkeit dieses letzteren Verfahrens noch nicht voll erhärtet, und da überdies die zusätzliche Anfertigung eines gekrümmten Modells eine routinemäßige Anwendung schon der vergrößerten Kosten wegen erschwert und da ferner auch die Versuche in Rundlauftanks m. W. bisher noch keine größere Verbreitung gefunden haben, dürfte jeder Versuch willkommen sein, den Weg, um zu brauchbaren Ergebnissen hinsichtlich der Manövriereigenschaften von Schiffen zu gelangen, nach Möglichkeit zu vereinfachen.

8. Da liegt es zunächst auf der Hand, daß man ohne Schrägschleppversuche keinesfalls auskommt, vor allem, weil man die für die Schräganströmung maßgebenden Größen K_δ und N_δ wegen des bei ihnen stark zur Geltung kommenden Einflusses der Zähigkeit, insbesondere der Ablösung, mit der reinen Theorie nicht ausreichend erfassen kann. Es ist nun aber von wesentlicher Bedeutung, daß die bei dem Tragflächenboot festgestellte Identität der Konstanten K_ω und N_δ auch für Verdrängungsfahrzeuge zutrifft. Daß dies der Fall ist, ist im Anhang III noch besonders nachgewiesen. Aus der Tatsache dieser Identität folgt, daß aus einem einfachen Schrägschleppversuch auch auf die Größe der durch eine überlagerte Drehung mit der Winkelgeschwindigkeit ω hervorgerufenen zusätzlichen Querkraft geschlossen werden kann. Daraus folgt weiter, daß als einzige für die Erfassung des Gesamtvorganges noch fehlende Größe die Konstante N_ω verbleibt.

Bei Untersuchung der Frage, welche Wege zur Ermittlung dieser Größe zweckmäßig einzuschlagen sind, habe ich zunächst die Theorie in folgender Weise zu Rate gezogen:

Beim Tragflächenboot war gemäß (23) $N_\omega = \sum f_Q \cdot a^2$ definiert worden, wobei die Größen f_Q die Produkte aus einer für die Tragfläche bzw. das Ruder charakteristischen Flächengröße — beim Ruder der Ruderfläche selbst — und der Gradiente des Quertriebsbeiwerts darstellten. Es steht von vornherein außer Frage, daß die obige Definition von N_ω als eines Trägheitsmoments unverändert auch für Flossen und flossenartige Teile von Verdrängungsfahrzeugen gilt und daß infolgedessen auch bei diesen solche Teile um so stärker, und zwar proportional dem Quadrat des Abstands von G, zur Wirkung kommen, je mehr sie nach den Enden zu gelegen sind — wobei Bug- und Heckflossen grundsätzlich in gleichem Maße ins Gewicht fallen. Was jedoch noch zu untersuchen bleibt, ist der Beitrag, den der Verdrängungskörper als solcher zu dem Glied N_ω liefert.

Zu diesem Zweck muß man sich die Schiffsform von dem Flosseneinfluß gewissermaßen befreit denken. Dies kann nach einem in der Schiffstheorie für andere Zwecke häufig angewendeten Verfahren in der Weise geschehen, daß man den Schiffskörper in einen sogenannten „Ersatz-Rotationskörper" verwandelt, dessen Kreisquerschnitte das Doppelte der Flächen der Unterwasserspantquerschnitte aufweisen. Dieses Verfahren eröffnet gleichzeitig den Weg zu einer prinzipiellen Erfassung der an einem solchen Körper durch die Strömung hervorgerufenen Kräfte und Momente. Wegen des Interesses, das diesen Zusammenhängen im Rahmen der vorliegenden Studie zukommt, sei nachstehend auf diese noch etwas eingegangen, wenn ich damit auch nichts wesentlich Neues bringen kann.

Man macht von der bekannten Vorstellung Gebrauch, daß man sich die Strömung um einen Rotationskörper durch die Überlagerung einer Strömung, die aus einer Belegung der Körperachse mit Quellen- und Senken- bzw. mit Dipolelementen entspringt, mit einer Paralellströmung entstanden denken kann. Im vorliegenden Falle haben wir es mit einer Schräganströmung und einer darüber gelagerten Drehung um G zu tun. Ziehen wir zunächst nur die Schräganströmung in Betracht und zerlegen diese in ihre beiden Komponenten in Richtung und quer zur Achse, so entspricht jeder dieser beiden Komponenten eine bestimmte Quell-, Senken- bzw. Dipolbelegung, und zwar eine solche, bei der unter Hinzutritt der zugehörigen, d. h. in dem einen Falle längs-, in dem andern quergerichteten Parallelströmung die Körperoberfläche als Verzweigungsstromfläche herauskommt.

Bei Längsanströmung gibt es mehrere Wege, um die Quell-Senken- bzw. Dipolbelegung, die bekanntlich die Integralkurve der ersteren darstellt, so zu gestalten, wie es der Forderung nach Übereinstimmung zwischen Körperoberfläche und Verzweigungsstromfläche entspricht. Am einfachsten ist wohl das Näherungsverfahren von Weinig [7], bei dem von der theoretisch in erster Näherung begründeten These ausgegangen wird, daß an jedem Ort der Längsachse die örtliche Dipolstärke durch das Produkt aus Körperquerschnitt und Geschwindigkeit der Parallelströmung gegeben ist. Weinig knüpft an diese Ausgangsnäherung ein sukzessives, verhältnismäßig schnell zu einer ausreichend exakten Lösung führendes Korrekturverfahren. Für die vorliegenden, hauptsächlich qualitativen Zwecke kann man sich auf die Ausgangsnäherung beschränken, nach der also die Kurve der Dipolbelegung unter Einschaltung eines durch die Geschwindigkeit der Parallelströmung gegebenen Maßstabfaktors mit der Spantflächenkurve des Körpers übereinstimmt.

Während man bei Längsanströmung die Quell-Senken-Belegung vom anschaulichen Standpunkt als primär betrachten kann und die Dipolbelegung lediglich als eine durch ihre Eigenschaft als Integralkurve der ersteren gegebene mathematische Konzeption, kann man bei Queranströmung des hier vorliegenden Rotationskörpers in Anbetracht der Kreisform seiner Querschnitte offenbar nur mit einer Belegung der Körperachse mit Dipolen arbeiten, und zwar mit solchen, deren eigene Achsen quergerichtet sind. Es erhebt sich nun die Frage, in welchem Verhältnis die Dipolstärken dieser letzteren Belegung zu der der Belegung bei Längsanströmung stehen, damit bei gleichzeitigem Vorhandensein beider Strömungen, d. h. also bei schräger Anströmung, die Körperform gewahrt bleibt. Diese Frage ist m. W. bisher noch nicht vollständig gelöst worden [8]. Es läßt sich aber unschwer nachweisen, daß im Hauptspantquerschnitt die der Queranströmung entsprechenden Dipole die doppelte Stärke der zu der Längsanströmung gehörigen Dipole besitzen müssen, damit der obigen Forderung nach Wahrung der Körperkontur, hier also der Hauptspantkreisfläche, genügt wird. Dieser Nachweis ist im Anhang III enthalten. Es liegt daraufhin nun die Annahme nahe, daß man über die ganze Körperlänge wenigstens näherungsweise mit einer doppelten Stärke der Querdipole gegenüber den Längsdipolen rechnen kann, mit anderen Worten, daß man die für die Längsanströmung in erster Näherung als maßgebend erkannte, durch die Spantflächenkurve gegebene

Verteilungsfunktion der Dipolbelegung auch für die der Queranströmung zugehörige Belegung beibehält. Bezeichnet man also mit $F_0 \cdot f(x)$ den gegebenen Verlauf der Spantflächenkurve — wobei F_0 den Hauptspantquerschnitt bedeutet, bei einem Rotationskörper mit Hauptspantbreite B also $= \dfrac{\pi B^2}{4}$ zu setzen ist — und ist somit nach den früheren Ausführungen die Stärke der Dipolmomente für Längsanströmung in erster Näherung gegeben durch

$$m_1 = v \cdot \frac{\pi B^2}{4} \cdot f(x), \tag{44}$$

so wäre nach der soeben gemachten Annahme für die der Queranströmung zugehörige Dipolbelegung zu setzen

$$m_2 = v_y \cdot 2 \cdot \frac{\pi B^2}{4} \cdot f(x) = v_y \cdot \frac{\pi B^2}{2} \cdot f(x). \tag{45}$$

Da die Querschnittgeschwindigkeit v_y in dem bisher vorausgesetzten Fall der reinen Schräganströmung (unter dem Winkel δ_0) $v_y \approx v \cdot \delta_0$ beträgt, so gälte hierfür

$$m_2 = v \cdot \delta_0 \cdot \frac{\pi B^2}{2} \cdot f(x). \tag{45a}$$

Wird der bisher vorausgesetzten Schräganströmung nun noch eine Drehung um den Massenschwerpunkt G überlagert, so bedeutet dies, daß zu der bisherigen, über die ganze Körperlänge konstanten Queranströmungsgeschwindigkeit $v \cdot \delta_0$ noch eine weitere von der Größe $x \cdot \omega$ hinzutritt, die also von dem Wert Null in der Mitte (Punkt G) linear nach den Enden zunimmt. Wenn auch m. W. über die Dipolbelegung, die diesem Fall gerecht wird, exakte Lösungen nicht bekannt sind, wird doch vermutlich kein größerer Fehler entstehen bei der Annahme, daß man die durch die Spantflächenkurve gegebene Verteilungsfunktion der Dipolbelegung als Grundlage beibehält und demgemäß an Stelle der allgemeinen Beziehung (45) nunmehr den speziellen Ansatz macht

$$m_2 = v \left(\delta_0 - \frac{\omega}{v} \cdot x\right) \frac{\pi B^2}{2} \cdot f(x). \tag{46}$$

Dies vorstehende Verfahren, das sich der Darstellung von Strömungsvorgängen durch Zurückführung auf Quell-Senken- bzw. Dipolbelegungen bedient, wird nun für den vorliegenden Zweck dadurch fruchtbar, daß man dadurch die Kraftwirkungen der Strömung auf den Körper auf einfache Weise erfassen kann. Man macht in diesem Sinne von dem bekannten Satz Gebrauch *[9]*, daß bei Anströmung einer Senke bzw. Quelle von bestimmter Ergiebigkeit eine Strömungskraft bestimmter Größe in bzw. entgegengesetzt der Strömungsrichtung und bei Anströmung eines Dipols bestimmter Stärke ein Moment bestimmter Größe entsteht. Man kommt dann, wie in Anhang III näher ausgeführt, zunächst bei reiner Schräganströmung zu dem aus der Theorie von Munk *[10]* bekannten Ergebnis, wonach in idealem Medium an einem schräg angeströmten Rotationskörper keine Querkraft, sondern nur ein Drehmoment entsteht, das ihn, sofern es sich um einen langgestreckten Körper handelt, quer zur Strömung zu stellen sucht, also ein Instabilitätsmoment darstellt. Erweitert man nun diese Theorie dahin, daß man der Schräganströmung eine (mäßige) Drehung überlagert, so kann man, wiederum auf Grund der angedeuteten Kraftwirkung der Strömung auf Quell-Senken- bzw. Dipolelemente, folgern, daß die Drehung bei einem zur Mittschiffsquerebene symmetrischen Körper in idealem Medium lediglich eine Querkraft, kein Drehmoment hervorruft. Bemerkenswert ist übrigens, daß hiernach hinsichtlich des Einflusses sowohl einer Schräganströmung wie einer Drehung die Verhältnisse bei einem Rotationskörper durchweg umgekehrt liegen wie bei einem Tragflächenboot oder allgemeiner bei einem aus zirkulatorisch umströmten Flächen (Flossen) bestehenden Körper. Auf das einfache, natürlich nur ideell gedachte Beispiel einer Längssymmetrie zum Massenschwerpunkt in beiden Fällen angewendet, bedeutet dies, daß eine reine Schräganströmung beim Tragflächenboot lediglich eine Querkraft, kein Drehmoment, beim Rotationskörper lediglich ein Drehmoment, keine Querkraft hervorruft, während eine Drehung beim Tragflächenboot lediglich ein Moment, keine Querkraft, beim Rotationskörper lediglich eine Querkraft, kein Moment erzeugt.

Das wesentliche Ergebnis vorstehender Untersuchungen besteht, abgesehen von der Feststellung, daß auch für den von der Flossenwirkung befreit gedachten Verdrängungskörper eines Schiffes die Identität der Konstanten K_ω und N_δ zutrifft, darin, daß ein solcher Körper, wenn einer Drehung um G unterworfen, bei den in der Regel nicht großen Abweichungen von der Längssymmetrie nur einen unbedeutenden Beitrag zu der Konstanten N_ω liefert. Jedenfalls wird er gegenüber der sehr starken Wirkung der nach den Enden zu gelegenen Flossen kaum ins Gewicht fallen — was übrigens durch neuere Untersuchungen von Davidson und Shiff *[11]* bestätigt wird — und braucht daher normalerweise erst gar nicht berechnet zu werden. Es erscheint unter diesen Umständen nicht ausgeschlossen, daß es für praktische Zwecke genügt, wenn man die Untersuchung auf die Erfassung des Beitrages der „Flossen" für N_ω beschränkt — wobei man im Sinne vorstehender Konzeption unter Flossen außer der Ruderflosse den Teil des Lateralplans des Schiffes zu verstehen hätte, der als eine Art von ideellem Totholz zwischen der wirklichen Kontur des Lateralplanes und der unteren Kontur des Ersatz-Rotationskörpers gelegen ist.

Es wäre jedenfalls von Interesse, zunächst auf experimentellem Wege nachzuprüfen, ob man auf dem Wege über eine solche Konzeption zu Ergebnissen gelangt, die auch praktisch genügend brauchbar sind. Zu diesem Zweck wären für einige, voneinander möglichst abweichende Schiffsformen Vergleichsversuche vorzunehmen derart, daß für jede Schiffsform außer einem normalen Modell noch ein weiteres mit Bezug auf seine Manövriereigenschaften erprobt wird, das aus Ersatz-Rotationskörper und zugehörigem „ideellem Totholz" besteht. Durch die Vergleichsversuche mit je 2 in diesem Sinne zusammengehörigen Modellen wäre festzustellen, ob die Konstanten K_δ, N_δ und N_ω in praktisch ausreichendem Maße miteinander übereinstimmen oder nicht.

Sollten solche Versuche zu einem positiven Ergebnis führen und würde damit zunächst einmal bestätigt werden, daß der Ersatz des wirklichen Schiffskörpers durch Ersatz-Rotationskörper und ideelles Totholz eine sinnvolle Maßnahme darstellt, so würde dies auf Grund der dargelegten Zusammenhänge auch eine Bestätigung dafür liefern, daß für die Erfassung des Einflusses der Drehbewegung auf das am gesamten Schiffskörper entstehende Drehmoment, mit anderen Worten, für die Erfassung der Größe N_ω, praktisch allein die Wirkung der Flossen in Gestalt des oben definierten ideellen Totholzes maßgebend ist. Daraufhin könnte dann, wenigstens für praktische Zwecke, vielleicht daran gedacht werden, die Größe N_ω von Fall zu Fall durch rein rechnerische Näherungsmethoden zu ermitteln, was zur Folge hätte, daß man, um die Manövriereigenschaften eines Schiffes zu beurteilen, mit dessen Modell lediglich Schrägschleppversuche zur Ermittlung der Größen K_δ und N_δ vorzunehmen brauchte.

Für die Ermittlung von N_ω auf rechnerischem Wege auf Grund der reinen Flossenwirkung wäre, unter sinngemäßer Anwendung von Gl. (23) mit b = Vertikalerstreckung eines Elements des ideellen Totholzes, die Beziehung maßgebend

$$N_\omega = \int_{-L/2}^{+L/2} \zeta'_A \cdot b \cdot x^2 \cdot dx \,.$$

Bei dem Versuch der Auswertung dieses Ausdruckes bereitet das Vorhandensein der unter dem Integralzeichen stehenden Größe ζ_A', die die für das betreffende Flossenelement zutreffende Auftriebsgradiente bezeichnet, offenbar erhebliche grundsätzliche Schwierigkeiten; denn die Größe von ζ_A' ist einerseits von dem jeweiligen Seitenverhältnis der Flosse abhängig, andererseits kann von einem solchen im Rahmen des ganzen in der Längsrichtung erheblich ausgedehnten, etwa die Form eines mehr oder weniger flachen Dreiecks aufweisenden Totholzes höchstens in allergröbster Näherung gesprochen werden, zumal diese dem Charakter des Integrals als eines Trägheitsmoments Rechnung tragen müßte. Ob und wie unter diesen Umständen eine brauchbare Näherung gefunden werden kann, wird erst nach sinngemäßer Auswertung einer Reihe von Versuchsergebnissen beurteilt werden können.

Auf alle Fälle erscheint es wichtig, neben der Ermittlung der Größen K_δ und N_δ durch Schrägschleppversuche die Möglichkeiten zu verfolgen, um auch die für die Manövriereigenschaften eines Schiffes besonders bedeutsame Größe N_ω zunächst experimentell auf möglichst zuverlässige, zugleich aber auch einfache Weise zu erfassen. In diesem Sinne hat die Schiffbauabteilung der Versuchsanstalt für Wasserbau und Schiffbau Berlin, die nach langer, durch Krieg und Kriegsfolgen erzwungener Unterbrechung ihre Versuchstätigkeit demnächst wieder aufnehmen wird, ein besonderes Forschungsprogramm aufgestellt. Da diese Anstalt über einen Rundlauftank nicht verfügt und da gerade im Rahmen dieses Forschungsprogramms Bedenken bestehen, sich gekrümmter Modelle zu bedienen, wird zur Zeit ein neues Gerät entwickelt, das die Vornahme geeigneter Versuche in der großen Schlepprinne der Anstalt gestattet. Das Gerät wird sowohl für Schrägschleppversuche wie auch für Versuche mit periodisch veränderlichem Driftwinkel wie auch schließlich für solche Versuche geeignet sein, bei denen der Schwerpunkt des Modells eine Schlängelbahn beschreibt. Die letztgenannten Versuche sollen die Ermittlung der Größe N_ω ermöglichen.

9. Auch wenn diese theoretischen und experimentellen Untersuchungen zum Ziele führen sollten, so wäre damit die Aufgabe, auf die es letzten Endes ankommt, noch nicht gelöst, nämlich die Manövriereigenschaften eines Schiffes im voraus, d. h. bei seinem Entwurf, als möglichst günstig sicherzustellen. Denn abgesehen davon, daß im Falle eines hinter der Schraube gelegenen Ruders der Einfluß des Schraubenstrahls auf die Ruderwirkung berücksichtigt werden muß — was, wie ich glaube, kein besonders schwieriges Problem sein wird —, und abgesehen von verschiedenen sonstigen Verfeinerungen der Theorie bleibt noch als Hauptfrage die der quantitativen Bemessung der Kursstabilität offen. Man wird diese, um ein möglichst schnelles Ansprechen des Schiffes auf die Ruderbetätigung zu erreichen, grundsätzlich so gering zu bemessen bestrebt sein, als es im Hinblick auf leichtes, bei geringster Ruderbetätigung zu erzielendes Kurshalten auch unter ungünstigen äußeren Bedingungen, insbesondere bei schrägem Seegang, zulässig ist. Bei der Festlegung dieses Mindestmaßes der erforderlichen Kursstabilität wird man — hier liegt das Problem offenbar ganz ähnlich wie das der quantitativen Bemessung der Querstabilität — bis auf weiteres vorwiegend auf die Erfahrung angewiesen sein. Es bleibt jedoch als unbedingte Voraussetzung dafür, daß die Erfahrung auch wirklich fruchtbar gemacht und die richtigen Lehren aus ihr gezogen werden, die bestehen, daß man zunächst bei der Fahrt in ruhigem Wasser die Manövriereigenschaften eines Schiffes einschließlich seiner Kursstabilität von vornherein möglichst vollständig übersieht und beherrscht. Hierfür hat mein Vortrag einen Beitrag liefern wollen.

Für wirksame Mitarbeit bei dessen Ausarbeitung bin ich Herrn Dr.-Ing. Amtsberg und Herrn cand. arch. nav. Johanssen sehr zu Dank verbunden.

Anhang.

I. Durch Schräganströmung an der Tragfläche eines Tragflächenbootes erzeugter Quertrieb (vgl. Abschn. 3).

In Bild 8 stelle die Hauptskizze den von vorn gesehenen Umriß einer der Tragflächen eines Tragflächenboots dar, dessen Fortschrittsrichtung unter dem als klein anzunehmenden Driftwinkel $\delta = -\dfrac{v_y}{v_x}$ zur Längsachse des Fahrzeugs liege. Zunächst gilt ganz allgemein für den Zusammenhang des an einem Längenelement ds der Tragfläche entstehenden Quertriebs mit dem Auftrieb an Hand von Bild 8

$$dQ_T = -dA \cdot \sin\gamma$$

und entsprechend für den auf die Horizontalprojektion ds' von ds bezogenen Beiwert, mit $t = $ Flügeltiefe an der betrachteten Stelle und mit $q = $ Staudruck $= \varrho/_2\, v^2$

$$\zeta_Q = \frac{dQ_T}{q \cdot t \cdot ds'} = -\frac{dA \sin\gamma}{q \cdot t \cdot ds'} = -\frac{dA}{q \cdot t \cdot ds} \cdot \mathrm{tg}\,\gamma = -\zeta_A \cdot \mathrm{tg}\,\gamma.$$

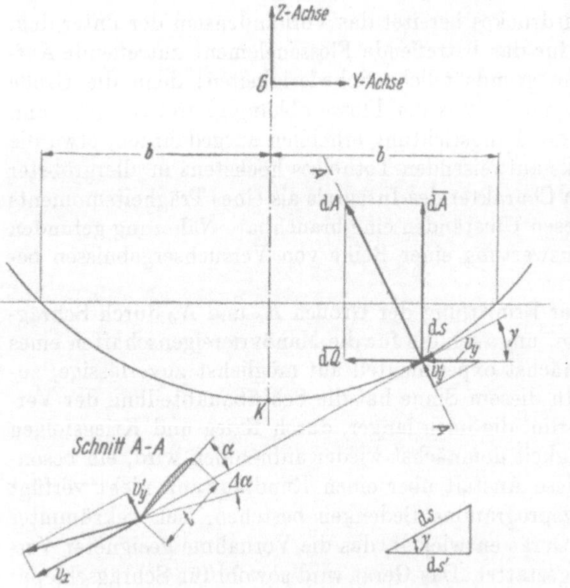

Für Geradeausfahrt gilt, mit $\zeta_A' = $ Auftriebsgradiente und $\alpha = $ Ausstellwinkel des Profils gegen die Längsrichtung

$$\zeta_A = \zeta_A' \cdot \alpha.$$

Durch die Drift wird gemäß dem auf Bild 8 besonders herausgezeichneten Schnitt $A-A$ der Anstellwinkel vergrößert um

$$\Delta\alpha = \frac{v_y'}{v_x} = \frac{v_y \cdot \sin\gamma}{v_x} = -\delta \cdot \sin\gamma.$$

Demgemäß wird

$$\zeta_Q = -\zeta_A' \,(\alpha + \Delta\alpha)\,\mathrm{tg}\,\gamma$$
$$= -\zeta_A' \,(\alpha - \delta \cdot \sin\gamma) \cdot \mathrm{tg}\,\gamma$$

und

$$dQ_T = -\zeta_A' \,(\alpha - \delta \cdot \sin\gamma)\,\mathrm{tg}\,\gamma \cdot q \cdot t \cdot ds'.$$

Somit gilt für den gesamten Quertrieb

$$Q_T = -q \int\limits_{-b}^{+b} \zeta_A' \,(\alpha - \delta\sin\gamma)\,\mathrm{tg}\,\gamma \cdot t \cdot ds'.$$

Bild 8. Erläuterungsskizze zur Ermittlung des an einer Tragfläche eines unter dem Driftwinkel δ zur Längsachse fahrenden Tragflächenbootes auftretenden Quertriebs.

Nun ist, wie ohne weiteres einleuchtet, das der Geradeausfahrt entsprechende Glied

$$\int\limits_{-b}^{+b} \zeta_A' \cdot \alpha\,\mathrm{tg}\,\gamma \cdot t \cdot ds'$$

wegen der Symmetrie der beiden Tragflächenseiten $= 0$.

Somit wird

$$Q_T = q \cdot \delta \int\limits_{-b}^{+b} \zeta_{A}' \sin\gamma \cdot \mathrm{tg}\,\gamma \cdot l \cdot ds'$$

$$= q \cdot \delta \cdot 2 \int\limits_{0}^{b} \zeta_{A}' \sin\gamma \cdot \mathrm{tg}\,\gamma \cdot l \cdot ds'$$

$$= q \cdot \delta \cdot f_{QT}$$

mit der aus Umrißform und Flügeltiefe des Tragflügels leicht zu ermittelnden Größe

$$f_{QT} = 2 \int\limits_{0}^{b} \zeta_{A}' \cdot \sin\gamma \cdot tg\gamma \cdot l \cdot ds'.$$

II. Beispiele für Störungen des geraden Kurses und für Drehmanöver eines Tragflächenbootes
(vgl. Abschn. 5).

Als Beispiel ist das in Bild 3 dargestellte Tragflächenboot von 57 t Gewicht gewählt, dem in Süßwasser eine Wasserverdrängung in Ruhelage $V = 57$ m³ entspricht. Als Geschwindigkeit wird $v = 50$ kn $= 25{,}7$ m/s zugrunde gelegt. Außer den aus Bild 3 ersichtlichen Maßen spielt auch der Trägheitsradius i eine Rolle; er ist, bei einer Bootslänge von rund 25 m, zu $i = 5{,}5$ m geschätzt worden. Die Ruderfläche beträgt $2 \cdot 1{,}85 = 3{,}7$ m².

Für die Konstanten der Bewegungsgleichungen sind nachstehend nur die Endwerte, ohne deren Einzelentwicklung, wiedergegeben:

$$f_{QT_1} = 3{,}65 \text{ m}^2, \quad f_{QT_2} \quad = \quad 3{,}45 \text{ m}^2 \text{ (s. Anhang I)}$$
$$f_{QT} = f_{QT_1} + f_{QT_2} \quad = \quad 7{,}10 \text{ m}^2$$
$$f_{QR} = \qquad\qquad\quad 15{,}50 \text{ m}^2$$
$$K_{\delta} = f_{QT} + f_{QR} \quad = \quad 22{,}60 \text{ m}^2 \qquad\qquad \text{siehe (21)}$$
$$N_{\delta} = \qquad\qquad -181{,}55 \text{ m}^3 \qquad\qquad ,, \quad (22)$$
$$f_{QR} \cdot a_R = -15{,}5 \times 11{,}3 = -175{,}20 \text{ m}^3$$
$$N_{\omega} = \qquad\qquad 2\,640 \quad \text{m}^4 \qquad\qquad ,, \quad (23)$$
$$\zeta = 1 - \frac{181{,}55}{2 \cdot 57} \quad = - \quad 0{,}592 \qquad\qquad ,, \quad (37)$$

Daraufhin ergeben sich die Größen

$$w = \qquad 12{,}4 \quad 1/\text{s} \qquad\qquad ,, \quad (28)$$
$$p = \qquad 79{,}6 \quad 1/\text{s}^2 \qquad\qquad ,, \quad (29)$$
$$s_{\delta} = \qquad 48{,}8 \quad 1/\text{s}^2 \qquad\qquad ,, \quad (30)$$
$$v = \sqrt{12{,}4^2 - 79{,}6} = 8{,}58 \ 1/\text{s}. \qquad\qquad ,, \quad (33)$$

Da der Wert v hiernach positiv ausfällt, ist die Lösungsgleichung in der Form (34) anzusetzen.

a) Störungen des auf geradem Kurs (Ruderlage 0) fahrenden Boots.

1. Störung durch Drehstoß. Durch einen plötzlichen Drehimpuls werde dem Fahrzeug im Zeitpunkt $t = 0$ eine Winkelgeschwindigkeit ω_0 aufgezwungen. Die Integrationskonstanten C_1 und C_2 der Gl. (34) berechnen sich daher aus den folgenden Bedingungen:

Für $t = 0$ gilt

a) $\delta_0 = 0$, somit laut (34)
$\qquad C_1 + C_2 = 0;$

b) $\omega = \omega_0$, somit auf Grund von (24) mit δ_0 und β gleich Null:

$$\omega_0 = \frac{1}{1 + \dfrac{N_\delta}{2\,V}} \cdot \frac{d\,\delta_0}{d\,t} = \frac{1}{\zeta} \cdot \frac{d\,\delta_0}{d\,t}.$$

Wie hieraus zu schließen, setzt der Vorgang sofort mit einer Bahnkrümmung entsprechend einer Winkelgeschwindigkeit $\omega' = \dfrac{v}{r} = \omega_0\,(1 - \zeta)$ ein.

Durch Bildung des Differentialquotientus $\dfrac{d\delta_0}{dt}$ aus (34) ergibt sich in Verbindung mit $\dfrac{d\delta_0}{dt} = \zeta \cdot \omega_0$ und mit $C_2 = -C_1$ (s. oben unter a)

$$\omega_0 = [-(w-\nu)\,C_1 + (w+\nu)\,C_1]\,\frac{1}{\zeta}\,.$$

Somit

$$C_1 = \frac{\omega_0 \cdot \zeta}{2\,\nu}\,, \qquad\qquad C_2 = -\frac{\omega_0 \cdot \zeta}{2\,\nu}\,.$$

Demgemäß nimmt Gl. (34) für den vorliegenden Fall die Sonderform an

$$\delta_0 = \frac{\omega_0 \cdot \zeta}{2\,\nu}\left[e^{-(w-\nu)\cdot t} - e^{-(w+\nu)\cdot t}\right].$$

Diesen Wert in (39) eingesetzt, liefert nach Zwischenrechnung den Kurswinkel ϑ in der Größe

$$\vartheta = \frac{\omega_0}{4\,\nu \cdot p \cdot V}\left[S\left\{1 - e^{-(w+\nu)\cdot t}\right\} + T\left\{1 - e^{-(w-\nu)\,t}\right\}\right]$$

mit

$$S = -K_\delta \cdot \nu\,(w-\nu) - N_\delta \cdot p$$
$$T = \quad K_\delta \cdot \nu\,(w+\nu) + N_\delta \cdot p.$$

Für $t = \infty$ wird

$$\vartheta_\infty = \frac{K_\delta \cdot \nu}{2 \cdot p \cdot V} \cdot \omega_0\,.$$

Wie hieraus hervorgeht, lenkt das Fahrzeug nach Abklingen der durch den Drehstoß verursachten Störung wiederum in einen geraden, aber von dem ursprünglichen abweichenden Kurs ein.

Aus der obigen Gleichung für den Kurswinkel ϑ läßt sich sofort auch die Winkelgeschwindigkeit der Bahnkrümmung $\omega' = \dfrac{d\vartheta}{dt}$ ermitteln.

Die Weiterführung der Rechnung zur Ermittlung der Auslenkung y des Schwerpunkts quer zum ursprünglichen Kurs ergibt auf Grund von (40a) nach längerer Zwischenrechnung

$$y = \frac{\nu \cdot \omega_0}{4\,\nu \cdot p^2 \cdot V}\left[-S\,(w-\nu)\left\{1 - e^{-(w+\nu)\,t}\right\} - T\,(w+\nu)\left\{1 - e^{-(w-\nu)\,t}\right\} + (S+T)\,p \cdot t\right].$$

Auf Grund vorstehender Gleichungen für $\delta_0, \vartheta, \omega'$ und y ist der Verlauf dieser Größen als Funktion der Zeit bzw. des Weges für ein $\omega_0 = 2{,}5$ 1/s in dem Diagramm Bild 5 veranschaulicht.

2. Störung durch zentrischen Stoß. Durch einen solchen Stoß wird dem Boot im Zeitpunkt $t = 0$ eine Quergeschwindigkeit v_{y0} aufgezwungen. Demgemäß weist die Kursbahn an dem $t = 0$ entsprechenden Ort einen Knick auf, wobei der Anfangskurs nach dem Stoß unter dem — als vorgegeben zu betrachtenden — Winkel $\delta_{00} = \dfrac{v_{y0}}{v}$ zum ursprünglichen Kurs liegt (vgl. Testskizze S. 85). Dieser Winkel stellt gleichzeitig den — auf den mit $t = 0$ einsetzenden schrägen Kurs bezogenen[1] — Driftwinkel $\delta_0{'}$ dar. Es gelten somit für $t = 0$ die Anfangsbedingungen

a) $\delta_0{'} = \delta_{00}$

Demgemäß laut (34) $C_1 + C_2 = \delta_{00}$;

b) $\omega = 0$.

Demgemäß auf Grund von (24) mit $\beta = 0$

$$\frac{d\delta_0}{dt} = -\frac{v}{2\,V} \cdot K_\delta \cdot \delta_{00}\,.$$

Setzt man auf der linken Seite dieser Gleichung den Differentialquotienten $d\delta_0/dt$ auf Grund von (34) ein, so erhält man eine zweite Gleichung für C_1 und C_2. Aus den beiden Gleichungen für C_1 und C_2 erhält man

$$C_1 = -\frac{\delta_{00}}{2\,\nu}\left[\frac{K_\delta \cdot v}{2\,V} - (w+\nu)\right]$$

$$C_2 = -\frac{\delta_{00}}{2\,\nu}\left[\frac{K_\delta \cdot v}{2\,V} - (w-\nu)\right]$$

---

[1] Vgl. S. 85, Fußnote.

Daraufhin ergibt sich aus (34) der Driftwinkel

$$\delta_0' = \frac{\delta_{00}}{2\,\nu}\left[Ae^{-(w+\nu)t} - (A-2\nu)\cdot e^{-(w-\nu)\cdot t}\right]$$

mit
$$A = \frac{K_\delta\cdot v}{2\,V} - (w-\nu)\,.$$

Weiterhin erhält man aus (39) für den Kurswinkel, der von dem mit $t=0$ beginnenden schrägen Kurs aus zu rechnen ist, nach Zwischenrechnung

$$\vartheta' = -\frac{\delta_{00}}{2\,\zeta\cdot\nu\cdot p\cdot V}\left[S\cdot A\left\{1 - e^{-(w+\nu)t}\right\} + T(A-2\nu)\left\{1 - e^{-(w-\nu)t}\right\}\right]$$

(mit S und T wie in Beispiel a) 1).

Durch Differentiation der letzteren Gleichung folgt für die Winkelgeschwindigkeit der Bahnkrümmung

$$\omega' = -\frac{\delta_{00}}{4\,\zeta\cdot\nu\cdot p\cdot V}\left[S\cdot Ae^{-(w+\nu)t} + T(A-2\nu)\,e^{-(w-\nu)t}\right].$$

Schließlich ergibt sich für die Auswanderung des Schwerpunktes des Bootes quer zu der mit $t=0$ beginnenden Kursrichtung, nach Zwischenrechnung,

$$y' = -\frac{v\cdot\delta_{00}}{4\,\zeta\cdot\nu\cdot p^2\,V}\left[-S\cdot A(w-\nu)\left\{1 - e^{-(w+\nu)t}\right\}\right.$$
$$\left. -T(A-2\nu)(w+\nu)\left\{1 - e^{-(w-\nu)t}\right\} + \left\{S\cdot A + T(A-2\nu)\right\}p\cdot t\right].$$

Der für diesen Fall sich ergebende Verlauf der Größen δ_0', ϑ', ω' und y' als Funktionen der Zeit bzw. des Weges ist in Bild 6 veranschaulicht, und zwar für ein $\delta_{00} = \dfrac{v_{y0}}{v} = 0{,}2$. Im übrigen siehe Abschn. 5 des Haupttextes unter a) 2.

b) Drehmanöver.

Es wird vorausgesetzt, daß das Ruder des auf geradem Kurs fahrenden Bootes im Zeitpunkt $t=0$ momentan auf den Winkel β gelegt wird und weiterhin in dieser Lage verbleibt. Die Lösung der Bewegungsgleichung lautet alsdann in allgemeiner Form analog (34)

$$\delta_0^+ = C_1 e^{-(w-\nu)t} + C_2 e^{-(w+\nu)t} \tag{34a}$$

mit δ_0^+ gemäß (41).

Die Anfangsbedingungen sind dadurch gegeben, daß für $t=0$ sowohl δ_0 als auch ω den Wert Null aufweisen müssen.

Hieraus folgt aus (24)

$$\frac{d\delta_0}{dt} = -\frac{f_{QR}\cdot v}{2\,V}\cdot\beta$$

und hieraus auf Grund von (41) und (34a)

$$C_1 = \frac{\beta}{2\,\nu}\left[(w+\nu)\frac{s_\delta}{p} - \frac{f_{QR}\cdot v}{2\,V}\right],$$

$$C_2 = -\frac{\beta}{2\,\nu}\left[(w-\nu)\frac{s_\delta}{p} - \frac{f_{QR}\cdot v}{2\,V}\right].$$

Wir erhalten hiernach für $\delta_0 = \delta_0^+ - \dfrac{s_\delta}{p}\cdot\beta$ die folgende Gleichung

$$\delta_0 = \frac{s_\delta\cdot\beta}{2\,p\cdot\nu}\left[(B+2\nu)\,e^{-(w-\nu)t} - B\cdot e^{-(w+\nu)t} - 2\nu\right]$$

mit
$$B = (w-\nu) - \frac{K_\delta\cdot v}{2\,V}\cdot\frac{p}{s_\delta}\,.$$

Durch Einsetzen dieses Wertes von δ_0 in Gl. (39), auf deren rechter Seite wegen $\beta \neq 0$ noch das Glied $\dfrac{f_{QR} \cdot v}{\zeta \cdot 2\,V} \cdot \beta \cdot t$ hinzutritt, erhält man nach Zwischenrechnung

$$\vartheta = \frac{s_\delta \cdot \beta}{4\,\zeta \cdot \nu \cdot p^2 \cdot V}\left[S \cdot B \left\{ 1 - e^{-(w+\nu)t} \right\} + T\,(B+2\,\nu)\left\{ 1 - e^{-(w-\nu)t} \right\} + D \cdot p \cdot t \right]$$

mit $\qquad D = 2\,v \cdot \nu \left(f_{QR} \cdot \dfrac{p}{s_\delta} - K_\delta \right).$

Ferner wird die Winkelgeschwindigkeit der Bahnkrümmung

$$\omega' = \frac{d\,\vartheta}{dt}$$

$$= \frac{s_\delta \cdot \beta}{4\,\zeta \cdot \nu \cdot p^2 \cdot V}\left[S \cdot B\,(w+\nu)\,e^{-(w+\nu)t} + T\,(B+2\,\nu)\,(w-\nu)\,e^{-(w-\nu)t} + D \cdot p \right].$$

Schließlich ergibt sich gemäß (40a) für die Auswanderung des Bootsschwerpunkts quer zum Ausgangskurs im Anfangsbereich kleiner Bahnwinkel

$$y = \frac{v \cdot s_\delta \cdot \beta}{4\,\zeta \cdot \nu \cdot p^3 \cdot V}\left[-S \cdot B\,(w-\nu)\left\{ 1 - e^{-(w+\nu)t} \right\} \right.$$

$$\left. - T\,(B+2\,\nu)\,(w+\nu)\left\{ 1 - e^{-(w-\nu)t} \right\} + \left\{ S \cdot B + T\,(B+2\,\nu) \right\} p \cdot t + D \cdot \frac{p^2 \cdot t^2}{2} \right]$$

Die auf Grund vorstehender Gleichungen sich ergebenden Verläufe der Größen δ_0, ϑ, ω' und y sind als Funktionen der Zeit bzw. des Weges unter Zugrundelegung eines Ruderwinkels $\beta = 30°$ in Bild 7 veranschaulicht. Im Haupttext S. 86/87 ist daran noch eine kurze Erörterung geknüpft.

Man kann sich übrigens an Hand der vorstehend angegebenen Gleichung für δ_0 sofort davon überzeugen, daß δ_0 für $t = \infty$, also für den Zustand des voll ausgebildeten Drehkreises, den konstanten Wert $\delta_{0\infty} = -\dfrac{s_\delta}{p} \cdot \beta$ annimmt. Ferner ergibt sich für $t = \infty$ auf Grund der Gleichung für ϑ der Kurswinkel

$$\vartheta_\infty = \frac{s_\delta \cdot \beta}{4\,\zeta \cdot \nu \cdot p^2 \cdot V}\left[S \cdot B + T\,(B+2\,\nu) + D \cdot p \cdot t \right]_{t\,=\,\infty}$$

Leitet man hieraus die zugehörige Winkelgeschwindigkeit $\omega_\infty = \dfrac{d\,\vartheta_\infty}{dt}$ ab, die sich nunmehr ebenfalls als konstant ergibt, so kann man sich unter Einsetzen des Wertes von D unschwer vergewissern, daß der zu ω_∞ gehörige Wert des Krümmungsradius $r_\infty = \dfrac{v}{\omega_\infty}$ mit dem auf anderen. Wege [vgl. Gl. (32)] bereits errechneten Radius r_0 des vollausgebildeten Drehkreises übereinstimmt.

III. Kräfte und Momente an einem auf gekrümmter Bahn in idealem Medium sich bewegenden Rotationskörper, auf Grund einer Belegung der Körperachse mit Quell- und Senken- bzw. Dipolelementen (vgl. Abschn. 8).

a) Ermittlung der Quell- und Senken- bzw. Dipolbelegung für einen Rotationskörper.

1. Reine Längsanströmung, Geschwindigkeit v_x.

Wird mit μ [m²/s] die örtliche Ergiebigkeit pro Längseinheit einer Quell- oder Senkenbelegung der Längsachse bezeichnet, so gilt bei einem Rotationskörper des Querschnittsverlaufs $F\,(x)$ für die der Körperform äquivalente Quellstärke nach einem bekannten Theorem *[7]* in erster Näherung

$$\int_0^x \mu \cdot dx = F\,(x) \cdot v_x. \tag{1}$$

An Stelle von (1) kann bekanntlich auch geschrieben werden

$$m_1\,(x) = F\,(x) \cdot v_x \tag{1a}$$

worin $m_1\,(x)$ [m³/s] die örtliche Stärke von Dipolmomenten (fortan meist kurz als Dipolstärke bezeichnet) pro Längeneinheit bedeutet, mit denen die Längsachse belegt zu denken ist. Die Achsen der Dipole fallen hierbei in die Richtung der Längsachse. Bezeichnen wir noch mit F_0 den Hauptspantquerschnitt, in dessen Ebene wir der Einfachheit halber auch den Massenschwerpunkt G voraussetzen, so können wir, mit $\xi = \dfrac{x}{L/2}$ und $f(\xi)$ gleich einer durch den Verlauf der Spantflächenkurve gegebenen (dimensionslosen) Funktion, $F(x) = F_0 \cdot f(\xi)$ setzen. Da wir es hier ferner mit Kreisquerschnitten zu tun haben, so können wir mit $B =$ Hauptspantbreite des Rotationskörpers (1) bzw. (1a) in der Form schreiben

$$\int_0^x \mu \cdot dx = m_1(x) = \frac{B^2\,\pi}{4}\,v_x \cdot f(\xi).\tag{1b}$$

2. Reine Queranströmung, Geschwindigkeit v_y. In diesem Fall kann, in Anbetracht der Kreisform der Körperquerschnitte, offenbar nur mit der Konzeption einer Belegung der Körperachse mit Dipolen gearbeitet werden, und zwar mit solchen, deren Eigenachsen quergerichtet sind. Es sei $m_2(x)$ die örtliche Stärke dieser Dipolmomente pro Längeneinheit. Betrachten wir nun zunächst den Hauptspantquerschnitt, so können wir für diesen zweidimensionale Dipolströmung voraussetzen. Deren Geschwindigkeit beträgt[1] im Abstand r von der Achse $u = \dfrac{m_{2_0}}{2\,r^2}$. Da im Staupunkt, also für $r = B/2$, $u = |\,v_y\,|$ sein muß, gilt somit für die am Ort des Hauptspants erforderliche Dipolstärke

$$m_{2_0} = \frac{\pi\,B^2}{2}\cdot v_y.\tag{2}$$

Es wird nun die Annahme gemacht (vgl. Haupttext S. 89), daß auch im Fall der reinen Queranströmung die der Körperform zugehörige Dipolbelegung wenigstens näherungsweise der Spantflächenkurve proportional ist, daß also gesetzt werden kann

$$m_2(x) = m_{2_0}\cdot f(\xi) = \frac{\pi\,B^2}{2}\,v_y \cdot f(\xi).\tag{3}$$

3. Schräganströmung, Geschwindigkeit v, Anstellwinkel (Driftwinkel) δ. Diese Aufgabe wird so angefaßt, daß gleichzeitig Längsanströmung mit $v_x = v \cdot \cos\delta$ und Queranströmung mit $v_y = v \cdot \sin\delta$ herrscht. In Anbetracht der kleinen Winkel δ, die im Rahmen der hier vorliegenden Untersuchungen vorausgesetzt werden können, kann $v_x \approx v$ und $v_y \approx v \cdot \delta$ gesetzt werden. Auf Grund der vorher behandelten Fälle ist also für die Längsanströmung eine Belegung mit Quell-Senkenbzw. mit Dipolelementen (längsgerichtete Achsen) von der Stärke

$$\int_0^x \mu \cdot dx = m_1(x) = \frac{B^2\,\pi}{4}\cdot v \cdot f(\xi)\tag{1c}$$

und für die Queranströmung eine Belegung mit Dipolelementen (quergerichtete Achsen) von der Stärke

$$m_2(x) = \frac{B^2\,\pi}{2}\cdot v \cdot \delta \cdot f(\xi)\tag{3a}$$

zugrunde zu legen.

4. Zusätzliche Drehung um Z-Achse, Winkelgeschwindigkeit ω. In diesem Fall ist der über die Körperlänge konstanten Quergeschwindigkeit des Falles $3 = v \cdot \delta$ eine von Körpermitte (Z-Achse) nach den Enden linear zunehmende Quergeschwindigkeit $x \cdot \omega$ überlagert. Wird näherungsweise angenommen, daß Formel (3) allgemeinere Gültigkeit besitzt, nämlich auch für den Zusammenhang zwischen örtlicher Dipolstärke und örtlicher Quergeschwindigkeit v_y, so kann bei gleichzeitiger Schräganströmung und Drehung die der gesamten Queranströmung entsprechende Dipolbelegung folgendermaßen angesetzt werden — wobei noch für δ jetzt der für unseren speziellen Fall zutreffende Wert δ_0 gesetzt wird —

$$m_2(x) = \frac{B^2\,\pi}{2}\cdot (v \cdot \delta_0 - x \cdot \omega)\,f(\xi).\tag{4}$$

b) Ermittlung der Querkräfte und Momente

bei gleichzeitiger Schräganströmung mit Geschwindigkeit v unter Winkel δ_0 und Drehung mit Winkelgeschwindigkeit ω.

Es wird von den bekannten Sätzen Gebrauch gemacht *[10]*, daß bei Anströmung eines Quell-

---

[1] Vgl. Hütte I, 27. Aufl., S. 468.

bzw. Senken-Elements der Ergiebigkeit $\mu \cdot dx$ mit einer Geschwindigkeit w von der Strömung eine Kraft der Größe

$$d K = - \varrho \cdot \mu \cdot dx \cdot w \tag{5}$$

auf das Element ausgeübt wird. Bei einer Quelle (positives μ) wirkt die Kraft somit der Anströmung entgegen, bei einer Senke (negatives μ) wirkt sie in Anströmungsrichtung. Wenn ferner ein Dipolelement von der Stärke $m \cdot dx$ quer zu seiner Achse angeströmt wird, wird ein Moment der Größe

$$d M = - \varrho \cdot m \cdot dx \cdot w \tag{6}$$

hervorgerufen.

Hinsichtlich der **Kräfte** interessieren im Rahmen dieser Untersuchungen nur Querkräfte. Es brauchen daher auch nur die Quergeschwindigkeiten

$$v_y = v \cdot \delta_0 - x \cdot \omega \tag{7}$$

in Betracht gezogen zu werden. Auf Grund von (5) und (7), d. i. mit $w = v_y$, ergibt sich somit eine Querkraft

$$Q = - \varrho \cdot v \cdot \delta_0 \int\limits_{-L/2}^{+L/2} \mu \cdot dx + \varrho \cdot \omega \cdot \int\limits_{-L/2}^{+L/2} \mu \cdot x \cdot dx . \tag{8}$$

Das erste Integral wird bei einem geschlossenen Körper wegen der, absolut genommen, gleich großen Stärke der Quellen und Senken gleich Null. Dies entspricht der aus der Theorie *[9]* bekannten Tatsache, daß bei reiner Schräganströmung eines Rotationskörpers in idealem Medium weder ein Widerstand noch ein Quertrieb entsteht. Dagegen entspringt ein Quertrieb von der Größe

$$Q = \varrho \cdot \omega \int\limits_{-L/2}^{+L/2} \mu \cdot x \, dx \tag{8a}$$

aus der übergelagerten Drehung.

Bei der Errechnung des **Drehmoments** ist zu beachten, daß nicht nur aus der Queranströmung, wie ohne weiteres einleuchtet, ein Drehmoment entspringt, sondern auch aus der Längsanströmung. Denn durch diese werden die mit quergerichteten Eigenachsen behafteten Dipole von der Stärke $m_2 (x)$ [Gl. (4)], die die Körperform gegen die Queranströmung aufrechterhalten, normal zu ihren quergerichteten Eigenachsen beaufschlagt, was lt. (6) die Entstehung entsprechender Momente bedingt.

Zunächst die Momente auf Grund der **Queranströmung**. Bei diesen, die durch den Index 1 gekennzeichnet werden mögen, können wir unmittelbar auf die Quell-Senken-Belegung zurückgreifen und erhalten mit $d M_1 = d K \cdot x$ auf Grund (5) und (7) (mit $w = v_y$)

$$M_1 = - \varrho \cdot v \cdot \delta_0 \int\limits_{-L/2}^{+L/2} \mu \cdot x \cdot dx + \varrho \cdot \omega \cdot \int\limits_{-L/2}^{+L/2} \mu \cdot x^2 \cdot dx . \tag{9}$$

Aus dieser Beziehung entnehmen wir zunächst folgendes:

1. Durch Vergleich mit (8) wird ersichtlich, daß die im zweiten Gliede der Gleichung für die Querkraft Q auftretenden Konstante, in Gestalt der Größe $\int\limits_{-L/2}^{+L/2} \mu \cdot x \cdot dx$, identisch ist mit der Konstanten des ersten Gliedes der Gleichung für das Drehmoment M. Wie hieraus hervorgeht, trifft die Identität der beiden Konstanten K_ω und N_δ, die wir beim Tragflächenboot festgestellt hatten, sinngemäß auch für Verdrängungskörper zu.

2. Im Falle einer Symmetrie der Körperform zur Hauptspantebene wird die Größe $\int\limits_{-L/2}^{+L/2} \mu \cdot x^2 \cdot dx$ gleich Null. Die der Schräganströmung übergelagerte Drehung liefert somit in diesem Falle keinen Beitrag zum Drehmoment, sondern lt. (8) bzw. (8a) nur einen solchen zur Querkraft. Aber auch in den bei Verdrängungsfahrzeugen üblichen Grenzen der Unsymmetrie der Schiffsform zur Hauptspantquerebene wird der Beitrag, den die Drehung um die Hochachse zum Drehmoment liefert, offensichtlich unbedeutend sein.

Im Hinblick auf das Folgende möge die Errechnung des Drehmoments nun auch noch auf dem Wege über die Dipolbelegung ausgeführt werden. Auf Grund von (6) ergibt sich, wiederum mit $w = v_y$ [Gl. (7)],

$$M_1 = - \varrho \cdot v \cdot \delta_0 \cdot \int\limits_{-L/2}^{+L/2} m_1 \, dx + \varrho \cdot \omega \cdot \int\limits_{-L/2}^{+L/2} m_1 \, x \, dx . \tag{10}$$

Auf Grund von $m_1 = \int\limits_o^x \mu \cdot d x$ überzeugt man sich, daß Gl. (10) auf dasselbe hinauskommt, wie (9); an Hand der gleichen Beziehung und des Ansatzes $Q = \int\limits_{+L/2}^{-L/2} \frac{d M_1}{x}$ findet man ferner Gl. (8) bestätigt[1].

Würde man sich beim Drehmoment auf die bisherige Betrachtung beschränken, so würde, wie aus (10) zu entnehmen, der Sinn des Moments M_1 dem des Driftwinkels δ_0 entgegengesetzt herauskommen. Dieses Moment würde also stabilisierend wirken, während aus der Theorie *[9]* bekannt ist, daß bei Schräganströmung eines langgestreckten Rotationskörpers ein Instabilitätsmoment auftritt, das ihn quer zur Strömung zu stellen sucht. Wie jedoch bereits angedeutet, erzeugt die Strömung an dem Körper noch ein weiteres Moment dadurch, daß die mit quergerichteter Achse behafteten Dipole $m_2(x)$ unter der Längsanströmung durch v stehen. Infolgedessen entsteht ein zusätzliches positives (linksdrehendes) Moment von der Größe

$$M_2 = \varrho \cdot v \cdot \int\limits_{-L/2}^{+L/2} m_2(x)\, d x. \tag{11}$$

Beschränken wir uns in Anbetracht dessen, daß auch in dem Moment M_2 das der Drehung entsprechende Glied ebenso vernachlässigbar klein ausfällt, wie dies soeben S. 98 für das Moment M_1 festgestellt war, auf das durch reine Schräganströmung erzeugte Moment M_{δ_0}, so gilt für dieses auf Grund von (10) und (11) zunächst allgemein

$$M_{\delta_0} = -\varrho \cdot v \cdot \delta_0 \int\limits_{-L/2}^{+L/2} m_1(x)\, d x + \varrho \cdot v \int\limits_{-L/2}^{+L/2} m_2(x)\, d x \tag{12}$$

und weiter an Hand von (1c) und (4), in letzterer unter Fortlassung des Gliedes mit ω,

$$M_{\delta_0} = \varrho\, v^2 \cdot \delta_0 \, \frac{B^2\, \pi}{4} \cdot \frac{L}{2} \int\limits_{-1}^{+1} f(\xi)\, d\xi \cdot \underbrace{(2-1)}_{=1} \tag{13}$$

wobei uns diese Ableitung zugleich erkennen läßt, daß das Moment M_2 die entgegengesetzt doppelte Größe von M_1 besitzt.

Wir finden nunmehr einerseits die Aussage der Theorie bestätigt, nach welcher das durch Schräganströmung hervorgerufene Moment ein Instabilitätsmoment ist. Da sich andererseits an der absoluten Größe dieses Moments nichts geändert hat, bleibt die frühere, aus dem Vergleich von (8) und (9) gezogene Feststellung bestehen, daß die Konstanten K_ω und N_δ auch bei Verdrängungskörpern gleich groß ausfallen.

Wie zur Ergänzung noch hinzugefügt sei, läßt sich Gl. (12) noch in eine andere Form bringen, die zu der bekannten Gleichung von Munk *[9]* für das an einem langgestreckten Rotationskörper bei schräger Translation auftretende Drehmoment führt. Hierbei werden die zu einer solchen Bewegung gehörigen scheinbaren Massen $m' = m + m'' = \varrho \cdot V\,(1 + k)$, mit $m'' =$ mitbewegte Wassermasse[2] und $k = m''/m =$ sog. Trägheitskoeffizient, auf die Quell-Senken- bzw. Dipolströmung in Verbindung mit der übergelagerten Parallelströmung zurückgeführt, nach dem allgemeinen Ansatz

$$V\,(1 + k) = \frac{\Sigma\, m_i}{v} \tag{14}$$

wobei $\sum m_i$ die Summe der Stärken von Einzeldipolen bedeutet. Im vorliegenden Fall ist also für die Längsdipolbelegung $\sum m_i$ durch $\int\limits_{-L/2}^{+L/2} m_1(x)\, d x$ und für die Querdipolbelegung durch $\int\limits_{-L/2}^{+L/2} m_2(x)\, d x$ zu ersetzen. Hiermit nimmt (12) nach kurzer Zwischenrechnung die Form an

$$M_{\delta_0} = (k_2 - k_1)\, \varrho \cdot v^2 \cdot V \cdot \delta_0 \tag{15}$$

eine Form, die für kleine δ_0 die Gleichung von Munk wiedergibt. Für die Trägheitskoeffizienten k_1 und k_2 gilt im vorliegenden Falle auf Grund von Gl. (1c) bzw. (4) und von (14)

---

[1] Da die Tatsache, daß aus der Anströmung einer Gruppe von Dipolen, die für sich allein nur Momente hervorrufen können, eine Einzelkraft entspringt, überraschend erscheinen könnte, ist bei der vorstehenden Ableitung zur besseren Veranschaulichung zunächst, ausgehend von Gl. (5), der Weg über die Quell-Senken-Belegung eingeschlagen worden.

[2] m'' hier also in anderer Bedeutung als in Gl. (2) des Haupttextes.

$$k_1 = \frac{\dfrac{B^2\,\pi}{4}\cdot\dfrac{L}{2}}{V}\cdot\int\limits_{-1}^{+1} f(\xi)\,d\xi - 1 = \frac{1}{2\,\varphi}\cdot\int\limits_{-1}^{+1} f(\xi)\,d\xi - 1\,,$$

$$k_2 = \frac{\dfrac{B^2\,\pi}{2}\cdot\dfrac{L}{2}}{V}\cdot\int\limits_{-1}^{+1} f(\xi)\,d\xi - 1 = \frac{1}{\varphi}\cdot\int\limits_{-1}^{+1} f(\xi)\,d\xi - 1\,.$$

$$(16)$$

Hierin bedeutet φ den bekannten Völligkeitsgrad des Hauptspantzylinders. Infolge der aus den Gleichungen (16) ersichtlichen Verkopplung von k_1 und k_2 ergibt sich der folgende Zusammenhang zwischen diesen beiden Größen

$$\left.\begin{aligned} k_1 &= \frac{k_2 - 1}{2} \\[2mm] k_2 &= 1 + 2\,k_1 \end{aligned}\right\} \qquad\qquad (17)$$

Wie ausdrücklich betont sei, ist dieser Zusammenhang an die vorerst nur als erste Näherung zu betrachtende Voraussetzung gebunden, daß für die Verteilung der Dipole bei Querausströmung die gleiche Funktion gilt wie für die Dipole bei Längsanströmung.

Vorstehende Darlegungen seien noch durch zwei einfache Zahlenbeispiele ergänzt. Sie sind einer Arbeit von Amtsberg [11] entnommen, in denen er, von bestimmten Dipolbelegungen ausgehend, die zugehörigen Formen von Rotationskörpern abgeleitet hat. Da die Proportionalität zwischen Dipolbelegung und Spantflächenkurve nur eine erste Näherung darstellt, hat Amtsberg einen Korrekturfaktor $\varkappa$ von Fall zu Fall aus der Bedingung hergeleitet, daß der Hauptspantdurchmesser B mit dem am Hauptspantquerschnitt vorhandenen Durchmesser der Verzweigungsstromfläche übereinstimmen muß.

Mit $F(x) = \dfrac{B^2\,\pi}{4}\cdot f(\xi)$ als Gleichung der Spantflächenkurve gilt dann also für die von Amtsberg untersuchte Längs-Dipolbelegung (mit $v_x \approx v$)

$$m_1(x) = \frac{B^2\,\pi}{4}\cdot v\cdot\varkappa\cdot f(\xi)\,.$$

Wird $\varkappa\cdot f(\xi)$ auch für die einer Queranströmung v_y zugehörige Dipolbelegung als näherungsweise maßgebend angenommen, so gilt mit $v_y \approx v\cdot\delta_0$

$$m_2(x) = \frac{B^2\,\pi}{2}\,v\cdot\delta_0\cdot\varkappa\cdot f(\xi)\,.$$

In den Gleichungen (16) tritt durch die $\varkappa$-Korrektur lediglich die Änderung ein, daß an Stelle von $1/\varphi$ zu setzen ist: $\varkappa/\varphi$.

1. Schlanker Körper (Mod. R 1242).

$$f(\xi) = 1 - 2\,\xi^2 + \xi^4$$
$$\varphi = 0{,}546\,.$$

Die Ausrechnung ergab für $L/B = 8$ und das zugehörige $\varkappa = 1{,}06$:

$$\frac{\varkappa}{\varphi} = 1{,}941\,. \qquad\qquad \text{somit lt. (16)}\quad k_1 = \frac{1{,}941}{2}\cdot\frac{16}{15} - 1 = 0{,}036$$

$$\int\limits_{-1}^{+1}(1 - 2\,\xi^2 + \xi^4)\,d\xi = \frac{16}{15} \qquad\qquad k_2 = 1{,}941\cdot\frac{16}{15} - 1 = 1{,}072$$

$$k_2 - k_1 = 1{,}036\,.$$

2. Voller Körper (Mod. R 1257).

$$f(\xi) = 1 - 3{,}0825\,\xi^8 + 0{,}165\,\xi^{10} + 1{,}9175\,\xi^{12}$$
$$\varphi = 0{,}80,\ L/B = 8 \ \text{und}\ \varkappa = 1{,}0124\,.$$

Die Ausrechnung ergab

$$\frac{\varkappa}{\varphi} = 1{,}265 \qquad\qquad \text{somit lt. (16)}\quad k_1 = \frac{1{,}265}{2}\cdot 1{,}640 - 1 = 0{,}038$$

$$\int\limits_{-1}^{+1} f(\xi)\,d\xi = 1{,}640 \qquad\qquad k_2 = 1{,}265\cdot 1{,}640 - 1 = 1{,}076$$

$$k_2 - k_1 = 1{,}038\,.$$

Vorstehende Zahlenbeispiele bestätigen, daß die mitbewegte Wassermasse bei Längsbewegung eine nur unbedeutende Größe besitzt, bei Querbewegung jedoch der Körpermasse selbst etwa gleichkommt. Die für das Moment bei schräger Translation maßgebende Differenz $(k_2 - k_1)$ ist trotz der großen Formverschiedenheit der beiden Körper nahezu gleich groß.

Für das gleiche Längen-Breitenverhältnis = 8 würde sich bei Rotationsellipsoiden, für die eine theoretisch exakte Lösung gelingt [2], $k_1 = 0,029$ und $k_2 = 0,945$, $(k_2 - k_1) = 0,916$ ergeben. Wenn hiernach auch größenordnungsmäßig von einer befriedigenden Übereinstimmung gesprochen werden kann, so ist es doch bemerkenswert, daß die exakten, für das Rotationsellipsoid zutreffenden Werte von k_1 und k_2 in einem von den Näherungsgleichungen (17) ziemlich abweichenden Zusammenhang stehen. Es sind daher die hier verwendeten Näherungsansätze vermutlich noch verbesserungsbedürftig. Sie leisten aber für die vorliegenden Zwecke, bei denen es in erster Linie auf die Erkenntnis des grundsätzlichen Verhaltens eines Verdrängungskörpers im Vergleich zu zirkulatorisch umströmten Körpern ankam, völlig ausreichende Dienste.

<h3 align="center">Schrifttum.</h3>

[1] Kucharski, W.: Z. Werft, Reederei, Hafen 1932, S. 35.
[2] Lamb, H.: Lehrbuch der Hydrodynamik, § 114 und 115.
[3] Lewis, F. M.: Trans. Soc. Nav. Arch. and Mar. Eng. 1929.
[4] Durand, W. F.: Aerodynamic Theory, Bd. VI, S. 103 ff.
[5] Weinblum, G.: Z. Schiffbau 1937, S. 51.
[6] Künzel, H. und G. Weinblum: Z. Schiffbau 1938, S. 181.
[7] Weinig, F.: Z. f. Technische Physik 1928, Heft 1.
[8] Müller, W.: Ingenieur-Archiv 1951, S. 282 (Schlußabsatz).
[9] Betz, A.: Ingenieur-Archiv 1932, S. 454.
[10] Durand, W. F.: Aerodynamic Theory, Bd. I, S. 258 ff.
[11] Davidson, K. S. M. und L. M. Schiff: Trans. Soc. Nav. Arch. and Mar. Eng. 1947.
[12] Amtsberg, H.: Jahrbuch 1937 der Schiffbautechnischen Gesellschaft.

<h3 align="center">Erörterung.</h3>

Dipl.-Ing. **S. Schuster,** Berlin.

In einer für die Schiffstheorie neuartigen Weise hat Herr Professor Horn soeben ein sehr klares und in seinen Folgerungen für die Weiterarbeit äußerst interessantes Bild des Problems der Kursstabilität von Verdrängungsschiffen gezeichnet. Indem er dazu das Tragflächenboot als Anschauungsmodell verwendete, tat er m. E. einen weit größeren Schritt aus dem üblichen Rahmen heraus, als es zunächst erscheinen mag: Nunmehr ist nämlich die Verbindung zur Flugmechanik hergestellt, so daß wir deren reiche Erfahrungen, zumindest in der Auswahl der Behandlungsmethoden, heranziehen können, so wie es in der Tragflächenbootforschung bisher schon geschehen ist.

Gestatten Sie mir bitte einige Bemerkungen von jenem Parallelgebiet her:

1. Ganz allgemein ist Voraussetzung für eine Drehbewegung in der waagerechten Ebene die Veränderlichkeit des Driftwinkels über die Fahrzeuglänge. Sehr einfach läßt sich für ein Luft- oder Wasserfahrzeug mit Tandemanordnung zweier Tragflächen oder einer Tragfläche und eines Leitwerks rein geometrisch die Beziehung ableiten

$$r/a = 1/\Delta\ \delta.$$

Für den Fall des Luftschiffes, das sich in bezug auf die Kursstabilität ähnlich wie ein Verdrängungsschiff benimmt, geben Arnstein und Klemperer im Durand, Bd. 6, S. 104, ein der hier gezeigten Abb. 2 entsprechendes Bild. Für die Behandlung des ganzen Schwingungsvorganges mit allen Kopplungen und Dämpfungen sei u. a. auf die Arbeiten von Mathias[1] und Lugner, Rautenberg und Wenk[2] hingewiesen. Wir finden dort ganz ähnliche Faktoren wie hier K und N wieder.

2. Wenn es auch als durchaus zulässig erscheint, hier das lediglich als vereinfachendes Anschauungsmodell für das Verdrängungsschiff verwendete Tragflächenboot in seiner vertikalen Lage festzuhalten und dadurch die Betrachtung nur auf Bewegungen in der waagerechten Ebene zu beschränken, müßte doch aber bei einer Stabilitätsrechnung für das Tragflächenboot selbst das Problem unbedingt räumlich betrachtet werden. Gründliche Untersuchungen, die unter Herrn Professor Weinblum in der Forschungsanstalt der Gebr. Sachsenberg AG. seit 1938 durchgeführt wurden, haben ergeben, daß zwischen der Kursstabilität und der Querstabilität von Tragflächenbooten eine enge Kopplung besteht.

Deshalb lassen sich die Grenzen für den kleinsten Drehkreis bzw. für die größte Winkelgeschwindigkeit in Wirklichkeit nicht allein durch die Betrachtung der Bewegungen in der waagerechten Ebene ermitteln, da das Maximum der maßgebenden Driftwinkeldifferenz durch die Grenze der Querstabilität gegeben ist. Bei zu großer Anstellung des voreilenden Flügels könnte nämlich durch Strömungsablösung ein seitliches Abkippen eintreten.

3. Die Feststellung, daß sich die Forderungen nach guter Kursstabilität und guter Steuerbarkeit widersprechen, kann m. E. nicht grundsätzlich gelten. Zwar geht man im allgemeinen zunächst immer so vor, daß man ein Fahrzeug erst durch feste Anbauten kursstabil macht und dann zur Einleitung einer Drehbewegung

---

[1] Mathias: Z. Flugtechnik u. Motorluftschiffahrt, 1933.
[2] Lugner, Rautenberg u. Wenk: Berichte der Zentrale für wissenschaftliches Berichtswesen, 1939—1943.

die Kursstabilität durch andere Glieder wieder vernichtet. Es ist aber durchaus auch möglich, beide Forderungen mit denselben Hilfsmitteln zu erfüllen. Man braucht nur ein kursindifferentes oder sogar -instabiles Fahrzeug so mit hinreichend wirksamen Steuerorganen (z. B. Rudern bei Verdrängungsschiffen bzw. Seitenrudern, Querrudern oder Klappen bei Tragflächenbooten) auszurüsten, daß in der festgehaltenen Nullage Kursstabilität gewährleistet und im ausgeschlagenen Zustand der Drehkreis eingeleitet wird. Dabei dürfte es zweckmäßig sein, die Größe dieser Ruder so zu wählen, daß die statische Kursstabilität gerade gesichert ist, weil dann die dynamische Kursstabilität in für die Fahrt angenehmen Grenzen bleibt.

Als radikale Lösung könnte man bei dem gezeigten Tragflächenboot die ganze Hecktragfläche um die vertikale Achse schwenken. Man nähert sich damit in gewisser Beziehung den Verhältnissen des Eisseglers und des gesteuerten Landfahrzeuges an, deren „Kursstabilität" und Drehfähigkeit sich keineswegs gegenseitig behindern.

Alle diese Bemerkungen ändern aber nichts an den wichtigen grundsätzlichen Erkenntnissen, die der Herr Vortragende hier mitgeteilt hat. Vielmehr ist sehr zu begrüßen, daß allein schon durch die Heranziehung des in der Schiffstheorie sonst recht wenig beachteten Tragflächenbootes ein neuer erfolgversprechender Weg aufgezeigt wurde für die Untersuchung der Kursstabilität von Verdrängungsschiffen und insbesondere zur Durchführung der notwendigen Modellversuche. Die theoretische Entwicklung ist so folgerichtig und weitgehend, daß nun ohne Verzug mit der praktischen Versuchsarbeit begonnen werden könnte.

Dipl.-Ing. **Otto Grim,** Hamburg (schriftlich eingesandt).

In dem Vortrag wurde die Bewegungsgleichung des Schiffes für die Fahrt auf beliebig gekrümmter Bahn abgeleitet und hierzu ausgeführt, daß aus dieser Bewegungsgleichung die Kursstabilität und die Dreheigenschaften des Schiffes erkannt werden können. Für diese Eigenschaften sind nun die Koeffizienten der einzelnen Glieder der Bewegungsgleichung maßgebend und die Aufgabe läuft daher darauf hinaus, diese Koeffizienten zu bestimmen. Dies stößt auf Schwierigkeiten bei der Bestimmung der hydrodynamischen Kräfte, die der Winkelgeschwindigkeit der Drehbewegung proportional angesetzt sind. Herr Professor Horn hat zwei Methoden der Bestimmung dieser Kräfte erwähnt, die jedoch beide einen größeren Aufwand erfordern, und ich möchte daher eine weitere Methode vorschlagen, die wahrscheinlich mit geringerem Aufwand zum Ziel führen wird.

Es muß natürlich jede Fahrt auf gekrümmter Bahn der Bewegungsgleichung genügen, und es muß daher möglich sein, aus jeder beliebigen solchen Fahrt die Koeffizienten dieser Gleichung zu bestimmen. Als sehr geeignet erscheint hierfür ein Versuch mit einem Modell, das in folgender Weise zu einer Fahrt auf gekrümmter Bahn gezwungen wird.

Das Modell wird so an dem Schleppwagen gehalten, daß es sich um einen Punkt drehen kann und daß es in der Fahrtrichtung nur durch Federkraft gehalten wird. Es hat also die Möglichkeit, sich um den Drehpunkt zu drehen, wobei jedoch ein dem Winkel zur Fahrtrichtung proportionales Drehmoment entsteht, das bestrebt ist, das Modell in die Fahrtrichtung zu drehen. Wenn nun das Modell aus dieser Fahrtrichtung gebracht und dann sich selbst überlassen wird, wird es in einer gedämpften Schwingungsbewegung in die Fahrtrichtung einschwingen, wobei sich Periode und Dämpfung mit der Geschwindigkeit ändern werden.

Wenn man nun für diesen Zustand des Modells die Bewegungsgleichung aufstellt, so sieht diese genau so aus wie die für das freifahrende Modell. Die Koeffizienten der einzelnen Glieder haben zwar eine andere Größe, aber sie hängen von den gleichen Faktoren ab wie die der ursprünglichen Bewegungsgleichung. Es muß daher möglich sein, aus den gemessenen Perioden und Dämpfungen bei bekanntem Federmoment die Koeffizienten der geänderten und durch Umrechnung auch die der ursprünglichen Bewegungsgleichung zu bestimmen.

Oberingenieur **Hans Hoppe,** Hamburg (schriftlich eingesandt).

Aus dem Bereiche des praktischen Probefahrtbetriebes möchte ich zu den Ausführungen von Herrn Professor Horn einige Bemerkungen geben.

Die im Vortrag gekennzeichneten Einzelkräfte, die bei Kursänderungen am Wirken sind, die Begriffsbestimmungen und ebenso die Abbildungen geben vorzügliche Hinweise, welcher Umfang an Meßgeräten erforderlich ist, um das Kräftespiel am ausgeführten Schiff zu erfassen. Die weiteren Ergebnisse der theoretischen Untersuchungen werden vom Konstrukteur und vom Fahrensmann zweifelsfrei mit großem Interesse erwartet.

Vor der Hand liegt die Frage, ob die Bearbeitungen durch Modellversuche — als Zwischenstufe zum ausgeführten Schiff und als Stütze der Theorie — in jedem Falle zweckvoll sind.

Nach dem, was Herr Ministerialrat Schlichting vorhin mit Bezug auf das Modell hinsichtlich der Apparateentwicklung und der Einflüsse der verschiedenen Strömungsarten ausführte und der Tatsache, daß Vergleichsuntersuchungen mit gleichem Modell in verschiedenen Versuchsanstalten um 10% Unterschiede ergeben haben, was offensichtlich auch Herrn Kloeß heute morgen Veranlassung war, zur weiteren Entwicklung von Schiffsformen und Antrieben mehr und mehr vom Schiff selbst auszugehen, d. h. von Messungen an Bord zwecks Erzielung absolut sicherer Grundlagen für den Entwurf, neige ich zu der Ansicht, den Modellversuch zur Untersuchung von Manövrierverhältnissen zum Teil zu überspringen und im wesentlichen mit dem ausgeführten Schiff zu arbeiten. Jedenfalls müßte in Zukunft bei freifahrenden Modellen darauf geachtet werden, daß die Umdrehungen der Propeller bei Zweischraubern weder mechanisch noch von der Energieseite her miteinander zwangläufig verkuppelt sind, sondern sich wie bei der Großausführung frei einstellen können.

In der Praxis ist allerdings noch ein Hindernis zu überwinden, welches auf der meßtechnischen Seite liegt:

1. Das „Stevenlog" zeigt nur richtig bis zu einer Schräganströmung von höchstens 12 Grad. Für viele Fälle muß es also durch das etwa mittschiffs ausgefahrene „Bodenlog", welches sich in der Praxis inzwischen bewährt hat, ersetzt werden. Möglicherweise müssen sogar zwei Ausfahrdüsen gefahren werden, wovon die eine an der Backbordseite, die andere an der gegenüberliegenden Steuerbordseite des Schiffes ausgefahren wird.

2. Die Propeller-Umdrehungsmesser sind ohne Problem.

3. Für die Schubmessung haben sich die Geräte der Deutschen Werft A. G. bewährt.

4. Der Drehmomentenmesser der Maihak A. G. erfaßt mit ausreichenden Genauigkeiten nur stetige Zustände, also z. B. zwischen Kursänderungen im Drehkreis über 90 Grad. Den Übergängen im Anfang der Kursänderungen kann die Messung nicht folgen. Der Föttinger-Torsionsmesser wird z. Z. noch nicht wieder gebaut. Auf den Mangel auf diesem Gebiete wies Herr Professor Schnadel bereits auf einer Sitzung des STG-Fachausschusses hin. Ich kann Ihnen aber verraten, daß mit Unterstützung einer namhaften Industriefirma (die jedoch keine Meßgeräte baut) ein Torsionsmesser in Arbeit ist, der das Drehmoment laufend direkt anzeigen wird.

5. Die Kompasse folgen den Kursänderungen schwingungsfrei und ohne bemerkenswerte Nacheilung. Wohl lagert sich die Deviation der Magnetkompasse der Messung auf, sie kann aber bei der Auswertung berücksichtigt werden. Kreiselkompasse sprechen sofort an.

6. Die Ruder-Drehmoment- und die Seitendruckmesser sind bei Simplex-Rudern kein Problem.

Bei Einschraubern treten keine besonderen Erscheinungen auf. Wohl fällt die Drehzahl bei Kursänderungen etwas ab, das Drehmoment steigt, diese Werte sind meßtechnisch gerade noch erfaßbar während des stetig verlaufenden Teiles eines Drehkreises, d. h. nach 90 Grad Kursänderung.

Bei Zweischraubern liegen die Verhältnisse allerdings schwieriger. Bislang hat man in der Maschine das ungleiche Leistungsspiel des Antriebes „erfühlt", einen Drehzahlabfall am innenliegenden Propeller beobachtet, von Deck erkennt man an der spiegelartig sich glättenden Wasseroberfläche an der Innenseite des Drehkreises, daß das Strömungsfeld am mehr oder weniger abgedeckten Innenpropeller ein anderes sein muß als am Außenpropeller, und am Auspuff der Maschinen erkennt man, daß die innenliegenden Propeller ein höheres Drehmoment aufnehmen als der Außenpropeller, d. h. aber auch einen größeren Schub.

Im Drehkreis wirken die Propeller infolge ihres unterschiedlichen Schubes der Ruderwirkung in bestimmter Größe sogar entgegen. Ein Maschinist, der glaubt, seine Maschinen besonders gut zu führen, unternimmt häufig gerade das Verkehrte: er gibt dem Propeller mit dem natürlichen Drehzahlabfall noch mehr Brennstoff, d. h. Drehmoment. d. h. noch mehr Schub.

Es ist zu erwarten, daß sich auf Grund von Messungen aus dem Bereiche des Dauerbetriebes eines Schiffes, also nicht auf Grund der so häufigen Parademessungen der Probefahrt, für die vorliegende bzw. zu entwickelnde Theorie eine Reihe bislang noch ungelöster Probleme, die Herr Professor Horn umfassend gekennzeichnet hat, klären lassen.

Dipl.-Ing. **Hans Thieme,** Hamburg (schriftlich eingesandt).

Das Kriterium der Kursstetigkeit (Kursstabilität) kann auch ohne Verwendung der Schwingungsgleichung [Gl. (26) und (29)] aus einer Stabilitätsbetrachtung des stationär drehenden bzw. geradeausfahrenden Schiffes gewonnen werden. Hierzu betrachtet man die Änderung des auf Hochachse durch den Schwerpunkt bezogenen Drehmomentes, wie sie sich infolge Veränderung der Drehkreiskrümmung ergibt. Dieser Änderungsbetrag $dM/d\,(1/r)$ kann als ein Maß der Kursstetigkeit angesehen werden; für das Kriterium der Kursstetigkeit bedeutet das dann

$$\frac{dM}{d\,(1/r)} < 0 \,. \tag{B 1}$$

Um das Drehmoment bequem nach der Krümmung ableiten zu können, wird aus den Ansätzen (4) und (5) mit $Q = \varrho \cdot V' \cdot v^2/r$ gewonnen:

$$M = \frac{M_\delta}{Q_\delta} \left(\varrho \cdot V' \cdot \frac{v^2}{r} - Q_\omega \cdot \omega - Q_\beta \cdot \beta \right) + M_\omega \cdot \omega + M_\beta \cdot \beta \,.$$

Und bei stationärer Drehung mit $\omega = \dfrac{v}{r}$ und $\dfrac{d\delta}{dt} = \dfrac{d\beta}{dt} = 0$:

$$M = \frac{M_\delta}{Q_\delta} \cdot \left(\varrho \cdot V' \cdot \frac{v^2}{r} - Q_\omega \cdot \frac{v}{r} \right) + M_\omega \cdot \frac{v}{r} \tag{B 2}$$

Hieraus dann also als Maß der Kursstetigkeit:

$$\frac{dM}{d\,(1/r)} = \frac{M_\delta}{Q_\delta} \, (\varrho \cdot V' \cdot v^2 - Q_\omega \cdot v) + M_\omega \cdot v \,. \tag{B 3}$$

Und entsprechend dem Ansatz (B 1) als Kriterium der Kursstetigkeit:

$$- \frac{M_\delta}{Q_\delta} \, (\varrho \cdot V' \cdot v^2 - Q_\omega \cdot v) - M_\omega \cdot v > 0 \,. \tag{B 4}$$

Die Identität von (B 4) mit der Bedingung $p > 0$ nach der Definition von Gl. (29) wird deutlich, wenn man die im Vortrag gebrauchten Definitionen

$$Q_\delta = \frac{\varrho}{2} \cdot v^2 \cdot K_\delta \,; \qquad\qquad Q_\omega = - \frac{\varrho}{2} \cdot v \cdot K_\omega \,;$$

$$M_\delta = \frac{\varrho}{2} \cdot v^2 \cdot N_\delta \,; \qquad\qquad M_\omega = - \frac{\varrho}{2} \cdot v \cdot N_\omega$$

in (B 4) einführt

$$- (2 \cdot V' + K_\omega) \cdot N_\delta + K_\delta \cdot N_\omega > 0 \tag{B 5}$$

und beachtet, daß in der für den Sonderfall eines Tragflächenbootes angegebenen Gl. (29) $V' = V$ gesetzt werden konnte. Außerdem hat der Vortrag hierfür den Nachweis von $K_\omega = N_\delta$ geliefert.

Von den Zahlenwerten der Kursstetigkeits-Gl. (B 3) und (B 4) kann Q_ω und M_ω sicherlich als unabhängig von der Bahnkrümmung erwartet werden; die absolut gleichen Zahlenwerte können also sowohl zur Bestimmung der Kursstetigkeit wie auch des Drehkreisradius nach Gl. (32) verwendet werden.

Eine entsprechende Krümmungsunabhängigkeit für M_δ/Q_δ besteht jedoch nur, wenn das Verhältnis von Tiefgang zu Schiffslänge sehr klein ($< 1/25$) oder sehr groß ($> 1,5$) ist. Im zwischenliegenden Bereich, wie er für normale Schiffsformen in Frage kommt, besteht für M_δ, Q_δ und auch M_δ/Q_δ eine gewisse Abhängigkeit von δ, und dadurch wegen der Verknüpfung Driftwinkel, Querkraft und Bahnkrümmung also auch keine Krümmungsunabhängigkeit für M_δ/Q_δ. Diese Aussage beruht auf Modellversuchsergebnissen, die sich auf einige Formen ebener und profilierter Flächen von verschiedenen Seitenverhältnissen beziehen.

Die Querkraftabhängigkeit des Wertes M_δ/Q_δ kann hiernach etwa in folgender Form beschrieben werden:

$$\frac{M_\delta}{Q_\delta} = \left(\frac{M_\delta}{Q_\delta}\right)_{\left(\frac{1}{r}=0\right)} - C \cdot Q_\delta \cdot \delta \tag{B 6}$$

So erfüllt beispielsweise das von Frey (STG 1933, S. 241) im Windkanal untersuchte Modell eines Schonerbriggrumpfes die Beziehung (B 6) mit den Werten:

$$\left(\frac{M_\delta}{Q_\delta}\right)_{\left(\frac{1}{r}=0\right)} = 0,5 \cdot L \ ; \ C = \frac{3 \cdot L}{\varrho/2 \cdot v^2 \cdot F_L} \ ; \qquad\quad \begin{aligned} &L \quad\ \text{Schiffslänge} \\ &F_\mathrm{L} \ \text{Lateralfläche} \end{aligned}$$

Andererseits kann man näherungsweise jedoch oft den Wert M_δ/Q_δ als stückweise unabhängig von der Querkraft und damit der Bahnkrümmung ansehen; dies gilt besonders im Bereich $1/r = 0$. Es können dann die bisherigen Gleichungen benutzt werden, wobei nur für die Kursstetigkeitsgleichung und den Drehkreisradius verschiedene Zahlenwerte von M_δ/Q_δ eingesetzt werden müssen.

Professor Dr. **F. Horn** (Schlußwort).

Auf die Bemerkungen von Herrn Dipl.-Ing. Schuster, die vor allem wegen der Hinweise auf verwandte, mir bisher nur zum Teil bekannte Arbeiten auf dem Gebiet der Flugtechnik sehr dankenswert sind, möchte ich folgendes erwidern:

Die Beziehung $r \, a = 1/\Delta\delta$ gilt nur für den stationären Zustand des vollausgebildeten Drehkreises. In dem nichtstationären Übergangszustand vom geraden Kurs zum Drehkreis hat, wie aus Bild 2 meines Vortrags und den diesbezüglichen Ableitungen hervorgeht, die zeitliche Veränderlichkeit des Driftwinkels zur Folge, daß die Differenz $\Delta\delta$, abgesehen von dem Abstand der beiden betrachteten Orte (z. B. der Tragflächen) voneinander, nicht nur vom Krümmungsradius r, sondern auch von der zeitlichen Änderung $d\delta_0/dt$ des Driftwinkels am Ort des Massenschwerpunkts abhängig ist. Man kann also mit dem von Herrn Schuster angegebenen einfachen Ansatz der vor dem voll ausgebildeten Drehkreis liegenden Phase nicht gerecht werden — während er andererseits für die Erfassung der Kursstabilität ausreicht, worauf ich bei meiner Erwiderung auf den Beitrag von Herrn Thieme noch zurückkomme.

Ich stimme Herrn Schuster durchaus darin bei, daß man sich bei Untersuchung der Manövriereigenschaften eines Tragflächenboots nicht auf die Betrachtung der Bewegungen in der waagerechten Ebene beschränken darf, sondern daß dabei insbesondere die Krängungsbewegung eine nicht zu vernachlässigende Rolle spielt. Ich habe dies bei Untersuchungen, die ich selbst gelegentlich über die Querstabilität von Tragflächenbooten im Drehkreis vorgenommen habe, bestätigt gefunden. Bei Verdrängungsfahrzeugen, auf die ich in meinem Vortrage, wenn ich auch vom Tragflächenboot ausgegangen bin, doch im Grunde in erster Linie abgezielt habe, dürfte jedoch die Krängungsbewegung in der Regel keinen größeren Einfluß auf das Drehmanöver besitzen, und ich habe mich daher berechtigt geglaubt, von der Berücksichtigung der Krängung abzusehen.

Was den Zusammenhang zwischen Kursstabilität und Drehfähigkeit anbelangt, so kann, sofern man die Drehfähigkeit in der Anfangsphase des Drehmanövers, d. h. also das erste Ansprechen auf eine Ruderbetätigung, betrachtet, wohl kein Zweifel darüber bestehen, daß diese beiden Eigenschaften bei Verdrängungsfahrzeugen grundsätzlich entgegengesetzten Tendenzen unterliegen. Von den von Herrn Schuster angedeuteten interessanten Sonderregelungen abgesehen, die bei Tragflächenbooten einen befriedigenden Ausgleich dieser gegensätzlichen Tendenzen ermöglichen, die aber für Verdrängungsfahrzeuge wohl kaum in Frage kommen dürften, hat man es bei letzteren lediglich durch die Wahl der Größe der Ruderflosse bis zu einem gewissen Grade in der Hand, die Anfangsdrehfähigkeit unabhängig von der Kursstabilität zu beeinflussen. Es ist dies zwar ein einfaches und sicheres Mittel, jedoch sind seiner Wirksamkeit auch wiederum Grenzen gesetzt, schon damit die Ruderflossen nicht zu groß werden. Es bleibt daher m. E. die Forderung bestehen, daß man das Maß der Kursstabilität so klein halten sollte, wie mit Rücksicht auf leichtes, mit geringster Ruderbetätigung zu erzielendes Kurshalten auch unter ungünstigen äußeren Bedingungen (schräger Seegang) zulässig ist. — In diesem Sinne scheint mir vom praktischen Standpunkt aus der Hinweis von Herrn Schuster wertvoll zu sein, daß es zu einer — im Fall der Tragflächenboote — befriedigenden Lösung führt, wenn man die statische Kursstabilität sichert. Darunter versteht er offenbar die Stabilität bei reiner Translationsbewegung. Da die Kursstabilität infolge der freigegebenen Bahnkrümmung größer ist als die statische Stabilität, verstehe ich seinen Hinweis so, daß bei Vorhandensein einer, wenn auch nur geringen, statischen Stabilität eine praktisch ausreichende Reserve an Kursstabilität gesichert ist. Es wird sicher sehr interessant sein nachzuprüfen, ob dieses höchst einfache Rezept sich auch bei Verdrängungsfahrzeugen bewährt.

Die Anregung, die Herr Dipl.-Ing. Grim für ein Versuchsverfahren gibt, mit welchem man die einen großen Aufwand erfordernden Verfahren des Rundlaufversuchs und des Versuchs mit gekrümmtem Modell durch ein wesentlich einfacheres ersetzen kann, findet nicht nur im Prinzip meine vollste Billigung; ich habe sogar selbst einen ähnlichen Gedanken, der übrigens auf eine Anregung von Professor Dickmann, Karlsruhe, zurückgeht, seit längerer Zeit verfolgt, und er hatte zur Zeit meines Vortrags bereits konkrete Form angenommen. Hierauf bezieht sich auch die in meinem Vortrage enthaltene Äußerung, daß ich hoffe, in der jetzt wieder zur Verfügung stehenden Versuchsanstalt für Wasserbau und Schiffbau, Berlin, demnächst Versuche durchführen zu können, die zur Ermittlung der Konstanten K_δ, N_δ und N_ω zu führen geeignet wären. In der Tat hatte ich dabei nicht etwa Versuche mit gekrümmten Modellen im Auge — Rundlaufversuche schieden ja von vornherein aus, da Einrichtungen für diese nicht zur Verfügung stehen —, sondern eine Vorrichtung, die sowohl Versuche mit periodisch veränderlichen Driftwinkeln wie auch solche Versuche vorzunehmen gestattet, bei denen der Schwerpunkt des Modells eine Schlängelbahn beschreibt. In den für entsprechende Führung des Modells erforderlichen Lenkern werden die Kräfte durch geeignete Meßorgane laufend gemessen und registriert. Die Auswertung solcher Messungen erlaubt ohne weiteres die Ermittlung des zeitlichen Verlaufs der Querkräfte Q und Drehmomente M für jede durch Amplitude, Periode und Fortschrittsgeschwindigkeit festgelegte Bahnlinie. Die Vorrichtung ist gleichzeitig auch für die Vornahme von Schrägschleppversuchen geeignet. — Ich hoffe, in nicht zu ferner Zeit in der Lage zu sein, auf solchem Wege erzielte Versuchsergebnisse mitteilen zu können. Ich hege aber keinen Zweifel, daß man auch auf dem von Herrn Grim bezeichneten Wege wird zum Ziele kommen können.

Herrn Obering. Hoppe stimme ich darin voll bei, daß, was die Manövriereigenschaften anbelangt, auf die Vornahme von Großversuchen größter Wert zu legen und sorgfältigste Durchführung anzustreben ist, wofür seine näheren Ausführungen sehr dankenswert sind. Wenn er aber die Ansicht vertritt, daß Modellversuche entbehrt werden könnten, so kann ich ihm darin nicht folgen. Modellversuche sind m. E. aus zweierlei Gründen erforderlich. Erstens als Forschungsversuche, um den Grad der Brauchbarkeit der Theorie nachzuprüfen, die ja immer mit gewissen Vereinfachungen arbeiten muß. Es liegt auf der Hand, daß derartige Versuche — wie beispielsweise die, die nach meinem Plan dem Vergleich der wirklichen Schiffsform mit einer Ersatzform hinsichtlich Manövriereigenschaften dienen sollen — gar nicht anders als mit Modellen vorgenommen werden können. Auch ist man an Hand systematischer Forschungsversuche mit Modellen in der Lage, von einem einfachen Grundmodell ausgehend sich der Wirklichkeit stufenweise anzunähern und auf diese Weise Einzeleinflüsse, wie die der Schraubenwirkung, des Fahrtabfalls usw., herauszuschälen. Zweitens aber glaube ich, daß man auch bei der Untersuchung einer individuellen Schiffsform hinsichtlich ihrer Manövriereigenschaften Modellversuche nicht wird entbehren können. Einmal wird man sie brauchen, um bei dem Neuentwurf von Schiffen, bei denen man auf gute Manövriereigenschaften besonderen Wert legt, sich über diese im voraus möglichste Klarheit zu verschaffen; dann aber auch, um die Ergebnisse von Großversuchen richtig auszuwerten und zuverlässige Schlüsse aus ihnen zu ziehen. Man wird dabei immer auf gewisse Grundgrößen, wie sie vor allem in den Konstanten K_δ, N_δ und N_ω verkörpert sind, zurückgreifen müssen, und diese kann nur der Modellversuch liefern.

Im übrigen teile ich nicht das Bedenken von Herrn Hoppe, daß die Ergebnisse von Modellversuchen zu ungenau ausfallen. Ich neige sogar zu der Ansicht, daß gerade die die Manövriereigenschaften betreffenden Modellversuche nicht so empfindlich sind wie die normalen Versuche bei Geradeausfahrt, und zwar aus dem Grunde, weil bei ersteren die Druckkräfte gegenüber den Zähigkeitskräften weit mehr vorherrschen als bei letzteren und weil es ja bekanntlich die Zähigkeitseinflüsse sind, die den Experten der Schiffbauversuchsanstalten die Arbeit so sauer machen.

Der Beitrag von Herrn Dipl.-Ing. Thieme erweckt mein besonderes Interesse. Wie ich mich durch eingehende Nachprüfung überzeugt habe, stimmt das von ihm angegebene Stabilitätskriterium, zu dem er ohne Zurückgreifen auf die Bewegungsgleichungen auf Grund des einfachen Ansatzes $\dfrac{dM}{d(1/r)} < 0$ gelangt, trotz der auf den ersten Blick wesentlich abweichend erscheinenden äußeren Form, völlig mit dem meinigen überein. Dies ist darin begründet, daß für die Beurteilung der Kursstabilität — die begrifflich dasselbe bedeutet wie das, was Thieme als Kursstetigkeit bezeichnet — primär lediglich der Verlauf der Schwerpunktsbahn maßgebend ist und daß diese jederzeit durch den momentanen Krümmungsradius $r = v/\omega$, beschrieben wird. Es genügt daher die Feststellung, welche Wirkung, ob rückführend (negativ) oder weiter auslenkend (positiv), die durch eine Störung hervorgerufenen Momente — für die die vollständigen, d. h. Änderungen nicht nur der Bahnkrümmung, sondern auch des Driftwinkels berücksichtigenden Ansätze zu machen sind — auf den Verlauf der Bahnlinie ausüben.

Während das Stabilitätskriterium grundsätzlich offenbar nicht nur für den geraden Kurs, sondern auch für den vollausgebildeten Drehkreis gilt, ist es dankenswert, daß Herr Thieme auf eine für letzteren Fall einzuführende Korrektur hinweist, die dadurch notwendig wird, daß die Größe M_δ/Q_δ bei Schiffen normaler Verhältnisse von L/r nicht unabhängig ist, also im Drehkreis einen anderen Wert aufweist als auf geradem Kurs ($L/r = 0$).

Die zwischen dem geraden Kurs und dem vollausgebildeten Drehkreis liegende Phase läßt sich mit den Ansätzen von Thieme begreiflicherweise nicht erfassen.

Ich möchte es nicht unterlassen, Herrn Thieme noch meinen besonderen Dank für die wertvolle Ergänzung auszusprechen, die er zu meinem Vortrag durch seinen Beitrag geliefert hat. Ich danke aber auch den andern Herren, die sich an der Diskussion beteiligt haben, bestens für ihr Interesse, das sie dem Gegenstand meines Vortrags entgegengebracht, und für die wertvollen Anregungen, die sie beigesteuert haben.

VIII. Von der Leistungssteigerung zur Hochleistung der Motoren.

Von Professor Dr.-Ing. habil **A. Oppitz**, Kiel.

I. Möglichkeiten zur Leistungssteigerung der Motoren und das motorische Verhalten.

Die grundsätzlichen Möglichkeiten der Leistungssteigerung läßt die Leistungsformel erkennen in der Schreibweise

$$Ne = \frac{C_{zyl} \cdot n_a \cdot z \cdot 60}{L \cdot b_i} \cdot \eta_m \text{ in PSe},$$

darin bedeuten

n_a Nutzdrehzahl ($= n/2$ bei Viertakt, $= n$ bei Zweitakt)
z Zylinderzahl
η_m Mechanischer Wirkungsgrad einschl. Aufwand für Hilfsantriebe
L kg$_{Luft}$/kg$_{Brennstoff}$, Verbrennungsluftgewicht im Zylinder je kg Brennstoff
b_i kg$_{Br\text{-}St}$/PSi h, Spez. Brennstoffverbrauch je PSi und Stunde
G_{zyl} kg/h, stündl. Verbrennungsluftgewicht im Zylinder
V_h m³, Zylinderhubvolumen gemäß Durchmesser und Hub.

Die Diskussion der Leistungsformel zur Steigerung von N_e bei gleichen Hauptabmessungen (V_h, n_a, z) zeigt:

a) Verminderung von $L \cdot b_i = G_{zyl}/N_i$ in kg$_{Luft}$/PSi h, der bezogenen Verbrennungsluftmenge, ist nur begrenzt anwendbar, da sich L und b_i gegenseitig in verschiedenem Sinne beeinflussen (Bild 1), und zwar sind die Begrenzungen gegeben:

α) durch $\overline{\lambda} = L/L_{\min}$, das Luftverhältnis, an der Rauchgrenze bei Strahleinspritzmotoren $\overline{\lambda} = 1,4$ bis 1,7, bei Vor- und Wirbelkammermotoren u. ä. $\overline{\lambda} = 1,2$ bis 1,4, entsprechend mittleren Kolbendrücken $p_e = 6,7$ bis 7 kg/cm² bzw. 7,5 bis 8,3 kg/cm².

β) große $\overline{\lambda}$-Werte (großer Luftüberschuß) bedeuten eine Verminderung des Gemischheizwertes und damit eine Erwärmung großer, ungefragter Luftmengen. (Von Vorteil vom Standpunkt der Wärmebelastung, siehe „Motorprozeß".)

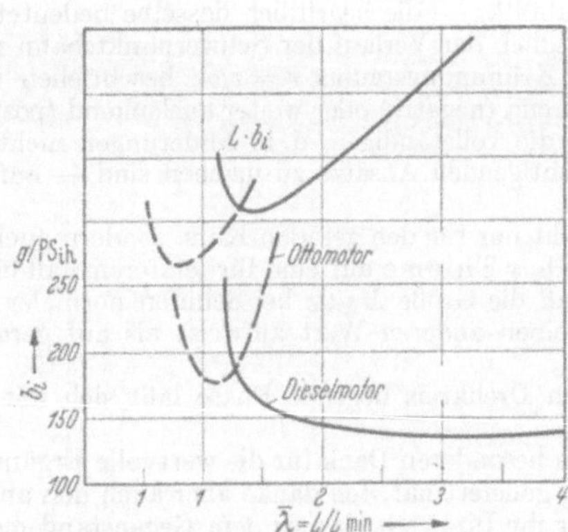

Bild 1. Zusammenhang zwischen Verbrennungsluftverhältnis $\overline{\lambda}$ und Brennstoffverbrauch b_i.

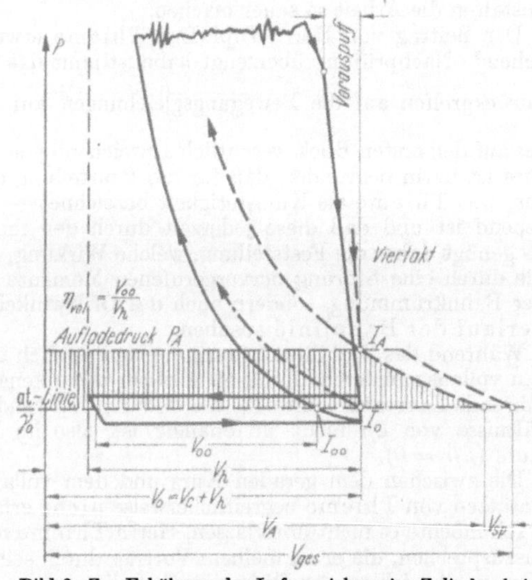

Bild 2. Zur Erhöhung des Luftgewichtes im Zylinder beim Viertaktmotor durch Spülung und Aufladung. Vergrößerung des Luftgewichtes allein durch Spülung von Pkt. I_{00} nach Pkt. I_0 etwa 18%.

b) Vergrößerung von $G_{zyl} = (\eta_{vol} \cdot \lambda)\, \gamma \cdot V_h$ in kg/Zyl, mit

η_{vol} volumetrischer Wirkungsgrad ($\triangleq V_{00}/V_h$)
λ Lieferungsgrad
γ spezif. Gewicht der Luft vor Zylinder,

bedeutet:

Beim Viertakt (Bild 2):

α) Im Klammerausdruck den Ersatz der Restgase im Zylinder durch Frischluft vermittels Reinspülung des Kompressionsraumes. Dadurch steigt das Ladungsluftgewicht G_{zyl} beim Luftaußenzustand γ_0 von V_{00} entsprechend dem Luftzustand im Zylinder in Pkt. I_{00} des ungespülten (Normal-)Motors ($p_e = 5,5$ kg/cm²) mit $(\eta_{vol} \cdot \lambda)_{00} \approx 0,71$ auf V_0, entsprechend Zustand Pkt. I_0 des voll ausgespülten Zylinders mit $(\eta_{vol} \cdot \lambda)_0 \approx 0,84$, d. s. etwa $+18\%$.

β) Mit Maßnahme α) gleichzeitige Steigerung von γ_0 auf γ_2 der vorverdichteten Luft vor dem Zylinder, bedeutet Aufladung von V_0 (Pkt. I_0) auf V_A (Pkt. I_A). Dazu ist die Bereitstellung vergrößerter und vorverdichteter Luftmengen $V_{ges} = V_A + V_{sp}$ nötig.

Beim Zweitakt (Bild 3) hat $(\eta_{vol} \cdot \lambda)$ nur übertragene Bedeutung und schließt den Spülwirkungsgrad, die Hubausnutzung usw. je nach Spülverfahren ein. Die Maßnahme zur Erhöhung von $(\eta_{vol} \cdot \lambda)$ ist hier zunächst die Vermeidung der Nachexpansion nach Abschluß der Spülschlitze bei noch geöffnetem Auslaß, wodurch der Beginn der Kompression von Pkt. I_{00} nach Pkt. I_0 rückt. Bei gleichzeitiger Erhöhung des durch äußere Mittel bereitzustellenden Spüldruckes p_{sp} auf p_A rückt der Pkt. I_0 nach Pkt. I_A des auf- bzw. nachgeladenen Zweitaktmotors.

Mit der Leistungssteigerung ist auch zwangsläufig eine Steigerung des mechanischen Wirkungsgrades η_m verbunden, da die Reibungs- und Hilfsantriebsleistung nicht im gleichen Maße steigt wie die indizierte Leistung.

Das *Kernproblem der Leistungssteigerung,* um das sich alles gruppiert, ist daher die Vergrößerung des Luftgewichtes im Zylinder, denn dieses bedeutet die Verbrennung einer größeren Brennstoffmenge und damit eine größere Leistung.

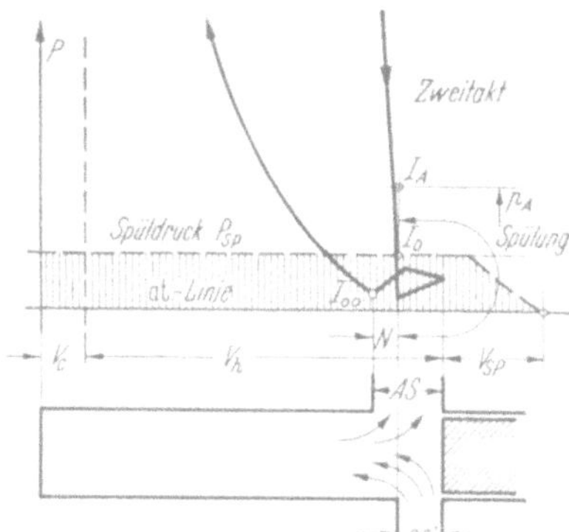

Bild 3. Vermeidung der Nachexpansion und Vorverdichtung beim Zweitaktmotor. SS Spülschlitzlänge, AS Auslaßschlitzlänge, — N Nachexpansion durch noch geöffneten AS-Anteil — $V_{ges} = V_c + V_h + V_{sp}$ Gesamtluftaufwand.

Zum motorischen Prozeß bei Vorverdichtung. Es liegt in der Natur der Gemischbildungsvorgänge, für welche bei kompressorlosen Motoren vor allem die Brennstofftröpfchen selbst Energieträger sind, so wie in den Vorgängen, die zur Einleitung der Zündung bei dem fast stillstehenden Kolben führen, daß ein Brennstoffanteil fast gleichzeitig zündet und erst im weiteren Ablauf ein gewisses Abgleichen des Verbrennungsablaufes an das Einspritzgesetz möglich wird[1]. Dadurch wird also immer eine Drucksteigerung vom Verdichtungsenddruck auf einen größten Zünddruck zum zufriedenstellenden Ablauf der Verbrennung notwendig sein, d. h. auch bei zumutbarer Idealisierung strebt der Prozeß einem gemischten zu, der Gleichraum-Gleichdruckverbrennung.

Dieserhalb und den größeren umzusetzenden Brennstoffmengen zufolge, werden nun höhere Zünddrücke als beim Normalmotor zuzulassen notwendig.

Um auch bei baulich begrenztem Höchstdruck das notwendige Drucksteigerungsverhältnis während der Verbrennung, trotz des steigenden Kompressionsanfangsdruckes bei der Aufladung, zunächst wenigstens zu halten, ja eher zu vergrößern, wird der Verdichtungsraum (V_c) vergrößert, so daß das verminderte Verdichtungsverhältnis $\varepsilon = \dfrac{V_c + V_h}{V_c}$ gerade noch zum Anspringen des kalten Motors genügt. Dieser vergrößerte Restraum V_c stört seine Reinspülung nicht.

Auf diese gesteigerten Höchstdrücke ist auch ein Teil der Verbesserung des Brennstoffverbrauches zu buchen.

Der Höchstdruck steigt jedoch nicht verhältig dem Aufladedruck. Infolge der größeren Reinheit der Luft im Zylinder durch die Spülung, die verstärkte Durchwirbelung im Zylinder aus dem Spül- und Aufladevorgang, die größere Luftdichte im Zylinder mit ihrem Einfluß auf die Zerstäubung, ist der Zündverzug hier kleiner als beim Normalmotor. Daher sind die schon eingespritzten und fast zugleich zur Zündung gelangenden Brennstoffmengen kleiner, die Verbrennung setzt in einem früheren Stadium der noch in Bildung begriffenen Brennstoffwolke ein, wodurch die Drucksteigerungsgeschwindigkeit kleiner und damit die gesamte Zündung weicher wird.

Durch die kleinere Drucksteigerungsgeschwindigkeit und das weichere Einsetzen der Verbrennungshöchstdrücke wird auch ein Teil der durch den höheren Zünddruck erhöhten mechanischen Beanspruchung gemindert.

In demselben Sinne sanfteren Einsetzens der Drucksteigerung wirkt sich auch bei dem aufgeladenen Schiffsmotor die mit der Leistung steigende Drehzahl aus, welche gegenüber der sich bildenden Brennstoffwolke eine relativ frühere und raschere Volumenzunahme durch die Kolbenbewegung während der einsetzenden Verbrennung und größere Nockengeschwindigkeiten bringt.

---

[1] Oppitz, A.: Kolbenmaschinen (S. 223 u. f.). Heidelberg 1950, Universitätsverlag Winter.

Die Grenzleistung ist bei den unaufgeladenen Motoren durch die Rauchgrenze bestimmt. Das mit dem Ansaugehub unwesentlich veränderliche Ansaugeluftgewicht im Zylinder $G_{zyl} = (\eta_{vol} \cdot \lambda)_{00} \cdot \gamma_0 \cdot Vh$ reicht für die immer vergrößerte Brennstoffmenge zur befriedigenden Verbrennung nicht mehr aus, d. h. das Luftverhältnis λ wird zu klein, womit auch der Brennstoffverbrauch ansteigt (Bild 1).

Beim aufgeladenen Motor hingegen bleibt, durch das mit der Brennstoffvergrößerung zur gesteigerten Leistung auch steigende Luftgewicht im Zylinder, das Luftverhältnis der Verbrennung praktisch konstant. Jedenfalls trifft dies zu, sofern die Voraussetzungen für die Gemischbildung, Zerstäubung und Verbrennung noch beherrscht werden, wozu aber am Schluß noch einiges gesagt werden soll. Die Grenzleistung des aufgeladenen Motors ist also nicht durch die Rauchgrenze bestimmt, sondern durch die Wärmebelastung seiner Bauteile.

Dies zu erklären sei in Erinnerung gerufen, daß bei jedem idealen Kreisprozeß nach dem II. Hauptsatz auch eine gewisse Wärmemenge wieder als Wärme aus dem Prozeß abzuführen ist, die durch die Begrenzungsvorschriften des Prozesses bestimmt ist.

Den Wärmeverbleib des wirklichen Prozesses zeigt die Wärmebilanz. Die aus dem Dieselprozeß ohne Aufladung bei Normallast abgeführte Wärmemenge beträgt etwa 56% der bei der Verbrennung entwickelten und verteilt sich auf Kühlmittelwärme (Wasser bzw. Öl) in den Zylinderdeckeln, Laufbüchsen und Kolben mit etwa 22% und auf die Abgaswärme mit etwa 34%.

Die Kühlmittelwärme ist aber durch die ruhenden bzw. bewegten und der Erwärmung ausgesetzten Bauteile hindurchzuleiten. Der Wärmestrom durch diese Teile bestimmt das Temperaturfeld, damit die Wärmeverformung und die auftretenden Wärmespannungen in denselben.

Bei der Aufladung bleibt, wie zuvor erklärt, der Luftüberschuß für die Verbrennung (G_{zyl}/N_i in kg/PSi) konstant. Steigt also die Brennstoffzufuhr mit steigender Aufladung und damit die entwickelte Wärmemenge Q, so kann die durch die Bauteile abzuführende Wärmemenge, die ja ein Maß ihrer Wärmebelastung ist, nur dann auf einem dem Bauteil in gewissen Grenzen zumutbaren Wert gehalten werden, wenn das Mehr an abzuführender Wärmemenge mit den Auspuffgasen entfernt wird. Um aber gleichzeitig das mittlere zeitliche Temperaturniveau vor den Bauteilen zu halten, das durch das verminderte Expansionsverhältnis der länger andauernden Verbrennung der vergrößerten Brennstoffmenge der aufgeladenen Maschine steigt, muß die Abgasmenge vergrößert werden, denn sie soll die Wärme mitführen. Dies kann nur durch eine vergrößerte Luftmenge geschehen.

Soll aber andererseits das Luftverhältnis der Verbrennung gehalten werden, mit dem ja auch der Brennstoffverbrauch zusammenhängt, so muß diese zusätzliche Luft als Spülluft durch den Zylinder gejagt werden. Diese zieht dann dabei, an den wärmebelasteten Bauteilen vorbeistreichend, von diesen auch direkt Wärme von der Einfallstelle ab (Innenkühlung).

Diese Wirkung der Innenkühlung wurde bereits bei den ersten Auflade-Viertaktmotoren an den viel saubereren Ventilen und Kolben festgestellt, allerdings ist dies hier sicher auch auf die verstärkte Durchwirbelung zugunsten der besseren Verbrennung zu buchen.

Die Voraussetzung für eine solche intensive Innenkühlung ist besonders bei den Viertaktmotoren gegeben, bei welchen die Spülluft unmittelbar und nur an den hauptsächlich wärmebeanspruchten Bauteilen vorbeiströmt und dadurch das Verhältnis „Spülluftdurchsatz zu bespülter Oberfläche" groß ist.

Beim Zweitakt ist der Wert der Innenkühlung geringer und je nach der Führung des Spülluftstromes im Spülverfahren verschieden. Hier kommt die Innenkühlung vornehmlich der Kolbenkante, die den Einlaß steuert, und dem Kolbenboden zugute, weniger jedoch bei den Umkehr-Quer- usw. Spülungen dem Deckelboden und oberen Laufbüchsenteil. Hierfür scheinen die Längsspülungen günstiger. Auch ist beim Zweitakt das Verhältnis „Spülluftüberschuß ($=$ reiner Durchsatz) zu bespülter Oberfläche" ungünstiger als beim Viertakt. Auch ist noch zur Wertung zu beachten, daß der Spülluftstrom kompakter ist und zum großen Teil an gar nicht wesentlich nach Innenkühlung fragenden Oberflächen vorbeigeführt wird. Dies findet seinen Ausdruck etwa in dem Verhältnis „Hochwärmebelastete (Brennraum-) Oberfläche zum gesamten vom Spülluftstrom bestrichenen Zylindervolumen".

Die Entlastung der Bauteile von dem Wärmestrom zum Kühlmittel wird daher — und besonders beim Viertakt — zunächst beschrieben durch das Verhältnis „Entwickelte Wärmemenge zu Gesamtluftdurchsatz ($Q_g = Q/G$ in kcal/kg$_{Luft}$)". Dies entspricht dem Sinne eines Gemischheizwertes. Für die Beschreibung einer spezifischen Wärmebelastung der Brennraumwände genügt dieser rohe Vergleich aber nicht, wozu noch später bei den Sonderproblemen Ausführlicheres gesagt wird.

Der gesamte Luftdurchsatz (Verbrennungs- und Spülluft) steigt von etwa 3,5 kg/PS$_i$ h beim unaufgeladenen Motor auf 4,5 bis 7 kg/PS$_i$ h und mehr beim aufgeladenen.

Ein Maß für die Wärmebelastung stellt die Abgastemperatur mit der spezifischen Brennraumbelastung dar. Sie sind jedoch für die einzelnen Bauteile und ihre Kühlart verschieden zu beurteilen.

Die höchstwärmebeanspruchten Bauteile sind der Zylinderdeckel mit den Auspuffventilen, der obere Laufbüchsenteil und der Kolbenboden. Der Zylinderdeckel und obere Laufbüchsenteil geben unschwer Gelegenheit zu einer geregelten, auch örtlich zu fördernden äußeren Kühlung. Bei den Kolben ist in der Art der Wärmeabfuhr ein großer Unterschied zwischen gekühlten und ungekühlten Kolben[2]. Während beim gekühlten Kolben der Wärmeeinfall unmittelbar durch den Boden an das eigene Kolbenkühlmittel abgezogen wird, quält sich beim ungekühlten Kolben der Wärmestrom über die Kolbenringe zur Laufbüchse, von wo er erst vom Kühlmittel abgenommen wird. Maßgebend ist hier die Temperatur hinter der Ringnut des ersten Kolbenringes. Der Wärmestrom hat hier dann noch die Wärmeübergangsdrosselstellen der geschmierten Kolbenringnut und des Zylinderlaufteils zu überspringen. Der Weg ist also länger, behindert, und erfordert daher, um im stationären Wärmestrom in der Periodendauer eines Arbeitsspieles durchflossen zu werden, ein größeres Temperaturgefälle. Steigende Wärmeaufnahme durch den ungekühlten Kolben kommt daher auch bei verstärkter Laufbüchsenkühlung schleichender zum Abzug, und die Kolbentemperatur wird mit der Belastung stärker ansteigen als beim direkt gekühlten Kolben. Die Leistungsgrenze durch die an sich immer maßgebliche Wärmebelastung des Kolbens ist also verschieden. (Siehe „Beurteilung der Wärmebelastung" S. 125.)

Für die Wärmebelastung der Abgasturbine ist die Abgastemperatur ein unmittelbareres Maß. Bei den Strömungsmaschinen ist jeder Bauteil je nach seiner Lage im Prozeßablauf immer einer gleichbleibenden Temperatur ausgesetzt. Aber dennoch ist, durch die vor allem bei Stoßturbinen geschichtete Beaufschlagung mit kurzzeitig hohen Auspufftemperaturstößen und später nachfolgender Spülluft, eine unterschiedliche Wertung bei Stoßturbinen und Staudruckturbinen mit ihrer vornehmlich Mischgasbeaufschlagung notwendig.

II. Stand der Aufladung um Kriegsbeginn.

a) Einbringung und Beschaffung der vorverdichteten Luft.

Die Aufladung des Zweitakt, zusätzlich zu Maßnahmen zur Vermeidung der Nachexpansion, blieb auf Einzelausführungen beschränkt.

Beim Viertakt setzte sich aus den Vorschlägen und Schaltungen[3], wie sie die jetzt fast ins Unermeßliche angewachsene Patentliteratur ausweist, das Aufladeverfahren mit Spülung durch gleichzeitiges Offenhalten der Aus- und Einlaßventile gegenüber verschiedenen und recht beachtlichen Ausführungen der Nachladung (z. B. Germaniawerft nach DRP. 476624 für Lok-Motor) voll durch.

Die Reinspülung des Viertakt durch gleichzeitiges Offenhalten der Aus- und Einlaßventile, der Ausnutzung der Druckschwankungen und zu Zylindergruppen zusammengefaßter Auspuffleitungen reicht, mit den Namen Daimler, J. H. Hamilton und Atkinson verbunden, bis in die Jahre 1885 und 1892 zurück[3].

Im Dieselmotorenbau und speziell dem Hauptträger dieser Entwicklung, im Schiffsmotorenbau, haben sich für die Beschaffung der Aufladeluft hauptsächlich herausgebildet:

die mechanisch direkt vom Motor angetriebenen Rootslader (Burmeister & Wain, Germaniawerft),

die Verwendung der Kolbenunterseite der Kreuzkopfmaschinen als Ladepumpe (Werkspoor, M A N),

die Abgasturbinenaufladung, deren Entwicklung und Einführung trotz auch anderweitiger Ansätze dazu, das zweifellose Verdienst von Brown Boveri-Baden/Schweiz in Verbindung mit Büchi-Winterthur ist.

Bei der mechanischen Aufladung ist die ganze Leistung zur Vorverdichtung der Luft von dem aufzuladenden Motor selbst aufzubringen. Allerdings wird dabei ein nicht unwesentlicher — durch die dynamischen Verhältnisse in den Auspuff- und Ansaugeleitungen oft sehr unterschiedlicher — Anteil in der Ladungswechselschleife während des Ansaugehubes des Motors zurückgewonnen.

---

[2] Pfriem: Messung und Berechnung von Kolbentemperaturen von Dieselmotoren. ZVDI 1937, S. 1477. MTZ 1951, Nr. 2. — Hug, K.: Messung und Berechnung von Kolbentemperaturen in Dieselmotoren. Diss. Eidgen. T. H. Zürich: Verlag Gebr. Leemann & Co., Zürich. Steinbuch, K.: Berechnung von Kolbentemperaturen. Ing. Arch. 17 (1940) H. 5. S. 353.

[3] Eine Übersicht über die Entwicklung und die wichtigsten Patente bis 1930 enthält die Arbeit A. Oppitz, „Schiffbau" 1932, Nr. 18/19.

Da das vom Rootslader angesaugte Luftvolumen immer in einem festen Verhältnis zur Motordrehzahl steht, der Spülzeitquerschnitt der Ventile über die Stunde aber konstant ist, so steigt der Aufladedruck nur wenig mit Belastung und Drehzahl. Der Anstieg ist betont bedingt durch die Anlaufperioden der Strömungswiderstände, die mit verschiedenem Gewicht dann unterschiedlich lange Stundenanteile überdecken, und durch die Lufterwärmung im Zylinder, entsprechend seinem belastungbedingten Wärmezustand.

Die Kolbenunterseite der Kreuzkopfmotoren als Aufladepumpe verhält sich als ebenfalls mechanische, fest mit dem Motor gekuppelte Verdängergebläseaufladung wie jene durch das Rootsgebläse. Nur ist hier kaum eine zusätzliche Reibungsleistung zu decken. Die angesaugte Luftmenge und damit auch die Höhe der möglichen Leistungssteigerung ist durch die Hauptabmessungen des Motors selbst vorgegeben, also in der Verwendbarkeit begrenzt. Eine Änderung und damit eine Selbstanpassung an die Leistungssteigerung kann hier nur die später noch zu besprechende gemischte Aufladung durch Vorschalten eines Abgasturboladers bringen[4]. Besondere Aufmerksamkeit erfordert die Abwendung der Explosionsgefahr im ölgeschwängerten Pumpenraum durch Kolbendurchschläger.

Die Abgasturbinenaufladung ist die wirtschaftlichste und interessanteste, aber auch wohl die problemreichste Art der Motoraufladung, die auch für die jüngsten Entwicklungen der Hochladung grundlegend bleibt.

Beschreibung des Prinzipes der Abgasturboaufladung (statische Betrachtung), (Bild 4).

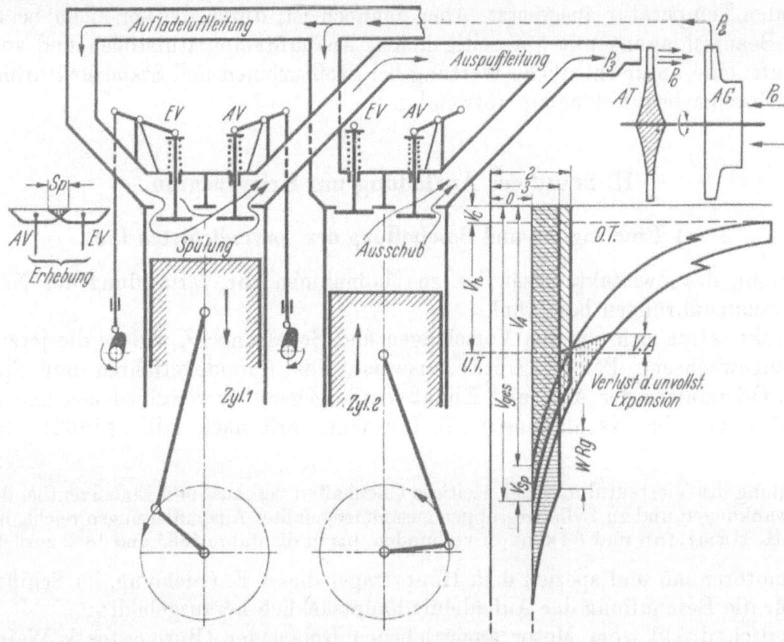

Bild 4. Schema der Abgasturboaufladung des Viertaktmotors. (Nach Schiff und Hafen 1950, Nr. 3.)

Die Zylinder sind gruppenweise zu gemeinsamen Auspuffleitungen zusammengefaßt, damit der Vorauspuffstoß des einen Zylinders nicht gerade in die Spülperiode eines anderen hereinschlägt. Die Auspuffgase beaufschlagen die ungeregelte Abgasturbine, die das Aufladegebläse antreibt. Die Zylinder sind an die allen gemeinsame Aufladeleitung angeschlossen. Die Stellung an Zylinder 1 zeigt die Durchspülung durch die gleichzeitig geöffneten Aus- und Einlaßventile. Der Gegendruck P_3 des Motors wird durch Bemessung des Düsenquerschnittes der Turbine und der Leitung etwas erhöht. Die durch den endlichen Kolbenhub des Motorzylinders unterbrochene Expansion (Verlust durch unvollständige Expansion) wird in der Abgasturbine zu Ende geführt. Der Zwickel unvollständiger Expansion wird durch den angehobenen Gegendruck kleiner und zum Teil in einer Erwärmung der Auspuffgase (Volumenvergrößerung WRg) zurückgewonnen. Der von der Turbine aus der Abgasenergie gewonnenen Arbeit (waagerecht schraffiert) entspricht die im Gebläse zur Vorver-

---

[4] Während der Drucklegung erschien die Arbeit: F. Schmidt, „Die neueste Entwicklung der Großdieselmotoren für die Seeschiffahrt", MTZ 1951, Nr. 4, S. 107, welche einen neuen M A N-einfachwirkenden Zweitakt-Kreuzkopfmotor zeigt, dessen Unterseite als Spülluftpumpe dient.

dichtung aufzubringende Arbeit (schräg schraffiert). Die Drehzahl stellt sich selbständig auf einen Gleichgewichtszustand beider ein, der wesentlich vom Gesamtwirkungsgrad der Aufladegruppe beeinflußt wird.

Übersteigt dabei der Gebläsedruck (P_2) den Auspuffgegendruck (P_3), so ist damit ein Spülgefälle zur Durchspülung des Verbrennungsraumes vorhanden. Dieser Erfolg ist maßgeblich von dem Gesamtwirkungsgrad des Abgasturboladers abhängig, der mit der Leistung des Motors steigt. Die Ventilüberschneidungen von Aus- und Einlaßventil werden zur Steigerung des Spülerfolges gegenüber dem Normalmotor vergrößert. Die Ladungswechselschleife wird bei $P_2 > P_3$ positiv und liefert dann einen immer größer werdenden direkten Leistungsanteil an den Motor. Besonders bei der Hochladung bedingt dies einen wesentlichen Anteil für die dort gemessenen geringen Brennstoffverbräuche.

Zusammenfassung der Vorteile der Abgasturboaufladung:

Deckung der Vorverdichterleistung aus der Abgasenergie,

Selbstanpassung der geförderten Luftmenge an die Motorleistung infolge der treibenden, steigenden Abgastemperatur. Es muß hier unterstrichen werden: Der Motor verlangt nur nach Luftgewicht, die Gebläse hingegen sprechen in ihrer Förderung auf Volumen an. In dieser abzugleichenden Dissonanz der Kopplung von Motor und Gebläse liegen oft große Schwierigkeiten[5].

Sicherstellung der Reinspülung, zunehmendes Spülgefälle und beachtlich positive Ladungswechselschleife mit steigender Motorleistung und Aufladung.

Die Abgasturbine zur Beschaffung der Spül- und Ladeluft wird bereits 1901 durch Aksnes und Knoph erwähnt (DRP. 129083). Die erste, wirklich als Auspuffturbine anzusprechende Ausführung wurde von Churchill und Shann 1912 an einem Einzylinder-Benzinmotor angebaut[6].

Dann geriet sie wohl in Vergessenheit, denn als Rateau während des ersten Weltkrieges die Viertaktmotoren der Großflugzeuge mit Abgasturbinenaufladung versah, die bereits alle heutigen Merkmale einschließlich Rückkühler aufwiesen, und das erste dieser Flugzeuge abgeschossen wurde, konnte man sich diese unter den Trümmern gefundenen Teile zunächst gar nicht nach Zweck und Zugehörigkeit erklären. (Diese Schilderung entstammt dem vor wenigen Jahren verstorbenen Dr. W. G. Noack von BBC/Baden, der damals bei der deutschen Flugzeugmeisterei Dienst tat.) Neben Sherbondy und Moss soll sich auch Körting damals mit dem Abgasturboantrieb beschäftigt haben[6].

Aktuell und zum technischen Bedürfnis wurde die Abgasturboaufladung erst nach dem ersten Weltkrieg, als der Viertakt mit den Zweitakt-Schlitzspülmaschinen in Wettbewerb treten mußte. Diese Zeit erkennend, nahm Brown Boveri, Baden/Schweiz 1926, mit Patenten aus der Kriegszeit von Büchi, Winterthur, diese Entwicklung auf. Hier war es gerade der Schiffsbetrieb, welcher dieser Neuerung Interesse und Verständnis entgegenbrachte.

Die ersten solcher Anlagen kamen auf den Ostpreußenschiffen „Hansestadt Danzig" und „Preußen" als Zusatzanlagen bei Fahrplanverzögerungen zur Anwendung. Als wirkliche Aufladeanlage folgte das MS. „Raby Castle" (1928). Besonders die englischen Reedereien mit den Motoren der Lizenznehmer von Burmeister & Wain und Werkspoor erstellten den größten Teil solcher Anlagen bis zu den beachtlichsten Neubauten (wie „Llangibby Castle" [1929], „Reina del Pacifico" usw.). Der Grund dafür dürfte nicht zuletzt darin zu suchen sein, daß mit Ausnahme von Doxford-Motoren, die damals noch nicht ihre heutige Reife hatten, England keine landeigenen Schiffsmotorenkonstruktionen hatte und sich der im Fluß befindlichen Zweitaktentwicklung gegenüber zunächst abwartend verhielt.

Deutschland hingegen war mit seinen ausgereiften langsamlaufenden Viertaktkonstruktionen und seinen an Boden gewinnenden Zweitaktern in dieser Zeit allgemeinen Aufbaues nach dem verlorenen Krieg in einer anderen Lage. Die deutschen Firmen, vor allem vertreten durch die Germaniawerft und MAN wandten sich besonders der Abgasturboaufladung in Verbindung mit schnellaufenden Viertakt-Tauchkolbenmotoren zu.

Aus diesen Jahren sei hier besonders die Germaniawerft-Motorenanlage mit BBC-Abgasturboladern für die beiden dieselelektrisch angetriebenen finnischen Küstenpanzerschiffe in Erinnerung gerufen (1932).

Der erste Abgaskessel hinter einer Abgasturboaufladung wurde auf dem Motorschiff „Llangibby Castle" eingebaut (1929).

Auch Rateau schaltete sich in diesen Entwicklungsjahren der Abgasturboaufladung noch einmal in Zusammenarbeit mit Burmeister & Wain auf den Motorschiffen „Agamemnon" und „Menestheus" ein.

Im Triebwagenmotorenbau u. ä. konnte BBC/Büchi die Weiterentwicklung besonders mit Motoren von Maybach fördern, die zur betonten Ausführung der Stoßturbinen führte (1932)[7].

Ein weiteres Anwendungsgebiet fand die Abgasturboaufladung auch bald in der Aufladung stationärer Anlagen in großen Meereshöhen, um den Leistungsverlust der geringen Luftdichte gegenüber Normalaufstellungen auszugleichen.

Die Jahre 1934/35 dürften wohl etwa im großen den Abschluß zu einer gewissen Reife der Abgasturboaufladung im Viertakt-Schiffs- und stationären Motorenbau kennzeichnen, die seither bei den unterschiedlichsten Motoren und Zwecken Verwendung findet[8]. Die Abgasturboaufladung im Flugmotorenbau ging entsprechend den teilweise anderen, oft auch spezielleren Voraussetzungen und Forderungen, mehr eigene Wege[9].

---

[5] Zinner, K.: Die Aufladung von Viertakt-Dieselmotoren. MTZ 1950, Nr. 3, S. 63.

[6] ZVDI 1919, S. 418. Motorwagen 1922, Sept. 1926, S. 664. Offermann, Riesenflugzeuge. Anxionnaz, M. R., Bull. Techn. Societé Rateau 1930, Nr. 149, April. The Engineer 1912, Aug. S. 23.

[7] Noack, W. G.: BBC-Mitt. 1941, Nr. 8/9.

[8] Egg, Th. Brown Boveri: Abgasturboaufladung von heute. BBC-Mitt. 1950, Nr. 11.

[9] Schmidt, F. A. F.: Verbrennungskraftmaschinen. Verlag Oldenbourg 1950.

b) Allgemeine Betriebsergebnisse um Kriegsbeginn.

Die Leistungssteigerungen des Viertaktmotors bewegten sich in den Jahren um Kriegsbeginn um 40 bis 60% bei Aufladedrücken von 0,3 bis 0,4 atü.

Die kennzeichnenden Brennstoffverbrauchskurven dieser Motoren bei verschiedenen Laderantrieben zeigt Bild 5 unten. Die Verbesserung gegenüber dem unaufgeladenen Motor ist zu buchen auf:

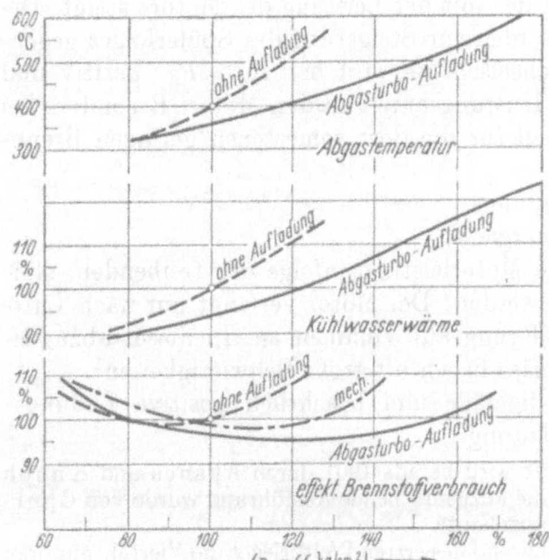

Bild 5. Betriebskurven von Auflade-Viertaktmotoren
um Kriegsbeginn.

die größere Gemischreinheit durch die Ausspülung der Restgase,

die besseren Verhältnisse für die Gemischbildung und Verbrennung durch die größere Verwirbelung und die erhöhten Zünddrücke, und

bei höheren Aufladegraden und günstigen Abgasturbolader-Wirkungsgraden teilweise auf die positive Ladungswechselschleife.

Die Brennstoffverbräuche der mechanischen Aufladung liegen natürlich etwas höher als bei der Abgasturboladung, da die Vorverdichterleistung bis auf einen Rückgewinnanteil aus der Ladungsschleife vom Motor selbst aufgebracht werden muß. Die Unterschiede bleiben aber innerhalb der üblichen 5prozentigen Toleranz.

Die Abgastemperatur- und Kühlmittelwärmekurven (Bild 5 oben) zeigen, nach zuvor begründetem über die Wärmebelastung, einen langsameren Anstieg als bei unaufgeladenen Motoren und erreichten deren Werte erst bei etwa 25% Leistungssteigerung, je nach Kühlung der Bauteile und Luftdurchsatz.

III. Das letzte Jahrzehnt und die Entwicklung zur Hochladung.

Aus den **Forderungen des Krieges** erwuchsen zunächst dem Aufladebetrieb der Viertaktmotoren im sogenannten „Schnorchelbetrieb" der U-Boote technisch interessante Aufgaben. Hier waren größte Motorleistungen wirtschaftlich bei Überwasserfahrt zu beherrschen. Im Schnorchelbetrieb (Bild 6a) traten durch die beiden Motoren gemeinsame und etwa $^3/_4$ m unter dem Wasserspiegel austretende Abgasmastleitung (8) Gegendrücke von 0,6 atü und mehr auf. Der Raum, aus dem beide Motoren schon wegen der Belüftung saugten, erhielt die Frischluft durch eine Mastleitung (9), die ein Schwimmerventil bei Unterschneidungen im Seegang abschließt. Die sich im Motorenraum einstellenden Unterdrücke waren 0,1 at und sollten aus physiologischen Gründen 0,12 at nicht überschreiten.

Für diese nicht leichten Forderungen auch großer Schnorchelleistungen kamen von den möglichen Betriebsschaltungen zwischen den beiden Hauptmotoren, der Propellerfahrt und dem Akku-Betrieb bei Schnorchelfahrt, praktisch nur drei Schaltungen in Frage:

beide Motoren arbeiten auf die Propeller,

ein Motor arbeitet auf Propeller, der andere auf Akku-Ladung,

ein Motor auf Propeller und gleichzeitig Akku-Ladung, der andere stop.

Eine Vorstellung von den sich damals einstellenden Betriebsverhältnissen gibt die nachfolgende Tabelle 1:

Tabelle 1.

Schaltung[1] Maschinen arbeiten auf	1 Prop.	2[2] Prop.	3[2] 1× Prop.	1× Akku	Überwasser-Normalleistung mit mechan. Rootsgebläse-Aufld. 1470 PS, $n = 470$
Drehzahl	390	370	340	400	[1] Keine Nockenrückstellung, ruhige See, keine Unterschneidungen im Seegang
Leistung PS.............	1260	2×830	900		
Ansauge-Unterdruck ... at	0,05	0,18	0,15		
Abgas-Gegendruck ... atü	~ 0,4	~ 0,8	~ 0,9		[2] Beide Maschinen in Betrieb
Auflade-Überdruck... atü	0,56	0,73	0,73[3]	0,77[3]	[3] Erklärt durch die unterschiedlichen Drehzahlen.

Der Luftschnorchel gehört wohl zu den ältesten Spähertricks der sich bekriegenden und beargwöhnenden Menschheit. Besondere Voraussetzungen dafür bieten die südlichen und tropischen Länder, einmal durch die landschaftliche Beschaffenheit und Gestaltung, dann aber durch die immer damit verbundene auch charaktereigene Kriegsweise der Bewohner. Schon in alten Geschichtsschreibungen wird von im Schilf der Gewässer versteckten Spähern und Lauschern geheimer, nächtlicher Zusammenkünfte berichtet, die bei Gefahr den Kopf unter die Wasserfläche duckten, dabei nur den „Plumps" und die Wasserkreise eines springenden Fisches hinterließen und durch einen Halm von oben atmeten.

So ist es sicher auch kein Zufall, daß aus diesen Kolonialerfahrungen gerade die Holländer ein U-Boot mit einem Luftschnorchel ausstätteten, das, in Küstennähe auf Grund liegend, so die Lufterneuerung des Bootes sicherte. Bei der Besetzung Hollands wurde im Hafen von (nach Erinnerung des Berichters) Rotterdam erstmals ein solches, dort selbstversenktes, U-Boot gehoben.

Erst als die alliierten Peileinrichtungen in der zweiten Kriegshälfte den deutschen U-Booten hart zusetzten, erinnerte man sich der in diesem Schnorchel enthaltenen Entwicklungsmöglichkeiten, die bis dahin nur eine passive Kriegslist war. Es wurde jetzt der Schnorchel zur aktiven Einrichtung, um den Motorbetrieb unter Wasser zu ermöglichen und so die eng begrenzte Unterwasserfahrt des Akku-Betriebes zu durchbrechen. Dies stand zu Kriegsende in voller und aussichtsreichster Entwicklung.

Diese Entwicklung war in Deutschland mit den Firmen Krupp-Germaniawerft und MAN verbunden, zu welchen noch in einer Arbeitsgemeinschaft die M.W.M traten.

Zur Lösung dieser gestellten Aufgaben wurden folgende Wege begangen:

Die reine Abgasturboaufladung für die Überwasserfahrt wird auch für den Schnorchelbetrieb unverändert beibehalten, nur werden hier vermittels der Umsteuerung Nocken ohne Spülüberdeckung zum Arbeiten gebracht (MAN).

Die Germaniawerft hingegen entwickelte aus ihrem damals erfolgreich eingeführten U-Bootsmotorentyp mit organisch angebautem Rootslader die „Doppelaufladung". Dazu wurde ein Abgasturbolader als erste Stufe diesem Rootslader vorgeschaltet[10]. Eine Nockenumstellung im Schnorchelbetrieb ist jetzt nicht notwendig, so daß die Umsteuerung ihrem ursprünglichen Zweck erhalten bleibt.

Die gegensätzlichen Verhältnisse beider Wünsche möglichst zu vereinen, große Über- und

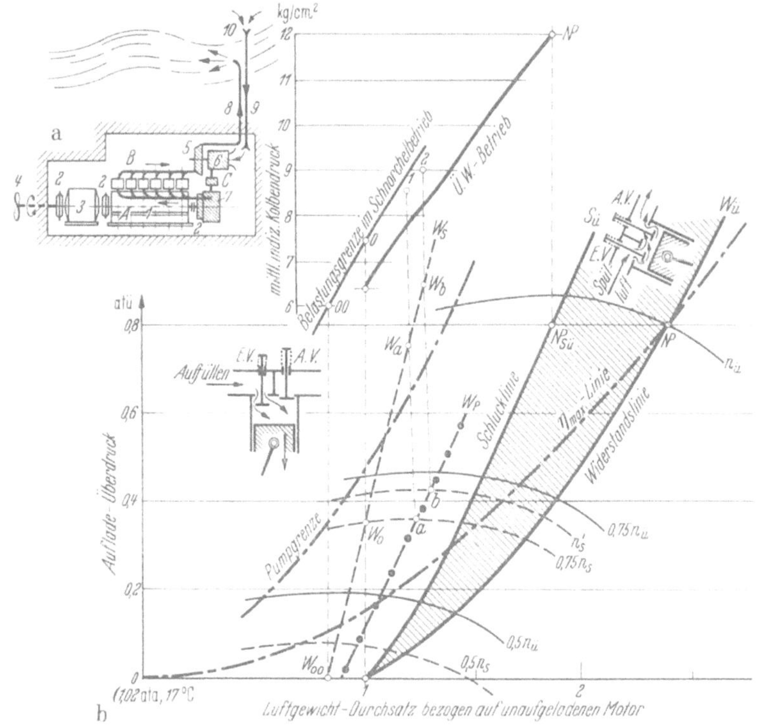

Bild 6. Schnorchelbetrieb mit Zuschalt-Verdrängergebläse.

a) Anordnung: 1 Motor, 2, 3, 4 Kupplung, Dynamo, Propeller, 5 Abgasturbine, 6 Kreiselgebläse zu 5, 7 Zuschalt-Verdrängergebläse, 8 Abgasmastleitung, 9 Ansaugluft-Mastleitung, A Aufladeluftleitung, B Abgasleitungen, C Umschalt- und Umgehungsklappe der Luftleitung.

b) Diagrammdarstellung. Da der Motor auf Luftgewicht anspricht, ist es einfacher und anschaulicher, die Luftmengen in kg/h einzuführen. Die Schlucklinie wird bestimmt durch das Verbrennungsluftgewicht im Zylinder (G_{zyl}). Die Widerstandslinie setzt sich um den Spülluftdurchsatz ΔG an die Schlucklinie an und bestimmt den Gesamtluftdurchsatz $G = G_{zyl} + \Delta G$.

Unterwasser-Motorleistung unter Ausnutzung der Vorteile des Abgasturboladers und jener des Verdrängergebläses, führt über den Vorschlag der Verkleinerung des Rootsladers und Zuschaltung eines zweiten, im Parallelstrom bei hohen Gegendrücken, zur nachfolgend beschriebenen Schaltung. An dieser soll auch das Zusammenspiel solcher Zuschaltungen erläutert werden (Bild 6).

Zur reinen Abgasturboaufladung (Bild 6a, Teil 5, 6) des Überwasserbetriebes wird im Schnorchelbetrieb bei größeren Gegendrücken und hohen Leistungsforderungen ein vom Motor mechanisch angetriebener Rootslader (7) als zweite Druckstufe nachgeschaltet, ohne daß eine Nockenumstellung erfolgt.

Im reinen Abgasturbolader-Schnorchelbetrieb verschiebt sich ·die Widerstandslinie des Überwasserbetriebes ($W_{ü}$, Bild 6b) durch den Gegendruck und Unterdruck nach links gegen die Pumpgrenze (Widerstandslinie W_s). Die Turboladerdrehzahl sinkt jetzt auf z. B. 0,75 n_s. Im Schnittpunkt

[10] Oppitz, A.: Zur Hochaufladung der Dieselmotoren. MTZ. 1947, Nr. 3/4.

dieser Kennlinie mit der W_s-Linie ergibt sich der Betriebspunkt W_0, mit der dann möglichen Motorleistung an der Belastungsgrenze 0.

Das Zuschalten des Rootsladers macht dessen Füllungsvolumen zum Auffüllwiderstand für den Turbolader, die nach rechts rückt (Widerstandslinie W_p). Bei gleicher Turboladerdrehzahl wie zuvor, ergäbe sich nun Betriebspunkt a für den Turbolader. Der Rootslader verdichtet nun weiter auf die Motorwiderstandslinie W_s im Pkt. W_a mit der Motorleistung Pkt. 1. Nun aber steigt jetzt durch die geänderten Gleichgewichtsverhältnisse der größeren Abgasenergie auch etwas die Turboladerdrehzahl auf n_s', so daß vom Betriebspunkt b des Turboladers der Rootslader auf W_b verdichtet und die Motorleistung 2 erreicht werden kann.

Übersteigt nun aber bei der Zuschaltung der Aufladedruck hinter dem Rootslader den Gegendruck, so tritt wieder Spülung ein und die Widerstandslinie des Motors weicht von Spülbeginn an von W_s nach rechts aus, etwa wie die eingezeichnete Linie der Pumpgrenze in ihrem Verlauf rechts von W_s. Dadurch steigt nun weiter die Turboladerdrehzahl, und die Betriebspunkte im p_i-Bild (oberer Bildteil 6b) rücken immer näher an die p_i-Kurve des Überwasserbetriebes (ÜW). Noch günstiger gestalten sich die Verhältnisse, wenn die Anlage etwa nach einer Propellerkurve hochgefahren wird.

Die Entwicklung zur Hochladung. Mit dem betriebsreifen Stand der Aufladung um Kriegsbeginn hatte der Viertakt mehr als nur den Anschluß an den Zweitakt erreicht. Die Leistungssteigerungen aufgeladener Viertaktmotoren ließen dabei nicht erkennen, daß die vergrößerten Mengen eingebrachten Brennstoffes die erforderlichen Bedingungen für ihre Verbrennung nicht mehr grundsätzlich vorfinden würden. Die Begrenzung bildete eigentlich immer die Abgastemperatur vor der Turbine hinsichtlich der Warmfestigkeit der Beschaufelung und des Laufrades. Schon in den Anfängen der Abgasturboaufladung waren gelegentlich Leistungssteigerungen von 100% erreicht worden. Gegen Kriegsende wurden bei den U-Bootsmotoren der, damals Hochaufladung genannten, Entwicklung bereits mittlere Drücke von 10 bis 12 kg/cm² gefahren[5,10,11].

Diese günstigen Erwartungen aus früheren gelegentlichen Leistungsspitzen aufgeladener Motoren und die Ergebnisse bisheriger Hochaufladeversuche wurden nach dem Kriege planmäßig für den Dauerbetrieb weiter entwickelt[12].

Bei der nun in Fluß befindlichen Entwicklung zur Hochladung der Motoren sind verstärkt die Forderungen zu beachten:

Notwendigkeit der Zwischen- und Rückkühlung der Ladeluft, und

Sicherstellung eines großen Luftdurchsatzes zur Herabsetzung der Wärmebelastung und der Abgastemperatur, auch mit Rücksicht auf die Abgasturbine.

Zur Rückkühlung der Ladeluft (Bild 7). Die Leistung hängt von dem im Zylinder zur Verbrennung verfügbaren Luftgewicht ab. Die Leistung ist also bei gleichem Ladedruck etwa verhältig der Lufttemperatur im Zylinder. Diese Lufttemperatur wird — abgesehen von jener des Ansaugezustandes — bestimmt durch:

die Temperatursteigerung im Verdichter,

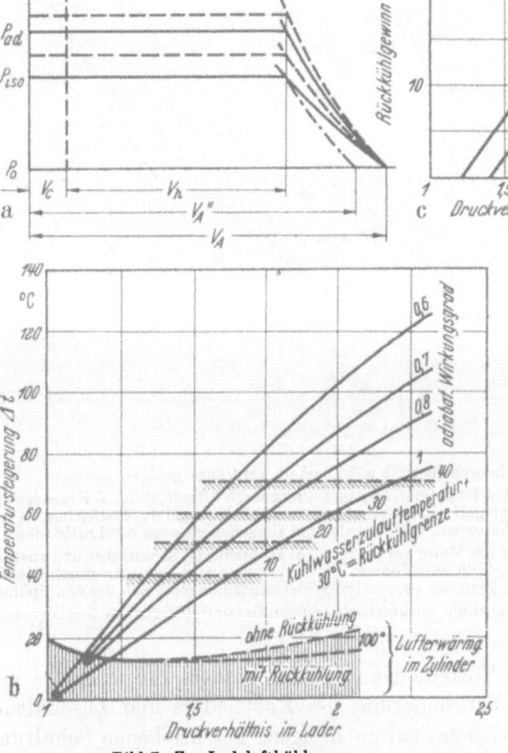

Bild 7. Zur Ladeluftkühlung.

a) Arbeitsdiagramme zur Luftverdichtung bei verschiedenen Verdichtungsexponenten.

b) Temperaturzunahme der Luftverdichtung bei verschiedenen adiabatischen Wirkungsgraden und Erwärmung der Luft im Zylinder. Rückkühlgrenzen bei verschiedenen Kühlwasserzulauftemperaturen.

c) Rückkühlgewinn bei verschiedenen Druckverhältnissen und Kühlwassertemperaturen.

---

[11] Sörensen, E.: Diskussionsbeitrag zu Vortrag Sass: Jahrb. STG Bd. 44 (1950).

[12] Sass, F.: Neuere Schiffsdieselmotoren des Auslandes. Jahrb. STG 1950 (Bd. 44). VDI-Nachr. 1951, Nr. 3. MTZ 1951, Nr. 1. R. Feiss, E. Sörensen, K. Zinner: Congres international des moteurs, Paris, Mai 1951.

den zusätzlichen äußeren Wärmeeinfall (z. B. durch unmittelbare Nähe heißer Abgasturbinen-
wandungen) und

durch die Wärmeaufnahme im Zylinder selbst.

Je nach dem Exponenten der Luftverdichtung sind für gleiches Luftgewicht im Zylinder — entsprechend etwa gleichem Ansaugevolumen (V_A) — verschiedene Aufladedrücke erforderlich
(Bild 7a). Aufladedruck bedeutet aber durch die ja einmal eintretende Begrenzung des Höchst-
druckes eine Beeinträchtigung der Drucksteigerung während der Zündung und Verbrennung; dann
aber bei gleicher verbrannter Brennstoffmenge ein kleineres Expansionsverhältnis, also höhere
Enddrücke und Temperaturen. Umgekehrt aber bedeutet der verschiedene Verdichtungsexponent
bei gleichem Ladedruck verschiedene Luftgewichte (V_A'' gegen V_A) im Zylinder, also verschieden
große Zylinderleistung.

Der Kolbenverdichter durch seine Kühlmöglichkeit (Mantel- und Deckelkühlung) führt schon
während der Verdichtung Wärme ab und liefert daher die niedersten Endtemperaturen.

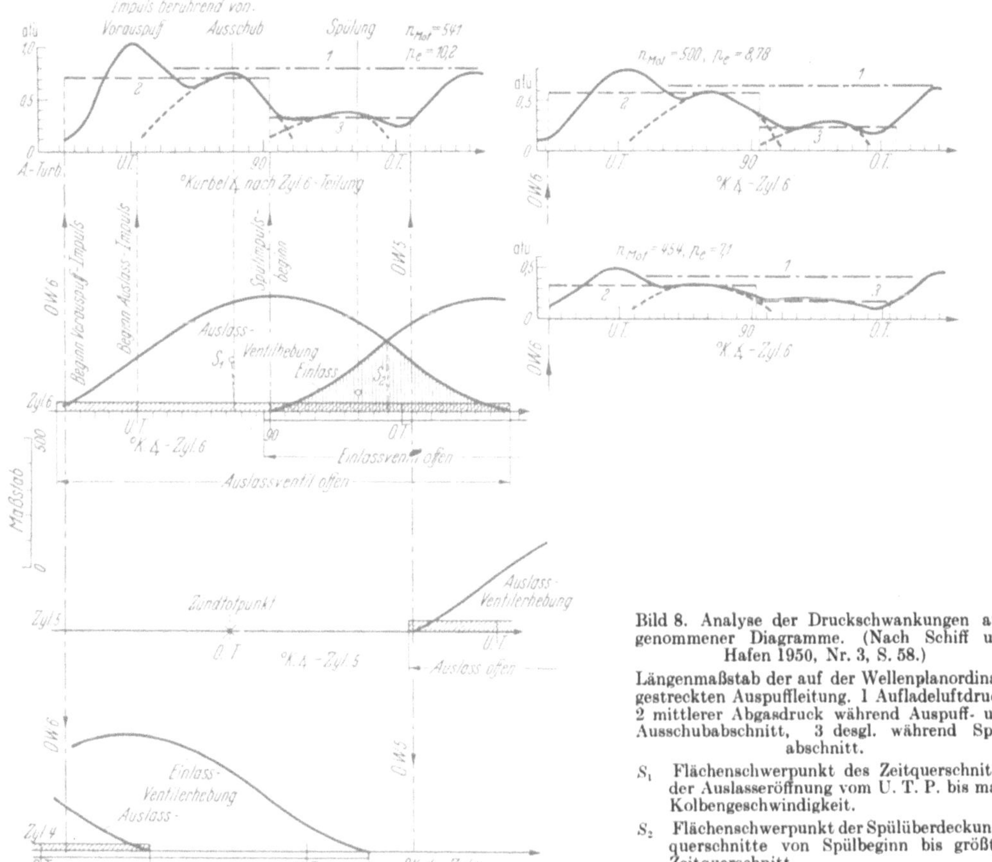

Bild 8. Analyse der Druckschwankungen aufgenommener Diagramme. (Nach Schiff und
Hafen 1950, Nr. 3, S. 58.)
Längenmaßstab der auf der Wellenplanordinate
gestreckten Auspuffleitung. 1 Aufladeluftdruck,
2 mittlerer Abgasdruck während Auspuff- und
Ausschubabschnitt,   3 desgl. während Spül-
abschnitt.

S_1 Flächenschwerpunkt des Zeitquerschnittes
der Auslasseröffnung vom U. T. P. bis max.
Kolbengeschwindigkeit.

S_2 Flächenschwerpunkt der Spülüberdeckungs-
querschnitte von Spülbeginn bis größten
Zeitquerschnitt.

Der Aufwand eines Rückkühlers ist betriebstechnisch und baulich berechtigt, wenn die Kühlwasserzulauftemperatur etwa 30 bis 40°C unter der Verdichtungsendtemperatur liegt[13]. Diese Grenzen
sind für verschiedene Kühlwassertemperaturen und adiabatische Wirkungsgrade der Verdichtung
in Bild 7b eingetragen. Mit den im unteren Bildteil eingezeichneten ungefähren Temperatur-
zunahmen durch die Lufterwärmung im Zylinder ergibt sich der Gewinn an Ladegewicht nach
Bild 7c. Bei etwa 0,5 atü Aufladedruck und 30° C Kühlwasserzulauftemperatur läßt sich also die
Leistung durch Rückkühlung um etwa 6% steigern.

Zur Forderung großen Luftdurchsatzes. Dazu müssen zunächst einmal die Vorgänge in der Abgasleitung kurz gestreift werden. Die statische Betrachtung, wie sie auch bei der Erklärung der Abgasturboaufladung schematisiert wurde (Bild 4), trifft durch die intermittierende Arbeitsweise des
Motors nicht zu.

---

[13] Stahel, R.: Die Leistungssteigerung von Viertakt- und Zweitakt-Dieselmotoren durch Brown-Boveri-
Abgasturbolader. BBC-Mitt. (Baden/Schweiz) 1950, Nov., Nr. 11.

8*

Die Analyse der Grundform aufgenommener Diagramme vermittels des Wellenplanes der Anlage (Bild 8) zeigt drei Hauptschwankungen, die herrühren von:

dem Vorauspuffstoß der plötzlich in die Leitung stürzenden Gasmassen,

dem Ausschubimpuls, und

dem Spülimpuls.

Der Höchstwert der beiden letzten liegt für den Ausschubimpuls etwa im Flächenschwerpunkt der Auslaseröffnung vom U. T.-Punkt bis zur größten Kolbengeschwindigkeit gerechnet (etwas nach Hubmitte), für den Spülimpuls liegt er im Flächenschwerpunkt der Überdeckung der Aus- und Einlaseröffnung bis zu ihrem Größtwert etwa um O. T. P.

Der Vorauspuffimpuls wächst mit der Öffnungsgeschwindigkeit des Auslaßventiles und dem Expansionsenddruck, d. h. der Leistung. Sein Höchstwert nähert sich mit beiden immer mehr der kritischen Ausströmzeit der Verbrennungsgase aus dem Zylinder.

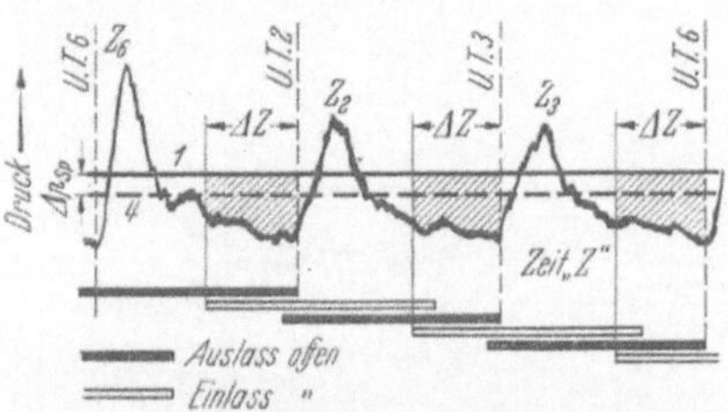

Bild 9. Oszillogramm des Auspuffdruckes.
(Nach MTZ 1950, S. 58.)

Diese Grundform zeigen auch die mit Oszillographen aufgenommenen genauen Diagramme, wofür Bild 9 eine Vorstellung gibt.

Für die Ermittlung der Grundformen, welche noch durch Reflexionswellen je nach Leitungsanordnung verändert werden können, sei besonders auf das erst kürzlich bekanntgewordene Verfahren von Jenny hingewiesen[14]. Für Zweitaktmaschinen vereinfacht sich die Berechnung durch den Fortfall des Ausschubimpulses.

Die Energiebilanz solcher intermittierend ausgelöster Druckschwankungen zeigt nun unter Berücksichtigung des mit dem Druckgefälle auch veränderlichen Turbinenwirkungsgrades, daß der ausnutzungswürdigste Teil der Druckschwankungen bei den bisherigen Aufladedrücken ($\sim 0{,}5$ atü) nur bis etwa zum Einsetzen der Spülung geht. Vor allem der Vorauspuffimpuls ist dann stärkstens daran beteiligt[15].

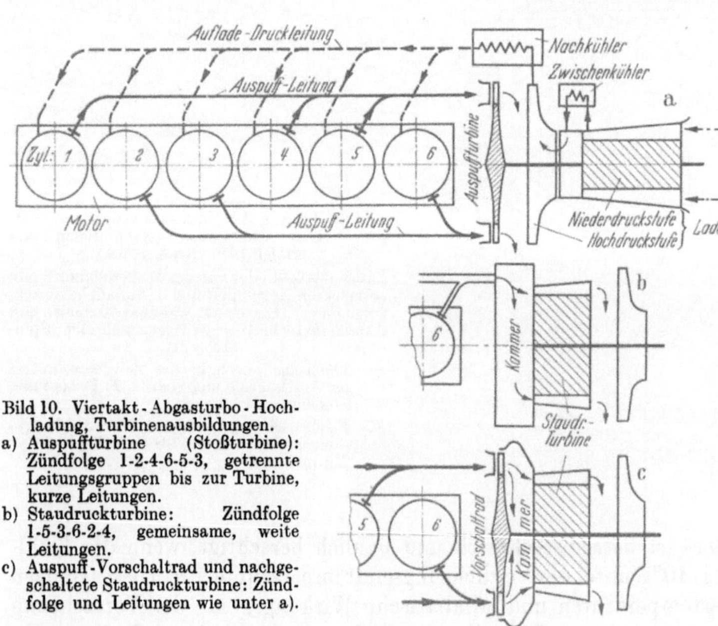

Bild 10. Viertakt-Abgasturbo-Hochladung, Turbinenausbildungen.
a) Auspuffturbine (Stoßturbine): Zündfolge 1-2-4-6-5-3, getrennte Leitungsgruppen bis zur Turbine, kurze Leitungen.
b) Staudruckturbine: Zündfolge 1-5-3-6-2-4, gemeinsame, weite Leitungen.
c) Auspuff-Vorschaltrad und nachgeschaltete Staudruckturbine: Zündfolge und Leitungen wie unter a).

Die Forderung der Hochladung nach großem Luftdurchsatz bringt nun auch ganz wesentlich steigende Abgasmengen, höhere Vorauspuffdrücke im Zylinder, aber auch ein Ansteigen des ganzen Druckniveaus in der Auspuffleitung, wodurch der Verlust durch unvollständige Expansion wieder abnimmt. Damit erhebt sich die Frage nach der Anordnung und Zusammenfassung der Auspuffleitung in Zusammenarbeit mit der Bauart der Abgasturbine zur Ausnutzung der Abgasenergie und nach der Ausbildung der Druckschwankungen nach Form und Phase im Hinblick auf die Einschaltung einer erfolgreichen Spülperiode. Es wird also das ganze Bild der Energieverteilung bei der Hochladung im Hinblick auf Turbine und Motor zu untersuchen notwendig.

Bild 10 a, b, c zeigt schematisch nun verschiedene Anordnungen, wie sie bei der Hochladung

---

[14] Jenny, E.: Eindimensionale instationäre Strömung unter Berücksichtigung von Reibung, Wärmezufuhr und Querschnittsänderung. BBC-Mitt. (Baden/Schweiz) 1950, Nr. 11 (Nov.), S. 447.

Jenny, E.: Die Verwertung der Abgasenergie beim aufgeladenen Viertaktmotor. BBC-Mitt. (Baden/Schweiz) 1950, Nr. 11 (Nov.), S. 433.

[15] Oppitz, A.: Wissenschaftliche und konstruktive Überlegungen des Motorenbaues angewendet auf den Schiffsdampfmaschinenbau. Schiff und Hafen 1950, Nr. 3, S. 57.

infolge dieser zu erwartenden verschiedenen Druck- und Energieverhältnisse einmal diskutiert werden müssen, und zwar:

a) Auspuff- oder Stoßturbine, wie sie bei den bisherigen Leistungssteigerungen nach BBC/Büchi in Anwendung ist. Diese stellt sich zur Sicherstellung einer intensiven Durchspülung auf große Druckschwankungen ein und nutzt hauptsächlich den Vorauspuff- und Ausschubimpuls aus. Dazu werden kurze und zu Zylindergruppen zusammengefaßte getrennte Leitungen zur Turbine angeordnet[7, 16]. Die Diagramme hinter den Zylinder und vor der Turbine sind nur wenig verschieden (Bild 11a).

b) Staudruckturbine: Durch Bemessung der Turbinendüsenquerschnitte und gemeinsame, große Auspuffleitungen wird der Abgasdruck aufgestaut und die Druckschwankung geebnet. Hier wird die gesamte Welle über die ganze Periode im Sinne einer Gleichdruckturbine zur Leistungsausbeute verarbeitet. Die Diagramme an den Zylindern und vor der Turbine sind hier sehr verschieden (Bild 11a).

c) Kombination von a) und b): Vorschaltrad zur Nutzung des Stoßimpulses und nachfolgende Gleichdruckstufe (Staudruckturbine), welche die gestauten und geebneten Druckschwankungen beider Leitungsgruppen weiter verarbeitet. Hier führen also wie bei a) zunächst getrennte, kurze Leitungen von Zylindergruppen bis zum Vorschaltrad, hinter dem sich die Gase beider Leitungsgruppen in der Kammer vereinen und durch die Staudruckturbine wie unter b) über die ganze Periodendauer weiter expandieren. Die Diagramme hinter Zylinder und vor dem Vorschaltrad sind nur wenig verschieden, aber unterschiedlich von jenem in der Kammer (Bild 11a).

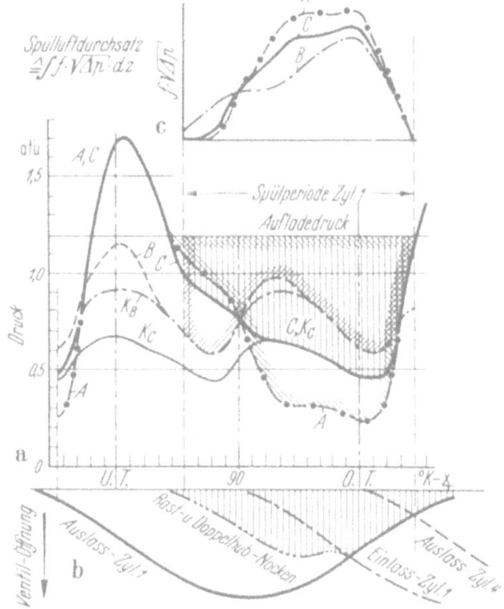

Die Ergebnisse (bei Unterdrückung der Feinheiten) zeigt für eine 6-Zylinder-Viertakt-Anlage $p_e = 15$ kg/cm², $n = 450$, Aufladeüberdruck $\Delta p_2 = 1,2$ atü das Bild 11. Gemäß dem Verlauf der Druckschwankungen (Bild 11a) läßt sich die Spülperiode bei allen drei Anordnungen (Bild 10) grundsätzlich über die gleiche Dauer einschalten und durch Rast- und Doppelhubnocken für das Einlaßventil verwirklichen und ausnutzen (Bild 11b). Die Spülperiode wird dadurch weit in den Ausschubhub vorgezogen. Durch den speziellen Druckverlauf im Zylinder kann das Einsetzen der Spülperiode wohl etwas unterschiedlich sein, was aber weitgehend abgeglichen werden kann.

Für den Spülluftdurchsatz kommt es aber auf den Verlauf von „Zeitquerschnitt mal Wurzel aus dem Spüldruckgefälle" an. Wie dieser nach Bild 11c zeigt, sind da Anordnung Bild 10a und c etwa

Bild 11. Rechnungsergebnisse zu Bild 10.
a) Druckschwankungen in den Leitungen: A — . — . zu a) hinter Zylinder 1 etwa gleich vor Turbine; C ——— zu c) hinter Zylinder 1; B ------- zu b) hinter Zylinder 1; K_B — . — . zu b) in Turbinenkammer; K_C ——— zu c) in Turbinenkammer hinter Vorschaltrad.
b) Spülquerschnitte.
c) Spülluftdurchsatz.

gleichwertig, während Anordnung Bild 10b doch schon merklich abweicht. Aber, und dies ist wieder Anordnung Bild 10b gegenüber 10a und 10c als gut zu buchen, die wirksame Durchspülung setzt durch das schon zu Beginn der Spülperiode größere Spüldruckgefälle tatsächlich bereits mit der Einlaßventileröffnung ein. Das Auspuffen eines Zylinders in die Spülperiode eines anderen bleibt hier auch schon ohne großen Einfluß, wenn der weite Auspuffkrümmer am Zylinder nicht zu kurz in die Sammelleitung mündet (Kurve B, Bild 11a). Mit noch höher werdendem Spül- und Auspuffdruck, wobei der letztere nicht im gleichen Maße wächst, verschwindet die jetzt noch sichtbare Unterlegenheit der Anordnung Bild 10b gegenüber 10a, c immer mehr.

Mit steigender Hochladung nimmt durch den steigenden Auspuffdruck die im Vorauspuff mitgeführte Energie ab.

Hier erscheint es nun auch schon deutlich, daß bei der Hochaufladung die positive Ladungswechselschleife einen schon merklichen Anteil zur Motorleistung liefert, der in einer ebensolchen Verbesserung des Brennstoffverbrauches merkbar ist.

---

[16] Büchi, A.: Die entscheidenden Merkmale der Büchi-Abgasturbinenaufladung von Verbrennungsmotoren. MTZ. 1939, S. 198/199.

Das in der Turbine verarbeitete Energiegefälle entstammt:

Bei Anordnung Bild 10a mit Stoßturbine der verbliebenen Vorauspuffstoßgeschwindigkeit und dem Druckgefälle unter der Kurve A, Bild 11a bis etwa 90° K $\sphericalangle$.

Bei Anordnung Bild 10b mit Staudruckturbine dem Druckgefälle vor Turbine unter Kurve K_B.

Bei Anordnung Bild 10c für das Vorschaltrad der Stoßgeschwindigkeit wie unter a und dem Druckgefälle zwischen Kurve C und K_c; für die nachgeschaltete Staudruckturbine dem Druckgefälle unter Kurve K_c des Bildes 11a.

Bei den Ausführungen a und c Vorschaltrad hat die Beschaufelung die stark unterschiedlichen Eintrittsgeschwindigkeiten zu verarbeiten. Abrundung der Eintrittskanten trägt hier zur Minderung der Stoßverluste und Strahlablösung Rechnung[15],[17].

Die Abgrenzung der Anordnungen dürfte etwa folgend zu beschreiben sein:

In den unteren Aufladebereichen Turbinenbauart nach 10a.

In den mittleren bis etwa 1,5 atü Aufladeüberdruck löst dann Anordnung 10c, die kombinierte Turbine, die Anordnung 10a, die alleinige Auspuffstoßturbine, ab.

In den ausgesprochenen Hochladebereichen, also etwa über 2 atü Aufladedruck, übernimmt die Aufgabe besser die Staudruckturbine nach Anordnung 10b.

Gleichzeitig ist aber die Wahl der Turbinenbauart auch sehr abhängig von dem Stand der Erfahrungen hinsichtlich der Beschaufelung solcher Stoßturbinen und der Treffsicherheit der Vorausberechnung der zu erwartenden Druckverhältnisse in den Leitungen.

Der Zweitakt von der Nachladung zur Hochladung und zum Treibgaserzeuger. Beim Zweitakt erfolgt der gesamte Stoffaustausch nur vermittels der Durchspülung des Arbeitszylinders. Die Entwicklung der Spülverfahren ist hier schon auf eine möglichste Restgasfreiheit, also auf größtes Luftgewicht zu Beginn der Verdichtung ausgerichtet.

Der Erhöhung des Luftgewichtes im Zylinder über dieses spezifisch spültechnisch Mögliche dienen:

Als erste Maßnahme die Vermeidung der Nachexpansion aus dem Zylinder nach Abschluß der Spülschlitze (Bild 3). Dies kann teils schon unmittelbar mit dem Spülverfahren verbunden sein [Sulzerspülung, geschränkte Kurbeln der Doppelkolbenmotoren (Doxford, Junkers, Burmeister & Wain), ventilgespülte Motoren oder vermittels eigener Zusatzeinrichtungen (Nachladeschieber MAN)]. Erinnert sei auch hier an die dynamische Nachladung bei 4-Zylinder-Zweitaktmotoren durch die sich ausbildenden Druckschwankungen in der Auspuffleitung.

Die weitere Vergrößerung des Luftgewichtes im Zylinder selbst, durch unmittelbare Erhöhung des Spülluftdruckes oder ein Nachladen durch solche am Ende der Spülperiode (Sulzer).

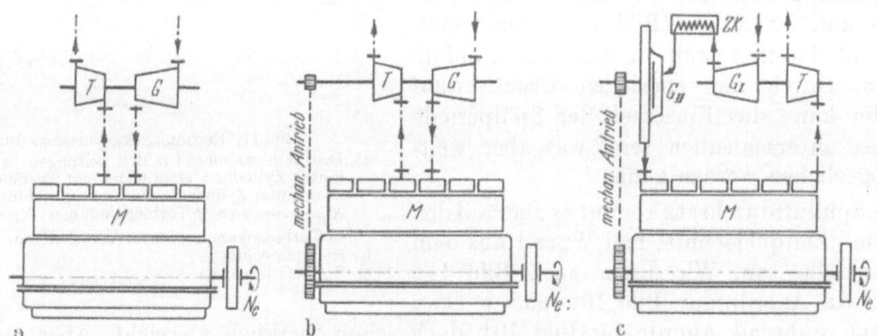

Bild 12. Zweitakt-Hochladeschaltungen.
a) Reiner Abgasturboantrieb des Spülgebläses
b) mechanischer und Abgasturboantrieb des Spülgebläses.
c) Schaltung „Curtis": I. Stufe Abgasturbolader, II. Stufe mechanischer Laderantrieb.

Sieht man von den wenigen Sonderfällen (K a d e n a c y usw.) ab, die nur vermittels dynamischer Erscheinungen in den Leitungen die Durchspülung der Zylinder bestreiten, so ist vom Moment des Anfahrens an immer die Spülluft durch äußere Hilfe bereitzustellen. Dazu dienen die Spülgebläse (Achsial-, Kreisel-, Verdrängergebläse).

Soll also auch noch der Spülluftdruck zur Erhöhung des Luftgewichtes gesteigert werden, so ist damit auch eine Steigerung des Aufwandes für die Spülluftbeschaffung notwendig.

Zur Erfüllung dieser Forderung werden die Schaltungen zur Spülluftbeschaffung (Bild 12) besprochen.

---

[17] Flügel, G.: Über die Gestaltung und Systematik neuerer Schaufelprofile für Dampf- und Gasturbinen-Forschung. Ing.-Wes. 1949/50, Nr. 5, S. 125.

Bild 12a, die reine Abgasturbolader-Spülluftbeschaffung, scheidet aus. Schon frühere Untersuchungen haben gezeigt[18], daß die Spülluftbeschaffung beim Zweitakt vermittels Abgasturboladung erst von etwa $^3/_4$-Last des Motors an erfolgversprechend ist. Bis dorthin, sowie beim Anlassen, ist jedenfalls die Spülluft durch äußere Hilfe bereitzustellen. Interessant ist dazu ein Luftanlaßverfahren gleichzeitig für Motor und Turbine der Götaverken[19], zu dem ergänzend auf ein anderes früheres hingewiesen werden soll[18].

Bild 12b zeigt die starre Kupplung des Turboladers mit dem Motor. Die Abgasturbine liefert hier zur Spülluftbeschaffung einen Zuschuß nach Können. Die feste Drehzahlkopplung benimmt jedoch den Turbolader seiner einzigartigen Eigenschaft, automatisch mit der steigenden Leistung durch die steigende, treibende Abgastemperatur die Luftmenge zu vergrößern. Beim Schiffsantrieb wird dieses Fehlen beim mechanischen Antrieb durch die mit der Leistung auch steigende Drehzahl etwas ausgeglichen. Im stationären Betrieb ist hier hingegen vom Motor unabhängige Nachregelung notwendig, also elektrischer Antrieb.

Bild 12c zeigt die Schaltung von Curtis, bei dem einem direkt vom Motor angetriebenen Spülgebläse ein Abgasturbolader als erste Gebläsestufe vorgeschaltet ist[20]. Dieser Schaltung entspricht sinngemäß die früher erwähnte Doppelaufladung der Viertaktmotoren der Germaniawerft.

Bild 13 zeigt schematisch und zur Verdeutlichung verzerrt gezeichnet die grundsätzliche Arbeitsweise einer solchen zweistufigen, gemischten Zweitakthochladung im P,v-Diagramm im Zusammenarbeiten mit dem Motordiagramm.

Auf die erste, durch Abgasturbine getriebene Gebläsestufe setzt sich nach Zwischenkühlung die zweite, direkt angetriebene, auf, spült — unter Vermeidung der Nachexpansion — und lädt den Motor bis Pkt. I_A auf. Das Luftgewicht im Zylinder ist also bestimmt durch den Luftzustand in I_A und das Volumen $V_c + V_h - V_{Sp}$.

Der Abgasturbine steht, bei statischer Schematisierung, zur Verarbeitung die Vor-

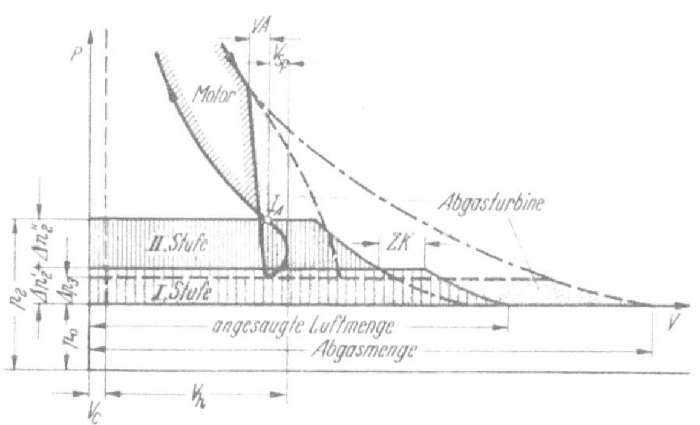
Bild 13. Zweitakthochladung in Schaltung „Curtis".

auspuffenergie der unvollständigen Expansion und das Gefälle vom angestauten Gegendruck bis zum Außendruck zur Verfügung. Beim Zweitakt fehlt der Ausschubhub, der durch seine Verdrängungsarbeit der Turbine im Gleichdruck die Gase zuschiebt; es ist nur der Spülimpuls da. Es ist also hier eine reine Mengenzustandsänderung eines Ausströmvorganges aus dem Zylinder und Leitungsraum unter Beaufschlagung einer Turbine. Die nachfolgende Expansion der Mischung der Spülluft mit den ausgewaschenen Verbrennungsgasen hat bei niederen Spüldrücken zunächst nur ganz geringen Arbeitswert. Daher ist beim Zweitakt der Erfolg der Abgasturboauflladung, viel mehr noch als beim Viertakt, von dem Gesamtwirkungsgrad der Turboladergruppe abhängig.

Auch hier ist natürlich für großen Luftdurchsatz wieder das Produkt Zeitquerschnitt mal Wurzel aus dem Spülgefälle maßgebend, so daß ein niederer Abgasdruck während der Spülperiode erwünscht ist.

Es kommt daher beim Zweitakt wie beim Viertakt für die unteren Aufladebereiche darauf hinaus, den Stoßimpuls des Vorauspuffes in der Abgasturbine bevorzugt auszunutzen. Erst bei höheren Ladestufen (Spüldrücke über etwa 1 atü) wird, wie beim Viertakt, über die kombinierte Turbine zur Staudruckturbine überzugehen sein. Dieser Fall ist dann eindeutig bei dem späteren Treibgasverfahren gegeben.

Die Arbeitsweise der gemischten Zweitakthochladung der Schaltung „Curtis" zeigt Bild 14 (die Schraffurrichtungen entsprechen Bild 13). Es ist zu sehen, wie mit steigender Leistung, auf welche die Abgasturbine durch die steigende Abgastemperatur und Menge mit steigender Drehzahl anspricht, auch der Spüldruck steigt (Pkte. 0, 1, 2, 3), wobei aber die II. Druckstufe, das direkt angetriebene (hier Kolben-) Gebläse entlastet wird.

Bei kleiner Leistung, bei welcher z. B. die Abgasladerstufe I keinen Beitrag zur Luftverdichtung mehr liefert, fördert die Spülpumpe allein (Pkt. 0). Das direkt angetriebene Spülgebläse muß also mindestens wie für den Normalmotor für etwa $^3/_4$—$^1/_2$ Last ausgelegt sein, um das Anfahren und

[18] Oppitz, A.: Abgasturbinen hinter Dieselmaschinen. Werft, Reederei, Hafen 1927, H. 18/19.
[19] The Motor Ship, London, May 1951, S. 77.
[20] Zweitakt-Aufladung mit BBC-Curtis-Verfahren. BBC-Mitt. (Baden) 1937, S. 188.

die Teillasten sicherzustellen. Für einen gesteigerten Spüldruck der Hochaufladung muß aber das Spülgebläse größer ausgelegt werden als beim Normalmotor, sonst wird die Begrenzung (Pkt. 3) zu früh erreicht.

Bei Drehzahlverminderung des Motors verschiebt sich die Schlucklinie nach links, während die gesamte Widerstandslinie, als vornehmlich durch die durchströmten Steuerquerschnitte bestimmt,

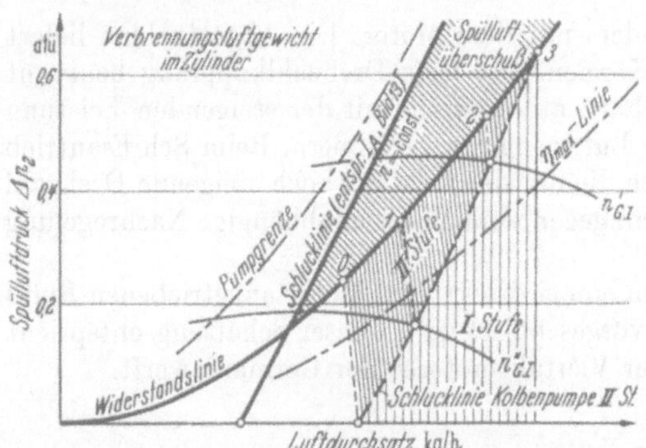

Bild 14. Arbeitsweise der Schaltung „Curtis".

deren Zeitquerschnitt von der Drehzahl unabhängig ist, praktisch erhalten bleibt. Aus dem dann tief nach links unten rückenden Schnittpunkt der Schluck- mit der Widerstandslinie erhellt auch hier, daß zum Anlassen und die kleinen Motordrehzahlen der Propellerkurve die Spülgebläseleistung nicht aus der Abgasenergie gedeckt werden kann, da ein, je nach Anlage, kleinster Spülluftdruck von diesem Schnittpunkt nicht unterschritten werden darf.

Der Zweitakt stellt bei seiner Leistungssteigerung als grundlegende Voraussetzung an das Spülverfahren die Vermeidung der Nachexpansion aus dem Zylinder. Bei der Hochladung und ganz besonders im Schnellauf dürfen aber auch die beim Spülverfahren auftretenden Verlustzeiten und der Energieaufwand zum Aufbau des Spülvorganges nicht mehr übersehen werden. Es ist also das Spülverfahren auch von diesen spüldynamischen Vorgängen her zu betrachten.

Der Hubabschnitt für Vorauspuff und Spülung ist ein verlorener im Prozeß. Beide sind durch die Schlitzanordnung des Spülverfahrens und die Drehzahl festgelegt. In der Spülzeit müssen aber auch noch alle aerodynamischen Anlauf- und Umstellvorgänge für die wirksame Spülung ablaufen.

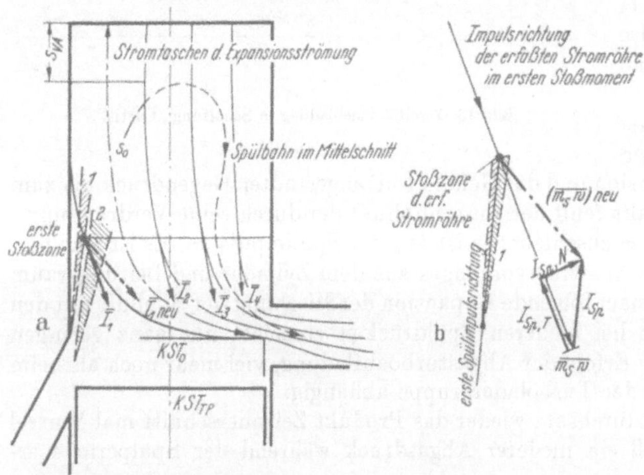

Bild 15. Zur Spüldynamik der Zweitaktmotoren. (Nach VDI 1950, Nr. 2, S. 45.)
a) Stromröhren im Meridianschnitt.
b) Vektordiagramm zur Einordnung in die Spülbahnen.
$\bar{J}_1 \bar{J}_4, \ldots\ldots$ Impulsrichtungen der Stromröhren (im Mittelschnitt). Feld 1 Spülfächer im Anfang; Feld 2 Spülfächer später. $KS{t'}_0$ Kolbenstellung zu Spülbeginn.
$KS{t}_{TP}$ Kolbenstellung im Spültotpunkt.

Der sich während des Vorauspuffes einstellende Impulsstrom der trägen Gasmassen im Zylinder muß bei der anschließenden Spülung in die Spülbahnen des dem jeweiligen Spülsystem eigenen Spülbildes umgelenkt werden (Bild 15)[21]. Dazu sind Kräfte und es ist Zeit notwendig. Aus Untersuchungen darüber ergibt sich zusammenfassend:

Der Impulsstrom der Vorexpansion der Gasmassen im Zylinder soll das Grundnetz des späteren Spülbildes bereits vorbilden.

Der Spüldruck und die Spülzeit zum Aufbau der Spülbahnen wachsen mit der Größe der Bahnänderungen der Vorexpansionsströmung zur Einreihung in die späteren Spülbahnen.

Diesen Forderungen kommen besonders die Längsspülungen nach, bei welchen auch noch der Kadenacy-Effekt unterstützend ausgenutzt wird.

Die Entwicklungen zur Hochladung des Zweitakt, wie sie z. B. von Sulzer[22], Götaverken[23] und Werkspoor[24] bekannt wurden, weisen auch in diese Richtung.

---

[21] Oppitz, A.: Zur Spüldynamik der Zweitaktmotoren. Schiff und Hafen 1949, H. 7, und ZVDI 1950, Nr. 2 (Auszug).

[22] Oederlin, F.: Über die Aufladung des Zweitakt-Dieselmotors. Werft, Reederei, Hafen 1942, H. 12.— Calderwood, J.: Some researches in internal-combustion prime movers. The Motor Ship (London), May 1946.

[23] Hammar u. Johannsen: Shipb. and Shipp. Rec. 1939 (Bd. 53), S. 496.

[24] Van Asperen, F. G.: Un moteur Diesel marine à deux temps simple effect, suralimente aspects et considerations sur sa construction et sa fabrication. Congres international des moteurs Paris Mai 1951. — A 9600 bhp Werkspoor-Lugt supercharged two-stroke engine. The Motor Ship (London), May 1951, S. 49. — The future of the two-stroke engines. The Motor Ship (London) 1951, May, S. 44. — The new Werkspoor-Lugt engine (Two-stroke supercharged design). The Motor Ship (London), January 1948, S. 362.

Motor als arbeitsleistende Brennkammer der Gasturbine, Treibgasverfahren. Um dieser Entwicklung der Gasturbine zu folgen, müssen zunächst die hier besonders zu beachtenden Stärken und Schwächen der Kolben- und Turbomaschine einander gegenübergestellt werden:

Kolbenmaschine:	Turbomaschine:
Stärken: Hochdruckgebiet (kleine Volumen), wirtschaftliche Luftverdichtung und diese direkt im späteren Brennraum. Einstellung der Wärmebelastung der Bauteile auf einen zeitl. Mittelwert, der sich vor dem Bauteil ständig ändernden Gastemperatur.	Stärken: Niederdruckgebiet (große Volumen). Möglichkeit vollständiger Expansion auf jeden vorgegebenen, auch im Betrieb wechselnden Gegendruck.
Schwächen: Durch den beschränkten Kolbenhub unterbrochene Expansion (Verlust durch diese unvollständige Expansion nimmt allerdings mit steigendem Gegendruck trotz steigendem Vorexpansionsenddruck ab).	Schwächen: Weniger wirtschaftliche Luftverdichtung als im Kolbenmotor. Wärmebelastung der Bauteile unmittelbar durch die Temperatur der an ihm vorbeiströmenden Gase je nach seiner Lage im Prozeßabschnitt. Temperaturminderung dazu durch Kaltluftzumischung zu den Brennkammergasen; dies entspricht arbeitsloser Entwertung hochwertiger Wärme und einen zusätzlich großen Luftaufwand.

Durch die Verbindung von Kolbenmaschine und Turbine werden nun die schwachen Stellen der Gasturbine durch die Stärken des Kolbenmotors gedeckt und umgekehrt. Dazu wird die Verbrennung im motorischen Arbeitsprozeß eines Kolbenmotors, der im gehobenen Druckniveau arbeitet, durchgeführt. Der Motor treibt einen Luftverdichter, der die Verbrennungs- und eine große Spülluftmenge auf mehrere Atmosphären vorverdichtet. Die Verbrennungstemperatur im Motor wird bei der Expansion unter Arbeitsleistung heruntergearbeitet. Eine intensive Durchspülung des Motors bei dem Gegen — ≈ Vorverdichterdruck, die auch seiner Innenkühlung dient, setzt die Abgastemperatur weiter auf der Gasturbine tragbare Werte herab.

Für dieses von Pescara[25] vorgeschlagene Verfahren, das auch ebenso Junkers beschäftigte, eignet sich besonders der Zweitakt wegen des möglichen großen Luftdurchsatzes.

Diese Motorabgase von mehreren Atmosphären, entsprechend der Luftvorverdichtung, beaufschlagen nun eine Gasturbine, die allein die äußere Leistung abgibt[9, 22, 23].

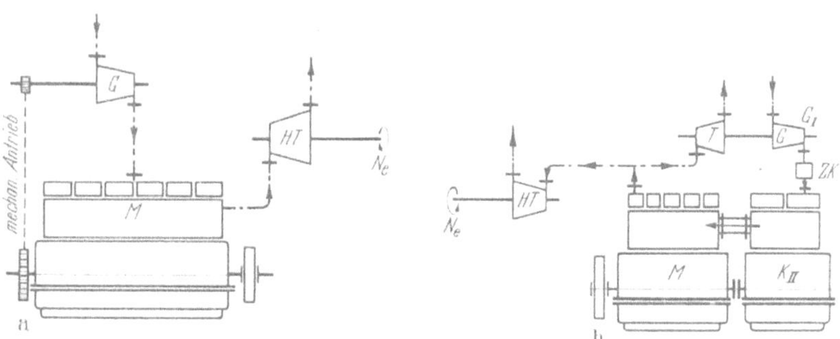

Bild 16. Schaltungen zum Treibgasverfahren.
a) Mechanischer Antrieb des Spülgebläses *G* von Motor *M*, Abgasturbine *HT* wird zur Hauptmaschine für äußere Leistung *Ne*.
b) Schaltung „Curtis" im Abgasnebenschluß.

Der Motorkompressor übernimmt damit die Aufgabe der Kesselanlage bei Dampfkraftanlagen, während die Gasturbine, mit nun ihr erträglichen Temperaturen arbeitend, zur verbrennungsgasgetriebenen Dampfturbine wird. Schaltungen dieser Art zeigt Bild 16, von welchem in Teilbild b noch das „Curtis"-Verfahren im Nebenschluß eingeschaltet ist. Der thermische Wirkungsgrad dieser Anlage liegt etwa in der Höhe der Dieselanlagen.

Wegen der hohen Drücke im Motor durch das notwendige Anheben des ganzen Druckniveaus seines Prozesses und die von der Hauptantriebsmaschine, der Gasturbine, räumliche Trennung eignet sich hier durch das fehlende Gestänge, die Lager, wie die Erschütterungsfreiheit, besonders der Freiflugkolbenverdichter[22, 25, 26].

Diese Verbundanlage „Motor-Gasturbine" ermöglicht auch die Verwendung des Gasturbinenantriebes für kleinere Leistungen und bahnt den Weg zur Hochdruckgasturbine. Besonders die französische Gruppe Pescara-S.E.M.E. und Sulzer/Winterthur haben sich der Entwicklung des Treib-

[25] Pescara, R.: Générateur à piston libres et turbins à gaze. Chal. et Ind., Bd. 20 (1939), S. 211. — Zinner, K.: Verbindung von Verbrennungsmotor und Gasturbine. ZVDI 1944, Nr. 19/20.

[26] Eichelberg, G.: Freiflugkolben-Generatoren. Schweiz. Bauzeitg. 1948 (66. Jhrg.), H. 48, S. 661. — Barraja-Frauenfelder: Free-Piston Air Compressor. Power (USA) 1951, Febr., S. 84. — VDI-Nachrichten 1951, Nr. 5. (10. März), S. 2. Free-piston engine-compressors. Oil Eng. and Gas Turb. (London), March 1951, S. 332. The case for the free-piston gasifier. Oil Eng. and Gas Turb. (London), March 1951, S. 353.

gasverfahrens angenommen, Sulzer jedoch in jüngerer Zeit zugunsten seiner reinen Gasturbinenanlagen etwas zurückgestellt.

Eine Freiflug-Dieselkompressor-Treibgasanlage zeigt Bild 17[27]. In Deutschland ist der Freiflug-Dieselkompressor in den Junkers-Konstruktionen weitverbreitet und an Bord der Schiffe als Anlaßluftkompressor in Anwendung (im Kriege auch als Torpedoluftkompressor).

Vier- und Zweitakt, gemeinsame Sonderprobleme aus der Hochladung. Die Gemischbildung und Verbrennung kann der Frage der Beherrschung der großen und über den Leistungsbereich sehr unterschiedlichen Einspritzmengen, und bei dem ja schließlich einmal baulich begrenzten Höchstdruck, nicht ausweichen. Die diese Vorgänge bisher günstig beeinflussenden Faktoren der Aufladung (Gemischreinheit, hohe Luftdichte, größere Verwirbelungsenergie, kleinere Drucksteigerungsgeschwindigkeit bei der Zündung usw.) bieten schließlich keinen Ausgleich mehr. Schon bei den Aufladungen schnellaufender Motoren mit etwa 80% Leistungssteigerung werden oft Einspritzdrücke von 1000 at gemessen, größere Druckleitungsdurchmesser werden notwendig, die wieder auf die Mechanik des Einspritzvorganges durch die Elastizität ihrer großen Ölinhalte zurückwirken.

Die Anforderungen an die Düsenbohrungen für die Verarbeitung dieser unterschiedlichen Mengen sind weit gespannt und zum Teil bei den weit auseinanderliegenden Belastungsstufen widersprechend. Der Beherrschung der Zünd- und Verbrennungsvorgänge fehlen bei dem dann nach oben begrenzten Höchstdruck die befriedigenden Voraussetzungen. Wohl liegen alle diese Verhält-

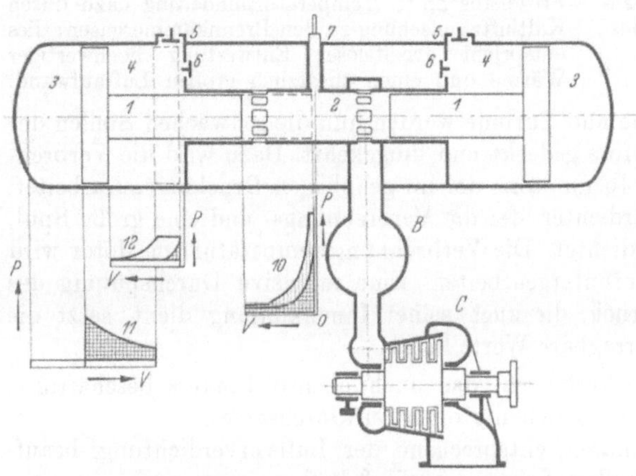

Bild 17. Freiflugkolben-Dieselkompressor als Treibgaserzeuger. (Nach The Oil Engine and Gas Turbine, Aug. 1950, Nr. 208, S. 143.)
1 Gegenläufige Dieselkolben, 2 Dieselzylinder mit kolbengesteuerten Ein- und Auslaßschlitzen, 3 Luftpolsterzylinder zur Kolbenrückführung, 4 Kompressorzylinder, 5 Luftansaugeventile, 6 Druckventile in Spülluftaufnehmer fördernd, 7 Diesel-Einspritzventil, B Abgassammler (evtl. mit Zusatzeinspritzventil zur Steigerung der Abgastemperatur), 10, 11, 12 Diagramme in den darüber liegenden Zylindern, C Gasturbine zur äußeren Leistungsabgabe.

nisse bei den Schiffsmotoren durch die mit der Leistung auch steigende Drehzahl günstiger, die auch dem Abbau der Zünddruckspitzen entgegenkommt.

Zu dieser Anpassung der Einspritzorgane und Pumpe wurden bereits verschiedentlich solche mit gesteuerten Vor- und Haupteinspritzmengen entwickelt, wie z. B. von Scintilla, Sulzer, Kammer Engines Ltd. (Romford-Essex)[28].

Vorzündung, zusätzliche Verwirbelungsenergie und Ermöglichung eines noch genügenden Drucksteigerungsverhältnisses während der Verbrennung weist auch für die Hochladestufen auf die gesteuerte Zuschaltung von Nebenräumen mit eigener Brennstoffeinspritzung vor der reinen Strahleinspritzung in den Hauptraum hin, gegebenenfalls mit dann für diese geändertem Einspritzgesetz (Bild 18)[10].

Die Wertung einer spezifischen Wärmebelastung ist ein weiteres Problem der Hochlade-Vier- und Zweitaktmotoren. Es ist aber auch darüber hinaus vom Standpunkt einer vergleichenden Wertung der motorischen Konstruktionsdaten und der Arbeitsverhältnisse des Motors durch Kennzahlen von ganz allgemeinem Interesse.

Schon eingangs bei der Besprechung des motorischen Prozesses der Vorverdichtung wurde gezeigt, daß die Grenzleistung der aufgeladenen Motoren durch die Wärmebelastung ihrer Bauteile bestimmt ist. Die Entlastung der Bauteile von dem Wärmestrom nach dem Kühlmittel wurde durch das Verhältnis „Entwickelte Wärmemenge zu Gesamtluftdurchsatz" ($Q_g = Q/G$) beschrieben. Für eine Wertung der spezifischen Belastung der Brennraumwandungen genügt aber dieser rohe Wert nicht.

Durch die Untersuchungen von Nusselt[2, 29] ist bekannt, daß die größten Wärmemengen an die feuerberührten Wandungen um den Zündtotpunkt, bis in den ersten Teil des Expansionshubes hinein, übergehen.

------

[27] The Oil Engine & Gas Turbine, Aug. 1950, Nr. 208, S. 143.

[28] ATZ 1942, Nr. 20, S. 559; MTZ 1943, Nr. 8/9, S. 277; MTZ 1944, Nr. 1/2, S. 50; MTZ 1950, Nr. 3, S. 86.

[29] Nusselt, W.: Der Wärmeübergang in der Verbrennungskraftmaschine. VDI-Forschg.-Heft Nr. 264 (1929). Faber: Wärmeübergang im Dieselmotor. ZVDI 1939, S. 960.

Die dabei hauptwärmebelastete Brennraumoberfläche sei Ω m².

Die Wärmebelastung ist aber auch abhängig von der Zeit, die diesen hauptwärmebelasteten Bauteilen zur Durchleitung und der Abgabe an das Kühlmittel im stationären Wärmestrom zur Verfügung steht. Diese Zeit ist die Periodendauer Z_p (s), in der diese Bauteile mit der angebotenen Wärmemenge fertig werden müssen.

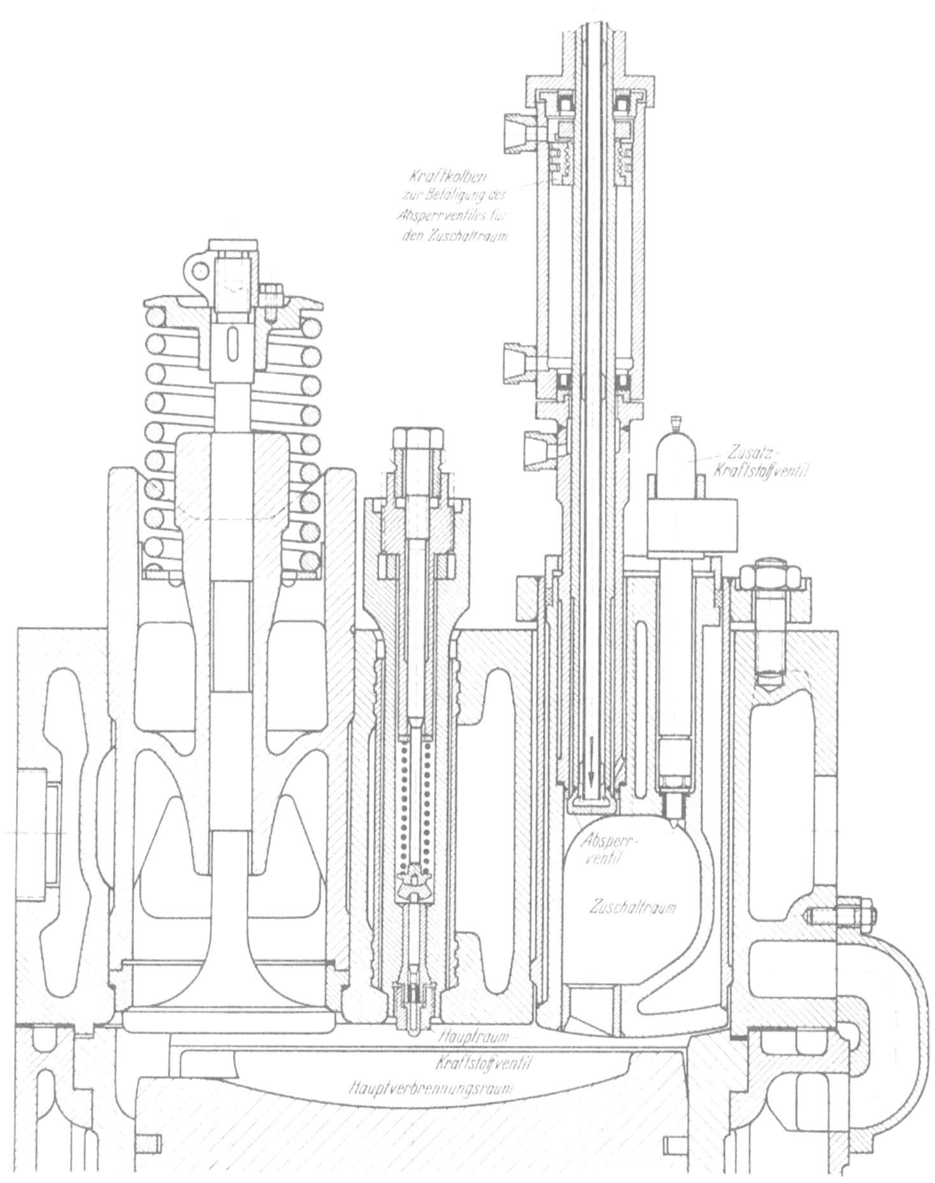

Bild 18. Strahleinspritzung mit Zuschaltraum für Hochaufladung. (Nach MTZ 1947, Nr. 4.)

Damit läßt sich also die spezifische Wärmebelastung der hauptbeanspruchten Bauteile durch die Beziehung vornehmen:

$$\text{spez. Brennraumbelastung } q_{BR} = \frac{\text{kcal entwickelte Wärmemenge}}{\text{kg Gesamtluftdurchsatz}} \text{ je m}^2 \text{ Brennraumoberfläche und}$$

Periodendauer.

Sollen diese Überlegungen über die Entlastung der Bauteile von der immer notwendigen Wärmeabfuhr aus dem Prozeß und ihre Wertung durch eine spezifische Wärmebelastung befriedigen, dann müssen sich die gefundenen Versuchswerte dieser spezifischen Wärmebelastung zu charakteristischen Kenngrößen auftragen, gegeneinander vergleichen, unvollständige Versuchswerte ergänzen und auch in eine Beziehung zur Abgastemperatur bringen lassen.

Der Rechnungsgang zu einer solchen Diagrammdarstellung ist wie folgt aus:

1. Leistungsformel, mit $c = ns/30$ m/s mittl. Kolbengeschwindigkeit,
$i = 4$ für Viertakt, $i = 2$ für Zweitakt

$$N_e^{[PS]} = \frac{O^{[cm^2]} \cdot c^{[m/s]}}{75 \cdot i} \cdot z \cdot p_e^{[kg/cm^2]} = \frac{10\,000}{75 \cdot 30} (O \cdot s)^{[m^3]} \cdot \frac{n}{i} \cdot z \cdot p_e^{[kg/cm^2]}.$$

2. Stündlich entwickelte Wärmemenge in z Zylindern:

$$Q^{[kcal]} = N_e^{[PS]} \cdot b_e^{[kg/PS\,h]} \cdot h_u^{[kcal/kg]} \qquad \text{mit } b_e \text{ kg/PSe h Brennstoffverbrauch,}$$
$$h_u \text{ kcal/kg Brennstoffheizwert.}$$

3. Gesamtluftdurchsatz

$$G^{[kg/h]} = G_{zyl} + \Delta G = G_{zyl}(1 + \sigma) = (O \cdot s)^{[m^3]} \cdot (\eta_{vol} \cdot \lambda)(1 + \sigma) \cdot \gamma_2^{[kg/m^3]} \cdot \frac{2n}{i} \, 60 \cdot z$$

Darin bedeuten:

$\quad \sigma \quad = \Delta G/G_{zyl}$ Spülverhältnis
$\quad \eta_{vol} = $ volum. Wirkungsgrad
$\quad \lambda \quad = $ Lieferungsgrad
$\quad \gamma \quad = $ spez. Gewicht der Aufladeluft (p_2, t_2) vor dem Zylinder
$\quad G_{zyl} = $ kg/h stündl. Verbrennungsluftgewicht im Zylinder
$\quad \Delta G \quad = $ kg/h stündl. Spülluftdurchsatz.

4. Auf den Gesamtluftdurchsatz G kg/h bezogene Wärmemenge Q:

$$Q_g^{[kcal/kg\,Luft]} = \frac{Q}{G} = \frac{10\,000}{75 \cdot 30 \cdot 2 \cdot 60} \cdot \frac{h_u \cdot p_e \cdot b_e}{(\eta_{vol} \cdot \lambda)(1 + \sigma)\gamma_2}.$$

5. Hauptsächlich an der Wärmeaufnahme beteiligte Brennraumoberfläche (Deckel- und Kolbenboden, zylindrischer Anteil x, umfassend Kompressionsraumhöhe $+$ Mittelwert der in der Haupt-
brennzeit vom Kolben freigelegten achsialen Laufbüchsenlänge)

$$\Omega^{[m^2]} = \frac{2\,\pi D^2}{4} + x \cdot \pi \cdot D \cdot s.$$

6. Periodendauer, in welcher die Brennraumwände im stationären Strom mit der angebotenen
Wärmemenge Q_g zur Durchleitung und Übertragung an das Kühlmittel fertig werden müssen:

$$Z_p^{[s]} = \frac{60}{\dfrac{2n}{i}} = \frac{30}{\dfrac{n}{i}}.$$

7. Aus 5 und 6 ergibt sich:

$$\Omega_P^{[m^2 \cdot s]} = \frac{\pi D^{2[m^2]} \cdot 30}{\dfrac{n}{i}} \left(0,5 + x \frac{s}{D}\right).$$

8. Aus 4 und 7 ergibt sich mit $h_u = 10\,000$ kcal/kg die spezifische Brennraumbelastung

$$q_{BR} = \frac{Q_g}{\Omega_P} = 3,93 \cdot \frac{p_e \cdot b_e}{D^2 \left(0,5 + x \dfrac{s}{D}\right)\dfrac{i}{n}[(\eta_{vol} \cdot \lambda)(1 + \sigma)\gamma_2]} = 3,93 \frac{p_e \cdot b_e}{M \cdot X}$$

in $\dfrac{\text{kcal entwickelter Wärmemenge}}{\text{kg Luftdurchsatz}}$ je m² Brennraumoberfläche und s Periodendauer.

Darin wird zusammengefaßt:

$$M = D^{2[m^2]} \left(0,5 + x \cdot \frac{s}{D}\right)\frac{i}{n} \qquad \text{als Motorkennwert,}$$

$$p_e^{[kg/cm^2]} \cdot b_e^{[kg/PS\,h]} \qquad \text{als Belastungskennwert und}$$

$$X^{[kg/m^3]} = [(\eta_{vol} \cdot \lambda)(1 + \sigma)\gamma_2^{[kg/m^3]}] \qquad \text{als Luftdurchsatzkennwert.}$$

Die spezifische Wärmebelastung des Brennraumes ist damit durch Beziehung auf die drei Kennwerte: $(p_e \cdot b_e)$, M und X wertbar.

Eine beondere Betrachtung erfordert noch der Kennwert X. Es wird dazu von einem Ausgangs-
zustand der Umgebung $p_0 = 1,02$ ata, 17° C, d. i. $\gamma_0 = 1,205$ kg/m³ ausgegangen.

Für den unaufgeladenen Motor ($p_e = 5,5$ kg/cm²) ist nach Auswertungen:

$$(\eta_{\text{vol}} \cdot \lambda)_{00} \approx 0,71 \quad \text{und daher} \quad X_{00} = [(\eta_{\text{vol}} \cdot \lambda)\gamma_0]_{00} = 0,71 \cdot 1,205 = \mathbf{0,856}.$$

Die Aufladeversuche und Nachrechnungen daraus lassen extrapolieren, daß ein Motor mit voller Reinspülung, aber ohne Aufladung ($\gamma_2 = \gamma_0 = 1,205$), ein 18% größeres Luftgewicht im Zylinder Beginn Kompression (gemäß Bild 2, Pkt. $\mathrm{I_0}$) enthält, also bei Verbrennung mit gleichem Luftüberschuß auch 18% Leistungssteigerung hat, d. h.

$$[(\eta_{\text{vol}} \cdot \lambda)\gamma_0]_0 = 1,18 \cdot 0,71 \cdot 1,205 = 1,01.$$

Der Spülluftdurchsatz für diese Reinspülung ist dabei $\sigma_0 = \Delta G/G_{\text{zyl}} \approx 0,08$. Für den gespülten, aber unaufgeladenen Zylinder ist daher

$$X_0 = [(\eta_{\text{vol}} \cdot \lambda)(1+\sigma)\gamma_0]_0 = 1,01 \cdot 1,08 = 1,09 \quad \text{und} \quad (\eta_{\text{vol}} \cdot \lambda)_0 = 0,71 \cdot 1,18 = 0,84.$$

Das Luftgewicht für den vollgespülten und auf γ_2 aufgeladenen Zylinder ist bestimmt durch:

$$[(\eta_{\text{vol}} \cdot \lambda)\gamma_2] = 1,01 \cdot \frac{290}{1,02} \cdot \frac{p_2}{T_2} = 287 \cdot \frac{p_2}{T_2}.$$

Es muß dann für den gespülten und aufgeladenen Zylinder mit p_2, t_2 Aufladeluftzustand vor dem Zylinder gelten:

$$X = 287\left(0,85 + \frac{0,23}{0,08} \cdot \sigma\right)\frac{p_2}{T_2} = (\eta_{\text{vol}} \cdot \lambda)(1+\sigma)\gamma_2 = 0,0371 \cdot p_e \frac{G}{N_e}.$$

wobei sich $0,0371 \cdot p_e \cdot \dfrac{G}{N_e}$ ergibt aus Q/G nach 4) mit Einführung von $X = (\eta_{\text{vol}} \cdot \lambda)(1+\sigma) \cdot \gamma_2$ und $Q = N_e \cdot b_e \cdot h_u$.

Für den Wert x der mittleren achsialen Brennraumlänge kann mit einem Mittelwert $x = 0,25$ gerechnet werden.

Trägt man diese Kennwerte in passender Zusammenfassung in einem logarithmischen Achsenkreuz auf, so ergeben sich Gerade (Bild 19).

Die links unten nach dem Spülluftdurchsatz σ aufgelösten Luftdurchsatzkennwerte X, mit den bisher in etwa gleicherweise üblich gewesenen Einsteuerungen zur Ventilüberschneidung, lassen eine mittlere σ-Kurve einzeichnen. Aus dieser läßt sich dann wieder rückwärts bei unvollständigen Angaben der Luftdurchsatzkennwert und damit G/N_e einschätzen. Diese σ-Kurve zeigt mit steigender Aufladung eine immer geringere Zunahme von σ. Eine wesentliche Verbesserung ist also nur mehr durch Verlängerung der Spülperiode zu erreichen, also durch Vorziehen derselben in den Ausschubhub vermittels Rast- bzw. Doppelhubnocken für das Einlaßventil (Bild 11 b).

In dieses Diagramm sind einige Versuchsergebnisse, bei Unvollständigkeit durch Einschätzung ergänzt, verschiedener Viertaktmotoren mit Abgasturboaufladung gemäß Tabelle 2 eingetragen. Diese Tabelle 2 gibt gleichzeitig einen Ausschnitt aus der Entwicklung zur Hochladung.

Zunächst ist aus dem Diagramm zu ersehen, daß sich die Brennraumbelastungen q_{BR} im großen in drei Baugruppen sammeln:

den langsamlaufenden Großmotoren mit Brennraumbelastungen um 200 bis 300,

der Schnelläuferbauart mittlerer Drehzahlen (400—550) mit Brennraumbelastungen von 2000 bis 5000, und

den Schnelläufer hoher Drehzahlbereiche (> 800) mit solchen > 10000.

Ein Motor kleinen Motorkennwertes M hat also auch eine größere zugelassene Brennraumbelastung q_{BR} als ein solcher mit großem M.

Zur Beurteilung der Wärmebelastung der Bauteile liegt nahe, die Brennraumbelastung q_{BR} und die Abgastemperatur heranzuziehen. Zusammen beschreiben sie das Wärmeangebot an den Bauteil und, unter Wirkung der treibenden mittleren Gastemperatur vor dem Bauteil, die hindurchgehende Wärmemenge und das Temperaturfeld im Bauteil, je nach Kühlart und Werkstoff.

Dieser Zusammenhang ist nicht einfach zu verfolgen. Es scheinen sich aber die gemessenen Abgastemperaturen für gekühlte Kolben zur Wärmebelastung q_{BR}, für ungekühlte, wegen des Wärmeabzuges über die Ringe, zu ($q_{BR}\cdot$ Kolbendurchmesser) aufgetragen, in schmalen Flächenstreifen zu sammeln. Auch stichprobeweise theoretische Nachrechnungen z. B., ausgehend von vorgegebenen Kolbentemperaturen hinter der ersten Ringnut ungekühlter Kolben, scheinen diese Tendenz grundsätzlich zu bestätigen. Damit ließe sich dann aus den drei Kennwerten „M, $p_e \cdot b_e$, X" die Abgastemperaturgrenze angeben, welche dem Kolben, als meist höchstbeanspruchten Bauteil, zugemutet werden kann. Der Ausbau dieser Untersuchungen ist aber noch im Fluß.

Hinsichtlich der Übernahme von Abgastemperaturangaben aus dem Schrifttum muß hier gesagt werden, daß es nicht gleichgültig ist, an welcher Stelle zwischen Zylinderaustritt und Abgasturbine diese gemessen wurde. Durch die zeitliche Thermometerbeaufschlagung mit den Voraus-

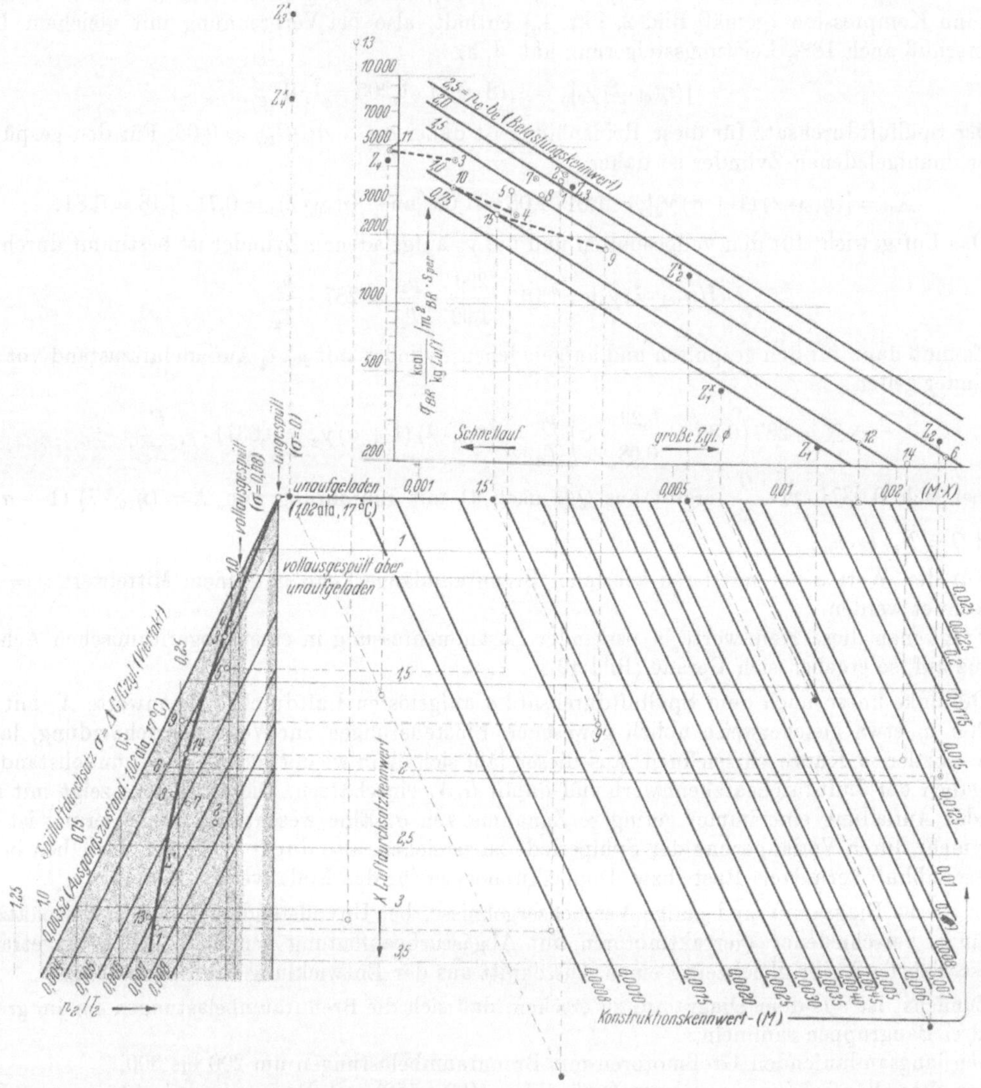

Bild 19. Diagramm zur Beurteilung der Brennraumbelastung. Eingetragene Werte siehe Tabelle 2 und 3.
Diagrammausgangszustand: $p_0 = 1{,}02$ ata, $17°$ C, $h_u = 10000$ kcal/kg, x = 0,25.

Brennraumbelastung: $q_{BR} = \dfrac{3{,}93 \cdot p_e \cdot b_e}{M \cdot X}$

Motor- (Konstruktions-) Kennwert: $M = D^2\left(0{,}5 + x\,\dfrac{s}{D}\right)\dfrac{i}{n}$

$i = 4$ (Viertakt). $= 2$ (Zweitakt).

Luftdurchsatzkennwert: $X = 287\left(0{,}85 + \dfrac{0{,}23}{0{,}08}\cdot\sigma\right)\dfrac{p_2}{T_2} = 0{,}0371\cdot p_e\,\dfrac{G}{N_e} = (\eta_{vol}\cdot\lambda)(1+\sigma)\cdot\gamma_2$

Belastungskennwert: $p_e \cdot b_e$

Spülluftdurchsatzzahl: $\sigma = \dfrac{\Delta G}{G_{zyl}}$

σ-Diagramm nur gültig für Viertakt.

puffgasen und der nachfolgenden Spülluft, bis zu ihrer Vermischung in längeren Leitungen, entstehen nicht unerhebliche Unterschiede an den einzelnen Meßstellen. Diese Lage der Meßstellen im Zusammenhang mit der Leitungsanordnung ist meist nicht angegeben. Daher streuen die Werte besonders bei Auflademaschinen sehr stark.

Tabelle 2. Viertaktmotoren-Abgasturboaufladung.

		Nr.	Firma	Zyl.-Zahl	∅ Hub	Drehzahl	s/D	M	p_e kg/cm²	p_2 atü	p_2/T_2	b_e kg/PSeh	$\gamma_e \cdot b_e$	X	σ	G/N_e kg/PSeh	q_{BR}	t_{Abg} °C	Literaturstelle
Leistungssteigerung bis etwa 60%	Langsamlaufende Großmotoren	14	H & W: „Reina del Pacifico"	12	630/1200	136	1,9	0,01137	6,7	0,35	0,00422	0,163	1,09	1,87	0,24	7,4	201	395	BBC - Mitt. (Schweiz) 1932, März/April
		6	NEM:	6	620/1300	115	2,1	0,0137	8,3	0,33	0,004	0,18	1,493	1,99	0,3	6,47	215	440	WRH 1932, S. 14
		12	Weser-MAN	6	700/1200	100	1,715	0,0182	5,2	ohne Aufladung		0,18	0,935	0,857	—	4,43	235	—	Bauer, Schiffsmasch.-Bau Bd. IV, S. 792, Oldenbourg 1941
	[mittlere Drehzahlbereiche]	5	MAN	6	450/420	495	0,935	0,0012	7,95	0,425	0,00425	0,175	1,39	1,445	0,105	4,9	3 150	570	Schiffbau 1932, S. 302
		4	MAN	6	450/420	425	0,936	0,00159	6,63	0,247	0,00388	0,168	1,192	1,21	0,1	5,25	2 600	460	Schiffbau 1932, S. 302
		10	MAN	6	450/420	425	0,936	0,00139	5,55	ohne Aufladung		0,18	0,99	0,857	—	4,13	3 200	450	Schiffbau 1932, S. 302
		3	Krupp-Germaniawerft	6	390/420	486	1,075	0,00096	7,5	0,25	0,0039	0,177	1,328	1,28	0,12	4,62	4 250	502	Schiffbau 1932, S. 302
		11	Krupp-Germaniawerft	6	390/420	486	1,075	0,00096	5,3	ohne Aufladung		0,187	0,992	0,857	—	4,33	4 800	450	Schiffbau 1932, S. 302
		9	Krupp-Germaniawerft	3	500/550	415,8	1,1	0,001865	8	0,218	0,00388	0,174	1,39	1,695	0,23	5,72	1 730	—	Versuchsmotor, ungekühlter Al-Tauchkolben!
Hochaufladung über 60% Dauerleistung		8	Krupp-Germaniawerft	6	400/460	500	1,15	0,00101	8,78	0,603	0,00467	0,1738	1,53	2,04	0,257	6,25	2 930	540	MTZ 1947, Nr. 3/4
		7	Krupp-Germaniawerft	6	400/460	541	1,15	0,000935	10,2	0,793 Doppelaufladg.	0,00505	0,18	1,84	2,19	0,245	5,78	3 530	635	MTZ 1947, Nr. 3/4
		2	MAN	6	400/460	470	1,15	0,001072	13,5	1,1	0,0065	0,17	2,3	2,28	0,128	4,55	3 680	600	MTZ 1950, S. 63
		1	MAN	6	300/450	428	1,5	0,000735	15	1,15	0,00635	0,141	2,12	3,13	0,336	5,63	3 550	510	MTZ 1950, VDI-Nachr. 1951, Nr. 3
		15	Bellis & Morcom	6	292/394	500	1,346	0,00057	10,1	0,425	0,00482	0,163	1,65	2,37	0,3	6,3	4 780	—	The Oil Eng. & Gus Turb. June 1951, S. 70
	hohe Drehzahlen	13	Mirrlees-Bickerton & Day	12	248/262	900	1,055	0,00021	14,5	1,2	0,006	0,15	2,18	3,06	0,36	5,68	13 000	—	STG-Jhrb. 1950, S. 109

Der Zweitaktmotor läßt sich natürlich hinsichtlich seiner Brennraumbelastung grundsätzlich ganz gleich werten. Es ist nur für das Auflösungsdiagramm (links unten) von X in σ von anderen, nach Spülsystem jeweils unterschiedlichen, Ausgangswerten der Normalmotoren auszugehen. Bezieht man jedoch die Brennraumbelastung wie beim Viertakt auf den Gesamtluftdurchsatz, so erhält der Zweitakt infolge des ungleichen Wertes der Innenkühlung seiner Spülluft gegen den Viertakt eine zu günstige Beurteilung, wie schon eingangs bei der allgemeinen Besprechung der Wärmebelastung im motorischen Prozeß hingewiesen wurde. Treffender dürfte beim Zweitakt die Bezugnahme der Brennraumbelastung auf ein Luftgewicht zwischen Gesamt- und Verbrennungsluftgewicht im Zylinder sein, das stark nach den Werten des letzteren neigt.

In der Tabelle 3 sind von den nur sehr spärlich im Schrifttum zugänglichen Hochladezweitaktmotoren zwei Beispiele von Sulzer ausgewählt und auch in Bild 19 eingetragen, wobei allerdings der Luftdurchsatz auch eingeschätzt werden mußte. Zum Vergleich ist ein Normal-Großmotor derselben Firma eingetragen (Z_1). Zu Z_2 wurden die vermutlichen Werte des gleichen Motors bei Normalbetrieb als Richtwerte (Z_4) eingetragen. Die in Bild 19 angekreuzten Werte (Z_1^+, Z_2^+ ...) beziehen sich auf das Verbrennungsluftgewicht im Zylinder, die anderen (Z_1, Z_2 ...) auf den Gesamtluftdurchsatz.

Tabelle 3. Zweitaktmotoren.

Nr.	Firma	Zyl.-Zahl $\dfrac{\varnothing}{\text{Hub}}$ Drehzahl	s/D	M	p_e kg/cm²	p_{sp} atü	b_e kg/PSh	$p_e \cdot b_e$	X	G/N_e	q_{BR}	Literaturstelle
Z_1	Sulzer	8 $\dfrac{720}{1250}$ 126,6	1,74	0,00772	4,82	0,165	0,1514	0,728	1,55	8,7	240	VDI-Sonder-H. VI, S. 63
Z_2	Sulzer	8 $\dfrac{420}{500}$ 450	1,19	0,00625	10	—	0,17	1,7	4,2	11,3	252	Sulzer Mitt. 1941/Dez.
Z_3	Sulzer	6 $\dfrac{320}{2\times400}$ 450	2,5	0,000513	12,1	1,5	0,18	2,12	4,9	11	3 280	Sulzer Mitt. 1941/Dez.
Z_4	wie Z_3, aber ohne Hochladung		2,5	0,000513	4,8	—	0,18	0,89	1,51	8,5	4 500	Sulzer Mitt. 1941/Dez.

Damit ist in den vorstehenden Ausführungen versucht worden, über die Entwicklung und einige besondere Probleme zu der jetzt in Fluß befindlichen Hochladung der Dieselmotoren einen Überblick zu geben.

IX. Die Entwicklung der Großdieselmaschinen in Deutschland nach dem Kriege.

Von Direktor Dipl.-Ing. **P. Schuler**, Augsburg.

Herr Professor Dr.-Ing. F. S a s s sprach auf der vorjährigen Tagung der STG über die Entwicklung der Schiffsdieselmaschinen des Auslandes. Er hat festgestellt, daß nach dem Kriege, als wir in Deutschland von der Weiterentwicklung auf diesem Gebiet ausgeschlossen waren, so große Fortschritte gemacht worden sind, daß es für uns schwer oder unmöglich sein würde, sie einzuholen. Es wird meine Aufgabe sein, auf die als Frage aufzufassende Feststellung zu antworten, indem ich die Entwicklung der Großdieselmaschinen in Deutschland behandle. In einem Vortrag vor dem VDI in Hamburg im Jahre 1949 hat Herr Professor Dr.-Ing. E. S ö r e n s e n bereits mitgeteilt, daß wir in den vergangenen Kriegsjahren die Entwicklung weitergetrieben hätten und gerüstet seien für den Augenblick, in dem uns der Bau von Maschinen wieder gestattet werden würde. Heute können wir sagen, daß wir dem Ausland gegenüber nicht zurückstehen und auf dem Gebiet des hochaufgeladenen Viertakts unbedingt einen Vorsprung feststellen können.

Um den Stand der Entwicklung im Inland vorwegzunehmen, möchte ich auf folgende Fortschritte hinweisen:

1. Vergrößerung der Belastungsfähigkeit durch Verbesserung der Spülung und Anwendung einer Nachladung.
2. Abgasaufladung bei Zweitaktmotoren. Ausführung an Kriegsschiffsmaschinen und Versuche für Handelsschiffsmaschinen.
3. Direkt von der Kurbelwelle angetriebenes Turbospülluftgebläse.
4. Einrichtung der Motoren für die Verarbeitung von Schweröl.
5. Konstruktive Verbesserungen wie weitgehende Anwendung der Schweißung an wichtigen Bauteilen. Einbeziehung des Drucklagers in den Motor usw.
6. Die Entwicklung der höchstaufgeladenen Viertaktmaschine.

Gegenüberstellung der Auslands- und Inlandsmaschinen.

Anknüpfend an die Ausführungen von Herrn Professor S a s s bringe ich in Tabelle 1 eine Zusammenstellung der wichtigsten Auslandsmaschinen mit Leistung und Drehzahl und mittlerem Nutzdruck mit einer Gegenüberstellung zu den MAN- und Wumag-Krupp-Maschinen.

Tabelle 1.

Fabrikat	Bauart	Zyl. ⌀ mm	Hub mm	Drehzahl U/min	Kolbengeschw. m/sek	Zylinder-Leistung PSe	Nutzdruck kg/cm²
Sulzer	einfachwirkend	720	1250	125	5,2	700	4,95
Sulzer	einfachwirkend	600	1040	150	5,2	500	5,1
Fiat	einfachwirkend	750	1320	120	5,3	800	5,1
Fiat	einfachwirkend	680	1200	125	5	600	4,9
Fiat	doppeltwirkend	680	1200	125	5	1000	4,5
Nordberg	einfachwirkend	736	1015	160	5,4	700	4,56
Stork	doppeltwirkend ohne Getriebe	720	1100	130	4,81	1070	4,35
Doxford	Gegenkolben	725	2250/1300	120	5,17	1330	5,4
Burmeister & Wain	Gegenkolben	620	1400	115	5,36	750	5,2
Götawerke	einfachwirkend	760	1300	120	5,2	750	4,8
MAN	einfachwirkend	700	1200	125	5,0	670	5,2
MAN	einfachwirkend	780	1400	115	5,36	900	5,25
MAN	doppeltwirkend	600	1100	130	4,75	855	5,1
MAN	doppeltwirkend	720	1200	120	4,8	1245	5,1
Wumag Krupp	einfachwirkend	680	1250	125	5,2	600	4,7

Die Gegenüberstellung zeigt, daß die deutschen Großdieselmaschinen in keiner Weise den ausländischen Maschinen nachstehen. Sowohl die Kolbengeschwindigkeiten als auch die mittleren Nutzdrücke der Auslandsmaschinen werden bei den deutschen Fabrikaten angewendet bzw. übertroffen. Am wichtigsten sind die mittleren Nutzdrücke, welche ein Maßstab sind für die Güte des Ladungswechsels bzw. der Verbrennung. Vor dem Kriege konnten die Maschinen nicht dauernd mit dem mittleren Nutzdruck gefahren werden, wie es heute möglich ist.

Der Belastungsfähigkeit einer Dieselmaschine sind Grenzen gesetzt durch den Gütegrad des Ladungswechsels, welcher bei den Zweitaktmaschinen von dem angewendeten Spülverfahren abhängig ist. Das von Doxford, Burmeister & Wain, Werkspoor und den Götawerken angewendete Gleichstromspülverfahren ist in dieser Beziehung das günstigste, hat aber den Nachteil einer komplizierten Konstruktion. Die MAN und die Wumag-Krupp-Maschinen verwenden eine Umkehrspülung, welche mit einem guten Spülwirkungsgrad größte Einfachheit der Bauteile verbindet.

Verbesserung des Ladungswechsels bei den Inlandsmaschinen.

Die neuerdings bei der Wumag-Krupp-Maschine verwendete Umkehrspülung hat sich bereits früher bewährt und mußte damals wegen Patentschwierigkeiten verlassen werden. Schema und die Abwicklung der Schlitze sind in Bild 1 gezeigt. Die Spülluft strömt über den Kolbenboden an der gegenüberliegenden Wand hoch zum Zylinderdeckel, wird dort umgelenkt und verläßt in zwei geteilten Strömen den Zylinder durch seitlich angeordnete Auspuffschlitze. Diese Art der Spülung hat gegenüber der reinen Querspülung zweifellos Vorteile und erhöht die Belastungsfähigkeit der Maschine.

Die MAN hat ihre bekannte Umkehrspülung so vervollkommnet, daß sie der Gleichstromspülung ebenbürtig geworden ist. Schon während des Krieges war die Verbesserung der Spülung Gegenstand ausgedehnter Versuche an den Kriegsschiffsmotoren. Von den vielen untersuchten Abarten der Umkehrspülung stellte sich

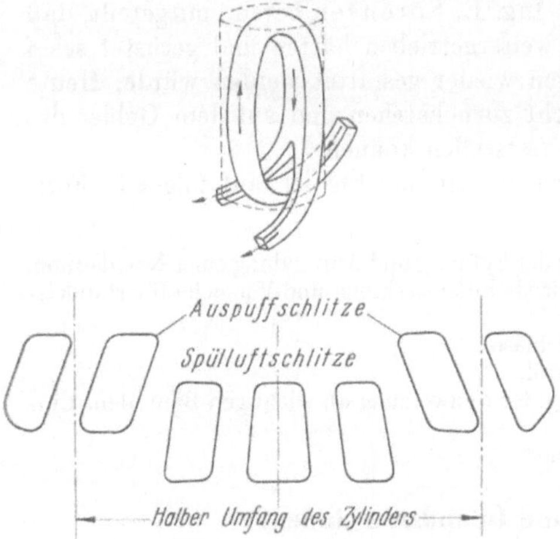

Bild 1. Wumag-Krupp-Umkehrspülung.

schließlich die jetzt an den Schiffsmotoren angewendete Spülung als die günstigste heraus. Bei der damaligen Versuchsmaschine brachte sie eine Leistungssteigerung von 15% bei gleicher Auspuffarbe. Es ist dabei zu berücksichtigen, daß die Kriegsschiffsmaschinen von Anfang an zur Abdeckung der Auspuffschlitze einen Nachladeschieber besaßen, der den großen Hubverlust bei diesen schnelllaufenden Maschinen ausgeglichen hat. Die Anwendung eines solchen Nachladeschiebers bei den normalen Handelsmotoren mußte zu der Verbesserung der Spülung noch eine weitere Steigerung der Leistung bringen.

In Bild 2 sind links die alte und rechts die neue Umkehrspülung gegenübergestellt. Bei der alten Spülung drängen sich die einzelnen Spülluftströme an

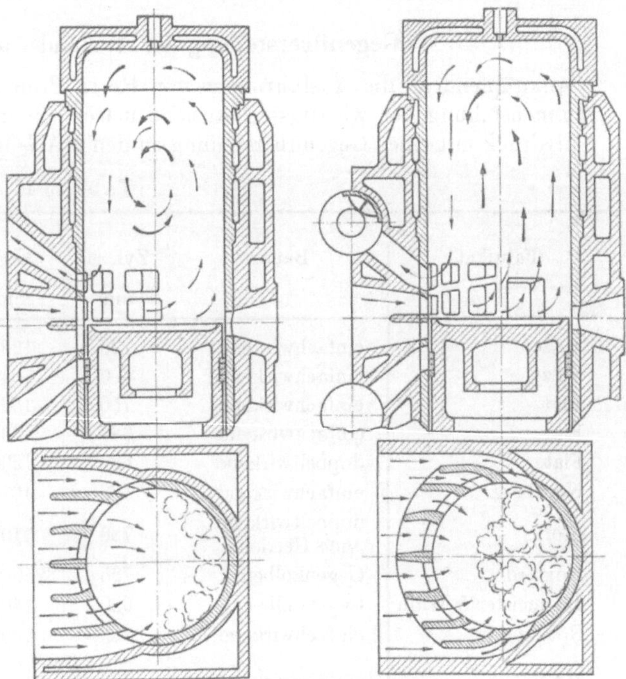

Bild 2. MAN-Umkehrspülung.

der gegenüberliegenden Zylinderwand zusammen und strömen nach dem Zylinderdeckel, werden dort umgelenkt und verlassen den Zylinder durch die Auspuffschlitze. In der Mitte des Zylinders entsteht durch die entgegengesetzten Strömungsrichtungen ein Wirbel, der im Zylinder zurückbleibt. Eine restlose Ausspülung findet also nicht statt. Bei der neuen Spülung wird der Auspuffaustritt in der Mitte konzentriert, während der Spülluftstrom mehr von den beiden Seiten in das Innere des Zylinders geleitet wird. Dadurch wird erreicht, daß die Mitte des Zylinders vom Spülluftstrom stärker erfaßt wird.

Bild 3 zeigt die Abwicklung der Spül- und Auspuffschlitze der alten und neuen Bauart. Während bei der alten Ausführung die Auspuffschlitze in gleicher Weise über den Spülluftschlitzen angeordnet sind, erkennt man bei der neuen Ausführung die Zusammenziehung der Auspuffschlitze in der Mitte und die Vergrößerung der Spülluftschlitze nach beiden Seiten.

Bild 3. Schlitzabwicklung der MAN-Umkehrspülung.

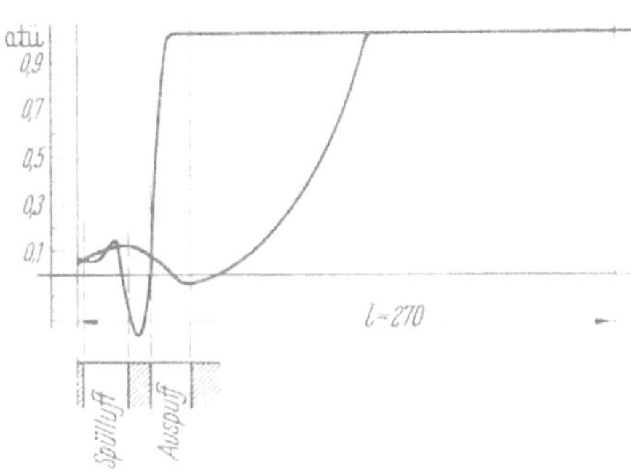

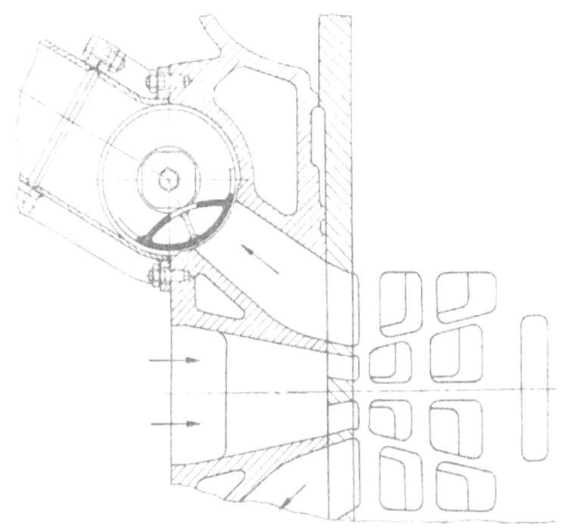

Bild 4. Nachladeschieber.

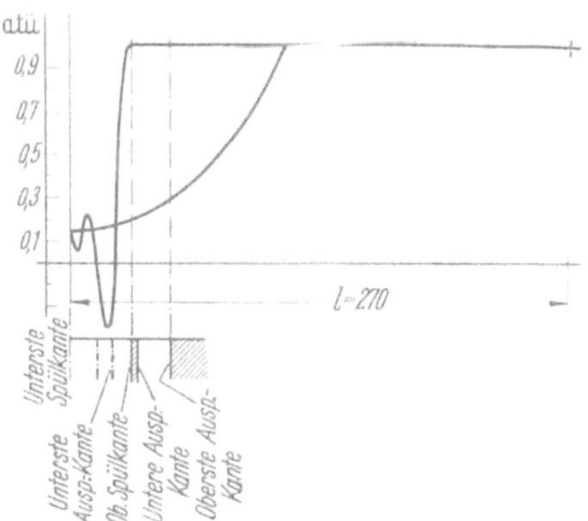

Bild 5. Schwachfederdiagramm.

Bild 4 zeigt das Prinzip des Nachladeschiebers. Er ist ein Drehschieber, der halb im Zylinderblock und halb in einem angeschraubten Gehäuse untergebracht ist. Er ist also so nahe wie möglich an den Arbeitszylinder herangebracht, damit der Raum zwischen Zylinder und Schieber so klein wie möglich gehalten wird. Seine Aufgabe ist, die Auspuffschlitze abzuschließen, sobald der Kolben im Aufwärtsgang die Spülschlitze zum größten Teil geschlossen hat. Die Kompression im Zylinder kann also früher beginnen, d. h. der Zylinderinhalt an Luft ist größer. Als besonderer Vorteil ist noch zu buchen, daß die Absaugung des Zylinderinhalts durch die Strömungsenergie der bewegten Luft bzw. Auspuffgasmassen unterbunden wird. Außerdem sind die Störungen von Auspuffstößen aus der Auspuffsammelleitung weitgehendst ausgeschaltet. In Bild 5 ist an den Schwachfederdiagrammen die Wirkung des Nachladeschiebers deutlich zu erkennen. Das obere Diagramm zeigt die Absenkung des Druckes im Zylinder und den Beginn der Kompression mit einem Unterdruck. Das untere Diagramm mit Nachladeschieber läßt erkennen, daß der Druck im Zylinder schon vom Totpunkt ab steigt und bei Abschluß der Auspuffschlitze durch den Kolben ein Überdruck von 0,3 kg/cm^2 vorhanden ist.

Nachdem das Wesen der neuen Spülung und des Nachladeschiebers beschrieben ist, soll noch auf die Versuchsergebnisse nach deren Anwendung eingegangen werden. Trotz des reichen Versuchsmaterials und der im praktischen Betrieb gewonnenen Ergebnisse von den Kriegsschiffsmaschinen her, wurden an einer doppeltwirkenden Einzylinderversuchsmaschine mit 530 mm Zylinderdurchmesser, 800 mm Hub und 215 U/min Versuche durchgeführt, um Gewißheit darüber zu erhalten, ob bei langsamlaufenden größeren Maschinen mit den gleich guten Ergebnissen zu rechnen war. Weil die Reibungsarbeit einer Einzylindermaschine größer ist als die einer Mehrzylindermaschine und außerdem die Spülluft von einem fremdangetriebenen Gebläse beschafft wurde, sind die im folgenden angegebenen Nutzdrücke auf eine Mehrzylindermaschine mit angebauter Spülluftpumpe bezogen.

Die Höchstleistung der Maschine betrug vor dem Umbau 860 PSe bei rauchloser Verbrennung entsprechend einem Nutzsdruck von 5,12 kg/cm². Nachdem die Maschine auf die neue Spülung ohne Nachladeschieber umgebaut war, wurden 950 PSe erreicht mit einem Nutzdruck von 5,8 kg/cm². Gegenüber der alten Spülung wurde also eine zehnprozentige Leistungssteigerung bei rauchloser Verbrennung, aber etwas höherer Auspufftemperatur festgestellt. Dann wurde der Nachladeschieber eingebaut und die Verdichtungsräume dem neuen Kompressionsverhältnis angepaßt. Ebenso waren Änderungen an den Einspritzorganen notwendig, um der erhöhten Leistung Rechnung zu tragen. Damit wurde eine Dauerleistung von 1150 PSe gleich einem Nutzdruck von 6,84 kg/cm² erreicht.

Die Leistungssteigerung betrug durch den Nachladeschieber allein 20% und zusammen mit der neuen Spülung 30%, bezogen auf die früher erreichte Höchstleistung von 860 PSe bei rauchlosem Auspuff. Bezieht man die erreichbare Dauerleistung auf die früher übliche Dauerbelastung mit einem Nutzdruck von 4,5 kg/cm², so beträgt die Steigerung 50%. Die Leistung der Maschine konnte kurzzeitig auf 1215 PSe gleich 7,2 kg/cm² Nutzdruck gesteigert werden. Der mittlere indizierte Druck war dabei 8,5 kg/cm², der Zünddruck 62 kg/cm² und die Auspufftemperatur unten 420° C und oben 440° C.

Die genannte Belastungsfähigkeit beweist, daß die neue Umkehrspülung in Verbindung mit dem Nachladeschieber der Gleichstromspülung ebenbürtig geworden ist. Messungen haben ergeben, daß der Spülwirkungsgrad, d. h. das Verhältnis von Frischluftmenge zu Frischluftmenge + Restgasmenge nach der Spülung von 85% der normalen Umkehrspülung auf 92—93% der verbesserten Spülung mit Nachladeschieber gesteigert werden konnte. Von der vollkommenen Spülung ist man also wenig entfernt. Ein besonderer Vorteil der neuen Spülung liegt darin, daß die Luft während des Spülvorganges infolge der anderen Luftführung weniger Wärme vom Kolben und den Zylinderwandungen gegenüber früher annimmt, wodurch das Luftgewicht im Zylinder bei Beginn der Kompression vergrößert wird.

Tabelle 2.

Typ:	Drehzahl U/min	Leistung PSe	Nutz- druck kg/cm²	Brenn- stoff- verbrauch gr/PSe h	Auspuff- tem- peratur °C	Spül- luftdruck kg/cm²	Kom- pressions- druck kg/cm²	Zünd- druck kg/cm²
G6 Z52/70	226	1960	4,37	166	285	0,155	37	50
	229	2350	5,17	169	335	0,165	37,5	52,5
G10 Z52/90	137	3030	5,22	167	265	0,135	35	50
	140	3300	5,57	170	300	0,140	35	50
K6 Z70/120	113	3622	5,2	157,5	305	0,148	37,5	50
	117	3921	5,45	157	320	0,162	38	50
	123	4395	5,8	159	340	0,176	42	54
	111	3500	5,12	154,5	285	0,142	37	60
	122	4630	6,15	152,5	345	0,176	42	60
D5 Z60/110	90	2540	4,37	164,5	235/186	0,10	33	52
	95	2800	4,57	166,5	245/200	0,103	33	52
	126	4190	5,15	166,5	311/264	0,165	36	53
	137	5100	5,77	170,5	330/275	0,188	37,5	56
D8 Z60/110	125,5	6880	5,3	167	315/250	0,167	36	53
	130	7540	5,62	168	345/280	0,173	37	54

Bei der Typenbezeichnung bedeuten die erste Ziffer die Zylinderzahl, die zweite den Zylinder ⌀
und die dritte den Kolbenhub in cm

Auf Grund der günstigen Versuchsergebnisse hat sich die MAN entschlossen, die neue Umkehrspülung mit Nachladung bei den normalen Handelsmotoren anzuwenden und den Nutzdruck von 4,5 auf 5,1 bis 5,2 kg/cm², also um 15% heraufzusetzen. Dieser Entschluß berücksichtigt, daß die

Dauerbetriebsmaschine im Schiff keine Versuchsmaschine ist und die Lebensdauer einer Maschine auch von anderen Faktoren als nur von der möglichen Belastbarkeit abhängig ist. Mit der vorgenommenen Leistungssteigerung ist die Wärmebelastung geringer als früher, zumal nach Berechnung und Messung etwa 23% mehr Frischluft im Zylinder zur Verfügung steht. Die gleichzeitige geringe Zünddrucksteigerung belastet allerdings die Kolbenringe und das Triebwerk etwas stärker als früher.

Inzwischen sind eine ganze Anzahl Maschinen mit den neuen Einrichtungen auf dem Probestand gründlich erprobt worden und etwa 30 Motoren auf Schiffen im praktischen Betrieb. Die wichtigsten Probestandsergebnisse sind in Tabelle 2 zusammengestellt.

Die Brennstoffverbräuche sind, wie es nicht anders zu erwarten war, günstiger und die Auspufftemperaturen niedriger als früher geworden. Durch die bessere Verbrennung ist auch die Vorbedingung geschaffen zur einwandfreien Verbrennung von Schweröl.

Abgasaufladung von Zweitaktmotoren.

Außer der genannten Leistungssteigerung steht die Aufladung der Zweitaktmaschine durch die Abgasenergie noch zur Verfügung. Von der MAN sind außer den Versuchen an Kriegsschiffsmaschinen auch an der Einzylinderversuchsmaschine Aufladeversuche durchgeführt worden, die eine Leistungssteigerung von 15—20% zuließen. Die Grenze der Leistungssteigerung lag für den praktischen Betrieb nicht in der einwandfreien Verbrennung, sondern in der Wärmebelastung des Kolbens. Der Kolbenrand, der durch die Spülluftschlitze beobachtet werden konnte, wurde rotglühend. Die Versuchsmaschine hat Ölkühlung. In diesem Zusammenhang ist die Überlegenheit

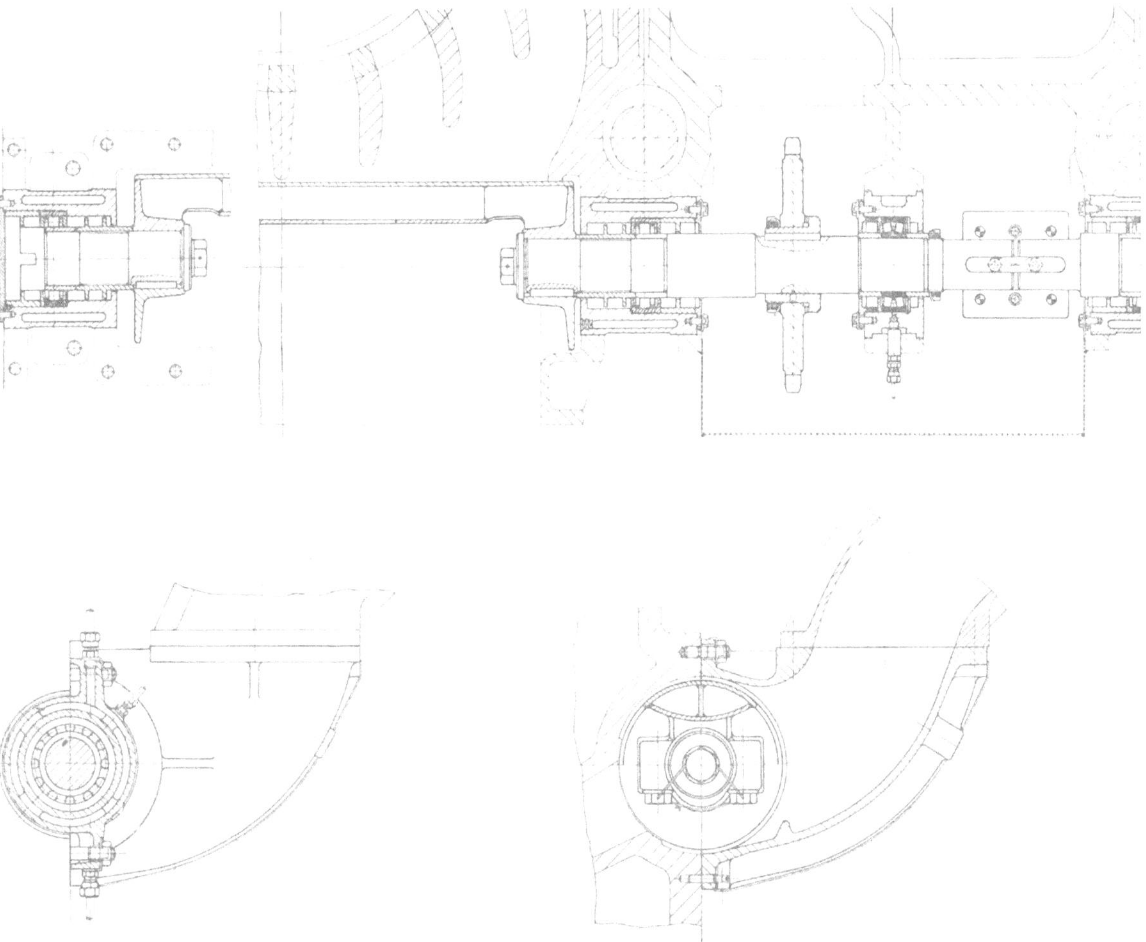

Bild 6. Nachladeschieber.

der Kolbenkühlung durch Frischwasser anzuführen, die eine größere Wärmemenge aus dem Kolben abführen kann. Die Abgasgebläsegruppe erhält bei einer großen Zweitaktmaschine verhältnismäßig große Abmessungen und wird teuer. Die geringen Druckunterschiede sind ungünstig bezüglich des zu erreichenden Wirkungsgrades der Gruppe. Nachdem die Maschinen auch ohne die Aufladung schon stark belastet sind, muß überlegt werden, ob sich der Aufwand für die Aufladung lohnt, zumal eine Ladeluftkühlung notwendig erscheint. Werkspoor und Burmeister & Wain wenden die Aufladung bereits an und es ist eine Frage der Zeit und bedarf gewissenhafter Überlegungen, ob sie auch nach den bereits gemachten Vorarbeiten bei den MAN-Maschinen Anwendung finden wird.

Konstruktive Neuerungen der Inlandsmaschinen.

Die Konstruktionen der MAN-Maschinen sind bekannt und in mehreren Veröffentlichungen bereits beschrieben. Es sollen deshalb nur die wesentlichen Neuerungen beschrieben werden.

Allen Schiffsmaschinen gemeinsam ist die Anwendung des Nachladeschiebers und der neuen Spülung. Die konstruktive Durchbildung ist in Abb. 6 zu erkennen. Die Drehschieber sind ge-

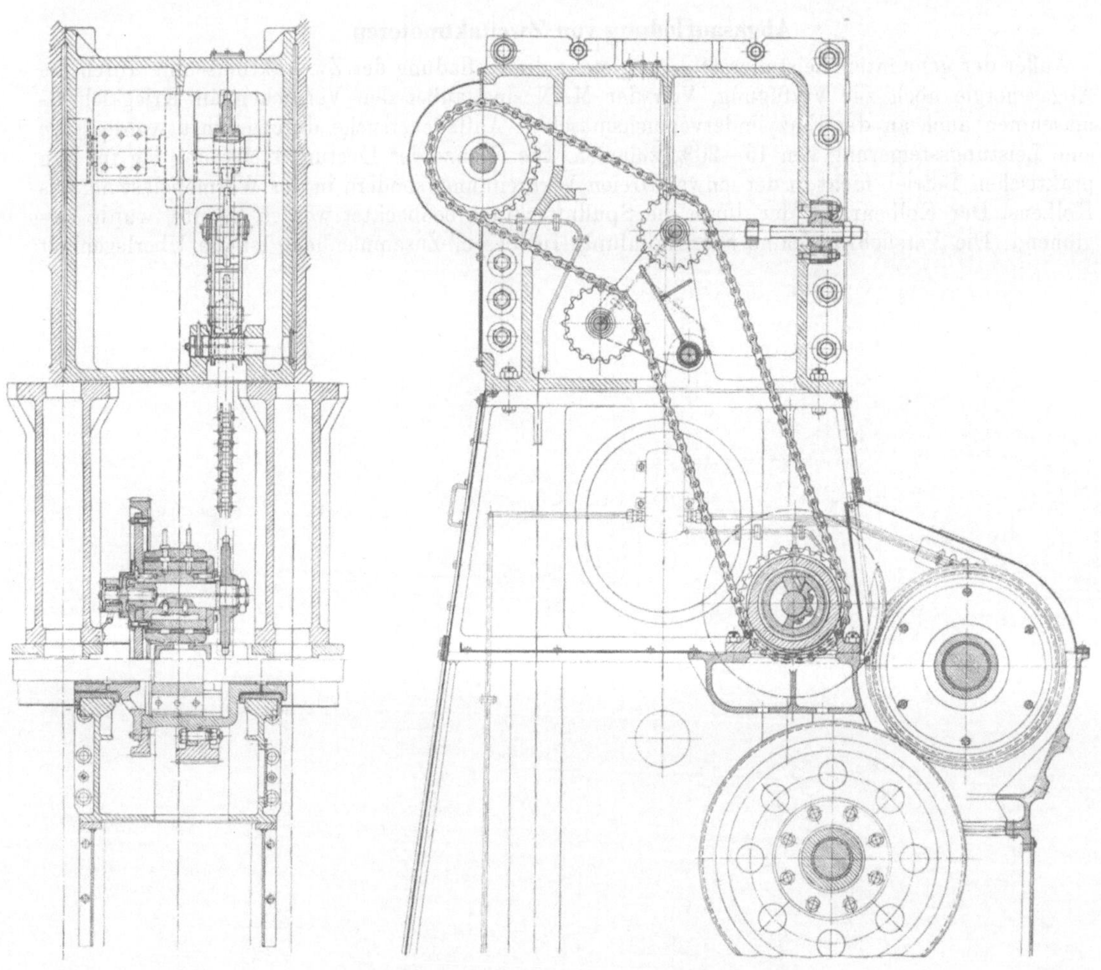

Bild 7. Nachladeschieberantrieb (MAN-Type KZ78/140).

schweißt und auf massive Lagerzapfen aufgeschraubt. Letztere sind gelagert in Wälzlagern, welche ihrerseits in wassergekühlten Gehäusen sitzen. Die Wälzlager sind durch Labyrinthe vor den Auspuffgasen geschützt. Die Schmierung der Lager erfolgt zentral durch Fettpressen, die von Hand betätigt werden. Der Wärmeausdehnung der Schieber ist Rechnung getragen durch einseitiges Spiel. Es hat sich vorteilhaft erwiesen, bei Überholungen den Nachladeschieber freizulegen ohne die Auspuffleitung abzubauen. Bei den neuesten Ausführungen, siehe Bild 6 und 13, wird die Auspuffleitung an der oberen Galerie aufgehängt und die Teilung zum Schiebergehäuse so gelegt, daß das Gehäuse leicht entfernt werden kann. Die Überholung des Nachladeschiebers wird dadurch wesentlich erleichtert. Der Antrieb der Nachladeschieber geschieht von der Steuerwelle aus durch eine Rollenkette, die in Bild 7 ersichtlich ist. Die Spannvorrichtung ist so angeordnet, daß beim Nachspannen keine Verdrehung des Nachladeschiebers erfolgt. Beim Umsteuern der Maschine müssen die Schieber um 125° gedreht werden. Aus diesem Grunde ist in dem Antrieb eine Klauenkupplung eingeschaltet, die durch Drucköl beaufschlagt ist, um die Sicherheit zu haben, daß die Stellung der Schieber unbedingt richtig ist. Die Klauenkupplung ist in Bild 7 gezeigt. Eine

Bild 8. Zylinderblock zum Motor D5Z60/110 mit Nachladeschieber.

besondere Anzeigevorrichtung zeigt am Instrumentenbrett die richtige Stellung der Nachladeschieber an. In Bild 8 ist die Anordnung der Nachladeschieber an einer ausgeführten doppeltwirkenden Maschine gezeigt.

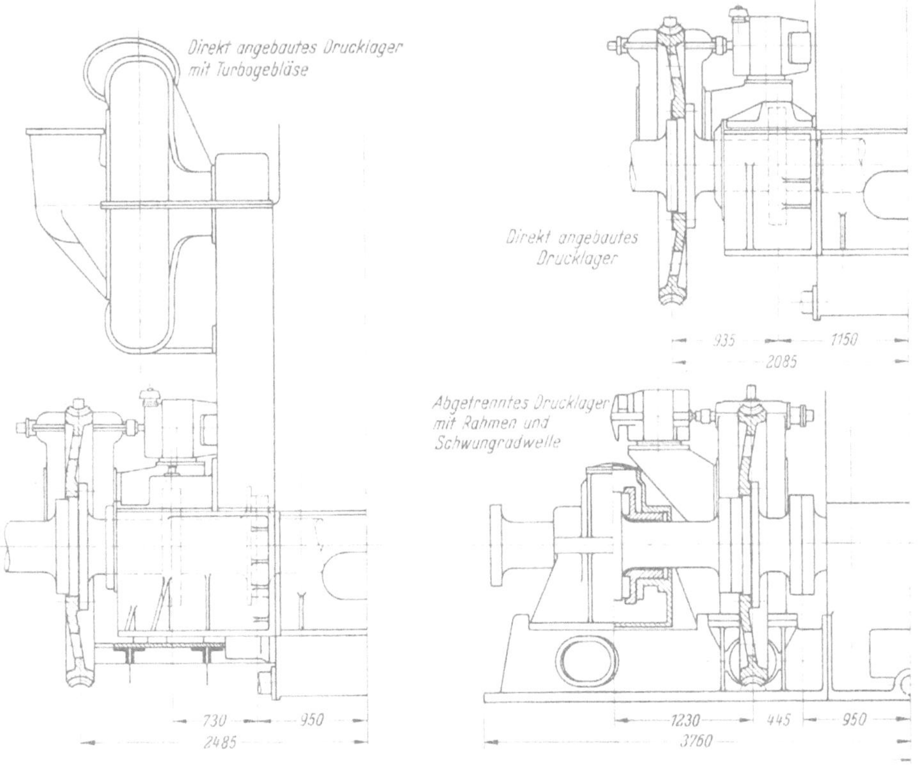

Bild 9. Drucklageranordnung.

Bei den Nachkriegsmaschinen ist die Schweißung von wichtigen Bauteilen, wie Grundplatten, Ständer, Spülpumpenzylindern, Schaltwerkgehäusen usw. angewendet worden. Diese Maßnahme, welche betrieblich eine Entlastung der Gießerei bedeutet, brachte für die Motoren wesentliche Gewichtseinsparung, die das Einheitsgewicht der Motoren bis zu 20% gesenkt hat.

Der in Bild 11, 13 und 17 dargestellte Aufbau der geschweißten Grundplatte ist sehr einfach. Das Mittelteil der Querträger, in dem die Kolbenkräfte übertragen werden, ist aus Stahlguß gefertigt. In diesem Teil sind also alle Schweißungen vermieden, die wegen der Verschneidungen des Lagerkörpers mit den Kanonen der Zuganker und Lagerschrauben ziemlich schwierig wären und

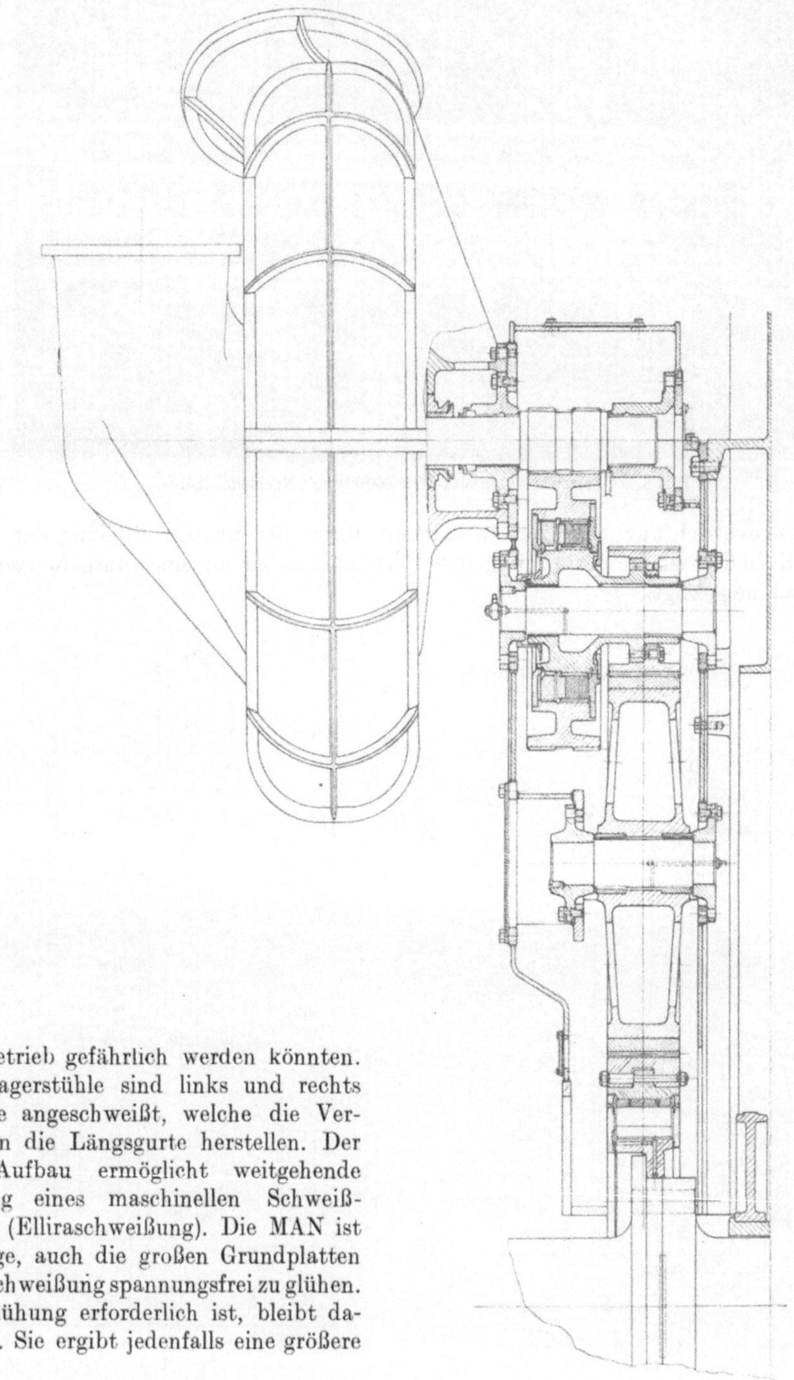

für den Betrieb gefährlich werden könnten. An die Lagerstühle sind links und rechts Querbleche angeschweißt, welche die Verbindung an die Längsgurte herstellen. Der gesamte Aufbau ermöglicht weitgehende Anwendung eines maschinellen Schweißverfahrens (Elliraschweißung). Die MAN ist in der Lage, auch die großen Grundplatten nach der Schweißung spannungsfrei zu glühen. Ob die Glühung erforderlich ist, bleibt dahingestellt. Sie ergibt jedenfalls eine größere Sicherheit.

Die Einbeziehung des D r u c k l a g e r s in den Motor bei den größeren Maschinen brachte

Bild 10. Gebläseantrieb.

ebenfalls einen Gewichts- und Raumgewinn. Der Raum über dem Drucklager kann ausgenutzt werden für die Anordnung eines Turbogebläses für die Spülluftbeschaffung, wie es in Bild 9 gezeigt ist. Die MAN hat diese Anordnung mit gutem Erfolg bei einer 6700 PS doppeltwirkenden Zweitaktmaschine erprobt. Den Antrieb des Gebläses zeigt Bild 10. Die Umsteuerbarkeit ist in keiner Weise dabei

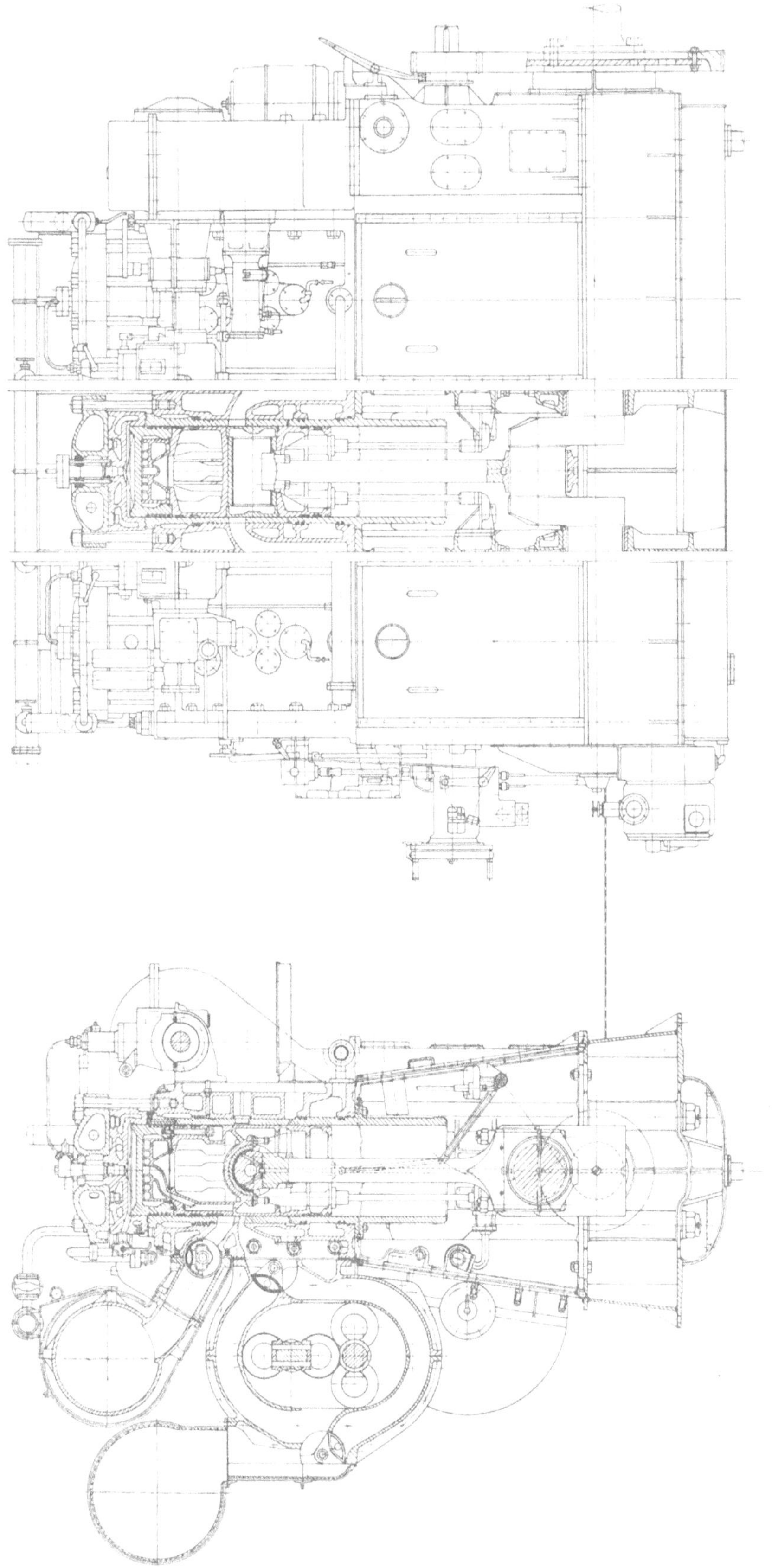

Bild 11. Schnitt durch die Tauchkolbenmaschine GZ 52/70.

beeinträchtigt. Um die großen Massendrehmomente vom Antrieb bei der Beschleunigung während des Anfahrens abzufangen, ist in dem Antriebszahnrad auf der Kurbelwelle eine Hülsenfederkupplung und im Vorgelege eine Rutschkupplung als Lamellenkupplung eingebaut. Die Übersetzung von der Kurbelwelle zur Gebläsewelle beträgt 1 : 18. Das Schwungmoment des Gebläseläufers nimmt, bezogen auf die Kurbelwelle des Motors, den 324fachen Wert an. Mit den beschriebenen Maßnahmen kann aber der Antrieb ohne weiteres beherrscht werden. Die beschriebene Anwendung und Anordnung eines Turbogebläses ist eine Versuchsausführung, die auch in Bild 18 gezeigt, aber bisher in der Praxis noch nicht verwendet wurde. Der Reeder zieht im allgemeinen die Kolbenspülpumpe vor. Wenn es aber auf die Raumeinsparung ankommt, ist das Turbogebläse ausführbar und der Kolbenspülpumpe vorzuziehen.

Als weitere Neuerung an den MAN-Maschinen ist zu erwähnen, daß bei den einfachwirkenden Kreuzkopfmotoren, mit Rücksicht auf die Schwerölverarbeitung die Abdichtung des Kurbelraumes gegen den Zylinderraum nicht mehr am Kolbenaußendurchmesser, sondern an der Kolbenstange erfolgt. Dadurch wird verhindert, daß Verbrennungsrückstände in den Triebwerksraum eindringen und das Schmieröl verderben können. Es lag nahe, bei dieser Konstruktion den unteren Zylinderraum zur Spülluftbeschaffung heranzuziehen. Bild 13 zeigt die Anordnung der Spülluftventile. Es ist dafür gesorgt, daß sich der im unteren Raum sammelnde Schmutz abgelassen werden kann.

Die Unterseiten fördern etwa $^2/_3$ der notwendigen Spülluft. Der Rest kann durch eine kleinere direkt angetriebene Kolbenspülpumpe oder ein elektrisch angetriebenes Turbogebläse beschafft werden. Ein Abgasturbolader, der gleichzeitig eine Aufladung des Motors möglich macht, kann selbstverständlich angewendet werden, wenn dies einigermaßen wirtschaftlich ist. Bei allen jetzt im Bau befindlichen Maschinen wird die erstere Lösung ausgeführt.

In der Nachkriegszeit sind im Ausland große Fortschritte mit der Verwendung von Schweröl gemacht worden. Auch die MAN hat ihre Maschinen für Schwerölbetrieb eingerichtet. Es sind eine Reihe Maschinen für Schwerölbetrieb in Auftrag und es wird später über die Ergebnisse berichtet werden. Über Versuchsergebnisse und die praktischen Ergebnisse bei Landmaschinen und konstruktiven Einrichtungen ist in der MTZ, Heft 1, Jahrgang 1951, im einzelnen berichtet worden.

Bild 12. Einfachwirkender MAN-Tauchkolbenmotor G10Z52/90, 3000 PSe, 136 U/min.

Ausgeführte Großdieselmaschinen des Inlandes.

Bild 11 zeigt die Tauchkolbenmaschine, welche mit einem Zylinderdurchmesser von 520 mm und 700 oder 900 mm Hub ausgeführt wird. Erstere wird meist als Getriebemaschine verwendet und leistet bei 200—250 U/min 300—400 PSe/Zyl. Die zweite Ausführung leistet bei 120—187 U/min 270—410 PSe/Zyl. Diese Maschinen haben angebaute Kapselgebläse zur Spülluftbeschaffung.

Die Bauart mit den Brennstoffnocken auf der Kurbelwelle ist verlassen und eine Steuerwelle in Höhe der Zylinderdeckel angeordnet worden. Die Steuerwelle wird mittels Ketten angetrieben.

Als Brennstoffpumpen sind schrägkantgesteuerte Pumpen verwendet worden, die sich vereinzelt auch bei größeren Maschinen eingeführt haben. Die Lage der Steuerwelle in der Nähe der Zylinderdeckel ergibt kurze Brennstoffdruckleitungen, welche Schwingungen in diesen Leitungen vermeiden. Bild 12 ist eine ausgeführte Maschine G 10 Z 52/90 zu sehen, welche bei 136 U/min 3000 PSe leistet.

Die einfachwirkenden Motoren mit Kreuzkopfausführung sind die heute am meisten verwendeten Typen für Schiffsantrieb. Da sie auch für die größten Leistungen verlangt werden, hat die MAN außer der Standardmaschine mit 700 Zylinderdurchmesser und 1200 Hub noch einen größeren Typ entwickelt, dessen Querschnitt in Bild 13 zu sehen ist. Die Maschine hat einen Zylinderdurchmesser von 780 mm und einen Hub von 1400 mm. Die Zylinderleistung beträgt bei 100—115 U/min 780—900 PSe. Von diesem neuen Maschinentyp sind heute etwa 30 Motoren im Bau. Die MAN konnte sich bei der Konstruktion dieser Type auf Erfahrungen einer bereits vor dem Kriege gebauten Maschine mit 820 mm Durchmesser und 1440 mm Hub stützen, welche sich sehr gut bewährt hat.

In dieser Type sind alle Neuerungen der Nachkriegszeit verwendet worden. Die Grundplatte und die Ständer sind geschweißt. Über dem Triebwerksraum befindet sich ein Zwischenboden, der die Stopfbüchse für die Abdichtung an der Kolbenstange enthält. In dem Zwischenraum unterhalb des Zylinders sind die Spülpumpenzylinder untergebracht, wie aus Bild 13 ersichtlich ist. Die Verbindungen

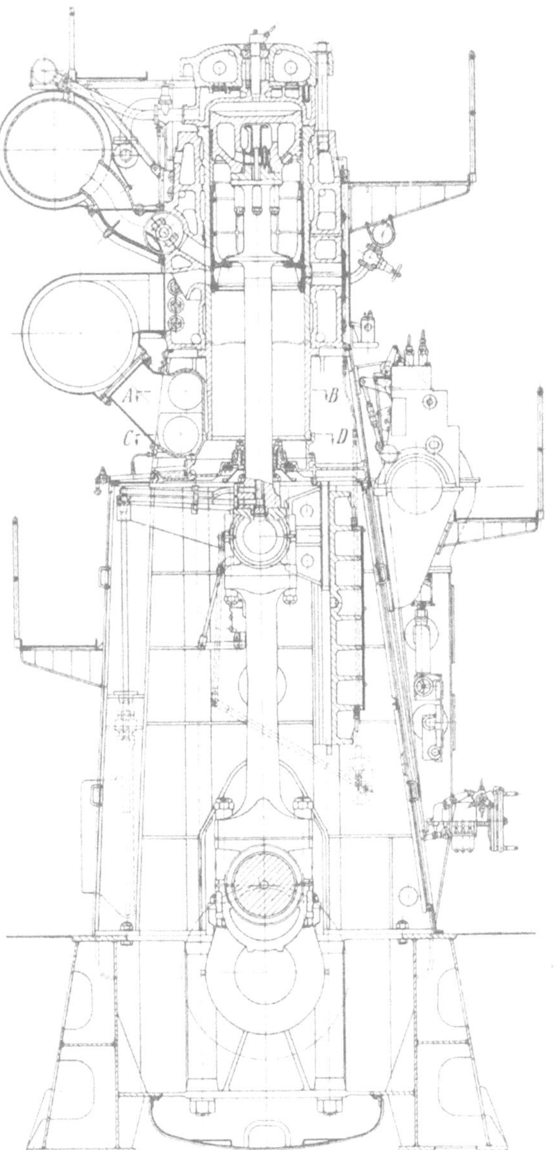
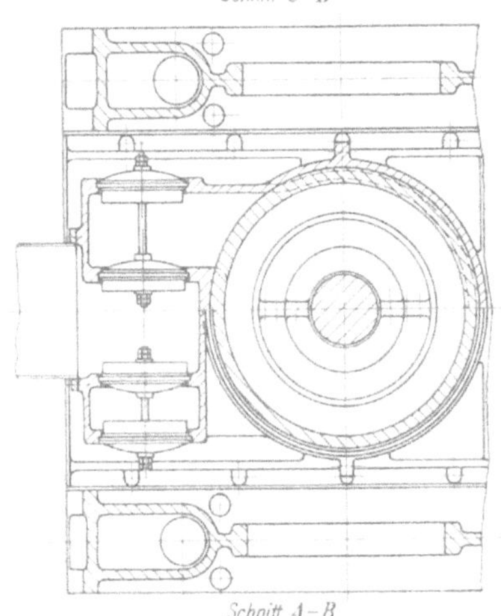

Bild 13. Hauptschnitt der einfachwirkenden MAN-Kreuzkopfzweitaktmaschine, Typ KZ 78/140.

zur Spülluftleitung sind kurz, wodurch die Strömung innerhalb der Spülluftleitung günstig ist. In den Auspuffkanälen ist der Nachladeschieber so angeordnet, daß eine Überholung leicht möglich ist.

Der Kolben ist verhältnismäßig kurz gehalten und trägt am unteren Ende einen Dichtungsring, der verhindern soll, daß Spülluft in den unteren Zylinderraum eindringt. Der Kolben kann mit Öl oder mit Wasser gekühlt werden. Die im Bild dargestellte Ausführung sieht Wasserkühlung durch Posaunen vor, während bei der Ölkühlung Gelenkrohre verwendet werden. Es ist dabei auf große Dimensionierung der Querschnitte geachtet, damit der Öldruck niedrig gehalten werden kann.

Es taucht immer wieder die Frage auf, ob Ölkühlung oder Wasserkühlung vorzuziehen ist. Die Wasserkühlung hat den Vorteil, daß bei gleicher Kühlmittelmenge etwa 140 Wärmeeinheiten pro PSe h abgeführt werden können. Die Korrosionsgefahr bei der Wasserkühlung kann durch einen Zusatz von Korrosionsschutzöl zum Kühlwasser beseitigt werden.

Bei der Ölkühlung ist es schon schwierig, 100 Wärmeeinheiten pro PSe h abzuführen. Ein zweiter Nachteil haftet der Ölkühlung an, insofern als Verkokungen in den Kühlräumen häufig vorkommen und so den Wärmeübergang weiter verschlechtern.

Eine ausgeführte einfachwirkende Kreuzkopfzweitaktmaschine ist in Bild 14 wiedergegeben. Die Maschine leistet in 6 Zylindern 4000 PSe bei 125 U/min.

Bild 14. Einfachwirkender MAN-Kreuzkopfmotor, 4000 PSe, 125 U/min.

In Bild 15 ist das Schema der Manövriereinrichtung dargestellt. Das Prinzip der Manövriereinrichtung ist das gleiche wie bei den Vorkriegsmaschinen. Es sind nur gewisse zusätzliche Organe nötig gewesen, die eine Sicherung darstellen für die unbedingt richtige Einstellung des Nachladeschiebers. Bekanntlich wird die Bedienung der MAN-Maschine durch ein Handrad bewerkstelligt, mit welchem die Maschine umgesteuert, angelassen und Brennstoff gegeben wird. Die Betätigung der einzelnen Organe erfolgt auf pneumatischem Wege durch Steuerventile. Es sind Verblockungen eingebaut, daß ein Anfahren nicht möglich ist, wenn die Umsteuerung nicht in einer Endstellung liegt. Für die Type KZ78/140 ist die MAN abgegangen von den Schrägnocken für die Brennstoffpumpen, weil der Hub der Pumpen doch verhältnismäßig groß wird und die Verschiebung der Steuerwelle ohne Abheben der Rollen gewisse Schwierigkeiten macht. Bemerkenswert ist die Regulierung bzw. die Betätigung des Überströmventiles. Bei den MAN-Maschinen wird der Beginn und das Ende der Einspritzung gesteuert. Gerade für Schiffsmaschinen, die mit verschiedener Drehzahl fahren, ist diese Steuerung von Vorteil, weil dadurch bei langsamer Drehzahl die hohen Zünddrücke vermieden werden. Die Betätigung des Überströmventils wurde bisher bewerkstelligt durch zwei auf zwei verschiedenen Regulierwellen sitzenden Hebeln, die zueinander eine bestimmte Versetzung haben müssen. Die Einstellung der Regulierung war dadurch etwas unübersichtlich geworden, weshalb bei der neuen Maschine eine einzige Regulierwelle benutzt wird, auf welcher die zwei Steuerhebel angebracht sind, die verschiedene Bewegungsrichtungen durch den Antriebshebel der Brennstoffpumpe erhalten. In dem Schaubild der Regulierung, Bild 16, ist die Wirkungsweise der doppelten Regulierung zu erkennen. Bei kleiner Füllung, d. h. kleiner Drehzahl, beginnt die Einspritzung später als bei großer Füllung. Dies hat zur Folge, daß die Zünddrücke über den ganzen Fahrbereich gleich sind.

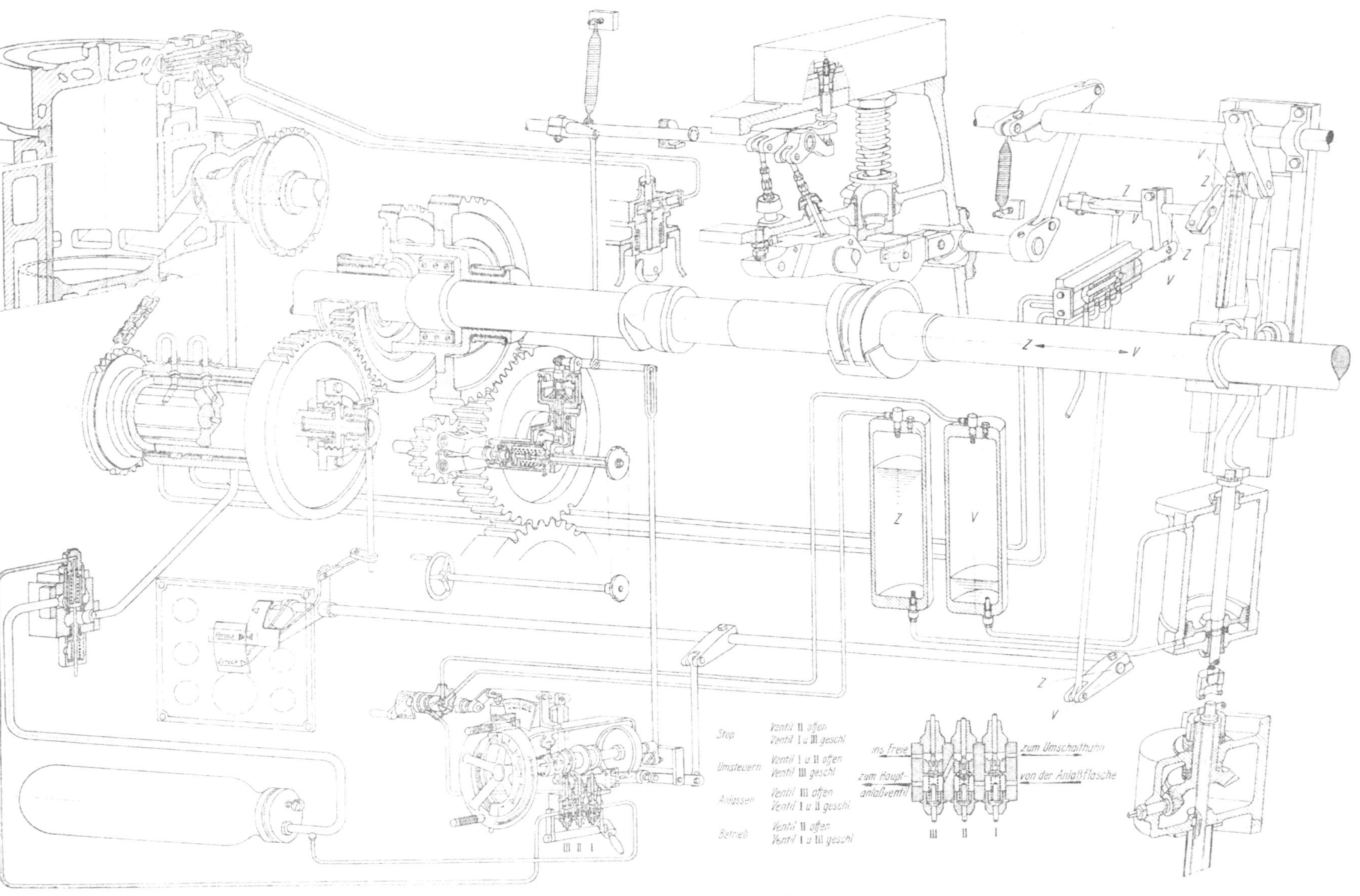

Bild 15. Schema der M.A.N.-Manövriereinrichtung.

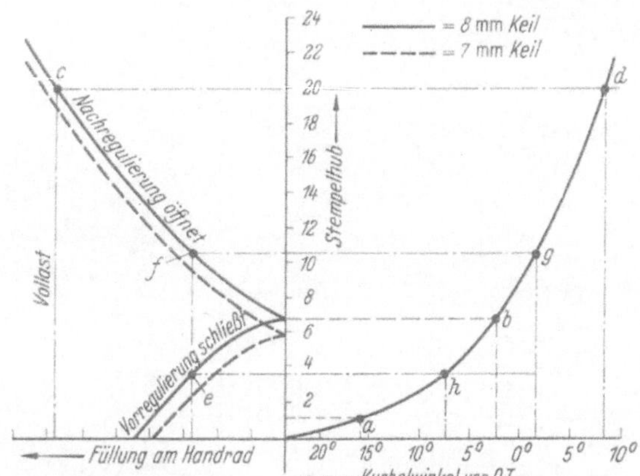

Bild 16. Schaubild der Regulierung der MAN-Type KZ78/140.

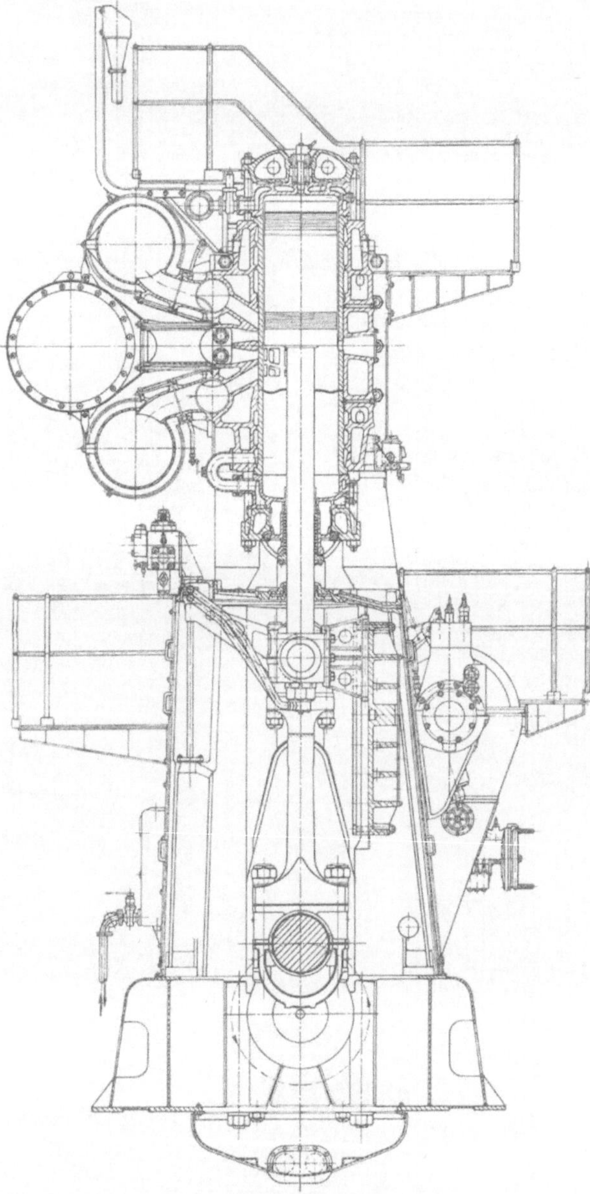

Bild 17. Hauptschnitt der doppeltwirkenden MAN-Zweitaktmaschine, Typ DZ60/110.

Die doppeltwirkende Zweitaktmaschine, welche in Bild 17 gezeigt wird, ist durch die einfachwirkende Maschine etwas zurückgedrängt worden. Sie wird aber immer ihren Platz behaupten, wenn es gilt, große Leistungen auf kleinem Raum unterzubringen. Außerdem wird ihr geringes Leistungsgewicht von 40 bis 50 kg/PSe von der einfachwirkenden Maschine nie erreicht. Die geringen Gewichte der Einzelteile dürfen bei Überholungen im Vergleich mit der einfachwirkenden Maschine nicht außer acht gelassen werden. Die oft angeführten Schwierigkeiten mit den Kolbenstangen und Kolbenstangenstopfbuchsen können durch konstruktive und betriebliche Maßnahmen leicht überwunden werden. Die Verchromung der Kolbenstangen macht immer mehr Fortschritte und wirkt sich günstig auf den Betrieb der Maschine aus. Die Abnutzung der Kolbenstange wird praktisch gleich Null, wodurch Störungen an den Stopfbüchsen minimal werden.

Bild 18 zeigt eine doppeltwirkende Achtzylindermaschine mit 600 Zylinderdurchmesser und 1100 mm Hub. Die Leistung ist 6700 PSe bei 128 U/min. Links ist die angebaute Kolbenspülpumpe zu erkennen und rechts das versuchsweise angebaute Turbogebläse. Bild 19 stellt eine obere Zylinderbüchse der gleichen Maschine dar, in welcher die Anordnung der Spül- und Auspuffschlitze für die neue Spülung ersichtlich ist. Die doppeltwirkende Maschine ist für die Verwendung von Schweröl nicht weniger geeignet als die einfachwirkende Maschine. Die diesbezüglichen Versuche werden von der MAN an einer doppeltwirkenden Maschine mit 530 ⌀ und 800 mm Hub durchgeführt. Dabei werden Brennstoffe schlechterer Qualität benutzt als sie normal in der Praxis verwendet werden. Abgesehen von der größeren Abnutzung der Zylinderbüchsen bestehen verbrennungstechnisch keine Schwierigkeiten. Sowohl an der Versuchsmaschine als auch an 7 in der Praxis seit 20 Jahren laufenden stationären Maschinen sind keine anomalen Abnutzungen an den Kolbenstangen festgestellt worden. Dies hängt wohl mit dem besseren Schmierzustand der Stopfbüchsen zusammen.

Die doppeltwirkende Maschine wird wieder mehr in den Vordergrund gerückt werden, wenn der Konkurrenzkampf stärker wird, weil sie gegenüber anderen

Maschinen billiger ist. Außerdem wird sie vorherrschen, wenn für die Anlagen mehr als 10000 PS verlangt werden.

Bild 20 zeigt den Hauptschnitt der Wumag-Krupp-Maschine des Typs Z 125. Die Maschine hat 680 mm Zylinderdurchmesser, 1250 mm Hub und ist für eine Zylinderleistung von 600 PSe bei 125 U/min ausgelegt. Sie ist entstanden aus der Krupp-Maschine mit 650 mm Zylinderdurchmesser und 1250 mm Hub, die von der Germaniawerft in großer Zahl für Handelsschiffe, insbesondere Tankschiffe der Standard Oil Co. gebaut wurde. Der Aufbau ist im wesentlichen bekannt. Jetzt angebrachte Neuerungen bzw. besondere Eigenschaften der Maschine sollen in folgendem beschrieben werden.

Die Umkehrspülung ist bereits als neu erwähnt worden. Die Grundplatte ist aus Einzelteilen zusammengeschraubt. Diese Konstruktion ermöglicht eine Vereinfachung des Gusses und bringt außerdem eine Verringerung der Montagegewichte. Die Fertigung ist zum Teil unabhängig von der Zylinderzahl und kann sich besser an verschiedene Einbauwünsche anpassen.

Die Gleitbahnführung des Kreuzkopfes ist doppelseitig an den Ständern an-

Bild 18. Doppeltwirkender Zweitakt-MAN-Motor, 6700 PSe, 128 U/min.

Bild 19.
Zylinderbüchse zum Motor DZ 60/110.

Bild 21. Wumag-Krupp-Maschine Z 125.
Bild 20 s. S. 144.

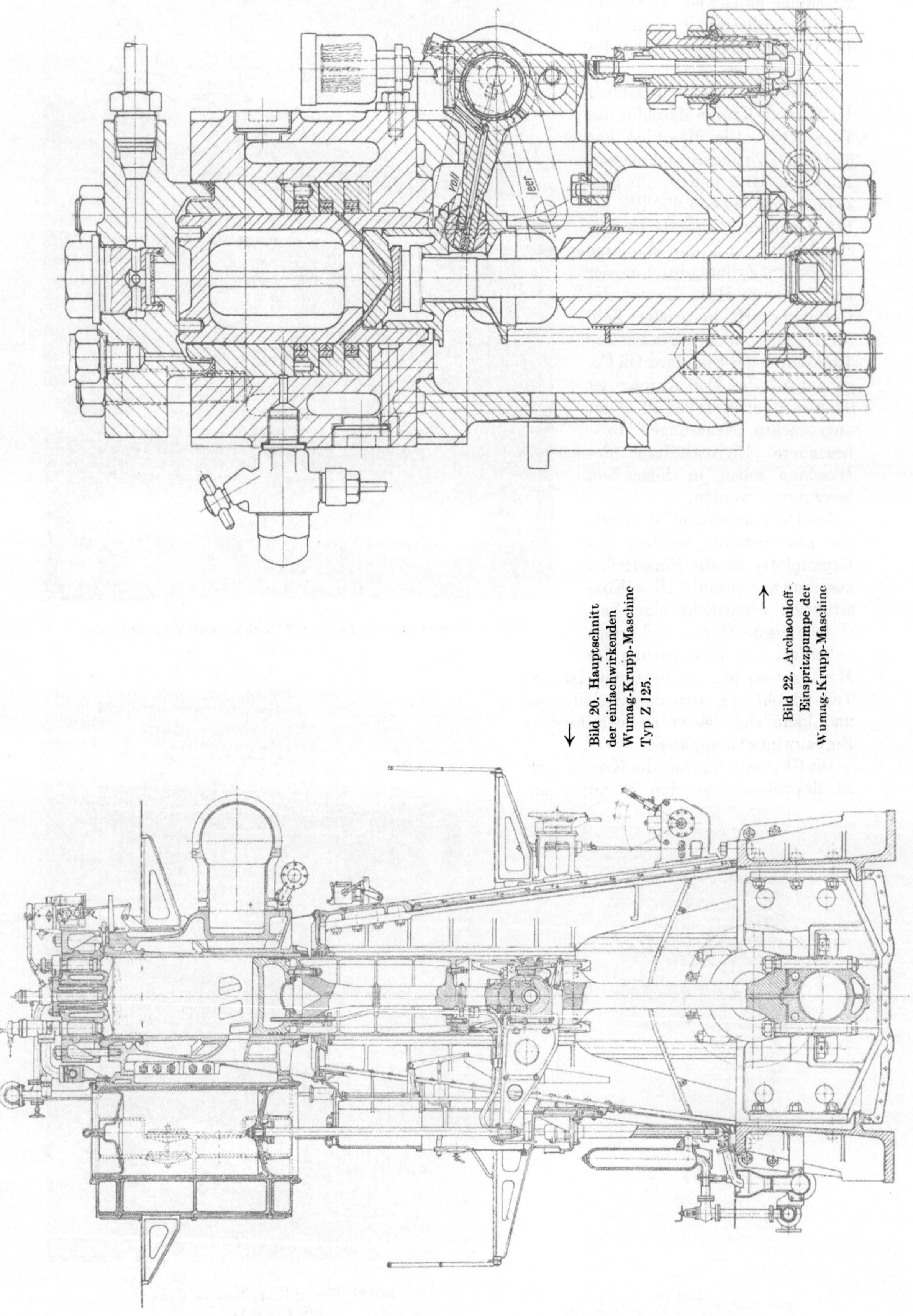

Bild 20. Hauptschnitt der einfachwirkenden Wumag-Krupp-Maschine Typ Z 125.

Bild 22. Archaouloff-Einspritzpumpe der Wumag-Krupp-Maschine

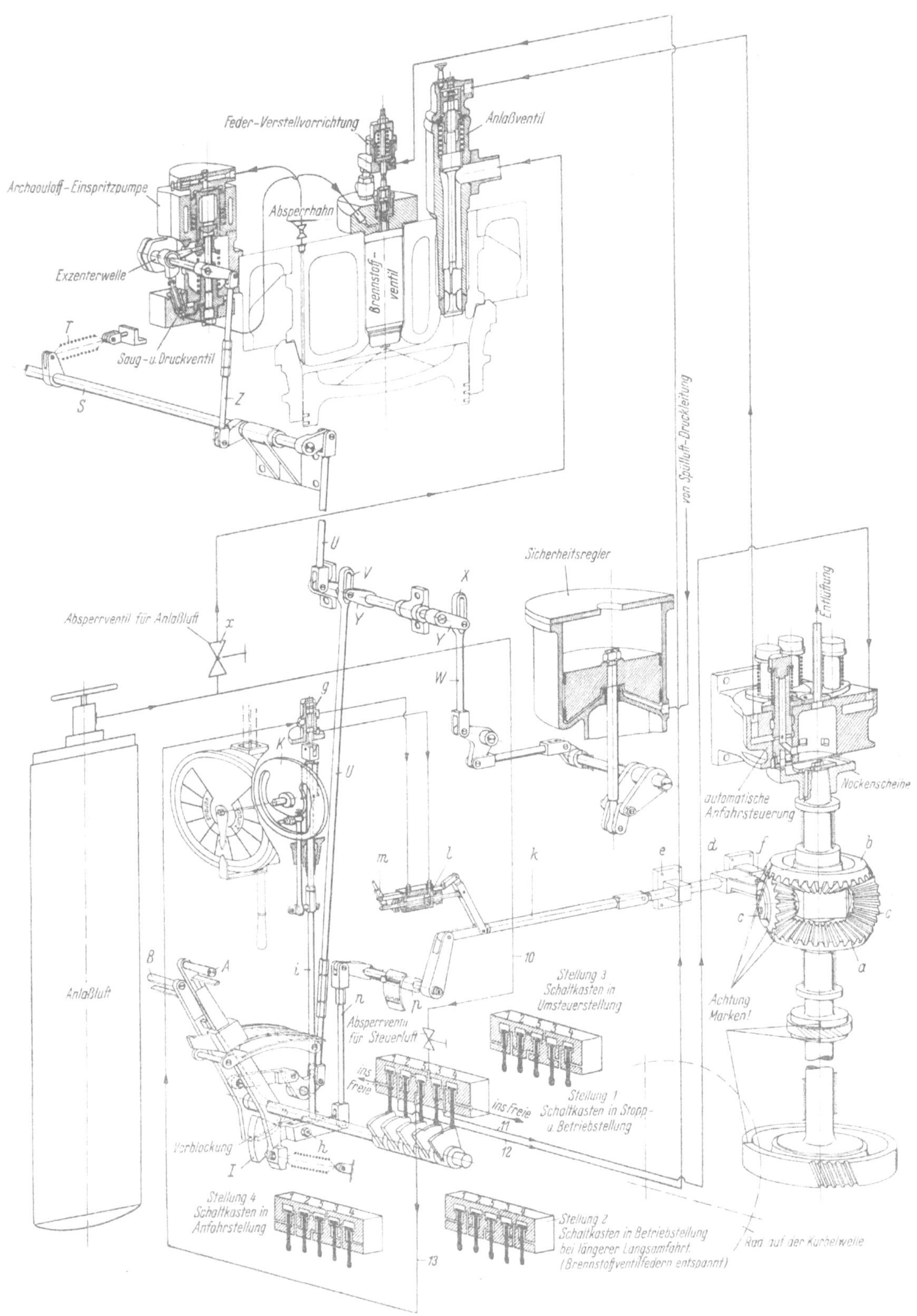

Bild 23. Schema der Anlaß- und Umsteuereinrichtung der Wumag-Krupp-Maschine.

gebracht, um den Triebwerksraum zugänglicher zu machen. Dadurch fällt die Längsverbindung der Ständer fort, wie sie sonst bei den Großmotoren üblich ist. Dafür ist eine Verbindungsplatte zwischen den Ständern auf der Bedienungsseite der Maschine fest aufgeschraubt und erhöht die Längssteifigkeit.

Bemerkenswert ist die konstruktive Lösung für die Indiziervorrichtung. Entsprechend der schon bei der Krupp-Maschine üblichen Anordnung ist die Indiziervorrichtung so ausgeführt, daß ein am Spülpumpenarm befestigtes schrägliegendes Lineal über einen Winkelhebel die Stange zum Einhängen der Indikatorschnur senkt und hebt. Der Winkelhebel wird durch einen vom Umlauföl beaufschlagten Zylinder mit dem Lineal in Verbindung gebracht. Die Indiziervorrichtung wird also nur in Tätigkeit gesetzt, wenn sie gebraucht wird.

Die Kolbenkühlung erfolgt durch Schöpfposaunen im Eintritt und mit offenem Ablauf des Kühlwassers aus der Austrittsposaune. Diese Anordnung hat sich bei der für Krupp-Maschinen bevorzugt benutzten Seewasserkühlung der Kolben besonders gut bewährt.

Bild 21 zeigt eine ausgeführte Fünfzylindermaschine in der Montage. Die Brennstoffeinspritzung erfolgt wie bekannt nach dem Archaouloff-System. Die Einspritzpumpe ist in Bild 22 dargestellt. Das zugehörige Brennstoffventil ist ein Nadelventil üblicher Konstruktion, dessen Federbelastung durch einen mit Druckkraft beaufschlagten Kolben verringert werden kann, um beim Anfahren und bei kleiner Drehzahl, d. h. wenn der Verdichtungsdruck der Maschine nachläßt, ein sicheres Einspritzen zu erreichen. Das Schema der Anlaß- und Umsteuereinrichtung dieser Maschine ist in Bild 23 wiedergegeben. Das Anfahren der Maschine geschieht durch die Betätigung des Anlaßhebels A, der automatisch den Brennstoffhebel B ausklinkt und mitnimmt. Sobald die Maschine zündet, wird der Anlaßhebel losgelassen und durch eine Zugfeder in die Anfangsstellung zurückgezogen. Der Brennstoffhebel bleibt dabei auf der bereits eingestellten Lage stehen und kann nach Bedarf in der Füllungsgebung verändert werden. Durch die Betätigung des Anlaßhebels werden über eine Nockenwelle Steuerventile im Schaltkasten betätigt, welche ihrerseits Luft freigeben für das Anlaßventil im Zylinder.

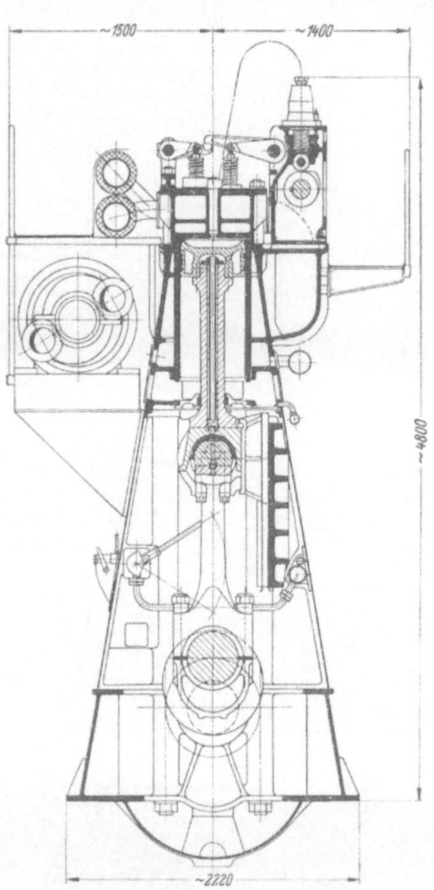

Bild 24. Hauptschnitt der hochaufgeladenen MAN-Viertaktmaschine, Type KV 45/66.

Die Umsteuerung wird durch die Anwendung des Archaouloff-Verfahrens sehr vereinfacht, insofern als nur der Antrieb der Anlaßsteuerschieber umgesteuert zu werden braucht. Die Umsteuerung geschieht durch die Verdrehung des Sternes im Differentialgetriebe. Der Umsteuerschieber G, welcher die Luft steuert zur Verdrehung des Differentials wird durch den Rückmeldehebel am Maschinentelegraphen verstellt. Am Umsteuergestänge sitzt eine Verblockungsscheibe J, welche ein Anlassen nicht erlaubt, bevor die Umsteuerorgane die gewünschte Stellung eingenommen haben. Bemerkenswert ist die Einrichtung, die Spannung der Brennstoffventilfedern bei langsamer Fahrt durch Druckluftbeaufschlagung zu entlasten. Die Schaltung ist zu erkennen in Stellung 2 der Ventile im Schaltkasten. Besondere Beachtung verdient auch der Sicherheitsregler, welcher die Brennstoffregulierung abschaltet, sobald der Spülluftdruck eine bestimmte Grenze überschreitet.

Der MAN-Höchstauflademotor.

In die Reihe der großen Schiffsmotoren wird sich die Viertaktmaschine wieder einreihen, und zwar als höchstaufgeladene Maschine und wird Verwendung finden als Getriebemaschine. Nach dem heutigen Stand der Entwicklung ist es kein Problem, Leistungen von 10000 PS in zwei Zehnzylindermaschinen unterzubringen. Im Vorjahr hat Herr Prof. Dr.-Ing. Sörensen über eine hochaufgeladene Viertaktmaschine von 1400 PS berichtet. Die MAN hat eine größere derartige Maschine im Bau, die in 6 Zylindern bei 275 U/min 3000 PS leistet. Bild 24 zeigt den Querschnitt durch die

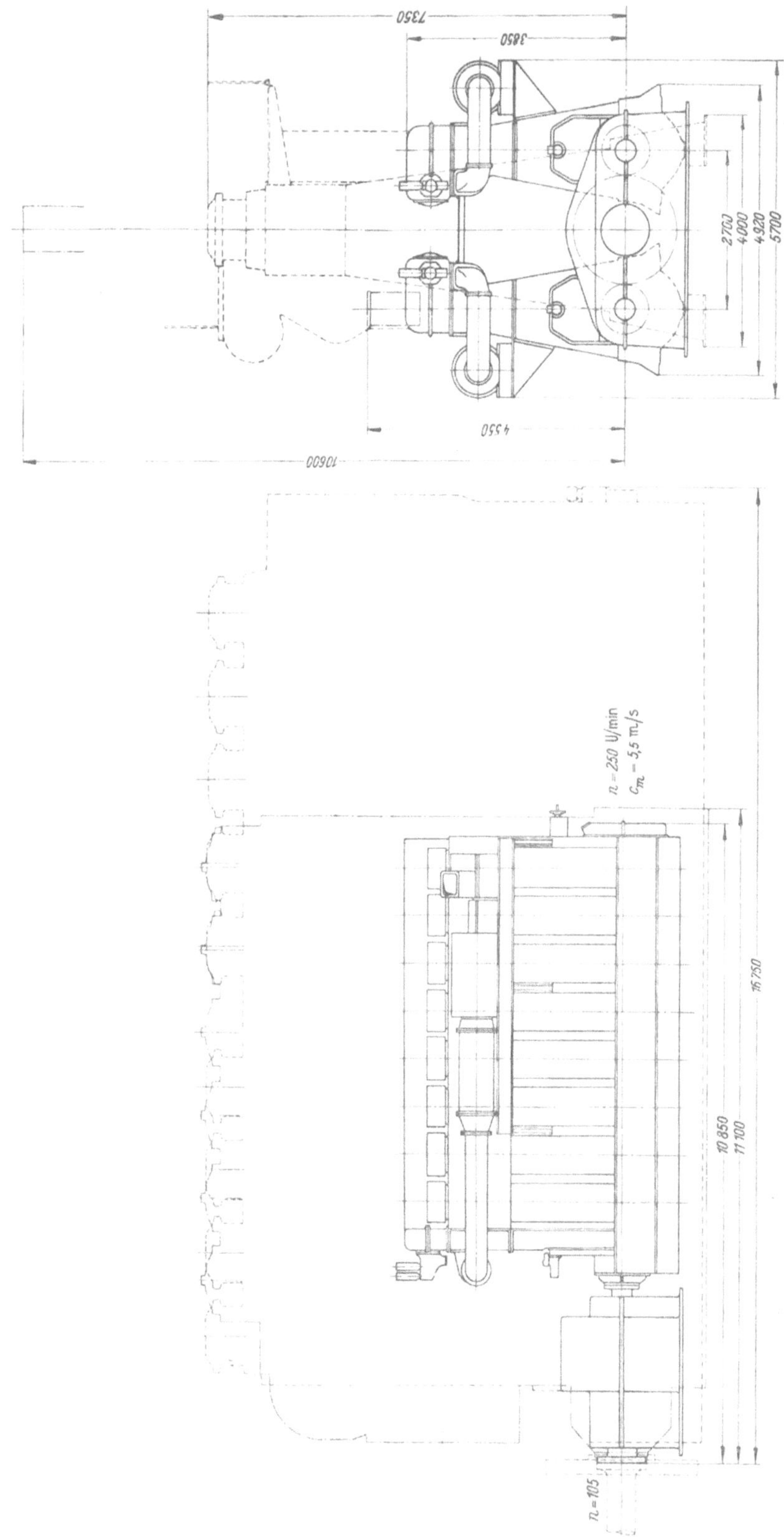

Bild 25. Raumvergleich der einfachwirkenden, doppeltwirkenden Zweitakt- und hochaufgeladenen Viertaktmaschine für 8000 PS.

Maschine. Der Aufbau ist denkbar einfach. Die Abgasaufladegruppe fügt sich organisch in den Aufbau der Maschine ein. Das Einheitsgewicht beträgt etwa 35 kg/PSe, einschließlich Getriebe. Bild 25 gibt einen Vergleich zweier Achtzylindermaschinen im Raumbedarf gegenüber einer einfachwirkenden und doppeltwirkenden Maschine gleicher Leistung. Außer dem geringen Raum- und Gewichtsbedarf hat diese Maschine den großen Vorteil des geringen Brennstoffverbrauches von 140 g/PSh. Die Unempfindlichkeit gegenüber der Brennstoffqualität macht diese Maschine besonders geeignet für den Betrieb mit Schweröl.

Der geschilderte Stand der Entwicklung der Schiffsmotoren in Deutschland zeigt, daß wir trotz der Zwangspause durch den Krieg und die Nachkriegszeit mit der Entwicklung des Auslandes Schritt gehalten haben. Trotzdem werden wir uns anstrengen müssen, den immer stärker werdenden Konkurrenzkampf zu bestehen. Unsere Forschungs- und Entwicklungsarbeiten lassen uns mit Vertrauen in die Zukunft sehen. Der am Schluß aufgezeigte Ausblick, der auf deutsche Initiative zurückzuführen ist, gibt neue Wege in die Zukunft.

<h3 style="text-align:center">Erörterung:</h3>

Direktor Dr.-Ing. **Roberto de Pieri,** Torino/Italien.

Wir haben mit großem Interesse den aufschlußreichen Vortrag von Herrn Direktor S c h u l e r gehört und sind seinen klaren Darlegungen gefolgt. Wir beglückwünschen die MAN zu den beachtlichen Fortschritten, die sie mit den neusten Ausführungen ihrer Großdieselmotoren erzielt hat.

Ich möchte an den Vortrag einige Bemerkungen anknüpfen, die durchweg die Richtigkeit der konstruktiven Grundsätze der MAN bestätigen.

Man muß heute den vollkommenen Abschluß zwischen Zylinder und Kurbelgehäuse als eine Grundbedingung für den einwandfreien Betrieb der großen Zweitaktmotoren ansehen.

Man muß häufig schwere und schlechtere Brennstoffe, die einen hohen Prozentsatz Schwefel enthalten, verwenden. Dabei muß zuverlässig verhindert werden, daß Verbrennungsrückstände, wenn auch nur in geringer Menge, zwischen Kolben und Laufbuchse hindurch in das Kurbelgehäuse gelangen und das Schmieröl verschmutzen.

Bereits vor 20 Jahren hat Fiat die Trennung zwischen Zylinder und Kurbelgehäuse durch einen Zwischenboden, durch den nur die Kolbenstange hindurchgeführt ist, verwirklicht. Sie wird heute praktisch von allen Zweitaktmotorenbauern angewandt. Diese Konstruktion hat die laufende Verwendung von Heizöl, Bunker C, in den Großmotoren ermöglicht und erklärt den Erfolg, den die Fiatmotoren auf diesem Gebiet immer gehabt haben.

Zweifellos werden auch die MAN-Motoren in ihrer neuen Ausführung, die heute ähnlich gebaut werden, die gleichen Vorteile erzielen können.

Die MAN und vorher andere Konstrukteure verwenden den unteren Teil der Zylinder als Spülluftpumpe. Mir scheint die Bemerkung wichtig, daß auch Fiat vor etwa 5 Jahren versuchsweise an einem Motor von 4500 PS in einer elektrischen Zentrale diese Konstruktion verwendet hat.

Nach etwa 3000 Betriebsstunden wurde der Versuch abgebrochen und der Motor wieder in seinen ursprünglichen Zustand zurückversetzt. Wir haben beim Betrieb mit Heizöl in dem Raum unterhalb der Zylinder, der als Spülluftpumpe verwendet worden war, eine beachtliche Menge von Verbrennungsrückständen gefunden, die bei längerem Betrieb sicher den Lauf des Motors gestört hätten. Wir haben es daher als zweckmäßiger empfunden, den Motor in seinem ursprünglichen Zustand zu lassen, das heißt mit offenem Zylinderteil, damit man die Rückstände, die aus dem Zylinder hier herunter gelangen können, sammeln und abführen kann.

Wir glauben, daß die Verwendung des Zylinderunterteiles als Spülluftpumpe oder Spülluftbehälter eine sehr elegante Lösung ist. Sie wird auch von anderen Konstrukteuren wie B u r m e i s t e r und W a i n und Götawerken verwendet, aber sie erfordert in der Praxis größere Unterhaltungsarbeiten durch das Maschinenpersonal, das zu häufigeren Reinigungsarbeiten gezwungen ist. Die Möglichkeit von Bränden der hier angesammelten Rückstände ist nicht ausgeschlossen, wie man aus verschiedenen Quellen weiß.

Die von der MAN getroffene Lösung erfordert noch eine zusätzliche Spülluftpumpe. Wir stimmen zu, daß die zweckmäßigste Lösung die einer Kolbenpumpe am vorderen Motorenende ist.

Wir können nur die Worte von Herrn Direktor S c h u l e r bestätigen über die Möglichkeit, einen großen Zweitaktmotor zufriedenstellend auch mit einem Spülluftgebläse betreiben zu können. Wir selbst haben einen großen Motor für eine Dieselzentrale mit einem Spülluftgebläse versehen, das in ähnlicher Weise angebracht war wie das gezeigte. Der Motor ist seit mehreren Jahren in Betrieb mit absolut zufriedenstellendem Ergebnis. Wir sind heute bereit, diese Gebläse für jeden Motor zu verwenden. Es ist jedoch so, wie auch Herr Direktor S c h u l e r sagte, daß im allgemeinen die Kunden und die Reeder sehr mißtrauisch sind und die vielleicht weniger elegante aber einfachere Konstruktion der Kolbenpumpen vorziehen.

Wir begrüßen es, daß die MAN durch Verbesserung der Spüleinrichtung und infolgedessen der Wirtschaftlichkeit ihren Beitrag zur Steigerung der Leistung der Motoren und zur Senkung des Brennstoffverbrauches geliefert hat. Sie hat einen anderen Weg beschritten als wir und hat gezeigt, daß man auch mit Umkehrspülung die gleiche Wirtschaftlichkeit erreichen kann wie mit der Querspülung.

Wir können noch hinzufügen, daß man praktisch die gleichen Resultate wie die MAN erreichen kann mit einer einfacheren Einrichtung ohne einen Rundschieber in der Abgasleitung, der einen einigermaßen komplizierten Antrieb nötig hat. Auch wenn er noch so gut gebaut und konstruiert ist, erfordert er wahrscheinlich größere Unterhaltungsarbeiten als automatische Rückschlagventile, die von uns für die Spülluftleitung verwendet werden. Es ist bekannt, daß man mit einer normalen Querspülung, wie Fiat und Sulzer sie verwenden, praktisch die gleichen Brennstoffverbrauche erzielen kann wie die von der MAN angegebenen, die sich im Bereich von 150 bis 160 bewegen. Wie aus der von Herrn Direktor S c h u l e r gezeigten Tabelle hervorgeht, sind die Kolbengeschwindigkeit und der mittlere effektive Druck praktisch die gleichen.

Professor Dr.-Ing. **V. Rembold,** Schwäb.-Hall.

Herr Direktor Schuler hat in seinem Vortrag die großen Erfolge gezeigt, die die MAN durch Verbesserung der Ringwald-Spülung und durch Einführung des Rundschiebers in der Auspuffleitung erreicht hat, und dargelegt, daß die Auslandserfolge besonders mit Maschinen mit Längsspülung wieder eingeholt worden sind. Dies ist ein schöner Erfolg. Nun ist aber noch zu berücksichtigen, daß bei umsteuerbaren Maschinen mit Längsspülung ein wirkungsvolles Nachladen nach Schluß des Auslasses nicht vorgenommen worden ist. Dies läßt sich bei umsteuerbaren Gegenkolbenmaschinen auch nicht erreichen, weil die Kurbeln der Gegenkolben des Rückwärtslaufes wegen nur um wenige Grad Kurbelwinkel von der 180°-Stellung abweichen dürfen.

Ich möchte nun einen Entwurf zeigen, bei dem dieses Nachladen für beide Drehrichtungen möglich ist. In Verbindung mit der vorgesehenen Längsspülung, die eine gute Auffüllung des Zylinders mit Luft gewährleistet, kann eine weitere Leistungssteigerung von 15 bis 20% erreicht werden. Außerdem läßt sich die Maschine auf sehr einfache Weise außerdem mit Druckluft aufladen und die Leistung noch erheblich steigern.

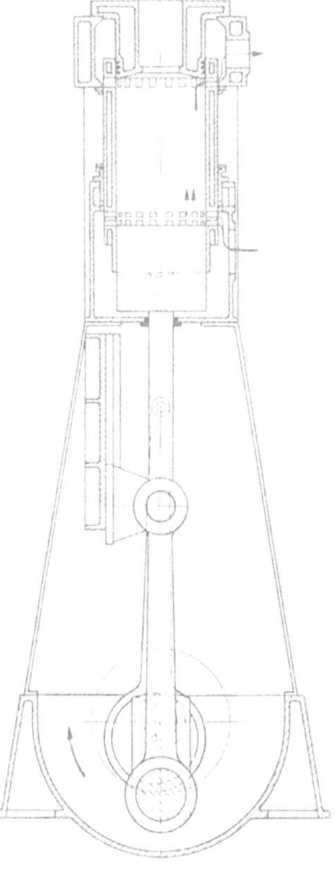

Bild 8. Spülen.

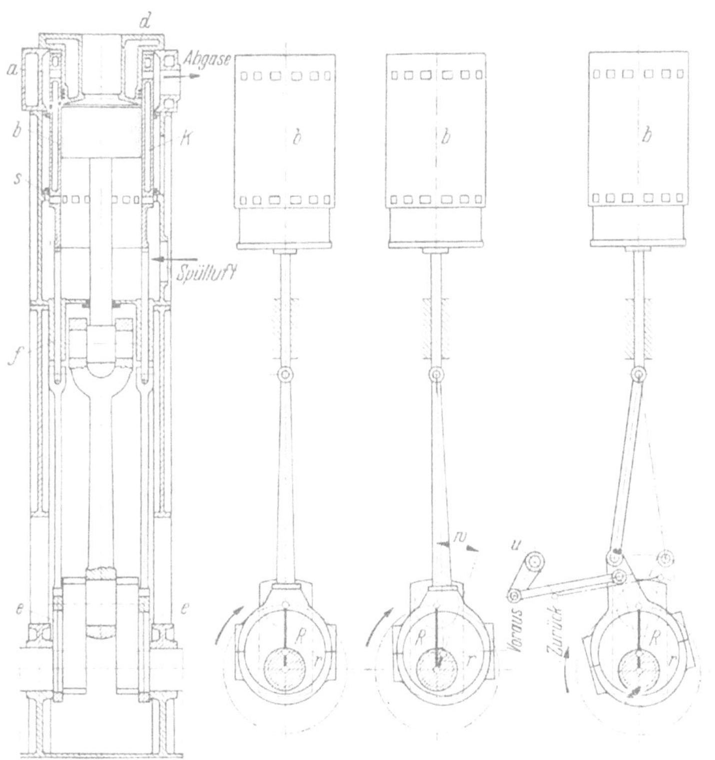

Bild 1. Bild 2. Bild 3. Bild 4.

Bild 1—4. Antriebsmöglichkeiten der Zylinderbüchse.

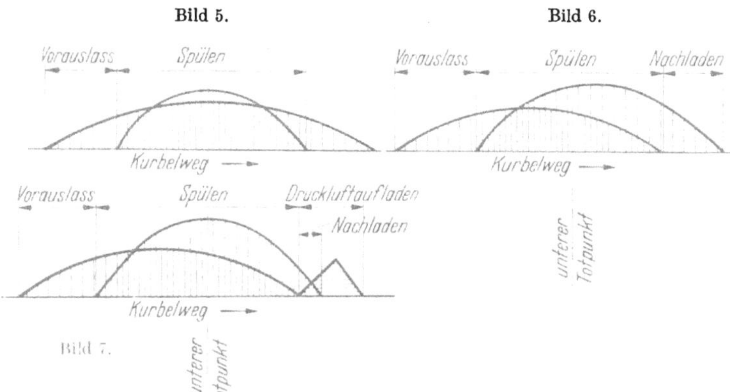

Bild 5. Bild 6.

Bild 7.

Bild 5—7. Auslaß und Spülkanaleröffnungen.

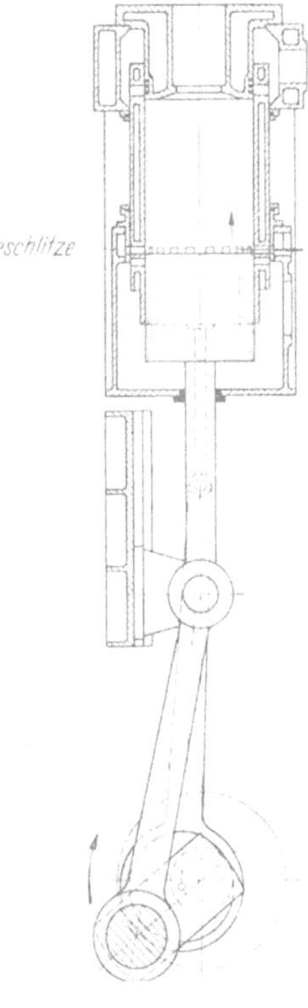

Bild 9. Aufladen.

Für Kleinmotoren ist bereits vorgeschlagen worden, eine nicht direkt gekühlte Zylinderbüchse in dem feststehenden Zylinder zu bewegen und mit ihrer Hilfe und dem Kolben bei Längsspülung die Spül- und Auslaßschlitze zu steuern. Für Großmotoren ist die Anwendung einer nicht direkt gekühlten Zylinderbüchse unmöglich. Es wird daher nach Bild 1 die Zylinderbüchse b zusammen mit dem Kühlmittel k und dem Kühlmantel bewegt, und zwar auf einfachste Weise durch zwei Exzenter e, wobei die Exzenterstangen an Führungsstangen f angreifen, die mit der Zylinderbüchse b verbunden sind. Der Exzenterantrieb hat nur geringe Kräfte zu übertragen, die aus dem Eigengewicht der Zylinderbüchse mit Kühlwasser und Kühlmantel, der des kleinen Exzenterhubes

Bild 10.   Bild 11.   Bild 12.

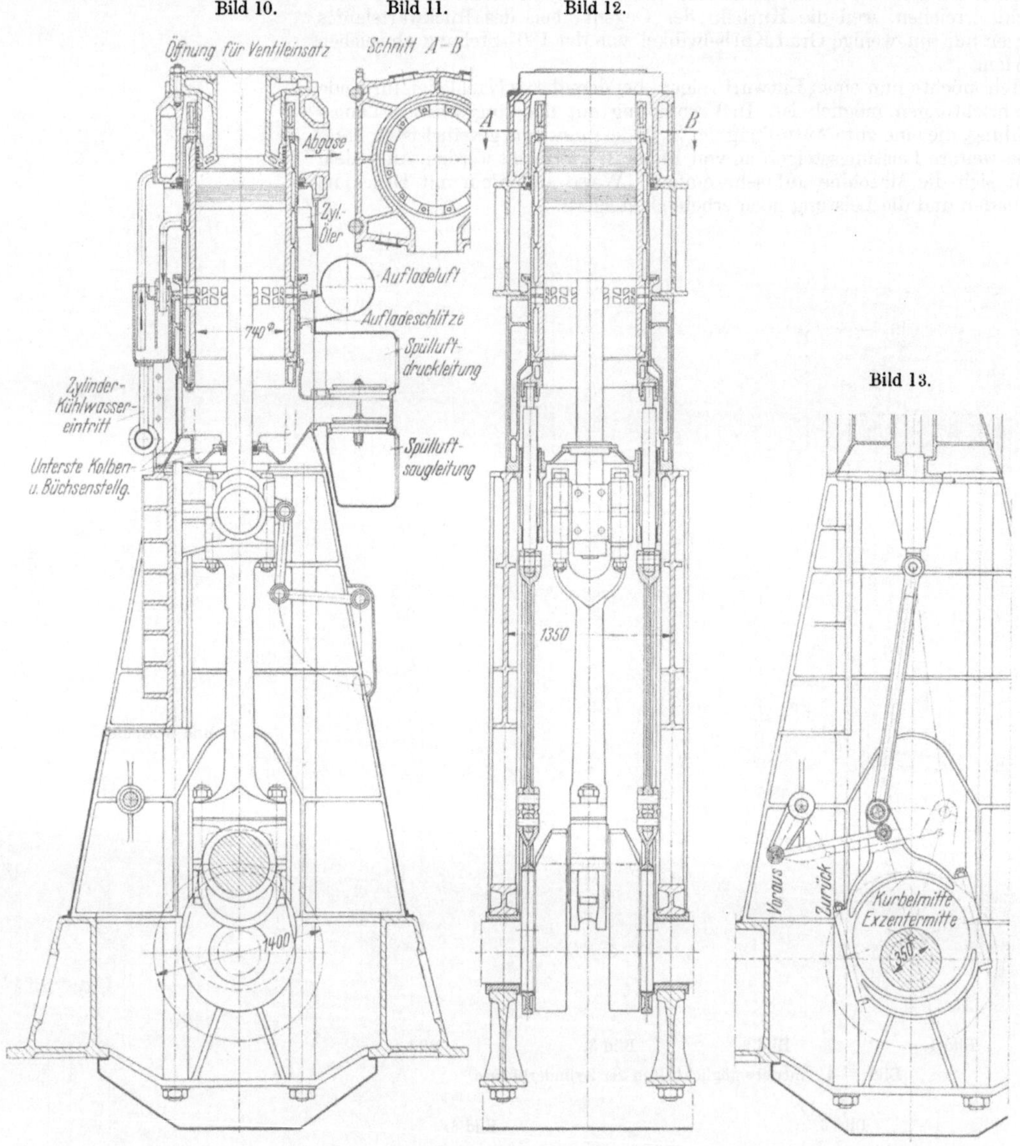

Bild 10—13. Konstruktive Durchbildung eines Dieselmotors mit Längsspülung durch gesteuerte Zylinderbüchse und getrennter Druckluftaufladung.

wegen nur geringen Beschleunigungskraft und der Reibungskraft der Kolbenringe bestehen. Die Spülluft tritt bei s in den Zylinder ein und die Abgase verlassen diesen bei a. Der Zylinderdeckel d ist fest mit dem Gestell verbunden.

Es sind drei Ausführungsarten möglich: Wenn auf ein Nachladen verzichtet wird, stehen Kurbelradius R und Exzenterradius r nach Bild 2 gleichgerichtet. Bild 5 zeigt über den Kurbelweg aufgetragen die Spül- und Auslaßeröffnungen und die Zeitquerschnitte. Bei Nachladen eilt bei nichtumsteuerbaren Maschinen nach Bild 3 der Exzenter der Kurbel um den Winkel w voraus. Bei umsteuerbaren Maschinen ist in diesem Fall die Steuerung nach Bild 4 anzuwenden. Kurbel- und Exzenterradius liegen hier wieder in derselben Richtung, und es ist eine Umsteuerwelle vorgesehen. Für die Anordnungen nach Bild 3 und Bild 4 zeigt Bild 6 die Kanaleröffnungen. Schädliche Räume, die bei Maschinen mit Quer- und Umkehrspülung zwischen den Steuerorganen und dem Zylinder vorhanden sind, werden bei dieser Steuerung vermieden.

Ein Aufladen des Zylinders mit höher gespannter Luft nach der Spülung ist schon früher bei einer Maschine mit Querspülung versucht worden, wobei aber ein gesteuertes Ventil vorgeschaltet werden mußte, das die

Unterbringung eines genügenden Zeitquerschnittes und damit den Erfolg verhinderte. Bei der vorgeschlagenen Bauart kann der Zeitquerschnitt leicht groß genug gehalten werden. Man benötigt kein Ventil und hat den ganzen Zylinderumfang zur Unterbringung der Aufladeschlitze zur Verfügung. Die Bilder 8 und 9 sowie 10 bis 13 zeigen diese Möglichkeit. Beim Abgang des Kolbens lassen die Aufladeschlitze wegen des Voreilens der Zylinderbüchse keine Luft in den Zylinder eintreten. Nach Öffnen der Auslaßschlitze werden entsprechend Bild 7 zuerst die Spülschlitze geöffnet (Bild 8). Nach dem Spülen und Schluß der Auslaßschlitze öffnen die Aufladeschlitze und lassen die Aufladeluft eintreten (Bild 9). Nach dem normalen Spülen mit etwa 0,15 bis 0,2 atü ist also leicht ein Aufladen mit Luft von 0,5 atü und höher möglich. Es lassen sich so mittlere effektive Drücke von 8 bis 9 kg/cm² und mehr erreichen. Die Spülschlitze sind in zwei übereinanderliegenden Reihen angeordnet, um Kurzschluß zwischen Spül- und Aufladeschlitzen zu vermeiden.

Der Kühlmantel um die Zylinderbüchse ist oben und unten geführt und gegen Austreten von Abgasen und Aufladeluft durch je einen oder zwei Kolbenringe abgedichtet. Das Zylinderkühlwasser wird durch je eine kurze Posaune zu- bzw. abgeführt. Das Zylinderschmieröl kann durch den Zylinderdeckel oder durch einen am Kühlmantel angebrachten Öler zugeführt werden.

Der Exzenterantrieb ist trotz der geringen aufzunehmenden Kräfte so stark bemessen wie die Verbindungsstellen des Kolbentriebwerks, damit bei einem etwaigen Fressen des Kolbens kein Bruch eintritt.

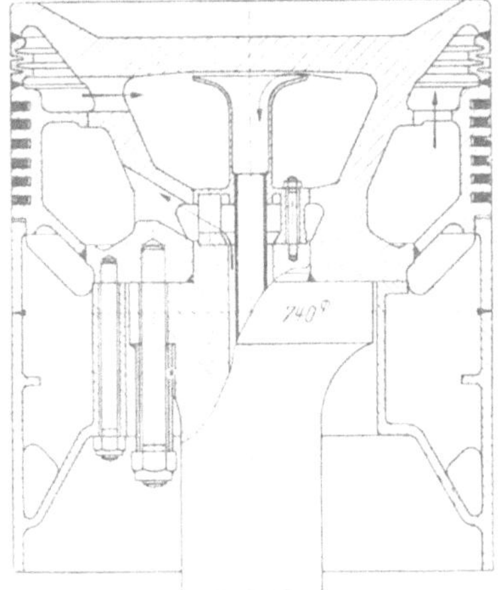
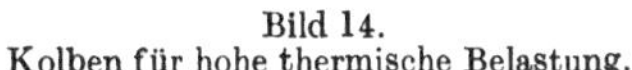

Bild 14.
Kolben für hohe thermische Belastung.

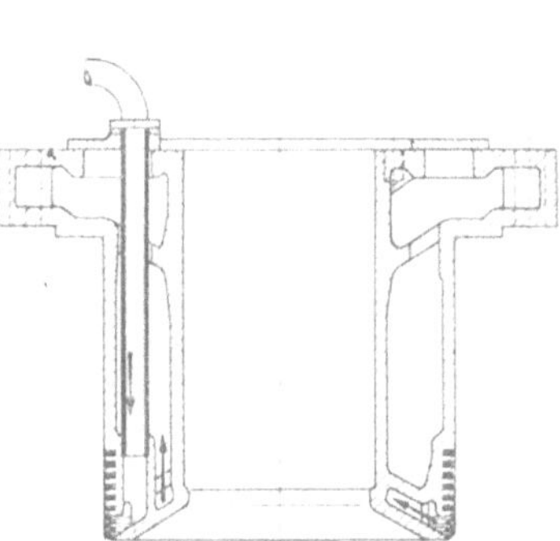

Bild 15. Zylinderdeckel.

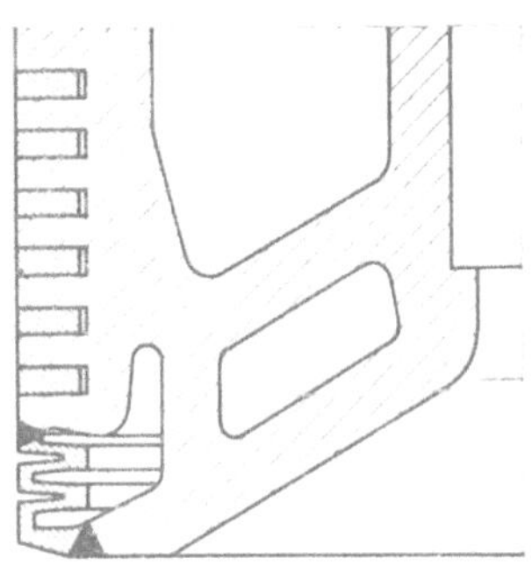

Bild 16. Teilausschnitt aus Bild 15.

Wie heute meist üblich, ragt der Kolben nicht in den Kurbelkasten. Der Raum unterhalb des Kolbens ist als Spülpumpe ausgebildet, die eine größere Luftlieferung hat als dem Hubvolumen des Kolbens entspricht, da die Zylinderbüchse auch noch mitfördert; entsprechend kleiner wird die Zusatzspülpumpe. Auch bei doppeltwirkenden Maschinen läßt sich die bewegte Zylinderbüchse anwenden.

Die Bauart dürfte sich zweifellos mit Nachladen oder geringer Aufladung bewähren. Bei höherer Aufladung könnte vorgebracht werden, daß die Maschine die höhere Wärmebelastung nicht aushalten wird. Dazu ist aber zu sagen, daß glatte, nicht unterbrochene und gut gekühlte Flächen, wie etwa die Zylinderbüchse, die keine Unterbrechung der beheizten Fläche im heißen Teil des Verbrennungsraumes aufweist, keine Schwierigkeiten bereiten werden. Der Kolben- bzw. Zylinderdeckelboden kann nach dem Vorbild von Doxford mit dem zylindrischen Teil des Kolbens bzw. Zylinderdeckels an der Übergangsstelle nur durch eine dünne Wand verbunden sein, die nachgiebig ist und nur wenig Wärme zu dem den heißen Gasen zuerst ausgesetzten Kolbenring überleitet. Einen noch weitergehenden Vorschlag zeigen die Bilder 14 bis 16. Es sind hier an diesen Stellen Federrohre eingeschweißt, die in dieser Hinsicht noch eine bessere Wirkung haben.

Die Maschine braucht gegenüber gewöhnlichen einfachwirkenden Maschinen einige zusätzliche Maschinenteile, den Exzenterantrieb, die Abdichtung des Zylinderdeckels durch Kolbenringe und die kurzen Kühlwasserposaunen. Hingegen fallen Spülventile oder Nachladeschieber in der Auspuffleitung mit Welle und Antrieb weg, die Zusatzspülpumpen werden kleiner, und die Maschine wird wegen des kürzeren Kolbens, der die Spülschlitze, wenn er im oberen Totpunkt steht, nicht zu überdecken braucht, niedriger. Eine etwa noch bleibende Verteuerung wird aber bereits bei einer 16prozentigen Mehrleistung, die ohne Aufladen nur mit Nachspülen zu erreichen ist, und die die Verwendung einer Maschine mit nur 6 Zylindern an Stelle einer solchen mit 7 Zylindern gestattet, mehr als ausgeglichen. Noch viel mehr tritt der Vorteil der Bauart bei Aufladen zutage.

Nachwort: In seinem Schlußwort hat Herr Direktor Schuler ausgeführt, daß mein Vorschlag wohl theoretisch sehr gut sei, aber bei der praktischen Anwendung Schwierigkeiten zu erwarten seien. Dazu möchte ich bemerken, daß der Entwurf keine theoretische Abhandlung darstellt, sondern lediglich einen Vorschlag eines Konstrukteurs, der gute Fühlung mit der Praxis hat. Wenn Herr Direktor Schuler Schwierigkeiten erwartet, wäre ich ihm sehr dankbar, wenn er die Gründe hierfür und die Teile, an denen diese nach seiner Ansicht auftreten können, im einzelnen nennen würde. Es ließe sich dann bei späterer Gelegenheit darüber diskutieren.

Professor Dr.-Ing. **F. Sass,** Berlin.

Zunächst möchte ich mein Bedauern aussprechen, daß die Absicht unseres Vorstandes, die Vorträge den in Frage kommenden Diskussionsrednern vor der Tagung zugänglich zu machen, sich nicht hat verwirklichen lassen; jedenfalls habe ich nach Berlin keinen Umdruck erhalten. Sodann eine kleine Richtigstellung zur Einleitung des Vortrages des Herrn Direktor Schuler. Ich habe im vorigen Jahr nicht gesagt, die deutsche Motorenindustrie sei ins Hintertreffen geraten, sondern ich habe gesagt, daß jeder Fachmann sich nach einer Abgeschnittenheit von 7 bis 8 Jahren die Frage habe vorlegen müssen, ob wir nicht in der Entwicklung zurückgeblieben seien und ob nicht etwa das Ausland einen schwer einzuholenden Vorsprung in der Entwicklung des Schiffsdieselmotors erlangt habe. Wie diese Frage zu beantworten ist, dürfte jeder Hörer meines Vortrages unschwer entschieden haben.

Zu dem Vortrag des Herrn Direktor Schuler einen Diskussionsbeitrag zu liefern ist nicht ganz leicht, da die Ausführungen des Herrn Schuler der Kritik keinen Anhaltspunkt geben. Ich kann eigentlich nur zu einem Punkt etwas sagen: das ist die Verwendung von Turbospülgebläsen für solche Motoren, die mit dem bekannten Schweröl, dem Bunker-C-Öl betrieben werden sollen. Eine Maschine, welche Bunker-C-Öl verbrennt, verschmutzt schneller, als wenn man denselben Motor mit dem normalen Dieselöl betreibt. Wenn jemand mir sagt, daß ein mit dem Schweröl betriebener Motor noch nach langer Betriebszeit völlig sauber geblieben sei, so gestatte ich mir, dies nicht zu glauben. Es läßt sich nicht vermeiden, daß die Auspuffschlitze allmählich zuwachsen. Was macht in solchem Fall das Turbogebläse? Ein Turbogebläse kann nur eine Luftmenge und einen Luftdruck gemäß seiner Charakteristik liefern, der bekannten im Druckvolumendiagramm nach rechts abfallenden Kurve. Werden die Auspuffschlitze allmählich verengt, so muß das Gebläse einen höheren Druck hergeben, was unvermeidlich mit einer Abnahme der Luftmenge verbunden ist, da ja das Gebläse infolge der konstanten Drehzahl des Motors, die nicht erhöht werden kann, stets auf seiner Charakteristik bleiben muß. Mit der allmählichen Verengung der Auspuffschlitze muß also die Spülluftmenge abnehmen, und dieser Prozeß beschleunigt sich bei der Verwendung von Bunker-C-Öl, bis die Luftmenge so klein geworden und die Verbrennung so verschlechtert ist, daß der Motor angehalten werden muß und die Auspuffschlitze gereinigt werden müssen. Wenn somit ein Motor für den Betrieb mit Schweröl vorgesehen ist, dann halte ich eine Kolbenspülpumpe für zweckmäßiger, da diese auch ohne Abnahme der Luftmenge von selbst einen erhöhten Gegendruck liefert. Dasselbe gilt für das Kapselgebläse.

An sich ist das Turbogebläse als Spülpumpe für einen Verbrennungsmotor durchaus geeignet; das haben wir schon 1928 gesehen, als wir zusammen mit der Deutschen Werft die ersten doppeltwirkenden kompressorlosen Zweitaktmotoren auf Schiffen in Betrieb setzten. Das Turbogebläse wurde damals getrennt durch einen Elektromotor angetrieben, aber man verwendete gutes Dieselöl, so daß keinerlei Anstände sich aus der Verwendung eines Turbogebläses ergeben haben.

Dasselbe Bedenken habe ich, falls auf der Unterseite einer einfachwirkenden Zweitaktmaschine Spülventile angeordnet werden, wie auf einem Bild, das der Herr Vortragende gezeigt hat, angedeutet war. Es läßt sich nicht vermeiden, daß durch die Kolbenringe hindurch Schmutzteile auf die Unterseite des Kolbens gelangen und die Ventile verschmutzen. Also auch hier ist Vorsicht geboten, falls die Absicht besteht, den Motor mit dem schweren Heizöl zu betreiben.

Dipl.-Ing. **P. Schuler**, Augsburg (Schlußwort).

Aus den Ausführungen des Herrn Dr. de Pieri war zu entnehmen, daß die von mir vorgetragenen Neuerungen an MAN-Maschinen zum Teil schon bei den Fiat-Maschinen früher angewendet worden sind. Ich kann es deshalb verstehen, daß der Vertreter der Firma Fiat diese Feststellungen hier machte. Ich habe aber nicht betont, daß es sich bei den Neuerungen um etwas Erstmaliges handelt, sondern, daß die Anwendung gewisser Maschinenelemente und deren Kombinationen Neuerungen bei den jetzigen MAN-Maschinen darstellen. Wenn man jede Neuerung daraufhin untersucht, ob nicht schon etwas ähnliches dagewesen ist, so wird man immer feststellen müssen, daß ähnliche oder gar gleiche Konstruktionen schon früher existierten. Ich denke beispielsweise an die Heranziehung der unteren Zylinderseite für die Spülluftbeschaffung. Darüber finde ich bestimmt auch in den Zeichnungsarchiven der MAN eine Reihe von Beispielen aus früheren Jahren. Es ist sogar so, daß Rudolf Diesel selbst schon solche Zeichnungen ausgeführt hat, die auch veröffentlicht worden sind. Außerdem ist bei den Werkspoor-Viertakt-Maschinen, die in gleicher Weise auch von der MAN gebaut worden sind, die untere Seite zur Beschaffung der Aufladeluft herangezogen worden.

Zu den Ausführungen des Herrn Professor Remboldt ist zu bemerken, daß die vorgeschlagene Konstruktion sehr interessant und neu ist. Ich habe mich mit Herrn Professor Remboldt vor einiger Zeit schon über seine Konstruktion unterhalten, und es ist theoretisch nichts dagegen einzuwenden. In der Praxis würde sich im Laufe der Entwicklung doch noch manches als verbesserungsbedürftig herausstellen, bis eine derartige neue Maschine wirklich befriedigend läuft. Daran liegt es, daß eine solche Maschine sehr schwer in der Praxis eingeführt werden wird. Zunächst liegt für die Motorenhersteller kein Anlaß vor, eine neue Konstruktion durchzuentwickeln, weil der Bedarf nicht vorliegt und außerdem die Entwicklung sehr viel Geld kostet.

Zu den Worten von Herrn Professor Sass möchte ich bemerken, daß es richtig ist, daß gewisse Gefahrenmomente bei Anwendung von Turbogebläsen an der Maschine vorhanden sind. Wenn der Spülluftdruck während des Betriebes steigt mit zunehmender Verschmutzung der Auspuffschlitze, wird, wie Herr Professor Sass ausgeführt hat, die Spülluftmenge immer geringer werden gemäß der Fördercharakteristik des Turbogebläses. Es besteht aber die Möglichkeit, statt eines Turbogebläses ein Axialgebläse zu verwenden mit einer steileren Charakteristik. Die zu befürchtende Verschmutzung ist noch mehr zu beachten bei Schweröl. Wir stehen da aber erst am Anfang einer Entwicklung und haben berechtigte Hoffnung, daß die Schwierigkeiten überwunden werden. Wir denken dabei an gewisse Konstruktionsänderungen, die eine Verschmutzung der Auspuffschlitze verhindern. Die erste Vorbedingung ist natürlich eine einwandfreie Verbrennung. Diese einwandfreie Verbrennung besitzen wir bereits, wie ich in meinem Vortrag dargelegt habe. Schwieriger ist die Frage der richtigen Auswahl des Schmieröles bzw. die richtige Paarung zwischen Schmieröl und Brennstoff. Es ist nicht einfach, ein Schmieröl zu finden, welches für alle Brennstoffe gleich geeignet ist. Dabei denke ich an Brennstoff mit hohem Schwefelgehalt, welcher nach der Verbrennung starke Reaktionen auf das Schmieröl ausübt. Ein großer Teil des Schmutzes entsteht ja dadurch, daß die Verbrennungsrückstände mit Kondenswasser Schwefelsäure bilden und aus Schmieröl Asphalte und Harze ausscheiden.

Nun zur Verschmutzung der unteren Zylinderseite bei deren Verwendung für die Spülluftbeschaffung. Bei der Konstruktion hat uns gerade dieser Punkt sehr stark beschäftigt und wir haben uns trotzdem entschlossen, die Konstruktion durchzuführen, weil die Vorteile für den Betrieb der Maschine doch sehr groß sind. Ich erwähnte schon, daß bei den großen Viertaktmaschinen der Shell-Comp. der untere Raum zur Beschaffung der Aufladeluft herangezogen wurde. Diese Maschinen sind fast restlos auf Schwerölbetrieb umgestellt und es liegen ausreichende Erfahrungen bezüglich der Verschmutzung der Unterseite vor. Mr. Lamb, der heute hinsichtlich der Schwerölverarbeitung wohl der erfahrenste Mann ist, hat unumwunden zugegeben, daß Verschmutzungen der Unterseite in starkem Maße vorgekommen sind. Er hat aber in späteren Veröffentlichungen die Gründe für die Verschmutzung angegeben und konnte auch berichten, daß die Verschmutzungen auf ein erträgliches Maß zurückgegangen sind, sobald gewisse Veränderungen vorgenommen wurden. Dies hoffen wir auch tun zu können und werden jedenfalls diese Angelegenheit sehr im Auge behalten. Selbstverständlich wird sie wohl etwas mehr Überholungsarbeit kosten, denn die Ventile müssen öfter gereinigt werden als die, welche an der Spülpumpe eingebaut sind und nur reine Luft verarbeiten. Dabei komme ich wieder auf die Ausführungen des Herrn Dr. de Pieri zurück, wenn er meint, daß der Drehschieber mehr Wartung erforderlich macht als die automatischen Spülluftventile in der Spülluftleitung der Fiat- oder Sulzer-Maschine. Ich bin der Meinung, daß auch diese Ventile stark verschmutzen und öfter gereinigt werden müssen.

Die ersten Maschinen dieser Art werden Anfang nächsten Jahres zum Lauf kommen und wir werden unsere Beobachtungen bezüglich der Verschmutzung machen. Wir haben schon manche Probleme gemeistert und ich glaube, daß wir auch mit der Verschmutzung fertig werden.

Professor Dr.-Ing. **G. Schnadel** (Dankwort).

Herr Schuler hat uns eine zusammenfassende Darstellung des Aufbauwerkes gegeben, welches die deutschen Motorenfabriken nach dem Kriege geleistet haben. Diese Leistung ist um so bemerkenswerter, als wir wissen, daß unsere Motorenfabriken durch Kriegszerstörungen, durch Demontagen, durch Eingriffe der Besatzungsmächte und durch Kapitalmangel aufs schwerste behindert worden sind. Wir können heute zu unserer Freude feststellen, daß wir den Anschluß an das Ausland nicht nur erreicht haben, sondern daß wir in vieler Hinsicht sogar neue Wege gegangen sind, so daß wir unsere frühere Stellung im Motorenbau der Welt wieder einnehmen.

Sie selbst, Herr Schuler, haben an dieser Entwicklung einen großen Anteil. Ich danke Ihnen zugleich im Namen der Schiffbautechnischen Gesellschaft und der ganzen Versammlung für Ihre interessanten Ausführungen. (Lebhafter Beifall.)

X. Aktuelle Fragen der Schiffselektrotechnik.

Von Dr.-Ing. **Carl Theodor Buff**, Bremen.

.Bei den in Deutschland zwischen 1945 und 1951 unter den einschränkenden Bestimmungen der Besatzungsmächte gebauten Schiffen war für hochwertige elektrische Ausrüstungen kein Spielraum. Mit dem Fortfall dieser Beschränkungen erlangen auch im elektrotechnischen Sektor des Schiffswesens Entwicklungen, die bisher zurückgestellt werden mußten, von neuem Interesse. Ziel der nachstehenden Ausführungen ist es, in Anknüpfung an den vor dem zweiten Weltkrieg erreicht gewesenen Stand Beurteilungsgesichtspunkte zu verschiedenen wieder aktuell gewordenen Fragen zu vermitteln; dabei kann es sich in dem vorgesehenen Rahmen dieses Berichtes nur um eine Auswahl handeln.

1. Bordnetzanlagen.

Ein Thema, das die Elektrofachleute der Reedereien, der Werften und der zuliefernden Industrie seit langem beschäftigt, ohne zu einem eindeutigen Ergebnis gebracht worden zu sein, ist die Wahl des Stromsystems für die Bordnetzanlagen. Unter dem Begriff Bordnetz soll das für alle Arten von Verbrauchern an Bord, also für Kraft-, Licht-, Wärme- und Fernmeldezwecke, bereitzustellende Stromversorgungssystem verstanden sein, mit Ausnahme der Propulsion und gewisser Nachrichtenmittel, welche besondere auf sie speziell zugeschnittene Systeme erfordern. Begreiflicherweise wird angestrebt, die Bordnetzanlage so einzurichten, daß sie möglichst universell ist, damit tunlichst alle Verbraucher unmittelbar, ohne besondere Zwischenglieder, an sie angeschlossen werden können.

Nun erhebt sich die Frage, ob eines der für Bordanlagen zur Auswahl stehenden Stromsysteme diese Universalität aufweist, also die unmittelbare Versorgung aller wesentlichen Verbraucher gestattet, ohne ihren Funktionsbedingungen Zwang anzutun. Leider muß diese Frage verneint werden. Bei Landanlagen dominiert der Drehstrom. Die Möglichkeit seiner Erzeugung in großen Generatoreinheiten und seiner Übertragung durch Hochspannungsfernleitungen mit nachfolgender Transformation auf die jeweils benötigte Gebrauchsspannung machen ihn dort dem Gleichstrom überlegen. Wenn nun für die Bereitstellung der elektrischen Energie in einer bestimmten Stromart so ausschlaggebende Gründe bestehen, dann liegt es nahe, sie soweit irgend möglich in dieser Form auch weiter zu verwenden; man wird also Umformungen auf andere Stromarten nur vornehmen, wo zwingende Rücksichten auf die Funktion einzelner Verbraucher dies unbedingt erforderlich machen. Auf Schiffen liegen hiermit vergleichbare Verhältnisse nur vor, wenn Drehstromzentralen für große Propellerantriebe vorhanden sind, von denen sich Strom für das Bordnetz abzweigen läßt. Anders ist die Sachlage, wenn der Strom für die Zwecke des Bordnetzes eigens erzeugt werden muß und die Entscheidung ausschließlich nach den Bedürfnissen dieses Netzes getroffen zu werden braucht.

Man sollte nun aus dem Stromartproblem keine Grundsatzfrage machen, sondern für jede Schiffstype die Vor- und Nachteile gegeneinander abwägen und gegebenenfalls auch vor Kompromissen nicht zurückschrecken. Die wichtigsten Argumente, die für die eine und die andere Stromart vorgebracht werden, sind folgende:

Drehstrom ermöglicht:

    große Generatoreinheiten (von Bedeutung für größere Schiffe!),

    robuste Motoren,

    Zuführung der Energie zu den Speisebezirken mit Hochspannung und Verteilung an die Kleinverbraucher mit verschieden hoch gewählter Niederspannung,

    Einsparungen beim Gewicht der Gesamtanlage (Größenordnung 10%),

    Ersparnisse an Energieübertragungsverlusten (Größenordnung 5%),

    Fortfall der Kommutatoren mit ihren Schleifbürsten, und infolge davon

        geringere Ansprüche an Wartung,

        kleinere Risiken in explosionsgefährdeten Räumen,

        weniger Störungen der Nachrichtenmittel.

Gleichstrom bietet demgegenüber den Vorteil einer Regelfähigkeit, die schlechthin ideal genannt werden muß; dieselbe erlaubt es, für jede Art von Antrieben alle Anforderungen zu erfüllen, welche in bezug auf Einstellen der Geschwindigkeit, Wahl der Drehmoment-Drehzahl-Charakteristik, Beschleunigen und Bremsen bei beliebigen Belastungsverhältnissen praktisch denkbar sind, und zwar mit Regelgeräten einfachster Art und kleinster Abmessungen.

Nun bestehen bei Drehstrom ebenfalls Möglichkeiten zur Einstellung verschieden hoher Geschwindigkeiten, sowohl in Stufen, wie auch — innerhalb gewisser Bereiche — kontinuierlich. Nachstehend sind die wichtigsten dafür in Frage kommenden technischen Lösungen aufgezählt und in Vergleichsstellung zu den einfachen normalen Kurzschlußläufermotoren bewertet:

a) Polumschaltbarer Motor, 2 bis 4 feste Drehzahlstufen. Infolge Anordnung mehrerer einander überschneidender Wicklungssysteme vergrößertes Modell, verringerter Wirkungsgrad, Erschwerung der Serienfertigung, erhebliche Verteuerung.

b) Kombination von zwei normalen Einzelmotoren, 2 bzw. bei Verbindung mit Differentialgetriebe (dann zusätzlich verfügbar die Summen- und die Differenzdrehzahl der beiden Motoren) 4 feste Drehzahlstufen. Wirkungsgrad bei höheren Drehzahlen günstig, bei niedrigeren geringer; infolge Verdoppelung der elektrischen und Hinzukommens der größeren mechanischen Ausrüstung erhebliche Verteuerung.

c) Schleifringläufermotor mit Schlupfwiderstand, beliebig weitgehende kontinuierliche Regelung. Drehzahl lastabhängig, bei Abnahme des Drehmomentes Geschwindigkeitszunahme. Bei Volldrehzahl guter Wirkungsgrad, jedoch mit Abweichung von der Synchrondrehzahl proportional steigende Regelverluste. Mäßige Verteuerung.

d) Kommutatormotor, kontinuierliche Regelung von 100% bis etwa 33%. Drehzahl bei Reihenschlußtype lastabhängig, bei Nebenschlußtype lastunabhängig. Regelung durch Bürstenverschiebung erfordert Hand- oder Fernantrieb derselben, Regelung durch Spannungsänderung Vorschalttransformatoren. Infolge großer Bürstenzahl mäßig hoher Wirkungsgrad. Erhebliche Verteuerung.

e) Frequenzregelung von einzelnen Motoren oder von Motorengruppen durch Drehzahländerung an der Primärmaschine, kontinuierliche Regelung von 100% bis etwa 25%. Proportional mit der Drehzahl sinken Frequenz und Spannung; die verlangsamt laufende Primärmaschine ist deshalb vom allgemeinen Bordnetz abzutrennen. Wirkungsgrad günstig. Soweit dies Verfahren nicht zur Vermehrung der Primärmaschinen Anlaß gibt, keine wesentliche Verteuerung.

In sämtlichen Fällen a) bis e) wird die Schalt- und Regelapparatur gegenüber Gleichstromantrieben umfangreicher und kostspieliger. Alle diese Lösungen können nur bedingt befriedigen.

Die vorausgegangenen Hinweise bezogen sich auf Antriebe, die ihren Strom unmittelbar von der Primäranlage des allgemeinen Bordnetzes erhalten (im Falle e, Frequenzregelung, allerdings unter zeitweiliger Abtrennung einzelner Primärmaschinen von den übrigen Verbrauchern). Es besteht aber nun noch die Möglichkeit, für einzelne Antriebsmotoren oder für Gruppen von solchen zur Befriedigung besonders weitgehender Regelansprüche den Bordnetzstrom umzuformen. Hier sei nur als verbreitetste der diesem Zwecke dienenden Anordnungen die Gleichstrom-Leonardschaltung erwähnt; mit ihr läßt sich eine stufenlose Drehzahleinstellung vom Höchstwert des einen Drehsinnes durch Null bis zum Höchstwert des anderen Drehsinnes erreichen, und zwar mittels kleiner Feldregler, ohne Vornahme von Umschaltungen im Hauptstromkreis. Infolge ihrer Fähigkeit, bei jedem Drehzahlzustand sowohl Antriebsenergie abzugeben wie Bremsenergie zurückzuliefern, gestattet sie die Einhaltung bestimmter Drehzahlcharakteristiken bei beliebigen Schwankungen des Drehmomentes der angeschlossenen Arbeitsmaschine. Durch die Verwendung von Umformern erhöhen sich natürlich im Vergleich mit unmittelbar vom Netz gespeisten Motoren Gewicht, Raumbedarf, Energieverluste und Anschaffungskosten. Zwischen Leonardanlagen mit Gleichstromspeisung und solchen mit Drehstromspeisung des Umformermotors besteht in bezug auf technische Eigenschaften und Aufwand praktisch kein Unterschied. Beide Varianten müssen aus Kostengründen auf wichtige Antriebe mit hohen betrieblichen Anforderungen beschränkt bleiben.

Man wird also bei Beurteilung der Eignung der Bordnetzstromsysteme, soweit dabei die motorischen Antriebe eine Rolle spielen, in der Regel nur die unmittelbar vom Netz gespeisten Motoren zu berücksichtigen brauchen. Dann ergibt sich auf Grund der bereits angeführten Bewertungspunkte die Feststellung: Einer ganzen Reihe von Vorzügen des Drehstroms steht im wesentlichen ein einziger Vorzug des Gleichstroms, die hohe Regelfähigkeit, gegenüber, aber dieser kann bei Schiffen mit starkem Leistungsanteil der Decksmaschinen so große Bedeutung erlangen, daß er die anderen Bewertungspunkte aussticht. Wägt man das Für und Wider der beiden Systeme in ihrer Auswirkung auf die verschiedenen Schiffstypen gegeneinander ab, so kommt man — vorbehaltlich genauerer Kalkulation im Einzelfall — zu folgender grober Aufteilung:

1. Stückgutfrachter (Bedarf der regelbaren Decksmaschinen überwiegend):
    Gleichstrom.

2. Massengutfrachter (Bedarf der regelbaren Decksmaschinen gering):
    Gleichstrom oder Drehstrom, bei letzterem Umformung auf Gleichstrom für die Decksmaschinen.

3. Tanker (Bedarf der regelbaren Decksmaschinen gering, Zündgefahr):
   Drehstrom, evtl. mit Umformung auf Gleichstrom für Decksmaschinen, dabei Vorkehrungen gegen Zündungsmöglichkeit.

4. Fahrgastschiffe (Bedarf der regelbaren Decksmaschinen gering, hoher Lichtbedarf, Anschluß von Leuchtstofflampen an Wechselspannung):
   Drehstrom mit Umformung auf Gleichstrom für Decksmaschinen oder Gleichstrom mit Umformung auf Drehstrom für Beleuchtung.

5. Kombinierte Fracht-Fahrgastschiffe:
   entsprechend 1. oder 4.

6. Schiffe mit elektrischem Fahrantrieb:
   entsprechend 4. unter Berücksichtigung der Stromart der Propulsion; evtl. Möglichkeit des Betriebes eines kleinen Reserve-Propellermotors vom allgemeinen Bordnetz aus in Betracht zu ziehen!

Um die wirtschaftliche Tragweite der hier zu treffenden Entscheidungen abzugrenzen, sei bemerkt, daß die Abweichungen, welche sich zwischen den vollständigen Gleichstrom- und Drehstrom-Bordnetzanlagen in bezug auf Gewicht, Anschaffungspreis und laufende Kosten ergeben, es selten rechtfertigen werden, das eine System als absolut richtig und das andere als absolut falsch zu bezeichnen; meist handelt es sich um Unterschiede in einer Größenordnung von weniger als 10%. Wo also technische Gesichtspunkte oder Gründe der Betriebssicherheit für ein bestimmtes System sprechen, sollte man diesen unbedenklich den Vorrang einräumen. Allerdings werden die Vorteile des Drehstroms um so mehr zur Geltung kommen, je länger das Schiff und je höher sein Energiebedarf ist; denn mit Anwachsen dieser Daten wirken sich sowohl die Einsparungen an Leitungsmaterial durch die weitergehende Anwendung von Hochspannung, wie auch die Verbilligung der Erzeugung in großen Generatoreinheiten mehr und mehr aus.

Was die Wahl der Frequenz bei Drehstrom-Bordnetzen anbelangt, so liegt es offenbar nahe, die in europäischen Landnetzen üblichen 50 Hz zu übernehmen. Man braucht dann die an Land gängigen elektrischen Maschinen und Geräte, wenn sie auch konstruktiv den Anforderungen auf See angepaßt werden müssen, wenigstens in ihren funktionellen Daten nicht zu ändern; außerdem erhält man die Möglichkeit, während der Liegezeiten erwünschtenfalls Drehstrom-Landanschlüsse zu benutzen. In den USA ist die Frequenz der Landnetze 60 Hz. Zugunsten der Einführung dieser Frequenz an Bord ist geltend gemacht worden — auch in England, wo die Landfrequenz 50 Hz beträgt —, daß sich zahlreiche Arbeitsmaschinen, wie Pumpen, Kompressoren usw., besser mit den Drehzahlen der 60-Hz-Reihe als mit denen der 50-Hz-Reihe betreiben ließen (es kommen vornehmlich in Frage bei der ersteren 1800, 1200, 900, 720, 600, jeweils abzüglich 2—3% Schlupf, bei der letzteren 1500, 1000, 750, 600, 500, ebenfalls abzüglich Schlupf). Inwieweit diese Behauptung stichhaltig ist, möge dahingestellt bleiben; sicher würde es aber keine übermäßigen Schwierigkeiten verursachen, die Bordarbeitsmaschinen (deren Drehzahlen allerdings früher bei Gleichstromantrieb völlig frei gewählt werden konnten) für die 50-Hz-Drehzahlreihe zu normalisieren, um so mehr, als ja die entsprechenden Maschinen an Land schon lange dem Drehstromantrieb angepaßt sind. Beiläufig sei erwähnt, daß die britische Admiralität trotz der Landfrequenz 50 Hz in England die Bordfrequenz auf 60 Hz normalisiert hat, offenbar in Anlehnung an die USA, wofür nicht nur rein technische Gründe maßgebend gewesen sein dürften.

Nun noch ein paar Worte zur Wahl der Spannung. An sich ist die Gefährdung bei höheren Spannungen größer als bei niedrigeren, und bei Wechselspannung — wegen der besonderen physiologischen Wirkungen — größer als bei Gleichstrom; aber das gilt nur relativ. Wesentlich ist die Stromstärke, die unter den Verhältnissen des Einzelfalles in lebenswichtigen Organen des menschlichen Körpers, namentlich im Herz, zustande kommt; dieselbe hängt nun nicht allein von der Spannung, sondern auch vom Widerstand an den Stromeintrittsstellen ab, der bei feuchter Kleidung, bei infolge von Durchnässung aufgeweichter Haut viel geringer wird als unter normalen Umständen. Unter ungünstigen Bedingungen genügen schon 20 Volt Gleichstrom, um den Tod eines Menschen herbeizuführen. Wir liegen also bereits bei der üblich gewordenen Spannung von 42 Volt für Handlampen weit außerhalb des Bereiches absoluter Gefahrlosigkeit, und wichtiger als Überlegungen hinsichtlich des relativen Gefährlichkeitsgrades von 42 Volt, 110 Volt, 220 Volt, 380 Volt usw. bei Gleichstrom bzw. bei Drehstrom ist die Vorsorge dafür, daß die Installation, gleichgültig mit welcher Spannung sie beaufschlagt ist, einwandfrei durchgeführt und in Ordnung gehalten wird.

Im Zusammenhang damit sei die viel umstrittene Frage gestreift, ob zweipolige oder einpolige Verlegung bei Gleichstrom bzw. Verlegung eines isolierten Null-Leiters oder Benutzung des Schiffskörpers als Null-Leiter bei Drehstrom den Vorzug verdient. Bei Gleichstrom gab die nach und nach selbsttätig eintretende Spannungsangleichung des Minuspols an den Schiffskörper infolge osmotischer Vorgänge in den Gummi-Isolierungen Anlaß dazu, den Schiffskörper von vornherein als Minusleitung zu benutzen; dann wirkte sich zwar Schluß zwischen Plusleiter und Schiff sofort als klarer Kurzschluß aus und brachte die Sicherungen zum Ansprechen, erzwang aber zugleich unverzügliche Abhilfemaßnahmen. Im Falle zweipoliger Verlegung hingegen ist die Wahrscheinlichkeit plötzlicher Kurzschlüsse geringer, jedoch können bei ungenügender Überwachung des Isolationszustandes schleichende Schlüsse längere Zeit fortbestehen und bedenkliche Temperatursteigerungen der Leitungen und ihrer Verkleidungen herbeiführen. Die erwähnten auf Osmose zurückzuführenden Schlußerscheinungen haben bei Gleichstrom infolge Einführung der neuen Kunststoffisolierungen an Bedeutung verloren, so daß dieses Argument heute nicht mehr ausschlaggebend sein dürfte; bei Drehstrom waren von vornherein die Voraussetzungen dafür nicht vorhanden. Ob man nun die Gefährdungen bei Benutzung oder diejenigen bei Nichtbenutzung des Schiffskörpers als Leiter ernster ansehen will, wird damit eine Angelegenheit der subjektiven Bewertung. Bei gleicher Einschätzung der Risiken bleibt natürlich auf der Seite der Benutzung des Schiffskörpers als Rückleiter der Vorteil der einfacheren und billigeren Installation. Für Tanker hat man keine Wahl, weil die internationalen Vorschriften dort elektrische Ströme nur innerhalb isolierter Leitungen zulassen, von der Annahme ausgehend, daß in einem stromführenden Schiffskörper Stellen mit unsicherem Kontakt Anlaß zu Zündungen geben könnten. Mit der Ratifizierung des neuen internationalen Schiffssicherheitsvertrages wird man wohl auch bei Passagierschiffen ganz zur zweipoligen Verlegung übergehen müssen.

Angesichts des betonten Interesses, welches den Fragen der Betriebssicherheit der Schiffsinstallationen gerade im Ausland entgegengebracht wird, ist es nicht leicht zu verstehen, daß man dort solange an den primitiven Marmorschalttafeln mit spannungsführenden Teilen auf der Bedienungsseite festgehalten hat. Dieselben mögen in den Anfängen der Elektrotechnik ihre Berechtigung gehabt haben und sie weisen auch zweifellos den Vorzug auf, daß der Bedienungsmann alle Schaltvorgänge gewissermaßen an den Brennpunkten des Geschehens miterlebt. Es ist nichts dagegen einzuwenden, daß sie auch jetzt noch für Kleinanlagen in unter Verschluß gehaltenen Betriebsräumen oder für Laboratorien Anwendung finden, aber in den Maschinenräumen von Schiffen, die im Seegang stampfen und schlingern, wo das Personal vor der Berührung von mit dem Schiffskörper in leitender Verbindung stehenden Teilen nicht sicher geschützt werden kann, wo mit Schraubenschlüsseln und Maschinenteilen hantiert wird, da sind sie fehl am Platze; dorthin gehören vielmehr Blechschalttafeln mit spannungsfreier Bedienungsseite. Anscheinend hat nun die Befassung mit Drehstrombordnetzen, deren Dreiphasigkeit für die Marmorschalttafel erheblich gesteigerten Platzbedarf bedeutet, der Einführung der neuzeitlichen „dead-front"-Schalttafeln auch im Ausland zum Durchbruch verholfen.

2. Leuchtstofflampen.

Was die stromverbrauchenden Einrichtungen anbelangt, so vermag die durch die Kriegsfolgen weniger behindert gewesene Elektrotechnik dem jetzt erst wieder erstehenden Schiffbau mancherlei Vervollkommnungen ihrer Erzeugnisse zu bieten. Ich glaube mich aber hier auf ein paar Worte über eine Neuerung beschränken zu sollen, welche schon kurz gestreift wurde, die von erheblicher Bedeutung für die Gesamtdisposition der elektrischen Bordanlagen geworden ist, nämlich die Leuchtstofflampe. Sie verbraucht nur etwa 35% soviel Energie wie die gleich lichtstarke Glühlampe. Da große Fahrgastschiffe für Lichtzwecke kW-Mengen in der Größenordnung vierstelliger Zahlen benötigen, gestattet der Einsatz der Leuchtstofflampe eine wesentliche Verminderung der Zentralenleistung und erhebliche Ersparnisse im Betrieb. Ihre Einführung wurde anfänglich durch die etwas kalt wirkende Lichtfarbe der zuerst herausgebrachten Typen verzögert. Neuerdings sind technische Fortschritte gemacht worden, die es gestatten, stärker differenzierte und den geschmacklichen Wünschen besser entsprechende Farbtönungen zu erreichen. Ein Problem, welches bereits in den angelsächsischen Ländern stark diskutiert worden ist und mit welchem sich auch der deutsche Schiffbau auseinanderzusetzen haben wird, sobald der Bau größerer Fahrgastschiffe wieder beginnt, ist die Angleichung der Lichttönung der Kabinenbeleuchtung an diejenige der Gesellschaftsräume; gelingt dieselbe nicht, so kann die sorgfältig vorbereitete Farbenharmonie der Kleidung und des „make-up" durch unerwartete Dissonanzen gestört und das Wohlbehagen der weiblichen Fahrgäste beeinträchtigt werden. Eine gewisse Schwäche der Leuchtstofflampen liegt in der Temperaturabhängigkeit; ihre Lichtausbeute ist am größten bei normaler Zimmertemperatur und läßt sowohl in kalten, wie auch in tropisch warmen Räumen merklich nach. Dieser Nachteil wird aber nur selten praktische Bedeutung haben.

3. Ladewindenmotoren.

Eine Frage, die in letzter Zeit verschiedentlich aufgeworfen wurde, betrifft die Bemessung der Ladewindenmotoren. Auf deutschen Handelsschiffen ist der 25-PS-Motor am meisten in Gebrauch, und zwar sowohl bei einfachen 3-t-Winden als auch bei Winden mit umschaltbaren Getrieben für 5/3 t bzw. 8/3 t. Im Ausland dagegen werden die Ladewinden in der Regel mit stärkeren Motoren ausgerüstet, deren Leistungsbereich zwischen 40 und 50 PS liegt. Solche Winden besitzen natürlich höhere Hubgeschwindigkeiten bei schweren und mittleren Lasten und gestatten meist, bei Lasten bis 5 t ohne Umschaltungen auszukommen.

Um den Einfluß höherer Lastgeschwindigkeiten richtig einschätzen zu können, sind Zeitmessungen der Arbeitsvorgänge beim Laden und Löschen angestellt worden, deren Ergebnisse Bild 1 graphisch wiedergibt. Man sieht den hohen Anteil der Nebenzeiten für das Arbeiten im Schiffsraum und am Kai (Heranbringen der Lasten, An- und Abschlagen und Stauen). Das Schaubild, dessen Werte einem von Berthold Bleicken in der Zeitschrift „Hansa" 1949 veröffentlichten Aufsatz entnommen sind, zeigt den typischen Verlauf eines Arbeitsspieles beim Löschen von verschiedenartigem Stückgut: Das Hieven der Last nimmt 12,6%, das An-Deck-Setzen der Last 3,9%, das Fieren des leeren Hakens 11,3% der Gesamtzeit in Anspruch, das sind zusammen 27,8%. Wäre man in der Lage, mit Hilfe stärkerer Motoren die reine Hub- und Senkzeit auf die Hälfte hinabzudrükken, so würde sich die Gesamtzeit um etwa 14% verringern. Das ist aber aus Gründen der Sicherheit, namentlich im Anfahr- und Bremsstadium, schwer durchführbar, und praktisch zu erreichen dürfte allenfalls eine Zeiteinsparung von etwa 5—7% sein. Der Verzicht auf diese wenigen Prozente mag in Ausnahmefällen, beispielsweise wenn einmal die Ladearbeiter in ausländischen Häfen abendliche Überstunden ablehnen sollten, zu unerwünschten Aufenthaltsverlängerungen führen; es bedarf aber einer sorgfältigen Prüfung, ob im Hinblick auf solche seltenen Situationen Leistungen über 25 PS vorgesehen werden sollen, die nicht nur die Motoren selbst verteuern, sondern auch eine kostspielige Verstärkung der Primärmaschinen und der Verteilungsanlagen erforderlich machen würden.

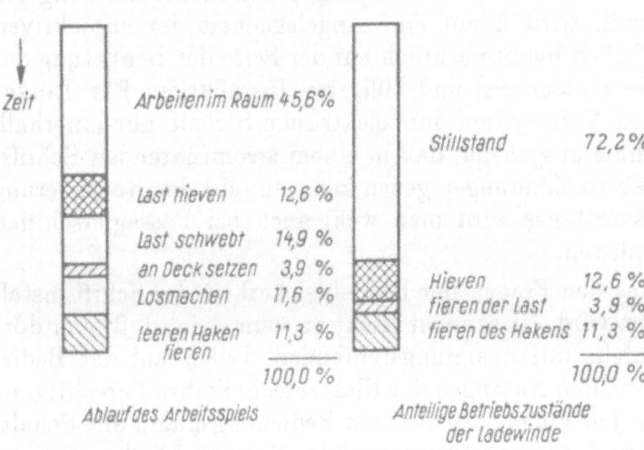

Bild 1. Arbeitsspiel einer Ladewinde bei Entladung von Stückgut.

Eine Erhöhung der Motorenleistung hätte also nur Sinn, wenn die Arbeit im Schiffsraum derart neu organisiert würde, daß entweder mit den einzelnen Hieven größere Lasten bewegt werden können, wobei die Erreichung der bisher üblichen Geschwindigkeit bei stärkerer Tragkraft, etwa 5 t, angestrebt werden müßte, oder aber daß durch Abkürzung der Nebenzeiten eine höhere Zahl von Hieven in der Stunde zustande kommt. Technisch ist diese Steigerung der Windenleistung ohne weiteres möglich; über die Bedarfsfrage kann nur von seiten der Reedereien entschieden werden.

4. Elektrische Propellerantriebe.

Zu den aktuellen Fragen der Schiffselektrotechnik gehört auch immer noch — vielleicht sollte man sagen wieder — die Eignung der elektrischen Propellerantriebe. Der bis zum Ausbruch des zweiten Weltkrieges erreichte Entwicklungsstand darf wohl als bekannt vorausgesetzt werden. Es seien nur, gewissermaßen um den Anschluß wiederherzustellen, die Namen einiger Typschiffe aus dem Handelsschiffbau der dreißiger Jahre in Erinnerung gebracht: die turboelektrischen „California", „President Hoover" (USA), „Viceroy of India", „Strathnaver", „Monarch of Bermuda" (Großbritannien), „Normandie" (Frankreich), „Stalin" (Sowjetunion, gebaut in Holland mit Antriebsanlage aus Schweden), „Potsdam", „Scharnhorst", „Antilla", „Helgoland" (Deutschland) sowie die dieselelektrischen „Wuppertal", „Patria", „Steiermark", „Osorno" (Deutschland). Verschiedene derselben hatten Schwesterschiffe, die auch noch aufzuzählen zu weit führen würde. Eines der dieselelektrischen Schiffe fährt jetzt unter dem Namen „Skaugum" für eine norwegische Reederei als Auswandererschiff. Ein turboelektrisches Fahrgastschiff für den Nordatlantik-Gemeinschaftsdienst von Hapag-Lloyd mit zweimal 30000 PS Wellenleistung, welches gegenüber den vorgenannten eine weitere Vervollkommnung bedeutet haben würde, blieb infolge des Krieges unvollendet und wurde in beschädigtem Zustand verschrottet. Die bemerkenswerteste Anwendung während der Kriegsjahre ist bei den USA zu verzeichnen, nämlich der Bau von 551 turboelektrischen Schiffen mit Drehstromantrieb, darunter 485 Tankern, die zwischen 1939 und 1945 fertiggestellt wurden; in diesem Falle dürften sowohl der Vorteil der Mitverwendung der elektrischen Energie für die Pumpen beim Beladen und Löschen, wie auch Rücksichten auf bestmögliche Ausnutzung der verfügbaren Industriekapazität mitgesprochen haben.

In der Nachkriegszeit wurden eine Anzahl Schiffe mit Gleichstromantrieb für spezielle Verhältnisse gebaut, während bei Fracht- und Fahrgastschiffen auf normalen Routen noch Zurückhaltung zu beobachten war. In den USA hatten nach dem Kriege die angedeuteten fertigungswirtschaftlichen Überlegungen nicht mehr die gleiche Bedeutung, und in sämtlichen Ländern standen die Reedereien vor der Notwendigkeit, mit beschränkten Geldmitteln schnell die den Friedensbedürfnissen entsprechende Tonnage wiederaufzubauen. So mußte begreiflicherweise das Interesse an zwar höherwertigen, aber kostspieligeren technischen Anordnungen zunächst in den Hintergrund treten. Mit zunehmender Stabilisierung der Verhältnisse pflegen aber technische Qualität und wirtschaftliche Überlegungen auf längere Sicht wieder Beachtung zu finden, und damit rücken auch die elektrischen Schiffsantriebe erneut in das Blickfeld.

Vor der Schiffbautechnischen Gesellschaft ist dieser Gegenstand in den Jahren vor dem zweiten Weltkrieg und auch während ihres ersten Tätigkeitsjahres nach demselben des öfteren behandelt worden. Zunächst sei an den ausgezeichneten Bericht „Der elektrische Schiffsantrieb" von Carl Schulthess erinnert, der im Jahrbuch 1933, Seite 73, veröffentlicht wurde. Derselbe gibt einen umfassenden systematischen Überblick über den damals erreichten Stand der Technik. Man muß feststellen, daß bis heute dieser Stand in den wesentlichen Punkten noch nicht überholt ist und auch die grundlegenden Gesichtspunkte des Schulthesschen Berichtes gültig geblieben sind. In einer Anzahl weiterer Vorträge und Aufsätze haben Anordnung, Gestaltung und Betriebseigenschaften vieler ausgeführter Anlagen eingehende Darstellung gefunden; näher darauf einzugehen, würde hier zu weit führen, doch sei wenigstens der verdienstvollen Arbeiten von Berthold Bleicken gedacht, dem unternehmungsfrohen und tatkräftigen Pionier des elektrischen Schiffsantriebes in Deutschland. Im nachstehenden wird versucht, die Probleme, aber auch die zusätzlichen Möglichkeiten, welche der elektrische Schiffsantrieb mit sich gebracht hat, noch einmal vom Standpunkt der praktischen Anwendung zu beleuchten.

An den grundlegenden und teilweise stark voneinander abweichenden Eigenschaften der Drehstrom- und Gleichstromübertragung hat sich in den letzten beiden Jahrzehnten nichts geändert. Beide ermöglichen praktisch beliebig große Untersetzungsgrade zwischen Primärmaschine und Propellerwelle. Aber es besteht ein bedeutsamer Unterschied, den Bild 2 veranschaulicht. Bei Drehstrom (linkes Teilbild) bleibt jedem Drehzahl-Drehmoment-Betriebspunkt des Propellers stets ein einziger entsprechender Betriebspunkt der Primärmaschine zugeordnet, welcher die Ausnutzungsmöglichkeit derselben begrenzt. Wenn z. B. ein Schiff mit Dieseldrehstromantrieb bei einer der Kurve A_2 entsprechenden Schlepplast mit dem höchsten benutzbaren Propellerbetriebs-

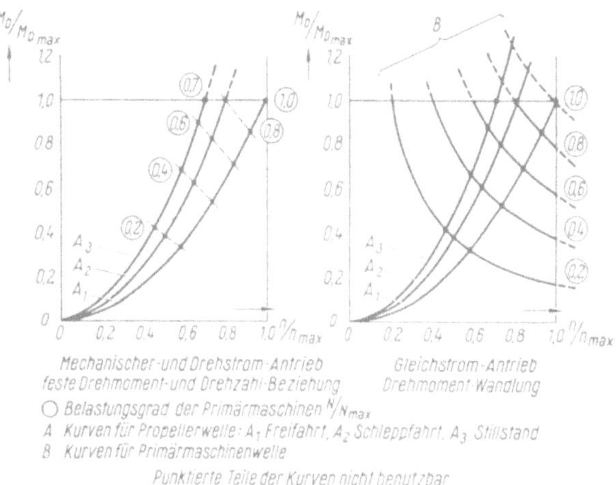

Bild 2. Belastbarkeit der Primärmaschinen bei verschiedenen Schiffsantriebssystemen.

Linkes Teilbild: Für jeden Drehmoment-Drehzahl-Betriebspunkt der Propellerwelle gibt es bei der Primärmaschine nur einen einzigen proportional liegenden Betriebspunkt.

Rechtes Teilbild: Für jeden Drehmoment-Drehzahl-Betriebspunkt der Propellerwelle lassen sich bei der Primärmaschine beliebige Betriebspunkte auf der der benötigten Leistung entsprechenden Kurve aus der Kurvenschar B wählen.

punkt dieser Kurve, also 0,8 $n_{\max}$, 1,0 $M_{D\max}$ und (als Produkt aus beiden) 0,8 $N_{\max}$ läuft, so arbeitet auch die Diesel-Primärmaschine mit 0,8 ihrer Höchstdrehzahl, 1,0 ihres Maximaldauermomentes und 0,8 ihrer Maximaldauerleistung. Demgegenüber zeichnet sich der Gleichstrom (rechtes Teilbild) durch die Möglichkeit der Drehmomentwandlung aus. Für die jeweils aufzubringende Primärleistung lassen sich die beiden Multiplikatoren Drehzahl und Drehmoment weitgehend variieren; man vermag die Primärmaschine nach Gesichtspunkten sparsamen Brennstoffverbrauchs oder geringer Abnutzung mit irgendwelchen Betriebspunkten arbeiten zu lassen, welche auf den hyperbolischen Kurven konstanter Leistung B liegen. So würde es unter den Verhältnissen des soeben erwähnten Beispiels bei Gleichstrom möglich, auf der Kurve A_2 bis zu dem Propellerbetriebspunkt 0,87 n_{max}, 1,15 $M_{D\,max}$, und als Produkt aus beiden Werten 1,0 N_{max} hinaufzufahren, und diese Leistung durch den Dieselsatz mit dessen Betriebspunkt 1,0 n_{max} und 1,0 $M_{D\,max}$ liefern zu lassen. Das bedeutet also gegenüber dem Drehstrom die Möglichkeit voller Ausnutzung der Primärmaschine trotz verminderter Propellerdrehzahl und die Erreichung gesteigerter Drehmomententwicklung am Propeller. Die dabei auftretende geringe drehmomentmäßige Überlastung der elektrischen Maschinen wird von diesen leichter und für erheblich längere Zeit bewältigt als von Dieselmotoren. Mit anderen Worten: Es kann bei Gleichstrom die verfügbare Maximalleistung sowohl bei Fahrt mit hoher Geschwindigkeit und geringem Schub, wie mit hohem Schub und geringer Geschwindigkeit voll verwertet werden. Beim Anlassen und Umsteuern wird durch die Gleichstromübertragung ein ständiger Kraftschluß zwischen Primärmaschine und Propeller aufrechterhalten, wobei in jeder zeitlichen Phase die Möglichkeit zur Energielieferung und Energierücknahme gegeben ist; zur Handhabung genügen kleine leichte Regelgeräte, die auch von der Brücke aus mühelos bedient werden können. Demgegenüber erfordern die entsprechenden Manöver bei Drehstromanlagen Eingriffe in den Lauf der Primärmaschinen und Umschaltungen in den Hauptstromkreisen, die zwar ohne besondere Schwierigkeiten beherrschbar, aber doch weniger einfach sind.

Der Vorzug der Drehstromübertragung liegt in der Erreichbarkeit weit höherer Leistungen. Diese Überlegenheit beruht auf zwei Tatsachen, erstens der möglichen größeren Umfangsgeschwindigkeit der umlaufenden Teile der Maschinen, bis 160—180 m/s bei Turbogeneratoren und bis 80 m/s bei Generatoren und Motoren mit ausgeprägten Polen gegenüber nur 60...70 m/s bei Gleichstrommaschinen, zweitens der höheren magnetischen und elektrischen Belastbarkeit der umlaufenden aktiven Oberfläche. Dadurch gelangt man zu Leistungen je cm² Oberfläche von 0,4 — 0,5 PS bei Drehstrom und nur 0,2 PS bei Gleichstrom. Übrigens sind diese Werte als obere Grenzwerte zu betrachten. Die Kommutatoren der Gleichstrommaschinen vermehren das Gewicht und zwingen außerdem zu einer Beschränkung der Betriebsspannung auf einige hundert bis höchstens etwa 1000 Volt, während bei Drehstrom 6000 Volt und noch höhere Werte gewählt werden können. Diese Umstände zusammengenommen haben zur Folge, daß man bei Gleichstrom schon für Leistungen von nur mittlerer Größenordnung, etwa 5000—10000 kW. zur Verwendung einer größeren Anzahl von Einheiten gezwungen ist, während sich bei Drehstromschiffsantrieben 10000, 20000 und sogar 50000 kW ohne Schwierigkeiten in einer einzelnen Turbogenerator- oder Motoreinheit unterbringen lassen. Außerdem wirken sie sich darin aus, daß die Drehstromanlagen hinsichtlich der Übertragungsverluste günstiger sind; dieselben liegen bei ihnen im Bereich von 5—7%, hingegen bei Gleichstrom von 10—14%.

Angesichts dieser Verteilung der guten und der weniger guten Eigenschaften stehen die Anwendungsgrenzen zwischen Gleichstrom und Drehstrom nicht allgemeingültig fest. Man hat gewissermaßen eine Demarkationslinie bei 2500 PS ausgelegt; unter durchschnittlichen Verhältnissen wird sich unterhalb dieser Leistung Gleichstrom, oberhalb Drehstrom als billiger in den Anschaffungskosten erweisen. Aber diese Demarkationslinie erfährt fallweise erhebliche Korrekturen. Namentlich können zugunsten des Gleichstromes trotz des höheren Gewichtes, der höheren Kosten und des höheren Verbrauches drei Gründe den Ausschlag geben, nämlich:

1. Häufige und schwierige Manöver,

2. Starker Wechsel der benötigten Schubkraft und Geschwindigkeit,

3. Mitverwendung der zentral erzeugten Energie für andere Zwecke seitab von der Propulsion.

Gleichstromantriebe bemerkenswert hoher Leistung — 10000 PS und darüber — weisen eine Anzahl Eisbrecher und in vereisungsbedrohten Gewässern eingesetzte Fährschiffe auf, die in Schweden, in den USA und in Kanada gebaut wurden. Um eine Vorstellung von der Größe dieser Fahrzeuge zu vermitteln, ist in Bild 3 das 1947 gebaute kanadische Fährschiff „Abegweit" gezeigt.

Selbstverständlich sind in Deutschland gleichfalls alle technischen und fabrikatorischen Voraussetzungen für den Bau solcher Schiffe mit beliebig hohen Leistungen gegeben; doch besteht bei uns nicht der gleiche Zwang von der klimatischen Situation her. Wenn davon abgesehen wird, in diesem Bericht auch Abbildungen der in Deutschland gebauten, durch die Höhe ihrer Leistung oder die Besonderheit ihrer Technik interessanten Elektroschiffe mit Gleichstrom- und Drehstromantrieb zu bringen, so geschieht dies deshalb, weil unsere zahlreichen bedeutsamen Ausführungen aus der Zeit vor und nach dem zweiten Weltkrieg bereits durch andere Veröffentlichungen bekanntgeworden sind und unnötige Wiederholungen vermieden werden sollten.

Bei der Durchbildung eines jeden Schiffsantriebes muß das Ziel sein, ihn einerseits dem Propeller, andererseits der Kraftmaschine so anzupassen, daß sich für beide günstige Arbeitsverhältnisse ergeben. Für diese Anpassung bietet die reiche Variationsmöglichkeit der elektrischen Maschinen besonders gute Voraussetzungen.

An Propulsionsmitteln kommen heute in Betracht: Schaufelräder, Schrauben mit festen Flügeln, Schrauben mit verstellbaren Flügeln und Voith-Schneider-Propeller. Bei den beiden zuletzt angeführten werden Fahrtrichtung, Geschwindigkeit und Leistung durch die willkürlich zu verändernde Flügeleinstellung variiert; ihr Antrieb braucht daher nur in einem Drehsinn durchzulaufen und Maßnahmen zur Regelung der Geschwindigkeit mögen dort vielleicht wirtschaftliche Vorteile bieten, sind aber technisch nicht unerläßlich. Dagegen muß bei den zuerst erwähnten Anordnungen ohne Flügelverstellung die Antriebsvorrichtung umsteuerbar und regelbar sein, um Fahrtrichtung, Geschwindigkeit und Leistung zu beeinflussen.

Die elektrische Kraftübertragung gestattet Konzentration der Energieerzeugung und Dezentralisation des Energieverbrauches. Hiervon hat man zwar schon in gewissem Umfang Gebrauch gemacht; es sei an die Speisung von an verschiedenen Stellen des Schiffes angeordneten Propellern durch zentral untergebrachte Kraftmaschinen bei Fähren, Eisbrechern und Schwimmkranen und

Bild 3. Fährschiff „Abegweit". Beförderung von Eisenbahnwagen, Automobilen und Fahrgästen zwischen dem kanadischen Festland und der Prince-Edward-Insel (St.-Lawrence-Golf). Auch für Verkehr bei Vereisung geeignet. 7600 t, 16,5 sm/h. Diesel-elektrischer Gleichstromantrieb (geliefert von Sulzer und General Electric Co.).

2 Heckschrauben, 2 Bugschrauben.
4 Propellermotoren je 3850 PS, 128 bis 155 n, 960 Volt.
8 Dieselsätze je 1050 kW, 360 n, 325 Volt.
Gesamtleistung bei Fahrt mit 2 Schrauben   7 700 PS.
Gesamtleistung bei Fahrt mit 4 Schrauben 11 000 PS.

an die neuerdings aufgekommenen „Aktivruder" erinnert. Möglicherweise ließen sich aber noch sonstige günstige Anordnungen der Propulsionsorgane entwickeln, beispielsweise bei Radschleppern Anbringung mehrerer Schaufelräder auf jeder Schiffsseite zur besseren Verteilung des Kraftangriffes, wobei zugleich die Breite verringert und durch getrennten Antrieb auf Bb.- und Stb.-Seite die Steuerfähigkeit verbessert werden könnte.

Auf der Seite der Kraftmaschinen liegen die Dinge je nach der Maschinenart verschieden. Dampfturbinen lassen sich so schnelläufig bauen, daß der Elektroingenieur sich den hohen Drehzahlen mit seinen Drehstromturbogeneratoren oft gar nicht anpassen kann, weil er durch die Rücksicht auf zweckmäßige Frequenzwahl eingeengt ist; Gleichstromgeneratoren erfordern wegen der weit niedrigeren zulässigen Umfangsgeschwindigkeit wohl immer Untersetzungsgetriebe. Dieselmotoren dagegen sind vom Standpunkt der Elektrotechnik gesehen im allgemeinen zu langsamläufig; die bisher üblich gewesene Begrenzung der mittleren Kolbengeschwindigkeit auf 5,5 m/s mit Rücksicht auf geringen Verbrauch und auskömmliche Lebensdauer führte dazu, daß man höhere Leistungen pro Zylinder nur in Motoren von niedriger Drehzahl und entsprechend hohem Gewicht unterbringen konnte und Schnelläufigkeit nur um den Preis einer starken Vermehrung der Zylinderzahl zu erzielen vermochte. Wenn es gelänge, Dieselmotoren ohne wesentliche Zunahme des Treibstoff- und Schmierölverbrauches und ohne Einbuße an Betriebssicherheit und Lebensdauer mit Drehzahlen von etwa 1000 bis 1200 auch für größere Leistungen zu bauen, so würde man zu weit vorteilhafteren Primäraggregaten gelangen. Sollte sich dadurch der Absatz erhöhen, so wären vielleicht die Voraussetzungen für eine Standardisierung und Einbeziehung in eine Serienfertigung erreicht. Der Nachteil einer Vermehrung der Zylinderzahl, den man bei einer solchen Entwicklung evtl. in Kauf zu nehmen hätte, würde durch gewisse Vorteile aufgewogen werden, wie z. B. die Erleichterung von Reparaturen infolge der bequemeren Handhabung der verkleinerten Maschinenteile und die Möglichkeit des Austausches der vollständigen Aggregate. Von seiten des Dieselmotorenkonstrukteurs mag vielleicht eingewandt werden, daß diese Betrachtungen über die derzeit übersehbaren Möglichkeiten weit hinausgreifen und nur als Wunschträume bewertet werden können; aber selbst auf diese Gefahr hin schien es nicht abwegig, die von dem Elektroingenieur erhoffte Richtung wenigstens einmal anzudeuten.

Das Ergebnis der vorausgegangenen Überlegungen betreffend die Weiterentwicklung der elektrischen Schiffsantriebe darf man wohl in der folgenden zweifachen Zielsetzung zusammenfassen:

1. hinsichtlich des Propulsionsteiles individuelle Anpassung an die Arbeitsbedingungen des Einzelfalles,

2. hinsichtlich des Primärteiles Standardisierung und Serienfertigung.

Über den Kraftstoffverbrauch ist nichts grundsätzlich Neues zu sagen. Bei Dauerbetrieb mit voller Fahrt wird das elektrisch betriebene Schiff wegen der höheren Übertragungsverluste schlechter abschneiden, bei stark wechselnder Geschwindigkeit dagegen günstiger. Bild 4 veranschaulicht die Abhängigkeit des Arbeitsaufwandes für die Zurücklegung einer Seestrecke von der Geschwindigkeit, wobei etwaige Wind- und Strömungseinflüsse außer Betracht bleiben. Der Darstellung ist als Beispiel die Annahme zugrunde gelegt, daß die Entfernung zwischen einem Hafen und einem anderen bei Vollfahrt in 24 Stunden zurückgelegt werden kann. Verlängert man die Fahrzeit auf 36 Stunden — das wird zweckmäßig sein, wenn die Lösch- und Ladearbeiten im Zielhafen nicht am Abend des der Abfahrt folgenden Tages, sondern erst am Morgen des übernächsten Tages beginnen können —, so führt die Herabsetzung der Geschwindigkeit auf 0,67 der Vollfahrt zu einer Ermäßigung der Propellerleistung auf das 0,30fache und des Arbeitsaufwandes für den zurückzulegenden Weg auf das 0,44fache der entsprechenden Werte bei Vollfahrt. Schaltet man dabei die Hälfte der Primärmaschinen ab, so laufen die im Betrieb verbliebenen mit günstigem Belastungsgrad weiter. Noch größere Variationen können sich bei Binnenschiffen ergeben, wo die Rücksicht auf Gebirgsstrecken den Einbau verhältnismäßig hoher Gesamtleistungen erfordert (Bild 5), die sich dann auf den Kanälen wegen der dort vorgeschriebenen Geschwindigkeitsbegrenzungen oft nur zu 15 oder gar 10% ausnutzen lassen; auch hier vermag man sich durch Unterteilung der Maschinenkapazität und stufenweise Abschaltung anzupassen, wie durch Bild 6 ersichtlich gemacht. Außer dem Kraftstoffaufwand verdient noch der unterschiedliche Schmierölverbrauch Beachtung. Die Gesamtkosten für Kraft- und Schmierstoffverbrauch elektrisch und nichtelektrisch angetriebener Schiffe werden also weitgehend davon abhängen, aus was für Teilstrecken sich die gesamte Reiseroute zusammensetzt.

Bild 4. Arbeitsaufwand eines Schiffes für die Zurücklegung einer Seestrecke bei verschieden großer Geschwindigkeit.
v Geschwindigkeit, v_{voll} bei Vollfahrt.
T Fahrzeit für zurückzulegende Strecke umgekehrt proportional v.
N Leistung proportional v^3.
A Arbeit proportional T mal N, folglich auch proportional v^2.

Bild 5. Arbeitsaufwand eines Schiffes für die Überwindung einer Bergstrecke auf einem Fluß bei verschieden großer Geschwindigkeit.
v_s Geschwindigkeit des Schiffes.
v_g Geschwindigkeit der Gegenströmung.
T Fahrzeit für zurückzulegende Strecke umgekehrt proportional der Differenz $v_s - v_g$.
N Leistung proportional v_s^3.
A Arbeit proportional T mal N; Minimum, wenn v_s etwa 1,5mal so groß ist wie v_g.

Gewicht und Preis der Maschinenanlagen von Elektroschiffen sind höher als von anderen, und es wäre falsch abzustreiten, daß die Bemühungen um Erleichterung und Verbilligung auf erhebliche Schwierigkeiten stoßen. Man hat zwar das Gewicht im Laufe der Zeit immer mehr hinabdrücken können — nach dem Bericht von G. O. Watson über die erwähnten amerikanischen Tanker wiegt die vollständige Kraftanlage derselben nur noch 80 kg/WPS —, aber in der gleichen Zeit sind auch die nichtelektrischen Antriebsanlagen entsprechend leichter geworden.

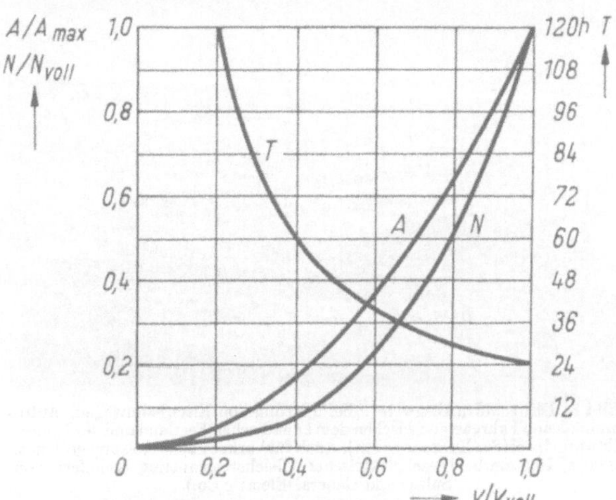

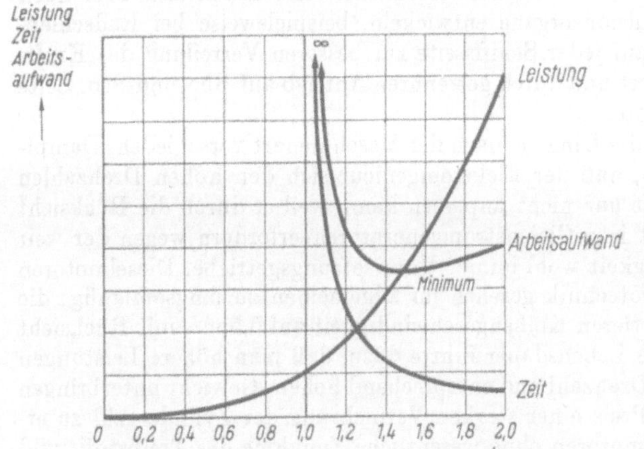

Dem Mehraufwand stehen jedoch erhebliche anderweitige Vorteile gegenüber, die sich auf die Gesamtwirtschaftlichkeit auswirken; sie liegen teils auf dem Gebiet der Gestaltung und Ausnutzung des Schiffsraumes, teils im betrieblichen Verhalten.

Beim elektrischen Antrieb braucht, wie schon in anderem Zusammenhang erwähnt, nicht mehr die ganze Antriebsanlage mit dem Propeller in räumlicher Verbindung zu stehen, sondern nur noch der Elektromotor, sei es durch direkte Kupplung, sei es über ein Untersetzungsgetriebe. Mit den Kraftmaschinen, Generatoren und Schaltanlagen, welche den weitaus größeren Raumanteil der Antriebsanlage ausmachen, ist man dagegen freizügig. Man wird ihren Standort so wählen, daß von den für Fahrgäste und Ladung besonders wertvollen Räumlichkeiten des Schiffes möglichst wenig verlorengeht. Ist ein größerer Brückenaufbau vorhanden, wird die Primäranlage unterhalb desselben Platz finden, wobei dann nur Montageöffnungen für den Fall von Reparaturen ausgespart werden müssen. Wird, wie es bei Tankern schon lange üblich ist und wie es sich neuerdings auch bei Frachtern einzuführen scheint, die ganze Maschinenanlage im Achterschiff angeordnet, so läßt sich der Primärteil in das Heck verlegen; dann vermag man den Propellermotor und evtl. sein Getriebe so weit vorauszuschieben, wie es das spitz auslaufende Unterwasserschiff erfordert. Durch Zusammenfassung der Anlage im Achterschiff kann man dazu beitragen, daß bei Leerfahrt die Schraube noch genügend Eintauchtiefe behält. Im Gegensatz hierzu läßt sich durch Anordnung der ganzen oder eines Teiles der Primäranlage im Vorderschiff erreichen, daß das Schiff bei jedem Beladungszustand auf ebenem Kiel liegt, ein Gesichtspunkt, der für Binnenfahrzeuge auf flachen Gewässern Bedeutung hat. Der Fortfall der Wellentunnel kann die Ausnutzbarkeit der Laderäume in der hinteren Schiffshälfte verbessern; die Kabel zwischen Primäranlage und Propellermotor lassen sich unschwer so verlegen, daß sie nirgends im Wege sind. Die geringere Bauhöhe der Primärmaschinen für die Elektrizitätserzeugung gibt auch eine gewisse Bewegungsfreiheit in der Vertikalrichtung, so daß es denkbar erscheint, mit ihrer Hilfe auf die Höhenlage des Schiffsschwerpunktes Einfluß zu nehmen, sei es, um größere Stabilität zu erreichen, sei es, um Ballast zu sparen.

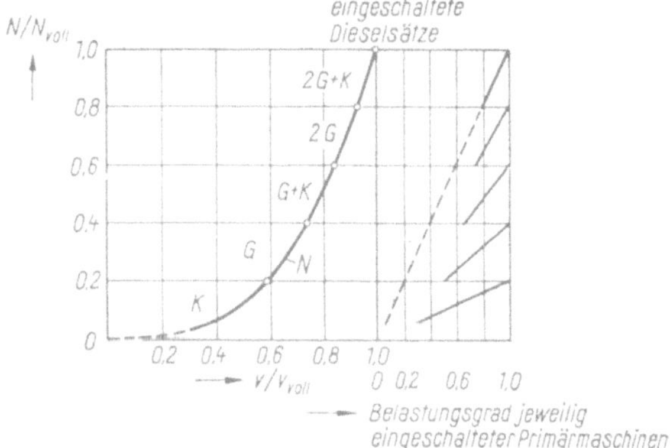

Bild 6. Beispiel für Leistungsstufung und Belastungsgrad bei Zu- und Abschaltung von Primäraggregaten auf Binnenschiffen mit Dieselelektrischem Gleichstromantrieb.
G Großer Dieselsatz 40% der Volleistung (2 Stück).
K Kleiner Dieselsatz 20% der Volleistung (1 Stück).
v Geschwindigkeit des Schiffes, v_{voll} bei Vollfahrt.
N Leistungsbedarf proportional v^3.
Das linke Teilbild zeigt, welche Dieselsätze für die jeweils benötigte Leistung in Betrieb zu halten sind, das rechte Teilbild, mit welchem Belastungsgrad dieselben dann laufen. Zum Vergleich veranschaulicht die punktierte Linie im rechten Teilbild den Belastungsgrad, mit dem ein einziger direkt antreibender Dieselmotor arbeiten würde.

Bei Spezialschiffen, welche größere Energiemengen noch für andere Zwecke benötigen — für Pumpen, Hebezeuge, Fischnetzwinden —, gestattet das Vorhandensein des elektrischen Antriebes vorteilhafte Kombinationen. Die Kosten des Stromerzeugungsteiles der Anlage verteilen sich dann gewissermaßen auf mehrere Schultern.

Die Aufhebung der mechanischen Verbindung zwischen Primärmaschinen und Propellern vermag sich noch nach verschiedenen sonstigen Richtungen günstig auszuwirken. Ein Drehsinnwechsel der Primärmaschinen bei der Umsteuerung entfällt. Für Vorwärtsfahrt und Rückwärtsfahrt steht die volle Leistung der Primärmaschinen zur Verfügung. Beachtlich ist, daß man die Möglichkeit erhält, die Primärmaschinen vibrations- und schallisoliert aufzustellen. Gegen das Übermaß von Lärm und Erschütterungen, das unser technisches Zeitalter als unerfreuliches Nebenprodukt mit sich gebracht hat, haben sich mit Recht starke Abwehrkräfte erhoben, und es wird sich verlohnen, hier von den durch den elektrischen Schiffsantrieb erschlossenen Möglichkeiten Gebrauch zu machen. Für Fahrgastschiffe bedeutet das ein wirksames Werbemoment; für andere Fahrzeuge liegt es im Sinne sozialer Rücksichtnahme gegenüber der Besatzung. Die Ab- und Umschaltbarkeit der Primärsätze erlaubt außer der schon erwähnten Anpassung an den jeweiligen Leistungsbedarf auch die Vornahme von Überholungen einzelner Maschinen während der Fahrt und ermöglicht einen eventuell notwendig werdenden Austausch gegen Reservemaschinen ohne Verlängerung der sowieso notwendigen Hafenliegezeiten.

Hinsichtlich der Manövrierfähigkeit und Betriebssicherheit der elektrisch angetriebenen Schiffe läßt sich nur aussagen, daß die gehegten weitgehenden Erwartungen voll und ganz erfüllt worden sind. Für Tonnenleger, Fischereifahrzeuge und andere Spezialschiffe hat sich das sofortige An-

sprechen der von der Brücke aus gesteuerten Gleichstromantriebe als außerordentlich wertvoll
erwiesen.

Hiermit sei die kurze Übersicht über die zur Zeit besonders interessierenden Fragen der Schiffselektrotechnik abgeschlossen. Der Weg zum Fortschritt im Schiffswesen ist für uns wieder frei;
bei seiner Begehung werden neue Probleme auftauchen, aber zugleich neue und vollkommenere
Lösungen gefunden werden. Die bisherige ausgezeichnete Zusammenarbeit zwischen Reedereien,
Werften und Elektroindustrie läßt auch für die zukünftige Entwicklung reiche Früchte erwarten.

Schrifttum.

Bleicken, B.: „Systemfragen im elektrischen Schiffsantrieb", Jahrb. STG 1942, S. 79.
Watson, G. O.: „Recent Developments in Alternating-Current Turbo-Electric Ship Propulsion", Journal &
Proceedings of the Institution of Mechanical Engineers, London, Bd. 154, No. 4, 1946, S. 380-385.
Savage, A. N.: „Alternating Current for Ships' Auxiliaries", Transaction of the North East Coast Institution
of Engineers and Shipbuilders, Vol. 64, 6. Febr. 1948, S. 159-176.
Diskussion hierzu: The Motor Ship, Vol. XXIX, May 1948, S. 63-65.
Polard, M. J.: „L'utilisation du Courant alternatif pour l'alimentation des auxiliaires de Bord", Bericht aus
einer Sitzung vom 15. Juni 1948 der 7. Sekt. — Veröffentlichung April 1949.
Kosack, H. J. u. W. Breitwieser: „Elektrische Schiffspropellerantriebe mit Gleichstrom", Schiff und
Hafen, Jahrg. 3, H. 1, Januar 1951, S. 2-7.
Pestereff, N. V.: „Alternating Current on Board Ship", The Motor Ship, Vol. XXXII, No. 373, April 1951,
S. 26-28.
Schade, Hans: „Elektrische Deckshilfsmaschinen", Hansa, 88. Jahrg., Nr. 22, 2. Juni 1951, S. 861/865.
Schirmer, E.: „Elektrische Regel- und Steuerungsaufgaben bei Schiffsanlagen", Hansa, 88. Jahrg., Nr. 22,
2. Juni 1951, S. 865-869.
Heil, W.: „Dieselelektrische Schraubenantriebe für Spezialfahrzeuge", Schiff und Hafen, Jahrg. 3, H. 7,
Juli 1951, S. 246-249.
Kosack, H. J.: „Schaltungen elektrischer Schiffspropellerantriebe mit Drehstromübertragung", Schiff und
Hafen, Jahrg. 3, H. 9, Sept. 1951, S. 323.
Buff, C. T.: „Elektrischer Antrieb auf Binnenschiffen", Binnenschiffahrt, Jahrg. 78, Nr. 10, Okt. 1951, S. 291.

Weitere Hinweise finden sich in Schiff und Hafen, Jahrgang 3, Heft 1, Januar 1951.

Erörterung.

Direktor **Carl Müller**, Hamburg.

Ich möchte von vornherein sagen, daß ich nicht die Absicht habe, längere Ausführungen zu dem Vortrag von
Herrn Dr. Buff zu machen. Ich habe, abgesehen von einigen Einsprüchen, an sich wenig hinzuzufügen. Erlauben
Sie mir aber bitte, zu einigen Punkten des Vortrages Stellung zu nehmen:

Die Anwendung der Elektrizität auf Schiffen muß schiffbaulich zweckbedingt bleiben, sie muß sich also den
schiffbaulichen Bedingungen anpassen. In bezug auf das Schiffbauliche und Anwendung der Elektrotechnik
für den Schiffbau sind andere Verhältnisse gegeben als an Land. So soll sie nicht nur die Wirtschaftlichkeit
des Schiffes verbessern helfen, sie muß auch einfach und übersichtlich und trotzdem betriebssicher sein.

110-Volt-Anlagen wurden früher fast ausnahmslos einpolig ausgeführt. Mit den Motorschiffen und dem
Größerwerden der elektrischen Anlagen entschloß man sich wie an Land zu 220-Volt-Anlagen und baute,
ebenfalls wie an Land, zweipolig. Erst als man erkannte, daß die 220-Volt-Anlagen nicht gefährlicher waren
als es auch die 110-Volt-Anlagen sein können, mit der Zweipoligkeit aber außer einem erhöhten Materialaufwand auch zusätzliche Fehlerquellen in Kauf nahm, kehrte man auch für 220 Volt von der Zweipoligkeit
zur einpoligen Anlage zurück. Es war dies in den Jahren 1926, 1927 und 1928.

Unerklärlich ist dem Handelsschiffbau heute noch, warum diese Gründe zur Verwendung einpoliger Anlagen
bei 220 Volt für die damalige Kriegsmarine nicht ebenfalls von ausschlaggebender Bedeutung waren und diese
an der Zweipoligkeit festhielt.

Die Bemühungen von Herrn Dr. Goos auf der IEC, der einpoligen Anlage zur grundsätzlichen internationalen
Anerkennung zu verhelfen, mußten aus diesem Grunde scheitern. Es wurde den deutschen Vertretern vorgehalten, daß die deutsche Kriegsmarine ja zweipolig baue. Es wäre wirklich an der Zeit, die eigentlichen Gründe,
die ja nicht mehr der Geheimhaltung unterliegen, zu erfahren. Nach den ausnahmslos guten Erfahrungen in
Deutschland mit den einpoligen Anlagen bin ich der Meinung, daß wir uns mit diesen Erkenntnissen nicht
widerspruchslos formellen Beschlüssen bezüglich des Schiffssicherheitsvertrages beugen sollten.

Bei der Wahl der Spannung hat Herr Dr. Buff darauf hingewiesen, daß 20 Volt, wenn auch unter ungünstigen Bedingungen, zum Tode führen können. Dieser Wert hat für die Praxis nach meiner Ansicht nur theoretische
Bedeutung. Hier spielt m. E. weniger die Höhe der Spannung als die Güte der Installation, der Maschinen und
der Geräte eine entscheidende Rolle, bei Anwendung des gefährlicheren Drehstromes mehr noch als beim
Gleichstrom, wenn auch offene Schalttafeln für Gleichstrom nach meiner Ansicht gerade wegen ihrer Einfachheit
und Übersichtlichkeit immer noch ihre Berechtigung haben und auch in Deutschland noch bevorzugt angewendet werden.

Zum Kapitel Ladewinden muß ich fragen: Werden wirklich im Ausland „in der Regel" Ladewinden mit
stärkeren Motoren zwischen 40 und 50 PS ausgerüstet? — Bei den auf Motorschiffen anzutreffenden skandinavischen Fabrikaten mit reinen Stirnradvorgelegen, wie wir sie auch in Deutschland verwenden, keinesfalls.
Schneckenradvorgelege, wie sie bei den Engländern und Amerikanern angewendet werden, erfordern allerdings

größere Leistungen wegen des schlechten Wirkungsgrades. Außerdem ist das Regelverhältnis der Vollastgeschwindigkeit zur Geschwindigkeit des leeren Hakens bei uns in Deutschland größer als im Ausland. Nimmt man also gleiche Endwerte für die leeren Hakengeschwindigkeiten, wie wir sie in Deutschland haben, auch für diese ausländischen Winden an, so ergeben sich wegen unseres größeren Regelverhältnisses bei uns kleinere Leistungen wegen der kleineren Vollastgeschwindigkeit bei sonst gleichen Lasten.

Und nun noch zu den Propellerantrieben:

Mechanische Übersetzungen und mechanische und hydrodynamische Kupplungen sind im Schiffsmaschinenbau bekannt und in der Anwendung dem Schiffsmaschinenbauer geläufig. Auch elektrische Kupplungen sind bekannt.

Bezüglich der elektrischen Propellerantriebe kann man sich allerdings des Eindruckes nicht erwehren, als ob seitens des Schiffsmaschinenbauers andere Maßstäbe angelegt werden und daß sie dem Schiffsmaschinenbauer wesensfremd sind. In Wirklichkeit sind ja auch elektrische Propellerantriebe nichts anderes als Untersetzungen und Kupplungen wie die mechanischen. Wir Elektriker glauben zu wissen, daß sie besser und auch einfacher sind. Man muß nur erst einmal die richtige Einstellung zu ihnen gefunden haben. Der Vortrag von Herrn Dr. Buff dürfte wesentlich zum diesbezüglichen Verständnis beitragen.

Ministerialdirigent Dipl.-Ing. **Ch. Breitenstein,** Hamburg.

Auf Grund der Aufforderung von Herrn Professor Schnadel will ich ganz kurz aus dem Stegreif zu der Frage der ein- oder zweipoligen Verlegung, die Herr Müller soeben anschnitt, Stellung nehmen.

Meines Wissens ist Herr Dr. Goos mit der Frage der einpoligen Verlegung nicht gescheitert, sondern er hat sie erfolgreich verfochten und für die deutschen Schiffe durchgedrückt; die einpolige Verlegung ist ja auch die ganze Zeit auf deutschen Schiffen angewendet worden.

Die Marine hat ihm damals eine schriftliche Erklärung und Erläuterung ihrer Auffassung mit auf den Weg gegeben, die ihm helfen sollte, seinen Standpunkt für die Handelsschiffahrt durchzusetzen gegen die von internationaler Seite gemachten Vorwürfe bzw. Vorhaltungen und Hinweise auf die zweipolige' Verlegung der deutschen Kriegsschiffe.

Zur Frage, warum die Marine diese Verlegungsart überhaupt bevorzugte, folgendes: Die Marine argumentierte, daß bei zweipoliger Verlegung der Vorteil besteht, daß bei einpoligem Schluß in einem Strang dieser kranke Strang nicht sofort und selbsttätig abgeschaltet wird. Ein solches sofortiges Abschalten ist für ein Kriegsschiff gar nicht zulässig; auf einem Kriegsschiff kann man es sich gar nicht erlauben, bei Schluß in einem Pol einen gefechtswichtigen Verbraucher mitten aus seiner Funktion heraus einfach totzulegen.

Die zweipolige Verlegung, das ist zuzugeben, braucht eine größere Aufsicht und ständige Kontrolle des Isolationszustandes. Eine starke Überwachung war aber auf Kriegsschiffen möglich, weil es mehr Personal gab als auf Handelsschiffen und weil dieses Personal ausschließlich für die Überwachung und Bedienung der technischen Einrichtungen an Bord vorhanden war.

Die Bedingungen sind — das muß gesagt werden — für Handels- und Kriegsschiffe grundverschieden.

Ich hoffe, daß diese kurzen Ausführungen zur Beantwortung der Frage von Herrn Müller genügen.

Dr.-Ing. E. h. **Emil Goos,** Hamburg.

Es ist mehrfach mein Name genannt worden in Verbindung mit der Internationalen Konferenz 1934 im Haag über ein- und zweipolige Verlegung der elektrischen Anlagen auf Handelsschiffen, bei der ich als Vertreter Deutschlands die einpolige Verlegung befürwortete. Von den Vertretern aller anderen Länder wurde die zweipolige Anlage als betriebssicherer hingestellt, weil sie eine dauernde Überwachung des Isolationszustandes im Betrieb ermögliche, was bei der einpoligen Anlage nicht der Fall sei. Ich hielt dies auch nicht für erforderlich; nach unseren Erfahrungen seien die Vorteile der größeren Einfachheit und leichteren Instandhaltung höher zu bewerten als die Isolationsmessung im Betrieb. Diese Ansicht wurde nicht geteilt, es wurde sogar vorgeschlagen, man solle die einpolige Anlage verbieten, was sicher angenommen worden wäre, wenn man darüber abgestimmt hätte. Auf Vorschlag des Vorsitzenden und Englands einigte man sich aber dahin, noch weitere Erfahrungen zu sammeln und es vorläufig bei dem bisherigen Zustand zu belassen. Wenn jetzt im neuen Schiffssicherheitsvertrag die einpolige Verlegung auf Fahrgastschiffen verboten ist, so kann dafür nur der oben angegebene Grund bestimmend gewesen sein, den zu widerlegen heute wie damals schwierig sein wird.

Dr.-Ing. **C. Th. Buff** (Schlußwort).

Zu dem Thema einpolige oder zweipolige Installation und Wahl der Spannung haben die Herren Diskussionsredner Direktor Müller, Ministerialdirigent Breitenstein und Dr.-Ing. E. h. Goos sehr dankenswerte Beiträge gegeben. Nach der übereinstimmenden Ansicht von uns allen behält die einpolige Verlegung noch immer in vielen Fällen ihre technische und wirtschaftliche Berechtigung. Selbstverständlich wird man bei Beratung der Sicherheitsvorschriften in internationalen Gremien die deutsche Auffassung nachdrücklich zu vertreten haben, doch dürfen die besonderen Schwierigkeiten unserer Situation im Wettbewerb mit dem Ausland nicht außer acht gelassen werden.

Hinsichtlich der Erwähnung eventueller Gefahrenmöglichkeiten bei so niedrigen Spannungen wie 20 Volt bin ich wohl von Herrn Müller mißverstanden worden. Es handelte sich dabei keineswegs um die Zur-Diskussion-Stellung eines bestimmten Spannungswertes. Vielmehr kam es mir auf den Hinweis an, daß für die Sicherheit nicht die niedrige Betriebsspannung, sondern der einwandfreie Zustand der elektrischen Anlage das Wesentliche ist. Hierin stimmt Herr Müller mit mir überein.

Nun noch ein Wort zu den Schalttafeln. Wenn auch die Elektrotechnik an Bord durchaus nicht alles zu übernehmen braucht, was an Land üblich ist, vielmehr bei ihren besonderen Aufgaben ruhig eigene Wege suchen soll, so kann doch über eines kaum ein Zweifel bestehen: In bezug auf Betriebssicherheit und Unfallschutz erfordern die Bordverhältnisse die Anlegung zum mindesten nicht weniger scharfer Maßstäbe als an Land. Die von mir ausgesprochenen Bedenken gegen Schalttafeln mit spannungführender Bedienungsseite müssen in diesem Zusammenhang beurteilt werden.

Die Angabe, daß im Ausland in der Regel Ladewinden mit stärkeren Motoren gewählt werden als bei uns, möchte ich auf Grund der Entgegenhaltung von Herrn Müller dahin präzisieren, daß sich dieselbe in erster Linie auf die — allerdings recht zahlreichen — Schiffe bezog, die in den USA und in anderen Ländern nach den Gesichtspunkten der amerikanischen Technik gebaut werden.

Zu dem Serienbau der turboelektrischen Tanker in den USA erwähnte Herr Professor Dr. Schnadel, daß die Entscheidung zugunsten dieses Typs wohl durch das Vorliegen fertigungsreifer Konstruktionen bei Beginn des zweiten Weltkrieges mit beeinflußt sein dürfte. Das ist durchaus denkbar; immerhin hätte man im Nichtbewährungsfall die Möglichkeit gehabt, nach vielleicht zwei oder spätestens drei Jahren auf andere Typen umzuschalten, und die Tatsache, daß man den gewählten Typ sechs Jahre lang weiter baute, berechtigt zu der Annahme, daß man mit ihm zufrieden war. Zu der auf amerikanische Informationen zurückgehenden Mitteilung, daß turboelektrischer Antrieb sich zwar bei Leistungen in der Größenordnung von 5000 PS als zweckmäßig erwiesen hätte, aber bei zwei- oder mehrfach höheren Leistungen übermäßige Schwierigkeiten für die Unterbringung der Propellermotoren verursacht haben würde, läßt sich ohne Kenntnis der näheren Umstände des untersuchten Einzelfalles schwer Stellung nehmen. Im allgemeinen steht dem Elektroingenieur hinsichtlich der Dimensionierung seiner Maschinen zwischen kürzeren Typen mit größerem Durchmesser und längeren Typen mit kleinerem Durchmesser ein weiter Spielraum zur Verfügung, so daß er sich auch sehr unterschiedlichen Raumverhältnissen anzupassen vermag. Generell darf gesagt werden, daß die Vorzüge des elektrischen Antriebes immer mehr zur Geltung kommen, je höher die Leistung wird.

Professor Dr.-Ing. **G. Schnadel** (Dankwort).

Herr Dr. Buff hat uns eine zusammenhängende Darstellung der großen Vorteile gegeben, welche durch Verwendung des elektrischen Schiffsantriebs erreichbar sind. Es war für uns alle von außerordentlichem Interesse, eine ausführliche Darstellung dieses Gebietes zu bekommen, das für die Weiterentwicklung des Schiffsantriebs von großer Bedeutung ist. Ich möchte Ihnen zugleich im Namen der Gesellschaft und der ganzen Versammlung für Ihren interessanten und lehrreichen Vortrag herzlich danken.

(Lebhafter Beifall.)

XI. In Deutschland gebaute Hochdruck-Turbinenanlagen für Seeschiffe.

Von Dipl.-Ing. **Hermann Schepler**, Hamburg.

Nachdem es dem deutschen Schiffbau nach Lockerung der einschneidenden Beschränkungen endlich möglich ist, Schiffe über 1500 t und mit größerer Geschwindigkeit als 12 kn zu bauen, trat erneut die alte Frage an die Reeder heran, ob für den Antrieb Motoren oder Dampfanlagen zu bevorzugen sind. Bis jetzt war infolge der für die geringe Geschwindigkeit von 12 kn ebenfalls geringen Antriebsleistung von 3500 bis 4000 PS für Schiffe bis zu 9500 t dw. die Entscheidung zugunsten des Motors gefallen. Nach Fortfall der Beschränkungen stieg die Leistung sprunghaft auf 9000 bis 10 000 WPS an und man entschloß sich, die ersten Neubauten mit dieser Antriebsleistung mit Turbinenanlagen auszurüsten. Im Gegensatz zu dem Wiederaufbau unserer Handelsflotte nach dem ersten Weltkrieg, wo die Turbinenanlagen einen weit größeren Anteil ausmachten — ich erinnere nur an die sogenannten Serienschiffe, die bei Blohm & Voß gebaut wurden und Leistungen von 3500 bis 4500 PS aufwiesen —, befindet sich der Schiffsturbinenbau heute erst im Wiederaufleben.

Das Gesicht der Turbinenanlagen hat sich seit der Zeit der zwanziger Jahre sehr gewandelt. Früher bevorzugte man fast ausschließlich einfache Getriebeuntersetzungen, die bei den geringen Propellerdrehzahlen beachtliche Raddurchmesser und trotzdem geringe Turbinendrehzahlen ergaben. Heute baut man wohl ausschließlich doppelte Untersetzungen mit hochtourigen Turbinen. Hatten z. B. die Serienanlagen von Blohm & Voß noch viergehäusige Anlagen, um das an und für sich niedrige Gefälle von 14 bis 16 atü und 350° C auf 95% Vakuum zu verarbeiten, so beherrscht heute die zweigehäusige Anlage das Feld. Diese kann dank der auf das etwa dreifache angestiegenen Turbinendrehzahlen das durch Einführung höherer Drücke und Überhitzeraustrittstemperaturen um etwa 25% vergrößerte Wärmegefälle mühelos verarbeiten.

Das Streben nach immer größerer Wirtschaftlichkeit führte bereits Ende der zwanziger Jahre zur Einführung des Hochdruckheißdampfes. Die Anlage auf der „Uckermark" dürfte hier bahnbrechend mitgewirkt haben. Sie war ihrer Zeit weit vorausgeeilt und es ergaben sich naturgemäß Rückschläge. Nichtsdestoweniger haben diese Anlagen und die seitens der Marine in Auftrag gegebenen Höchstdruckanlagen wesentlich dazu beigetragen, die für eine sichere Beherrschung der höheren Drücke und Temperaturen erforderlichen Erkenntnisse auf konstruktivem Gebiet und auf dem Sektor der Materialforschung zu vertiefen. Die in den dreißiger Jahren erbauten Anlagen sind der deutliche Niederschlag dieser Tatsache.

Bei den Anlagen der „Windhuk" und „Pretoria" ging man vom kritischen Druck, wie er beim Bensonkessel der „Uckermark" noch angewandt wurde, auf 60 atü und 460° C zurück. Auch die „Potsdam"-Anlage arbeitete unter ähnlichen Bedingungen, nämlich 80 atü und 470° C. Die zur gleichen Zeit gebauten Turbinenschiffe „Scharnhorst" und „Gneisenau" des Norddeutschen Lloyd hatten 45 atü und 455° C vor der Turbine, und die letzte Handelsschiffsanlage von Blohm & Voß, Baujahr 1940, für das turboelektrische Schiff „523", war für einen Dampfzustand von 60 atü 450° C ausgelegt.

Für die jetzt, d. h. nach Kriegsende, im Bau befindlichen Turbinenanlagen beträgt der Druck am Überhitzeraustritt fast allgemein etwa 45 atü und die Temperatur 450° C. Auch im Ausland sind dies die bis jetzt am meisten angewandten Drücke und Temperaturen. An und für sich dürften von der Seite des Turbinenbaues kaum Gründe gegen eine weitere Steigerung der Überhitzertemperaturen bestehen, wie der Landturbinenbau es bereits bewiesen hat. Bei richtiger Werkstoffauswahl, entsprechend den neusten Erkenntnissen auf dem Gebiet der Materialforschung, sollte es auch für den Schiffsturbinenbau möglich sein, bis auf etwa 500° C Anfangstemperatur zu gehen, und bei Vermeidung der Rückwärtsturbinen vielleicht sogar noch höher.

Die folgenden Bilder zeigen Turbinenanlagen, die in den Jahren 1934 bis 1940 gebaut worden sind sowie einige Konstruktionen der Nachkriegszeit.

Bild 1 zeigt die Anlage der „Scharnhorst", erbaut von der AEG 1935, sie besteht aus zwei der hier gezeigten eingehäusigen Turbinen. Jede Anlage entwickelt 13000 WPS bei einem Dampfzustand von 45 atü 455° C vor der Turbine.

Die hier gewählte Anordnung — eingehäusige Turbine mit untergehängtem Kondensator — entspricht einer normalen Landanlage.

Bild 1. Hauptturbine der „Scharnhorst".

Bild 2 zeigt die von Blohm & Voß nach SSW-Konstruktion erbaute Turbine der „Potsdam". Die Leistung ist mit 2 × 13000 WPS die gleiche wie auf der „Scharnhorst", nur der Anfangsdruck

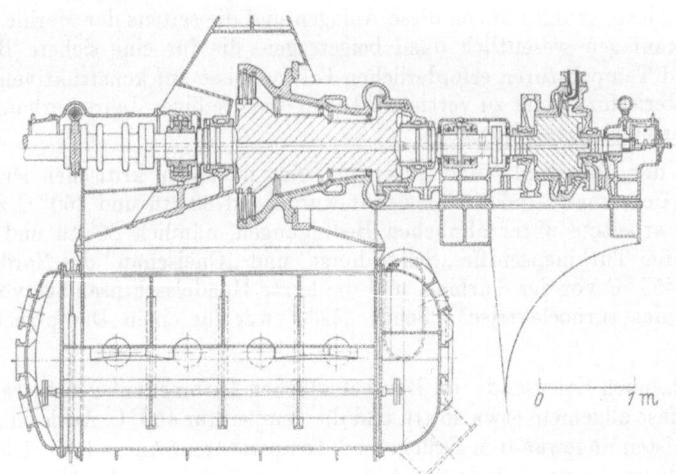

Bild 2. Längsschnitt durch die Hauptturbine der „Potsdam".

ist 80 atü, die Temperatur 470° C. Die Anlage ist zweigehäusig ausgeführt. Ursprünglich sollte, soviel ich mich erinnern kann, die Hochdruckturbine als Radialturbine ausgeführt werden. Die Drehzahl ist 3200/min.

Als letzte der großen turboelektrischen Anlagen zeigt Bild 3 die Anlage für das Hapagschiff „Bau 523", Erbauer Blohm & Voß. Der Dampfzustand war 60 atü und 450° C. Die Leistung, für die die Anlage ausgelegt wurde, betrug 23 600 PS bei $n = 2800$/min bzw. bei Überlast 32 600 PS

Bild 3. Längsschnitt durch eine 23 600-PS-Turbinenanlage für turboelektrischen Antrieb.

bei einer Turbinendrehzahl von 3040/min. Die Turbine war so konstruiert, daß unter Fortfall jeglicher Ausgleichkolben die Schübe in der ND- und HD-Turbine entgegengesetzt und gleich waren. Restschübe, die sich bei Fahrt ohne Anzapfung oder bei Teillast ergaben, sollten von dem reichlich dimensionierten Drucklager übernommen werden. Die Düsensätze befanden sich im Unterteil und waren besonders eingesetzt. Als Regler diente ein Jahns-Thoma-Flüssigkeitsregler.

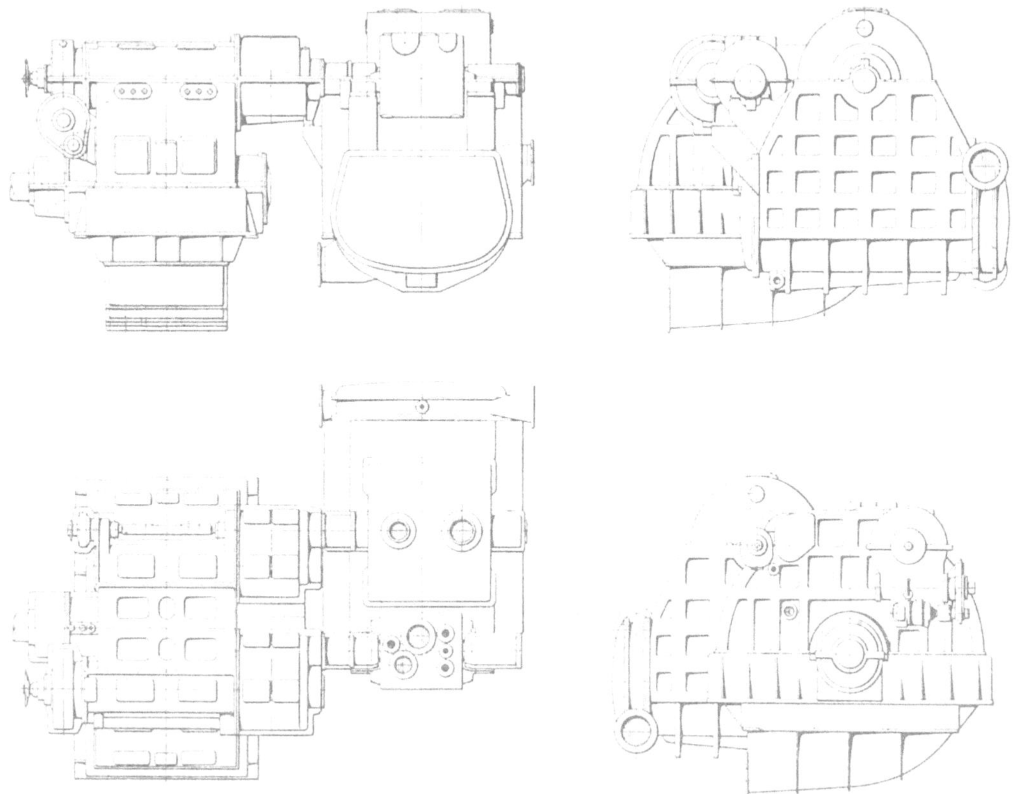

Bild 4. Hauptturbinen mit Getriebe der „Eisenach".

Bild 4 zeigt die 1939 bei der Deschimag erbaute Handelsschiffsanlage der „Eisenach". Die Anlage ist zweigehäusig, das Getriebe doppelt untersetzt. Außerdem ist ein Wellengenerator von 220 kW

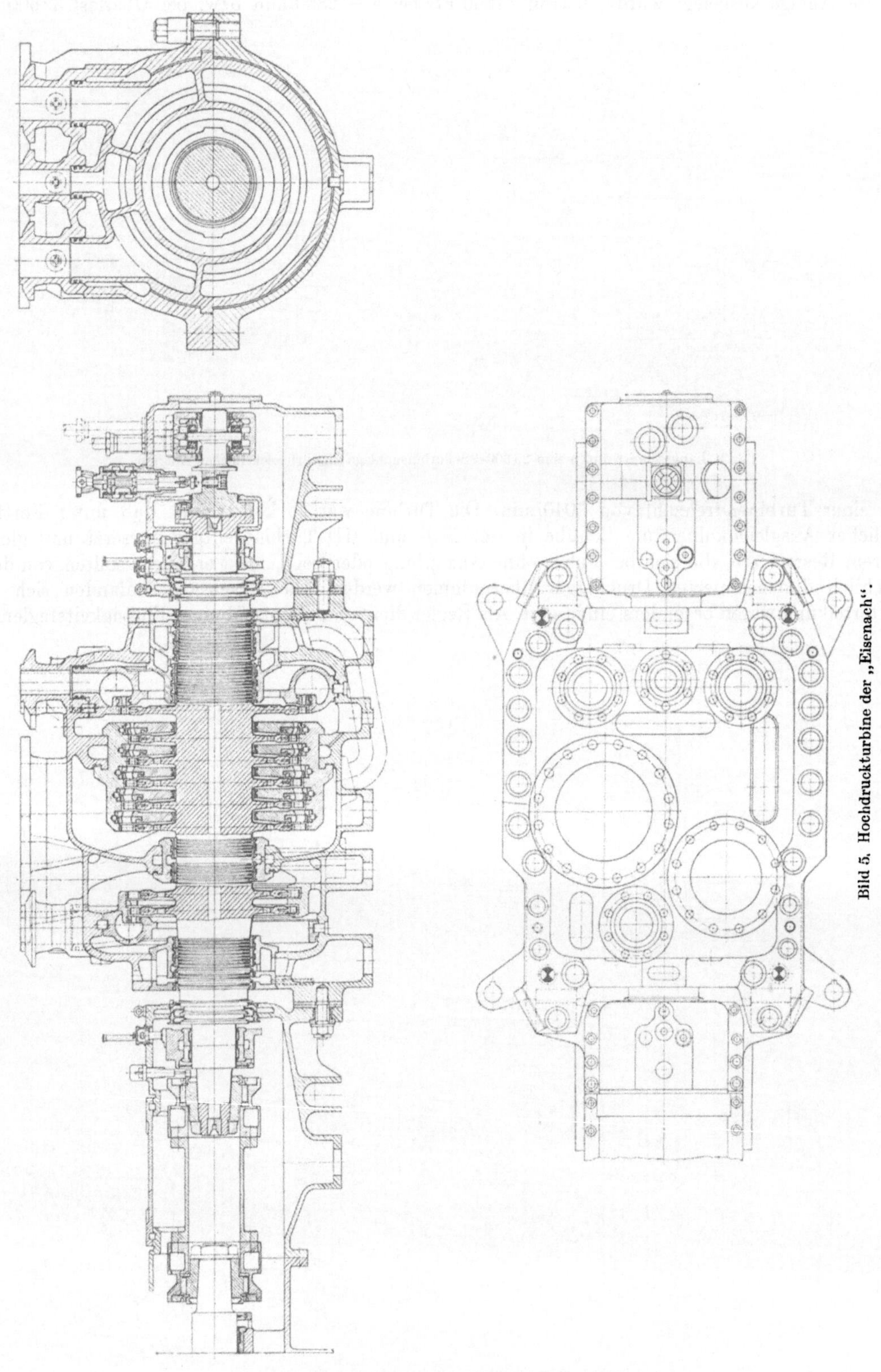

Bild 5. Hochdruckturbine der „Eisenach".

vorgesehen. Bei 46 atü und 440° C am Turbineneintritt leistet die Anlage 4800 PS. Die Drehzahl der HD-Turbine ist 6000, die der ND-Turbine 3500/min. Der Dampfverbrauch beträgt 15000 kg/h. Die Rückwärtsleistung beträgt etwa 60% der Vorwärtsleistung.

Bild 5 stellt die HD-Turbine mit der HDRw. am Austrittsende dar. Die Düsen sowohl für Vorwärts- als auch für Rückwärtsfahrt sind in besonderen Ringen eingesetzt.

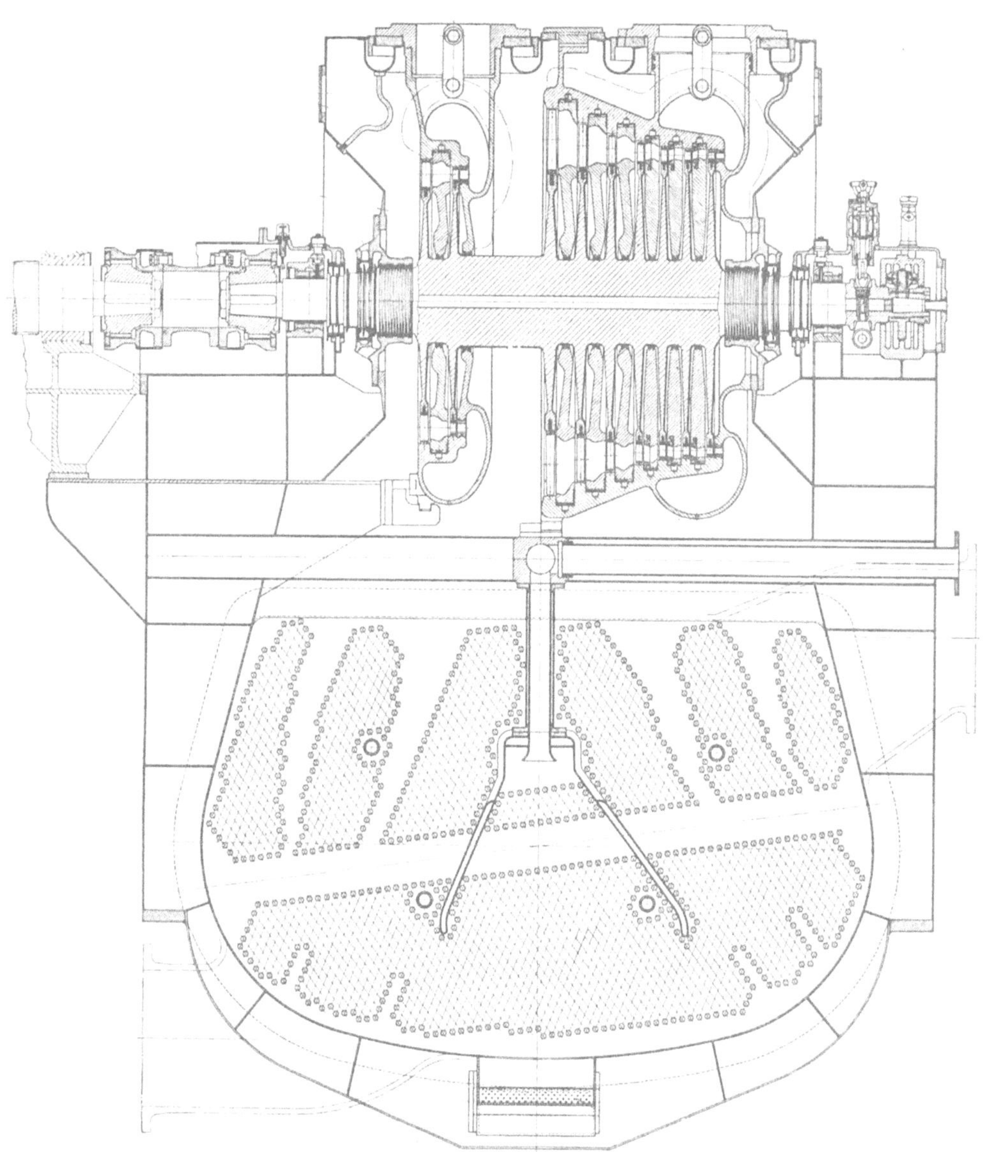

Bild 6. Schnitt durch Niederdruckturbine und Kondensator der „Eisenach".

Bild 6 stellt die ND-Turbine dar. Das Gehäuseunterteil hängt im Kondensatorgehäuse. Die ND-Rückwärtsdüsen sind auch hier aus Gründen der Temperaturdifferenzen mit einem besonders eingehängten Düsenring versehen. Beide Turbinen sind in der Gleichdruckbauart ausgeführt, sie stehen auf dem Kondensator, dessen Gehäuse das Turbinenfundament ersetzt.

Bild 7 zeigt die von der AEG im Jahre 1938 an die Deutsche Werft gelieferte Turbinenanlage des Bananendampfers „Gran Canaria". Auch diese Anlage mit einer Leistung von 6500 PS bei einem Kesseldruck von 35 atü ist in Gleichdruckbauart ausgeführt, die ihre Leistung über eine doppelte Untersetzung an den Propeller abgibt. Bild 8 zeigt eine Draufsicht auf die gesamte Anlage.

Bild 7.

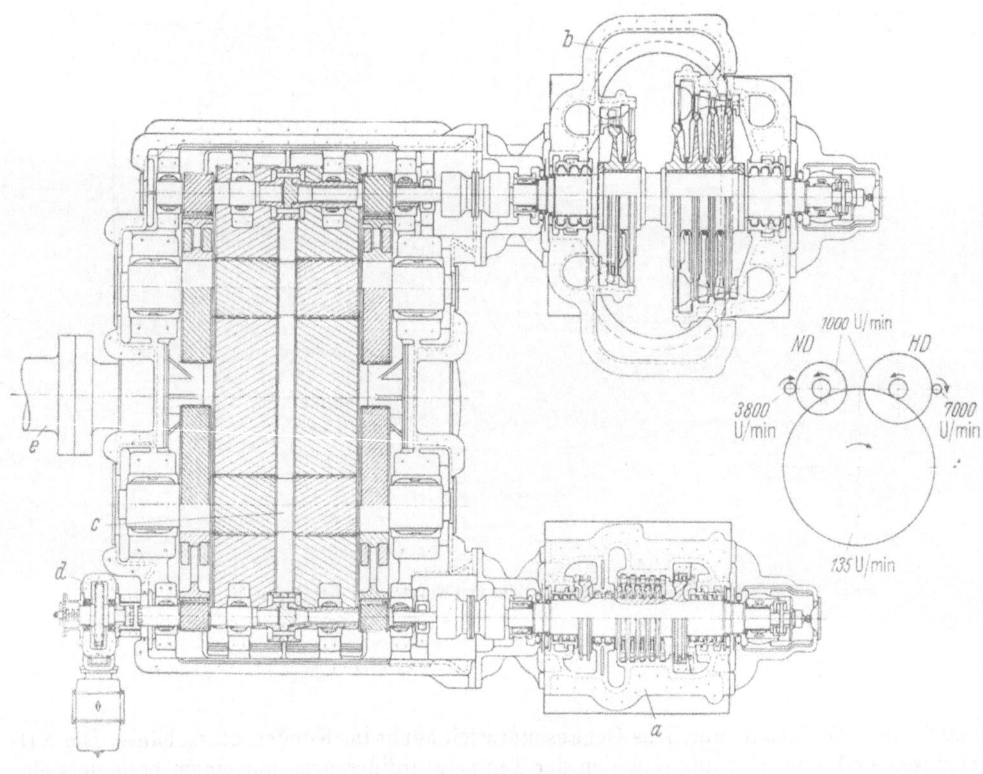

Bild 8.
Bild 7 und 8. Draufsicht auf die Turbinenanlage der „Gran Canaria".

Bild 9 und 10 stellen die vor dem Kriege erbauten Turbinenanlagen der Regierungstanker „Dithmarschen", „Nordmark" und „Ermland" dar. Die Turbinen wurden von Schichau, Elbing, nach der Konstruktion der Wagner-Hochdruck-Dampfturbinengesellschaft erbaut. Es handelt sich um Zwei-Schrauben-Schiffe mit 2×10550 WPS bei 120 Propellerumdrehungen und 23 kn Geschwindigkeit. Die Anlage ist dreigehäusig und relativ schnelläufig. Die Turbinen sind mit Aktions- und

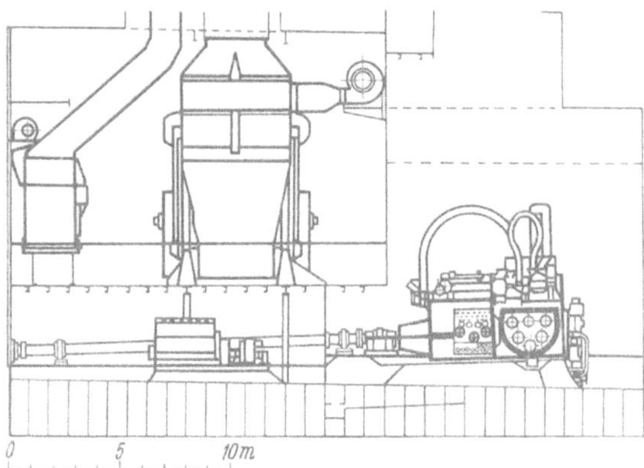

Bild 9. 10550-WPS-Anlage für Tanker.

Teilreaktionsstufen ausgerüstet. Die Parsonssche Kennzahl $\Sigma u^2/H$ liegt mit 2230 im Gebiet der maximalen Wirkungsgrade. Die HD-Rückwärtsturbine ist fliegend am freien Ende des MD-Ritzels angeordnet, die ND-Rückwärtsturbine in dem ND-Vorwärtsgehäuse. Die Drehzahl der HD-Turbine beträgt 9625, die der MD 8590 und 4575/min für die ND-Turbine.

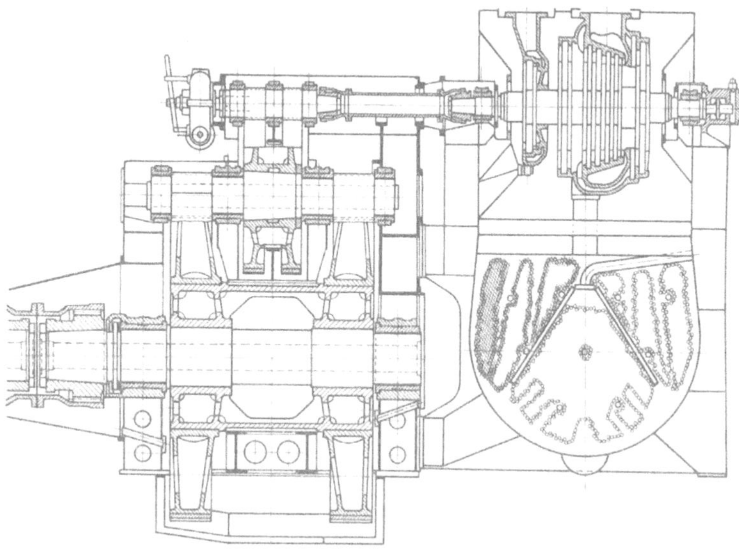

Bild 10. Längsschnitt durch ND-Turbine und Getriebe der 10550-WPS-Anlage.

Der Dampfzustand am Kessel ist 46 ata 435° C. Das Getriebe nimmt in seinem Aufbau bereits die heute im Ausland so beliebte „nested-type"-Anordnung vorweg, d. h., daß die erste Übersetzung zwischen die auseinandergezogenen Räder der zweiten gelegt ist. Die Anlagen sind mit den Getrieben und Kondensatoren in der typischen Wahodag-Bauweise zu einem Block von nur 8 m Länge zusammengefaßt.

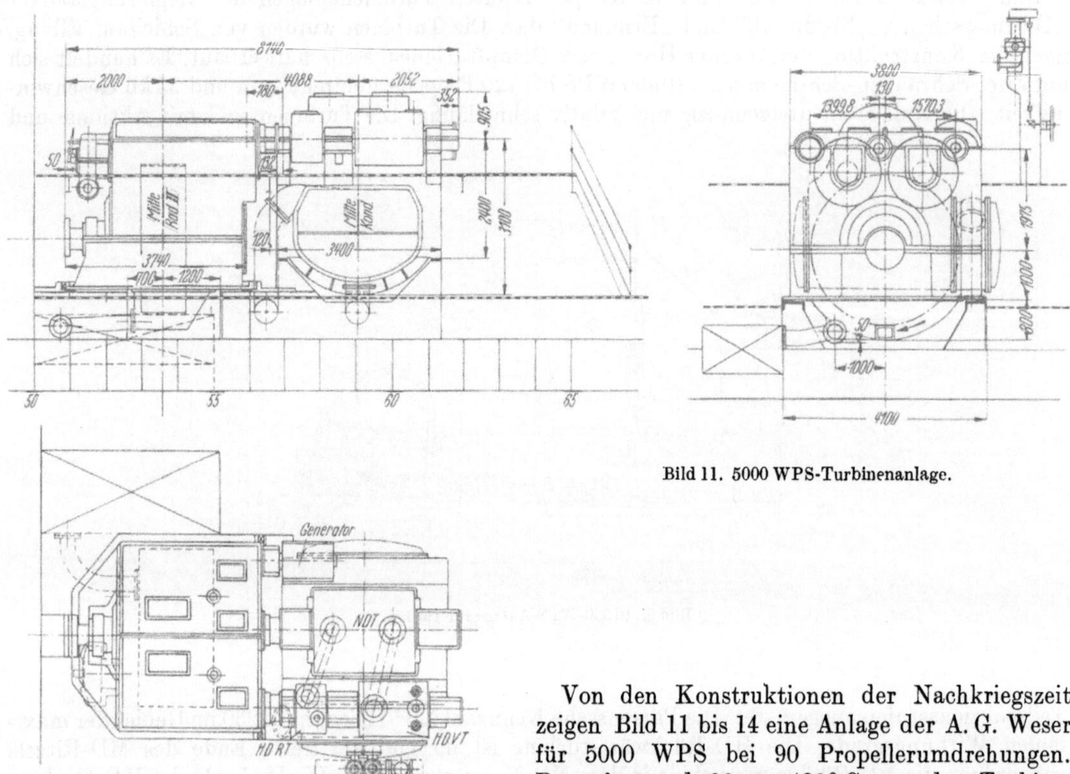

Bild 11. 5000 WPS-Turbinenanlage.

Von den Konstruktionen der Nachkriegszeit zeigen Bild 11 bis 14 eine Anlage der A. G. Weser für 5000 WPS bei 90 Propellerumdrehungen. Dampfzustand 36 ata 420° C vor der Turbine. Drehzahl der HD-6000, der ND-Turbine 4200/min. Die HD-Vorwärts- und die HD-Rückwärtsturbine arbeiten in Tandemanordnung auf dasselbe Ritzel. Die Vorwärtsturbinen sind in Überdruckbauart ausgeführt. Der Kondensator ist hier wieder als Fundament für die Turbinen herangezogen.

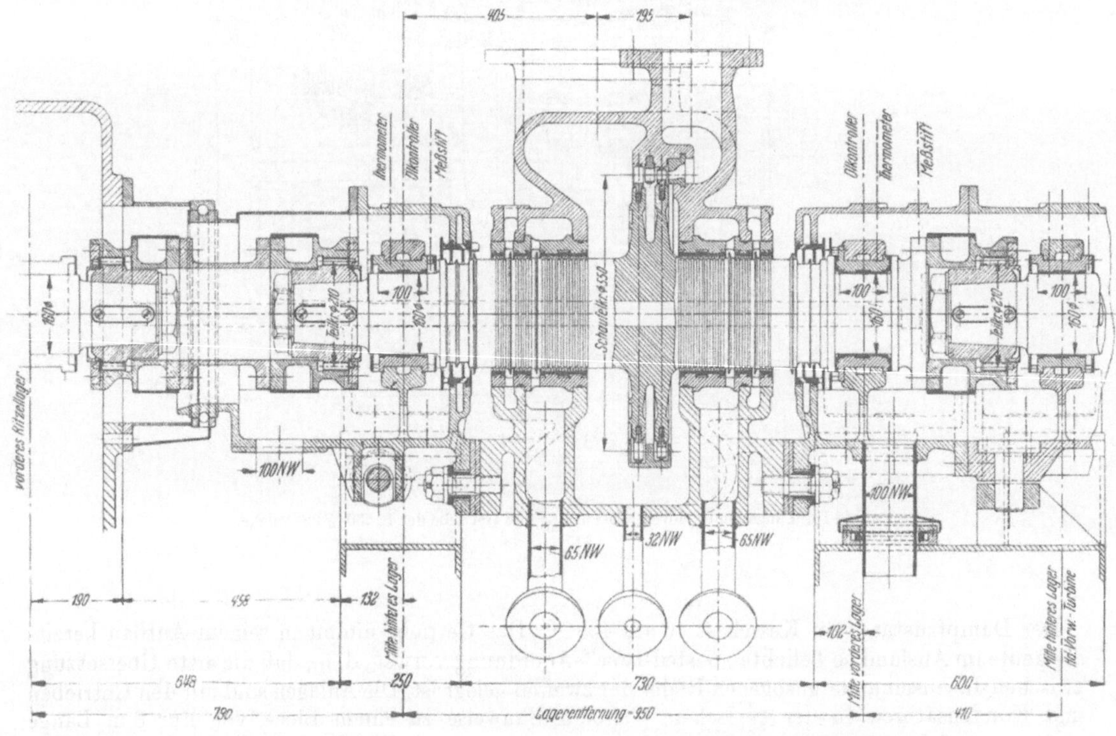

Bild 14. Längsschnitt durch die HD-Rückwärtsturbine einer 5000-WPS-Anlage.

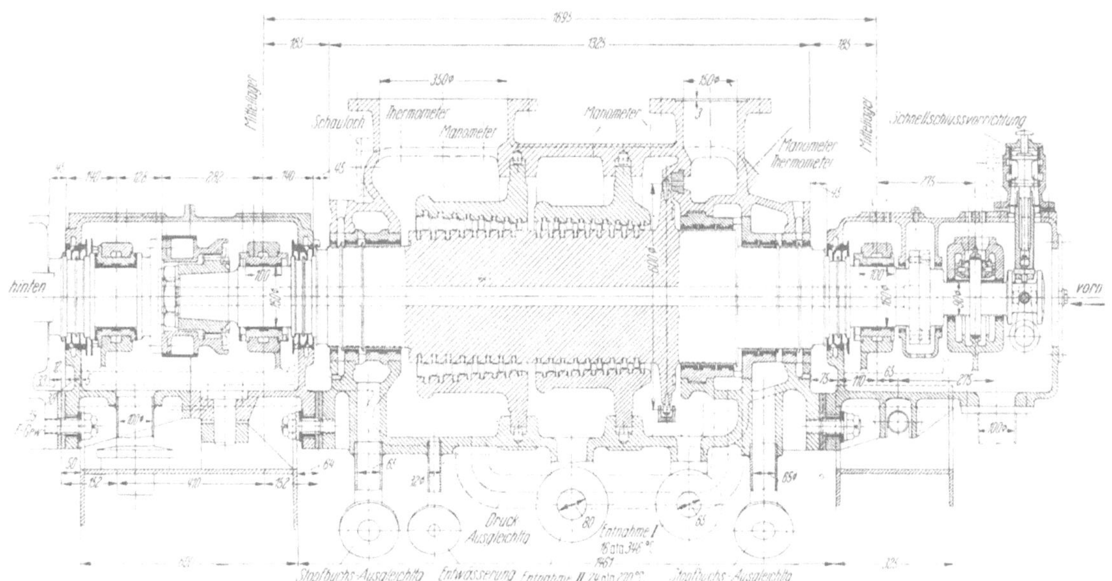

Bild 12. Längsschnitt durch die HD-Turbine einer 5000-WPS-Anlage.

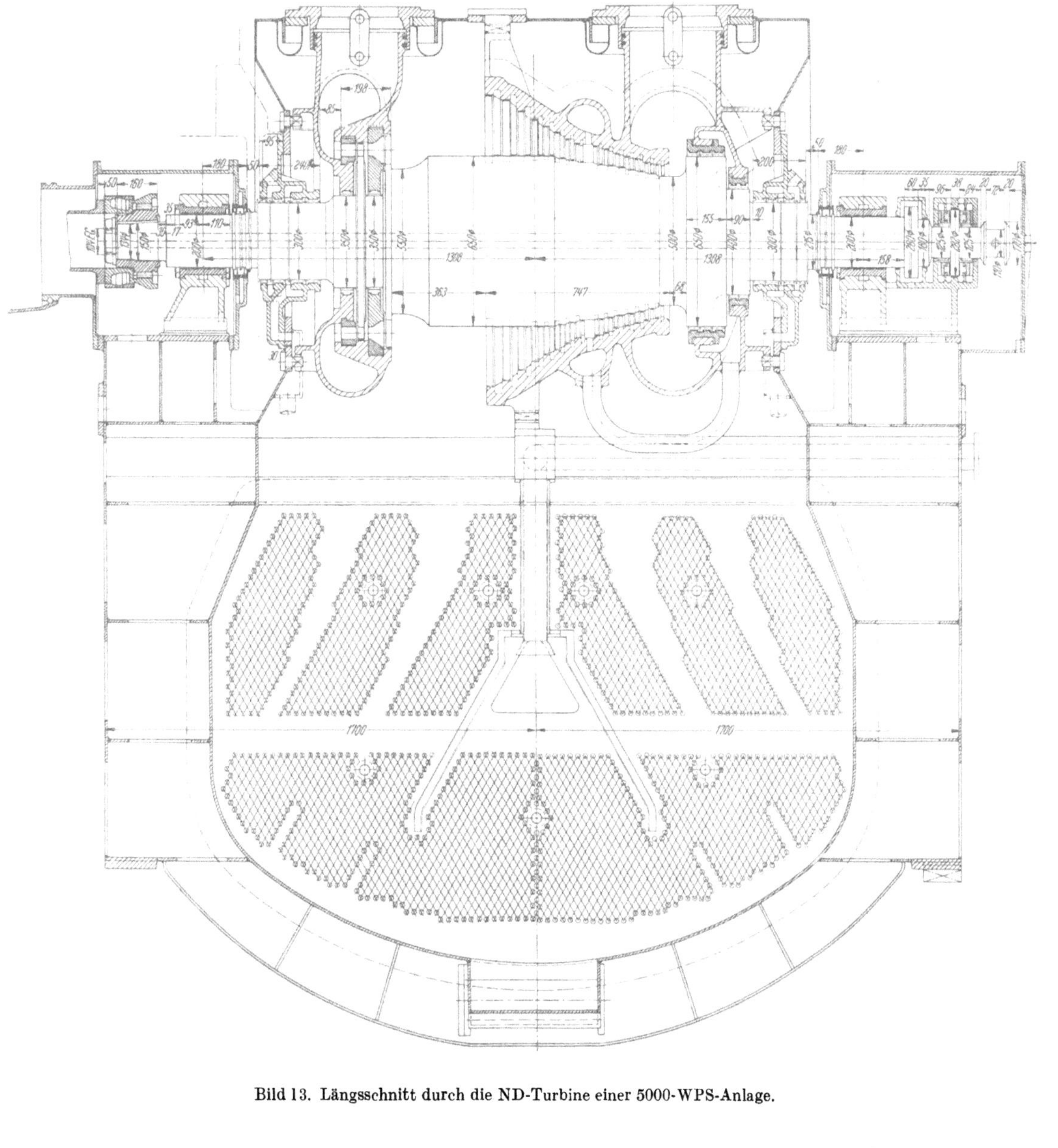

Bild 13. Längsschnitt durch die ND-Turbine einer 5000-WPS-Anlage.

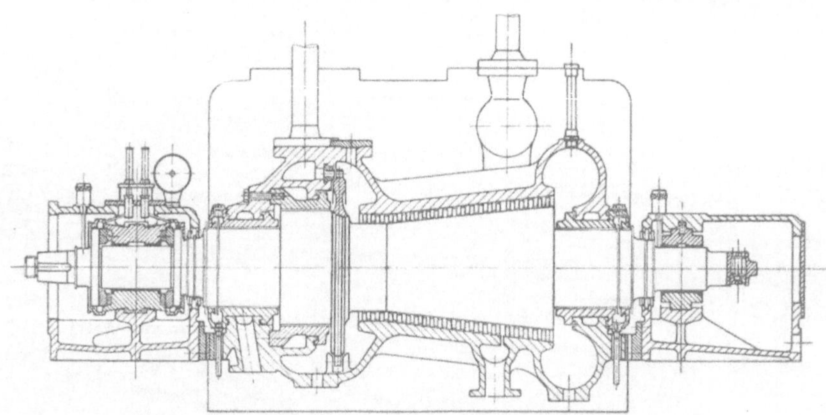

Bild 15. Längsschnitt durch die HD-Turbine einer 10 000-WPS-Anlage.

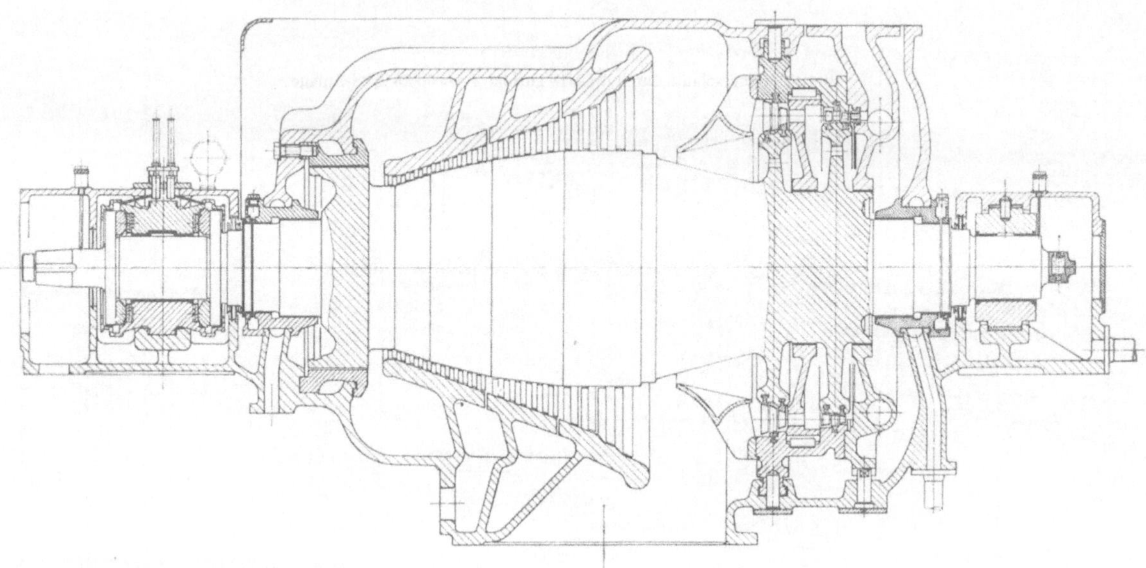

Bild 16. Längsschnitt durch die ND-Turbine einer 10 000-WPS-Anlage.

Bild 15 gibt die HD-Turbine einer bei BBC im Bau befindlichen Schiffsanlage wieder für maximal 10 000 WPS, Dampfzustand vor der Turbine 42 ata 425° C Drehzahl der HD-Turbine 5600. Die ND-Turbine zeigt in ihrem Läuferaufbau (s. Bild 16) die typische BBC-Konstruktion, wie sie laufend seit vielen Jahren für den Landturbinenbau angewandt wird. Die Rückwärtsturbine befindet sich nur in der ND-Vorwärtsturbine. Die Drehzahl der ND beträgt 3550/min. Das Getriebe ist ein doppeltes in der normalen Ausführung.

Die in den Bildern 17 und 18 dargestellte 46 000-PS-Anlage wurde von BBC für die Marine erbaut. Das eine Bild zeigt die

Bild 17. 46 000-PS-Anlage auf dem Prüfstand.

Anlage auf dem Prüfstand, das andere einen schematischen Plan der Turbinen mit den Schaltungsmöglichkeiten, die besonders leicht herzustellen waren, da sämtliche Ventile hydraulisch, Wasser mit Korrosionsschutzöl, durch die von BBC bevorzugte Steuerung betätigt wurden.

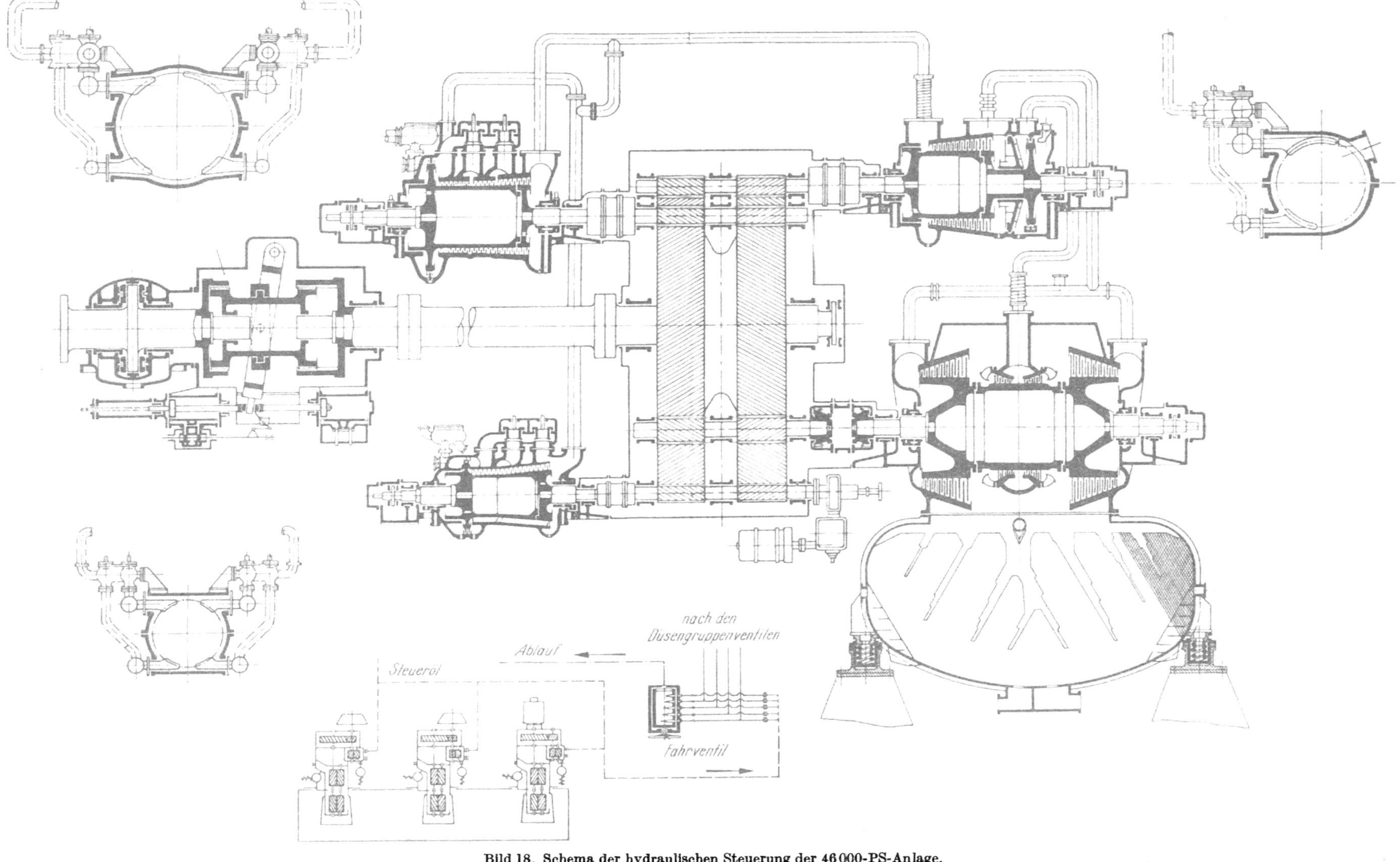

Bild 18. Schema der hydraulischen Steuerung der 46 000-PS-Anlage.

Die Turbinen für die bisher größte Leistung der Nachkriegszeit zeigen die beiden Bilder 19 und 20. Es handelt sich hier um eine 17500-WPS-Anlage, die mit 42 atü und 443° C arbeitet, bei einer Drehzahl der HD-Vorwärtsturbine von 5450 und der ND von 2840 Umdrehungen. Die Turbinen sind von den Howaldtswerken Hamburg konstruiert und noch im Bau. Bei dieser Anlage ist eben-

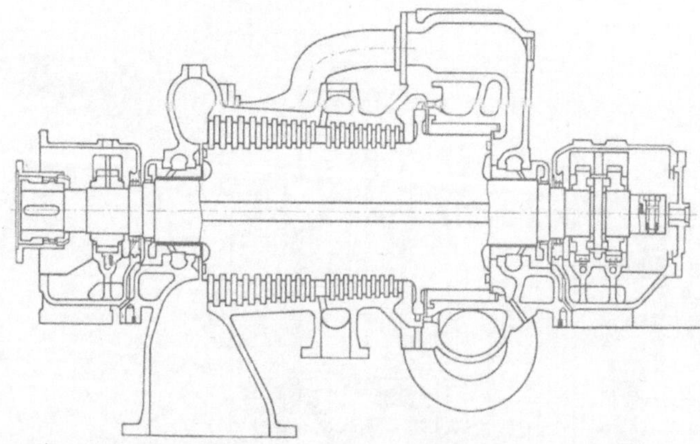

Bild 19. Längsschnitt durch die HD-Turbine einer 17500-WPS-Anlage.

falls auf eine besondere HD-Rückwärtsturbine verzichtet worden. Die gesamte Rückwärtsleistung ist in dem ND-Vorwärtsgehäuse untergebracht. Über ein doppeltes Getriebe vom sogenannten „nested type" wird die Leistung auf die mit 110 Umdrehungen umlaufende Propellerwelle übertragen.

Nachdem bisher ein Teil der während der letzten 20 Jahre in Deutschland gebauten Turbinenanlagen gezeigt wurde, möchte ich noch ein paar Worte zu den mit den Turbinen gekuppelten Getrieben sagen.

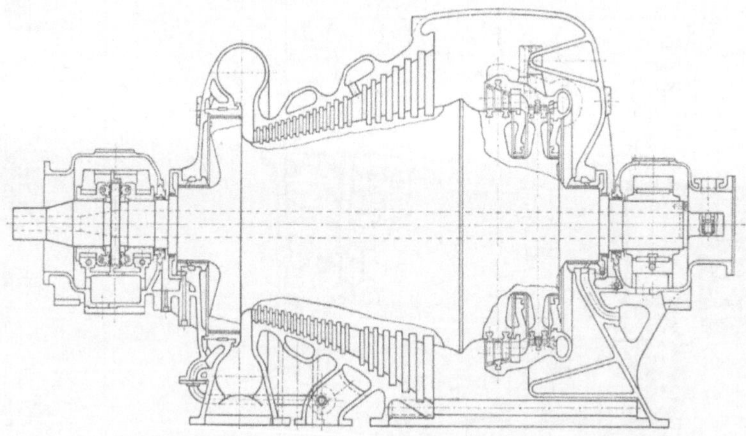

Bild 20. Längsschnitt durch die ND-Turbine einer 17500-WPS-Anlage.

Das Getriebe bildet heute einen integrierenden Bestandteil jeder Schiffsanlage, und es muß ihm daher dieselbe Aufmerksamkeit hinsichtlich Werkstoff und Konstruktion gewidmet werden, wie der Turbine selber. Wie ich bereits eingangs erwähnte, ist man von dem einfachen Getriebe der früheren Jahre mit wachsender Drehzahl der Turbine heute zur doppelten Untersetzung übergegangen. Nur bei sehr hohen Propellerdrehzahlen, wie bei Marinefahrzeugen oder sonstigen sehr schnellen Schiffen, wird man versuchen, mit einem einfachen Getriebe auszukommen.

Die klassische Anordnung eines doppelten Untersetzungsgetriebes zeigen die nächsten Bilder 21 und 22 der A.G. Weser. Die Elastizität Achsenversetzungen gegenüber wird durch die allgemein üblichen Zahnkupplungen gewährleistet, außerdem ist das Rad der ersten Stufe durch eine elastische Welle, die durch das hohle zweite Ritzel hindurchgeht, mit diesem am gegenüberliegenden Ende

verbunden. Der Nachteil dieser Konstruktion ist die durch die Vier-Lager-Anordnung erforderliche
große Baulänge. Verbunden hiermit ist auch eine Gewichtsvermehrung. Ordnet man die Räder
anders an, wie es z. B. die AEG bei ihren Schiffsgetrieben macht (Bild 23), so werden hierdurch
schon ein, wenn nicht sogar zwei Lager eingespart. Diese Konstruktion wird auch im Ausland viel

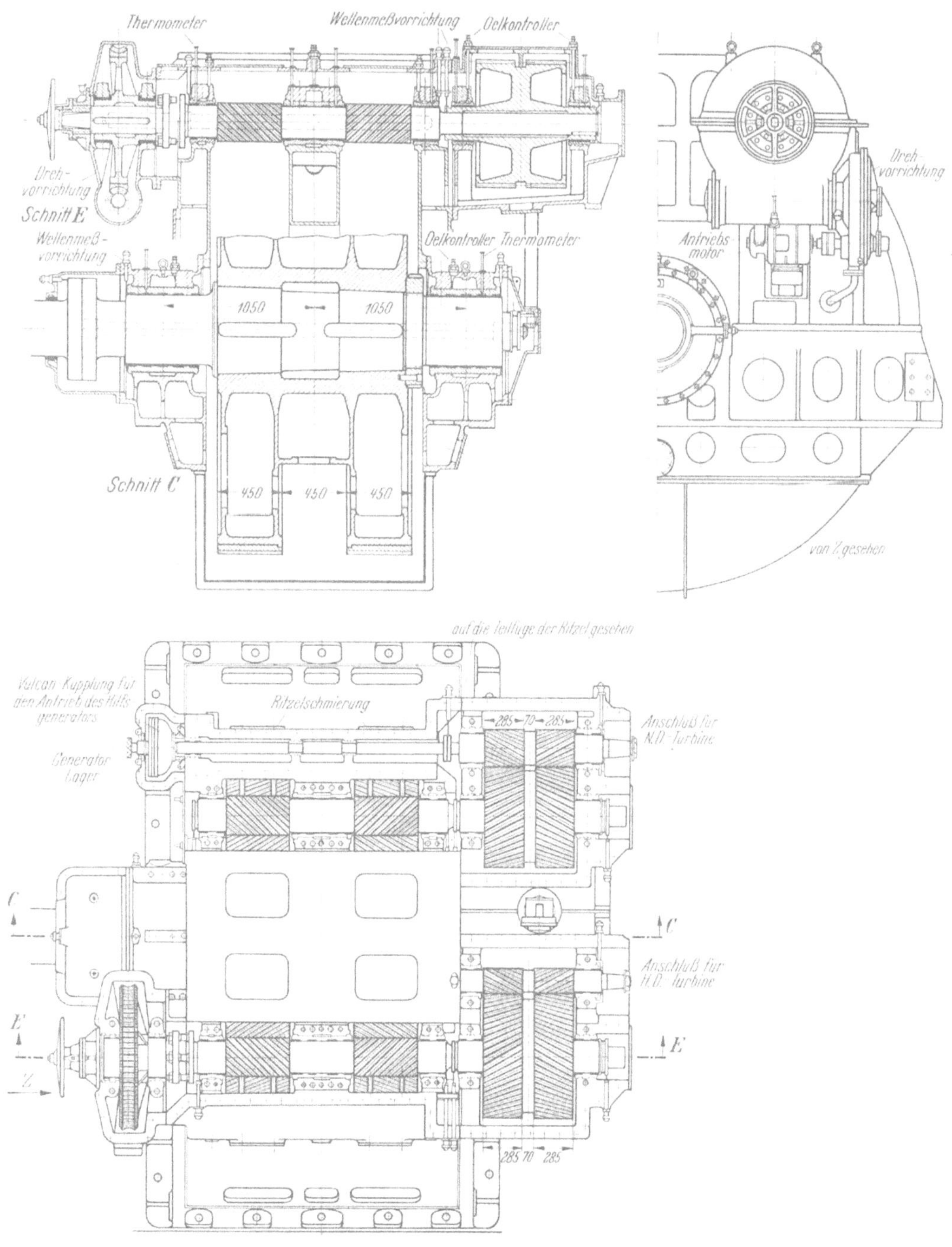

Bild 21. Zahnradgetriebe mit doppelter Untersetzung.

angewandt. Eine Abwandlung ist der sogenannte „nested type", wo die Räder der ersten Stufe
zwischen den beiden Zahnkränzen des großen Rades laufen, eine Konstruktion, wie ich sie bereits
zu Beginn des Krieges bei Blohm & Voß ausgeführt habe und wie wir sie vorher auch bei den Anlagen der Marinetanker sahen. Der Vorteil ist die geringe Ritzellänge und die sich hierdurch erge-

bende günstige Raumeinteilung auf dem Getriebegehäusemittelteil, wodurch für manche Fundamentkonstruktionen ein günstiger Stützpunkt für die Turbinen bzw. Kondensatoraufhängung geschaffen wird.

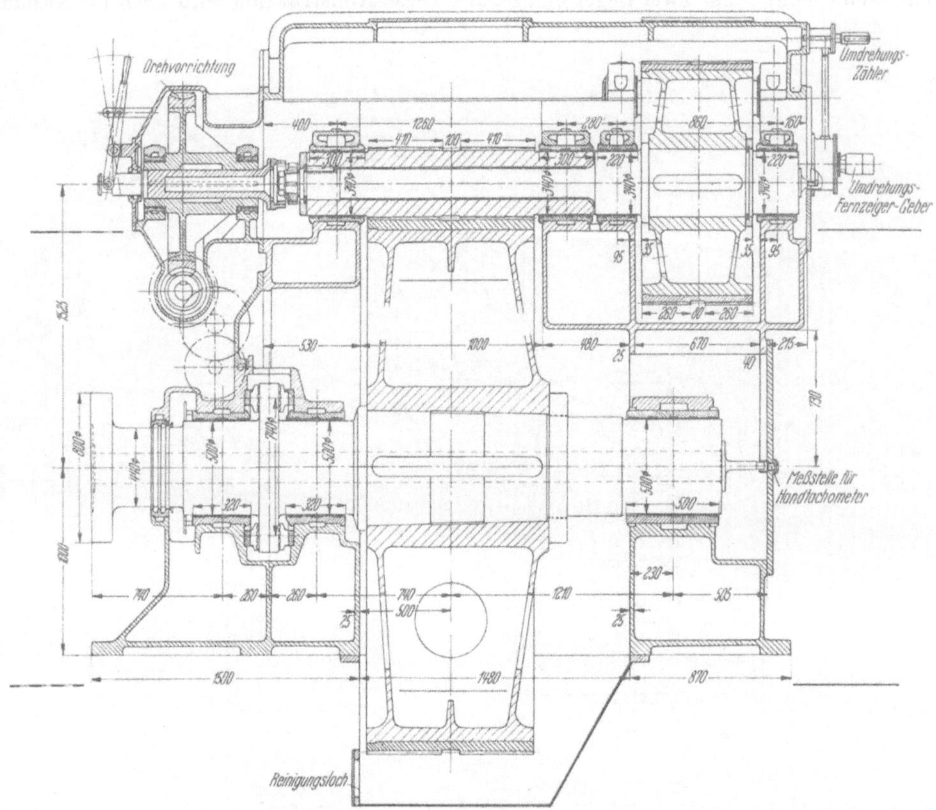

Bild 22. Längsschnitt durch die 2. Untersetzungsstufe.

Bild 23. Getriebe in „nested-type"-Anordnung.

Das Ausschlaggebende bei einem Getriebe ist die Geräuschfrage. Diese wiederum hängt ab von der Präzision, mit der die Zähne geschnitten werden. Auf diesem Gebiet ist, wie allgemein bekannt sein dürfte, bereits Erstaunliches geleistet worden. Mit der in Bild 24 gezeigten Fräsmaschine bei der Firma BBC sind Räder von etwa 4 m ∅ gefräst worden, wobei der größte Teilungsfehler, von Zahn zu Zahn gemessen, nicht größer als 0,002 bis 0,003 mm war, wie das nächste Bild 25 zeigt.

Betreffs der Beanspruchung der einzelnen Zähne kann man wohl sagen, daß es Allgemeingut geworden ist, den Wälzdruck als das einzig richtige Kriterium anzusehen. Ausgehend von den Hertzschen

Gleichungen, die den Druck in den Oberflächen zweier Zylinder ermitteln, ergibt sich je nach Material und Übersetzungsverhältnis sowie mittlerem Krümmungsradius, ein allgemein als Wälzdruck bezeichneter Wert. Selbstverständlich sind die theoretischen Annahmen für die Berechnung entsprechend der Konstruktion in die Gleichung einzusetzen, d. h. falls ein Wert von den Konstruk-

Bild 24. Zahnradfräsmaschine.

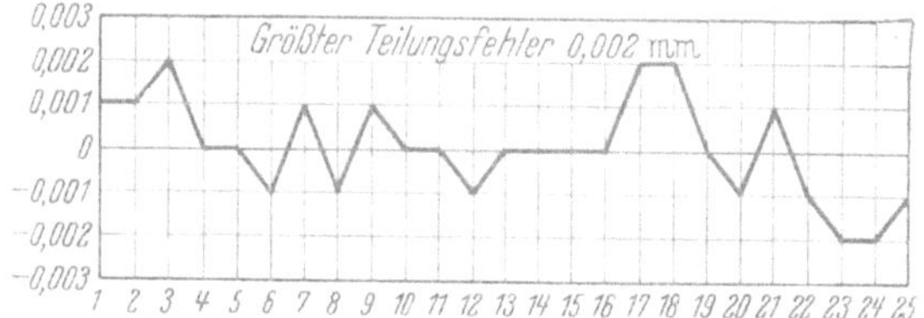

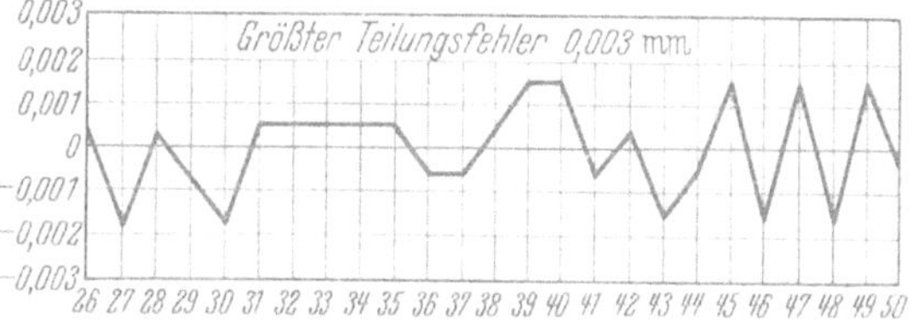

Bild 25.
Teilungsfehler einer Verzahnung, gemessen von Zahn zu Zahn.

tionsmaßen abweicht, wie z. B. nicht ganz stimmender Steigungswinkel bei Schraubenrädern, Abweichungen im Flankenwinkel usw., so ergeben sich natürlich entsprechend höhere örtliche Beanspruchungen. Im Ausland wird diese viel gebrauchte Formel in folgender Abwandlung angewandt:

$$S_{\mathrm{max}} = \sqrt{0{,}175 \cdot \frac{P}{L} \cdot \mathrm{E}\left(\frac{1}{r_1} + \frac{1}{r_2}\right)}$$

$$S_{\mathrm{max}} = 2291 \sqrt{\frac{P}{L} \cdot \frac{r_1 + r_2}{r_1 \cdot r_2}} \quad \left[\frac{lbs}{sq.\ inch}\right].$$

Mit
$$r_1 = r \cdot \sin\alpha$$

$$r_2 = R \cdot \sin\alpha$$

$$P = \frac{P_t}{\cos\alpha}$$

$$\frac{R}{r} = i$$

$$r = \frac{D_p}{2} = \text{Ritzelradius}$$

wird
$$S_{\mathrm{max}} = 4582 \sqrt{\frac{P_t}{L \cdot D_p \cdot \sin 2\alpha} \cdot \frac{1+i}{i}}.$$

Setzt man in diese Formel für die maximale Flächenpressung den sowohl im Ausland als auch bei uns als zulässig anerkannten Wert $S_{\mathrm{max}} = 53000\ \frac{lbs}{sq.\ inch}$ (3726 kg/cm²) und den Flankenwinkel $\alpha = 15°$ ein und löst die Gleichung auf nach

$$\frac{P_t\,(1+i)}{L \cdot D_p \cdot i} = \text{„K“},$$

so ergibt sich der noch heute z. B. von den Amerikanern bei der Auslegung von Schiffsgetrieben verlangte Wert K = 67.

Man sieht daß der „K“-Wert auf einen in Deutschland kaum noch zur Verwendung kommenden Flankenwinkel von 15° zurückgeht. Der rechnungsmäßige Wert von $K = 67$ steigt aber schon auf 86 bei 20° Flankenwinkel. Wenn man ferner bedenkt, daß für die tragende Zahnbreite nur die einfache Radkranzbreite mit einem im Eingriff befindlichen Zahn eingesetzt wurde, statt der sich aus der Schrägverzahnung und der Eingriffsstrecke ergebenden, um ein Vielfaches längeren, wirklichen tragenden Zahnlänge, so kann man ermessen, daß der „K"-Faktor eine reichliche Sicherheit einschließt. Verständlich wird der niedrige Wert, wenn man die neueren Konstruktionen der Amerikaner betrachtet. Die großen Räder sind z. B. ganz aus Stahlguß und die Zähne in

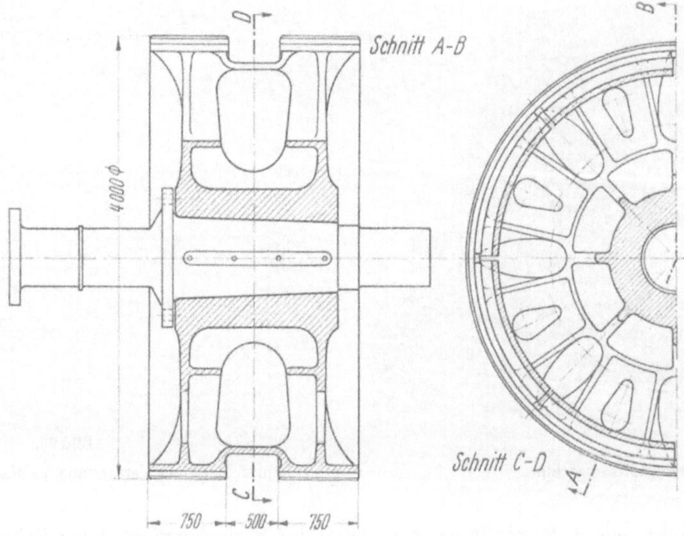

Bild 26. Gegossenes Getrieberad für 12 000 PS.

diesen hineingefräst, oder aber bei Schweißkonstruktionen sind die Radkränze mit den Radseiten direkt verschweißt. Dieses läßt auf einen C-Gehalt von weniger als 0,30% schließen. Die Festigkeitswerte sind demnach weit geringer, etwa halb so hoch wie bei dem von uns eingebauten Material. Hinsichtlich der Höhe der Beanspruchung, die zugelassen werden kann, gehen die Meinungen

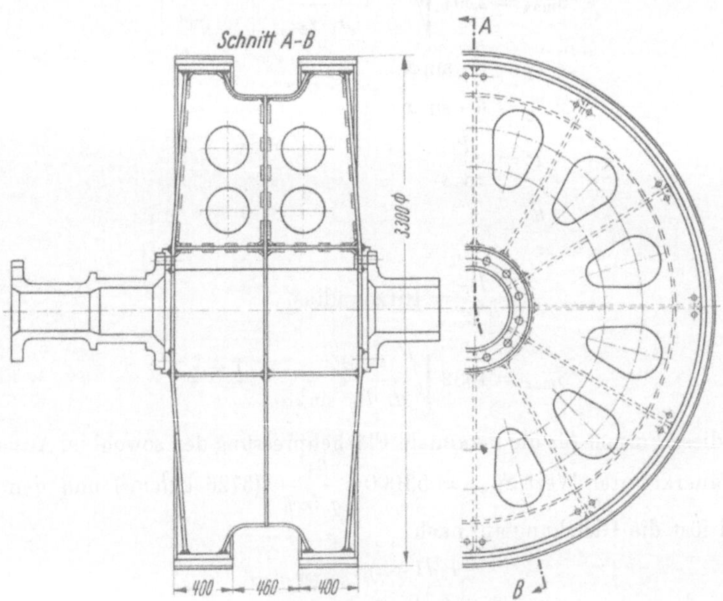

Bild 27. Geschweißtes Getrieberad für 65 000 PS.

naturgemäß sehr auseinander. Wenn schon hochwertiges Material für den Zahnkranz genommen wird, sagen wir MnSi-Stahl mit 60 bis 70 kg/mm² Festigkeit und einer Streckgrenze von 40 kg/mm², so sollte dies auch bei der Konstruktion zum Ausdruck kommen, um unnötige Gewichte zu vermeiden. Bild 26 zeigt ein gegossenes Getrieberad für eine Leistung von etwa 12000 PS, Gewicht 59 t, demgegenüber ist im Bild 27 ein geschweißtes Rad dargestellt, das eine Leistung von 65 000 PS überträgt, Gewicht dieses Rades 13,1 t. Mit bestem Erfolg sind bei Blohm & Voß Handelsschiffsgetriebe mit Wälzdrücken, die oberhalb der Streckgrenze des Materials lagen, gebaut worden. Man kann daher heute unbedenklich Werte, die nur 80 bis 85% dieser Streckgrenze erreichen, zulassen.

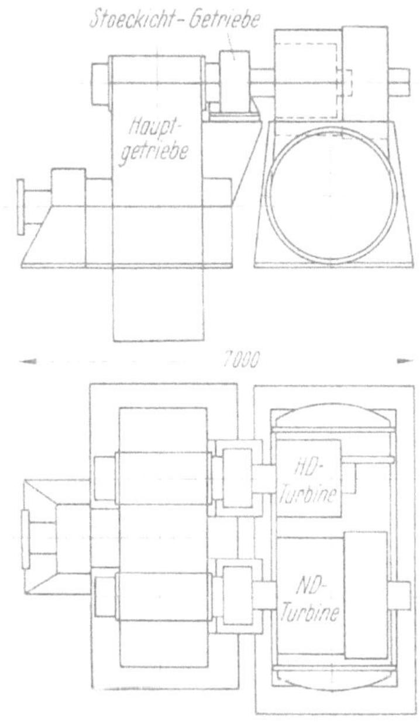

Bild 28.
Projekt einer 10 000-WPS-Anlage
mit Stoeckichtgetriebe.

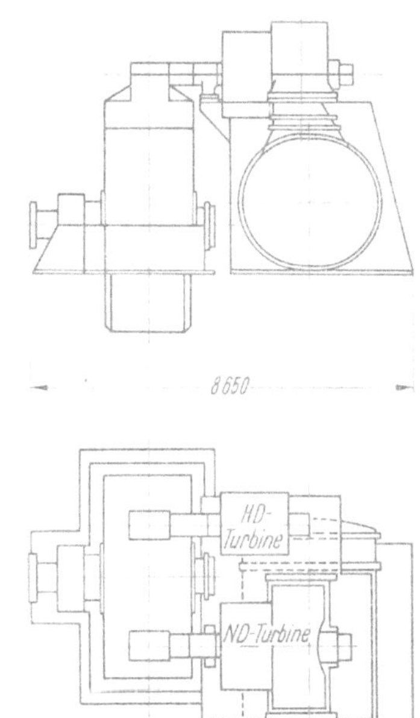

Bild 29.
10 000-WPS-Anlage mit 2 stufig untersetz-
tem Getriebe in „nested-type"-Anordnung.

Bild 30. Stoeckichtgetriebe.

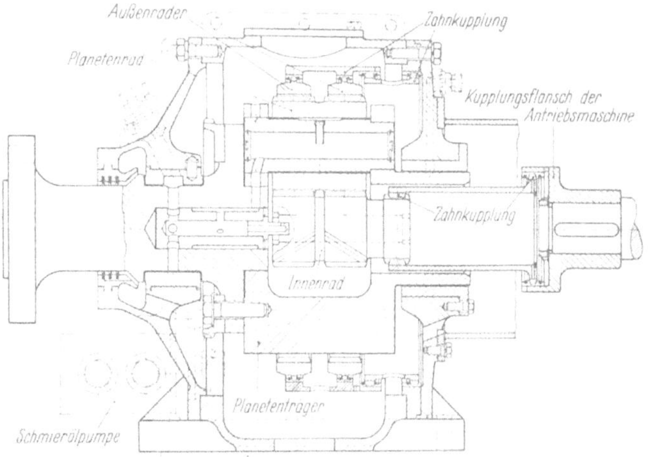

Bild 31. Längsschnitt durch ein Stoeckichtgetriebe.

Eine andere Lösung der Getriebefrage zeigt ein Studienprojekt der Howaldtswerke im Bild 28. Hier ist die erste Untersetzungsstufe durch ein Stoeckichtgetriebe ersetzt. Die große Untersetzung, die hierdurch möglich wäre, ist noch gar nicht ganz ausgenutzt worden. Die HD-Turbine läuft hierbei mit 10 000, die ND-Turbine mit 4500 Umläufen/min. Die Anlage leistet 10 000 PS bei einer Propellerdrehzahl von 100/min. Das Gewicht der Anlage beträgt 85 t. Eine normale Anlage (Bild 29) gleicher Leistung und Propellerdrehzahl mit geringeren Drehzahlen der Turbinen wiegt dagegen 135,5 t.

Eine noch geringeren Raum einnehmende Anlage bei noch geringerem Gewicht würde man erhalten, wenn man die HD-Turbine z. B. als Röderturbine mit 14 000 bis 18 000 Touren vorsehen würde. Gleichzeitig trägt man hierdurch der Forderung Rechnung, die Massen, die einer hohen Temperatur ausgesetzt sind, so klein wie möglich zu halten. Bild 30 und 31 zeigen Stoeckichtgetriebe, sie haben

den Vorteil eines äußerst geräuscharmen Laufes. Die Lastverteilung auf die einzelnen Planetenräder ist vollkommen gleich, wie man aus dem Bild 32 ersieht, das die an einer Stelle des Zahn-
kranzes, in dem die Planetenräder abrollen, mit Dehnungsmeßstreifen aufgenommenen Werte
darstellt. Die englische Firma Allen in Bedford hat hierüber ausgedehnte Versuche angestellt, die
mir auszugsweise freundlicherweise zur Verfügung gestellt wurden.

Das Bild 33 zeigt eine 1200-kW-Landanlage. Antrieb durch eine von den Howaldtswerken nach
Plänen der Hamburger Turbinenfabrik erbaute Röderturbine. Drehzahl der Turbine 18000/min,

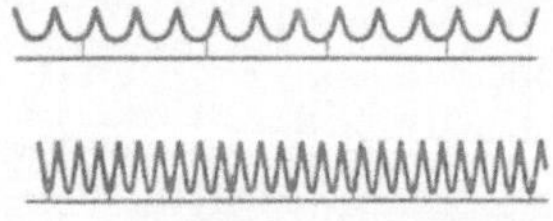

Bild 32.
Dehnungsmessung an einer Stelle
des Außenrades. 1 Teilung =
1 Umdrehung der Antriebswelle.

Bild 33. 1200 kW-Turbogenerator
mit Röderturbine und Stoeckichtgetriebe.

Untersetzung durch ein Stoeckichtgetriebe der
Bayrischen Salz- und Hüttenwerke, Sonthofen,
auf 1500/min.

Ich komme jetzt zu einem Punkt, der uns
Dampfturbinenbauer besonders am Herzen liegt,
das ist der Ölverbrauch der Gesamtanlage.
Während der letzten Tagung der Naval Architects
and Marine Engineers ist gesagt worden, daß wir
Deutsche trotz der für die damalige Zeit sehr fort-
schrittlichen Dampfverhältnisse auf unseren
Schiffen nicht fähig gewesen wären, den richtigen
Vorteil hieraus zu ziehen. Jeder im Schiffbau Tätige
weiß, daß dies nicht Unfähigkeit, sondern vielleicht
übergroße Vorsicht war, die den Reedern sowie den Erbauern es geraten scheinen ließen, die damals
als Kompliziertheit bezeichnete weitestgetriebene Anzapfung der Hauptturbinen für Vorwärm-

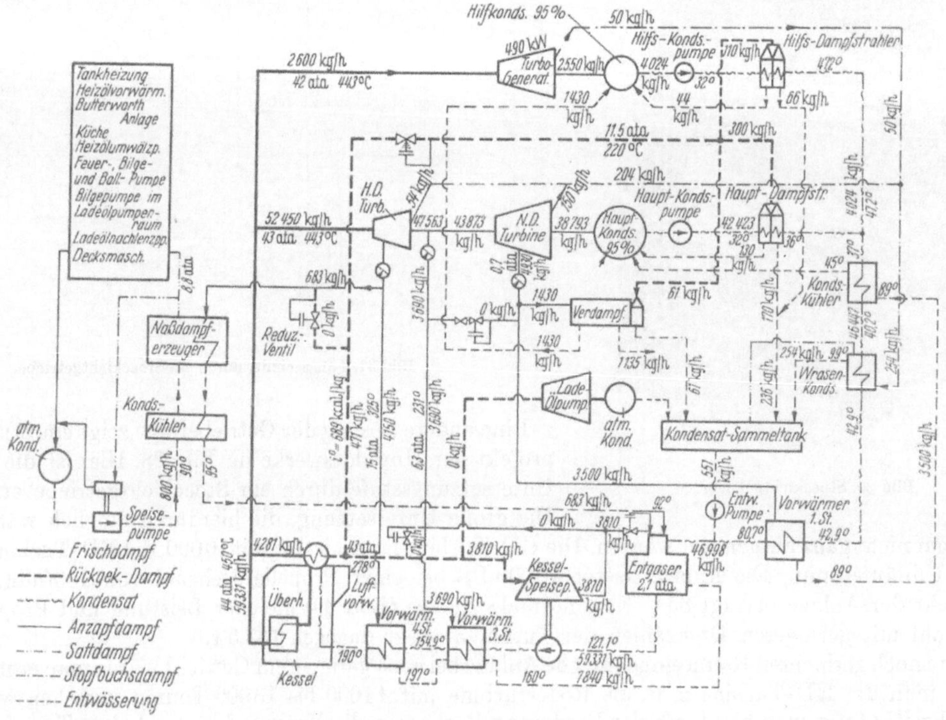

Bild 34. Kreislaufschema einer 16000-WPS-Anlage.

zwecke vorerst noch nicht durchzuführen. Die Marine jedoch als Schrittmacher für Neuerungen, hat bereits 1934 nach den Plänen der Wahodag für ihre Tanker eine ausgewogene Anlage erstellen lassen mit Ölverbrauchen von 275 g/WPSh. Es handelt sich um gefahrene Werte, die nach Umrechnung auf den heute bei uns und im Ausland üblichen Dampfzustand von 43 ata und 443° C und 18500 BTU/lb. bereits einen Ölverbrauch von nur 247 g/WPSh aufwiesen. Dies ist ein Wert, der von dem Kreislauf, den das Bild 34 zeigt, nur wenig unterschritten wird. Man sieht also, daß wir bereits 1934 mit unseren Dampfanlagen die Werte erreichen konnten, die die Amerikaner heute bei ihren neuesten Tankerantriebsanlagen vorschreiben. Eine Möglichkeit, den Ölverbrauch noch

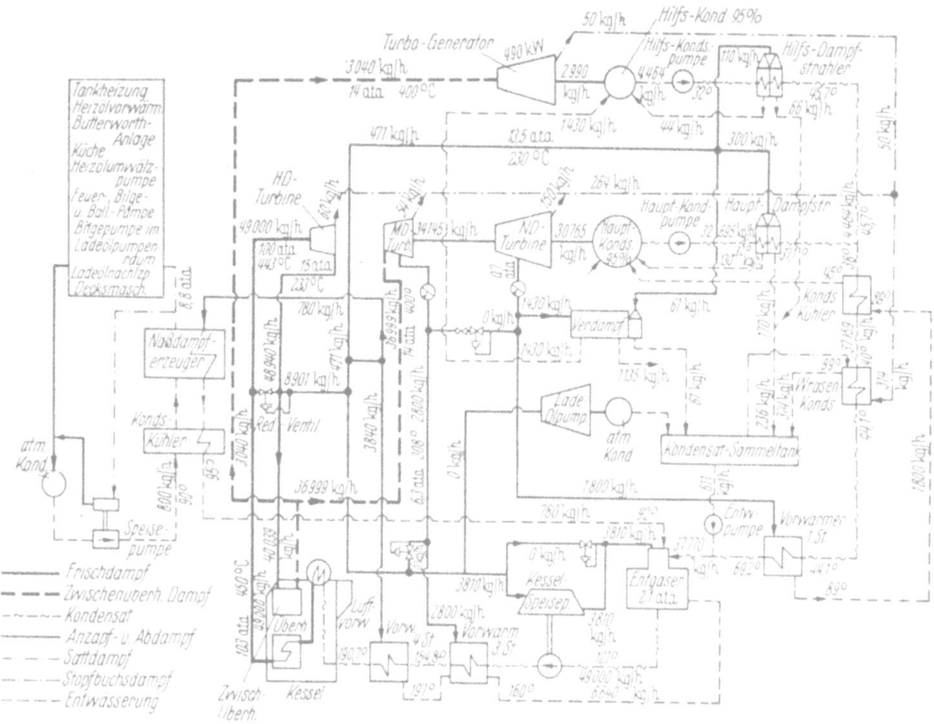

Bild 35. Kreislaufschema für das Projekt einer 16000-WPS-Anlage mit Zwischenüberhitzung.

weiter herabzusetzen, zeigt Bild 35. Es handelt sich hier um ein Projekt der Howaldtswerke, bei dem eine Druckerhöhung auf 100 at vorgesehen ist. Die Dampftemperatur bleibt wie vorher 443°C. Nach Arbeitsleistung in der HD-Turbine wird der Dampf zwischenüberhitzt auf 400° C. Nach Durchströmen der MD-Turbine gelangt er dann zur ND, die er mit 7% Feuchtigkeit verläßt. Der Kreislauf selbst ist nahezu der gleiche, wie das vorige Bild ihn zeigte. Eine vorläufige Kreislaufrechnung ergab bei einem Turbinenwirkungsgrad von 74,6% und einem spez. Dampfverbrauch von 2,38 kg/PSh statt 2,82 kg/PSh wie oben, einen Ölverbrauch von 223,0 g/WPSh, somit eine Verbesserung um etwa 9,0%. Beide Anlagen haben eine Leistung von 16000 PS bei 110 Propellerumdrehungen.

Zum Schluß meines Vortrages möchte ich noch einmal zum Ausdruck bringen, daß das Festhalten an guten alten Werten Stillstand und somit Rückschritt bedeutet. Da uns keine Versuchsanstalt wie die „Pametrada" zur Verfügung steht, können neue Erkenntnisse nur in engster Zusammenarbeit aller an der Erstellung der neuen Schiffsantriebsanlagen Beteiligten gewonnen werden. Weitestgehende Materialausnutzung in Verbindung mit entsprechenden Konstruktionen sollten die Norm sein, um der bedrohlichen Materialverknappung zu begegnen. Nicht nur der Haupt-, sondern auch der Hilfsturbinen- und der Apparatebauer müssen Neues schaffen, nicht nur um des Neuen willen, sondern um die Wirtschaftlichkeit der Dampfanlagen ständig zu verbessern.

Erörterung.

Professor Dr.-Ing. **K. Illies**, Hamburg.

Wir haben heute morgen von Herrn Direktor Schuler gehört, daß Schiffsdieselmotoren mit Dieselölverbräuchen um 0,160 kg/WPSh arbeiten, daß mit dem hochaufgeladenen MAN-Dieselmotor bereits Brennstoffverbräuche bis herunter zu 0,140 kg/WPSh erreicht wurden und Herr Schuler Verbräuche von 0,135 kg/WPSh in absehbarer Zukunft für möglich hält. Demgegenüber liegt der Heizölverbrauch hochwertiger Dampfanlagen um 0,250 kg/WPSh und geht bei den amerikanischen Spitzenschiffen wie „Atlantic Seaman" bis auf 0,230 kg/WPSh herunter.

Es besteht also ein recht erheblicher Unterschied zwischen den Brennstoffverbräuchen der Dieselanlagen und der Dampfanlagen, auch unter Berücksichtigung der Preisverhältnisse Dieselöl zu Heizöl. Das Ziel einer Weiterentwicklung der Dampfanlagen ist daher vor allem in einer Senkung der Brennstoffverbräuche zu sehen.

Eine Verringerung des Dampfverbrauches und damit auch des Brennstoffverbrauches ist möglich durch Steigerung von Dampfdruck und Dampftemperatur. Eine Drucksteigerung macht praktisch keine Schwierigkeiten, jedoch wird die Dampffeuchtigkeit in den letzten Stufen der Turbine zu hoch, wenn nicht gleichzeitig mit der Drucksteigerung auch eine Steigerung der Dampftemperatur verbunden ist. Einer Steigerung der Dampftemperaturen ist werkstoffmäßig die Grenze gesetzt.

Bild 1 zeigt auf der linken Seite ein i—s-Diagramm, und zwar einmal eine Anlage mit 30 at 450° Frischdampfzustand, der Dampfzustand am Austritt der Turbine $x = 0,93$; ein Wert, der für eine Schiffsturbine als gut angesprochen werden kann.

Eine Steigerung des Frischdampfdruckes auf 100 at unter Beibehaltung der Frischdampftemperatur von 450° ergibt trotz einer Verschlechterung des Turbinenwirkungsgrades einen Dampfzustand am Austritt der Turbine von $x = 0,87$. Dieser Feuchtigkeitsanteil von 13% ist zu hoch.

Das ausgenutzte Gefälle wird bei dem hohen Druck größer und dementsprechend der Dampfverbrauch geringer.

Wenn der Dampfzustand am Ausgang der Turbine wieder $x = 0,93$ betragen soll bei einem Frischdampfzustand von 100 at und 450°, so kann dies erreicht werden mit Hilfe einer Zwischenüberhitzung. Eine derartige Zwischenüberhitzung bei einem Druck von etwa 30 at und einer Zwischenüberhitzungstemperatur von 450° ist in dem i—s-Diagramm auf der rechten Seite dargestellt; der Druckverlust für die Zwischenüberhitzung ist mit 4 at eingesetzt. Das Gesamtgefälle ist gegenüber der Drucksteigerung allein etwas größer geworden, der Dampfverbrauch entsprechend geringer.

In Bild 2 ist der Arbeitsprozeß der Maschine ohne und mit Zwischenüberhitzung im T—s-Diagramm dargestellt. Der Wirkungsgrad des Prozesses ohne Zwischenüberhitzung ergibt sich aus der Nutzarbeitsfläche 1, 2, 3, 4, 5, 6 zu der Fläche der aufgewendeten Energie 2, 3, 4, 5, 7, 8. Der Zwischenüberhitzungsprozeß hat einen entsprechenden Wirkungsgrad, und zwar Fläche 6, 9, 10, 11 zu Fläche 7, 9, 10, 12. Wenn das Flächenverhältnis des Zwischenüberhitzungsprozesses günstiger ist als das des Hauptprozesses, so tritt eine Verbesserung des Gesamtprozesses ein; ist es gleich, so bleibt der Wirkungsgrad; es kann auch vorkommen, daß das

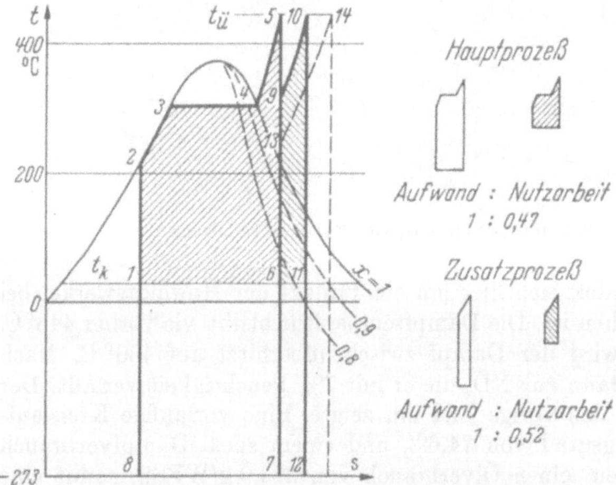

Bild 1. Drucksteigerung und Zwischenüberhitzung im i—s-Diagramm.
Links: Drucksteigerung allein ergibt zwar größeres Gefälle, aber schlechteren Turbinenwirkungsgrad.
Rechts: Drucksteigerung und Zwischenüberhitzung ergibt größeres Gefälle und besseren Turbinenwirkungsgrad.

Bild 2. Dampfkraftprozeß mit Speisewasservorwärmung und Zwischenüberhitzung im T—s-Diagramm.

Flächenverhältnis ungünstiger wird, dann fällt der Wirkungsgrad. Der Wirkungsgrad des Zusatzprozesses ist sehr abhängig von der Lage des Zwischenüberhitzungspunktes und von dem Druckverlust im Zwischenüberhitzer. Der Anteil des Zwischenüberhitzungsprozesses an dem Gesamtprozeß wächst mit sinkendem Zwischenüberhitzungsdruck — Zwischenüberhitzung von Punkt 13 nach 14 — was aus dem Bild ebenfalls hervorgeht. Praktisch muß die Forderung des Turbinenbauers nach geringer Endfeuchtigkeit mit der Forderung nach einem guten Wirkungsgrad, d. h. Flächenverhältnis Nutzarbeit zur aufgewendeten Arbeit im T—s-Diagramm, in Einklang gebracht werden.

Das günstigste Flächenverhältnis des Zusatzprozesses würde bei einer isothermen Zwischenüberhitzung, beispielsweise von 5 nach 10 eintreten, da dann die Fläche 9, 5, 10 auch noch Nutzarbeit bedeutet. Praktisch ist es natürlich unmöglich, nach jeder Turbinenstufe den Dampf erneut zu erhitzen; aber man könnte beispielsweise an eine Frischdampfzwischenüberhitzung denken derart, daß die Hochdruckturbine außen mit Frischdampf hoher Temperatur umspült wird und die Expansion in der Turbine selbst dann annähernd isotherm erfolgen könnte. Dies ist zunächst nur eine Idee, ob sie praktisch durchführbar ist, wird davon abhängen, ob die wärmeaustauschenden Flächen groß genug sind; vielleicht kann man auf der Frischdampfseite die Heizfläche zusätzlich durch Nadeln vergrößern, auf der Arbeitsdampfseite besteht diese Vergrößerung durch die Leitschaufeln ohnehin.

Als Beispiel, was durch Zwischenüberhitzung zu erreichen ist, möchte ich folgende Zahlen nennen:

Für eine Dampfturbinenanlage mit 9000 WPS, einen Frischdampfzustand von 30 at, 450° und einem Dampfzustand am Austritt von 0,05 ata, $x = 0,93$, ist ein Brennstoffverbrauch von 0,260 kg/WPSh erreichbar.

Eine Drucksteigerung auf 100 at unter Beibehaltung der Frischdampftemperatur von 450°, einem Abdampfzustand von 0,05 ata und $x = 0,87$ ermöglicht Brennstoffverbräuche von 0,220 kg/WPSh. Die hohe Endfeuchtigkeit von 13% ist jedoch für eine Schiffsturbinenanlage nicht tragbar.

Ein Frischdampfzustand von 100 at 450°, Zwischenüberhitzung bei 30 at ebenfalls auf 450° und Abdampfzustand von 0,05 ata $x = 0,93$, läßt Brennstoffverbräuche von 0,215 kg/WPSh entsprechend einem Gesamtwirkungsgrad von $\sim$ 29,5% wohl erreichen. Alle Brennstoffverbräuche beziehen sich auf einen unteren Heizwert von 10 000 kcal/kg; vorausgesetzt ist ein wärmetechnisch ausgewogener Kreislauf, Anzapfung der Hauptturbine für Speisewasservorwärmung und Ausnutzung der bei höheren Drücken infolge der steigenden Sättigungstemperatur auch höher möglichen Speisewassertemperatur.

Die Zwischenüberhitzung wurde früher vom Schiffsmaschinenbauer als zu kompliziert abgelehnt; diese Ablehnung war auch durchaus berechtigt, da eine große Anzahl kleiner Kesseleinheiten aufgestellt wurde und sich für die Zwischenüberhitzung lange und komplizierte Rohrleitungen ergeben hätten. Heute liegen die Verhältnisse anders, es kommen nur wenige große Kesseleinheiten, 2 bis 4, zur Aufstellung, die dann auch noch sehr dicht bei der Maschine stehen, unter Umständen ohne Staubschott zwischen Heiz- und Maschinenraum, und die ganze Rohrführung wird wesentlich einfacher.

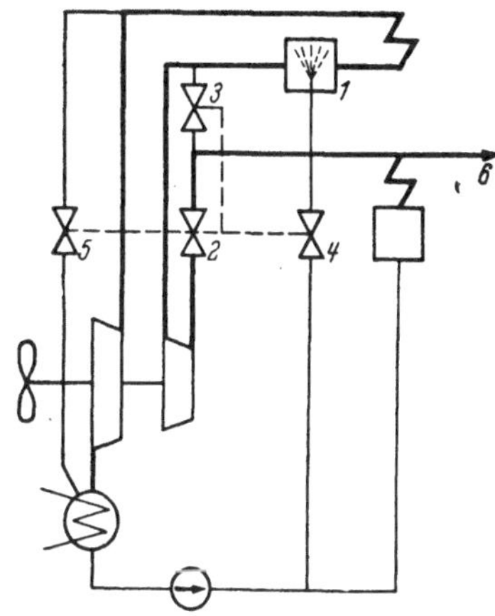

Bild 3. Kühlung des Rauchgas-Zwischenüberhitzers.

1) Einspritzkühler.
2) Turbinen-Fahrventil.
3) Kühldampf.
4) Einspritzwasser.
5) ND-Umgehung.
6) Hilfsdampf-Verbraucher.

Beim Schließen von 2 (Maschine stop) öffnen 3, 4 und 5.

Die Schaltung einer Zwischenüberhitzung ist auf dem nächsten Bild 3 dargestellt. Das Fahrventil der Turbine (2) ist mechanisch gekuppelt mit den Schaltorganen des Zwischenüberhitzers, und zwar einem Bypaßventil (3), einem Ventil für Einspritzkühlwasser (4) und einem Überschleusventil zum Kondensator (5). Bei Manövern der Hauptmaschine wird das Ventil 3 geöffnet, der Zwischenüberhitzer erhält Kühldampf, der durch den Einspritzkühler noch heruntergekühlt wird und in den Kondensator über das Ventil 5 übergeschleust wird. Eine derartige Verblockung zwischen Fahrventil und anderen Schaltorganen ist uns von der Bauer-Wach-Abdampfturbinenanlage beispielsweise bekannt, wo sie sich einwandfrei bewährt hat.

Eine Zwischenüberhitzung ist auch denkbar durch Frischdampf, wie sie für Kolbendampfmaschinen angewendet wird, um den Vorteil hoher Dampfdrücke und Temperaturen ausnutzen zu können, wobei aber die Dampftemperaturen am Eintritt in den Hochdruckzylinder mit Rücksicht auf das zu verwendende Schmieröl nicht zu hoch liegen dürfen.

Sicherlich wäre es am einfachsten, durch Anwendung hoher Dampfdrücke und Temperaturen ohne Zwischenüberhitzung niedrigere Brennstoffverbräuche zu erzielen. Die für hohe Dampftemperaturen notwendigen Werkstoffe stehen uns aber leider nicht zur Verfügung, und sogar in den USA, wo für einige Spitzenschiffe Dampftemperaturen von 565° angewendet wurden, werden die Legierungsbestandteile dieser Werkstoffe heute für andere Aufgaben benötigt. Es ist also nicht damit zu rechnen, daß in absehbarer Zeit höhere Dampftemperaturen gewählt werden können. M. E. wird der obere Wert für uns in absehbarer Zeit etwa um 480° am Überhitzer für Schiffsturbinenanlagen liegen; das sind Temperaturen, die wir mit Cu-Mo-Stählen vor dem zweiten Weltkrieg mit Sicherheit erreicht haben. Die Zwischenüberhitzung gibt eine Möglichkeit, den Brennstoffverbrauch weiter herabzusetzen, und es wäre zu wünschen, wenn diese Möglichkeit weiter geprüft und in einer Anlage an Bord eines Schiffes erprobt werden könnte.

Dipl.-Ing. **Hermann Schepler** (Schlußwort).

Den ergänzenden Ausführungen von Herrn Professor Illies zu meinem Vortrag, wobei auf die Notwendigkeit, auch im Schiffsturbinenbau die Zwischenüberhitzung einzuführen, hingewiesen wurde, um den Ölverbrauch herabzusetzen und damit gegenüber dem Dieselmotor konkurrenzfähig zu bleiben, möchte ich noch hinzufügen:

Man darf die in meinem Vortrag erwähnten Ölverbrauche einiger Schiffsturbinenanlagen, z. B. den einer 16 000-WPS-Anlage ohne Zwischenüberhitzung mit 0,245 kg/WPSh bei einem Heizwert des Brennstoffes von 10 286 kcal/kg, nicht mit den von Herrn Direktor Schuler angegebenen Werten von etwa 0,160 kg/WPSh für Dieselmotoren vergleichen, da in den Ölverbrauchen der Turbinenanlagen der gesamte Schiffsbetrieb enthalten ist, also z. B. die Turbogeneratoren, der Seewasserverdampfer, Heizölvorwärmung, Küche usw. Eine weitere Möglichkeit zur Hebung der Wirtschaftlichkeit des Wärmekreislaufes eines Turbinenschiffes besteht darin, die Speisewasservorwärmung noch höher zu treiben und die Zahl der Vorwärmestufen zu erhöhen. Diese Möglichkeit ist auch bei den in meinem Vortrag erwähnten Kreisläufen noch nicht berücksichtigt worden. Durchweg liegt heute bei einem Dampfzustand am Überhitzeraustritt von etwa 45 atü/450° C die Speisewasservorwärmung zwischen 170° und 190° C. Die Vorwärmung des aus dem Überdruckentgaser kommenden Speisewassers erfolgt dabei heute meistens in zwei Hochdruckvorwärmern oder in einem Ekonomiser, wobei dann u. U. ein dampfbeheizter Luftvorwärmer vorzusehen ist. Bei dem amerikanischen Supertanker „Atlantic Seaman" beträgt die Vorwärmung bereits 212° C in drei Hochdruckvorwärmstufen, wobei der erste dem Entgaser folgende Vorwärmer lediglich als Kondensatkühler des Heizdampfkondensats des zweiten und dritten Hochdruckvorwärmers dient und nicht mit Anzapfdampf der Hauptturbine betrieben wird.

Hoffen wir also, daß auch uns deutschen Ingenieuren bald Gelegenheit gegeben wird, wirtschaftlichere Schiffsturbinenanlagen zu verwirklichen und nicht nur zu planen.

Professor Dr.-Ing. **G. Schnadel** (Dankwort).

Wir sind heute von Herrn Dipl.-Ing. Schepler in ein Gebiet eingeführt worden, auf dem Deutschland vor dem Kriege lange Zeit führend gewesen ist, von dem wir aber lange infolge der besonderen Verhältnisse in Deutschland ausgeschlossen waren. Nach dem Kriege schien es, als ob Amerika auf diesem Gebiet allein die Führung übernehmen sollte. Herr Dipl.-Ing. Schepler hat uns gezeigt, daß die deutschen Werften und Maschinenfabriken den Anschluß an das Ausland nicht verloren, sondern die alten Erfahrungen bewahrt und für die Zukunft nutzbar gemacht haben.

Sie, Herr Schepler, haben selbst an wichtiger Stelle an diesen Entwicklungsarbeiten mitgewirkt und wesentlich zu dem errungenen Fortschritt beigetragen. Ich danke Ihnen zugleich im Namen der Gesellschaft und der Versammlung für Ihren interessanten Vortrag.

(Lebhafter Beifall.)

XII. Die Anwendung des Druckölverfahrens bei Preßverbänden im Schiffsmaschinenbau.

Von Dr.-Ing. habil. **Robert Mundt**, Schweinfurt.

1. Einleitung. Im Zusammenhang mit der Anwendung von Wälzlagern, insbesondere für Schiffswellenleitungen, hat der schwedische Ingenieur E. Bratt *[1]* ein Verfahren für das Fügen und Lösen von Preßverbänden entwickelt, das unter dem Namen „Druckölverfahren" in der Technik bekannt geworden ist. Um den Einbau oder den Ausbau eines ungeteilten Wälzlagers vorzunehmen, kann es mitunter erforderlich werden, einen Preßverband vorzusehen und ihn zugleich so zu gestalten, daß ein mehrfaches Fügen und Lösen mit einfachen Mitteln möglich wird, ohne dabei die Oberflächen der zu fügenden Teile zu verletzen. Diese Aufgabe löst das Druckölverfahren.

Es wurde notwendig, bei der Anwendung dieses Verfahrens mit gewissen Anschauungen zu brechen, die seit langer Zeit grundlegend waren für die Gestaltung eines Preßverbandes, der ein Drehmoment zu überführen hat. Der Verband muß so sicher berechnet und so genau gefertigt werden, daß auf eine zusätzliche Sicherung durch Keile oder Paßfedern verzichtet werden kann. Einmal ist dies eine technische Voraussetzung für das Druckölverfahren überhaupt, sodann wird damit der Preßverband überhaupt erst zu einem betriebssicheren und im voraus berechenbaren Übertragungselement, da die Spannungshäufungen in den Nuten zum Fortfall kommen. Daraus folgen weiterhin bestimmte Anforderungen an die Güte des Werkstoffes, an die Oberflächenbeschaffenheit und an die Toleranzhaltigkeit der Teile.

2. Grundlagen des Druckölverfahrens. Preßverbände sind grundsätzlich in drei Ausführungen möglich, wie Bild 1 zeigt. Die zu fügenden Teile haben einen zylindrischen Sitz, einen konischen Sitz oder einen zylindrisch-konischen Sitz unter Zwischenschaltung einer Büchse. Der zylindrische Sitz hat den Vorteil, daß sich bei verhältnismäßig niedrigen Kosten eine hohe Genauigkeit erzielen läßt. Allerdings läßt er sich durch das Druckölverfahren nicht fügen. Der konische Sitz hat den Vorteil des leichten Ein- und Ausbaues, der Sitzcharakter kann durch die Festlegung der axialen Auftreibung fast unverändert erhalten bleiben. Allerdings werden die Kosten für die Herstellung meistens höher als bei dem zylindrischen Verband. Die Anwendung einer Zwischenbüchse hat den

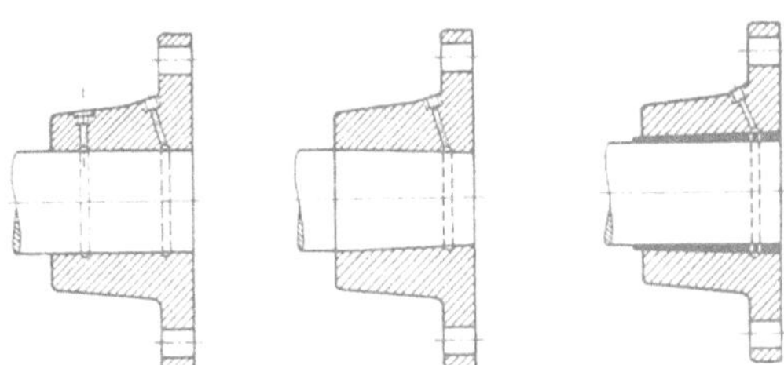

Bild 1. Druckölverbände (zylindrischer Verband, kegeliger Verband, Verband mit kegeliger Zwischenhülse).

Vorteil, daß das Gegenstück zylindrisch, also billig, gefertigt werden kann, und daß zugleich auch die Streuung des Sitzcharakters bei der Montage sehr niedrig gehalten werden kann. Man kann keine grundlegende Regel aufstellen, nach welcher die eine oder andere Lösung den Vorzug verdient, vielmehr wird sich dies jeweils nach den konstruktiven Möglichkeiten und den finanziellen Mitteln richten.

Dem Druckölverfahren liegt der Gedanke zugrunde, daß die Reibung, die in den sich berührenden Flächen eines Preßverbandes herrscht und zur Übertragung notwendig ist, praktisch beseitigt wird, wenn Öl unter hohem Druck zwischen die Paßflächen eingedrückt wird. In der Fuge entsteht ein Ölfilm, der es gestattet, die unter dem Preßsitz aufeinandersitzenden Teile leicht und ohne Oberflächenverletzung voneinander zu trennen. Verbunden ist hiermit gegebenenfalls eine elastische Aufweitung bzw. Zusammendrückung des einen oder beider Teile. Damit läßt sich das Verfahren bei konischen Verbänden auch für den Zusammenbau der Teile anwenden. Von wesentlicher Bedeutung ist es daher, die Zuführung des Drucköles so zu leiten, daß eine möglichst gleichmäßige Verteilung des Ölfilmes in der Paßfuge stattfindet. Hierüber sind nun grundsätzliche Untersuchungen durchgeführt worden.

Die Zufuhr des Drucköles erfolgt durch eine Bohrung mit Anschlußgewinde für das Druckölgerät, wobei sich diese Bohrung meist in dem äußeren Teil (z. B. Flanschkupplung) befindet. Die Ölzufuhr soll an der Stelle erfolgen, wo der Gegendruck am größten ist. Bei Verbänden mit symmetrischem Querschnitt erfolgt die Ölzufuhr daher in der Regel in der Mitte, bei Flanschkupplungen ist die Bohrung nach der Flanschseite hin versetzt. Um das Drucköl gleichmäßig auf den Umfang zu verteilen, ist an der Stelle des Öleintritts eine umlaufende Verteilungsnut vorgesehen. Bild 2 zeigt die grundsätzliche Anordnung des Ölzufuhrkanales und der Ölverteilungsnut bei einer aufgeschrumpften zylindrischen Hülse.

Bild 2a zeigt die Einwirkung der Nut auf die Verformung und die Druckverteilung in ihrer unmittelbaren Nähe, bevor der Öldruck zu wirken beginnt. Bild 2b zeigt den Zustand, nachdem

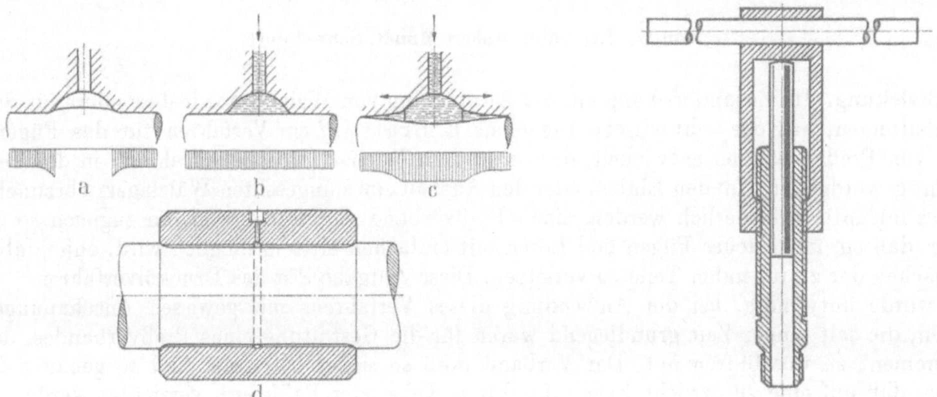

Bild 2. Ölverteilungsnut bei einem Preßverband.

Bild 3. Ölinjektor für Druckölverbände.

Drucköl zugeführt worden ist und der Öldruck den Wert des im Verband herrschenden spezifischen Flächendruckes erreicht hat. Bei einer weiteren Erhöhung des Druckes werden die Paßflächen nach Bild 2c auseinandergepreßt und das Öl beginnt nach den entfernter liegenden Teilen des Verbandes zu strömen. Den schließlichen Zustand veranschaulicht Bild 2d. Ein dünner Ölfilm trennt die Paßflächen vollständig voneinander, abgesehen von einer schmalen Zone an den Enden der Hülse. Hier ist der Flächendruck größer als in den übrigen Teilen der Fuge, was auf den Übergang zum

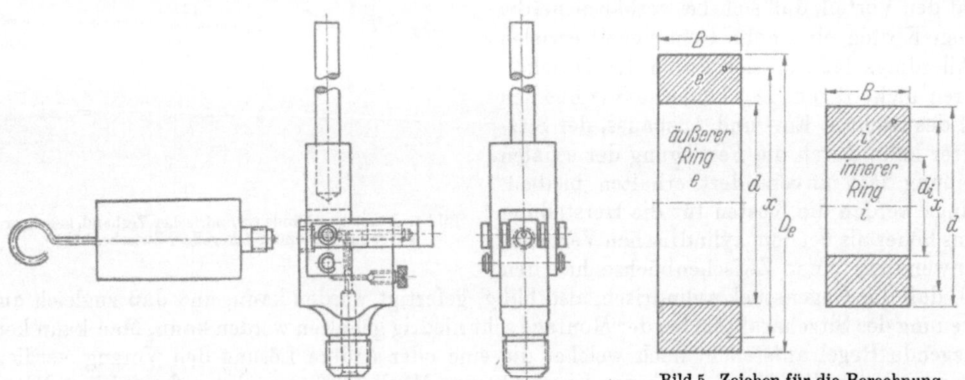

Bild 4. Ölpumpe für Druckölverbände.

Bild 5. Zeichen für die Berechnung von Preßverbänden.

spannungslosen Zustand außerhalb der Hülsenenden zurückzuführen ist. Diese Zonen stellen daher eine Ölsperre dar, durch welche das Öl in der Fuge zurückgehalten wird. Hört die Wirkung des Öldruckes auf, so wird das Öl selbsttätig aus den Zufuhrkanälen herausgepreßt, die Reibung steigt wieder auf ihre ursprüngliche Größe.

Für die Erzeugung und Zufuhr des Drucköles sind verhältnismäßig einfache Geräte entwickelt worden. Bild 3 zeigt den sogenannten Ölinjektor. Seine Anwendung ist auf kleine Verbände beschränkt, da der Ölvorrat klein ist. Die Handhabung ist jedoch einfach und die Kosten niedrig. Bei größeren Verbänden ist es zweckmäßig, eine Ölpumpe gemäß Bild 4 zu verwenden, die einen besonderen Ölbehälter besitzt und daher für längere Zeit ein ständiges Nachdrücken von Öl gestattet.

Für das Verfahren soll ein bei der herrschenden Temperatur ziemlich dünnflüssiges, reines Maschinenöl verwendet werden. Die Verwendung von zähem Öl kann zu einer Überbeanspruchung

des Werkstoffes des Preßverbandes führen. Es ist nämlich zu bedenken, daß die Viskosität eines
Öles wesentlich vom Druck abhängig ist, jedenfalls bei den hier in Frage kommenden hohen Drücken.
In der Regel ist ein leichtes Maschinenöl mit einer Viskosität von etwa 30 cSt ($\sim 4°$ E) bei $50°$ C
geeignet. In besonderen Fällen kann es zweckmäßig werden, von dieser Regel abzuweichen und ein
dickeres Öl zu verwenden, sofern dies im Hinblick auf die Streckgrenze möglich ist. Man muß damit
rechnen, daß bei dickerem Öl wesentlich höhere Drücke auftreten können. Die Verwendung eines
solchen Öles ist z. B. möglich beim Ein- und Ausbau von Rollenlagern, bei denen keine so verhältnismäßig festen Sitze wie bei sonstigen Verbänden auftreten.

3. Berechnung von Preßverbänden. Bild 5 zeigt zwei Ringe mit gleicher Breite, die zu einem
Preßverband gehören sollen. Dies setzt voraus, daß der Außendurchmesser des Ringes i ein gewisses
Übermaß gegenüber dem Bohrungsdurchmesser des Ringes e besitzt. Beide Ringe sind mit Bezug
auf ihre Durchmesser so dargestellt, wie sie sich nach dem Fügungsvorgang verformt haben.
Ring e steht unter innerem Überdruck, Ring i unter äußerem Überdruck. In beiden Ringen ent-
steht ein zweidimensionaler Spannungszustand, der in einem beliebigen Punkt X durch die beiden
Normalspannungen in radialer und tangentialer Richtung gekennzeichnet ist. Die Größe der auftretenden Spannungen und Dehnungen innerhalb des elastischen Bereiches ist von A. Föppl [2]
bestimmt worden. Für den äußeren Ring e wird, wenn der Index r die radiale und t die tangentiale
Richtung kennzeichnet:

$$\sigma_{r\,e} = p\,\frac{d^2}{D_e^2 - d^2} \cdot \frac{x^2 - D_e^2}{x^2},$$

$$\sigma_{t\,e} = p\,\frac{d^2}{D_e^2 - d^2} \cdot \frac{x^2 + D_e^2}{x^2}.$$

Hierbei bezeichnet p die in der Paßfuge infolge des Übermaßes herrschende und bei homogenem
Werkstoff sowie fehlerfreier Bearbeitung sich gleichmäßig verteilende Pressung. Die größte
Beanspruchung tritt auf für $x = d$, also in der Bohrung des Ringes e. Die Spannungen sind:

$$\sigma_{r\,e} = -p,$$

$$\sigma_{t\,e} = p\,\frac{D_e^2 + d^2}{D_e^2 - d^2}.$$

Das negative Vorzeichen weist auf Druckspannungen hin. Setzt man $c_e = d/D_e$, wobei stets
$c_e < 1$, so wird:

$$\sigma_{r\,e} = -p,$$

$$\sigma_{t\,e} = p\,\frac{1 + c_e^2}{1 - c_e^2}. \tag{1}$$

Nach der Schubspannungshypothese von Mohr kann als Maßstab für die größte Anstrengung
des Werkstoffes in dem vorliegenden zweidimensionalen Spannungszustand die Differenz der Haupt-
spannungen angesehen werden. Es läßt sich somit eine Zugspannung σ_e berechnen, die mit den bei
eindimensionalen Zugprüfungen gewonnenen Festigkeitswerten unmittelbar verglichen werden
kann. Sie lautet:

$$\sigma_e = \sigma_{t\,e} - \sigma_{r\,e},$$

$$\sigma_e = p\,\frac{1 + c_e^2}{1 - c_e^2} + p, \tag{2}$$

$$\sigma_e = \frac{2\,p}{1 - c_e^2}.$$

Somit ist für die Berechnung des Verbandes die größte Anstrengung des Werkstoffes des äußeren
Teiles e bekannt. Sie kann als eine in der Umfangsrichtung wirkende Zugspannung angesehen
werden, deren Höchstwert in der Bohrungsfläche des Ringes auftritt. Entsprechend liegen die Verhältnisse für die innere Büchse i, die unter äußerem Überdruck steht. Der im Punkt X herrschende
Spannungszustand ist durch die Gleichungen bestimmt:

$$\sigma_{r\,i} = p\,\frac{d^2}{d_i^2 - d^2} \cdot \frac{x^2 - d_i^2}{x^2},$$

$$\sigma_{t\,i} = p\,\frac{d^2}{d_i^2 - d^2} \cdot \frac{x^2 + d_i^2}{x^2}.$$

Die Normalspannungen im Mantel der Büchse i werden mit $x = d$:

$$\sigma_{r\,i} = -\,p$$

$$\sigma_{t\,i} = -\,p\,\frac{d^2 + d_i^2}{d^2 - d_i^2}\,. \tag{3}$$

Für die Bohrung folgt mit $x = d_i$

$$\sigma_{r\,i} = 0$$

$$\sigma_{t\,i} = -\,2\,p\,\frac{d^2}{d^2 - d_i^2}\,. \tag{4}$$

Nach der Schubspannungshypothese liegt die größte Anstrengung des Werkstoffes in der Bohrung des Teiles i. Setzt man $c_i = d_i/d$, wobei wiederum $c_i < 1$, so wird die Vergleichsspannung:

$$\sigma_i = -\,\frac{2\,p}{1 - c_i^2}\,. \tag{5}$$

Hierbei ist vorausgesetzt, daß der innere Ring i eine Bohrung besitzt. Es kann jedoch der Fall vorliegen, daß ein Ring (z. B. Kupplungsflansch) auf eine Vollwelle mit Preßpassung aufgesetzt wird. In diesem Fall gilt über den ganzen Querschnitt $\sigma_t = \sigma_r = -\,p$, und es wird daher:

$$\sigma_i = -\,p\,.$$

Damit sind die für die Berechnung eines Preßverbandes maßgebenden Spannungen mit Gl. (2) und (5) gegeben. Der Spannungszustand, der für die Übertragung eines Momentes notwendig ist, ergibt sich aus dem Übermaß der zu fügenden Teile. Das Übermaß bestimmt die für den Spannungszustand erforderliche Pressung. Somit ist es notwendig, die Beziehung zwischen Übermaß und Pressung zu kennen.

Bezeichnet $\varDelta$ die Durchmesserveränderung infolge Einwirkung der Pressung p, so wird für den äußeren Ring e die verhältnismäßige Dehnung ε in der Paßfuge

$$\varepsilon = \frac{\pi\,(d + \varDelta) - \pi\,d}{\pi\,d}$$

$$\varepsilon = \frac{\varDelta}{d}\,.$$

In den Mantelflächen der Paßfuge wirken zwei zueinander senkrecht gerichtete Normalspannungen. Bezeichnet ν die Poissonsche Zahl ($\nu = 0{,}3$ für Stahl; $\nu = 0{,}25$ für Gußeisen) und E das Elastizitätsmaß ($E = 21\,000$ kg/mm² für Stahl; $E = 8500$ bis $10\,500$ kg/mm² für Gußeisen), so ergibt sich für die Dehnung bzw. Zusammendrückung beider Ringe in der Paßfuge die grundsätzliche Gleichung

$$\frac{\varDelta}{d} = \varepsilon_t - \nu\,\varepsilon_r\,.$$

Es folgt für den äußeren Ring aus Gl. (1):

$$\frac{\varDelta_e}{d} = \frac{p}{E_e}\left[\frac{1 + c_e^2}{1 - c_e^2} + \nu_e\right] \tag{6}$$

und für den inneren Ring aus Gl. (3):

$$\frac{\varDelta_i}{d} = -\,\frac{p}{E_i}\left[\frac{1 + c_i^2}{1 - c_i^2} - \nu_i\right]. \tag{7}$$

Diese letztere Gleichung gilt auch für Vollwellen mit $c_i = 0$. Das gesamte, die Pressung p hervorrufende Übermaß $\varDelta$ in der Paßfuge vor dem Fügen der Teile ergibt sich somit aus der Gleichung:

$$\varDelta = \frac{d \cdot p}{E_e}\left[\frac{1 + c_e^2}{1 - c_e^2} + \nu_e\right] + \frac{d \cdot p}{E_i}\left[\frac{1 + c_i^2}{1 - c_i^2} - \nu_i\right]. \tag{8}$$

Die genannten Gleichungen geben die Möglichkeit, einen Preßverband zu berechnen. Wird zum Fügen oder Lösen des Verbandes Drucköl angewendet, so ist damit zu rechnen, daß eine zusätzliche Aufweitung bzw. Zusammendrückung stattfindet. Aus Gründen der Sicherheit verbietet es sich, die Streckgrenze des einen oder anderen Werkstoffes zu überschreiten, um damit die Gewähr zu haben, daß auch nach mehrfachem Fügen und Lösen die erforderliche Pressung stets wieder vorhanden ist. Es hat sich deshalb als zweckmäßig gezeigt, mit der größten Anstrengung der Werkstoffe, wie sie in Gl. (2) und (5) zum Ausdruck kommt, etwa 10% unterhalb der Streckgrenze zu bleiben.

4. Übertragungsfähigkeit des Verbandes. Entsprechend den Eigenschaften der verwendeten Werkstoffe und der konstruktiven Gestaltung werden die erforderlichen Übermaße festgelegt. Nun ist es von Bedeutung, die Übertragungsfähigkeit des Verbandes zu bestimmen. Verwendet man die übliche Rechnungsweise, so läßt sich die gesamte, in der Paßfuge wirkende Reibungskraft und damit das übertragbare Drehmoment aus den Gleichungen errechnen:

$$P = \pi \cdot d \cdot B \cdot p \cdot \mu$$

$$M = \frac{\pi}{2} \cdot d^2 \cdot B \cdot p \cdot \mu . \tag{9}$$

Hierbei ist μ die Reibungszahl der Ruhe der einander berührenden Flächen. Es kommt darauf an, diese Reibungszahl möglichst genau zu bestimmen und zugleich dafür Sorge zu tragen, daß sie möglichst groß wird. Maßgebend für die Größe der Reibungszahl ist einmal der Oberflächenzustand sowie Maß- und Formgenauigkeit der gefügten Flächen. Sollen die Teile mehrfach gefügt und gelöst werden, so ist es von wesentlicher Bedeutung, daß keinerlei Veränderung in der Oberflächenbeschaffenheit eintritt, da sonst die Übertragungsfähigkeit zurückgeht. Für Flächen, die nach dem Druckölverfahren zusammengebaut oder zerlegt werden, kommt es somit auf die Oberflächengüte an. Im allgemeinen genügt die beim Feindrehen erhaltene Oberflächenbeschaffenheit.

Für die Übertragungsfähigkeit des Verbandes sind aber auch Maß- und Formgenauigkeit maßgebend, da sich bei ungenauer Fertigung der sich aus der Berechnung ergebende Spannungszustand ändert. Dies ist besonders bei konischen Verbänden von Bedeutung. In besonderen Fällen wird daher die erforderliche Genauigkeit leichter durch Schleifen erreicht.

Darüber hinaus beeinflußt der Oberflächenzustand der zu fügenden Teile die Übertragungsfähigkeit. Im allgemeinen werden zylindrische Verbände durch Warmschrumpfen gefügt, wobei dann die Oberflächen vollständig entfettet sind. Man kann mit der Reibungszahl trockener Flächen rechnen. Wird das Druckölverfahren zum Fügen konischer Verbände verwendet, so muß dafür Sorge getragen werden, daß das Drucköl durch entsprechende Kanäle möglichst restlos austreten kann, sobald der Zusammenbau beendet ist. Wird eine gemeinsame Hülse zur Verbindung zweier Wellenenden verwendet, so ist es denkbar, durch besondere Maßnahmen die Reibung zwischen Welle und Hülse zu vergrößern, da der äußere Kupplungsteil dann nur die Aufgabe zu erfüllen hat, die notwendige Pressung zu erzeugen.

Die Reibungszahl ist von einer Anzahl Faktoren abhängig, so z. B. von der Oberflächenbeschaffenheit und der Pressung usw. Im allgemeinen, d. h. bei Preßverbänden, die eine Leistung übertragen sollen, kann man etwa die folgenden Reibungszahlen zugrunde legen, wobei es sich um sichere Werte handelt. Bei Laboratoriumsversuchen sind teilweise höhere Zahlen erreicht worden.

Verband trocken .... $\mu = 0,16$ bis $0,20$ für Stahl gegen Gußeisen
(d. h. ein Teil warm aufgeschrumpft) $\mu = 0,18$ bis $0,25$ für Stahl gegen Stahl
Verband nicht entfettet............. $\mu = 0,10$ bis $0,12$ für Stahl gegen Gußeisen
$\mu = 0,12$ bis $0,15$ für Stahl gegen Stahl.

Daneben gibt es Möglichkeiten, die Reibungszahlen zu erhöhen. Es sei auf die Untersuchungen von Wenck [3] hingewiesen, der verhältnismäßig hohe Reibungszahlen bis zu $\mu = 0,8$ erreicht hat, allerdings bei verhältnismäßig niedrigen Pressungen. Es steht jedoch fest, daß in dieser Richtung das Druckölverfahren noch viele Möglichkeiten offen läßt.

Bei zylindrischen Verbänden ergibt sich das Schrumpfmaß aus dem Übermaß der zu fügenden Teile. Bei konischen Verbänden ergibt sich das Übermaß aus der axialen Verschiebung der Teile gegeneinander, der sogenannten „axialen Auftreibung". Um die erforderliche Übertragungsfähigkeit zu erreichen, ist es notwendig, eine dementsprechende axiale Auftreibung einzuhalten. Es ist anzunehmen, daß bei der axialen Verschiebung unter hohem Druck der Anteil H der Oberflächenrauhigkeit in jeder Paßfläche plastisch verformt wird. Je nach dem Gütegrad der Bearbeitung und der Größe des Verbandes kann man mit $H = 0,0025$ bis $0,005$ mm rechnen. Bezeichnet $1 : k$ die Konizität, also $1 : 2k$ die Steigung im Verband, so wird die axiale Auftreibung bei einem direkt zusammengebauten Preßverband

$$a = (\varDelta + 4\,H)\,k. \tag{10}$$

Bei der Verwendung einer konischen Zwischenhülse muß man damit rechnen, daß zwischen Hülse und Welle ein gewisses Spiel von der Größe $\varDelta_1$ vor dem Zusammenbau vorhanden ist. Zugleich ist zu bedenken, daß die Oberflächenrauhigkeiten sich doppelt auswirken können. Um diese Beträge vergrößert sich die axiale Auftreibung, die somit den Wert annimmt:

$$a = (\varDelta + \varDelta_1 + 8\,H)\,k. \tag{11}$$

5. Ausführungsbeispiele. Auf Grund der durchgeführten Berechnungen und praktischen Erprobungen kann heute ein Preßverband, der nach dem Druckölverfahren gefügt und gelöst werden soll, als ein betriebssicheres Übertragungselement angesehen werden. Gemäß der ursprünglich gestellten Aufgabe, eine einfache Schiffswellenkupplung zu konstruieren, hat das Verfahren zuerst im Schiffbau Eingang gefunden, um dann auf viele weitere Anwendungsgebiete übertragen zu werden. Es wird von Interesse sein, zu erfahren, daß z. B. die Kupplungsköpfe bei Walzwerken, die verhältnismäßig häufig gelöst werden müssen, in vielen Ländern nach dem Druckölverfahren zusammengebaut und gelöst werden; Räder von Schienenfahrzeugen, Zahnräder, Kurbelwellen für Verbrennungskraftmaschinen und Webstühle sind nach dem Druckölverfahren zusammengebaut, und dabei befindet sich das Verfahren erst in der Einführung.

Die Reihenfolge der Einführung ging über den Verband mit konischer Büchse auf den direkt konisch aufgesetzten Verband und schließlich auf den zylindrischen Verband. In dieser Reihenfolge sollen einige bemerkenswerte Einbauten gezeigt werden, die für den Schiffsbetrieb von besonderem Interesse sind.

Bild 6 zeigt die sogenannte OK-Kupplung, die zur Verbindung der einzelnen Wellenstücke einer Schiffswellenleitung konstruiert und gebaut wurde. Die Anwendung dieser Kupplung war der erste Schritt zur Einführung des Druckölverfahrens überhaupt und zugleich zur Übertragung ver-

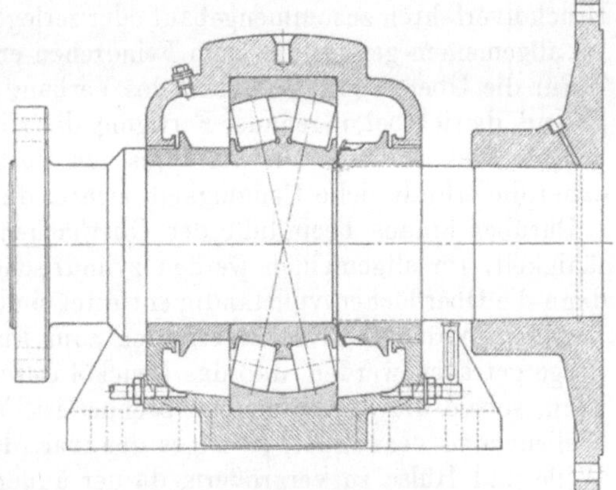

Bild 8. Welle eines Schiffsdrucklagers mit lösbarem Kupplungsflansch.

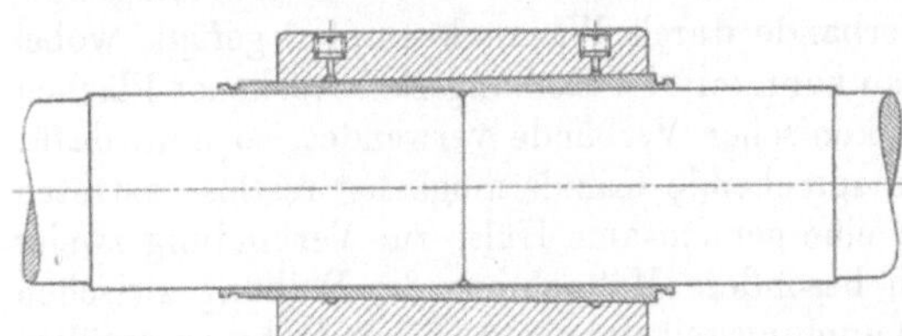

Bild 6. OK-Kupplung.

Bild 7. OK-Kupplung in der Wellenleitung des MS. „Thai".

hältnismäßig großer Leistungen. Sie besteht aus einer dünnen, einteiligen Hülse mit schwach konischem Mantel ($1 : k = 1 : 80$) und einer äußeren, dickwandigen Hülse mit entsprechend konischer Bohrung. Beim Einbau wird die äußere Hülse mittels eines Montagewerkzeuges auf die innere Hülse gepreßt, wobei gleichzeitig Drucköl zwischen die konischen Flächen gepreßt wird. Die axiale Auftreibung erzeugt hierbei eine Pressung von etwa 1200 kg/cm² zwischen Kupplung und Wellenenden. Die innere Hülse wird aus St 50.11 oder St 60.11 gefertigt, je nach der Größe, der äußere Kupplungsteil aus einem vergüteten Chrom-Molybdän-Stahl. Die axiale Auftreibung ist so festgelegt, daß die erforderliche Leistung mit Sicherheit übertragen werden kann und dabei die Spannungen unterhalb der Streckgrenze bleiben.

Die Kupplung ist bei ausländischen Schiffen mehrfach zur Anwendung gekommen. Bild 7 zeigt die Drucökkupplung in der Wellenleitung des 9000 tdw großen Frachtschiffes MS. „Thai" der

Reederei A. B. Nordstjernen in Stockholm. Das Schiff ist als Einwellenschiff gebaut, die Wellenleitung mit etwa 400 mm Durchmesser überträgt eine effektive Leistung von 7000 PS und besitzt drei Kupplungen OK 400 H; es wurde 1947 in Betrieb gestellt. Von besonderem Vorteil sind der verhältnismäßig kleine Außendurchmesser der Kupplung und damit ihr geringes Gewicht, die zylindrische Form, die keinerlei Schutzvorrichtungen erfordert, und vor allem auch die Möglichkeit des leichten Ein- und Ausbaues.

Bild 8 zeigt die Welle eines Schiffsdrucklagers, wie es serienmäßig eine große deutsche Motorenfabrik verwendet. Um das Pendelrollenlager, das als Schiffsdrucklager Verwendung findet, aufsetzen zu können, ist es notwendig, den einen der beiden Flansche lösbar anzuordnen. Er ist direkt konisch aufgesetzt und wird bei der Herstellung so aufgepaßt, daß das Wellenende und die plane Flanschfläche gerade in einer Ebene liegen, wenn die notwendige axiale Auftreibung erreicht ist. Der Zusammenbau erfolgt unter der Presse, wobei der Einbau durch die Anwendung von Drucköl erleichtert wird. Bei einem notfalls erforderlichen Ausbau genügt es, Drucköl in die konischen Flächen zu drücken; der Flansch springt dann selbsttätig ab. Die Konizität im Verband ist $1:k = 1:30$, der Wellendurchmesser 190 mm. Bemerkenswert ist das Fehlen jeglicher Sicherheitsvorkehrungen gegenüber dem zu übertragenden Drehmoment. Die Anordnung ist so getroffen, daß bei Rückwärtsfahrt keinerlei Zugkräfte auf den Verband kommen. Bild 9 zeigt die Lage des Ölkanals und der Ölverteilungsnut, Bild 10 zusammengebaute Wellen. Die zu übertragende Leistung beträgt $N = 500$ PS bei einer Drehzahl $n = 500$ U/min.

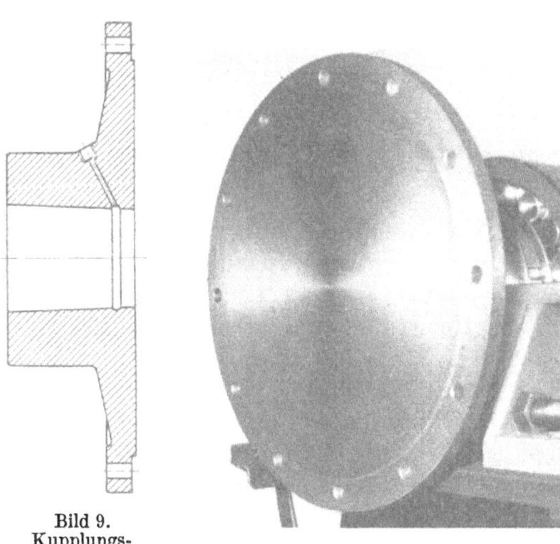

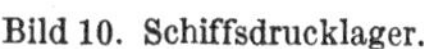

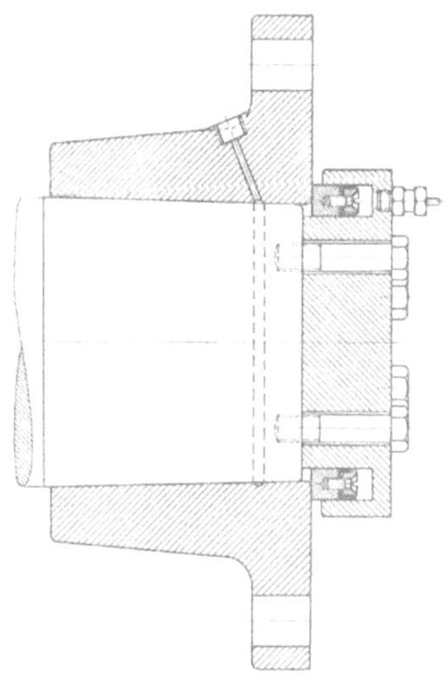

Bild 9.
Kupplungsflansch.

Bild 10. Schiffsdrucklager.

Bild 11. Werkzeug für Druckölmontage.

In diesem Zusammenhang ist es vielleicht von Interesse, zu erfahren, wie mit verhältnismäßig einfachen Mitteln eine solche Kupplungsverbindung hergestellt werden kann. Bild 11 zeigt ein solches Werkzeug für das Aufdrücken des Flansches. Der Flansch wird leicht aufgedrückt, und an dem freien Wellenende ein einfaches Montagewerkzeug aufgeschraubt. Es besitzt einen ringförmigen Raum, in dem ein zylindrischer, gut abgedichteter Kolben gleitet. Wird in den ringförmigen Raum und zugleich in die Paßfuge Drucköl geleitet, so schiebt sich der Flansch auf den Konus bis zum Anschlag. Mit einem solchen Werkzeug ist es leicht möglich, das Fügen und Lösen des Verbandes vorzunehmen, sofern dies erforderlich werden sollte.

Zweifelsohne hat der konische Verband gegenüber dem zylindrischen den Vorteil der leichten Montage. Es ist daher naheliegend, einen solchen Verband auch für den Zusammenbau von Kurbelwellen bei Dieselmotoren anzuwenden, um Wälzlager als Hauptlager und gegebenenfalls auch als Pleuellager unterbringen zu können. Bild 12 zeigt die Kurbelwelle eines Zweitakt-Dieselmotors, wie er von einer deutschen Motorenfabrik für den Antrieb von Fischereifahrzeugen laufend hergestellt wird.

Der Motor wird in 3- bis 6-Zylinder-Ausführung gebaut, er hat eine Zylinderleistung von 40 PS bei einer Drehzahl $n = 450$ U/min. Die Grundlager der Kurbelwelle sind Pendelrollenlager. Die Kurbelwelle wird aus einzelnen Stücken zusammengebaut. Bis auf die Endzapfen sind alle einzelnen Stücke der Kurbelwelle gleich und austauschbar. Der Zapfen des einzelnen Teils, der mit einem Konus 1 : 50 hergestellt wird, wird in die entsprechende Bohrung der Kurbelwange des anderen Teils eingepreßt. Der Vorteil der Verbindung liegt darin, daß kurze Schmiedestücke für den Zu-

13*

sammenbau einer Kurbelwelle verwendet werden können, sodann kann die Kurbelwelle mit verhältnismäßig einfachen Mitteln gerichtet werden. Es wird etwas Öldruck gegeben, so daß sich ein leichter Flüssigkeitsfilm in der Paßfuge bildet, und die Kurbelwangen werden sorgfältig ausgerichtet.

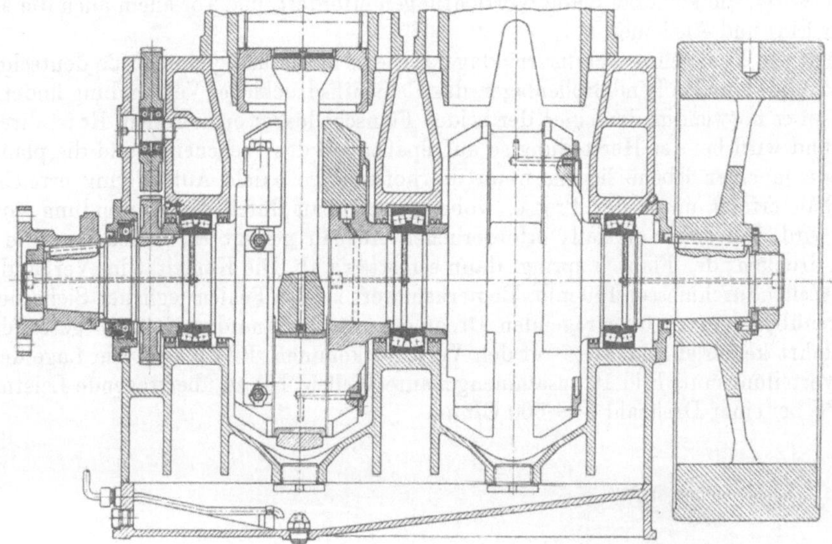

Bild 12. Kurbelwelle eines Dieselmotors für Fischereifahrzeuge.

Bild 13 zeigt den Zusammenbau einer solchen Kurbelwelle. Die Einführung des Druckölverfahrens für die Kurbelwellen von Dieselmotoren bringt nicht allein den Vorteil, Wälzlager zur Lagerung verwenden zu können, sondern es können auch die Kosten für die Herstellung der Kurbelwelle gesenkt werden.

Bild 14 zeigt die Ausführung und Lagerung der Kurbelwelle eines Zweizylinder-Dieselmotors mit einer Leistung von 18 PS bei einer Drehzahl $n = 1900$ U/min. Er wird als Fahrzeug- und Hilfsmotor verwendet. Hier ist die Kurbelwelle einschließlich der Pleuellager vollständig mit Wälzlagern ausgerüstet. Um das Mittellager und die Pleuellager unterbringen zu können, wird es erforderlich, die Kurbelwelle aus Teilen zusammenzubauen. Da bei einem Hintereinanderreihen mehrerer Verbände das Einhalten der axialen Toleranzen Schwierigkeiten bereiten kann, so wurde hier ein zylindrischer Verband vorgesehen, wobei die Zapfen jeweils in die entsprechenden Bohrungen der Kurbelwangen eingepreßt werden. Das Druckölverfahren wird dazu verwendet, die Kurbelwelle nach dem Zusammenpressen genauestens auszurichten und gegebenenfalls ein Lösen der Verbände durchzuführen.

Eingehende Untersuchungen haben gezeigt, daß es möglich ist, Kupplungen für Schiffswellenleitungen mit zylindrischem Verband zu verwenden (Bild 15). Der dargestellte Kupplungsflansch soll aus einem hochwertigen Stahlguß mit einer Streckgrenze von 36 kg/mm² oder

Bild 13. Zusammenbau der Kurbelwelle nach Bild 12.

aus geschmiedetem Stahl hergestellt werden. Er wird mit dem für solche Verbindungen üblichen Übermaß berechnet und warm aufgeschrumpft. Die Schrumpftemperatur liegt etwa bei 250° C. Der Verband erhält keinerlei Sicherung gegenüber dem zu übertragenden Drehmoment und dem bei Rückwärtsfahrt auftretenden Propellerzug. Er ist mit einer Reibungszahl $\mu = 0{,}22$ berechnet und besitzt eine mehrfache Sicherheit gegenüber dem größten berechneten Drehmoment. Wird es erforderlich, den Verband zu lösen, so wird Drucköl in die Fugen gedrückt und die Kupplung mit einfachen Mitteln abgezogen. Durchgeführte Versuche haben gezeigt, daß der Ausbau der Kupplung mit Drucköl möglich ist. Die Verwendung eines solchen Kupplungsflansches bringt die Möglichkeit, von den bisher üblichen angeschmiedeten Flanschen überhaupt abzugehen.

Zum Schluß sei noch ein Hinweis darauf gestattet, daß auch der Ein- und Ausbau großer Wälzlager durch das Druckölverfahren erleichtert werden kann, sei es, daß die Lager konisch oder zylindrisch direkt auf einem Zapfen sitzen, sei es, daß sie mittels Spann- oder Abziehhülsen eingebaut sind. Bild 16 zeigt die Lagerung der Stützwalzen eines Walzwerkes auf Pendelrollenlagern, wobei die konische Büchse mittels des Druckölverfahrens eingedrückt und herausgezogen wird.

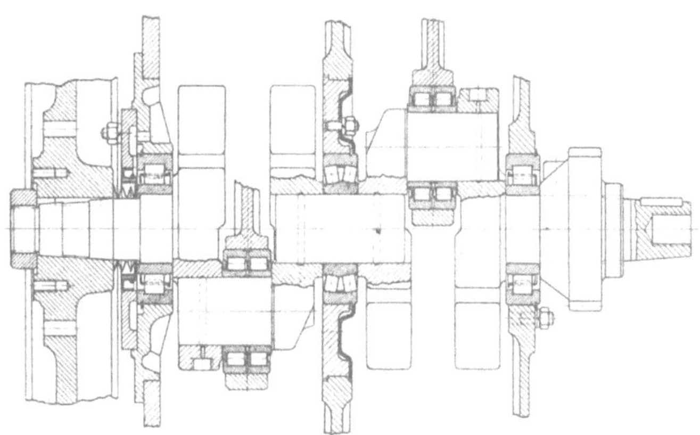

Bild 14. Kurbelwelle eines Dieselmotors für Straßenfahrzeug.

6. Zusammenfassung. Die weitgehende Verwendung von Wälzlagern im Maschinenbau, besonders auch im Schiffsbetrieb, gibt Veranlassung, Preßverbände für größere Leistungen zu schaffen und vorzusehen, wenn man von der Anwendung zweiteiliger Lager absehen will. Die Einführung des Druckölverfahrens hat hier die Möglichkeit geschaffen, solche Verbände mit verhältnismäßig einfachen Mitteln und betriebssicher auszuführen. Die grundlegende Neuerung des Verfahrens besteht darin, daß ein solcher Verband mehrfach gefügt und gelöst werden kann, ohne

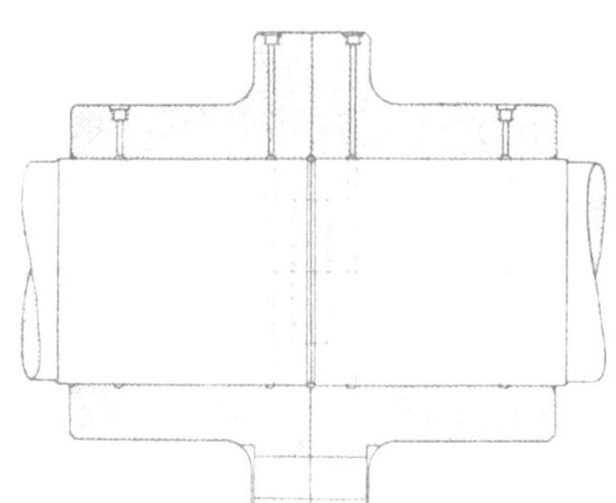

Bild 15. Kupplung für Schiffswelle.

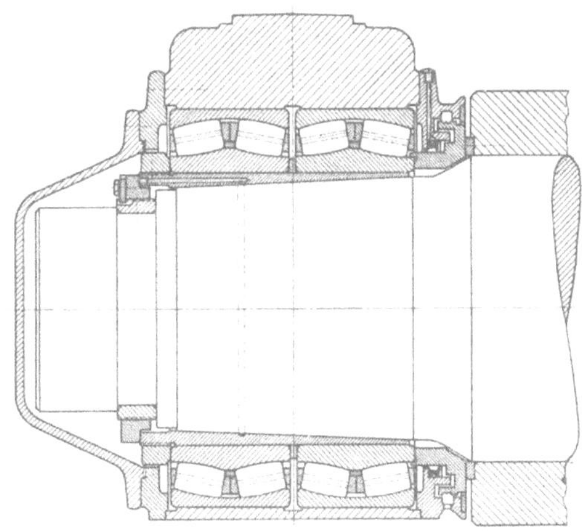

Bild 16. Lagerung für die Stützwalze eines Kaltwalzgerüstes.

daß hierbei eine Verletzung der sich berührenden Oberflächen stattfindet, und ohne daß somit eine Beeinträchtigung der Übertragungsfähigkeit eintritt.

Die Grundlagen für die Berechnung solcher Preßverbände können seit langer Zeit als geklärt angesehen werden. Der Fortfall jeglicher Muttern und sonstiger Sicherungen gegenüber dem Drehmoment ist Bedingung. Dies ist möglich, weil das Druckölverfahren die Vorteile eines Preß- oder Schrumpfverbandes mit einem reibungsverminderten Ausbau vereinigt. Die Übertragungsfähigkeit ist durch das Übermaß der zu fügenden Teile und durch die Reibungszahl der sich berührenden Werkstoffe gegeben.

Damit hat die Anwendung von Preßverbänden eine neue Entwicklung genommen, und es ist unschwer festzustellen, daß noch weite Anwendungsmöglichkeiten, besonders auch im Schiff- und Schiffsmaschinenbau, gegeben sind.

Schrifttum.
[1] Bratt, Erland: Das Zusammenfügen und Lösen von Preßverbänden mittels Drucköl. Kugellager-Ztschr. 1946, H. 2.
[2] Föppl, August: Vorlesungen über technische Mechanik. Festigkeitslehre, Bd. III. Leipzig—Berlin 1922.
[3] Wenck, Fritz: Über den Haftbeiwert bei Schrumpfpassungen. Dissertation, Hannover 1950.

Erörterung.

Dr.-Ing. **Karl Mohr,** Geesthacht (Dankwort).

Herr Dr. Mundt hat uns durch seinen Vortrag in ein Gebiet geführt, das für uns von großer Bedeutung ist. Ich danke ihm im Namen der Schiffbautechnischen Gesellschaft für die lehrreichen Ausführungen, die den Beifall aller Zuhörer gefunden haben. Herr Dr. Mundt hat uns gezeigt, daß es möglich ist, aufgeschrumpfte Kupplungsstücke oder Kurbelhubstücke auf eine einfache Weise von den Wellen zu lösen und später wieder zu befestigen, und ich kann mir denken, daß wir bei der Durchsicht unserer Konstruktionen noch manches Anwendungsgebiet für das geschilderte Verfahren finden, das in den von Herrn Dr. Mundt besprochenen Beispielen noch nicht erwähnt wurde.

Infolge der starken Beschäftigung unserer Schmiedewerke können wir z. Z. unsere Kurbel- und Laufwellen mit angeschmiedeten Flanschen häufig nicht termingerecht erhalten, während glatte Wellenstücke, die durch Zusammensetzen ihre endgültige Form bekommen, in kürzerer Zeit geliefert werden und damit uns gestatten, unsere Maschinen und Wellenleitungen rechtzeitig zum Einbau abzuliefern. Hierfür wird das im Vortrage beschriebene Verfahren sehr nützlich sein. Dabei wird die Anwendung dieses Verfahrens nicht nur auf die Fälle beschränkt sein, in denen geschrumpfte Wellen in Verbindung mit Kugellagern benutzt werden, sondern auch bei der Lagerung von Wellen in Gleitlagern in Frage kommen.

Ich stelle fest, daß keine Wortmeldung erfolgt ist und glaube, daß wir diese Tatsache nicht als einen Beweis für ein mangelndes Interesse an dem Gegenstand des Vortrages auffassen müssen, sondern vielmehr als ein Zeichen dafür, daß das neuartige Problem erst richtig durchdacht werden muß, ehe man zu einer zweckdienlichen Aussprache kommen kann. Ich wäre den Vereinigten Kugellagerfabriken bzw. Herrn Dr. Mundt persönlich dafür dankbar, wenn er sich für eine gelegentliche Besprechung im Rahmen unserer Gesellschaft zur Verfügung stellte und uns dann die Möglichkeit gäbe, an Hand von Beispielen aus dem Kreise der Zuhörer „das Fügen und Lösen von Preßverbänden mittels Drucköl" noch weiter zu erläutern. Ich wiederhole Herrn Dr. Mundt und seiner Firma den Dank der Schiffbautechnischen Gesellschaft für die uns außerordentlich interessierenden Ausführungen. (Lebhafter Beifall.)

XIII. Statik und Konstruktion von Luken, Unterzügen und Tragkonstruktionen.

Von Professor **Johannes Hansen**, Hamburg.

Die Bemessung der Hauptverbandsteile eines Schiffes wird allgemein durch die Bestimmungen der Klassifikations-Gesellschaften geregelt. Durch sie ist eine ausreichende Festigkeit gewährleistet, und auf ihrer Basis erfolgt die Anordnung und konstruktive Gestaltung der Bauelemente. Daneben gibt es aber Bauteile, die sich durch die Vielfältigkeit der sie betreffenden Verhältnisse nicht in eine bestimmte Norm bringen lassen und bei denen eine Bemessung ohne gleichzeitige Durchführung einer Rechnung nicht möglich ist. Hierzu gehören die Tragwerke im Schiff zur Aufnahme der schweren Gewichte aus Ladung bzw. durch Wasser auf dem Oberdeck. Im Bereich der großen Decksausschnitte, d. h. der Luken, werden wichtige Verbandsteile entfernt, und die Aufnahme der dort vorhandenen großen Kräfte muß durch besondere Konstruktionen erfolgen. Diese werden um so höher belastet, je größer die Luken sind. Besonders bei kleinen Schiffen besteht vielfach das Bedürfnis, Lukengrößen vorzusehen, die möglichst den ganzen Raum freimachen und deren Länge zur Schiffslänge ungewöhnlich ist. Diese Forderung ist einschneidend, und der Erfüllung solcher Wünsche muß häufig eine Grenze gesetzt werden durch die notwendigen Rücksichten auf die Erhaltung der Querfestigkeit und der Verdrehungssteifigkeit des Schiffes. Bei Mehrdeckern werden außer durch wachsende Lukengrößen die Belastungsverhältnisse durch den vielfach sprunglosen Verlauf des Zwischendecks und die dadurch wachsenden Zwischendeckhöhen vergrößert. Ladungsdrücke bis zu 3 t/m² sind dort keine Seltenheit. Da Lukenlängen von 20 m und mehr nichts Ungewöhnliches sind, kann die auf einen einzelnen Längsträger anfallende Belastung innerhalb der Luke Größenordnungen von 250 t und mehr annehmen. Da solche großen Zwischendeckhöhen gerade an den Enden, besonders im Vorschiff, bestehen, werden hier die ohnehin hohen Belastungen durch zusätzliche dynamische Kräfte bei der Bewegung im Seegang weiter vergrößert.

Die Gesamtkonstruktion besteht im allgemeinen aus einem gekreuzten Trägersystem. Die früher übliche Abstützung durch Raumstützen kommt aus raumtechnischen Gründen seit langem nicht mehr in Frage. Der Längsträger, der die Belastung unmittelbar aufnimmt, gibt diese als Einzellast an die an den Enden der Luke angeordneten Querträger, an die Lukenendbalken ab. Der an den Enden der Luke angeordnete Lukenendbalken ist daher dasjenige Element, an· welchem die ganze Konstruktion hängt. Hierbei entsteht in dem Kreuzungspunkt beider Träger eine Stützung, die nicht als starr anzusehen ist. Dieser Vorgang ist statisch eindeutig erfaßbar, wenn auch die rechnerische Behandlung eine Komplizierung erfährt. Im ganzen wirkt sich dieser Umstand vorteilhaft aus und bietet die Möglichkeit, durch geschickte Abstimmung der gegenseitigen Verhältnisse die konstruktive Anordnung günstig zu gestalten. Die Annahme einer unnachgiebigen Stützung an der Kreuzungsstelle würde zu unrichtigen und zu ungünstigen Verhältnissen führen. Bei Unnachgiebigkeit entsteht eine Stützkraft X_0, bei Nachgiebigkeit entsteht die Stützkraft X. Sie ist grundsätzlich kleiner als X_0. Der ursprünglich mit der vorgegebenen Belastung und den Stützkräften X_0 belastete Längsträger wird dann durch den belasteten Zustand aus den Einzelkräften $X_0 - X$ entlastet (s. Bild 1). In dieser bedeuten die Werte δ_I und δ_{II} in bekannter Weise die Verschiebungsgrößen an der Kreuzungsstelle unter der Wirkung der Last 1 für den Längsträger I bzw. für den Querträger II, der aus Symmetriegründen in der Mitte eingespannt ist. Bild 2 zeigt die grundsätzliche Einwirkung einer nachgiebigen Stützung. Die Auflagerung der Querträger der Lukenendbalken soll als drehbar angenommen werden, was den tatsächlichen Verhältnissen praktisch entspricht, solange nicht ein wesentlich verstärktes Lukenendspant vorgesehen wird. Das Schaubild

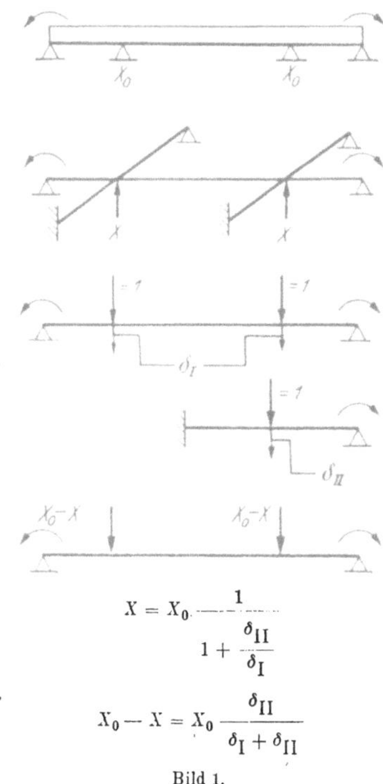

$$X = X_0 \cdot \cfrac{1}{1 + \cfrac{\delta_{II}}{\delta_I}}$$

$$X_0 - X = X_0 \cdot \frac{\delta_{II}}{\delta_I + \delta_{II}}$$

Bild 1.

zeigt, daß im Bereich kleiner Verhältnisse l_1/l die Verminderung des Stützdrucks erheblich wird. Es wird infolge der Nachgiebigkeit die Kreuzungsstelle von Lukenendbalken und Längsträger entlastet. Das an dieser Stelle stehende Moment im Lukenlängssüll wird herabgemindert und infolge des verringerten Stützdrucks, d. h. der kleineren Belastung des Lukenendbalkens, auch in diesem das Biegemoment verkleinert. Über die Länge des Lukenlängssülls wird hierdurch eine günstigere Verteilung der Momente herbeigeführt, da im allgemeinen die Stützmomente größer sind als die Feldmomente. Darüber hinaus wird aber die gleichzeitige Verminderung beider Momente an der Kreuzungsstelle, d. h. des Moments für das Lukenlängssüll und des Moments für das Lukenquersüll, in folgender Weise von Bedeutung. In dem Längsträger entsteht ein negatives, im Lukenendbalken an der gleichen Stelle ein positives Moment. Sie sind senkrecht zueinander gerichtet. Dadurch sind die an der Kreuzungsstelle beiden Trägern gemeinsamen Teile der oberen bzw. der unteren Gurtung

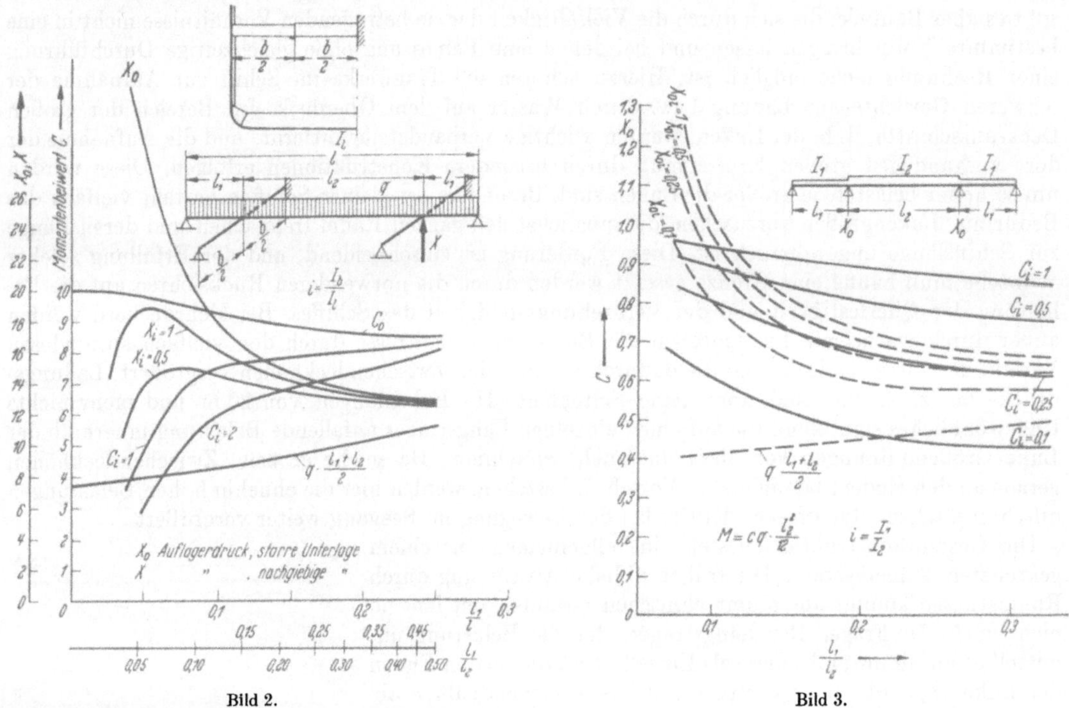

Bild 2.Bild 3.

einem zweidimensionalen Spannungszustand ausgesetzt. In der unteren Faser entsteht längsgerichtet eine Druckspannung, quergerichtet eine Zugspannung; an der oberen entsprechend umgekehrt. Dieses ist ein ungünstiger Spannungszustand, durch welchen hohe Schubspannungen erzeugt werden. Für den Fall, daß die Spannungen in Längs- und Querrichtung sogar absolut gleich sind, werden Schubspannungen gleicher Größe erzeugt, wodurch die Vergleichsspannung auf das 1,7fache steigt. Daraus folgt notwendigerweise, daß für die aus der Biegung heraus entstehenden Spannungen nur niedrigere Werte zugelassen werden dürfen als es sonst geschehen kann. Um nach beiden Richtungen das notwendige Widerstandsmoment ohne zu große Querschnittsanhäufungen zu erhalten, wird man daher die konstruktiven Maßnahmen auf eine Verminderung der nach beiden Richtungen hin entstehenden Momente abstellen müssen.

Außerhalb dieses Vorganges bleibt natürlich der Fall des an den Quersüllen frei aufgelagerten Längssülls. Bei kurzen Lukenlängen kann er konstruktiv auch ohne zu große Süllhöhen durchaus zur Lösung gebracht werden etwa derart, daß die Gurtquerschnitte dem Momentenverlauf angepaßt werden. Mag es statisch auch nicht die günstigste Lösung darstellen, so sind bei ihm aber die Lukenecken aus der Belastung heraus frei von kritischen Spannungszuständen. Gleichzeitig wird der Vorteil gewonnen, daß der Lukenendbalken nunmehr die geringste Belastung erfährt, nämlich nur die aus der Belastung innerhalb der Luke selbst ohne zusätzliche Anteile aus den Belastungen außerhalb der Luke und durch die Wirkung der Einspannmomente. Freilich muß in Kauf genommen werden, daß neben und hinter der Luke ungleiche Balkenlängen vorhanden sind.

In Bild 2 waren innerhalb der Felder die Steifigkeiten des Längssülls als konstant angesehen worden. Werden verschiedene Steifigkeiten vorgesehen, so kann hierdurch in bekannter Weise eine weitere Verminderung der Stützmomente herbeigeführt werden. Bild 3 zeigt den Einfluß

dieser Maßnahme in ihrer Wirkung auf die Stützkraft X_0. Aus der Kombination beider Maßnahmen entsprechend Bild 2 und Bild 3, d. h. aus der Veränderung der Steifigkeiten in den einzelnen Feldern und in der Querrichtung durch günstige gegenseitige Abstimmung, läßt sich für das
Gesamtsystem eine optimale Lösung finden. In diesem Zusammenhang wird auf die zu gleicher Zeit
erscheinende Veröffentlichung von Schellenberger über die Berechnung von Luken (s. „Hansa")
hingewiesen, in der einfache Berechnungsunterlagen für jede gewünschte Kombination angegeben sind.

Eine Sonderstellung nehmen die Oberdeckluken ein, die durch ihre Höhe selber eine beträchtliche
Steifigkeit besitzen, während die sich daran unter Deck fortsetzenden Unterzüge niedrig und weich
sind. In diesem Fall entstehen Stützmomente, die, an sich nur gering, für das Längssüll selber praktisch den Zustand freier Auflagerung schaffen, in der niedrigen Süllverlängerung trotzdem hohe
Spannungen erzeugen. Zu Schwierigkeiten kann dieses Ergebnis führen, wenn die Endfelder besonders kurz werden, dadurch, daß in der Verlängerung der Decksülle Deckshäuser angeordnet sind.

Im Lukenquersüll entsteht bei symmetrischer Belastung statisch der Fall des eingespannten
Trägers. Die Trägheitsmomente innerhalb und außerhalb der Luke sind im allgemeinen verschieden.
Da bei unteren Decks das Süll vorwiegend unter Deck angeordnet wird, ist bei solchen Luken
der Unterschied der Trägheitsmomente beider Felder nicht groß; ihr Verhältnis beträgt etwa
nur 1,5—2. Bei Luken der obe-
ren Decks dagegen ist dieser
Unterschied wesentlich größer.
Mit wachsender Steifigkeit des
Mittelfeldes nimmt das in der
Mitte des Lukenquersülls entstehende Einspannmoment zu
und ist, absolut geschen, fast
immer größer als das Moment
am Kreuzungspunkt (s. Bild 4).

Bei symmetrischer Belastung
entsteht über der Mittelstütze
ein Moment $c \cdot P \cdot a$. Es ist im
allgemeinen stets das größte im
Lukenendbalken vorhandene
Moment und nur in wenigen
Fällen nimmt das in der Lukenecke entstehende Moment absolut größere Werte an. Das
ist ein glücklicher Umstand, da

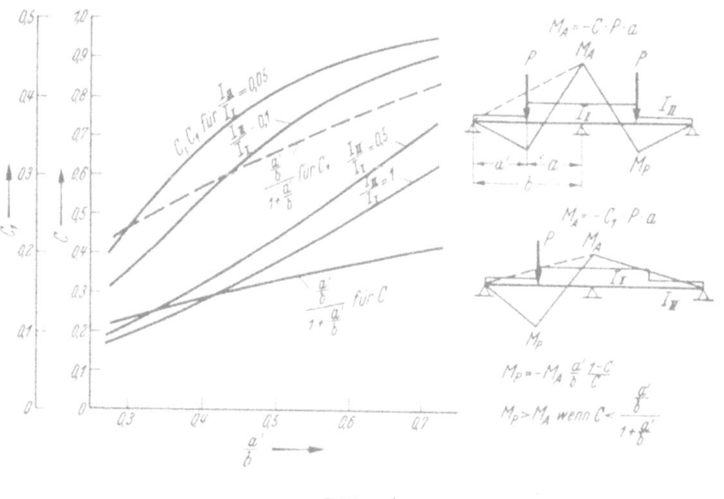

Bild 4.

konstruktiv durch die breite Auflagerung über der Mittelstütze die Momentenspitze abgebaut
wird. Das über der Mittelstütze stehende Moment fällt rasch ab, und es ist nicht schwer, neben
der breiten Mittelstützauflage das notwendige Widerstandsmoment zu gewinnen. Die zusätzliche
Aufnahme der im Träger vorhandenen Querkraft, die in den einzelnen Feldern jeweils konstant
ist, bedarf dagegen besonderer Betrachtung, da hierfür die neben der Mittelstütze vorhandene
Trägerhöhe nicht immer ausreichend ist.

Bei Luken der oberen Decks wird in der Mitte das aufgenommene Moment besonders groß, da bei
symmetrischer Belastung das Lukenquersüll mit wachsenden Trägheitsmomenten statisch immer mehr
den Charakter eines Kragträgers annimmt. Wenn der Belastungszustand nicht mehr symmetrisch ist,
ändern sich die Verhältnisse grundsätzlich. Bei den durch Ladung belasteten Zwischendecks braucht
dieser Fall nicht zugrunde gelegt werden, da eine wesentliche Unsymmetrie in der Lastverteilung.
nicht angenommen werden kann. Bei Oberdeckluken wird dagegen auch mit einseitiger Belastung
beträchtlicher Größe gerechnet werden müssen. Bei einem gekreuzten Trägersystem oben geschil-
derter Art entsteht durch die Aufstützung des Lukenendbalkens auf den abgelegenen nicht belasteten Längsträger ein entlastendes Moment; dieses jedoch nur, wenn die Steifigkeit dieses Längs-
trägers ausreichend ist. Da bei den Längsträgerkonstruktionen des Oberdecks die Endfelder fast
stets nur eine geringe Steifigkeit aufweisen, ist bei ihnen die stützende Wirkung auf der abgelegenen
Seite gering. Praktisch entsteht der Extremfall der freien Auflagerung des Lukenlängssülls auf
dem Quersüll, so daß ein Gegendruck in dem abgelegenen Feld nicht angenommen werden kann.

Die hierbei entstehenden Verhältnisse sind in Bild 4 und 5 allgemein und zahlenmäßig zur Darstellung gebracht. Das über der Mittelstütze stehende Moment verringert sich auf die Hälfte, wodurch nunmehr aber das an der Kreuzungsstelle entstehende Moment beträchtlich anwächst. Da in

solchen Fällen das Trägheitsmoment des Seitenfeldes zu dem des Mittelfeldes stets sehr klein ist, wird zwar auch jetzt noch dieses Moment, absolut gesehen, geringer sein als dasjenige, welches über der Mittelstütze steht. Da die zu seiner Verfügung stehende Höhe an dieser Stelle aber nur sehr gering ist, sind hier hohe Beanspruchungen zu erwarten.

Das Beispiel Bild 5 zeigt, daß bei einseitiger Belastung das Moment im Lukenendbalken in der Mitte zwar auf die Hälfte herabsinkt, das Moment unter der Auflage des Lukenlängssülls dagegen auf das Vierfache steigt und eine Größe annimmt, die zu konstruktiven Schwierigkeiten

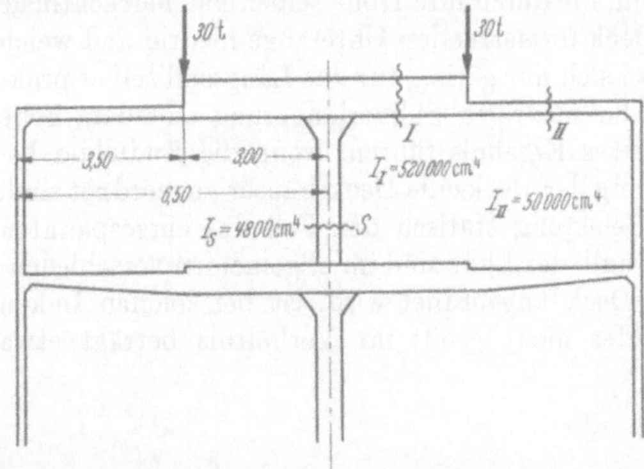

1. Symmetrische Belastung

$$\frac{a'}{b} = \frac{3,5}{6,5} = 0,54 \qquad P = 30\ \mathrm{t}$$

$$i = \sim 0,1 \qquad c = 0,86$$

$$M_A = -P \cdot a \cdot c = -30 \cdot 3 \cdot 0,86 = -77,5\ \mathrm{mt}$$

$$M_P = 77,5 \cdot 0,54 \,\frac{1 - 0,86}{0,86} = 77,5 \cdot 0,088 = +6,8\ \mathrm{mt}$$

2. Einseitige Belastung

$$c = 0,43 \qquad M_A' = -38,8\ \mathrm{mt}$$

$$M_P = 38,8 \cdot 0,54 \cdot \frac{1 - 0,43}{0,43} = 38,8 \cdot 0,715$$
$$= +27,8\ \mathrm{mt}.$$

Bild 5.

führen kann. Der Fall der einseitigen Belastung darf jedoch nicht außer acht gelassen werden und wird sich in konstruktiver Hinsicht nicht nur auf eine erhebliche Ausbildung der auch durch die Längsbiegung des Schiffes beträchtlich beanspruchten Lukenecke auswirken, sondern auch auf eine Vergrößerung der Steifigkeit des Lukenendteiles außerhalb der Luke.

Für die Bemessung des Lukenendbalkens im Oberdeck werden daher beide Belastungsfälle, die symmetrische und die einseitige Belastung, zugrunde gelegt werden müssen. Zur Befriedigung dieser schwierigen Konstruktionsbedingung wird gelegentlich die Frage gestellt, ob die unter der Mitte des Lukenquersülls angeordnete Stütze, wenn sie biegungssteif mit dem Süll verbunden wird, eine Entlastung herbeiführen kann. Die zahlenmäßige Prüfung eines solchen Falles entsprechend Rechenbeispiel Bild 6 im Zusammenhang mit der Skizze Bild 5 gibt hierüber Aufschluß. Es zeigt sich, daß die Stütze in einer für die Aufnahme des reinen Stützdruckes bemessenen Ausführung praktisch nicht in der Lage ist, eine solche Entlastung herbeizuführen, da das im Knotenpunkt Mittelstütze — Quersüll aufgenommene Moment im vorliegenden Fall nur um 4% größer wird. Auch bei einer beträchtlichen Erhöhung der Steifigkeit der Mittelstütze (im Rechnungsfall eine fünffache Vergrößerung ihres Trägheitsmomentes) ist die herbeigeführte Entlastung nicht ausreichend, um hierin eine brauchbare Konstruktionsmaßnahme zu sehen.

$$M_A' = M_A \,\frac{1 + \dfrac{\gamma_b}{\gamma_s}}{2 + \dfrac{\gamma_b}{\gamma_s}} \qquad\qquad \frac{\gamma_b}{\gamma_s} = \frac{4}{3}\left(\frac{a'}{b}\right)^2 \frac{a'}{h} \cdot \frac{J_s}{J_{II}}\left[1 + \frac{J_{II}}{J_I}\left(\left(\frac{b}{a}\right)^3 - 1\right)\right]$$

$$\frac{a'}{h} = \frac{3,5}{2,6} = 1,35 \qquad\qquad \frac{\gamma_b}{\gamma_s} = \frac{4}{3}\,0,54^2 \cdot 1,35 \cdot 0,1\left[1 + 0,1\left(\frac{1}{0,54^3} - 1\right)\right]$$

$$\frac{J_s}{J_{II}} = \sim 0,1 \qquad\qquad = \frac{4}{3}\,0,29 \cdot 1,35 \cdot 0,1 \cdot 1,54 = 0,08$$

$$\frac{J_{II}}{J_I} = \sim 0,1 \qquad\qquad \frac{1 + \dfrac{\gamma_b}{\gamma_s}}{2 + \dfrac{\gamma_b}{\gamma_s}} = \frac{1,08}{2,08} = 0,52 \qquad M_A' = M_A \cdot 0,52 = 77,5 \cdot 0,52 = 40,35\ \mathrm{mt}$$

gegen 38,8 mt ohne Entlastung durch die Mittelstütze.

Entlastung bei fünffachem Trägheitsmoment der Stütze.

$$\frac{\gamma_b}{\gamma_s} = 5 \cdot 0,08 = 0,4 \qquad \frac{1 + \dfrac{\gamma_b}{\gamma_s}}{1 + \dfrac{\gamma_b}{\gamma_s}} = \frac{1,4}{2,4} = 0,584 \qquad M_A' = M_A \cdot 0,584 = 77,5 \cdot 0,584 = 45,1\ \mathrm{mt}$$

$$M_P' = M_P \cdot \frac{0,584}{0,500} \cdot \frac{1 - 0,5}{0,5} \cdot \frac{1}{1,325} = 0,88\,M_E.$$

Bild 6. Entlastung durch Mittelstütze.

Die heute üblichen langen Zwischendeckluken und die dort vorhandenen hohen Belastungen bedingen selbst bei gut ausgewogener Konstruktion eine erhebliche Höhe des Lukenlängssülls unter Deck. Bei einer Lukenlänge von 19,5 m und einer Süllbelastung von etwa 150 t entstehe ein der Konstruktion zugrunde zu legendes Moment in der Größenordnung von etwa 190 mt. Die Aufnahme dieses Momentes bedingt eine Längssüllkonstruktion mit einer Höhe von etwa 800 mm und einem Gurtquerschnitt von 140 cm². Diese Süllhöhe bedeutet bei kleinen Schiffen und entsprechend niedrigen Raumhöhen eine nicht mehr tragbare Raumbehinderung. In solchen Fällen kann die Lastaufnahme durch ein Süll geringerer Höhe und durch eine Reihe von Portalkonstruktionen als Zwischenstützen, die in engen Abständen angeordnet werden, erfolgen. Die konstruktive Idee hierbei ist, für die Aufnahme der Belastung die Steifigkeit des seitlichen Spantsystems mit heranzuziehen. Das seitliche Spantsystem erhält an den betroffenen Stellen hierdurch eine zusätzliche Aufgabe, die naturgemäß eine Verstärkung zur Folge haben muß. Solche Verstärkungen sind oft mit geringen Mitteln herbeizuführen. Der praktische Gewinn einer solchen Maßnahme ist dann nicht nur raumtechnisch, sondern auch gewichtsmäßig zu sehen.

Der grundsätzliche Fall einer solchen Konstruktion ist aus Bild 7 zu ersehen. Das aus der Last P entstehende Moment teilt sich an der Seite des Zwischendecks in zwei Momente, die in die unteren

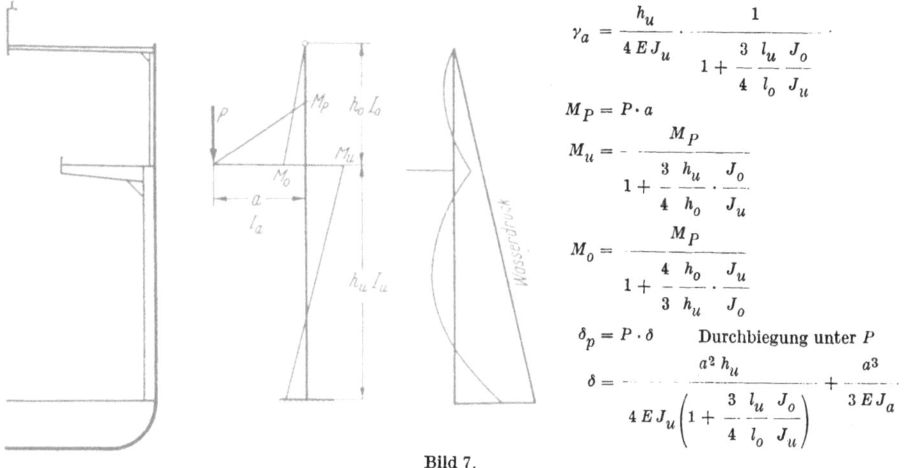

$$\gamma_a = \frac{h_u}{4\,E\,J_u} \cdot \frac{1}{1 + \dfrac{3}{4}\,\dfrac{l_u}{l_o}\,\dfrac{J_o}{J_u}}$$

$$M_P = P \cdot a$$

$$M_u = -\,\frac{M_P}{1 + \dfrac{3}{4}\,\dfrac{h_u}{h_o} \cdot \dfrac{J_o}{J_u}}$$

$$M_0 = \frac{M_P}{1 + \dfrac{4}{3}\,\dfrac{h_o}{h_u} \cdot \dfrac{J_u}{J_o}}$$

$$\delta_p = P \cdot \delta \qquad \text{Durchbiegung unter } P$$

$$\delta = \frac{a^2\,h_u}{4\,E\,J_u\left(1 + \dfrac{3}{4}\,\dfrac{l_u}{l_o}\,\dfrac{J_o}{J_u}\right)} + \frac{a^3}{3\,E\,J_a}$$

Bild 7.

und die oberen Spantteile übergehen. Die Verteilungsgröße ist in bekannter Weise abhängig von der Steifigkeit der beiden Spantteile, die sich jeweils aus Trägheitsmoment und Länge ergibt. Hierdurch wird bedingt, daß der in den oberen Spantteil einwandernde Momentenanteil häufig größer ist als derjenige, der für das untere Spantfeld übrig bleibt. Die in dieser Weise aus der Decksbelastung entstehende Beanspruchung des Spantsystems wird überlagert von der Beanspruchung, die sich aus dem seitlichen Wasserdruck ergibt. Wenn der Abstand der Portalträger mehrere Spantentfernungen beträgt und daher groß ist, sind die aus dem Wasserdruck entstehenden Momente anteilmäßig geringfügig und können vernachlässigt werden. Dann bleibt die Decksbelastung maßgebend für die Konstruktion. Bei einer Anordnung an jedem Spant dagegen spielt dieser Wasserdruck eine erhebliche Rolle. Die Momente selber gelangen in verschiedener Weise zur Überlagerung. An der unteren Einspannung, d. h. der Verbindung des Spantes mit der Kimmkonstruktion, tritt eine Entlastung ein. Dagegen wird das Raumspant an seinem oberen Ende zusätzlich beansprucht. Im Zwischendeckspant selber findet wiederum eine Entlastung statt. Hieraus ergibt sich, daß die konstruktiven Maßnahmen zur Aufnahme der Decksbelastung in der seitlichen Spantkonstruktion oft nur eine teilweise Verstärkung derselben erforderlich machen. Auch lassen sich die Verhältnisse der einzelnen Felder gegeneinander so abstimmen, daß eine günstige Momentenverteilung innerhalb des ganzen seitlichen Systems erzielt wird. Der horizontale Kragträger ist dagegen hoch beansprucht und erfordert eine kräftige Ausbildung. Hierbei entsteht die Frage, ob eine solche Konstruktion nicht eine erhebliche Weichheit besitzt. Das Beispiel der Bilder 8 und 9 gibt hierüber Aufschluß. Die Weichheit der Konstruktion wird ausgedrückt durch die Durchbiegung, die unter der Last P entsteht. Für das gezeigte Beispiel ist die Annahme getroffen, daß die Portalkonstruktion an jedem Spant vorhanden sei. Beim Vergleich mit der Durchbiegung einer normalen Lukenlängssüllkonstruktion für die gleiche Belastung entsprechend Bild 9 zeigt sich, daß die erste Konstruktion eine geringere Weichheit besitzt als die zweite. Darüber hinaus zeigt das Beispiel, daß die Weichheit, d. h. die Durchbiegung des Systems, zunächst selbstverständlich maßgebend abhängig ist von der Ausladung, dann aber auch wesentlich beeinflußt wird von der Steifigkeit des Zwischendeckspantes, die gleichzeitig auch die Momentenverteilung günstig beeinflußt. Die Durchbiegung des Lukenlängssülls erweist sich im durchgeführten Rechenbeispiel als erheblich größer, wobei noch nicht einmal der Umstand Berücksichtigung gefunden hat, daß durch die Nachgiebigkeit der Lukenendbalken, die keine unverschiebliche Auflagerung bietet, eine weitere Vergrößerung der Weichheit des Systems eintreten muß. Hierdurch wird für alle Schiffe, bei denen besonders große Lukenausschnitte vorgesehen sind, eine erhebliche Weichheit dieser Bereiche als ein wesentliches Merkmal dargelegt.

Bei der Anordnung von Portalträgern in größeren Abständen werden die Durchbiegung weiterhin verringert. Entsprechend dem vergrößerten Abstand ist die auf ein Portal gelangende Belastung höher. Das hierfür erforderliche vergrößerte Widerstandsmoment wird meistens nicht

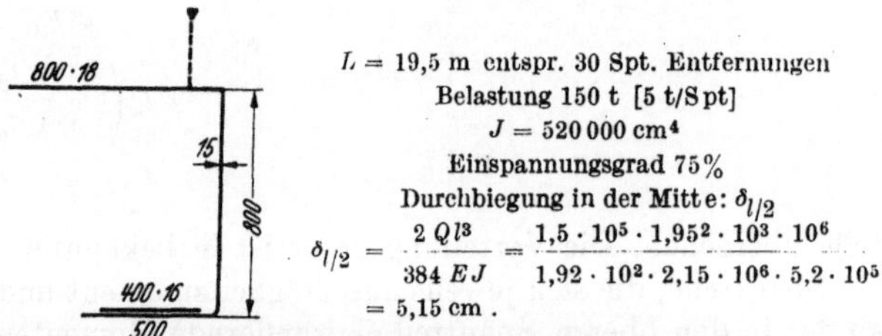

$$\delta = \frac{a^2\,h_u}{4\,E\,J_u\left(1 + \dfrac{3}{4}\cdot\dfrac{h_u}{h_0}\cdot\dfrac{J_0}{J_u}\right)} + \frac{a^3}{3\,E\,J_s}$$

1. $\dfrac{J_0}{J_u} = 0{,}147;$ $1 + \dfrac{3}{4}\cdot\dfrac{h_u}{h_0}\cdot\dfrac{J_0}{J_u} = 1{,}201;$ $M_u = \dfrac{M_P}{1{,}201} = 0{,}834\,M_P,$

2. $J_0 = J_u;$ $1 + \dfrac{3}{4}\cdot\dfrac{h_u}{h_0} = 2{,}363;$ $M_u = \dfrac{M_P}{2{,}363} = 0{,}424\,M_P$

bei $a = 1{,}5$ m;
und $J_s = 5500$ cm⁴; $\begin{cases} J_0 = 0{,}147\,J_u & \text{wird } \delta = 0{,}299 + 0{,}095 = 0{,}394 \text{ cm/t;} \qquad \delta_P = 1{,}97 \text{ cm} \\ J_0 = J_u & \text{wird } \delta = 0{,}152 + 0{,}095 = 0{,}247 \text{ cm/t;} \qquad \delta_P = 1{,}24 \text{ cm} \end{cases}$

bei $a = 2{,}0$ m;
und $J_s = 7500$ cm⁴; $\begin{cases} J_0 = 0{,}147\,J_u & \text{wird } \delta = 0{,}53 + 0{,}165 = 0{,}695 \text{ cm/t;} \qquad \delta_P = 3{,}48 \text{ cm} \\ J_0 = J_u & \text{wird } \delta = 0{,}27 + 0{,}165 = 0{,}435 \text{ cm/t;} \qquad \delta_P = 2{,}18 \text{ cm .} \end{cases}$

Bild 8. Durchbiegung unter P [δ_P].

$L = 19{,}5$ m entspr. 30 Spt. Entfernungen
Belastung 150 t [5 t/8 pt]
$J = 520\,000$ cm⁴
Einspannungsgrad 75%
Durchbiegung in der Mitte: $\delta_{l/2}$

$$\delta_{l/2} = \frac{2\,Q\,l^3}{384\,E\,J} = \frac{1{,}5\cdot10^5\cdot1{,}95^2\cdot10^3\cdot10^6}{1{,}92\cdot10^2\cdot2{,}15\cdot10^6\cdot5{,}2\cdot10^5} = 5{,}15 \text{ cm .}$$

Bild 9. Durchbiegung eines Lukenlängssülls.

nur durch einen vergrößerten Gurtquerschnitt, sondern auch durch eine größere Höhe herzustellen sein. Da das Trägheitsmoment mit dem Quadrat der Höhe steigt, wird nunmehr auch eine entsprechend höhere Steifigkeit erreicht. Bei der Aufstellung von Portalen in vergrößerten Abständen hat sich bewährt, die hierdurch erforderliche Höhe der verstärkten Raumspanten so zu wählen, daß die Dicke der Seitenwegerung gleich dem Unterschied beider Spanthöhen ist. Dadurch wird bei einer Anordnung der Wegerung zwischen den verstärkten Spanten eine Einbuße an Raum oder eine Behinderung durch Rahmenspanten vermieden. Der Kragträger, d. h. der verstärkte Balken selber, hat das ganze aus der Belastung entstehende hohe Moment aufzunehmen. Es erweist sich als notwendig, der konstruktiven Ausbildung der Portalecke eine besondere Beachtung zuzuwenden. Man findet häufig, daß die untere Gurtung eine kreisförmig ausgebildete Kontur aufweist. In der unteren, auf Druck hoch beanspruchten Gurtung entstehen dadurch in bekannter Weise radial gerichtete Ablenkungskräfte, die um so größer sind, je kleiner der Krümmungsradius ist (s. Bild 10). Die äußeren Teile des Gurtes wollen sich der Verkürzung entziehen, so daß eine Verlagerung der Spannungen von außen nach innen und damit ein Spannungsanstieg in den mittleren Gurtteilen unter dem Steg erfolgt. Der Gurt versucht auszuweichen, und somit wird die Sicherheit der Konstruktion zu einem Stabilitätsproblem. Die auslenkenden Kräfte können schon bei niedrigen Beanspruchungen so groß werden, daß der Zusammenbruch des Trägers eintritt. Es erweist sich daher als notwendig, den Gurt in kurzen Abständen durch angesetzte Knie gegen radiale Verschiebung zu sichern, ebenso, wie es zweckmäßig ist, den Querschnitt des Druckgurtes durch schmale Streifen von entsprechend großer Dicke zu gewinnen. Als bessere Lösung erscheint die eckig ausgeführte Konstruktion (Bild 11), bei der die in den Ecken entstehenden Kräfte durch Stützstege aufgefangen werden. Diese Konstruktion stellt eine eindeutige Lösung dar und behebt weitgehend die Gefahr, die untere Gurtung ausweichen zu lassen. Die Sicherung der Gurtung gegen Verbiegen durch die Ablenkungskräfte ist nicht die einzige Maßnahme, die sich zur Erhaltung der Stabilität des Systems als notwendig

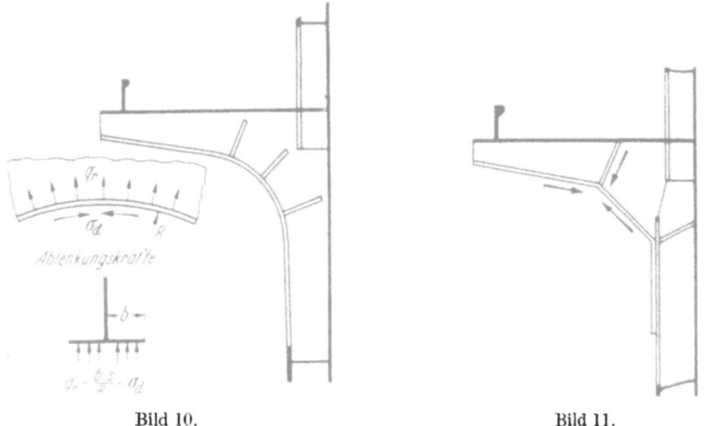

Bild 10.   Bild 11.

erweist. Auch der Gesamtträger, dessen innere freie Gurtung nahezu über die ganze Länge durch Druck beansprucht ist, muß gegen Kippen gesichert werden. Die Kippgefahr hängt ab von der Höhe des Trägers und von der Größe des Trägheitsmomentes des Gurtes in der Querrichtung. Sie ist um so größer, je höher der Träger und je kleiner dieses Trägheitsmoment wird. Bei hohen Trägern werden daher innerhalb der hoch beanspruchten Lukenecke Knie möglichst über ein ganzes Spantfeld so anzuordnen sein, daß die zur Verhinderung des Kippens notwendigen Stützkräfte mit Sicherheit aufgenommen werden.

Erörterung.

Dr.-Ing. **H. Roester,** Bremen-Vegesack (Dankwort).

Da keine Diskussionsmeldungen vorliegen, spreche ich Ihnen, Herr Professor Hansen, zugleich im Namen der Versammlung meinen aufrichtigen Dank für Ihren interessanten Vortrag aus; ich bin überzeugt, daß die von Ihnen dargelegten Festigkeitsfragen dem Konstrukteur in der Praxis manche wertvolle Anregung geben werden. (Lebhafter Beifall.)

XIV. Leichtmetall im Schiffbau.

Von Dir. Dipl.-Ing. **W. Fiedler,** Brackwede.

Aluminium und seine Legierungen, Leichtmetall schlechthin genannt, sind wegen ihrer hervorragenden Eigenschaften, des geringen spezifischen Gewichtes, der großen Korrosionsbeständigkeit, des unmagnetischen Verhaltens und der vielseitigen Verarbeitungsmöglichkeiten ein für den Schiffbau geradezu prädestinierter Werkstoff.

Das alliierte Verbot und in den Jahren vorher die Verwendung des Werkstoffes Aluminium und seiner Legierungen fast ausschließlich für rüstungswichtige Verwendungszwecke dürften die Ursache sein, warum Deutschland heute noch so verhältnismäßig weit hintan steht gegenüber den westlichen Schiffbauländern, ferner auch ungenügende Kenntnis dieses Werkstoffes, ja oftmals Voreingenommenheit und Skepsis.

Ein weiterer Grund ist in Fehlschlägen zu suchen, die vor über 20 Jahren und in der Folgezeit eintraten, als man aus Festigkeitsgründen Dur-Legierungen verwendete, ohne genügend Erfahrungen hinsichtlich deren Seewasserbeständigkeit zu haben.

Die ehemalige deutsche Kriegsmarine hat in steigendem Maße Gebrauch von dem neuen Werkstoff gemacht.

Bei unserer Handelsmarine stehen wir praktisch erst am Anfang. Schwierigkeiten liegen in den hohen Preisen für Werkstoff und Verarbeitung. Dringend notwendig ist aber auch eine ständige

Bild 1. Geschweißtes LM-Boot.

Aufklärung über den Werkstoff, seine Eigenschaften und die erwähnten Schwierigkeiten. Mein heutiger Vortrag verdient besser den Untertitel: „Wo steht das Leichtmetall heute im Schiffbau?"

Ich komme aus leichtmetallverarbeitenden Kreisen und will über dieses Gebiet sprechen. Ich will einige Anwendungsgebiete bringen und schließlich mich mit den Verbindungsverfahren im Prinzip beschäftigen.

Die Überlegenheit des Leichtmetallbootes gegenüber den Holzbooten mit ihrer leichten Zerstörbarkeit durch Stoß und Brand und ihre Empfindlichkeit gegen Temperaturschwankungen, sowie gegenüber den Stahlbooten mit derem hohen Gewicht und Korrosionsanfälligkeit wird heute wohl allerseits anerkannt.

In England gibt es über 1000 Leichtmetallboote, auch in den USA, Frankreich, Italien, Holland und den skandinavischen Staaten sind solche Boote stark vertreten und im Vordringen. Es gibt dort Werke, die sich ausschließlich mit dem Bau von Leichtmetallbooten beschäftigen. Man verfügt über lange Erfahrungen und kann daher Garantien geben, sogar bis zu 25 Jahren. Der Leichtmetallbootsbau wurde der Größe nach sowohl nach oben als auch nach unten betrieben. Beispiele sind die 600-t-Kähne vom „Themse-Typ" oder Sportboote der Societá Pio Ongaro in Monfalcone mit einem Gewicht von 52 kg. Letztere befördern 4—6 Personen und machen 8 Knoten in der Stunde.

Der Leichtmetallbootsbau hat im westlichen Ausland eine unumstrittene Position errungen.

Der Leichtmetallbootsbau in Deutschland steckt zweifellos noch in den Anfängen was die Zahl anbelangt, weniger, was die Konstruktion anbelangt.

Einige Boote wurden im Plattengang genietet hergestellt.

Ein großer Fortschritt in zweifacher Hinsicht wurde getan, als man zur Schalenbauweise und Schweißung überging. Die Schalenbauweise ist festigkeitsmäßig ideal, ermöglicht Weglassung der Spanten und erzielt damit erhebliche Gewichts- und Arbeitsersparnis. Die Gewichtsersparnis wird gesteigert durch die Schweißung. Die Schweißung wurde ermöglicht durch das korrosionsfreie Argonarc-Schweißverfahren. Es konnten so zum erstenmal hundertprozentig geschweißte Leichtmetallboote in der Schalenbauweise, also als Preß-Schweiß-Konstruktion, gebaut werden (Bild 1). Über die Ausführung wurde in der deutschen Fachpresse eingehend geschrieben. Das leere Boot ist

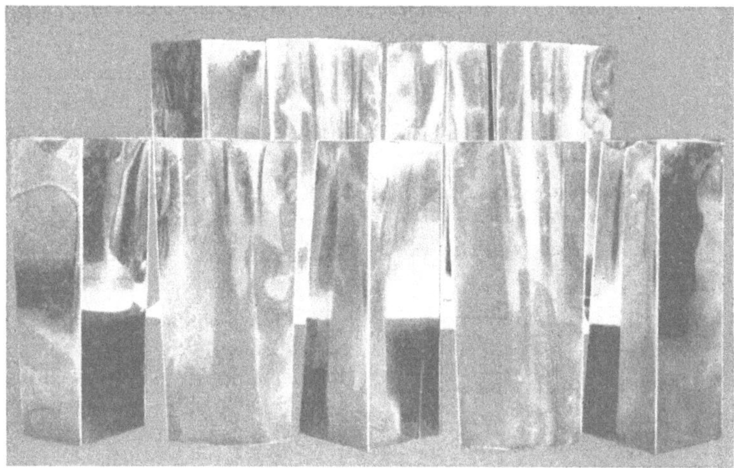

Bild 2. Geschweißte LM-Lufttanks.

Bild 3. Geschweißte LM-Davits.

etwa 40% leichter als ein gleich großes Stahlboot und etwa 24% leichter als ein Holzboot. Inzwischen wurde weiter entwickelt, indem Wallschiene, Abweiser und Scheuerleiste in Holz ausgeführt werden. Diese deutsche Bauweise ist als bahnbrechend anzusprechen.

Leichtmetallboote mit einer Bootsschale, die in zahlreiche „Diagonalschnitte" zerlegt ist, dürften durch die vielen Schweißnähte zu weich sein. Eine laufende wissenschaftliche Untersuchung wird diese Frage endgültig klären.

Es wurden darüber hinaus auch in Deutschland vereinzelt größere und kleinere Boote hergestellt.

Man kann noch nicht sagen, daß der deutsche Leichtmetallbootsbau sich so unbestritten wie im Ausland durchgesetzt hat.

Lufttanks aus Leichtmetall an Stelle von Yellow-Metall sind letzteren in jeder Hinsicht überlegen (Bild 2). Ein neuartiger Schaumstoff, Moltopren genannt, ermöglicht ein Ausschäumen und damit ein Sinkfestmachen auch bei Leckagen.

Die andere Entwicklung sind die ersten in Deutschland voll geschweißten Schat-Davits aus Leichtmetall; für Deutschland ein Novum (Bild 3).

Bild 4. LM-Fallreep.

Fallreeps und Gangways haben sich in Deutschland am meisten durchgesetzt, sicherlich bedingt durch die Gewichtsersparnis von 50%.

Ausländische Fallreeps haben einen Holm aus Rohr oder aus Winkelprofilen.

In Deutschland setzen sich als typische Leichtmetallkonstruktion solche mit Holmen aus hohlen Strangpreßprofilen durch (Bild 4). Durch Armierung des gefährdeten unteren Drittels wird die Stoßkraft beim Bootanlegen aufgefangen. Auch hier kann Moltopren zur Armierung als tragender Konstruktionswerkstoff gut verwendet werden.

Dieselbe Konstruktionsbauart ist auch beim Gangway gewählt, dadurch ist diese Konstruktion schwimmbar und bietet Personen bei eventuellen Unglücksfällen einen Halt. Ein solches Gangway beträgt nur 30—40% des Gewichtes der normalen Eisen-Holz-Ausführung (Bild 5).

Eine sehr moderne Konstruktion ist ein nach dem Prinzip des Zentralrohrrahmens gebautes Gangway (Bild 6).

Daneben gibt es Landgänge, deren Holm ein Stegblech mit Ober- und Untergurt oder eine Gitterkonstruktion ist. So sind sie auch im Ausland.

Ein verbreitetes Anwendungsgebiet im Ausland sind Schornsteine, weil große Gewichtsersparnis an sehr erwünschter Stelle.

Für ein italienisches Schiff beträgt z. B.

Stahlausführung . . . . 7,76 t
Leichtmetallausführung . . 3,29 t
mithin Gewichtsersparnis 4,47 t.

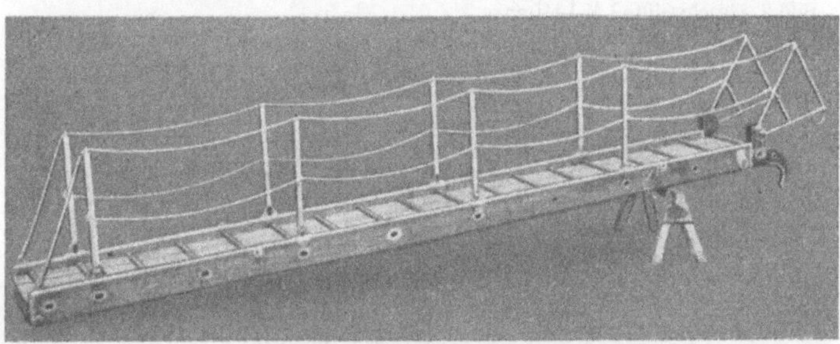

Bild 5. LM-Gangway (geschweißt).

Bild 6. LM-Gangway (ungeschweißt).

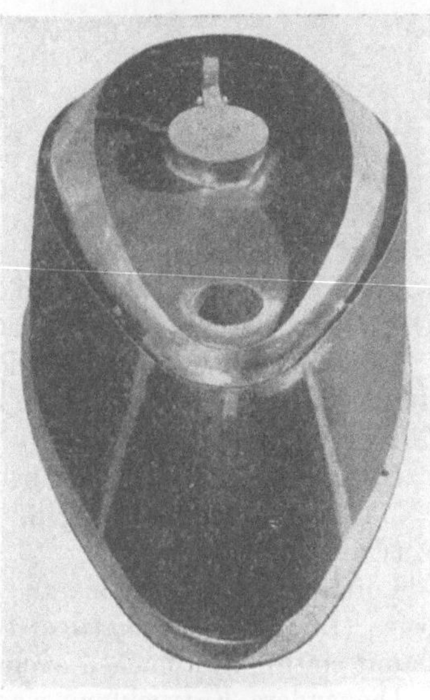

Bild 7. LM-Schornsteinmaske.

In Deutschland wurden bisher einzelne Schornsteinummantelungen bei der Kriegsmarine und vereinzelte Schornsteinmasken für Binnenmotorschiffe zum Einsatz gebracht (Bild 7).

Masten aus Leichtmetall können außergewöhnlich gewichtssparend gebaut werden. Die „Stockholm" hat beispielsweise einen Leichtmetallmast.

Im Inland ist man zur Zeit mit theoretischen Überlegungen beschäftigt, es wurden aber auch schon klappbare Mastspitzen ausgeführt (Bild 8).

Lukendeckel sind oft genannte Beispiele, im Ausland schon mehr als Selbstverständlichkeit. In Deutschland erste Versuche bei der „Heddernheim" und bei den Rhenaniaschiffen (Bild 9, 10).

Über Inneneinrichtungen, wie Verschalungen, Fensterrahmen und -blenden, Türen, Geländer, Luftschächte bis zu den Aufbauten, im Einsatz des Leichtmetalls also als Konstruktionswerkstoff, kommen wir zum größten Anwendungsgebiet dieses Metalls im Schiffbau überhaupt. Der ausländische Schiffbau steht

Bild 9. LM-Lukendeckel (Hochseeschiff).

Bild 8. LM-Mastspitze.

Bild 10. LM-Lukendeckel (Binnenschiff).

mitten in dieser Entwicklung. So beträgt z. B. bei einem Passagierlinienschiff von 16 000 BRT das B-Prom.- und Sportsdeck bei Stahl 1370 t, bei Leichtmetall 627 t, mithin Gewichtsersparnis 745 t. Diese Gewichtsersparnisse wirken sich unmittelbar auf die Schiffseigenschaften und die Rentabilität aus. Das Schiff wird leichter, hat weniger Verdrängung, der Gewichtsschwerpunkt rückt tiefer, die metazentrische Höhe steigt. Es kann die Schiffsbreite verringert und die Antriebsleistung verkleinert werden. Die Wirtschaftlichkeitsrechnung hat das entscheidende Wort zu sagen. Dies gilt aber auch für alle anderen Anwendungsgebiete und kann nicht genug unterstrichen werden. Eine möglichst breite Erörterung und Durchrechnung von Beispielen in der Fachpresse sowie bei Vorträgen ist für die weitere Leichtmetallentwicklung im Schiffbau ausschlaggebend.

Als Beispiel die „United States", in die insgesamt 700 t Leichtmetall eingebaut worden sind. Der Gesamtpreis konnte gegenüber Ganzstahlausführung gesenkt und bei 53 000 BRT die gleiche Passagierzahl untergebracht werden, wie bei den Schiffen der Queenklasse mit je 82 000 BRT.

Fragen der Verbundbauweise zwischen Leichtmetall und Stahl werden beherrscht.

Die Sektionalbauweise gestattet die Anfertigung der einzelnen Baugruppen in Spezialwerken, selbst im Binnenlande.

In Deutschland war bahnbrechend die Kriegsmarine.

Im Handelsschiffbau haben wir zur Zeit noch nichts Gleichwertiges zu bieten. Die Kompaßzone oder Verschalungen werden aus Leichtmetall vereinzelt ausgeführt, aber jener bewußte großzügige Einsatz als Konstruktionswerkstoff ist bei uns bisher nicht zu verzeichnen. Doch sind recht beachtliche und brauchbare Anfänge vorhanden. Natürlich ist auch eine Umstellung in der gesamten Einstellung zum Leichtmetall notwendig.

Ein großes Anwendungsgebiet für das Leichtmetall ist das Fischereiwesen. In England, Island und Holland gehört zu einem modernen Fischdampfer einfach ein Leichtmetallfischraum. Auch Fischtransportmittel verschiedener Art haben sich durchgesetzt.

In Deutschland haben wir in der „Arktis" den ersten Ganzmetallfischraum (Bild 11). Außerdem werden zur Zeit die Fischräume einiger in Deutschland aufgelegter kleinerer türkischer Fischtransportschiffe mit Leichtmetall ausgekleidet (Bild 12). Im übrigen wird bei uns aber noch immer kräftig über das Für und Wider dieser Neuerungen debattiert, obzwar diese vom Ausland bereits als klare Erfolge bezeichnet werden. Doch wird in der Stille tüchtig weiter entwickelt. Ergebnis

Bild 11. LM-Fischraum („Arktis").

Bild 12. LM-Fischraum („Cihan").

ist u. a. ein neuentwickeltes Höhenscherbrett, das die Erprobung und Bewährung bereits hinter sich hat und im übrigen auch ein Anwendungsgebiet für Moltopren als tragenden Konstruktionswerkstoff bietet (Bild 13a, b).

Darüber hinaus gibt es natürlich für das Leichtmetall noch Anwendungsgebiete im Schiffsmaschinenbau und in der Schiffselektrotechnik, doch dort mehr als durchaus brauchbarer Austauschwerkstoff.

Zu erwähnen ist noch der Hafenbau, bei dem Leichtmetall mitunter vorteilhaft verwandt werden kann. Bekannt ist die Klappbrücke von Sunderland und das neue Teleskop-Gangway von Southampton.

In Deutschland sind wir ebenfalls auf diesem Gebiet bereits tätig, z. B. ein Gangway von 27 m Länge für den gleichen Verwendungszweck wie in Southampton (Bild 14). Ein anderes Beispiel ist die Laterne des Hafenfeuers eines deutschen Hafens, wo die korrosionsfeste und leichtere Leichtmetallausführung die bisherige Kupferausführung natürlich aussticht (Bild 15). Beide Projekte sind ausführungsbereit.

Im zweiten Teil soll Grundsätzliches über die Verbindungsverfahren gesagt werden.

Am verbreitetsten ist zur Zeit außer dem Schrauben ohne Zweifel das Nieten, womit der fortschrittliche Werkstoff sich auffallenderweise nicht gerade des modernsten Verbindungsverfahrens bedient.

Grundsätzlicher Unterschied zwischen Stahl- und Leichtmetallnietung besteht darin, daß erstere durch Klemmspannung, letztere dagegen durch den Lochleibungsdruck wirksam wird.

Für die Lebensdauer einer Leichtmetallnietung ist die Beachtung der Korrosionsfrage von außerordentlicher Wichtigkeit. So ist es erforderlich, daß der Leichtmetallniet möglichst der gleichen

Bild 13a. LM-Höhenscherbrett (Vorderseite).

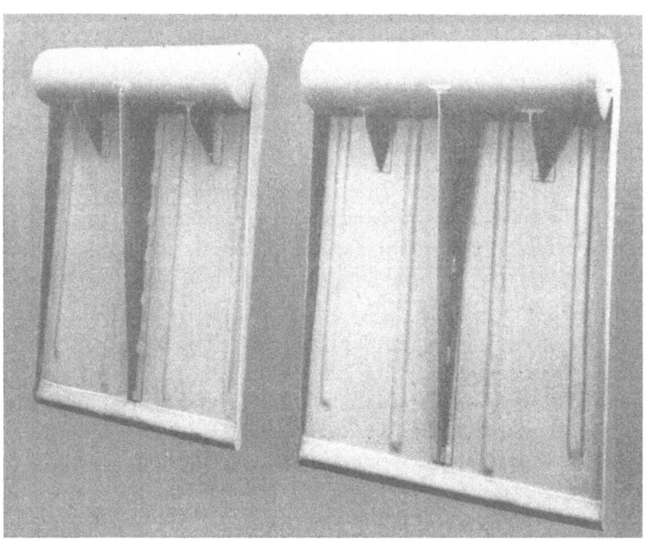

Bild 13b. LM-Höhenscherbrett (Rückseite).

Bild 14. LM-Großgangway.

Legierung angehört. Bei verschiedenen zu vernietenden Legierungen sind diese gegeneinander zu isolieren.

Wichtig ist der Härtegrad des Nietwerkstoffes, und zwar soll er etwas niedriger sein als der der zu verbindenden Bleche.

Bei der Konstruktion von Leichtmetallnietverbindungen muß man besonders beachten:

1. Scharfe Übergänge vermeiden.

2. Dem stärkeren Arbeiten von Leichtmetallkonstruktionen Rechnung tragen.

3. Niete in neutrale Faser verlegen.

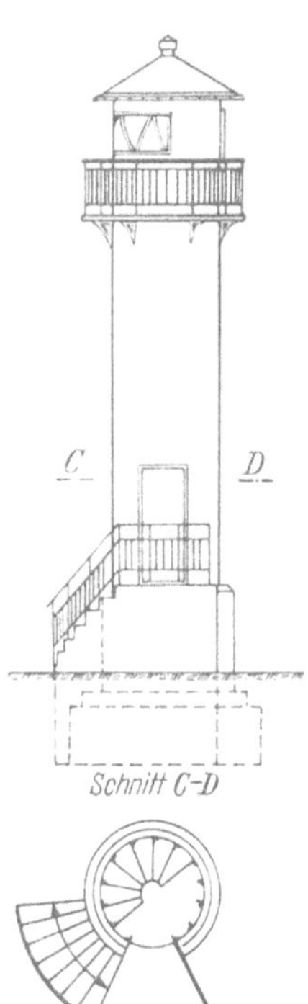

Bild 15. LM-Hafenlaterne.

4. Der durch Nietlöcher geschwächte Querschnitt darf nur 60—70% der Blechquerschnitte betragen.

Verbundkonstruktionen zwischen Stahl und Leichtmetall erfordern besondere Aufmerksamkeit:

1. Bei Überwiegen des Leichtmetalleinsatzes Leichtmetallniete nehmen.

2. Bei Verwendung von Stahlnieten Setzköpfe auf die Leichtmetallseite legen und verzinkte, besser verkadmete Unterlegscheiben anordnen.

3. Berührungsflächen zwischen Leichtmetall und Stahl isolieren.

4. Warmnieten vermeiden wegen der Ausglühung der Nietlochrandzone des Leichtmetalls.

Nieten von kalten Leichtmetallnieten erfordert eine viel größere Kraft als Warmstahlniete. Das Studium der einschlägigen Literatur ist sehr zu empfehlen, um Rückschläge zu vermeiden. Auf Erfahrungen bzw. Beobachtungen in der Praxis erst in der letzten Zeit wird besonders hingewiesen.

Ein dem Leichtmetall eigenes Verbindungsverfahren ist das Kleben. Durch Kunstharzklebestoffe lassen sich hochwertige Verbindungen herstellen. Besonders bei hochfesten Aluminiumlegierungen angebracht, deren Festigkeit durch die Wärmeeinwirkung beim Schweißen beeinträchtigt wird. Besondere konstruktive Gesichtspunkte sind zu berücksichtigen, Kräfte werden im wesentlichen durch Schub übertragen. Es kommt also auf die Schubfestigkeit des Klebestoffes an. Diese liegt bei 100—200 kg/qcm. Die Klebefläche ist abhängig von der Blechdicke und soll nach einer Faustformel das 15- bis 20fache derselben sein.

Unter anderem hat IG.-Farben einen Kleber entwickelt. Bringt man nämlich Desmodur und Desmophen zur Reaktion, so entstehen Schäume, die je nach Mischungsgrad und Zusatz von Aktivatoren und weiteren Zusatzmitteln eine ganze Skala von Leichtstoffen geben, die unter dem Namen Moltopren zusammengefaßt werden. Wir erhalten so z. B. Kleber für Leichtmetall oder ein hervorragendes Korrosionsschutzmittel oder einen tadellosen Isolierstoff oder einen ausgezeichneten Konstruktionswerkstoff.

Dieser Leichtstoff Moltopren mit einem Raumgewichtsbereich von 30—300 kg/cbm je nach Mischungsverhältnis mit hervorragenden chemischen und physikalischen Werten verdient höchste Aufmerksamkeit.

Über das Schweißen ist zu sagen:

1. Die für den Schiffbau wegen ihrer Korrosionsbeständigkeit ausschließlich in Frage kommenden Legierungen der AlMg-Reihe sind gut schweißbar. Der Festigkeitsabfall beträgt in der Regel 1 kg/qmm.

2. Nur das Argonarc-Schweißverfahren und seine weiteren Entwicklungen kommen als Verbindungsverfahren wegen ihrer Fähigkeit, ohne Flußmittel arbeiten zu können und somit korrosionsfreie Nähte zu liefern, in Betracht. Auch wird dieses Schweißverfahren den Werkstoffeigenschaften des Leichtmetalls am besten gerecht. Es gestattet ferner die Zwangslagenschweißung senkrecht und überkopf und somit das Montageschweißen.

3. Somit sind geschweißte Leichtmetall-Konstruktionen im Schiffbau den Nietkonstruktionen ebenso überlegen, wie dies im Stahlschiffbau der Fall ist.

Für die Wirtschaftlichkeit dieses Schweißens unter Schutzgas ist der Argonverbrauch und der Argonpreis entscheidend. Die Argonpreisgestaltung ist für die Verbreitung dieses Schweißverfahrens entscheidend. Eine wissenschaftliche Kontrolle der Schweißer durch sich regelmäßig wiederholende Prüfungen und röntgenologische Stichproben der Schweißnähte halte ich für unerläßlich.

Die Anwendung des Schweißens sehe ich im Schiffbau überall dort, wo frei von Zugluft gearbeitet werden kann. Die Entwicklung ist so, daß entsprechend der heutigen modernen Fabrikationsmethode im Stahlschiffbau, in Leichtmetallwerkstätten, getrennt von Stahl und anderen Metallen, die Schweißkonstruktionen weitestgehend fertiggestellt und dann an Bord vernietet werden. Auch ist das Schweißen an Bord möglich, wenn man Zugluft vermeiden kann. Fischraumauskleidungen mußten naturgemäß an Bord geschweißt werden, was ohne jede Schwierigkeit geschah. Das Kleben und Schrauben kommt m. E. für die Innenarchitektur an Bord in erster Linie in Frage.

Das Wesen und die Technik der Argonarc-Schweißerei möchte ich in einem Kurztonfilm vorführen.

Schlußbetrachtung.

1. Es wurde dargelegt, daß der Leichtmetallschiffbau im Ausland heute bereits eine unumstrittene Position einnimmt, und man kann direkt von einer Leichtmetallepoche sprechen.

2. Es mußte demgegenüber festgestellt werden, daß hinsichtlich der Anwendung von Leichtmetall im Schiffbau Deutschland erst am Beginn der Entwicklung steht.

3. Es konnte aber auch festgestellt werden, daß in Deutschland Leichtmetallkonstruktionen entworfen wurden, die sowohl hinsichtlich ihrer konstruktiven Reife als auch hinsichtlich der zur Anwendung kommenden Fertigungsmethoden dem modernsten Stand der Technik entsprechen, die man als wegweisend schlechthin bezeichnen kann.

4. Die STG. hat für Leichtmetall und Sonderwerkstoffe einen besonderen Arbeitsausschuß gegründet, dessen Aufgabe es ist, die optimalen Anwendungsgebiete für diese neuen Werkstoffe festzustellen und dem deutschen Schiffbau das notwendige Rüstzeug an Hand zu geben.

Korreferat.

Dr.-Ing. **E. Foerster,** Hamburg.

Kleinere Frachtschiffe rechtfertigen wirtschaftlich nicht unmittelbar den Einsatz von Leichtmetall mit Ausnahme für die Bauteile in der 8-m-Umgebung von Magnetkompassen. Ausnahmen bilden die Fischdampfer mit ihrer vorteilhaften Auskleidung und Einrichtung der Fischräume in Leichtmetall. Auch zusätzliche Ruderhäuser sind vielen Fischdampfern in Leichtmetall wegen der besseren Sicht nach vorn gegeben worden.

Überall da, wo die Stabilitätsfrage hineinspielt, steht die wirtschaftliche Rechtfertigung für Leichtmetall auf einer anderen Ebene.

Über diesen Kernpunkt der Frage des Leichtmetalls bringt der Korreferent eine Reihe drastischer Beispiele für den wirtschaftlichen Einsatz von Leichtmetall und behandelt dann die gleiche Frage für Schiffe auf beschränkten Fahrtiefen, wobei wieder neue Gesichtspunkte in Betracht kommen. Auch hier bringt der Korreferent einige Beispiele — alles begleitet von insgesamt neun charakteristischen Lichtbildern.

Dann behandelt das Korreferat einen eigenen Vorschlag, der mit bewußter Tendenz den starken Einfluß kennzeichnen soll, den der Leichtmetalleinsatz auf die Schiffskonstruktion zur Erreichung beachtlicher Vorteile bei mittelgroßen Frachtschiffen mit Antriebsanlagen von etwa 4000 PS ausüben kann. Der Korreferent weist darauf hin, daß es über die technisch und wirtschaftlich zweckmäßigste Anordnung der Antriebsanlage mittschiffs oder hinten verschiedene Ansichten und Begründungen gibt, wobei die Entscheidung dem Reeder zufällt. Nunmehr wird der Vorschlag gemacht, die Primäranlage eines diesel- oder turboelektrisch angetriebenen Frachtschiffes gänzlich aus dem Unterraum zu entfernen und sie auf das höchste durchlaufende Deck zu stellen. Eine entsprechende Prinzipskizze für ein derartig bearbeitetes Projekt legt der Korreferent vor und sieht darin folgende Vorteile für den Reeder:

1. Die Maschinenanlage wird in Licht und Luft versetzt, so daß die Lüftung des Raumes und die Bedingungen für den Betrieb und das Bedienungspersonal ideale werden.

2. Die Anlage wird dem Zugriff des Wassers bei Leckagen der Unterräume völlig entzogen; sie bleibt bei jeder Leckage und auch bei erheblicher Schlagseite betriebsfähig.

3. Mit der Entfernung der Anlage aus dem Unterraum wird ein beträchtlicher Laderaumzuwachs an bester Stelle des Schiffes erzielt, und zwar noch gut bedienbar von den zugehörigen Luken aus.

An Hand des Projektbildes werden die Konstruktionsfragen im einzelnen erörtert und erklärt, daß die Erhöhung des Gesamtschwerpunktes des seefertigen Schiffes mit Brennstoff und Wasser mehr als ausgleichbar wird durch die Ausführung folgender Teile des Oberschiffes in Leichtmetall, wobei es sich um ein Schiff von 110 m Länge, 15,5 m in 16 m Breite, 9,5 m Seitenhöhe bis Shelterdeck, 6,8 m Seitenhöhe bis Hauptdeck handelt. In Leichtmetall wären auszuführen: alle Decksaufbauten, Boote, Bootsdavits, Masten, Ladepole, Lukendeckel, alle Geländer, Motorraumgrätings, Schalldämpfer, Leitern, Treppen innen und außen usw. Die Zunahme an Gewichtstragfähigkeit von etwa 45 t und der große Laderaumgewinn bilden die Kreditseite des Projektes, der die Mehrkosten für das Leichtmetall und vielleicht eine mäßige Verteuerung der Maschinenanlage und ihrer Fundamentierung durch die Schotten der Brennstofftanks im Hauptdeck gegenüberstehen. Einstweilen wird angenommen, daß der E-Motor hinten unten im Schiff verbleibt. Man kann ihn auch in einem hinteren Decksaufbau aufstellen und seine Leistung durch ein Gestänge und zwei Kegelradpaare nach unten übertragen.

Der Korreferent verweist darauf, daß der Gedanke der Aufstellung der Hauptmaschine mit derartiger mechanischer Übertragung schon in einem früheren britischen Patent verankert ist, und daß kompromißliche Zwischenlösungen, die er näher kennzeichnet, auch schon bekannt sind, aber nicht die radikale Lösung, wie hier vorgeschlagen.

Zum Schluß dankt der Korreferent der AEG, welche schon vor einem Jahrzehnt dieses Projekt im turboelektrischen Sinne einmal mitbearbeitet hatte und jetzt wieder durch Hergabe von Größen- und Gewichtsangaben der Maschinerie die Ernsthaftigkeit der Bearbeitung sichergestellt hat. Dem Schiffsreeder Heinrich Gehrckens dankt der Korreferent für dessen besonderes Interesse an dieser Bearbeitung und für praktische Fingerzeige von der Reedereiseite her.

Erörterung.

Dipl.-Ing. **Theodor Domes,** Wilhelmshaven.

Die Bedeutung des Leichtmetalls für die Inneneinrichtungen, für die Wegerung und Isolierung ist vom Standpunkte der Gewichtsersparnis und ebenso vom hygienischen Standpunkte für alle, die ihre Erfahrungen bei der Kriegsmarine sammeln konnten, so einwandfrei, daß auch die letzten Bedenken über geringere Wohnlichkeit als überholt gelten können. Wenn es aber um Aufbauten aus Leichtmetall geht, so werden doch zum Teil gewichtige Gegengründe ins Feld geführt. Denn die nennenswerte Gewichtsersparnis wird mit einem ansehnlichen Mehrpreis erkauft, der praktisch nur dann gerechtfertigt werden kann, wenn die Gewähr gegeben ist, daß auch die Lebensdauer befriedigt.

Ich bin durch besondere Umstände in der Lage, auch auf diesem Gebiete ein sehr positives Urteil abgeben zu können. Wie Herr Direktor Fiedler bemerkte, hat die Kriegsmarine vor dem Kriege einige Leichtmetallaufbauten ausführen lassen.

Im Jahre 1939 wurden die Flottenbegleiter F 6, F 3 und F 1 zu Führerschiffen für die Zerstörer bzw. Minensuchboote umgebaut und mußten dabei Raum für den umfangreichen Stab und die Führungsaufgaben erhalten, so daß das bisherige Oberdeck zum Zwischendeck wurde und darüber die Back als neues Oberdeck bis achtern durchgezogen wurde. Diese Mehrgewichte sowie die durch die Führungsaufgaben gegebenen Anforderungen an die Brücke mit zum Teil großem Kartenraum beeinflußten die Stabilität dieser Fahrzeuge so sehr, daß angeordnet worden war, den gesamten Brückenaufbau einschließlich Schanzkleid, Signaldeck und Reling aus Leichtmetall auszuführen. Dabei waren direkte Wünsche bezüglich des zu verwendenden Materials geäußert worden, welche das Problem noch erschwerten. Außerdem stand nur eine beschränkte Zeit zur Verfügung, so daß an Sonderprofile nicht gedacht werden konnte.

Für den bisher nur im Stahlschiffbau geübten Konstrukteur war die Aufgabe gewiß sehr reizvoll, doch waren die ersten Informationen seitens der Hersteller von Leichtmetall geradezu entmutigend. Einstimmig wurde auf die großen Schwierigkeiten hingewiesen und die Vorlage der Zeichnungen zur Begutachtung und Beratung verlangt. Das war aber aus verschiedenen Gründen nicht möglich, so daß das ganze Problem selbständig durchgearbeitet werden mußte. Dabei erwiesen sich die erreichbaren Unterlagen, besonders das Aluminiumtaschenbuch und die Behandlungsvorschriften der Erzeugerfirmen, als sehr wertvoll und brauchbar.

Nachdem diese Boote fünf Jahre im Einsatz waren, hatte ich die für einen Konstrukteur so seltene Gelegenheit, mich von der Gelungenheit der Arbeit eingehend überzeugen zu können. Der erste Eindruck auf F 6 war so, daß man von einem neuwertigen Zustand sprechen konnte. Die Besatzung hatte nicht einmal das Gefühl, daß hier ein besonderer Werkstoff verwendet worden war. Als später die Brücke durch eine Bombe getroffen worden war, konnte ich bei der Reparatur und dem Ersatz der beschädigten Teile aber noch genauer untersuchen und feststellen, daß nach diesen fünf Jahren auch mit einer starken Lupe keine Korrosionserscheinungen zu erkennen waren. Ich kann mir daher wirklich vorstellen, daß für solche Bauteile eine langjährige Lebensdauer garantiert werden kann. Dabei sehe ich das Problem nicht so sehr im Material als besonders in der Verarbeitung, worauf ich besonders hinweisen möchte.

Verwendet wurden für diese Aufbauten (ich hatte erwähnt, daß es vorgeschrieben war) Duralplat, also mit Reinaluminium plattiertes Material der Gruppe Al-Mg-Cu, und zwar Platten von 4 mm Dicke. Dieses Material hat praktisch die gleiche Festigkeit wie unser üblicher Schiffbaustahl, nämlich 38—42 kg/mm², was zur höchsten Einsparung an Gewicht erforderlich war. Die Profile, und zwar Winkel, Rohre und Rundmaterial, waren aus Hydronalium Al Mg 9 von etwa 35 kg Festigkeit.

Als Verbindungselemente mußten alle Möglichkeiten ausgenützt werden: Nietung, Schweißung und Schraubenverbindung. Festigkeitsmäßig war zu berücksichtigen, daß auf Achterkante in Höhe Signaldeck die Bäume für die schweren Verkehrsboote angeschlossen wurden, also ansehnliche Kräfte sicher aufgenommen werden mußten. Das Hauptaugenmerk wurde auf die möglichste Ausschaltung jeder Kontaktverbindung gerichtet. Das eiserne Süll auf Oberdeck wurde ebenso wie die Anschlußteile der Bootsbäume phosphatiert und nach Schutzanstrich und Isolierung mit Schadebinde mit ebenfalls phosphatierten Schrauben die Verbindung zum Leichtmetall hergestellt. Ebenso wurden sämtliche elektrischen Leitungen nur mit gleichartig isolierten Schellen befestigt. Die Leichtmetallverbände wurden, soweit möglich, genietet; verwendet wurden Nieten aus Dural, welche weichgeglüht sich gut schlagen lassen und später durch Aushärten gute Festigkeitseigenschaften erreichen. Das Schanzkleid erhielt eine auf Kante aufgeschweißte Garnierung aus Rohr. Diese Arbeit brachte die größte Schwierigkeit; wir mußten zu einer unterbrochenen Schweißung übergehen, weil sich auf der ganzen Länge zu starke Erwärmungen ergaben. Ebenso wurde die Leiter zum Signaldeck und die Reling darauf aus Rohrstützen, Rohrhandlauf und Rundmaterialdurchzügen bzw. -tritten ganz mit Hydronalium geschweißt, wobei sich die Schweißpulver der „Griesogen", die damals zur Verfügung standen, gut bewährten, nachdem die Schweißer entsprechend ausgebildet worden waren. Die spritzwasserdichten Türen erhielten ebenfalls die im Stahlschiffbau übliche Ausführung: Winkelrahmen, die in sich verschweißt wurden, und aus Duralplat gebördelte Türen. Leichtmetallfenster nach DIN ergänzten die Ausführung.

Nach meinen Erfahrungen damals und bei der Reparatur möchte ich folgendes betonen:

Bei entsprechender Verarbeitung lassen sich ohne Bedenken alle Anforderungen erfüllen. Biegen, Bördeln, Schweißen und Nieten bereiten keine unüberwindlichen Schwierigkeiten. Die Verbindungen mit Stahlverbänden möchte ich nur mit phosphatierten Schrauben herstellen, um die Korrosion zu vermeiden und um auch gewisse Dehnungsunterschiede zu ermöglichen. Ebenso muß bei Reparaturen gehandelt werden, wenn die betreffende Werft nicht auf die Bearbeitung von Leichtmetall vollkommen ausgerichtet ist. Solange dies noch zu den Seltenheiten gehört, wird es vielleicht notwendig sein, in einem an die Klassifikationspapiere angehefteten Vermerk den Lloydvertreter darauf hinzuweisen. Von seiten der Normung und der Industrie fehlen noch die Beschläge für Türen und Fenster aus Leichtmetall, wie überhaupt die Fenster für anspruchsvollere Ausführungen restlos fehlen.

Ich möchte noch erwähnen, daß sich die gleiche Ausführung für umklappbare Ruderhäuser auf Schleppern (mit Plexiglasfenstern) und auch für umlegbare Schornsteine durchaus bewährt hat. Der Schiffbauer ist in der Lage, mit normalen Profilen einwandfreie und dauerhafte Lösungen zu erreichen.

Dr.-Ing. **A. Müller-Busse,** Bonn.

Erlauben Sie mir bitte, die von meinen Herren Vorrednern geschilderten Beispiele für den technisch und wirtschaftlich günstigen Leichtmetalleinsatz im Schiffbau noch durch ein Weiteres kurz zu ergänzen.

Wie bereits ausgeführt, ist das geringe spezifische Gewicht von etwa 2,7 einer der markantesten Vorteile von Leichtmetall gegenüber den im Schiffbau klassischen Baustoffen Holz und Stahl. Neben der absoluten Gewichtsverminderung vermag Leichtmetall dann, wenn es für Aufbauten verwandt wird, eine häufig nicht unwesentliche Schwerpunktserniedrigung des Schiffskörpers zu bewirken.

Es hat sich daher die Werft Nobiskrug entschlossen, bei zwei für Dänemark bestimmten Schiffen von etwa 1000 tdw Leichtmetallsteuerhäuser zu verwenden, um so das Toppgewicht dieser Fahrzeuge, die verhältnismäßig hohe Aufbauten besitzen, zu reduzieren.

Die fraglichen Steuerhäuser sind in diesen Tagen von der Firma W. Schmidding, Köln-Niehl, fertiggestellt worden. Als Werkstoff hat man die der Gattung Al-Mg-Mn angehörende Legierung KS-Seewasser gewählt. Für die Außenhaut sind 6 mm dicke Bleche im halbharten Zustand eingesetzt. Die Festigkeitswerte betragen dabei im Mittel:

Streckgrenze: 16 kg/mm²
Zerreißfestigkeit: 23 kg/mm²
Dehnung: 5%.

Für die Decksbalken und Streben wurden ebenfalls KS-Seewasserprofile, und zwar Winkel der Abmessungen 60×60×8 mm sowie 100×65×7 mm benutzt. — Die äußeren Abmessungen der Steuerhäuser sind: Vordere Breite: 5400 mm, Tiefe: 4000 mm, Höhe: 2110 mm. Das Gewicht beläuft sich auf 1,15 t; damit sind die Häuser etwa um die Hälfte leichter als eine entsprechende Stahlkonstruktion.

Die fraglichen Ruderhäuser stellen insofern ein Novum dar, als sie in ganzgeschweißter Ausführung herausgebracht sind, und zwar hat man nicht nur die Außenhaut geschweißt und dadurch eine glatte, von Überlappungen und sichtbaren Stoßstellen freie Oberfläche erhalten, sondern auch das Profilgerippe verschweißt. Säulen und Verkleidungsbleche sind durch unterbrochene Kehlnähte miteinander verbunden.

Als Schweißverfahren wurde die eben ausführlich erläuterte Argonarc-Schweißung gewählt, da sich hierbei die Anwendung eines Flußmittels erübrigt. Bei den anderen Schweißverfahren hätte eine korrosionssichere Entfernung der Flußmittelreste an der Rückseite der Kehlnähte unüberwindliche Schwierigkeiten bereitet. Selbst wenn man diesen Mißstand konstruktiv umgangen hätte, so würde die Autogenschweißung bei den verhältnismäßig planen Wand- und Deckenblechen infolge der großen Wärmeableitung zu starke Verwerfungen verursachen. Bei der Lichtbogenschweißung mit umhüllten Elektroden schließlich, wäre das Schweißen der Steh- und Überkopfnähte unmöglich gewesen, so daß die Argonarc-Schweißung in diesem Falle tatsächlich die einzige erfolgversprechende Schweißmethode war.

Bei unserem letzten Bild zeigt ein Blick in die Türöffnung des Ruderhauses die Kehlnahtverbindung Wand—Säule sowie einen Stoß der Deckenträger. Die im rechten Teil des Bildes sichtbare blanke durchlaufende Argonarcnaht vermittelt einem Schweißtechniker einen geradezu ästhetischen Eindruck.

Um Schäden durch Kontaktkorrosion zu vermeiden, waren die in zwei Hälften angelieferten Ruderhäuser an einem verzinkten Stahlsüll befestigt worden. Zwischen Zink und Aluminium besteht keine nennenswerte Potentialdifferenz.

An derartigen Berührungsstellen sind aus folgendem Grunde oberflächengeschützte Stahlniete oder -schrauben Leichtmetallverbindungselementen vorzuziehen. Nehmen wir an, daß ein blanker Leichtmetallniet in eine blanke Stahlplatte eingezogen ist, so wird sich bei Zutritt von Feuchtigkeit der galvanische Angriff auf den elektrochemisch unedleren Niet konzentrieren. Da die Stahlplatte eine weit größere Oberfläche hat als der Niet, wird dabei der Angriff eine ziemliche Intensität erreichen. Im umgekehrten Falle, wo ein blanker Stahlniet in einem blanken Leichtmetallblech sitzt, verteilt sich der Angriff auf die größere Oberfläche des Bleches und vermag keine örtliche Intensität zu erreichen. Wenn man dann eine Elementbildung praktisch dadurch noch ausschaltet, daß man den kalt zu schlagenden Stahlniet, dessen Setzkopf an der Leichtmetallseite anzuordnen ist, verzinkt oder phosphatiert, so ist eine derartige Verbindung — einwandfreien Deck- und Isolieranstrich vorausgesetzt — als absolut korrosionssicher anzusprechen.

Ing. **Franz Judaschke**, Hamburg.

Ich möchte nur eine kurze Frage stellen in bezug auf die Leichtmetallboote. Herr Direktor Fiedler sagte: Die Holzboote seien auch gegen Stoß empfindlicher und weniger dauerhaft als die Leichtmetallboote. Worauf begründet sich diese Meinung? Im Lichtbild werden Leichtmetallboote in deutscher Ausführung gezeigt (Rettungsboote), die außen armiert sind, teilweise sind auch feste Fender bzw. Wallschienen vorgesehen, die darauf hindeuten, daß die Boote ohne diese Armierung gegen Stoß nicht auskommen.

Aus meiner Praxis mit Hafenbooten, die häufig auf Grund und Steinen sitzen (Tide), kann ich nur sagen, daß unsere Holzboote in karveeler Bauart sich bestens bewährt haben bei einer Lebensdauer von 20, 30 und mehr Jahren. Ich zweifle daran, daß Arbeitsboote in Leichtmetall diese Zeiten ohne Beulen und Grundschäden überstehen.

Direktor Dipl.-Ing. **Wilhelm Fiedler** (Schlußwort).

Es freut mich außerordentlich, daß so viele positive Äußerungen in der Diskussion gefallen sind, obzwar ich glaube, daß auch manche andere Einstellung hier im Saale vorhanden ist. Zu dem von dieser Seite gemachten Einwand über die bessere Haltbarkeit der Holzboote möchte ich auf die langen Erfahrungen besonders in England und den Elastizitätsmodul hinweisen.

Abschließend mache ich auf unseren neuen Arbeitsausschuß aufmerksam und bitte Sie, alle Fragen und Zweifel an diesen heranzutragen. Erfreulicherweise haben sich auf Anhieb 25 Experten der Reedereien, Werften, Leichtmetall- und Kunststoffindustrie zur Verfügung gestellt, und ich bin überzeugt, daß dort heute nachmittag eine außerordentliche fruchtbare Arbeit im Interesse unseres Schiffbaues gestartet wird.

Dr.-Ing. **H. Roester** (Dankwort).

Das von dem Vortragenden und dem Korreferenten behandelte Gebiet ist zweifelsohne für den Schiffbau z. Z. von größtem Interesse. Wir Schiffbauer müssen uns unbedingt mit demselben beschäftigen, um so mehr als es zutrifft, daß das Ausland auf diesem Gebiete weiter ist als wir. In dieser Hinsicht stimmte es mich allerdings bedenklich, als ich vor einigen Tagen hörte, daß die schwedischen Behörden erwägen, Rettungsboote aus Leichtmetall nicht mehr zuzulassen. Dieses ändert aber nichts daran, daß dieses Thema sehr aktuell ist, und ich sage auch im Namen der Versammlung dem Vortragenden, dem Korreferenten und den Diskussionsrednern aufrichtigen Dank für ihre Ausführungen. (Lebhafter Beifall.)

XV. Erfahrungen mit der optischen Anreißmethode im Schiffbau.

Von Direktor **Johann Köhnenkamp**, Hamburg.

Durch Verwendung optischer Geräte das Anreißen von Schiffbauwerkstücken — Bleche und Profile für den Schiffskörper — zu vereinfachen, wurde bereits während des letzten Krieges von der Schichauwerft in Elbing mit Erfolg durchgeführt. Die hierzu verwendeten Geräte fertigte und entwickelte nach den Ideen des Erfinders die Firma Dr. Böger K.G. in Hamburg. Die Versuche waren so vielversprechend, daß auch andere Werften das Verfahren zu übernehmen bereit waren und zahlreiche Bestellungen getätigt wurden, deren Auslieferung die Kriegslage allerdings unterband, ebenso wie die weitere Auswertung der Erprobungen bei der Schichauwerft.

Die bisher gemachten Erfahrungen ließen immerhin den Schluß zu, daß auch die friedensmäßige Verwendung dieses neuen Verfahrens die Weiterentwicklung lohnen müßte. Ein so entstandenes besseres Gerät wurde dann auch etwa 1947/48 angeboten unter Beifügung des bis dahin gesammelten Erfahrungsmaterials über die Wirtschaftlichkeit und Zweckmäßigkeit, soweit es noch verfügbar war und als verwertbar angesehen werden konnte.

Es liegt auf der Hand, daß technische Neuerungen wie solche, welche mit sehr alten und eingewachsenen Einrichtungen der Werften, wie es der Schnürboden doch ist, aufräumen wollen, mit gewissem Widerstand zu rechnen haben. Mit spontaner Begeisterung kann nur selten gerechnet werden. Jedenfalls haben sich deutsche Werften im Gegensatz zu ausländischen bisher ablehnend verhalten, bis auf die Stülckenwerft in Hamburg, bei welcher das optische Anreißverfahren seit etwa zwei Jahren eingesetzt ist und genügend Erfahrungen gesammelt werden konnten, um über die wirklichen Ergebnisse, also über die Vor- und Nachteile, hier berichten zu können.

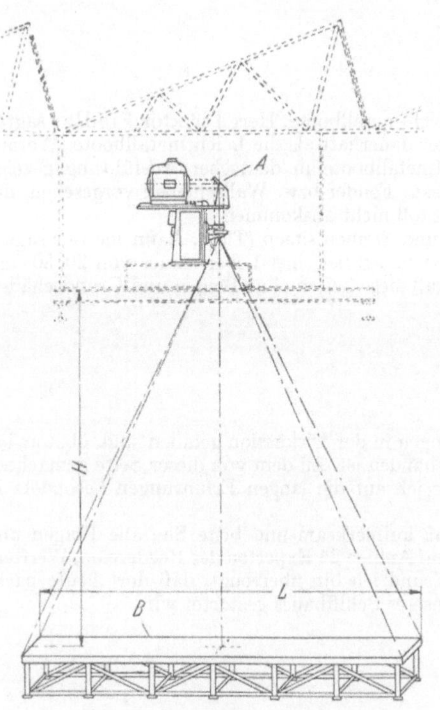

Bild 1. Schematische Darstellung des Projektionsvorganges.
A = Projektor. — B = Anreißtisch. — H = Höhe des Projektors über dem Anreißtisch = 8 bis 10 m. — L = Länge des Anreißtisches = 8 bis 10 m.

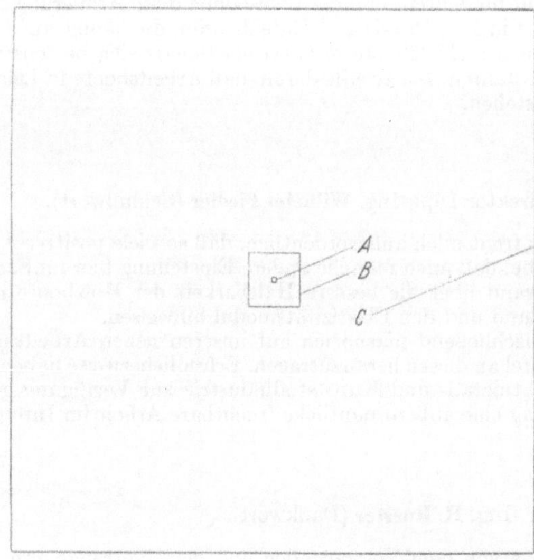

Bild 2. Größenwandlung des Anreißbildes.
B = Größe der Schablonenzeichnung. — A = Größe des Negativs. — C = Größe des Werkstückes.

Mitglieder der Stülckenwerft hatten die Gelegenheit, im Auslande arbeitende Geräte an Ort und Stelle zu besichtigen und mit den Werften über die Betriebsergebnisse zu sprechen. Auf diese und die eigenen Ergebnisse bei der Stülckenwerft soll sich der Bericht beschränken, um ein möglichst ungefärbtes Gesamtbild zu vermitteln.

Additional material from *Jahrbuch der Schiffbautechnische Gessellschaft,* ISBN 978-3-662-37466-5, is available at http://extras.springer.com

Das optische Anreißgerät, dessen schematisch dargestellten Aufbau Bild 1 zeit, ist im Grunde genommen nichts anderes, als was jeder Photograph auch benutzt, nämlich:

Kamera, Entwicklungseinrichtung und Vergrößerungsapparatur.

Es unterscheidet sich von den normalen Photogeräten nur durch seine optimale Güte in der optischen Ausstattung, bedingt durch ungewöhnlich große Maßstabstransformierungen von der Zeichnung bis zum projizierten Anreißbild.

Ausgehend von einer Zeichnung des Werkstückes im Maßstab 1:10 (Schablonenzeichnung) ergibt das Negativ der photographierten Zeichnung einen Maßstab von 1:100 und die Vergrößerung des Negativs über den Projektor auf den Maßstab 1:1 eine 100fache lineare oder eine 10000fache Flächenvergrößerung (Bild 2).

Es ist verständlich, daß diese Zahlengrößen beängstigend wirken und auch heute noch Zweifel darüber aufkommen lassen, ob es möglich ist, optische Linsen der verlangten Genauigkeit herzustellen.

Daneben wurden und werden auch noch immer Zweifel darüber laut, ob die mechanische Genauigkeit der Apparatur oder ob die Schicht der Negativplatte, die doch beim Entwickeln einer Naßbehandlung unterworfen werden muß, den Anforderungen standhalten können. Es kann aber schon an dieser Stelle vorweggenommen werden, daß alle Zweifel dieser Art unberechtigt sind.

Ausgehend von einer Maßtoleranz von 1 mm auf etwa 10 m Werkstückslänge, d. h. eine Toleranz von etwa 1:10000, haben wiederholte Nachprüfungen ergeben, daß auch nach zweijährigem Gebrauch weder durch Verschleiß in der mechanischen Einrichtung noch durch Veränderungen in der Optik ein Nachlassen der Genauigkeit festzustellen war.

Ein anderer Zweifelspunkt, dessen Berechtigung sich später durch Erfahrungen bewies, war, ob die Voraussetzungen an die manuelle Fähigkeit der Menschen ausreichend sei, insbesondere, was die Zeichengenauigkeit bei der Anfertigung der Schablonen betrifft.

Es war von Anfang an klar, daß Maßfehler in den sogenannten Schablonenzeichnungen sich am Werkstück in zehnfacher Multiplikation auswirken würden, und daß daher an das zeichnerische Können der Schablonenzeichner hohe Ansprüche zu stellen waren.

Andererseits war nicht anzunehmen, daß entsprechend zeichengewandte Ingenieure oder Techniker des Konstruktionsbüros die vielen Schnürbodenkniffe erfahrener Schiffbauer voll beherrschen würden. Dazu fehlte ihnen die notwendige längere Betriebspraxis.

Als Zeichner für die Schablonenzeichnungen konnten daher nur frühere Schiffbauer und Schiffbaumeister mit guten Schnürbodenerfahrungen eingesetzt werden. Es wurde dabei in Kauf genommen, daß ihre Zeichenkunst anfänglich noch recht holperig ausfallen würde.

Das erste nach dem optischen Anreißverfahren gebaute Schiff, abgesehen vom Kriegseinsatz des Gerätes auf der Schichauwerft, war ein kleines Küstenmotorschiff von ungefähr 400 tdw. Obgleich seitens der Herstellerfirma des Gerätes als Schablonenmaßstab 1:10 empfohlen und die Genauigkeit der Apparatur und der Optik diesem angepaßt war, entschloß sich die Werft vorerst den Maßstab 1:5 zu verwenden. Abgesehen davon, daß zur Überleitung auf den Maßstab 1:10 den Schablonenzeichnern eine Einübungsfrist gegeben werden konnte, waren auch andere Fragen bisher noch nicht mit ausreichender Sicherheit geklärt. So z. B. die Eignung des üblichen Zeichenpapiers, seine Standhaftigkeit bei wechselnder Temperatur und Luftfeuchtigkeit usw. Die getroffenen Maßnahmen gegen solche Unsicherheitsfaktoren waren: Konstanthaltung der Bürotemperatur, Ausrollen des Zeichenpapiers 24 Stunden vor Zeichenbeginn, um Rollspannungen auszulösen, ferner Aufkleben von gutem, so behandelten Zeichenpapier auf Aluminiumtafeln zur Aufzeichnung des schnürbodenähnlichen Linienrisses. Dieses und anderes mehr hat sich gut bewährt und konnte zum Teil bis heute beibehalten werden.

Betriebsseitig wurde vorerst auf das optische Anreißen stark gekrümmter Bleche verzichtet und ein Außenhautgang als Ausgleichgang nach bisher üblichem Verfahren an Bord schabloniert. Die Spanten wurden nach Holzschablonen gebogen, welche nach projizierten Spantlinien angefertigt wurden. Die Lochteilungen der Spanten und Profile wurden optisch übertragen.

Die Paßgenauigkeit der nach diesem ersten Versuch mit dem optischen Anreißgerät gefertigten Schiffsteile war nicht schlecht, aber auch noch nicht völlig befriedigend. Die Toleranzen überstiegen teilweise das auf der Werft gewohnte Maß. Die Ergebnisse ließen jedoch schließen, daß es gelingen müßte, bei weiterer Vervollkommnung der Methode zu einem wirtschaftlichen Erfolg zu kommen.

Die nächsten nach dem optischen Verfahren angerissenen Neubauten waren zwei gleiche Trawler. Obgleich deren Schiffsform — kein paralleles Mittelschiff — die Aufgabe erschweren mußte, wurde an Stelle des Maßstabes 1:5 für die Schablonenzeichnungen der im Endziel anzustrebende Maßstab 1:10 gewählt, in der Annahme, daß die Schablonenzeichner inzwischen besser eingeübt waren und damit die erforderliche doppelt große Genauigkeit aufbringen würden. Erschwerend kam zwar hinzu, daß die eisenverarbeitende Belegschaft in dieser Zeitspanne sich nahezu verdreifachte und unter den Neueingestellten viele ungelernte Leute sich befanden, oder aber Schiffbauer, welche seit vielen Jahren nicht mehr in ihrem Beruf tätig gewesen waren.

Das Ergebnis dieses zweiten Versuchs bei der Montage auf der Helling war völlig unbefriedigend. Maßabweichungen von 5 mm und mehr in den Loch- bzw. Nahtpassungen, zuviel also, um noch durch Aufreiben oder andere Maßnahmen korrigiert werden zu können, zeigten sich an Außenhautstellen, Doppelboden und Schotten. Andere Bauteile dagegen paßten verhältnismäßig gut in die gewohnte Toleranz hinein.

Das Ergebnis der Nachprüfungen dieser Fehler bewies zweifelsfrei, daß der Ausgang im Schablonenbüro zu suchen war, wenngleich viele Fehler aber auch auf das Konto der neueingestellten Leute gebracht werden mußten. Einigen der Schablonenzeichner war es nicht gelungen, die mit dem Wechseln des Maßstabes von 1:5 auf 1:10 notwendige größere Genauigkeit aufzubringen, sei es, weil es noch an ihrer Zeichenkunst fehlte oder weil ihre Sehkraft nicht mehr mitkam, oder weil vielleicht die Ausrüstung der Zeichner an technischen Hilfsmitteln unzureichend gewesen war.

Durch die Einführung von Spezialmaßstäben, Binokularlupen, Ziehfedern mit fester $^1/_{10}$ mm-Einstellung der Strichstärke, Maßkontrollvorrichtungen und „Klarzell“ an Stelle von Zeichenpapier usw., konnte die Fehlerquelle in verhältnismäßig kurzer Zeit beseitigt werden.

Heute, etwa 1½ Jahre nach den geschilderten Vorkommnissen, sind die Schablonenzeichner in der Lage, jede früher vom Schnürboden gelieferte Schablone mit mindestens der gleichen Genauigkeit als Schablonenzeichnung im Maßstab 1:10 herzustellen.

Viele vorbeugende Sicherheitsmaßnahmen, wie z. B. der erwähnte Ausgleichgang in der Außenhaut oder das an Bord vorzunehmende Aufreiben der Nietlöcher auf Sollstärke, nachdem sie um eine Nummer kleiner gestanzt oder gebohrt waren, konnten inzwischen aufgehoben werden.

Bei der Stülckenwerft hat sich das optische Anreißverfahren jetzt voll durchgesetzt. Es ist zu einem sicheren, nicht mehr wegzudenkenden Glied in der Kette der Fertigungsvorrichtungen geworden.

Auch andere, ausländische Werften haben Lehrgeld bei der Einführung des Gerätes zahlen müssen, und auch hier konzentrierte sich alles auf die Arbeitsgüte des Schablonenzeichners. Eine schwedische Werft z. B. hat, um geeignete Zeichner auszusuchen, eine nachahmenswerte Prüfungsmethode entwickelt. Der Prüfling bekommt die Aufgabe, eine Platte im Schablonenbüro im Maßstab 1:10 anzureißen, wovon dann das übliche Negativ angefertigt wird. Er hat anschließend in der Werkshalle nach gleichen Grundlagen dieselbe Platte im Maßstab 1:1, aber nach dem Schnürbodenverfahren, anzureißen. Diese Platte wird auf den Anreißtisch der optischen Anlage gebracht und es wird jetzt versucht, das Projektionsbild des Negativs mit den Markierungen der angerissenen Platte in Deckung zu bringen. An den Abweichungen erkennt der Prüfling dann sofort, worauf es beim Schablonenzeichnen ankommt. Versagt er nach dreimaliger Wiederholung, so scheidet er im Wettbewerb aus.

Was ich bisher auf Grund eigener Erfahrungen berichtete, soll auf die zu erwartenden Schwierigkeiten bei der Einführung des optischen Anreißverfahrens hinweisen und verhüten, daß nicht in jedem Falle das Ausmaß der erlebten anfänglichen Mißerfolge sich wiederholt. Mit mehr oder weniger Versagerkosten hat jedoch wohl jeder von vornherein zu rechnen, es fragt sich nur: „*Lohnt sich die Einführung des optischen Anreißens*“ dennoch, erfüllt es, was ihm als Vorteil seitens der Herstellerfirmen (Dr. Böger K. G. und Gesellschaft für Anzeichengeräte) gegenüber dem bisherigen Schnürbodenverfahren zugesprochen wird. Das sind:

Einsparung an Raum — Einsparung an Material — Einsparung an Fachkräften,

zusammengefaßt also billigere Fertigung. Ferner: Beschleunigung der Arbeitsvorbereitung und des Arbeitsprozesses.

Zweifellos dürfte in erster Linie das Bestreben nach rationeller Fertigung ursächlich für die Beschaffung gewesen sein. Es gibt aber auch Ausnahmen, so z. B. war bei der Stülckenwerft die Investitionsseite entscheidend. Der alte Schnürboden war während des Krieges restlos zerstört. Der Wiederaufbau hätte seinerzeit etwa DM 200000 bis DM 250000 erfordert. Die Anschaffung des optischen Gerätes dagegen einschließlich der notwendigen baulichen Maßnahmen kostete nur etwa $^1/_4$ bis $^1/_5$ dieses Betrages. Im übrigen erwartete man, daß keine höheren Produktionskosten entstehen würden als beim Schnürbodenverfahren. Ob die genannten Vorteile sich wirklich ganz oder teilweise erzielen lassen würden, überließ man der Zukunft.

Bei einer großen schwedischen Werft war es die unzureichende Qualität der Werksarbeit, begründet durch den Mangel an guten Facharbeitern. Durch das Heranziehen weniger, aber bester

Schnürbodenschiffbauer als Schablonenzeichner erhoffte man sich eine bessere Genauigkeit beim Anreißen und in der weiteren Bearbeitung der Werkstücke. Diese Annahme hat sich übrigens später in vollem Umfange bestätigt.

Beide Fälle gingen von Einzelvorteilen aus, selbstverständlich in der Erwartung, daß auch die übrigen der genannten Vorteile sich wirtschaftlich auswirken würden. Aber diese letzteren waren für die Beschaffung der Geräte nicht ausschlaggebend.

Folgende wirkliche Einsparungen bei der Verwendung des optischen Anreißverfahrens können als sichere, durch Erfahrung gebildete Werte genannt werden:

1. Einsparung an Raum.

Bei Anwendung des optischen Verfahrens auf alle Bleche bis auf Feuerplatten und alle Profile beträgt der Raumbedarf für das Schablonenbüro und für einen Raum, der dem Anfertigen von Raummodellen für Feuerplatten, Steven usw. dienen soll, je nach Größe und Produktionsprogramm der Werft, nur etwa $1/15$ bis $1/20$ des früheren Schnürbodens. Auch für den Fall, daß die Spantschablonen nach einem aufgerissenen Spantenriß im Maßstab 1:1 angefertigt werden, wie es einige ausländische Werften vornehmen, hierfür also ein entsprechend großer Schnürbodenraum verbleiben muß, ermäßigt sich der Raumbedarf auf $1/10$ bis $1/15$ des früheren Schnürbodenraumes.

Weitere Raumersparnisse ergeben sich ferner dadurch, daß keine Holzschablonen — zur Verwendung bei etwaigen späteren gleichen Neubauten — aufbewahrt zu werden brauchen. Sämtliche Schablonennegative eines Schiffes füllen nur etwa drei bis vier normalgroße Karteikästen. Ein verhältnismäßig kleiner Raum genügt bereits, um alle Bauschablonen einer größeren Anzahl verschiedener Schiffstypen auf lange Zeit aufzunehmen. Sie erleiden keine Maßveränderungen, wie es bei aufzubewahrenden Holzschablonen der Fall ist und können erforderlichenfalls auch bei Reparaturen und Umbauten der nach ihnen gebauten Schiffe wieder verwendet werden.

2. Einsparung an Material.

Obgleich die Verschnittziffern im Schiffbau schon als recht niedrig angesehen werden müssen, sieht man oft einen noch brauchbaren unvermeidbaren Abschnitt oder Ausschnitt aus einer Platte in den Schrott wandern. Hier ist tatsächlich die Möglichkeit gegeben, über das optische Anreißverfahren jedes verwertbare Stück zu erfassen, indem bereits in der Schablonenzeichnung vorgeschrieben wird, wie diese Teile zu verwenden sind. Bild 3 zeigt ein Beispiel.

Als Folgerung hieraus hat eine belgische Werft ihre Walzmaterialbestellung und die Lagerhaltung von Blechen durchgreifend vereinfacht. Von jeder Blechstärke — ab 6 mm Stärke nur volle Millimeter — hält sie nur drei Standardmaße auf Lager, aus denen alle vorkommenden Werkstücke gefertigt werden können. Abschnitte werden durch die Schablonenzeichnungen erfaßt. Die Verschnittziffern übersteigen nicht das übliche Maß. Dagegen liegen die eigentlichen Vorteile auf einem anderen Gebiet.

Es dürfte einleuchtend sein, daß eine solche Lagerhaltung in Standardmaßen gerade in Zeiten stockender Materialversorgung von ausschlaggebender Bedeutung für einen fließenden Arbeitsprozeß sein kann. Aber auch der Bestellgang, die Lagerbearbeitung, das Lagern selbst sowie das Sortieren und die Transporte lassen sich billiger und einfacher abwickeln. Bei ausreichendem Lagerbestand und laufender Ergänzung können kurzfristige Neubautenlieferungen jeder Schiffsgröße abgeschlossen werden.

Allerdings können sich auch Nachteile zeigen, welche sich unter Umständen in der Genauigkeit der Werkstücke niederschlagen:

Um die Verwendung der Abschnitte bereits in der Schablonenzeichnung vorzuschreiben ist man gezwungen, von jedem Werkstück — sei es z. B. eine Außenhautplatte — eine gesonderte Schablonenzeichnung anzufertigen. Bei genieteten Stößen oder Nähten müssen daher die Lochteilungen der Nachbarplatten mit Hilfe von Meßstreifen übertragen oder sie müssen durchgezeichnet werden.

Ein wesentlich einfacheres und genaueres Verfahren — allerdings unter Aufgabe des Vorteiles, Standardplattengrößen in der dargestellten Weise verwenden zu können — besteht darin, zusammenhängende größere Flächen schablonenmäßig zu zeichnen und bei der Aufnahme der Negativplatte nur jeweils eine Platte der zusammenhängenden Fläche zu erfassen. Die Verbindungslochreihen der einzelnen Platten sowie auch die Begrenzungen der Platten müssen dann zwangsläufig passen (s. Bild 4 Tafel I S. 216/217).

Diese Art des Schablonenzeichnens läßt sich auch vorzüglich mit der heute gebräuchlichen Schalenbauweise kombinieren, wenn man die Größe der zusammenhängenden Bauteilflächen im Umfang der einzelnen Schalen hält. Solche Schablonenzeichnungen können dann auch in der Arbeitsvorbereitung zur Ermittlung der Vorgabestunden von Wert sein.

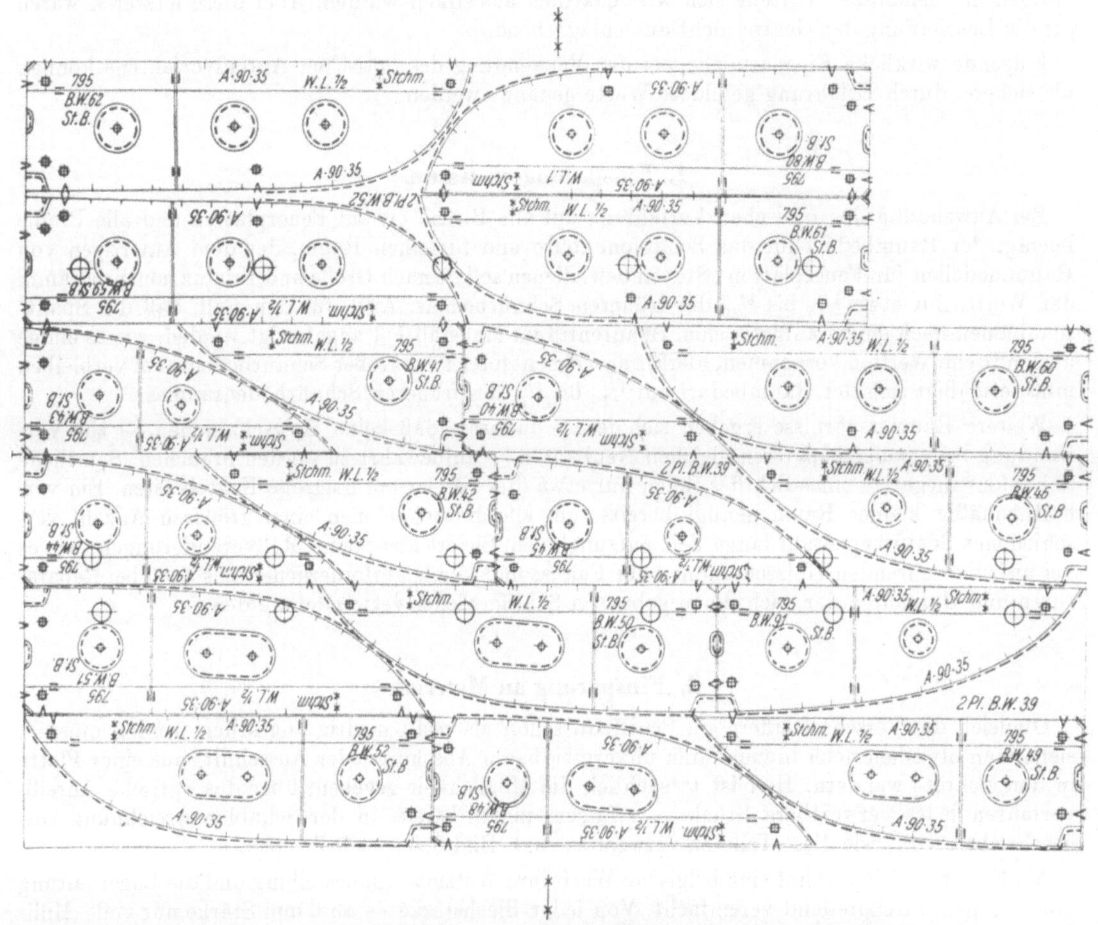

Bild 3. Ausnützung der Bleche.

3. Einsparung an Arbeitskräften.

Es hat sich bestätigt, daß 4 bis 6 Schablonenzeichner die Arbeit von etwa 12 bis 18 Schnürbodenschiffbauern zu leisten vermögen. Die Ersparnis an Arbeitskräften wird noch besser, wenn gleichzeitig mehrere Neubauten aufgerissen werden müßten und nur beschränkte Schnürbodenflächen zur Verfügung stehen, die Risse sich also teilweise überschneiden würden.

Bei einer großen ausländischen Werft, welche im Serienbau mit 6 Projektoren arbeitet, genügen 6 Zeichner, um alle Schablonen zu liefern. Bei der Stülckenwerft beliefern 5 Zeichner einen in 2, zeitweise in 3 Schichten arbeitenden Projektor, wobei 4 bis 5 verschiedene Neubauten gleichzeitig bearbeitet werden.

In der Schiffbauhalle stehen folgende Leistungen einander gegenüber: Nach dem optischen Verfahren leistet eine Gruppe von 3 Mann dasselbe, was 4 Gruppen je 2 Mann nach dem Schnürbodenverfahren zu leisten vermögen, Leistungsverhältnis also 3 zu 8.

Dieses Verhältnis läßt sich noch zugunsten des optischen Verfahrens verbessern, wenn die Einrüstzeit (Transport der Platten, Einlenken des Projektionsbildes in die richtige Lage) verkürzt oder eingespart werden kann. Letzteres ist möglich entweder durch fahrbare Anreißtische als Wechseltische oder durch den Einsatz zweier Projektionsgeräte je Arbeitsgruppe, so daß während des Anreißprozesses die nächste Platte fertig eingerüstet werden kann. Die Steigerung des Leistungsverhältnisses kann dann meines Erachtens auf 1,8 : 8 getrieben werden.

Die weitere werkstattmäßige Bearbeitung der angerissenen Teile ergibt keine Ersparnisse gegenüber der üblichen.

4. Beschleunigung der Arbeitsvorbereitung und des Arbeitsprozesses.

Von den Schablonennegativen können Papierabzüge gemacht werden, entweder in Originalgröße oder in Vergrößerungen, um den Arbeitsvorbereitungsstellen bei der Ermittlung von Vorgabestunden und auch der Arbeitstermine zu dienen. Ergänzt um einige Zusammenstellungszeichnungen für den Schiffskörper ist damit der Umfang des dem Arbeitsvorbereitungsbüro zuzuleitenden Zeichnungsmaterials rein papiermäßig erheblich zu vereinfachen und zu verbilligen, ganz abgesehen davon, daß dem Arbeitsvorbereitungsbüro die Kalkulationsunterlagen in der Zusammenstellung und Vollständigkeit der Angaben gegeben werden können, so, wie die Werkstücke im Betrieb tatsächlich zur Ausführung gelangen. Darin liegt die Möglichkeit einer treffsicheren Vorkalkulation, also einer Lohneinsparung.

Eine Beschleunigung des Arbeitsprozesses ist dadurch erzielt worden, daß das Schablonenbüro für die Herstellung des Schnürbodenrisses im Maßstab 1:10 und für die Anfertigung der Schablonenzeichnungen bis zum Beginn des Anreißens der Werkstücke im Betrieb nur etwa $^2/_5$ der Zeit benötigt, die nach dem bisherigen Schnürbodenverfahren aufgewendet werden mußte.

Diese Aufstellung wäre lückenhaft, wenn nicht auch noch andere Folgeerscheinungen aus dem Einsatz des optischen Anreißgerätes erwähnt würden, welche zum Teil doch recht einschneidend für die Werftbetriebe und ihre Belegschaften sein könnten.

Zweifellos ist die Nachwuchsfrage zu einem brennenden Problem geworden, im Eisenschiffbau ganz besonders. Von den sich meldenden Lehrlingen erstrebt die überwiegende Anzahl den späteren Besuch der Fachschulen, also die Ingenieurlaufbahn, an, oder sie wollen versuchen, als Zeichner oder Techniker eine Beschäftigung in den Konstruktionsbüros zu erlangen. Ein Mangel an Betriebsschiffbauern und ein Überangebot an Bürokräften wird daher in absehbarer Zeit die Folge sein.

Dieser nicht vermeidbaren Entwicklung kann man begegnen, wenn in zunehmendem Maße Denkarbeit vom Betrieb in das Konstruktionsbüro verlagert wird. Das optische Anreißverfahren bietet hierzu recht gute Möglichkeiten, in dem die vom Betrieb durchzuführenden Anreißarbeiten nach restlos vorgezeichneten Unterlagen, den Negativen der Schablonenzeichnungen, erfolgt. Die beste Fachkenntnisse erfordernde Anreiß- und Schnürbodenarbeit verlagert sich in das dem Konstruktionsbüro angegliederte Schablonenbüro. Die Anreißarbeit in der Halle kann dann unter Umständen von ungelernten oder angelernten Kräften durchgeführt werden.

Da bisher der Schnürboden im Ausbildungsgang der Schiffbaulehrlinge die größte Rolle spielt, denn hier sind die Elementarkenntnisse für das Verständnis des Schiffbauers am besten zu vermitteln, muß der Lehrling bei Verwendung des optischen Anreißgerätes im Betrieb einer Werft auch das Schablonenbüro ausbildungsmäßig durchlaufen.

Aber auch bei Werften, die sich zur Anwendung des optischen Anreißverfahrens noch nicht haben entschließen können, könnte zukünftig die bisherige Schnürbodenarbeit zu einem großen Teil vom Konstruktionsbüro ausgeführt werden. Im Laufe des Arbeitens nach dem optischen Anreißverfahren hat sich nämlich gezeigt, daß die Genauigkeit der im Konstruktionsbüro im Maßstab 1:5 oder 1:10 angefertigten Linienrisse völlig ausreicht, um hiernach einen Abschlag des Spantenrisses 1:1 auf einer entsprechend großen Schnürbodenfläche auszuführen, wobei auf die raumfressende Straakarbeit für Senten, Wasserlinien, Schnitte und sonstige Kontrollstraake verzichtet werden kann und die je Neubau erforderliche Schnürbodenfläche dann nur noch die Abmessungen des Spantenrisses erfordert, also nur einen Bruchteil der früher benötigten Fläche.

Bei der Einordnung des optischen Anreißens in den Arbeitsfluß der Werkstücke sind einige Richtlinien zu beachten:

Da sämtliche Bleche vor dem Anreißen sehr gut vorgerichtet werden müssen, kommt als Aufstellungsort des Projektors und des Anreißtisches nur die unmittelbare Nähe der Walze in Frage. Bei längeren Transporten zwischen Walze und Anreißtisch könnten durch Kranhaken und andere Beanspruchungen Verformungen der Bleche oder Teilen davon erfolgen, welche eine Verzerrung des projizierten Schablonenbildes bewirken würden.

Es empfiehlt sich daher, Walz- und Anreißtempo aufeinander abzustimmen und die gewalzte Platte vom Rollenbock der Walze von Hand direkt auf den Anreißtisch zu ziehen.

Bild 5 zeigt eine solche Transportstraße.

Der Anreißraum ist gegen Lichteinfall abzuschirmen. Wände aus Segeltuch oder dünnen Blechen eignen sich gut. Sie müssen im Zuge des Transportweges leicht geöffnet und geschlossen werden können. Das Projektionsbild ist über Erwarten hell und deutlich, selbst wenn die Verdunkelung nur etwa derjenigen einer hellen Vollmondnacht entspricht.

Das Dirigieren der Projektionsbilder auf der Platte des Anreißtisches in die gewünschte Lage geschah bisher durch Winksignale. Dies Verfahren ist zeitraubend, besonders, wenn die Schablonenabschnittlinie mit der Plattenkante in Deckung gebracht werden soll. Ein jetzt neu entwickeltes

Gerät ermöglicht es dem Anreißer, das Negativ mittels elektrischer Steuerung äußerst feinfühlig zu bewegen, so daß erhebliche Zeiteinsparungen erzielt werden können.

Im Schablonenbüro wurde, wie bereits erwähnt, an Stelle von Zeichenpapier als Zeichengrundlage für die Schablonenzeichnungen das weniger hygroskopische „Klarzell" verwendet, welches neben dem Vorteil einer besseren Standhaftigkeit bei wechselnden Temperaturen und Luftfeuchtigkeitsgraden auch noch den Vorteil aufweist, daß bei gleichen, aber spiegelverkehrten Bauteilen — B. B.

Bild 5. Transportstraße und Anreißraum.

bzw. St. B. — die Beschriftung sowohl unten wie oben aufgetragen werden kann. Zur Projektion beider Seiten genügt dann nur ein Negativ. Außerdem können Anschlußlochreihen mit größerer Genauigkeit durchgezeichnet werden, als das Verfahren der Übertragung durch Maßstreifen ermöglicht. Bilder 3 und 6 zeigen Beispiele doppelt beschrifteter Schablonenzeichnungen.

Zusammenfassung.

Die zur Zeit etwa zweijährige Erfahrung mit dem optischen Anreißverfahren dürfte erwiesen haben, daß es ernste Beachtung verdient, weil durch seine Anwendung Einsparungen an Raum, Lohn und Zeit neben anderen Vorteilen erzielt werden können.

Zur Zeit sind meines Wissens 18 Geräte bei 11 verschiedenen Werften in Anwendung, und zwar in Deutschland, Holland, Belgien, Dänemark, Frankreich, Finnland, USA und Belgisch-Kongo. In keinem Falle sind beschaffte Geräte wieder stillgelegt worden.

Erörterung.

Dr.-Ing. W. Hönisch, Hamburg.

Der Herr Vorredner hat in klarer Form über den Einsatz eines neuen Anreißverfahrens für schiffbautechnische Zwecke einiges gesagt, das bestimmt das Interesse dieser Versammlung gefunden hat.

Herr Köhnenkamp hat aufgezeigt,-daß sich mittels des „Optischen Anreißverfahrens" die aufzuwendenden Lohn- und Werkstoffkosten gegenüber der Schnürbodenarbeit nicht unwesentlich senken lassen, wenn das Bedienungspersonal für die Apparaturen und auch das in Frage kommende technische Personal entsprechend gut ausgebildet werden.

Ob es angebracht erscheint, daß der Herr Vorredner noch die Firmen nennt, die solche Apparaturen bauen, und welche Apparatur er bevorzugt, möchte ich dahingestellt bleiben lassen.

Ich redigiere eine illustrierte technische Fachzeitschrift und hatte die Absicht, über das „Optische Anreißverfahren" in einer längeren Abhandlung selbst zu referieren. Ein günstiger Umstand ließ mich von einem Prozeßstreit Kenntnis nehmen zwischen zwei Firmen, die solche optischen Anreißapparaturen bauen. Weil ich nicht der dritte Mitschwimmer im Prozeßstreit sein wollte, habe ich einen unparteiisch eingestellten technisch sehr gut durchgebildeten Ingenieur, einen ehemaligen langjährigen Schiffswerftangehörigen gebeten, über dieses neue Arbeitshilfsmittel eine technische Abhandlung zu schreiben. Der gut abgefaßte, allgemein gehaltene Artikel hat in allen Dingen das bestätigt, was der Herr Vorredner vorgetragen hat.

Ich möchte den Herrn Vorredner folgendes fragen: Herr Direktor Köhnenkamp, Sie haben an den gezeigten Diapositiven erläutert, daß Ihrerseits eine genügende Anzahl gut hergerichteter Schablonen usw. für das optische Anreißverfahren zur Verfügung stehen, und daß Sie bei der Schablonenherstellung „den Abfallfaktor" bestens berücksichtigt haben.

Wäre es nicht angebracht, die Frage zu erörtern, ob nicht gleich durch gut eingearbeitetes Personal die Bleche an Hand der anfallenden Schablonen in den betreffenden Blechwalzwerken vorgearbeitet werden

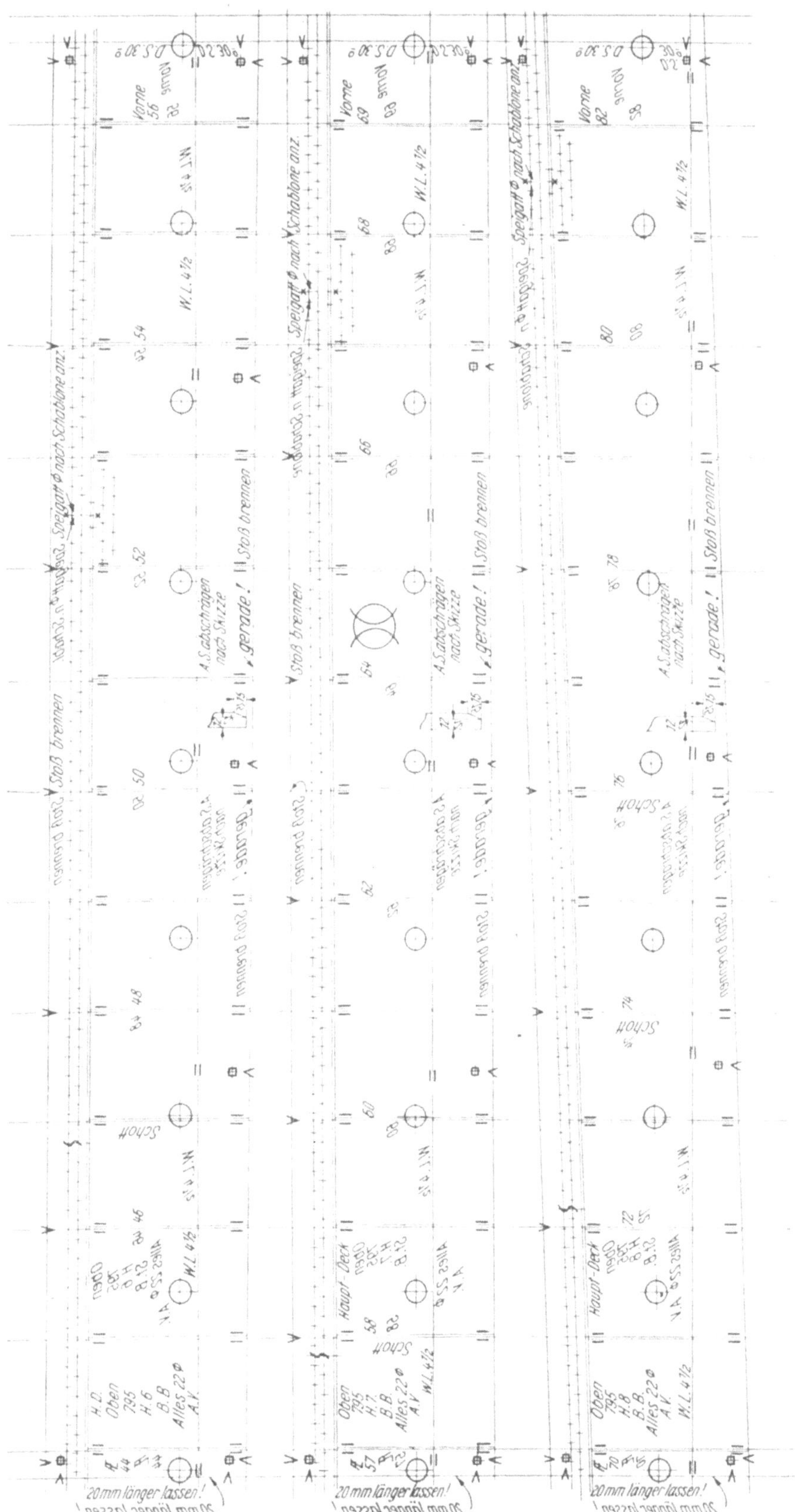

Blid 6. Doppelt (spiegelbildlich) beschriftete Schablonenzeichnung.

sollten, um den Transport des nicht zu umgehenden Werkstoffabfalls von der Schiffswerft in das Walz- bzw. Hüttenwerk zu vermeiden; die erste konstruktive Gestaltung der Bleche also überwiegend gleich im betreffenden Walzwerk vorzunehmen? Ich bin unterrichtet, daß diese Frage in Werftkreisen überprüft wird.

Dann möchte ich die „Optische Anreißapparaturen" bauenden Firmen anregen, die Geräte in ihren Abmessungen (Länge, Breite, Höhe, Zwischenräume usw.) so zu gestalten, daß die Werft A, die z. B. eine Apparatur von der Firma X besitzt, ihre Negative mit der Werft B austauschen kann, die gegebenenfalls eine Apparatur von der Firma Y benutzt. Dieser Vorschlag unter der Voraussetzung, daß jeglicher Konkurrenzneid zum Wohle der Sache ausgeschaltet wird.

Aus der sachlichen Schilderung des Herrn Vorredners war zu entnehmen, daß mit Hilfe dieses neuartigen Arbeitsgerätes eine erhebliche Steigerung des Arbeitstempos dann zu erwarten ist, wenn diese optischen Anreißgeräte sich bewähren.

Nun ist in letzter Zeit im „Industriekurier" unter einem Pseudonym (warum nur, der Techniker soll ehrlich und deutlich und nicht aus dem Hinterhalt schreiben) eine Abhandlung erschienen, die ein Anreißgerät behandelt (ohne Firmennennung), das gestattet, den Vorgang des optischen Anreißens gleichzeitig mit einer Brennschneidmaschine zu koppeln. Es soll damit erreicht werden, daß die zu brennenden Schiffsplatten nicht in einem zweiten Arbeitsgang zu einer irgendwo stationären aufgestellten Brennschneidmaschine transportiert werden müssen; die beiden Arbeitsgänge Anreißen und Brennschneiden sollen also ohne zwischenzeitlichen Verlust vorgenommen werden.

Diese Gedanken sind bereits „sogenanntes Allgemeingut", dazu hätte es keiner Geheimnistuerei bedurft.

Es ist bekannt, daß ein einschlägiges Werk diese Idee bereits provisorisch in die Tat umgesetzt hat. Man will in Zukunft die Brennschneidarmatur dergestalt an das optische Anreißverfahren anlehnen, daß der Schneidstrahl der Brennschneidgasflamme die von vorn oder seitlich projizierten Linien der Zeichnung genau trifft. Wird also das Augenmerk bei diesem Arbeitsvorgang auf bestmögliche Genauigkeit gerichtet, dann ist zu erwarten, daß die Gestaltung des Brennschneidkopfes die betreffende Projizierung nicht behindert.

Im Interesse des technischen Fortschritts möchte ich Herrn Direktor Köhnenkamp bitten, seine Gedanken und Erfahrungen über die Weiterentwicklung des optischen Anreißverfahrens als solches, und über eine eventuelle Kopplung im zuvorgenannten Falle doch dieser Versammlung kundzugeben.

Dipl.-Ing. **E. Wellmann**, Bremen.

Es ist offenbar nicht allgemein bekannt, daß ja eine Firma bereits dieses eben angedeutete Verfahren entwickelt hat in Gestalt einer lichtelektrisch gesteuerten, vollautomatischen Brennschneidmaschine, welche die Platten gleich fix und fertig schneidet. Sie besteht aus einer 10 m langen Gleitbahn, darauf ein Schlitten mit der Steuersäule und einer Traverse, welche beiderseits einen Schneidbrenner führt. Die Steuersäule enthält einen vollständig gekapselten Antriebsmechanismus, der von einem Diapositiv normaler Größe die Maße der Vorlage mit einer Genauigkeit von $\pm$ 0,5 mm lichtelektrisch mittels Schneidbrenners auf die Platte überträgt.

Firma Schichau-Bremerhaven hat mit diesem genial ersonnenen Gerät also diesen Schritt, wie er vorher als Wunsch à la Jules Verne ausgesprochen wurde, getan. Die Maschine, genannt „Schichau-Monopol", wurde auf der Hannoverschen Industriemesse 1951 gezeigt, und man durfte annehmen, daß die hier Anwesenden — vor allem der Herr Vorredner von der fachtechnischen Presse — darüber wohl unterrichtet waren. Sonst empfehle ich, die Unterlagen über dieses jetzt fertig entwickelte Gerät von der Firma zu beziehen.

Gebhard Schneider, Bremerhaven.

Mein Vorredner hat angedeutet, daß zu dem lichtelektrischen Schneidverfahren der Firma F. Schichau A.G., Bremerhaven, einige Unklarheiten bestehen.

Es wurde gesagt, daß die Schnittgüte als solche noch manches zu wünschen übrig läßt. Ich kann Ihnen heute sagen, daß wir fertig sind und die Maschine seit einigen Wochen in unserem Betrieb einwandfrei arbeitet und einen absoluten einwandfreien Schnitt bringt. Die Genauigkeit, die wir jetzt haben, liegt bei $\pm$ 1 mm bei ausgewerteten Werkstücken von über 2 m Länge. Ich glaube ganz bestimmt, daß diese Genauigkeit bisher von Schneidmaschinen dieser Größenordnung nicht erreicht worden ist. Andererseits haben wir auch Untersuchungen angestellt über die Oberflächengüte eines Schnittes. Auch da liegen wir in derartig guten Grenzen, daß eine Diskussion überflüssig ist.

Bei dieser lichtelektrisch gesteuerten Brennschneidmaschine ist ein Verfahren entwickelt worden, das sich nicht nur auf das Autogenschneidgebiet beziehen wird, sondern weit darüber hinaus mehr für andere Gebiete Anwendung finden wird.

Über die Genauigkeit der Zeichnung und über Herstellung der Negative usw. glaube ich, ist im Vortrage des Herrn Direktor Köhnenkamp über das optische Anreißverfahren genügend gesprochen worden. Wir haben uns bei der Entwicklung dieses Verfahrens gefragt, ob es überhaupt möglich ist, genaue Zeichnungen herzustellen. Aber wir können heute von uns aus sagen, daß keine Schwierigkeiten bestehen, Zeichnungen im Maßstab 1 : 10 oder 1 : 4, wie wir sie auch machen, bei kleineren Bauteilen herzustellen.

Unsere Zeichnungen zur Herstellung der Negative (Brennvorlage) sind im Verhältnis zu den bisherigen Zeichnungen des optischen Anreißverfahrens wesentlich einfacher. Wir brauchen nur bei der Herstellung unserer Zeichnungen darauf zu achten, daß wir die Außenkonturen, die wir schneiden wollen, genau zeichnen und ebenso die Innenkonturen. Das ist ohne weiteres möglich. Die Strichstärke als solche beträgt ungefähr bei Zeichnungen im Maßstab 1 : 10 0,4 mm und bei Zeichnungen im Maßstab 1 : 4 etwa 1,0 mm, also ist es jedem technischen Zeichner möglich, diese Zeichnungen herzustellen. Ich möchte noch auf etwas anderes eingehen. Mit dieser neuen lichtelektrisch gesteuerten Brennschneidmaschine „Schichau-Monopol" haben wir gerade für den Schiffbau eine Vorrichtung entwickelt, die von außerordentlicher Bedeutung ist. Das ist z. B. das Körnen von Markierungslinien. Wir können gleich mit dem Brennvorgang zusammen, also in einem Arbeitsgang, Markierungspunkte am ausgebrannten Werkstück festlegen, die durch Körnerschläge und außerdem durch eine Signierung gezeichnet werden, so daß man nur nachher, wenn es erforderlich ist, eine Schnur die beiden Punkte noch anreißen kann; es ist aber nicht nötig, denn wenn ich zwei Punkte auf einer Ebene habe, dann ist es selbstverständlich, daß ich ohne weiteres z. B. eine Verstärkungsplatte parallel anlegen kann.

Karl Meyer, Hamburg.

Wie wir durch den Vortrag des Herrn Direktor Köhnenkamp gehört haben, arbeiten neben der Stülcken-werft schon viele ausländische Werften mit dem optischen Anzeichenverfahren (Bild 1).

Ich bitte nun vom Standpunkt des Apparateherstellers aus, den Werften, die sich in Zukunft entschließen sollten, das optische Anzeichenverfahren einzuführen, einen Hinweis geben zu dürfen.

Auf Grund meiner Praxis ist mir bekannt, daß bei der Montage der optischen Anzeichenanlagen bisher fast überall verschiedene Bauhöhen bzw. verschieden lange Anzeichentische vorgesehen waren, so daß es nicht möglich ist, nach den Negativen einer anderen Werft zu arbeiten, weil die Projektionsgeräte verschiedene Vergrößerungsfaktoren haben. Somit entfällt ein großer Vorteil der optischen Anzeichenmethode, nämlich gegebenenfalls Reparaturen oder Unteraufträge auf einer anderen Werft unter Verwendung des optischen Anzeichnens vornehmen zu lassen.

Es wäre also zu prüfen und gegebenenfalls zu empfehlen, daß in Zukunft alle Projektoren auf einen bestimmten Vergrößerungs-faktor eingestellt werden, damit eine Austauschmöglichkeit der Negative unter den Werften gegeben wäre, was ebenfalls bei Vergebung von Unteraufträgen von ausschlaggebender Bedeutung sein kann (Bild 2).

Bild 3. →
G. A. G. Projektor
mit Bogenlampe
und Fernsteuerung.

Bild 1. Schematische Darstellung einer optischen Anzeichenanlage.

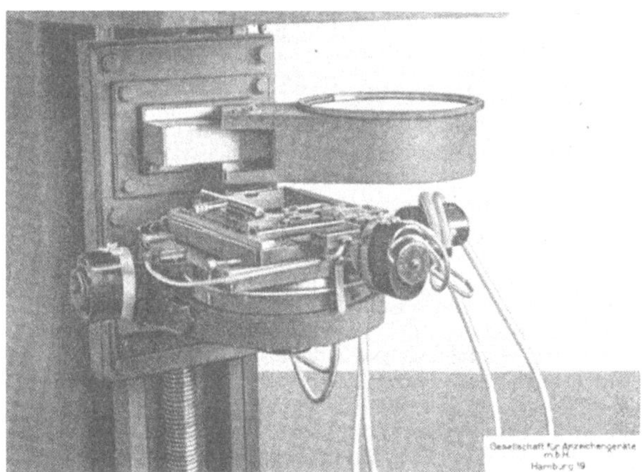

Bild 4. Bildbühne des Projektors mit Fernsteuerung und ausgeschwenktem Kondensor.

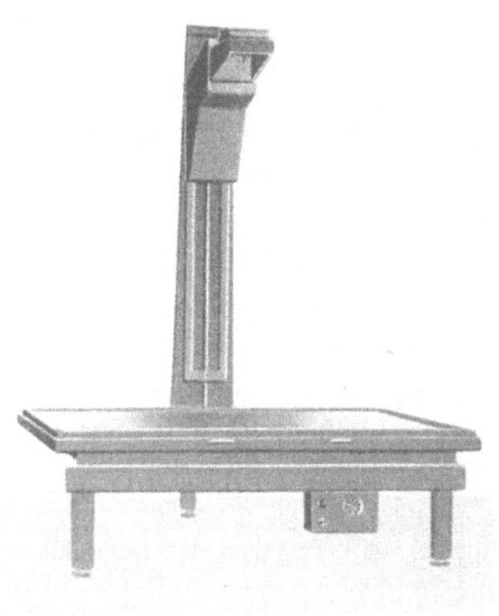

Bild 2. G. A. G. Aufnahme- und Rück-vergrößerungsgerät für Schablonennegative und Zeichnungen.

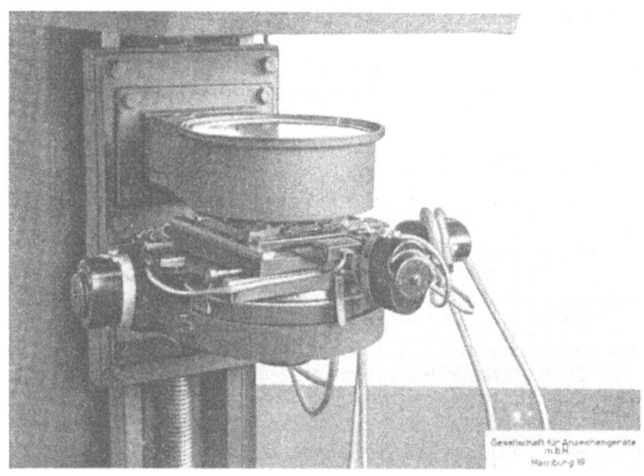

Bild 5. Bildbühne in Betriebsstellung.

Ich erlaube mir den Vorschlag zu machen, daß grundsätzlich der Projektor so aufgebaut wird, daß man eine 12-m-Platte anzeichnen kann. Für den Fall, daß auf der Werft aber nur ein vielleicht 8 m langer Anzeichentisch aufgestellt wird, bedeutet dieses lediglich, daß der Projektor etwas höher als eigentlich für den 8-m-Tisch erforderlich, aufgestellt wird.

Ebensogut könnte man sich natürlich auf eine andere grundsätzliche Anzeichenlänge als 12 m einigen.

Bei dieser Gelegenheit erlaube ich mir, auch auf die inzwischen neu herausgekommenen Geräte mit der Fernsteuerung des Projektors und der Bogenlampe vom Anzeichentisch aus hinzuweisen (Bild 3, 4, 5). Dadurch wird eine weitere Zeiteinsparung und eine noch bessere Materialausnutzung ermöglicht.

Johannes Kriepke, Hamburg (schriftlich eingesandt).

1. Es sei mir erlaubt, kurz über eine weitere Einarbeitung für die optische Anzeichenmethode auf einer ausländischen Werft, von der ich erst gestern zurückkehrte, zu berichten. Auch dort sind gute Ergebnisse erzielt und neue Erkenntnisse gesammelt.

2. An einem Deckshaus mit einem Plattengewicht von 17 Tonnen wurden durch gutes Zusammenlegen kleinerer Bauelemente 1,4 Tonnen Material eingespart.

3. Die Einsparungen bestanden aus größeren wieder zu verwendenden Abschnitten und ganzen Platten.

4. Einsparungen in dieser Höhe wären in der Werkstatt kaum möglich gewesen, weil die Zeit zur Überlegung, die Übersicht und der Platz fehlt.

5. Selbst wenn das Konstruktionsbüro Schnittskizzen liefert, ist es kaum möglich, diesen Erfolg zu erzielen, denn jedes Blech muß ausgewinkelt werden und läßt sich schwer auf einen Schnitt aneinanderfügen. Auch hierbei geht kostbare Bürozeit hochwertiger Fachkräfte verloren.

6. Aber nicht nur, daß diese 1,4 Tonnen dem Schrottkasten erspart bleiben, nein, auch die maschinelle Bearbeitungszeit wurde durch das Zusammenlegen der einzelnen Bauelemente auf einen Schnitt gemindert.

7. Erstmalig wurden auch hier alle Profile wie Eckwinkel und Versteifungen optisch angezeichnet.

8. Dadurch entfallen viele Denkarbeiten in der Werkstatt, das Aufsetzen der Lochverstriche und der Lochentfernungen; bei geschweißten Profilen das Absetzen von Massen jeglicher Art.

9. Zum Schichau-Monopol ist folgendes zu überlegen: Die Maschine wird bei richtiger Steuerung genau brennen, doch wie werden die Schrumpfungsfaktoren der Zeichenpapiere berücksichtigt? Diese Papiere ändern doch ihre Maße je nach Witterungsverhältnissen stündlich und alle Änderungen befinden sich im Negativ, werden später aber etwa hundertfach vergrößert.

10. Gerade wegen der immer wieder anzustrebenden Genauigkeiten und der damit verbundenen geringeren Nacharbeiten an Bord wäre es erwünscht, darüber etwas zu hören.

Dipl.-Ing. **W. Rücker,** Lübeck-Travemünde (schriftlich eingesandt).

1. Die deutschen Schiffbauer können Herrn Direktor Köhnenkamp nicht dankbar genug sein für seine aufklärenden Ausführungen über eine neuzeitliche Arbeitsmethode, an der m. E. keine rationell arbeitende Werft mehr vorübergehen darf.

2. Mir als dem Hauptbeteiligten und Verantwortlichen bei der erstmaligen Einführung und Entwicklung des Verfahrens mögen einige ergänzende Bemerkungen gestattet sein.

3. Der Erfinder, wie Herr Köhnenkamp meinen damaligen jungen Schiffbaumeister Kriepke nannte, hatte wohl von mir den nicht nur scherzhaft gemeinten Auftrag, etwas zu erfinden. Auch bei uns lag der Knüppel beim Hund. Mit ungelernten Menschen aus allen möglichen Berufen, nur nicht aus dem Schiffbau, sollten hochwertige, 100% geschweißte Spezialschiffe gebaut werden. Eine wahrhaft ernste Notlage!

Als Ersatz für die nicht vorhandenen Schiffbauer brachte Kriepke dann auch alsbald die Idee, die der Vortrag Köhnenkamp so überzeugend wiedergegeben hat.

4. Wie der Herr Vortragende ganz richtig ausgeführt hat, war das Verfahren in der Phototechnik schon lange dagewesen. Zum Glück waren aber weder Herr Kriepke noch Herr Karl Meyer, nur „Erfinder", sondern ganz gediegene Fachleute im Schiffbau und der Optik, mit offenem Blick für die Bedürfnisse einer Schiffswerft und für die Möglichkeiten der Optik. Beide brachten mit fanatischem Eifer das Verfahren so weit, daß wir schon 1943 genau auf dem Punkte standen, wie ihn Herr Köhnenkamp für die Stülckenwerft so anschaulich vorgetragen hat.

5. Im vollen Vertrauen auf diese Erfolge und auf ihre zehnjährige Erfahrung haben es sich diese beiden Fachleute nunmehr in eigener Firma zur Lebensaufgabe gemacht, das Verfahren für den Schiffbau und auch andere Industrien weiter zu entwickeln durch Vervollkommnung der Geräte und Beratung der Werften bei Einführung des Verfahrens und Umstellung der Betriebe und Büros. Kernpunkt ist und bleibt die praktische Gestaltung unter nutzbringender Anwendung aller bisher gemachten Erfahrungen und die Einarbeitung durch Sachkenner auf diesem Gebiet. Nur so kann von vornherein fehlerfreies und wirtschaftliches Arbeiten garantiert werden.

6. Das rege Interesse des Auslandes am optischen Anzeichenverfahren sollte den deutschen Werften immerhin zu denken geben. Von insgesamt 30 inzwischen im Gebrauch befindlichen Geräten arbeitet bisher nur eines in Deutschland.

7. Herrn Köhnenkamps Befürchtungen bezüglich des Schiffbaunachwuchses werden nicht allgemein geteilt. Im Gegenteil, wer den so vorbildlich durchgearbeiteten Miniaturschnürboden und das Anzeichenbüro bei Stülcken gesehen hat, wird diese als Ausbildungsstätte und Vorstation für Betrieb und Konstruktionsbüro als weit idealer anerkennen als unseren alten, ehrwürdigen Schnürboden. Allein schon wegen der Erziehung zu peinlichster Genauigkeit. Die Schiffbaulehrlinge müssen das Anzeichenbüro durchlaufen.

Gerade der Mangel an guten Schiffbauern war der Anlaß zur Durchführung des Verfahrens, das diesen Mangel fast restlos beseitigt hat. Die Bereitwilligkeit der jungen Menschen zur Erlernung des Schiffbaufaches war nie sonderlich groß, auch sind viele später zu anderen Berufen abgewandert. Der Grund dürfte in der groben Arbeit bei jedem Wind und Wetter liegen. Die optische Anzeichenmethode wird um so mehr der Jugend ein Ansporn sein, diesen Beruf zu erlernen, zumal je nach Begabung der Übergang in Betrieb oder Zeichenbüro jedem offensteht.

8. Die Zeichentechnik, welche stets als das Schwierigste angesehen wurde, wird heute von jedem anstelligen Zeichner gemeistert. Bei dem Anlernen auf verschiedenen Werften war immer mit Freuden festzustellen, daß die jungen Menschen schon bald gut und gern damit zurechtkommen. Schon nach wenigen Wochen ist die zeichnerische Angelegenheit kein Problem mehr.

9. Auch sind die Hilfsmittel für die Erstellung der Zeichnungen gerade für diesen Zweck bedeutend verbessert und z. B. ein direktes Messen zum Übertragen auf Zeichnungen mit dem Maßstab nur noch wenig üblich. Die Hilfsmittel sind derart verbessert, daß es heute möglich ist, auf $^1/_{100}$ mm genau zu zeichnen.

10. Man begnügt sich heute nicht allein mehr mit dem optischen Anzeichnen von Blechen, sondern zeichnet auch Profile aller Art danach an.

Das Biegen von Spanten nach dem optisch projizierten Spantenriß hat sich noch nicht durchgesetzt, und zwar hauptsächlich wegen der dafür erforderlichen baulichen Veränderungen auf den Werften. Aber gerade hierbei können wesentliche Kosten gespart werden.

Direktor **Joh. Köhnenkamp** (Schlußwort).

Ich habe mich bemüht, Ihnen von den Schwierigkeiten, aber auch von den Vorteilen, die die Verwendung des optischen Anreißverfahrens mit sich bringt, zu berichten und mich dabei beschränkt auf die Erfahrungen bei der Stülckenwerft und, soweit authentische Berichte vorliegen, auf diejenigen ausländischer Werften. Diesen Boden meines Vortrages möchte ich nicht verlassen.

Auf die Ausführungen des Herrn Dr. Hönisch, soweit sie Konkurrenzfragen unter den Herstellerfirmen betreffen, kann ich daher auch nicht eingehen. Sie passen meines Erachtens auch nicht in den Rahmen der Vorträge der Schiffbautechnischen Gesellschaft.

Der Vorschlag des Herrn Dr. Hönisch, mit Hilfe von Diapositiven nach der optischen Anreißmethode Bleche vorbearbeitet vom Walzwerk zu beziehen, um Werkstoffabfall zu sparen, verdient die Beachtung besonders solcher Werften, deren Werkzeugmaschinen für die Blechbearbeitung nicht mit den ständig zunehmenden Schiffsgrößen ihrer Aufträge haben Schritt halten können. Im übrigen aber ist auch dieses Verfahren, allerdings nach üblichen Bauzeichnungen, bereits nach dem ersten Weltkriege zum Bau von Schiffsserien, wie Penischen und Campine-Kähnen, mit vollem Erfolg angewendet worden. Zur Zeit dürfte es jedoch fraglich sein, ob dieser Weg die chronische Blechnot der Werften beseitigen oder erheblich mildern kann, etwa dadurch, daß den Werften an Stelle des begrenzten Monatskontingents von 20 000 t in Zukunft diese Menge, jedoch erhöht um den Verschnitt, vorgearbeitet geliefert wird. Ich glaube auch nicht, daß die Werften heute schon geneigt sein werden, auf solche Vorschläge einzugehen, solange ihnen nur Bruchteile ihres wirklichen Blechbedarfs geliefert werden.

Die unter der Bezeichnung „Schichau-Monopole" bekannt gewordene lichtelektrisch gesteuerte Brennschneidemaschine arbeitet, wie aus dem Diskussionsbeitrag Herrn Schneiders zu entnehmen war, unter ähnlichen Genauigkeitsbedingungen wie das optische Anreißverfahren. Ich darf daher annehmen, daß mein Bericht auch für die Einführung des „Monopol" von einigem Wert sein kann.

Ich danke den Herren Diskussionsrednern für ihre ergänzenden Ausführungen zu meinem Bericht.

Professor Dr.-Ing. E. h., Dr.-Ing. **Horn** (Dankwort).

Nachdem seit längerer Zeit die optische Anreißmethode aus dem Stadium der Erwägungen in das der praktischen Erprobung und Anwendung getreten und das Für und Wider in der Fachpresse erörtert worden ist, ist es besonders willkommen, daß Herr Direktor Köhnenkamp uns in seinem Vortrag ausführlich über die Erfahrungen berichtet hat, die auf der Stülckenwerft seit rund zwei Jahren mit diesem interessanten neuen Verfahren gemacht worden sind. Ich spreche Herrn Direktor Köhnenkamp für seinen schönen, anschaulichen und objektiven Vortrag im Namen der Schiffbautechnischen Gesellschaft meinen Dank aus. (Lebhafter Beifall.)

XVI. Zur Oberflächenreibung des Schiffes.

Von Professor Dr.-Ing. **Günther Kempf**, Hamburg und Dipl.-Ing. **Kemal Karhan**, Istanbul.

I. Oberflächenreibung.

Zur Übertragung von Schiffsmodellwiderständen auf das naturgroße Schiff ist die Bewertung und Berechnung der Oberflächenreibung des Modells sowie des Schiffes von ausschlaggebender Bedeutung, weil der Anteil der Oberflächenreibung am Gesamtwiderstand beträchtlich ist.

Diese Reibungsberechnung erfolgt:

1. Unter der Voraussetzung, daß ein turbulenter Reibungszustand beim Modell ebenso wie beim Schiff besteht. Beim Modell wird zu diesem Zweck sicherheitshalber eine Turbulenz-Erzeugung angewandt, sei es durch einen Stolperdraht oder durch einen schmalen Sandstreifen dicht hinter dem Vorsteven.

2. Unter der Annahme, daß beide, Modell und Schiff, eine technisch glatte Oberfläche besitzen. Beim Modell trifft diese Annahme zu, denn die Oberfläche der Modelle ist als technisch glatt anzu-

Bild 1. 13,4 m langes Pontonmodell.

sehen, einerseits, weil es möglich ist, die Modelloberfläche so sorgfältig zu behandeln, daß eine hochwertige Glätte erzielt wird, andererseits, weil bei den kleinen Reynolds-Zahlen des Modellversuches die Grenzschicht verhältnismäßig so dick ist, daß bei diesem Zustand der Oberfläche kein Rauhigkeitseinfluß mehr zu erwarten ist.

Beim Schiff dagegen ist eine technisch glatte Oberfläche praktisch nicht zu verwirklichen. Nichtsdestoweniger wird der Reibungswiderstand des Schiffes zunächst für eine technisch glatte Oberfläche berechnet und zu diesem dann je nach dem individuellen Rauhigkeitszustand der Schiffsoberfläche ein empirisch zu ermittelnder Rauhigkeitszuschlag hinzugefügt.

Die Berechnung der turbulenten Reibung einer technisch glatten Oberfläche erfolgt nach einer Beziehung, wie sie auf theoretischer Grundlage von v. Karman aufgestellt und von Schoenherr den Meßwerten angeglichen wurde und jetzt als Schoenherr-Linie bezeichnet wird. Diese Grenzlinie für kleinste turbulente Reibung glatter ebener Flächen geht durch das mehr oder weniger breite Band der Reibungswerte, wie sie von verschiedenen Experimentatoren in mannigfacher Weise an ebenen Platten ermittelt sind. Hierzu gehören auch die Ergebnisse von Reibungsmessungen, die in der HSVA an einem 77 m langen Ponton gewonnen und 1929 vor der Institution of Naval Architects in London mitgeteilt wurden. Diese Messungen des örtlichen Widerstandes an mehreren im Pontonboden meßbar eingesetzten Platten bieten noch heute bei großen Reynolds-Zahlen im Schiffbereich die einzige Stütze für den Verlauf der Grenzlinie der Gesamtreibungswerte bei turbulenter Reibung glatter Flächen.

Aus den damaligen Pontonversuchen der HSVA liegen nun außer den örtlichen Plattenwiderständen die Gesamtwiderstände für zwei Pontons von 67 m und 21 m Länge und 1,6 m Breite mit technisch glatter Oberfläche vor[1]. Da sich aus Vergleichsmessungen mit geometrisch verkleinerten Pontonmodellen neue Argumente für die Lage der Grenzlinie kleinster turbulenter Reibung gewinnen lassen, wurden nach Vorschlag von Dr. Telfer 1949 geometrisch ähnliche Pontonmodelle im Maßstab 1 : 5 der beiden großen Pontons aus Zinkblech hergestellt. Die Widerstände dieser beiden Pontonmodelle von 13,4 m und 4,2 m Länge bei 0,32 m Breite wurden gemessen, sowohl ohne als auch mit Sandstreifen hinter dem Vorsteven, ferner mit reiner Metalloberfläche und mit Lackanstrich. Alle diese Versuche ergaben gleiche Widerstände, so daß mit turbulenter Strömung an glatter Fläche gerechnet werden kann (Bild 1 des 13,4 m langen Pontonmodells).

Meßwerte.

Ponton $L = 4,2$ m

ohne Sandstreifen; $t = 15^\circ$ C; $F = 1,3644$ m²

V m/sec	W gr	V m/sec	W gr
0,332	20	2,775	2008
0,500	82	2,789	1995
0,700	142	2,537	1720
0,909	248	2,673	1860
1,098	365	2,365	1515
1,510	640	2,463	1609
1,302	481	1,992	1135
1,900	1003	2,217	1358
1,691	821	1,588	725
2,319	1441	1,771	910
2,093	1247	1,370	524 .
2,688	1835	1,575	708
2,465	1635	1,165	395

mit Sandstreifen; $t = 15^\circ$ C; $F = 1,3644$ m²

V m/sec	W gr	V m/sec	W gr
0,387	49	1,503	647
0,580	103	1,799	932
0,800	190	2,020	1151
1,070	347	2,466	1631
1,274	471	2,700	1900

Ponton $L = 13,4$ m

$t = 15^\circ$ C; $F = 4,3$ m²

V m/sec	W gr	V m/sec	W gr
0,340	83	1,289	1169
0,373	115	1,410	1367
0,498	192	1,396	1358
0,589	258	1,500	1565
0,658	348	1,597	1773
0,796	467	1,706	1989
0,894	577	1,804	2220
0,984	705	1,622	1793
1,097	843	1,488	1546
1,196	995	1,473	1491

<table>
<tr><td colspan="2">Ponton $L = 20,98$ m
glatt gestrichen; $t = 17^\circ$ C; $F = 34,1$ m²</td><td colspan="2">Ponton $L = 67$ m
glatt gestrichen; $t = 14,6^\circ$ C; $F = 107,55$ m²</td></tr>
<tr><td>V m/sec</td><td>W kg</td><td>V m/sec</td><td>W kg</td></tr>
<tr><td>2,000</td><td>20</td><td>2,85</td><td>100</td></tr>
<tr><td>3,000</td><td>46,7</td><td>3,82</td><td>175</td></tr>
<tr><td>3,900</td><td>76,6</td><td>4,82</td><td>272</td></tr>
<tr><td>4,800</td><td>110</td><td>5,41</td><td>335</td></tr>
<tr><td>5,695</td><td>158</td><td>6,22</td><td>436</td></tr>
<tr><td>6,130</td><td>175,5</td><td>6,79</td><td>520</td></tr>
<tr><td>6,210</td><td>174,5</td><td></td><td></td></tr>
<tr><td>6,500</td><td>195</td><td></td><td></td></tr>
<tr><td>7,035</td><td>234</td><td></td><td></td></tr>
<tr><td>7,470</td><td>232</td><td></td><td></td></tr>
</table>

[1] Jahrb. STG 1937.

Die gemessenen Widerstände wurden, um die Reibungswerte für eine ebene Fläche zu erhalten, korrigiert für den Einfluß der Kimmkrümmung in folgender Weise: Die runde Kimmfläche beträgt 10% der sonst ebenen Gesamtoberfläche. Die anzuwendenden Korrekturwerte ergeben sich aus Messungen, welche 1924 in der HSVA mit Rohren von 350 mm ⌀ und 35 mm ⌀ ausgeführt sind (WRH 1924). Hiernach ergibt sich gegenüber einer ebenen Fläche für den Kimmradius von 50 mm des großen Pontons eine vom Gesamtwiderstand abzuziehende Korrektur von 13% · 0,1 = − 1,3%, und für den Kimmradius von 10 mm des Pontonmodells eine Korrektur von 24,5% · 0,1 = − 2,4% (Bild 2).

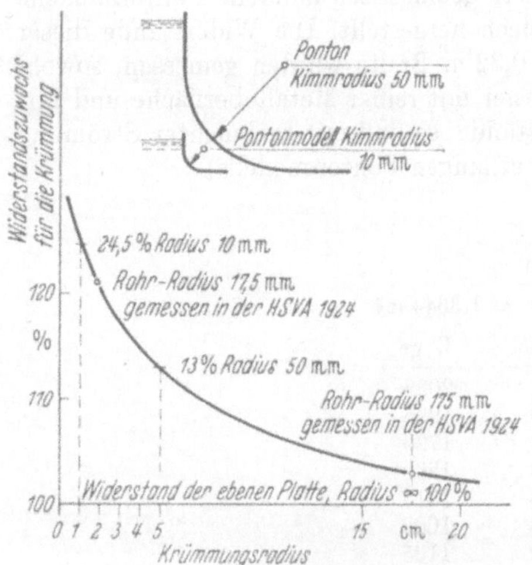

Bild 2. Einfluß der Krümmung einer glatten Fläche auf ihren Reibungswiderstand.

Trägt man nun die so korrigierten Widerstandsbeiwerte der beiden geometrisch ähnlichen Pontonpaare für korrespondierende Geschwindigkeiten über den Reynolds-Zahlen zusammen mit der Schoenherr-Linie für turbulente Reibung glatter ebener Flächen auf, so zeigt sich, daß die nach Froude vorauszusetzende Gleichheit der Restwiderstandsanteile der beiden geometrisch ähnlichen Pontonpaare über den durch die Schoenherr-Linie gekennzeichneten Reibungswiderstandsanteilen nicht zutrifft. Die Restwiderstandsanteile der großen Pontons sind kleiner als diejenigen ihrer Modelle. Die Schoenherr-Linie liegt also hiermit im Bereich der großen Pontons offenbar zu hoch. Legt man diese Grenzlinie bei den hohen Reynolds-Zahlen entsprechend niedriger, so erreicht man, daß die Widerstandsbeiwerte beider Pontons und ihrer Modelle die Forderung gleichgroßer Restwiderstandsanteile für geometrisch ähnliche Modelle erfüllen (Bild 3).

Es fragt sich, ob diese durch die Meßergebnisse der Gesamtwiderstände beider Pontonpaare geforderte Tieferlegung der Grenzlinie mit den Ergebnissen der örtlich gemessenen Plattenwiderstände vereinbar ist.

Hierzu ist zu sagen, daß bisher die Beiwerte der Gesamtreibung aus den örtlich gemessenen Widerständen einzelner Platten unter Annahme einer Kurve der örtlichen Reibung errechnet sind,

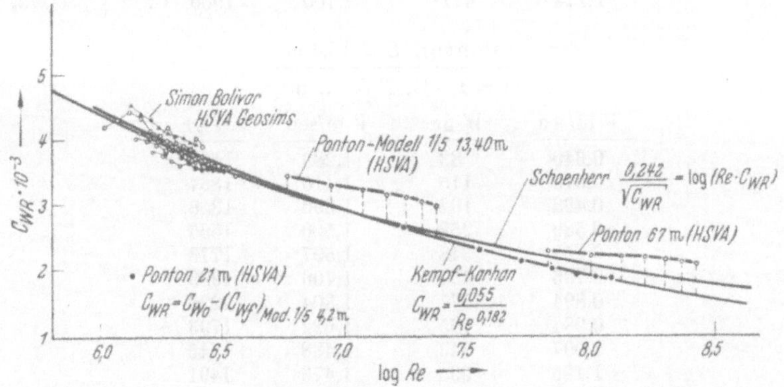

Bild 3. Beiwerte des Reibungswiderstandes, Berechnung aus Versuchen mit Pontons und aus Versuchen mit Geosims.

deren Lage infolge der Streuung der Messungen bei kleinen Reynolds-Zahlen in gewissen Grenzen frei wählbar ist, so daß z. B. Schlichting und Schoenherr aus den gleichen örtlichen Meßwerten unterschiedliche Kurven für die Gesamtreibung abgeleitet haben.

Die aus örtlichen Meßwerten zu integrierenden Werte der Gesamtreibung bilden daher kein unbedingt eindeutiges Argument gegen eine tiefere Lage der Linie für die Gesamtreibung.

Die neuen Widerstandsmessungen an den Pontonmodellen liefern also zusammen mit den früheren Widerstandsmessungen an den geometrisch ähnlichen großen Pontons eine neue Grundlage für die Bestimmung der Grenzlinie turbulenter Reibung glatter ebener Flächen, welche bei Reynolds-Zahlen über 10^7 etwas tiefer liegt als die Schoenherr-Linie und deren Reibungswert bei 10^8 und 10^9 im Vergleich zu den Werten der bisher vorgeschlagenen Linien in der Tabelle 1 angegeben ist.

Tabelle 1. Beiwerte der Gesamtreibung.

			$Re = 10^8$	10^9
Prandtl — von Karman ...	$C_{WR} = \dfrac{0{,}074}{Re^{\,0{,}2}}$	1921	0,00 187	0,00 117
Telfer	$C_{WR} = 0{,}0012 + 0{,}34\,\dfrac{1}{Re^{1/3}}$	1927	0,00 194	0,00 154
Schlichting	$C_{WR} = \dfrac{0{,}455}{(\log Re)^{\,2{,}58}}$	1929	0,00 210	0,00 158
Schoenherr	$\log\,(Re\,C_{WR}) = \dfrac{0{,}242}{\sqrt{C_{WR}}}$	1932	0,00 206	0,00 153
Schulz — Grunow	$C_{WR} = \dfrac{0{,}427}{(\log Re - 0{,}407)}$	1940	0,00 203	0,00 146
Hughes		1951	0,00 188	0,00 128
Kempf — Karhan	$C_{WR} = \dfrac{0{,}055}{Re^{\,0{,}182}}$	1951	0,00 193	0,00 127

Die Tendenz dieser neuen durch die Pontonpaare ermittelten Reibungslinie steht auch im Einklang mit neueren Untersuchungen von Dr. Hughes, über welche dieser auf der 6. Internationalen Konferenz der Tankleiter in Washington im September dieses Jahres berichtet hat. Diese Tendenz der neuen Reibungslinie bedeutet zugleich einen steileren Verlauf und würde bei kleineren Reynolds-Zahlen unter 10^6 eine höhere Lage der Reibungslinie gegenüber der Schoenherr-Linie bedingen. Es ist daher zu untersuchen, ob sich auch dafür Argumente aus vorliegenden Versuchen ergeben.

Der Streuungsbereich der bisher aus Plattenversuchen vorhandenen Meßwerte ist ziemlich groß und beträgt z. B. im Modellbereich unter Ausschaltung offenbar laminar infizierter Messungen und extremer Einzelwerte etwa 10%.

An neuen Meßwerten liegen nun von seiten der HSVA in diesem Bereich zwei Gruppen vor, nämlich 1. örtliche Reibungswerte des Pontonmodells und 2. mehrere Versuche mit verschiedenen geometrisch ähnlichen Schiffsformen (Geosims).

1. Dadurch, daß das Pontonmodell von 0,32 m Breite aus verschiedenen Kästen zusammengebaut war, ergab sich die Möglichkeit, dieses Pontonmodell abschnittsweise jeweils um einen Kasten verlängert zu schleppen und aus der gemessenen Differenz der Widerstände den örtlichen Widerstand der zusätzlichen Fläche des neuen Kastens zu ermitteln.

Die Ergebnisse dieser Messungen sind als örtliche Reibungsbeiwerte nach Korrektur für die Kimmrundung zusammen mit der von Prandtl angegebenen Reibungslinie in Bild 4 eingetragen. Der Verlauf dieser für 5 Pontonabschnitte gemessenen Werte zeigt, daß eine für die Meßwerte, deren Schwankungen $\sim 5\%$ betragen, gemittelte Linie jedenfalls über der Prandtl-Linie verläuft. Und da die nach Prandtl errechnete Linie für die Gesamtreibung bereits höher liegt als die Schoenherr-Linie, so deuten die Meßwerte der Pontonabschnitte darauf hin, daß die Schoenherr-Linie in diesem Bereich zu niedrig liegt.

2. Auf die gleiche Tendenz deuten die bisher vorliegenden Geosim-Versuche mit großen und kleinen Modellen hin.

Die ausführlichsten Geosim-Versuche sind in Wageningen mit 5 „Simon-Bolivar"-Modellen ausgeführt. Die Forderung gleichgroßer Restwiderstandsbeiwerte zeigt nun, daß für die kleinen Modelle die Schoenherr-Linie höher liegen müßte, wenn man für die großen Modelle diese Linie als zutreffend gelten läßt und von beiden Modellen gleiche Restwiderstandsanteile bei korrespondierenden Geschwindigkeiten absetzt.

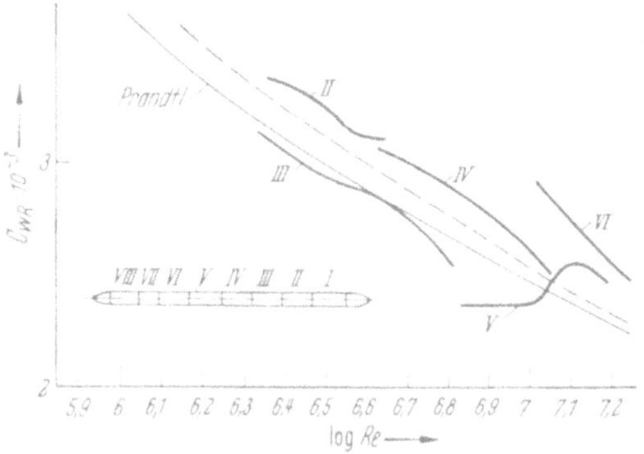

Bild 4. Örtliche Reibungsbeiwerte.

Mehrere weitere Geosim-Versuche sind dadurch entstanden, daß im Hamburger Schleppkanal bis heute nur kleine Modelle von etwa 2 m Länge gemessen werden können, während für die in Deutschland noch immer verbotenen Propulsionsversuche die großen Modelle in ausländischen Versuchsanstalten wie in Wageningen, Göteborg und Drontheim gemessen wurden. Nimmt man nun für das große Modell sowohl die durch die Schoenherr-Linie gekennzeichneten Reibungsbeiwerte als auch die dann sich ergebenden Restwiderstandsbeiwerte als zutreffend an und subtrahiert vom Gesamtwiderstandsbeiwert des kleinen Modells jeweils den gleichen Restwiderstandsbeiwert des großen Modells bei den korrespondierenden Geschwindigkeiten, so ergeben sich dadurch die auf Bild 3 übrigbleibenden Reibungswerte für die kleinen Modelle dieser Hamburger Geosims.

Tatsächlich deuten die mit einem Streuungsbereich von 5% sich ergebenden Meßwerte der Geosims auf eine im Bereich der kleinen Modelle höherliegende Reibungslinie als die Schoenherr-Linie hin. Diese Tendenz steht im Einklang sowohl mit den Untersuchungen von Dr. Hughes, deren Ergebnisse der 6. Internationalen Tankleiter-Konferenz in Washington vorlagen, als auch mit den von Dr. Todd und Professor Hogner auf dieser Konferenz mitgeteilten Ergebnissen von kleinen Modellen. Auch Professor Troost äußerte sich in diesem Sinne auf der Konferenz auf Grund der Auswertung von Modellfamilien.

Die Frage, ob auch für die Schiffsformen der Geosims ebenso wie für die Pontons eine Krümmungskorrektur notwendig ist, ist dahin zu beantworten, daß schätzungsweise nach den Rohrversuchen der Widerstandsanteil der Krümmung für ein 2 m langes völliges Modell $\sim 0,65\%$ und für das 6 m lange ähnliche Modell $\sim 0,5\%$ beträgt, was übrigens mit der von Dr. Todd erwähnten Rechnung Landwebers übereinstimmt. Die für das 2-m-Modell gegenüber dem 6-m-Modell anzuwendende Krümmungskorrektur beträgt also nur 0,15% und ist daher praktisch zu vernachlässigen.

Das vorliegende neue Versuchsmaterial weist also eindeutig darauf hin, daß die Grenzlinie für turbulente Reibung glatter Flächen steiler als die Schoenherr-Linie verläuft, mit einem Schnittpunkt bei etwa $5 \cdot 10^6$.

Die Verfasser haben für diese Grenzlinie einen Verlauf ermittelt, der seinen zahlenmäßigen Ausdruck in folgender Formel findet:

$$C_{WR} = \frac{0,055}{Re^{\,0,182}} \,.$$

Einen Vergleich der Werte dieser neuen Linie mit den bisher bekannten Reibungslinien und mit der kürzlich von Dr. Hughes angegebenen Linie zeigt Tab. 1 für die Reynolds-Zahlen 10^8 und 10^9.

II. Rauhigkeitszuschlag für Schiffe.

Zur Berechnung der Oberflächenreibung des Schiffes ist der Rauhigkeitszustand der Außenhaut zu berücksichtigen. Hierfür ist ein Rauhigkeitszuschlag zu dem für das Schiff mit technisch glatter Oberfläche geltenden Reibungswert hinzuzufügen. Für die Bewertung dieses Rauhigkeitszustandes liegen die Ergebnisse verschiedener Untersuchungen vor, nämlich:

1. Widerstandsmessungen an örtlich eingesetzten Meßplatten, wie sie vom Verfasser 1926 und 1929 sowohl an fahrenden Schiffen, wie „Hamburg" und „Bremen", als auch an einem geschleppten Ponton von 77 m Länge im Schleppkanal für verschiedene Rauhigkeitszustände gewonnen sind[1].

2. Vergleichende Schubmessungen an Schiffen und ihren geometrisch ähnlichen Modellen lieferten eine größere Anzahl von Werten für verschiedene Oberflächenzustände der Außenhaut. Solche Messungen wurden zuerst von W. Froude mit „Greyhound", 1937/38 vom Verfasser mit „Tannenberg", 1938 von Schoenherr mit „Clairton", von Hiraga mit „Yudachi", in den letzten Jahren in USA an etwa 14 Schiffen und in England mit „Lucy Ashton" mit Raketenantrieb ausgeführt.

Die Ergebnisse dieser beiden Meßmethoden sind bekannt und veröffentlicht, sie bilden ein umfangreiches Material, welches noch der Sichtung und Durcharbeitung harrt und bisher dazu geführt hat, daß in USA für den Oberflächenzustand werftneuer Schiffe versuchsweise mit einem Rauhigkeitszuschlag von 0,0004 zu den Werten der Schoenherr-Linie gerechnet wird.

Diese beiden bisher angewandten Methoden: „Meßplatten" und „Modell-Schiffsvergleiche" erfordern recht umfangreiche, kostspielige und zeitraubende Versuche und Apparate. Der Modell-Schiffsvergleich leidet außerdem an gewissen Unsicherheiten, wie dem Maßstabseffekt von Nachstrom und Sog und dem Windeinfluß.

---

[1] T. I. N. A. 1929, W. R. H. 1929, Hydrodyn. Probleme 1932, J. STG. 1936, T. I. N. A. 1937.

3. Eine dritte Methode, die **Aufmessung des Geschwindigkeitsprofils an der ebenen Seitenwand des Schiffes**, wie sie kürzlich von den Verfassern angewandt wurde, ist einfacher und ermöglicht es, die Scherkraft zu berechnen und damit den örtlichen Reibungsbeiwert zu ermitteln. Mit dieser Methode ist zugleich eine laufende Kontrolle des Rauhigkeitszustandes des Schiffes durch das Bordpersonal und eine zuverlässige Geschwindigkeitsmessung verbunden.

In Bild 5 ist die Einrichtung im Lichtbild dargestellt. Sie besteht aus einem in der Seitenwand des Maschinenraumes ausfahrbar angeordneten Pitotrohr mit mehreren Staudrucköffnungen und mit einer Manometertafel. Auf der „Santa Elena", einem Schiff von 13500 t Verdrängung, 136 m Länge, 18,6 m Breite und 7,5 m Tiefgang waren in einem Abstand von 72 m vom Vorsteven und 4 m unter der Wasserlinie an Steuerbord und an Backbord je ein ausfahrbares Pitotrohr mit je 5 Öffnungen eingebaut, mit denen auf der Hin- und Rückreise mehrmals Geschwindigkeitsprofile bei gutem Wetter bis dicht an die Schiffswand aufgemessen wurden, welche stetige Werte ergaben.

Auf Bild 6a und 6b sind diese Profile dargestellt, und zwar ergab sich auf der Rückreise nach zweimonatigem Aufenthalt des Schiffes in südamerikanischen Gewässern und Häfen ein anderes Profil als auf der Hinreise, als Zeichen größerer Rauhigkeit der Schiffshaut. Die Auftragung der Geschwindigkeitsprofile über dem Logarithmus des Wandabstandes (log y) zeigt, daß sich in den wandnahen Schichten bis etwa $y = 10$ cm sehr genau gerade Linien ergeben. Nach der Theorie ist das logarithmische Geschwindigkeits-Verteilungsgesetz für die Rohrströmung universell. Für die längsangeströmte ebene Platte hat schon F. Schultz-Grunow festgestellt, daß das logarithmische Geschwindigkeits-Verteilungsgesetz nur für die wandnahen Schichten gilt, während sich in den äußeren Schichten Abweichungen feststellen lassen, für die sich ebenfalls eine Gesetzmäßigkeit feststellen läßt.

Die auf der „Santa Elena" in den äußeren Schichten feststellbaren Abweichungen von dem logarithmischen Gesetz verlaufen diesen von F. Schultz-Grunow festgestellten Abweichungen analog und stellen daher eine gute Bestätigung dar. Diese logarithmische Auftragung ermöglicht aber auch recht gut eine Berechnung der Schubspannung und des Rauhigkeitszustandes.

Es ergeben sich auf diesem Wege für das am 4. Juni gemessene Profil die Schubspannung zu 5,21 kg/m²

und die äquivalente Sandrauhigkeit von
$K_s = 0,14$ mm,

Bild 5. Gerät zur Messung des Geschwindigkeitsprofiles in der Grenzschicht.

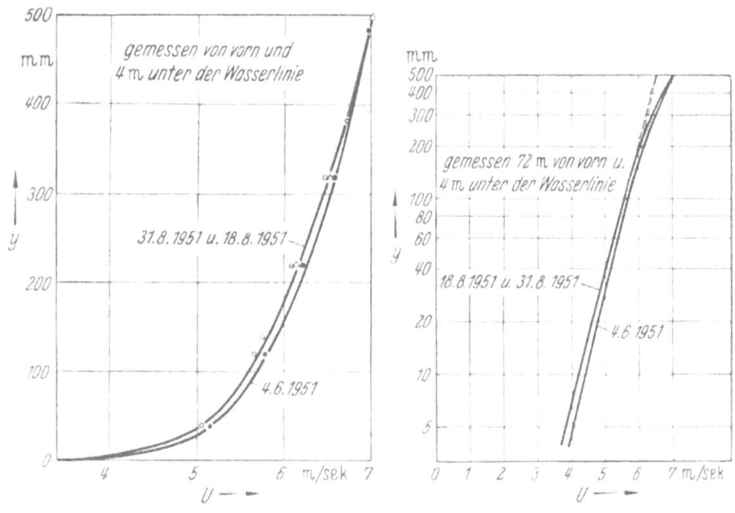

Bild 6a   und   Bild 6b.
Geschwindigkeitsprofile, gemessen auf MS. „Santa Elena".

und für die am 18. und 31. August gemessenen Profile die Schubspannung zu 5,78 kg/m²
und die äquivalente Sandrauhigkeit von $K_s = 0,25$ mm.
Aus den Schubspannungen folgen die örtlichen Widerstandsbeiwerte

$$\text{für den 4. Juni } cf = \frac{\tau}{\varrho/2\,v^2} = 0,00203, \qquad \text{für den 18. und 31. August} = 0,00226.$$

Der örtliche Widerstandsbeiwert der 1929 am Ponton gemessenen glatten Platten betrug bei der gleichen Reynolds-Zahl von $5{,}6 \cdot 10^8$ wie bei den Messungen auf „Santa Elena" $cf = 0{,}00150$. Der Rauhigkeitszuschlag für die Schiffshaut der „Santa Elena" betrug also

$$\text{auf der Hinreise:}\quad 0{,}00203 - 0{,}00150 = 0{,}00053,\ \text{d. s. } 35\%,$$
$$\text{und auf der Rückreise:}\quad 0{,}00226 - 0{,}00150 = 0{,}00076,\ \text{d. s. } 50\%.$$

In den $2\tfrac{1}{2}$ Monaten zwischen den Messungen ist also der Reibungswiderstand um 11% gewachsen. Diese Zunahme entspricht auch der gemessenen Zunahme des Reibungswiderstandes, der in etwa der gleichen Zeit bei „Lucy Ashton" gemessen wurde.

Der Unterschied beider Messungen liegt nur darin, daß bei „Lucy Ashton" diese Werte als Gesamtwiderstand mit erheblichem Aufwand gewonnen sind, während sich die Werte bei „Santa Elena" als örtliche Messungen aus dem Geschwindigkeitsprofil ohne großen Aufwand laufend während des Betriebes gewinnen lassen, ähnlich wie sie auf „Hamburg" und „Bremen" bereits aus dem Widerstand von Meßplatten 1926/27 sich ergaben, bei denen ein gleicher örtlicher Rauhigkeitszuschlag von 0,00065 gemessen wurde.

Da der Rauhigkeitszustand des Schiffes und sein Einfluß auf die Geschwindigkeit für Schiffsführung und Reederei ein zuverlässiger Gradmesser dafür sind, wann sich eine Dockung und Säuberung der Außenhaut lohnt, so dürfte es sich auch im Schiffsbetrieb ganz allgemein lohnen, solche Rauhigkeitsüberwachung durch ein Pitotrohr einzuführen.

Abgesehen davon ist ein derartiges von uns auf der „Santa Elena" eingebautes, einfaches und billiges Meßgerät geeignet, auf möglichst vielen Schiffen eingebaut zu werden, um zuverlässiges Material für die so wichtige Rauhigkeitsbewertung der verschiedenen Schiffsoberflächen zu gewinnen.

Ein Vergleich der auf der „Santa Elena" gemessenen Rauhigkeit der Außenhaut läßt sich auf der Grundlage der äquivalenten Sandrauhigkeit mit zwei anderen früher gemessenen Schiffen ziehen. Alle drei Schiffe wurden wenige Tage nach dem Docken gemessen. Es zeigt sich eine ausgezeichnete Übereinstimmung.

Tabelle 2.

Jahr	Schiffsname	Äquivalente Sandrauhigkeit	Messung
1938	„Clairton"	0,16 mm	Schoenherr[1]
1938	„Tannenberg"	0,14 mm	Kempf[2]
1951	„Santa Elena"	0,14 mm	Kempf

[1], [2] Hydrodyn. Probleme, Bd. I (1940), S. 71.

Vergleicht man nun die neuerdings in USA und England gemessenen Rauhigkeitszuschläge von besonders sorgfältig behandelten Schiffsoberflächen, so zeigt sich, daß Werte bis zu 0,0001 und niedriger über der Schoenherr-Linie erreicht sind.

Bei einer Reynolds-Zahl von 10^9, d. h. im Schiffsbereich, beträgt danach der Reibungswert des Schiffes $cf = 0{,}00163$ gegenüber dem Reibungswert der Schoenherr-Linie von $cf_0 = 0{,}00153$.

Nach der neuen, im 1. Abschn. durch unsere Pontonmodellmessungen begründeten Reibungslinie für glatte Flächen beträgt bei $Re = 10^9$ der Reibungswert $cf_0 = 0{,}00127$, liegt also um 0,00026 niedriger (s. Tabelle 3).

Tabelle 3. Reibungsbeiwerte von Schiffen.

I. Aus örtlichen Messungen in Mitte Schiff (HSVA) bei $Re = \dfrac{L \cdot v}{2 \cdot \nu} = 5{,}6 \cdot 10^8$

„Santa Elena", Hinreise 1951	0,00 203	gesamt
Glatte Pontonplatten 1929	0,00 150	glatt
	0,000 53	rauh
„Santa Elena", Rückreise 1951	0,00 226	gesamt
Glatte Pontonplatten 1929	0,00 150	glatt
	0,00 076	rauh
Hamburg/Bremen 1926/27	0,00 065	rauh

II. Aus Gesamtreibungsmessungen (Schiffmodell) (USA) bei $Re = \dfrac{L \cdot v}{\nu} = 10^9$

Mittelwert nach Todd	0,00 193	gesamt
Schoenherr-Linie	0,00 153	glatt
	0,00 040	rauh
Mittelwert nach Todd	0,00 193	gesamt
Kempf-Karhan-Linie aus Geosim Pontons..	0,00 127	glatt
	0,00 066	rauh.

Dieser Unterschied von 0,00026 muß also bei Benutzung der neuen Reibungslinie zu den bisher üblichen Rauhigkeitszuschlägen hinzugefügt werden, so daß damit der kleinste bisher gemessene Rauhigkeitszuschlag beträgt:

$$0,0001 \ + 0,00026 = 0,00036$$
der empfohlene Zuschlag .... $0,0004 \ + 0,00026 = 0,00066$
der bei der HSVA übliche Zuschlag..... $0,00065 + 0,00026 = 0,00091$

Neuerdings werden in verschiedenen Versuchsanstalten Reibungsmessungen vorgenommen, deren Ergebnisse abzuwarten sind. Wir hielten es daher für angebracht, die Ergebnisse der Arbeiten unserer zeitweise ausgeschalteten Hamburgischen Schiffbau-Versuchsanstalt zu dem so wichtigen Reibungsproblem hiermit als unseren Beitrag zu veröffentlichen.

III. Methoden zur Reibungsverminderung.

Da der Anteil der Oberflächenreibung am Gesamtwiderstand des Schiffes so beträchtlich ist, lohnt es sich zu erwägen, welche Möglichkeiten zur Verminderung der Reibung dienen können und zu untersuchen, inwieweit sie sich verwirklichen lassen. Solche Möglichkeiten sind: 1. Laminare Strömung durch Grenzschichtabsaugung herzustellen; 2. durch Beimischung dünnerer Medien wie z. B. Luft die Schubspannung an der Schiffswand gegenüber der des Wassers zu verringern.

1. Am wirkungsvollsten und auch am besten erforscht erscheint eine kontinuierliche Absaugung der Grenzschicht. Wie Pretsch und Schlichting[1] theoretisch berechnet haben, wird dadurch der Umschlag der laminaren in die turbulente Strömung verhindert, so daß die laminare Strömung und das dafür gültige Widerstandsgesetz auch bis zu sehr hohen Reynolds-Zahlen erhaltenbleibt. Das Diagramm der Widerstandsbeiwerte zeigt, welch große Widerstandsersparnisse auf diesem Wege gerade auf Schiffen — für die ja die Reynoldssche Zahl immer sehr groß ist — erreicht werden könnten. So könnte z. B. bei einer Reynoldsschen Zahl von 10^8 der Reibungswiderstand auf unter 10% des Widerstandes der turbulenten Strömung gesenkt werden. Allerdings würde ein Teil dieser ersparten Leistung wieder auf die Absaugung verbraucht werden. Um diese Absaugeleistung möglichst kleinzuhalten, müßte man sich daher bemühen, die abgesaugte Wassermenge möglichst kleinzuhalten, wobei natürlich eine untere Grenze hierfür dadurch gegeben ist, daß die Wirkung der Grenzschichtabsaugung — nämlich die Verhinderung des Umschlages der laminaren in die turbulente Strömung — gerade noch gewährleistet sein muß. Über diese zumindest erforderliche abzusaugende Menge — die von ausschlaggebender Bedeutung für die Beurteilung des Verfahrens ist — wurde durch die Berechnungen von Pretsch und Schlichting Klarheit geschaffen. Diese Rechnungen haben zu dem erstaunlichen Ergebnis geführt, daß diese abzusaugende Menge nur außerordentlich klein zu sein braucht, so daß auch die erforderliche Absaugeleistung nur einen kleinen Bruchteil der möglichen Leistungsersparnis zu erreichen braucht.

So günstig und verlockend dieses Verfahren auf Grund der theoretischen Berechnungen erscheint, so groß sind auch die Schwierigkeiten, die einer Verwirklichung entgegenstehen. Es müßte wohl über die ganze benetzte Oberfläche des Schiffes in geringem Abstand über der Außenhaut eine zweite, dünnere Haut, die die Absaugeöffnungen enthält, angeordnet sein. Aus dem Raum zwischen den beiden Plattenfeldern müßte das Wasser durch eine Pumpe abgesaugt werden. Diese Wassermenge wäre — wie erwähnt —so klein, daß trotz der großen Strömungswiderstände die Absaugeleistung viel kleiner wäre wie die erreichbare Leistungsersparnis. Die Schwierigkeit liegt aber nun darin, daß die Absaugeöffnungen gleichmäßig über die ganze Oberfläche und außerordentlich klein sein müßten. Um ein Bild dieser Schwierigkeit zu geben, möge erwähnt werden, daß Löcher von 2 mm Durchmesser in einem Abstand von etwa 50 mm in Längs- und Querrichtung als oberste Grenze erscheinen oder vielleicht noch zu groß wären. So enge Löcher sind natürlich sehr der Gefahr ausgesetzt, durch Schmutz verstopft und damit unwirksam zu werden.

Aus diesem Grunde erscheint es ungewiß, ob dieser theoretisch so erfolgversprechende Weg gangbar ist. Mehr kann zur Zeit hierüber nicht gesagt werden. Wichtig ist aber, daß der durch die turbulente Strömung gegebene Reibungswiderstand theoretisch nicht als absolutes Minimum angesehen zu werden braucht, und daß also eine gewisse Hoffnung besteht, daß darüber hinaus Verbesserungen möglich sind.

2. Versuche, die Reibung der Schiffshaut durch Beimischung von Luft zu vermindern, sind vielfach gemacht worden, sie haben aber bisher praktisch noch zu keiner befriedigenden Lösung

---

[1] Pretsch, J.: Umschlagbeginn und Absaugung. Jahrb. d. Dt. Luftfahrtforschung (1942), S. I. 1. — Schlichting, H. u. K. Bussmann: Exakte Lösungen für die laminare Grenzschicht mit Absaugung und Ausblasen. Schriften d. Dt. Akademie d. Luftfahrtforschung, Bd. 7 B, S. 25 (1943). — Pretsch, J.: Die Leistungsersparnis durch Grenzschichtbeeinflussung beim Schleppen einer ebenen Platte UM 3048 (1943).

geführt. Nichtsdestoweniger lohnt es sich, durch weitere Versuche Klarheit über diese Möglichkeit der Reibungsverminderung anzustreben.

Zum Schluß möchten die Verfasser ihren Dank aussprechen dem Bundesverkehrsministerium für die Gewährung von Mitteln, Herrn Dipl.-Ing. Grim für seine theoretischen Berechnungen und den Herren Menzer, Schulenberg und Hattendorff für ihre praktische Hilfe.

Zusammenfassung.

I. Die aus dem Vergleich der Gesamtwiderstände von Ponton- und Schiffsmodell Geosims ermittelte neue Linie turbulenter Reibung glatter ebener Flächen verläuft steiler als die Schoenherr-Linie und liegt im Schiffsbereich merklich niedriger.

II. Der Rauhigkeitszuschlag, wie er durch Aufmessung des örtlichen Geschwindigkeitsprofiles an der „Santa Elena" festgestellt worden ist, bestätigt die früher aus Plattenwiderständen an Handelsschiffen gefundenen Werte. Er liegt im Mittel 0,00065 über der Schlichting-Linie bzw. der Schoenherr-Linie.

III. Die Verminderung des Reibungswiderstandes.

A. Durch Absaugung der Grenzschicht ist zwar theoretisch aussichtsreich, aber praktisch kaum lösbar.

B. Durch Einblasen von Luft soll weiter untersucht werden.

Erörterung.

Zivil-Ingenieur **Hans Hoppe,** Hamburg.

Im Frühjahr dieses Jahres kam ich an die Meßaufgabe, die Verteilung der Geschwindigkeit in der Nähe der Außenhaut zu messen, allerdings von einer ganz anderen Problemstellung her. Es handelte sich um die vergleichsweise Untersuchung der Leistungen des „Bodenlogs" gegenüber dem „Stevenlog". Hierfür stand ein Schiff zur Verfügung, auf dem beide Fahrtmeßanlagen eingebaut waren.

Die für diese Messung verwendeten Meßgeräte und die Durchführung der Messung waren andersartig als im vorhergegangenen Vortrag beschrieben. Um so interessanter scheint mir der Vergleich der erweiterten Auswertung meiner Messungen mit Bezug auf die Reibungsforschung zu sein. Um das Ergebnis und den Vergleich qualitativ abschätzen zu können, ist eine kurze Beschreibung der von mir angewendeten Meßmethode und der benutzten Geräte erforderlich.

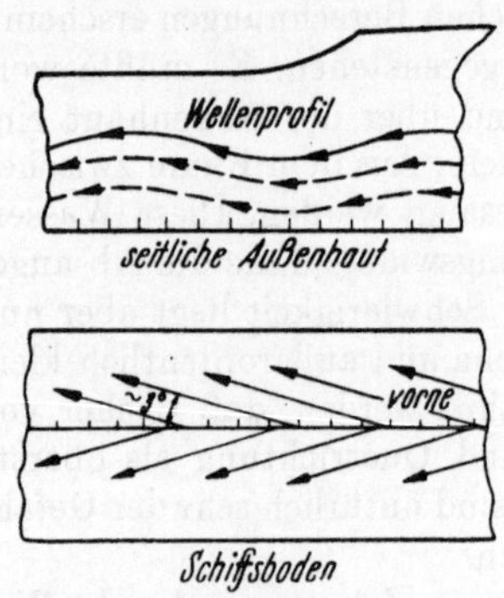

Bild 1. Strömungsrichtungen an der Außenhaut.

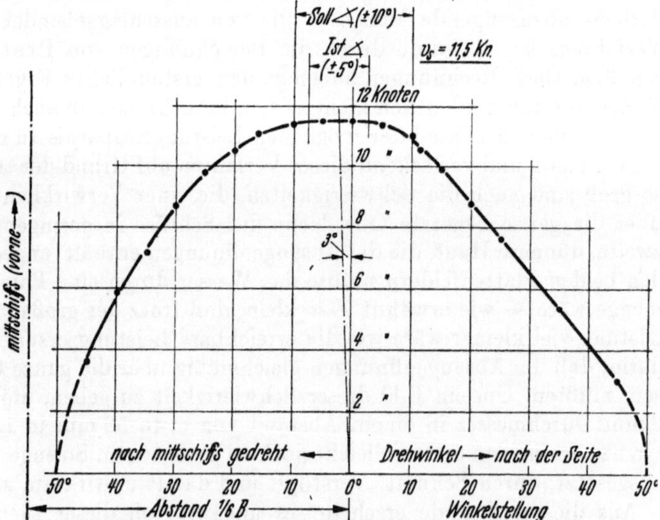

Bild 2. Bestimmung der Strömungsrichtung unter dem Boden des Schiffes.

Beim „Stevenlog" wird bekanntlich das gesamte Schiff als schwimmendes Prandtl-Rohr aufgefaßt. Beim „Bodenlog" wird ein prandtl-rohrartiger Körper unter dem Schiffsboden ausgefahren. Während das „Stevenlog" die ungestörte Strömung und damit den unbeeinflußten Staudruck aufnimmt, fährt das „Bodenlog" in einem Gebiet, welches von dem langsamer als Schiffsgeschwindigkeit laufenden Mitstrom und der schneller als Schiffsgeschwindigkeit fließenden Verdrängungsströmung beeinflußt ist. Ob überhaupt und an welcher Stelle diese beiden Strömungen sich gegenseitig aufheben oder wenigstens in dem äußeren Randgebiet der Grenzschicht überlagern, war zur Beurteilung der Meßeigenschaften des „Bodenlogs" zu untersuchen, also hinsichtlich der richtigen Ausfahrlänge zur Erfassung der wirklichen Schiffsgeschwindigkeit. Meßtechnisch gesehen handelte es sich also um genau dieselbe Aufgabe, wie sie hinsichtlich der Reibungsforschung von Herrn Professor Kempf soeben vorgetragen worden ist.

Die Messung begann mit der Feststellung der Strömungsrichtung am Ort des Ausfahrrohres. Es hat sich ergeben, daß die Strömungsrichtung nicht einmal unter dem ebenen Schiffsboden fahrt- oder kielparallel verlief. Im vorliegenden Falle spreizte sie nach hinten um 3° auseinander. Somit tritt die Frage auf, wo das am Meßpunkt aufgefangene Wasserteilchen, welches hier seine dynamische Energie $m \cdot v^2/2$ in potentielle Energie $\gamma \cdot h$ verlustlos umformt, eigentlich herkommt, welches also die wirkliche Länge dieses Strömungsfadens vor dem „Bodenlog" bzw. vor einer Reibungsplatte ist, d. h. die wirksame Reynoldssche Zahl. Jedenfalls wirkt auf die Druckentnahmestelle bei Schräganströmung nur eine Komponente der Geschwindigkeit. Wenn nun ein Ausfahrgerät gar an der Schiffsseite gefahren wird, vielleicht sogar in der Nähe der Wasseroberfläche, wo das Wellenbild, welches die Richtung der Strömung bestimmt, noch nicht abgeklungen ist, so können die Anströmwinkel noch größer als 3° werden und die Messung entsprechend beeinflussen. Über das Abklingen der Wellenform werden bekanntlich in dem Buch „Wellentheorie" von Thorade und im Johow-Foerster quantitative Aussagen gemacht (Bild 1).

Beim Fahren gegen ruhiges Wasser ist das Prandtl-Rohr bekanntlich + —10° unabhängig von Schräganströmungen. Aus der vorliegenden Bordmessung, also beim Fahren gegen turbulentes Wasser, sind nur + —5° festgestellt worden. Diese Erscheinung ist verständlich. Nähere Angaben hierüber gibt die Schrift „Shipsspeedmeters" Paper 988, Institution of Engineers and Shipbuilders in Scotland, 1938 (Bild 2).

Die Verteilung der Strömungsgeschwindigkeit normal zur Außenhaut zeigt ein späteres Bild, dessen Zustandekommen vorerst näher erklärt werden muß.

Eine Hauptbedingung, die bei dieser Messung erfüllt werden muß, ist die Kontrolle der gleichbleibenden Schiffsgeschwindigkeit während des Aufmessens des Geschwindigkeitsprofiles und ergibt so erst die Zuver-

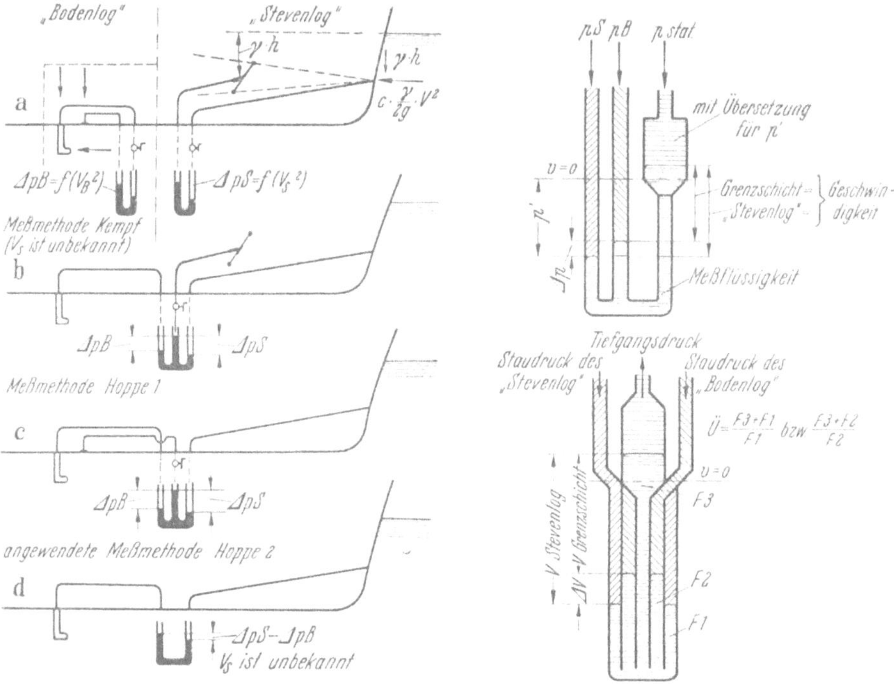

Bild 3. Verschiedene Möglichkeiten zur Messung der Geschwindigkeiten in der Nähe der Außenhaut.

Bild 4 a und 4 b. Grundaufbau des verwendeten Meßgerätes.

lässigkeit der Messung. Diesen äußeren Zustand kontrollierte das unabhängig und gleichzeitig arbeitende „Stevenlog". Es muß ferner bedacht werden, daß nicht sofort nach Eintritt der gewählten Bezugsgeschwindigkeit die Messung beginnen darf. Mindestens ist die Zeit abzuwarten, die von diesem Augenblick an ein Wasserteilchen benötigt, um auf seiner Strombahn vom Vorschiff aus das Ausfahrrohr zu erreichen, d. h. bis sich das Grenzschichtbild auf seiner ganzen Länge auf diese Geschwindigkeit wirklich eingespielt hat. Da die Strömung in und in der Nähe der Grenzschicht unruhig ist, muß ebenfalls das Drosselorgan dahingehend beachtet werden, daß es nach beiden Richtungen hin gleichartig wirkt, d. h. gleiche Durchfluß-Koeffizienten besitzt. Weiterhin ist im Interesse möglichst stetiger Geschwindigkeiten, gegeben durch stabile Antriebsverhältnisse, die Versuchsreihe mit nur etwa 90% Maschinenleistung gefahren worden.

Das „Stevenlog" als Basisgerät und das „Bodenlog" als Aufnahmegerät erhielten anfangs je ihr eigenes Meßgerät, z. B. ein U-Rohrmanometer. Die gleichzeitige Beobachtung von zwei Meßgeräten mit je zwei Ablesestellen ist schlecht möglich. Es wurde demnach ein zusammengefaßtes U-Rohrmanometer benutzt, bei dem die Außenschenkel jeweils von dem Staudruck der beiden Logs beaufschlagt wurden, während der Mittelschenkel an den statischen Druck des „Stevenlogs" oder des „Bodenlogs" angeschlossen war. Es hat sich gezeigt, daß der Anschluß an das „Bodenlog" die ruhigsten Ablesewerte lieferte (Bild 3, a bis c).

Die Schaltung der beiden Staudrucke gegeneinander ist geradezu verführerisch. Es muß aber hierbei bedacht werden, daß dann die Bezugsgeschwindigkeit des Schiffes unbekannt bleibt. Die Messung ist wohl recht anschaulich und instruktiv, aber nicht auswertbar (Bild 3, d.)

Das Bild 4a zeigt ein Meßgerät, welches mit einer hydraulischen und somit verlustlosen Übersetzung arbeitet. Es hat aber den Nachteil, daß es von Schräglagen nicht unabhängig ist, die insbesondere dann zu beachten sind, wenn dieses Gerät in der Querschiffsebene befestigt ist. Der Fehler wächst mit dem Sinus des Neigungs- oder Rollwinkels und mit dem Abstand der beiden U-Rohrschenkel.

Am besten wird ein konzentrisches Doppel-U-Rohrmanometer mit Übersetzung nach Bild 4b genommen. Bei diesem Gerät entfällt bei Schräglagen des Schiffes der vergrößernde Fehler durch den Schenkelabstand. Die Kuppen der Flüssigkeitssäulen liegen so nahe beieinander, daß man sie mit einem Blick erfassen kann. Auch bei diesem Gerät wurde hinsichtlich der Ableseskala mit hydraulischer Übersetzung gefahren und das Minusdruckgefäß, also der Anschluß an den statischen oder Tiefgangsdruck absichtlich groß gewählt, um infolge der größeren Masse der Meßflüssigkeit auch größere Dämpfungseffekte zu erzielen. Weiterhin hat diese Schaltung den Vorteil, daß sich die Meßsäulen bei periodischen Druckschwankungen nicht aufschaukeln können, da sie sich gegenseitig laufend verstimmen.

Das Bild 5 zeigt nun die Kurve der Geschwindigkeitsverteilung unter dem Schiffskörper. Sie ist insofern noch unvollkommen, weil sie bislang nur für eine Geschwindigkeit aufgenommen worden ist. Die Abstände der Meßdrucköffnung von der Außenhaut ergaben innerhalb der ersten 5—10 mm unsichere Werte. Die Ursache liegt offensichtlich·in der Konstruktionsform der eigentlichen Druckentnahmestelle, die man, wenn für diesen besonderen Meßfall abgestellt, besser machen kann, ferner in der Art der Öffnung und deren Abdeckung in der Außenhaut für die Durchführung des Ausfahrteiles. Ab 15 mm Abstand sind die Drucke ruhig geworden und können als sicher angesprochen werden, was aus der geringen Streuung der einzelnen Meßpunkte hervorgehen mag. Bis zu einem Abstand von 250 mm herrscht der Einfluß des Mitstromes vor, während sich darüber

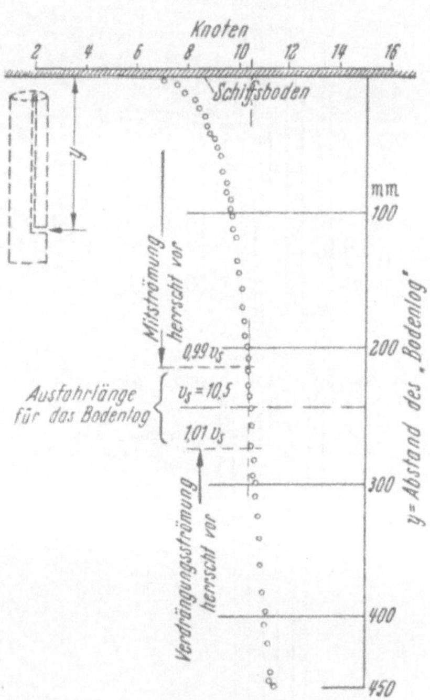

Bild 5. Geschwindigkeitsverteilung unter dem Schiffsboden.

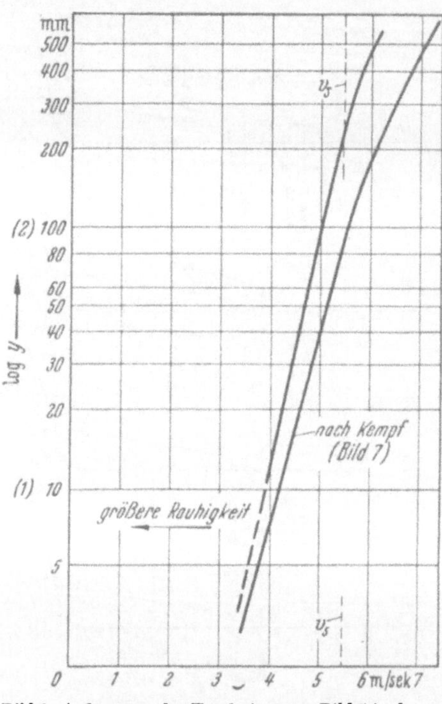

Bild 6. Auftragung der Ergebnisse von Bild 5 in der Form nebst Vergleich nach Kempf.

hinaus der Einfluß der Verdrängungsströmung zeigt. Läßt man einen Bereich von + —1% hinsichtlich der Genauigkeit der Geschwindigkeitsmessung zu, also + —2% für die Druckmessung, so ist festzustellen, daß die Länge des Ausfahrrohres für dieses Schiff max 280 mm betragen müßte, um die richtige Schiffsgeschwindigkeit zu erfassen. Es ist noch nicht ermittelt, um wieviel sich dieses Maß bei zunehmendem Bewuchs des Schiffes ändern wird. Dieser Meßvorgang wird nach gegebener Zeit durchgeführt. Nach der Grenzschichtdicke $\delta = 0{,}37 \cdot R \cdot B^{-0{,}2}$ gerechnet, müßte die Ausfahrlänge fast 300 mm betragen.

Wenn ich nun auf Grund der neueren praktischen Meßerfahrungen die früheren Ergebnisse mit Reibungsplatten prüfe, deren praktische Durchführung mir oblag, so ist zu sagen, daß die Reibungsplatte der „Bremen" und natürlich die Messungen am großen Reibungsponton der HSVA in Ordnung sind. Die Ergebnisse von der „Hamburg" sind aber unsicher, da bei diesem Schiff weder die örtliche Schiffsgeschwindigkeit noch deren Richtung gemessen wurden, das Schiff aber ein ausgeprägtes Wellensystem hatte und die Platte nur wenige Meter unter der Wasseroberfläche lag. Es können also durchaus die Über- und Untergeschwindigkeiten der Schiffswelle einen — bekanntlich quadratisch wirkenden — Einfluß ausgeübt haben. Den Vergleich mit der letzten Kurve, die Herr Professor Kempf zeigte, gibt Bild 6. Die Steilheit ist etwas größer, die Lage weiter nach links in Richtung kleinerer Geschwindigkeiten bzw. dickerer Grenzschicht, die auf eine größere Rauhigkeitsform schließen läßt, und das Umbiegen oben nach rechts ist ebenfalls vorhanden, d. h. der Eintritt des Meßorgans in den Bereich der Verdrängungsströmung wird angezeigt. Ich hoffe, Ihnen im nächsten Jahre die Skala verschiedener Rauhigkeitsformen in irgendwie nebeneinanderliegenden Kurven zeigen zu können. Es sind mehrere Schiffe, mit verschiedenen Beplattungen versehen und auf verschiedenen Kursen unterwegs, auf denen mit Hilfe des „Bodenlogs" das Profil monatlich aufgenommen werden soll.

Für die Bordpraxis möchte ich abschließend folgendes anführen:

Es ist zu bedenken, daß die Rauhigkeit von vorne nach achtern ungleichförmig ist, daß sie darüber hinaus sogar in kleineren Bereichen erheblich unterschiedlich sein kann als Folge galvanischer Einflüsse an Einlaß- und Auslaßarmaturen oder infolge Abscheuerns des Bewuchses an Duckdalben. Die Messung der örtlichen Geschwindigkeitsverteilung als Maß für den Bewuchs ist für die Forschung zweifelsfrei interessant.

Für die Praxis kommt m. E. aber nur die Erfassung der Gesamtreibung in Betracht, kennbar gemacht durch die Messung des Propellerschubes einerseits (trotz des noch eingeschlossenen Formwiderstandes des Schiffes) und andererseits durch die gleichzeitige Messung der Schiffsgeschwindigkeit. Diese Beobachtungen können ohne weiteres vom fahrenden Personal durchgeführt, ausgewertet und unter Kontrolle gehalten werden, natürlich gleiche äußere Verhältnisse vorausgesetzt. Wenn diese Meßeinrichtungen auch teurer sind als das „Grenzschicht-Aufmeßgerät" von Professor Kempf, so können aber mit dem Fahrtmesser „Stevenlog" oder „Bodenlog" und dem „Simplex"-Schubmesser der Deutschen Werft AG. zusätzlich eine große Anzahl weiterer wichtiger Meßaufgaben für die Navigation und für den Betrieb durchgeführt werden.

Nach der Methode der Schub-Geschwindigkeitsmessung werden die Anwuchsverhältnisse seit kurzem auf einen großen Frachter beobachtet. Ergebnisse können leider noch nicht vorgelegt werden.

Professor Dr. **H. Schlichting,** Braunschweig.

Zu den sehr interessanten Ausführungen von Herrn Professor Dr.-Ing. G. Kempf möchte ich einige kurze Bemerkungen machen.

1. Widerstand der längsangeströmten glatten Platte. Von seiten der Strömungsforschung begrüße ich es sehr, daß Herr Professor Kempf zu dem grundlegend wichtigen Problem des Reibungswiderstandes der glatten Platte wertvolle neue Ergebnisse vorgelegt hat. Das Ergebnis hat mich allerdings etwas überrascht. Ich war bisher der Ansicht, daß in der langen Geschichte des Problems des Plattenwiderstandes mit der Prandtl-Schlichtingschen Formel von 1932 und der späteren Korrektur von Schultz-Grunow (1940) ein gewisser Abschluß erreicht worden sei. Nunmehr sollen bei sehr großen Reynoldsschen Zahlen , $Re \approx 10^8$, die Messungen beträchtlich unter diesen theoretischen Kurven liegen. Die Theoretiker werden dieses zunächst lediglich zur Kenntnis nehmen können, aber weiterhin doch zu überlegen haben, in welcher Weise die Theorie diesem neuen experimentellen Befund gerecht werden kann.

In den Zusammenstellungen von Professor Kempf war die Kurve von Schultz-Grunow nicht enthalten, die bei Reynolds-Zahlen um 10^8 um einige Prozent unterhalb der Prandtl-Schlichting-Kurve liegt. Ich möchte vorschlagen, doch die Kurve nach Schultz-Grunow noch mit aufzunehmen, um klarzustellen, um wieviel die neuen Meßergebnisse unterhalb dieser Kurve liegen.

2. Krümmungseinfluß. Zu den Ausführungen von Herrn Professor Kempf über den Einfluß der Wandkrümmung auf den Reibungswiderstand möchte ich bemerken, daß diese Fragen in den neuen Untersuchungen von Herrn Dr.-Ing. Scholz, über die wir im nächsten Vortrag hören werden, weitgehend geklärt sind. Der Krümmungseinfluß ist recht gering für den Rotationskörper, aber recht beträchtlich für das ebene Problem (zweidimensionale Strömung).

3. Reibungsschichtmessungen an der rauhen Schiffswand. Zu den sehr verdienstvollen Reibungsschichtmessungen auf der „Santa Elena" möchte ich den Vorschlag machen, das Geschwindigkeitsprofil nach Möglichkeit nicht nur an einer einzigen Stelle der Schiffswand aufzunehmen, wie hier geschehen, sondern an mehreren Stellen längs der Schiffslänge. Hierdurch würde man eine gute Einsicht in das Anwachsen der Reibungsschichtdicke längs der Schiffswand bekommen und durch den Vergleich mit der Theorie der längsangeströmten rauhen Platte feststellen können, ob ein Krümmungseinfluß vorhanden ist.

4. Zulässige Rauhigkeit. Unter der zulässigen Rauhigkeit verstehe ich diejenige größte Korngröße der Rauhigkeit, die noch gerade keine Widerstandserhöhung gegenüber der hydraulisch glatten Wand hervorruft. Die genaue Kenntnis dieser zulässigen Rauhigkeit ist nicht nur wichtig für den Schiffbau, sondern auch für viele andere Gebiete der Technik, insbesondere für den Flugzeugbau (Rauhigkeit der Tragflächen, des Rumpfes und anderer Bauteile) sowie für Strömungsmaschinen aller Art (Propeller für Wasser und Luft, Gebläse, Beschaufelungen von Dampf- und Gasturbinen). Die Abschätzung der zulässigen Rauhigkeit läßt sich mit Hilfe eines sehr einfachen Diagrammes vornehmen, das ich hier im Lichtbild zeigen möchte, und das aus meinem

Die zulässige Rauhigkeitshöhe k_{zul} für längsangeströmte rauhe Platten, Tragflügel und Turbinenschaufeln.

kürzlich erschienenen Buch* entnommen ist. Dem Diagramm liegt die einfache Formel zugrunde, daß die mit
der Anströmungsgeschwindigkeit und der Korngröße der zulässigen Rauhigkeit gebildete Reynoldssche Zahl
unterhalb des Wertes 100 bleiben muß:

$$\frac{V \cdot k_{\mathrm{zul}}}{\nu} \leq 100 \, .$$

Dieses ist eine Näherungsformel für die längsangeströmte ebene Platte. Über Korrekturen infolge des Krüm-
mungseinflusses verweise ich auf den Vortrag von Dr. Scholz. Die Auswertung dieser einfachen Formel
ist im umstehenden Bild gegeben. Dort ist auf der Abzisse die mit der Länge l der beströmten Wand (Länge
des Schiffes, des Flugzeugrumpfes, Tiefe des Tragflügels, der Gebläse- oder Dampfturbinenschaufel) gebildete
Reynoldssche Zahl $Re = Vl/\nu$ aufgetragen, und auf der Ordinate die zulässige Korngröße der Rauhigkeit
in mm. Sämtliche Kurven sind Geraden, und sie entsprechen einem bestimmten Wert der Schaufeltiefe bzw.
Schiffslänge l, die von 5 mm (sehr kleine Dampfturbinenschaufel) bis 500 m (sehr großes Schiff) läuft. Die für
die einzelnen Fälle (Schiff, Flugzeug, Dampfturbinenschaufel usw.) in Frage kommenden Bereiche der Reynolds-Zahlen sind unterhalb der Abzisse angegeben. Dieses ganz allgemeingültige Diagramm gestattet in äußerst
einfacher Weise die Ermittlung der zulässigen Rauhigkeit, wie einige Beispiele erläutern mögen: 1. Für ein
großes schnelles Schiff ($l = 100$ m, $V \approx 20$ Knoten $= 10$ m/s) ist $Re = 10^9$ und damit nach diesem Diagramm
die zulässige Rauhigkeit $k_{\mathrm{zul}} = 0,01$ mm. Dieser Wert kann für ein Schiff auch nicht annähernd erreicht werden.
Man hat deshalb beim Schiff bekanntlich mit sehr erheblichen Rauhigkeitszuschlägen zum Reibungswiderstand
der glatten Platte zu rechnen. 2. Für den Tragflügel eines großen schnellen Flugzeuges ($l = 4$ m; $V = 600$km/h)
ist $Re = 5 \cdot 10^7$, und nach dem Bild k_{zul} ebenfalls etwa 0,01 mm, was hier aber dem Bereich des Möglichen schon
wesentlich näherliegt als beim Schiff. 3. Für eine Gebläseschaufel ($l = 100$ mm), die mit einer Geschwindigkeit
von 150 m/s umläuft, ist $Re = 10^6$, und nach dem Diagramm ebenfalls $k_{\mathrm{zul}} = 0,01$ mm, was hier ohne weiteres
voll erreichbar ist. 4. Besonders hoch und meist nicht erfüllbar sind die Anforderungen an die Oberflächenglätte
bei einer Dampfturbinenschaufel, wo trotz der kleinen Schaufeltiefen die Reynolds-Zahlen verhältnismäßig
groß sind, weil wegen der hohen Dampfdrücke die kinematische Zähigkeit sehr klein ist. So ergibt sich z. B. für
eine im Hochdruckteil (100 ata, 300° C) arbeitende Dampfturbinenschaufel von der Tiefe $l = 10$ mm bei
der Relativgeschwindigkeit von $V = 200$ m/s eine Reynolds-Zahl $Re = 5 \cdot 10^5$, und damit aus dem Diagramm
eine zulässige Rauhigkeit von nur 0,0002 mm, die auch bei bester Bearbeitung nicht erreichbar ist, ganz abgesehen von Rauhigkeiten, die nach längerer Betriebszeit infolge von Korrosion und Salzablagerung auf der
Schaufel entstehen.

Ich glaube, daß diese Beispiele die universelle Gültigkeit und die bequeme Anwendbarkeit des Diagramms
genügend erläutern.

5. Widerstandsersparnis durch Grenzschichtabsaugung. Die von Herrn Professor Kempf erwähnten theoretischen Möglichkeiten der Widerstandsersparnis durch Laminarhaltung der Grenzschicht mittels Absaugung
sind in der Tat sehr verlockend, weil man bei sehr geringen Absaugemengen so außerordentlich große Beträge
an Widerstand einsparen kann (80 bis 90% der turbulenten Plattenreibung). Der praktischen Verwirklichung
dieser aus der neueren Entwicklung der Grenzschichttheorie erhaltenen Ergebnisse stehen jedoch sehr große
Schwierigkeiten entgegen: Es muß nahezu kontinuierliche und gleichmäßige Verteilung der Absaugemenge
gefordert werden. Für den Schiffbau stimme ich mit Professor Kempf darin überein, daß diese praktischen
Schwierigkeiten vorläufig unüberwindlich sind. Im Flugzeugbau steht es mit der Verwirklichung dieses
Gedankens jedoch wesentlich besser. In England und Amerika wird an diesen Dingen sehr eifrig experimentell
gearbeitet. Man verwendet dort für die Absaugung Tragflügel aus porösem Material. Es liegen recht hoffnungs-
volle Ergebnisse aus Windkanalversuchen vor, und neuerdings sind aus England auch die ersten erfolgreichen
Flugversuche bekannt geworden, welche die theoretischen Erwartungen vollauf bestätigt haben.

Professor Dr.-Ing. E. h. Dr.-Ing. **F. Horn**, Berlin.

Nachdem für die turbulente Reibung an glatten Oberflächen bekanntlich längere Zeit hindurch die Formeln
von Prandtl-Schlichting und von Schönherr, die in ihrem ganzen Verlauf nahe beieinanderliegen, bei
der Anwendung der modernen Erkenntnisse auf die Reibung am Schiffskörper im Vordergrund gestanden
hatten, mehren sich jetzt die Stimmen, daß mit diesen beiden Formeln anscheinend nicht das letzte Wort gesprochen ist. Und zwar haben alle neueren Stimmen die Tendenz nach einem etwas steileren Verlauf, als ihn
die Prandtl-Schlichting- und die Schönherr-Kurve aufweisen, derart, daß die neuen Verläufe im Modellbereich etwas oberhalb, im Schiffsbereich etwas unterhalb der vorgenannten beiden Kurven liegen. In diesem
Sinne fallen die neuen Ergebnisse, über die der Vortragende soeben berichtet hat, stark ins Gewicht. Da sind
zunächst die neuen und höchst dankenswerten Versuche mit Geosims und in zwei Maßstäben hergestellten
Pontons. Mögen auch die Ergebnisse im einzelnen streuen, die Tendenz, die Kempf ihnen entnimmt und die
gegenüber Prandtl-Schlichting und Schönherr auf größere Reibung im Modellbereich und auf stärkeren
Abfall mit wachsendem Re weist, scheint mir unverkennbar — wobei besonders hervorzuheben ist, daß die
mit dem großen Ponton erzielten Meßwerte zu den höchsten Reynolds-Zahlen gehören, die man bisher durch
unmittelbare Messungen von Reibungswiderständen erreicht hat, und daher besonders ins Gewicht fallen.

Ein weiteres für die Beurteilung der Reibung ebener Oberflächen wichtiges Ergebnis bringen Aufmessungen
des Grenzschichtprofils auf der „Santa Elena", nämlich eine klare Bestätigung einer von Schultz-Grunow
bereits vor über 10 Jahren aufgestellten, damals aber aus der Luftfahrtforschung, aus der sie stammte, in die
schiffbaulichen Kreise noch kaum durchgedrungenen These, nach der das Grenzschichtprofil an ebenen Oberflächen in seinem Verlauf in der äußeren Zone von dem im Innern von Rohren abweicht, während ja bekanntlich
die Formeln von Prandtl-Schlichting wie auch von v. Karman-Schönherr von der Identität der beiderseitigen Geschwindigkeitsprofile ausgehen. Diese Abweichung, deren grundsätzliche Bedeutung auch auf der
neulichen internationalen Tankleiter-Konferenz in Washington auf Grund eines von Professor Troost gelie-
ferten Beitrags zur Sprache kam und stark beachtet wurde, wirkt sich nach einer von Schultz-Grunow
selbst vorgenommenen Auswertung, die übrigens auch in dem neuen Werk von Professor Schlichting,

---

* H. Schlichting, Grenzschicht-Theorie, Karlsruhe 1951.

Braunschweig, über „Grenzschicht-Theorie" zu finden ist, in einem gegenüber Prandtl-Schlichting steileren Verlauf der Reibungskurve aus. Zwischen deren Verlauf, für den Schultz-Grunow die Interpolationsformel angibt

$$C_{WR} = 0{,}427 \ (\log Re - 0{,}407)^{-2{,}64}$$

und dem der neuen Kurve von Kempf besteht nun allerdings ein erheblicher Unterschied, indem letztere bei hohen Reynolds-Zahlen ein gut Teil tiefer liegt als erstere. Bei einem kritischen Vergleich muß ich nun gewisse Bedenken gegen die Kurve von Kempf anmelden. Zwar mittelt sie gut die Meßpunkte aus, die aus unmittelbaren Widerstandsmessungen mit dem großen 67 m langen Ponton gewonnen wurden, und überdies liegt sie in diesem Re-Bereich sogar noch etwas über den neuen Werten von Dr. Hughes. Auf der andern Seite kommt aber auf der Grundlage der neuen Kurve von Kempf nach den von ihm selbst angegebenen Ergebnissen der Grenzschichtmessungen auf der „Santa Elena" ein unwahrscheinlich hoher Rauhigkeitszuschlag heraus. Zu der neuen Kurve von Kempf gehört nämlich für das von ihm für den Meßort angegebene $Re = 5{,}6 \times 10^8$ ein wesentlich geringerer örtlicher Beiwert für glatte Oberfläche, als er ihn genannt hat, nämlich 0,00115 an Stelle von 0,00150. Der letztere Wert stammt aus früheren Messungen an Ponton-Meßplatten. Wenn er als maßgebend betrachtet wird, dann müßte auch die Gesamtbeiwertkurve entsprechend höhergelegt werden. Wenn aber, wie gesagt, die neue Kurve von Kempf maßgebend sein soll, dann beträgt der örtliche Beiwert eben nur 0,00115, und der Rauhigkeitszuschlag wäre dann 0,00203—0,00115 = 0,00088, das sind 76,5%. Und zwar gilt dies für die Hinreise, bei der sich die Außenhaut doch wohl noch in einem verhältnismäßig guten Zustand befunden haben wird; für die Rückreise fällt der Zuschlag noch viel höher aus. Ich halte dies, offen gesagt, für ausgeschlossen. Demgegenüber errechnet sich der örtliche Beiwert der glatten Oberfläche nach Schultz-Grunow zu 0,00136. Dies ergibt für die Messung auf der Hinfahrt einen Rauhigkeitszuschlag von 0,00203—0,00136 = 0,000668, entsprechend 49%. Immer noch reichlich hoch, aber immerhin möglich. — Ich empfehle jedenfalls Professor Kempf, diesen Punkt noch einer Nachprüfung zu unterziehen. Daß im übrigen die sowohl seiner neuen Kurve wie der von Schultz-Grunow gemeinsam innewohnende Tendenz eines steileren Abfalls gegenüber Schönherr bzw. Prandtl-Schlichting tatsächlich zutrifft, dafür sprechen, abgesehen von den in den diesbezüglichen Untersuchungen von Kempf und Schultz-Grunow unmittelbar enthaltenen Argumenten, außerdem noch erstens die ganz neuerdings von Dr. Hughes im Teddington-Tank erhaltenen und ja auch von Kempf bereits erwähnten Ergebnisse, zweitens die Tatsache, daß nach den jetzt bekanntgegebenen ersten Versuchsergebnissen mit „Lucy Ashton", die ja unmittelbar den Schiffswiderstand betreffen, auf der Basis von Schönherr ein offenkundig zu kleiner Rauhigkeitszuschlag herauskommt. Denn ein Wert von nur 0,0001, wie er auf Grund der Auswertung nach Schönherr in einem Falle festgestellt wurde, scheint mir auch bei denkbar bestem Zustand der Außenhaut, wie er angeblich in diesem Falle vorlag, nicht erreichbar. Die Schönherr-Kurve liegt also im Schiffsbereich offensichtlich zu hoch.

Soviel über den Verlauf der Basiskurve für glatte Oberflächen. Fast noch bedeutsamer ist der Beitrag, den Kempf in seinem Vortrag zur Klärung des besonders widerborstigen Problems des Rauhigkeitseinflusses geliefert hat. Nach dieser Richtung sind meiner Ansicht nach die Grenzschichtmessungen auf der „Santa Elena" besonders positiv und vielversprechend ausgefallen, so sehr, daß man diesen ersten Versuch dieser Art regelrecht als epochemachend bezeichnen könnte. Ich glaube nicht fehlzugehen in der Vermutung, daß solche Versuche bald eine wesentliche Rolle im Schiffbauversuchswesen spielen werden. Übrigens wurde auch auf der Konferenz in Washington ihre Wichtigkeit betont. Sobald eine größere Anzahl derartiger Messungen auf verschiedenen Schiffen vorliegt, wird man weit systematischer als bisher den Rauhigkeitseffekt erfassen und ihm Rechnung tragen können.

Henry Brockmöller, Hamburg.

Mit großer Liebe und Sorgfalt wurde hier das Problem der Oberflächenreibung behandelt und der Reibung eine wesentliche Bedeutung für die Höhe des Schiffswiderstandes zuerkannt.

Behauptungen, daß der Schiffswiderstand ohne Berücksichtigung der Reibung zu errechnen ist, müssen daher als unüberbrückbarer Widerspruch zu den bisherigen Erfahrungen erscheinen. Der Umstand aber, daß weitgehende Übereinstimmung zwischen Rechnung und Versuch bei der strömungsmechanischen Behandlung des Widerstandsproblems auf eine grundsätzlich richtige Lösung hinweisen, bedingt auch einen inneren Zusammenhang der alten und neuen Auffassung über das Wesen des Schiffswiderstandes.

Darum möchte ich auch nicht falsch verstanden werden; selbstverständlich treten die hier behandelten Reibungserscheinungen auf, doch muß im Verfolg der strömungsmechanischen Betrachtung unterschieden werden zwischen den Reibungserscheinungen an sich und den nur wenige Prozent ausmachenden Reibungsverlusten im Sinne einer Energiebilanz.

Wie also läßt sich der scheinbare Widerspruch überbrücken?

Bei festen Körpern, zwischen welchen Reibung durch Bewegung unter Aufwand mechanischer Energie erzeugt wird, muß diese notgedrungen ausweichen in die Form der Wärmeenergie. Was aber geschieht bei der am bewegten Schiff auftretenden Oberflächenreibung, hervorgerufen durch das am Schiff vorbeiströmende Wasser. Ein Ausweichen, auch hier in die Form der Wärmeenergie könnte vermutet werden. Unvorstellbar aber ist, daß z. B. bei einem Ozeanriesen eine Energie von 20 000 PS als Reibungsanteil, bei der vermuteten Umwandlung in Wärmeenergie, nicht meßbar in Erscheinung träte.

Meine Rechnungen ergeben daher folgerichtig, daß die Strömungsenergie ihre Form beim Reibungsvorgang nicht ändert. Es erscheint vielmehr als Gesetz der Natur, daß das Ausweichen in eine andere Energieform die Notwendigkeit der Umwandlung voraussetzt. Jede Umwandlung bedingt Verlust, das Verbleiben in der alten Form aber entspricht dem Gesetz, dem geringsten Widerstand zu folgen.

Es ist also durchaus nicht abwegig, das Widerstandsproblem von der strömungsmechanischen Seite her anzufassen. Die bisherigen Ergebnisse zeigen vielmehr, daß es zu lösen ist und, im großen Rahmen betrachtet, bereits gelöst worden ist.

Die stets wiederkehrenden, eindeutigen strömungsmechanischen Gesetzmäßigkeiten beim Schiff und dessen Modell erlauben die theoretische Berechnung des Schlepp- und Schubwiderstandes ohne Verwendung von Erfahrungswerten. Bisher krankte die Berechnungsmethode an dem Umstand, daß die Verschiebung des

Verdrängungsschwerpunktes vom Hauptspant aus gesehen nach hinten oder auch nach vorn noch nicht berücksichtigt werden konnte. Diese Lücke ist nunmehr geschlossen worden, nachdem mir besonders geeignete Versuchsergebnisse in liebenswürdiger Weise zur Verfügung gestellt worden waren. Da eine Strömungsmechanik, die die Vorgänge darstellt, erst noch geschrieben werden müßte, sind solche Versuchsergebnisse zur Auffindung der oft verwickelten Strömungsvorgänge unentbehrlich.

Um Ihnen ein Maß für den Grad der Übereinstimmung zwischen Versuchsergebnissen und Rechnung zu liefern, kann ich verraten, daß ich bei Modellwiderständen bereits bei Abweichungen von 1% meine Rechnungen wiederholt zu kontrollieren pflege. Meine Selbstkontrolle ist also denkbar scharf. Als sehr wesentliches Hilfsmittel, für die Kontrolle und für die Berechnung selbst, steht die von mir entwickelte graphische Methode zur Verfügung, gerade diese ermöglicht es erst, ein Bild der sonst schwer übersehbaren Strömungsvorgänge zu gewinnen. Außer der Reibung wird nun auch den Schärfegraden der Schiffe hohe Bedeutung in der Frage des Widerstandes beigemessen.

Es hat sich aber ergeben, daß bei der strömungsmechanischen Behandlung des Widerstandsproblems die Hauptabmessungen des Schiffes in Verbindung mit der Lage des Verdrängungsschwerpunktes die Widerstandscharakteristiken bestimmen. Man könnte annehmen, daß die heutigen Schiffsformen den Bedingungen für einen störungsfreien Ablauf der Strömungsvorgänge im weiten Maße genügen. Dem könnte entgegengehalten werden, daß die Tropfenform der Luftschiffe und auch die Spitzform der Geschosse dieser Bedingung ebenfalls entsprechen und mithin die Schwerpunktslage tatsächlich neben den Schiffsabmessungen die Höhe des Widerstandes bedingt. Ich neige zu der letzteren Auffassung, trotz aller Einwendungen der Schiffbauer.

Einschränkend muß noch betont werden, daß meine Berechnungen ausgehen von einem störungsfreien Ablauf der Strömungserscheinungen in Richtung des geringsten Widerstandes. Sie ergeben also nicht den Schiffswiderstand an sich, sondern das angestrebte Optimum.

Hieraus ergibt sich aber ein wertvolles Hilfsmittel für die Kontrolle der Modellversuche und der Probefahrtsergebnisse.

Auch Erscheinungen, die zwar beobachtet, aber nie hinreichend erklärt und vorausbestimmt werden konnten, wie z. B. Buckel in den Widerstandskurven, finden in der Rechnung eine durchaus einleuchtende Begründung.

Ich bin noch nicht am Ende meiner Arbeiten und halte es nicht für klug, schon mehr zu sagen, doch erhoffe ich ein baldiges Wiederhören an dieser Stelle.

Dr. **G. Hughes** (schriftlich eingesandt).

This paper gives the results of a most welcome extension of Prof. Kempfs original large-scale pontoon work to the model range. The authors show that proper correlation of the new and old results requires the turbulent friction line to be of steeper slope than the Schoenherr line.

The writer has recently made similar tests using two scale models of the 67 m pontoon. These models were 18.33 ft. and 55 ft. long, representing the large pontoon on scales of $^1/_{12}$ and $^1/_4$ respectively. The results of this work and of much other work on the frictional resistance of plane surfaces will be given in detail in a paper to be read to the Institution of Naval Architects in April 1952. Here it may be mentioned that the results show that there is no single friction line but a family of lines which vary with the lenght/breadth ratio of the surface. It is not yet established precisely how the slope of the lines varies within the family, but the average slope is steeper than that of the Schoenherr line and in general agreement with the authors' new conclusions for the higher range of Reynolds numbers.

In the writers' experiments the model pontoons were tested at the minimum possible draft and in this way a direct measure of the frictional resistance was obtained. These results show a higher level than the Schoenherr line in this range of Reynolds number, whereas the authors appear to have assumed that the Schoenherr line gives the correct frictional resistance for their model pontoon. Furthermore, in proposing a new formula for the friction line they have given no consideration to the effect of lenght/breadth ratio. In the writers' new paper no attempt is made yet to establish a formula, but his new results clearly indicate that the formula cannot be of the form $C_f = a\,R_n{}^b$ proposed by the authors, which in the familiar logarithmic plotting would appear as a straight line. The authors' formula gives a slope which becomes progressively too small as Reynolds number is reduced below 4 million.

Professor Dr.-Ing. **G. Kempf** (Schlußwort).

Zunächst möchte ich den Herren, welche sich zu unserem Vortrag geäußert haben, für ihre Beiträge danken.

Die Messungen, die Herr Hoppe aus Gründen der meßtechnischen Entwicklung eines Staulogs vorgenommen hat, bestätigen die gute Verwendbarkeit von Staudruckmessern zur örtlichen Rauhigkeitskontrolle, welche unser Ziel war. Hoffentlich lassen sich mit dem Bodenlog weitere solche Messungen durchführen, wobei allerdings in Wandnähe besonders zuverlässige Werte anzustreben sind.

Eine Schubmessung bedarf zur Rauhigkeitsermittlung der gleichzeitigen Geschwindigkeitsmessung, welche am zuverlässigsten mit einem Staudruckgerät geschieht. Ein solches liefert aber auch ohne Mehraufwand das Geschwindigkeitsprofil als Ausdruck der Außenhautrauhigkeit. Dieses Geschwindigkeitsprofil ist aber nicht nur, wie Herr Hoppe zu glauben scheint, der Ausdruck der unmittelbar am Ort der Messung bestehenden zufälligen Oberflächenbeschaffenheit, sondern ist die geschichtliche Folge der ganzen davor liegenden Oberflächenbeschaffenheit des Schiffes bis zum Vorsteven. Dies ist schon früher vom Vortragenden durch die Pontonversuche erwiesen worden. Das Geschwindigkeitsprofil an einer rauhen Meßplatte innerhalb einer rauhen Pontonfläche war genau das gleiche wie das an einer glatten Meßplatte innerhalb der sonst rauhen Pontonfläche gemessene Profil.

Die von Professor Dr. Schlichting gegebenen Anregungen werden wir gern befolgen. Die von ihm gewünschten Werte der Schultz-Grunow-Kurve haben wir in Tabelle I nachträglich hinzugefügt. Wir wollen ferner bei nächster Gelegenheit versuchen, den Staudruck an mehreren Stellen der Schiffslänge zu messen, um Werte über das Anwachsen der Reibungsschichtdicke zu gewinnen. Seine aufschlußreiche Darstellung der zulässigen Rauhigkeit und der daraus für Schiffe bei $Re = 10^9$ sich ergebende Wert von maximal 0,01 mm läßt die Rauhigkeitszuschläge, die sich nach amerikanischen und englischen („Lucy Ashton") Messungen als Zuschläge zur Schönherr-Kurve ergeben, als unwahrscheinlich gering erscheinen. Besonders ist bei letzteren nicht zu verstehen, daß bei scharfen Kanten der Längsnähte der Rauhigkeitszuschlag um 200% zunimmt, nämlich von 0,0001 auf 0,0003, während der Zuwachs nach unserer neuen Kurve von 0,00036 auf 0,00056, d. h. 55% beträgt.

Aus diesem Grunde können wir auch die von Professor Dr. Horn geäußerten Bedenken gegen die höheren Rauhigkeitszuschläge, welche bei normaler Außenhautbeschaffenheit bei $Re = 5{,}6 \cdot 10^8$ einem Zuschlag von 76,5% zur glatten Oberfläche entsprechen, nicht teilen, halten sie vielmehr für wahrscheinlicher als die geringeren Zuschläge, welche aus der Schönherr-Kurve sich ergeben. Andererseits weist Professor Horn mit Recht auf die bestehende Diskrepanz hin, die zwischen den aus den Gesamtwiderständen und aus den örtlichen Plattenwiderständen sich ergebenden Kurven besteht, welche sich ihrerseits aus der Anwendung des Froudeschen Gesetzes ergeben. Möglicherweise sind Kanteneinflüsse bei den Platten die Ursache.

Die vorläufigen Mitteilungen von Dr. Hughes lassen eine weitere Klärung der Reibungswerte durch die von ihm ausgeführten Versuche erhoffen. Die von uns nach unseren Versuchen aufgestellte Formel haben wir nicht als endgültig betrachtet und waren uns bewußt, daß sie bei kleineren Reynolds-Zahlen, unterhalb des Bereiches von Schiffsmodellversuchen, nicht mehr zutrifft.

Nach Herrn Brockmöllers Andeutungen seiner Widerstandsbehandlung möchten wir zunächst weitere Ergebnisse abwarten.

Dipl.-Ing. **K. Karhan** (Schlußwort).

Zunächst möchte ich meinen Dank für alle Beiträge aussprechen, die für unsere Arbeit eine wertvolle Abrundung bedeuten und sie in einigen Punkten ergänzen.

Wie bereits gesagt, sollte es nicht der Zweck dieses Vortrages sein, eine theoretische Arbeit über den turbulenten Reibungswiderstand zu bringen, vielmehr wollten wir eine praktisch verwendbare mittlere Kurve für den Reibungswiderstand liefern, mit deren Hilfe man von den Modellwerten auf das Schiff extrapolieren kann. Aus diesem Grunde gingen wir von der Froudeschen Annahme aus, die noch heute in der ganzen Welt ohne wesentlichen Einwand anerkannt wird: nämlich, daß bei gleichen Froudeschen Zahlen Modell und Schiff den gleichen spezifischen Restwiderstand haben.

Offensichtlich ist die so gefundene Kurve, deren einzige Beziehung zu reinen Reibungswiderstandsergebnissen in der Überschneidung mit der Schönherrschen Kurve bei der Reynolds-Zahl 5×10^6 besteht, nicht die einzige Lösung des Extrapolationsproblems. Jede Kurve, die zu dieser parallel verläuft, ergibt gleiche Restwiderstände für Geosims. Diese Angelegenheit kann man aber außer acht lassen, wenn man die Tendenz der Kurve diskutiert, wie es im folgenden geschehen soll.

Die Streuung der Kurven für den Modell-Reibungswiderstand in Bild 3 könnte ebensogut von dem Formeinfluß herrühren wie von dem Vorhandensein von gemischter Strömung. Auf Grund der Tatsache jedoch, daß bei den Plattenversuchen die Streuung noch größer ist, kann man den Gedanken an den Formeinfluß fallenlassen und diese Erscheinung lediglich dem Vorhandensein einer gemischten Strömung zuschreiben.

Es ist möglich, daß die wahre Turbulenzkurve höher liegt, wenn wir jedoch überlegen, daß die Ergebnisse in dieser Arbeit von Modellen stammen, die unter heutigen Tankbedingungen mit den bekannten turbulenzerzeugenden Einrichtungen geschleppt worden sind, so scheint es zuverlässiger, eine solche Kurve zur Bestimmung der Schiffswerte zu verwenden als eine wahre Turbulenzkurve, die von einigen Versuchen mit sehr speziellen Turbulenzerzeugungsverfahren abgeleitet ist.

Andererseits könnte auch mit der Möglichkeit gerechnet werden, daß einige als glatt verwendete Pontons in Wirklichkeit rauh gewesen wären. Doch steht fest, daß die alten Pontons so gut bearbeitet und geglättet waren, wie es in der normalen Tankpraxis möglich ist.

Ferner müssen wir die Möglichkeit in Betracht ziehen, daß bei kleinen Reynoldsschen Zahlen, im Modellbereich die Kurve zu niedrig verläuft, daß mit anderen Worten die verwandten Ergebnisse nicht rein turbulent waren. Das würde jedoch dazu führen, daß im Schiffsbereich, bei höheren Reynoldsschen Zahlen die Werte niedriger liegen müßten auf Grund der Tatsache, daß die Ponton-Geosims den gleichen Restwiderstand haben. Wären nun die Pontons rauh, was bei den großen eher der Fall sein würde als bei den kleinen, auf Grund der Dicke der Grenzschicht, so würde dies gleichfallls zu einem noch niedrigeren Verlauf der Kurve im Schiffsbereich führen.

Im Idealfalle könnten diese Fragen, die bis jetzt noch offen sind und wirklich schwierig zu klären und zu überwinden sind, den Verlauf der Kurve im obenerwähnten Sinne verändern. Doch würde dies die Kurve nicht den bekannten Kurven annähern, die für die hohen Reynoldsschen Zahlen dadurch gefunden oder kontrolliert worden sind, daß man die lokalen Widerstände von alten Pontonversuchen integriert hat unter Vernachlässigung der sehr wichtigen jeweiligen Eintrittsbedingungen. Im Gegenteil, sie würde sich noch weiter von ihnen entfernen. So scheint unsere Kurve im Verhältnis zu den anderen Kurven am wahrscheinlichsten.

Zur Formulierung zogen wir die Potenzform derjenigen von v. Karmans Arbeit von 1932 vor wegen des leichteren Berechnungsverfahrens. Im anderen Falle wäre es nicht schwierig gewesen, einen Faktor zu finden, der zu dem neuen Verlauf paßt, aber dann hätten wir der Formel eine Tabelle beigeben müssen.

Bevor ich schließe, möchte ich noch einmal wiederholen, daß diese Kurve von Modellversuchen abgeleitet und zur Verwendung bei Modellversuchen gedacht ist.

Professor Dr.-Ing. E. h., Dr.-Ing. **F. Horn** (Dankwort).

Ich glaube, wir können Professor Kempf herzlich dafür beglückwünschen, daß er in einer Zeit, in der die Bedingungen für deutsche Schiffbauforschung noch so ungünstig zu liegen schienen, dennoch so schnell und zielbewußt die Initiative auf diesem einen Kernpunkt des Schiffbauversuchswesens darstellenden Gebiet ergriffen und so positive Erfolge erzielt hat. Ich bin überzeugt, daß der Beitrag, den er mit seinem heutigen Vortrag zur Lösung dieses Problems geliefert hat, in der ganzen Schiffbauwissenschaft des In- und Auslandes starke Resonanz finden wird.

Ich spreche Ihnen im Namen der Schiffbautechnischen Gesellschaft den herzlichsten Dank für Ihren sehr schönen und verdienstvollen Vortrag aus. (Lebhafter Beifall.)

XVII. Über eine rationelle Berechnung des Strömungswiderstandes schlanker Körper mit beliebig rauher Oberfläche.[1]

Von Dr.-Ing. **Norbert Scholz**, Braunschweig.

Die bisherigen Verfahren zur Berechnung des Strömungswiderstandes von schlanken Körpern mit hydraulisch glatter Oberfläche werden auf den Fall erweitert, daß die Wand nicht mehr hydraulisch glatt ist. Darüber hinaus wird auch die hydraulisch glatte Wand bei sehr hohen Reynolds-Zahlen behandelt. Grundsätzlich werden dabei die bekannten Verhältnisse in der turbulenten Grenzschicht an der längsangeströmten ebenen Platte sinngemäß auf die unter Einwirkung eines Druckgradienten stehende Grenzschicht übertragen. Für das ebene und rotationssymmetrische Problem wird der Widerstand des umströmten Körpers mit Hilfe eines einfachen Quadraturverfahrens gewonnen. Beispielrechnungen für einige Profilformen werden mitgeteilt.

1. Einleitung.

Der turbulente Reibungswiderstand längs angeströmter ebener Platten kann nach den Arbeiten von L. Prandtl und H. Schlichting *[1], [2]* sowohl für hydraulisch glatte als auch für rauhe Wand bis zu beliebig hohen Reynolds-Zahlen in guter Übereinstimmung mit dem Experiment vorausberechnet werden. Die erhaltenen Ergebnisse stellen eine systematische Übertragung der sehr umfangreichen Göttinger Rohrwiderstandsversuche an glatten und sandrauhen Rohren auf die Verhältnisse an der ebenen Platte dar. Zur Anwendung auf die in der Praxis vorliegenden Rauhigkeitsarten wurde der Begriff der „äquivalenten Sandrauhigkeit" geprägt. Man versteht darunter diejenige Korngröße der von Nikuradse systematisch untersuchten „Göttinger Sandrauhigkeit", die den gleichen Widerstand besitzt wie eine vorgelegte beliebige Rauhigkeit. Werte dieser äquivalenten Sandrauhigkeit für mannigfaltige, besonders charakteristische oder technisch wichtige Rauhigkeiten sind von H. Schlichting *[3]* und F. Schultz-Grunow *[4]* angegeben worden. Die Plattenwiderstandsgesetze sind in ausgedehntem Maße benutzt worden, um den Reibungswiderstand von schlanken Körpern, z. B. Schiffen, Luftschiffen, Flugzeugtragflügeln und Schiffsschrauben[2] zu ermitteln.

Der Anwendbarkeit dieser Widerstandsgesetze ebener Platten auf die Ermittlung des Widerstandes von schlanken Körpern sind aber gewisse Grenzen gesetzt: Während bei der sehr dünnen längsangeströmten Platte, dem sogenannten „Reibungsblatt", die Außenströmung außerhalb der körpernahen dünnen Reibungsschicht örtlich konstant ist und somit kein Druckgradient vorhanden ist, entsteht bei den genannten Körpern infolge der Verdrängungswirkung des Körpers eine zusätzliche Verdrängungsströmung und damit ein Druckgradient entlang der Körperkontur, der die Ausbildung der Reibungsschicht und damit den Reibungswiderstand unter Umständen entscheidend beeinflussen kann. Die Bestimmung dieses durch die Körperform verursachten Zusatzwiderstandes gegenüber der ebenen Platte, den man vielfach auch als Formwiderstand bezeichnet, ermöglicht das Studium des für das ganze Widerstandsproblem entscheidenden Einflusses der Körperform auf den Strömungswiderstand[3]. So ist z. B. in der Aerodynamik des Tragflügels die genaue Bestimmung des Formwiderstandes für die verschiedenen Profilformen zu entscheidender Bedeutung gelangt und hat wichtige Erkenntnisse für die Formgebung der Profile ergeben. In der Hydrodynamik des Schiffes zeigen die Arbeiten von H. Amtsberg *[5]* und W. Graff *[6]*, daß hier der Formwiderstand in vielen Fällen eine nicht so überragende Rolle spielt, jedoch kann er für genauere Untersuchungen keineswegs vernachlässigt werden. Ferner muß bedacht werden, daß der Rauhigkeitseinfluß auf den Formwiderstand, der ja beim Schiff eine ganz besondere Rolle spielt, im Modellversuch nur sehr schwer zu klären sein dürfte.

Die vornehmlich für die Flugtechnik in den letzten beiden Jahrzehnten entwickelten Verfahren zur Berechnung des Widerstandes umströmter Körper (vgl. *[7]*) sind bisher auf die hydraulisch

---

[1] Bericht des Instituts für Strömungsmechanik der T. H. Braunschweig.

[2] Die Anwendung der Plattenwiderstandsgesetze auf die Berechnung von Schiffsschrauben ist von G. Kempf *[10]* angegeben worden.

[3] Dieser enthält nicht den bei Strömungen mit freien Oberflächen auftretenden Wellenwiderstand.

glatte Wand und vielfach auch auf mäßig große Reynoldssche Zahlen beschränkt. In der Technik treten jedoch häufig, insbesondere bei Schiffen, Schiffsschrauben und Schaufeln von Strömungsmaschinen, rauhe Wände und sehr hohe *Re*-Zahlen auf. Wir haben uns deshalb hier die Aufgabe gestellt, diese Verfahren auf den Fall der rauhen Wand sowie auf beliebige *Re*-Zahlenbereiche zu erweitern.

Die Ermittlung des Formwiderstandes erfordert die Berechnung der Strömung in der laminaren und turbulenten Reibungsschicht des umströmten Körpers. Diese an sich recht schwierige Aufgabe konnte in den letzten Jahren sowohl für den ebenen als auch den rotationssymmetrischen Fall so erheblich vereinfacht werden, daß nunmehr der praktischen Anwendung dieser Verfahren nichts mehr im Wege steht. Dabei liefert die Rechnung auch die Ablöseempfindlichkeit der Grenzschicht längs des umströmten Körpers, und sie gibt damit die Möglichkeit, auch die Lage der Ablösungsstelle des umströmten Körpers und seine Abhängigkeit von der Reynolds-Zahl und der Rauhigkeit zu bestimmen.

2. Widerstandsermittlung aus dem Impulsverlust in der Grenzschicht.

Wie bei allen rationellen Verfahren zur Berechnung der turbulenten Reibungsschicht werden wir im folgenden nicht alle Einzelheiten des Strömungsfeldes der Grenzschicht, sondern nur gewisse charakteristische Kenngrößen der Grenzschicht zu ermitteln suchen, aus denen sich die den Ingenieur interessierenden Größen, also vor allem der Widerstand und die Lage des evtl. vorhandenen Ablösungspunktes ergeben. Dabei gehen wir grundsätzlich so vor, daß wir den gesamten Strömungswiderstand einschließlich des Formwiderstandes ermitteln, indem wir den Impulssatz auf eine den Körper umschließende Kontrollfläche K anwenden (Bild 1). Für das ebene Problem erhalten wir den Widerstand einer Hälfte des symmetrisch umströmten Körpers zu (vgl. *[7]*, S. 461):

$$\frac{W}{2} = \varrho \, b \int_{y=0}^{\infty} u(y) \left[U_\infty - u(y) \right] dy.^*\qquad (1)$$

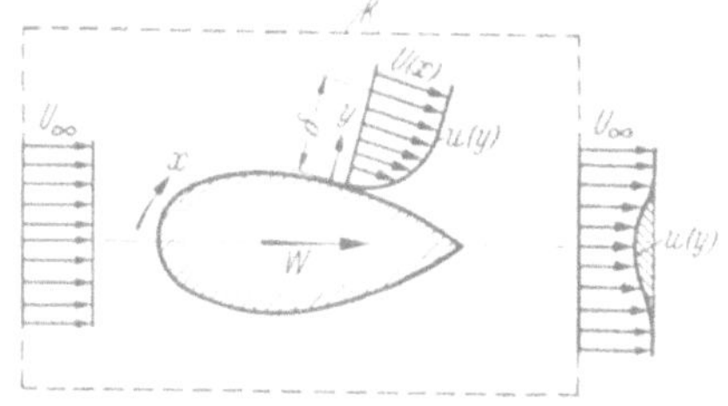

Bild 1. Zur Ermittlung des Strömungswiderstandes nach dem Impulssatz (K = Kontrollfläche).

Dabei ist ϱ die Dichte des strömenden Mediums, b die Breite des Körpers senkrecht zur Zeichenebene, $u(y)$ die Geschwindigkeitsverteilung im Nachlauf des Körpers und U_∞ die Anströmungsgeschwindigkeit. Nach dieser Gleichung ist somit der gesamte Strömungswiderstand, der durch die Wandreibung verursacht worden ist, in der Nachlaufdelle des Körpers stromabwärts hinter dem Körper enthalten, in der die Geschwindigkeit gegenüber der ungestörten Außenströmung U_∞ verringert ist. Der Integrand verschwindet außerhalb der Nachlaufdelle wegen $u(y) = U_\infty$. Schreibt man die Gl. (1) dimensionslos, so erhält man den auf die Oberfläche $b \cdot l$ des Körpers bezogenen Widerstandsbeiwert

$$c_f = \frac{W/2}{\frac{\varrho}{2}\, U^2_\infty \cdot b \cdot l} = \frac{2}{l} \int_{y=0}^{\infty} \frac{u}{U_\infty} \left(1 - \frac{u}{U_\infty} \right) dy = 2\,\frac{\vartheta_\infty}{l}.\qquad (2)$$

Das hier auftretende Integral, das die Dimension einer Länge hat, wird als Impulsverlustdicke ϑ_∞ bezeichnet. Der Index „∞" bedeutet, daß es sich um den Wert von ϑ in großem Abstand hinter dem Körper handelt, wo die ungestörte Außenströmung bereits wieder den Wert der Anströmungsgeschwindigkeit U_∞ besitzt. Zur Bestimmung des Strömungswiderstandes muß nun der Wert der Impulsverlustdicke $\vartheta(x)$ vom Staupunkt aus längs der Körperkontur und stromabwärts im Nachlauf des Körpers berechnet werden, bis schließlich der in Gl. (2) auftretende Wert von ϑ_∞ erhalten wird. Die Größe $\vartheta(x)$ kann durch Integration des aus den Prandtlschen Grenzschichtgleichungen abgeleiteten Impulssatzes der Grenzschicht

$$\frac{d\vartheta}{dx} + \left(2 + \frac{\delta^*}{\vartheta} \right) \frac{dU}{dx} \frac{\vartheta}{U} = \frac{\tau_0}{\varrho\, U^2}\qquad (3)$$

längs der Körperkontur gewonnen werden (vgl. *[7]*, S. 118). Hierbei bedeutet $U(x)$ die potentialtheoretische, d. h. ohne Berücksichtigung der Reibung vorhandene Geschwindigkeit längs der Körperkontur, die als vorgegeben zu betrachten ist. $\tau_0(x)$ ist die Wandschubspannung, die für

---

* Hierbei ist vorausgesetzt, daß der stat. Druck in der Nachlaufdelle bereits den ungestörten Druck der Außenströmung erreicht hat, was für größere Abstände hinter dem Körper zutrifft.

den Nachlauf des Körpers, wo keine festen Wände mehr vorhanden sind, Null wird. $\vartheta(x)$ ist die Impulsverlustdicke[1], δ^* die Verdrängungsdicke[2] an der Stelle x der Körperkontur. Das ferner in Gl. (3) auftretende Grenzschichtdickenverhältnis $H = \delta^*/\vartheta$ [3] stellt einen das Grenzschichtprofil charakterisierenden Formparameter dar. Um aus Gl. (3) den Verlauf von ϑ längs der Wand x ermitteln zu können, muß das Verhältnis δ^*/ϑ vorgegeben und ein Ansatz für die Wandschubspannung τ_0 eingeführt werden. Damit kann die Impulsgleichung (3) längs der Wand integriert und die Impulsverlustdicke ϑ_1 [4] an der Hinterkante des Körpers ermittelt werden.

Von der Hinterkante aus setzt sich die Grenzschicht stromabwärts als Nachlaufdelle weiter fort. Auch für den Nachlauf gilt noch die Impulsgleichung (3) mit dem Unterschied, daß dort die Wandschubspannung τ_0 gleich Null zu setzen ist. Die Integration der Gl. (3) gelingt für den Nachlauf universell (vgl. *[7]*, S. 466) und liefert schließlich die Impulsverlustdicke ϑ_∞ sehr weit hinter dem Körper. Diese steht mit der Impulsverlustdicke ϑ_1 an der Hinterkante des Körpers in der folgenden universellen Beziehung:

$$\vartheta_\infty = \vartheta_1 \left(\frac{U_1}{U_\infty}\right)^{-\frac{H_1 + 5}{2}}. \qquad (4)$$

Diese Art der Widerstandsermittlung liefert, wie die Ableitung zeigt, nicht nur den reinen Reibungswiderstand des Körpers, der sich aus der Summierung aller Wandschubspannungen längs der benetzten Oberfläche ergibt, sondern mit diesem auch den sogenannten Druckwiderstand, der durch die Abdrängung der Potentialströmung von dem umströmten Körper infolge der Verdrängungswirkung der Grenzschicht zustande kommt. Für die längsangeströmte ebene Platte der Länge l, die nur reinen Reibungswiderstand verursacht, erhalten wir aus Gl. (2) und (4) mit $U_1 = U_\infty : c_{f0} = 2\vartheta_1/l$.

3. Ansatz für die Wandschubspannung.

Der Kern des vorliegenden Problems besteht nun darin, einen geeigneten Ansatz für die Wandschubspannung τ_0 zu finden, mit dem die Impulsgleichung (3) längs der Kontur geschlossen integriert werden kann. Dieser Ansatz ist aus dem universellen Geschwindigkeitsverteilungsgesetz der Rohrströmung zu gewinnen, welches lautet:

$$\frac{u}{v_*} = 5{,}75 \log \frac{y}{k_s} + B\left(\frac{v_* k_s}{\nu}\right). \qquad (5)$$

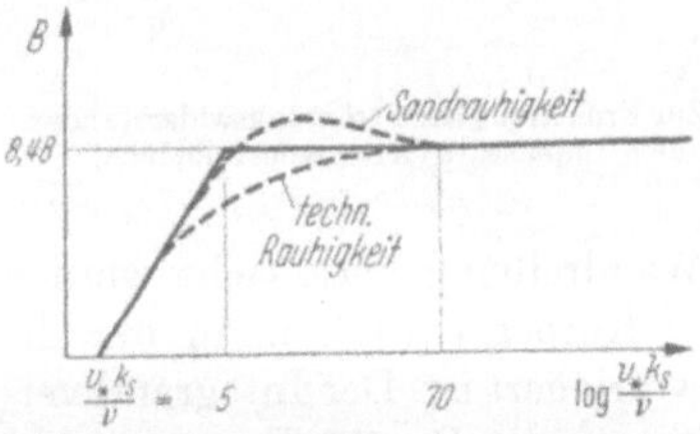

Bild 2. Die Rauhigkeitsfunktion B.

Hierbei ist u die Geschwindigkeit in der Grenzschicht im Wandabstand y, $v_* = \sqrt{\tau_0/\varrho}$ die Wandschubspannungsgeschwindigkeit, k_s die Korngröße der Göttinger Sandrauhigkeit und B die sogenannte Rauhigkeitsfunktion, die von der mit der Wandschubspannungsgeschwindigkeit v_* und der Korngröße k_s gebildeten Re-Zahl $v_* k_s/\nu$ abhängt, Bild 2, und aus den Rohrversuchen empirisch ermittelt wurde.

Bei dieser Rauhigkeitsfunktion unterscheidet man drei Bereiche, nämlich (vgl. *[2]*):

1. vollkommen rauh: $v_* k_s/\nu > 70: \ B = 8{,}48$, $\qquad (6)$

2. hydraulisch glatt: $v_* k_s/\nu < 5: \ B = 5{,}5 + 5{,}75 \log \dfrac{v_* k_s}{\nu}$, $\qquad (7)$

3. Übergangsbereich: $5 < v_* k_s/\nu < 70: \ B = 8{,}48$.

Im Übergangsbereich hängt die Rauhigkeitsfunktion stark von der spezifischen Art der Rauhigkeit ab. Um die nachfolgenden Rechnungen zu vereinfachen, setzen wir deshalb auch in diesem Übergangsbereich $B = 8{,}48$, also den Wert der ausgebildeten Rauhigkeit, was sicher eine brauchbare Näherung für die verschiedensten Rauhigkeitsarten darstellt.

---

[1] Diese ist definiert durch $U^2 \vartheta = \int_0^\delta u\,(U - u)\,dy$, wobei $u\,(y)$ die Geschwindigkeit in der Grenzschicht an der Stelle x im Wandabstand y und δ die Grenzschichtdicke ist. In der turbulenten Grenzschicht der ebenen Platte ist $\vartheta \approx \delta/10$.

[2] Diese ist definiert durch $U \delta^* = \int_0^\delta (U - u)\,dy$. Für turbulente Grenzschicht gilt $\delta^* \approx \delta/7$.

[3] Es gilt näherungsweise für die turbulente Grenzschicht $H = \delta^*/\vartheta = 1{,}4$.

[4] Hier und im folgenden bedeutet der Index „1" den Wert der Hinterkante $x = l$.

Im folgenden werden wir jetzt die Rechnung für „hydraulisch glatt" und „vollkommen rauh" parallel durchführen. Das universelle logarithmische Geschwindigkeitsverteilungsgesetz lautet jetzt:

hydraulisch glatt | vollkommen rauh

$$\frac{u}{v_*} = 5{,}75 \log \frac{v_* \, y}{\nu} + 5{,}5 \quad \Big| \quad \frac{u}{v_*} = 5{,}75 \log \frac{y}{k_s} + 8{,}48 \, . \tag{8}$$

An diesen Gesetzen ist bemerkenswert, daß die Geschwindigkeitsprofile längs der Wand nicht zueinander affin sind, sondern im hydraulisch glatten Fall von dem Parameter „Re-Zahl" und im vollkommen rauhen Fall von dem Parameter „relative Rauhigkeit" abhängen.

Um nun für die Wandschubspannung ein Gesetz zu erhalten, mit dem die Impulsgleichung (3) geschlossen integriert werden kann, wird das logarithmische Gesetz zweckmäßig durch ein Potenzgesetz angenähert von der Form:

$$\frac{u}{v_*} = C \left(\frac{v_* y}{\nu} \right)^n \quad \Big| \quad \frac{u}{v_*} = C \left(\frac{y}{k_s} \right)^n . * \tag{9}$$

Je nach Wahl der Konstanten C und n nähert dieses Potenzgesetz das exakte logarithmische Gesetz in einem gewissen Bereich von $v_* y/\nu$ bzw. y/k_s an (Bild 3). Schreibt man die Gesetze (9) für den äußeren Rand der Reibungsschicht, also für $y = \delta$, wo $u = U$ ist, auf, so kann man die Geschwindigkeitsverteilung in der für beide Gesetze gültigen und in der Literatur vielfach benutzten Form

$$\frac{u}{U} = \left(\frac{y}{\delta} \right)^n \tag{10}$$

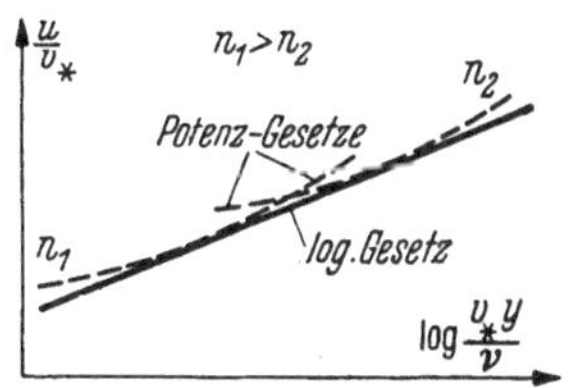

erhalten (z. B. 1/7-Potenzgesetz). Um die beiden in Gl. (9) auftretenden Konstanten C und n zu bestimmen, benutzen wir die beiden Bedingungen:

1. Übereinstimmung der Impulsverlustdicke ϑ für das logarithmische und das Potenzgesetz,

2. Übereinstimmung der Wandschubspannung τ_0 ebenfalls für die beiden Gesetze.

Da uns das Potenzgesetz die Funktion $\tau_0 = \tau_0 (\vartheta)$ liefern soll, bedeutet hierfür die Anwendung des Potenzgesetzes an Stelle des logarithmischen Gesetzes überhaupt keine Vernachlässigung.

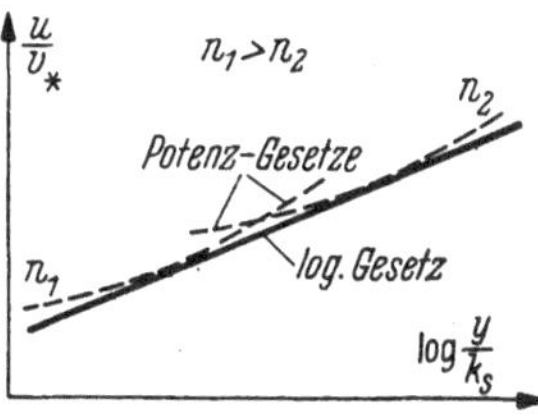

Hierzu lösen wir die Potenzgesetze (9) mit $v_* = \sqrt{\tau_0/\varrho}$ nach τ_0 auf. Schreibt man sie für den Außenrand der Grenzschicht, also für $y = \delta$ und $u = U$ auf, so erhält man nach kurzer Umrechnung:

Bild 3. Annäherung
des logarithmischen Gesetzes
durch Potenzgesetze.

$$\frac{\tau_0}{\varrho U^2} = C^{-\frac{2}{n+1}} \left(\frac{\nu}{U\delta} \right)^{\frac{2n}{n+1}} \quad \Big| \quad \frac{\tau_0}{\varrho U^2} = C^{-\frac{2}{n+1}} \left(\frac{k_s}{\delta} \right)^{\frac{2n}{n+1}} .$$

In diesen Gleichungen kommt noch die Grenzschichtdicke δ vor, während wir eine Beziehung zwischen τ_0 und ϑ erstreben. Wir erhalten die gesuchte Beziehung, indem wir die rechten Seiten der Gl. (11) mit dem Verhältnis $(\vartheta/\delta)^{2n/(n+1)}$ erweitern. Es kommt dann:

$$\frac{\tau_0}{\varrho U^2} = \frac{\alpha}{\left(\dfrac{U \vartheta}{\nu} \right)^a} \quad \Big| \quad \frac{\tau_0}{\varrho U^2} = \frac{\alpha}{\left(\dfrac{\vartheta}{k_s} \right)^a} , \tag{11}$$

wobei

$$\alpha = C^{-\frac{2}{n+1}} \left(\frac{\vartheta}{\delta} \right)^{\frac{2n}{n+1}} \tag{12}$$

und

$$a = \frac{2n}{n+1} \tag{13}$$

ist. Die in dem Schubspannungsansatz (11) enthaltenen „Konstanten" a und α sind streng genommen ebenfalls Funktionen von $U\vartheta/\nu$ bzw. ϑ/k_s. Daß dieser Ansatz trotzdem sinnvoll ist, ersieht man bei genauerer Betrachtung daraus, daß die Werte a und α längs einer vorgegebenen Grenzschichtströmung über den größten Teil der Lauflänge nur sehr schwach variieren und darüber

---

* Diese Gesetze liefern für konstantes n affine Geschwindigkeitsprofile längs der ebenen Platte, wodurch die nachfolgende Integration der Impulsgleichung (3) erst ermöglicht wird.

hinaus das Ergebnis für die Impulsverlustdicke auch nur wenig von der Wahl dieser Konstanten abhängt. Der physikalische Grund für diese Tatsache liegt darin, daß die Grenzschichtprofile längs der ebenen Platte für eine vorgegebene Re-Zahl bzw. relative Rauhigkeit im wesentlichen doch als affin angesehen und damit durch ein Potenzgesetz mit festen Konstanten C und n beschrieben werden können.

Den Exponenten n erhält man aus der Definitionsgleichung für die Impulsverlustdicke. Nach Dimensionslosmachung mit δ lautet diese:

$$\frac{\vartheta}{\delta} = \int_0^1 \frac{u}{U}\left(1 - \frac{u}{U}\right) d\,\frac{y}{\delta}\,.$$

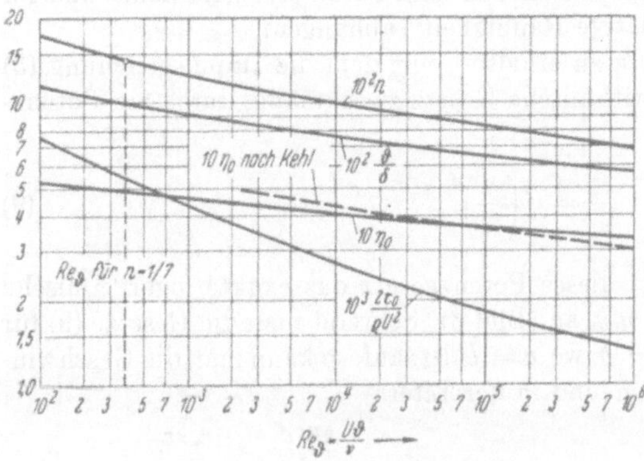

Bild 4. Abhängigkeit der Grenzschichtkenngrößen der ebenen Platte von der Größe Re_ϑ bei glatter Wand

Die Auswertung des Integrales mit dem Potenzgesetz (10) für die Geschwindigkeitsverteilung in der Grenzschicht liefert:

$$\frac{\vartheta}{\delta} = \frac{n}{(n+1)(2n+1)}\,,$$

und die Auflösung nach n schließlich:

$$n = \frac{1 - 3\,\dfrac{\vartheta}{\delta} - \sqrt{1 - 6\,\dfrac{\vartheta}{\delta} + \left(\dfrac{\vartheta}{\delta}\right)^2}}{4\,\dfrac{\vartheta}{\delta}}\,. \qquad (14)$$

Das Verhältnis ϑ/δ kann unmittelbar aus den für die ebene Platte in [1] und [2] gewonnenen Ergebnissen sowohl für hydraulisch glatte als auch für vollkommen rauhe Wand entnommen und damit der Exponent n als Funktion von $U\vartheta/\nu$ bzw. ϑ/k_s berechnet werden.

Damit ist die Konstante a des Schubspannungsansatzes (1) unter der Bedingung gleicher Impulsverlustdicke für logarithmisches und Potenzgesetz bestimmt. Die weiter noch benötigte Konstante α kann nun aus der Bedingung gleicher Wandschubspannung für beide Gesetze bestimmt werden. Durch Auflösung der Gl. (11) nach α erhält man die gesuchte Konstante zu:

$$\alpha = \frac{\tau_0}{\varrho U^2}\left(\frac{U\vartheta}{\nu}\right)^a \qquad \alpha = \frac{\tau_0}{\varrho U^2}\left(\frac{\vartheta}{k_s}\right)^a,\quad (15)$$

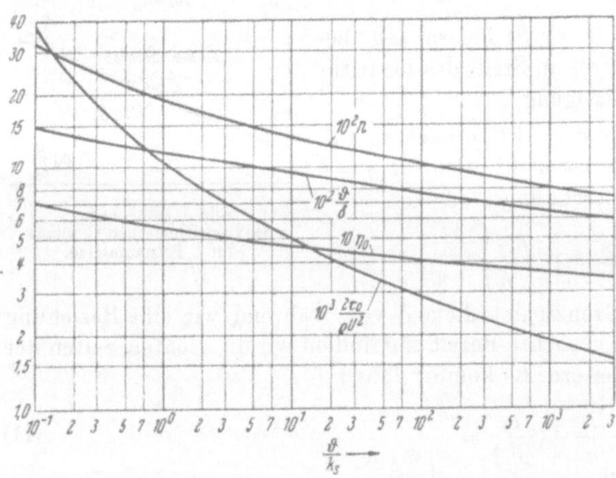

Bild 5. Abhängigkeit der Grenzschichtkenngrößen der ebenen Platte von der Größe ϑ/k_s bei rauher Wand.

wobei τ_0 als Funktion von Re_ϑ bzw. ϑ/k_s wiederum aus den in [1] und [2] gewonnenen Ergebnissen entnommen werden kann. Aus Bild 4 und 5 sowie aus Zahlentafel 1 und 2 sind die aus der Berechnung der Plattengrenzschicht entnommenen Ergebnisse für ϑ/δ, τ_0 sowie der nach Gl. (14) berechnete Exponent n der Geschwindigkeitsverteilung als Funktion der mit der Impulsverlustdicke gebildeten Re-Zahl Re_ϑ bzw. relativen Rauhigkeit ϑ/k_s zu ersehen.

Somit ist sowohl im hydraulisch glatten wie im vollkommen rauhen Fall ein zur Integration der Grenzschichtimpulsgleichung (3) brauchbarer Ansatz für die Wandschubspannung aus dem universellen logarithmischen Geschwindigkeitsverteilungsgesetz der Rohrströmung gefunden worden. Die Übernahme dieses Gesetzes Gl. (5) auf die Grenzschicht an der längsangeströmten ebenen Platte (vgl. [1] und [2]) ist bekanntlich mit guter Näherung zulässig. Für die Grenzschicht mit Druckgradient haben wir hier ferner die Annahme gemacht, daß diese die gleiche Wandschubspannung besitzt wie die Grenzschicht an der längsangeströmten ebenen Platte bei gleicher Geschwindigkeit am Rande der Grenzschicht U, gleicher Impulsverlustdicke ϑ und gleicher Rauhigkeitsgröße k_s. Physikalisch bedeutet dies, daß die Reibungsschicht mit Druckgradient stückweise durch eine Reibungsschicht der ebenen Platte mit der Außengeschwindigkeit U, mit gleichem Impulsverlust und bei gleicher Wandbeschaffenheit ersetzt wird. Diese Hypothese hat sich bekanntlich im wesentlichen experimentell bestätigt, wenn auch verfeinerte Betrachtungen zeigen, daß τ_0 noch eine Funktion der Größe H ist [8]. Allen bisher bekannt gewordenen rationellen Verfahren zur Berechnung der turbulenten Reibungsschicht liegt jedoch diese Hypothese zugrunde[1].

4. Berechnung der Impulsverlustdicke und des Widerstandes für den ebenen Fall.

Führen wir den gefundenen Ansatz für die Wandschubspannung (11) in die Impulsgleichung (3) ein, so stellt diese eine gewöhnliche Differentialgleichung für die Impulsverlustdicke $\vartheta(x)$ dar. Die noch enthaltene Variable $H = \delta^*/\vartheta$ ist nur schwach veränderlich und von geringem Einfluß. Sie kann, wie praktische Rechnungen beweisen, gleich dem festen Wert für die ebene Platte gesetzt werden, $H(x) = H_0$. Das Grenzschichtdickenverhältnis H_0 wird in einfacher Weise aus dem Potenzgesetz (10) erhalten:

$$H_o = \frac{\delta^*}{\vartheta} = 2n + 1. \tag{16}$$

Dann kann die Impulsgleichung (3) geschlossen integriert werden (vgl. [7], S. 430). Es ergibt sich:

$$\vartheta \left(\frac{U\vartheta}{\nu} \right)^a = \frac{(1+a)\,\alpha}{U^c} \int_0^x U^c\,dx \quad \bigg| \quad \vartheta \left(\frac{\vartheta}{k_s} \right)^a = \frac{(1+a)\,\alpha}{U^c} \int_0^x U^c\,dx. \tag{17}$$

Hierbei ist die Konstante c unter Verwendung von Gl. (16):

$$c = (a+1)(H_o + 2) - a = 3(2n+1). \tag{18}$$

Gl. (17) kann noch nach ϑ aufgelöst werden und mit der Anströmungsgeschwindigkeit U_∞ und der Länge l dimensionslos gemacht werden. Berücksichtigt man den allgemeinen Fall, daß die Integration nicht bei $x = 0$ (Staupunkt), sondern an einer Stelle x_u der Kontur beginnt (z. B. laminarer Anlauf, Stelle des Umschlagpunktes laminar—turbulent), so tritt in Gl. (17) noch eine Integrationskonstante auf, die aus der Anfangsbedingung $x = x_u : \vartheta = \vartheta_u$ zu bestimmen ist. Damit erhält man endgültig für die Impulsverlustdicke:

$$\left. \begin{aligned} \frac{\vartheta(x)}{l} &= \frac{\beta}{Re^{ab}\left(\dfrac{U}{U_\infty} \right)^{b\,(a+c)}} \left[\int_{x_u/l}^{x/l} \left(\frac{U}{U_\infty} \right)^c d\,\frac{x}{l} + K_1 \right]^b \qquad \text{(glatt)} \\[2ex] \frac{\vartheta(x)}{l} &= \frac{\beta}{\left(\dfrac{l}{k_s} \right)^{ab} \left(\dfrac{U}{U_\infty} \right)^{b\,(a+c)}} \left[\int_{x_u/l}^{x/l} \left(\frac{U}{U_\infty} \right)^c d\,\frac{x}{l} + K_2 \right]^b \qquad \text{(rauh)} \end{aligned} \right\} \tag{19}$$

mit den Integrationskonstanten:

$$K_1\left(\frac{x_u}{l} \right) = \left[\frac{1}{\beta} Re^{ab} \left(\frac{U}{U_\infty} \right)^{b\,(a+c)} \frac{\vartheta(x_u)}{l} \right]^{\frac{1}{b}} \quad \bigg| \quad K_2\left(\frac{x_u}{l} \right) = \left[\frac{1}{\beta} \left(\frac{l}{k_s} \right)^{ab} \left(\frac{U}{U_\infty} \right)^{b\,(a+c)} \frac{\vartheta(x_u)}{l} \right]^{\frac{1}{b}}. \tag{20}$$

Hierbei bedeuten

$$\beta = \left[(1+a)\,\alpha \right]^b \tag{21}$$

und

$$b = \frac{1}{1+a}. \tag{22}$$

Re ist die mit der Lauflänge gebildete Re-Zahl $U_\infty l/\nu$.

Für den Widerstandsbeiwert[2] erhalten wir unter Verwendung von Gl. (2) und (4) und mit $K = 0$ (Integration von Staupunkt $x = 0$ aus, vollturbulente Grenzschicht):

$$c_f = \frac{2\beta}{Re^{ab}} \left[\int_0^1 \left(\frac{U}{U_\infty} \right)^c d\,\frac{x}{l} \right]^b \quad \text{(glatt)} \quad \bigg| \quad c_f = \frac{2\beta}{\left(\dfrac{l}{k_s} \right)^{ab}} \left[\int_0^1 \left(\frac{U}{U_\infty} \right)^c d\,\frac{x}{l} \right]^b. \quad \text{(rauh)} \tag{23}$$

---

[1] In neuester Zeit sind zwei Verfahren von J. A. Zaat (National Aeronautical Institut Amsterdam, Report F. 79, 1951) und E. Truckenbrodt (Ingenieur-Archiv Bd. 20, S. 211, 1952) bekannt geworden, bei denen die Abhängigkeit der Wandschubspannung von der Größe H nach [8] für glatte Wand berücksichtigt wird.

[2] Der Widerstandsbeiwert c_f bezieht sich im ebenen Fall nur auf eine Seite der umströmten Kontur. Für unsymmetrisch umströmte Körper ergeben sich damit auf beiden Seiten verschiedene c_f-Werte. Bildet man hierfür den Gesamtwiderstandsbeiwert bezogen auf die Grundfläche des Körpers l_0, so wird

$$c_w = \frac{W}{\frac{\varrho}{2} U^2_\infty\, b \cdot l_0} = c_{f\,\text{oben}} \cdot \frac{l_{\text{oben}}}{l_0} + c_{f\,\text{unten}} \cdot \frac{l_{\text{unten}}}{l_0}.$$

Zur Herleitung der Gl. (23) ist bemerkenswert, daß diese ursprünglich als Faktor das Geschwindigkeitsverhältnis U_1/U_∞ an der Hinterkante mit der sehr kleinen Potenz $(5+H_1)/2 - b\,(a+c)$ enthält, die etwa zwischen 0 und $-0{,}2$ liegt. Da schon der Wert von U_1/U_∞ nahe bei eins liegt, kann dieser Faktor jedoch gleich eins gesetzt werden, was darauf hinauskommt, daß $(5+H_1)/2 \approx b\,(a+c)$ gesetzt wird. Dies ist mit $H_1 = 1{,}4$ nach Zahlentafel 1 und 2 gut erfüllt.

Damit ist die Widerstandsberechnung im wesentlichen auf eine einfache Quadratur der Geschwindigkeitsverteilung zurückgeführt. Es tritt jetzt lediglich noch die Frage nach der Wahl der Konstanten auf, die im hydraulisch glatten Fall Funktionen von $Re_\vartheta = U\vartheta/\nu$, im rauhen Fall Funktionen von ϑ/k_s sind. Da es sich für die ebene Platte als brauchbar erwiesen hat, affine Geschwindigkeitsprofile in der Grenzschicht über die ganze Lauflänge anzunehmen, also mit einem festen Wert des Exponenten n, Gl. (10), zu rechnen, ist lediglich noch der Wert von n zu ermitteln, der zu einer vorgegebenen, mit der Länge l gebildeten Re-Zahl bzw. relativen Rauhigkeit die Geschwindigkeitsverteilung im Mittel am besten annähert. Hierzu benutzen wir einen Vergleich des logarithmischen Plattenwiderstandsgesetzes mit Gl. (23) für den Fall $U=U_\infty$ (ebene Platte). Für das logarithmische Gesetz verwenden wir die Interpolationsformeln von H. Schlichting [3]:

$$c_{fo} = \frac{0{,}455}{(\log Re)^{2.58}} \qquad \bigg| \qquad c_{fo} = [1{,}89 + 1{,}62 \log (l/k_s)]^{-2.5} \;. \tag{24}$$

Dann ergibt sich aus der Bedingung gleicher Neigung $d\,(\log c_{fo})/d\,(\log Re)$ bzw. $d\,(\log c_{fo})/d\,[\log (l/k_s)]$ für die Gesetze (23) und (24) wegen $ab = 2n/(1+3n)$

$$\frac{2\,n}{1+3\,n} = \frac{1{,}12}{\log Re} \qquad \bigg| \qquad \frac{2\,n}{1+3\,n} = \frac{1{,}76}{1{,}89 + 1{,}62 \log (l/k_s)} \;. \tag{25}$$

Damit kann für eine vorgegebene Re-Zahl bzw. relative Rauhigkeit die Wahl des Exponenten n und der übrigen Konstanten erfolgen und der Widerstandsbeiwert nach Gl. (23) ermittelt werden. Die Wahl fester Konstanten für die Widerstandsberechnung bedeutet dabei lediglich eine Annäherung des logarithmischen Plattenwiderstandsgesetzes durch ein Potenzgesetz in dem in Frage kommenden Bereich. Da Gl. (23) entsprechend der Ableitung für $U = U_\infty$ den Widerstandsbeiwert c_{fo} der ebenen Platte liefert, kann diese auch geschrieben werden:

$$c_f = c_{fo}\left[\int_0^1 \left(\frac{U}{U_\infty}\right)^c d\,\frac{x}{l}\right]^b , \tag{26}$$

wobei für c_{fo}, c und b jeweils zusammengehörige Werte für die entsprechende Re-Zahl bzw. relative Rauhigkeit zu setzen sind. Diese Formel kann sehr bequem zur Abschätzung des Zusatzwiderstandes gegenüber der ebenen Platte benutzt werden. Zerlegt man die Geschwindigkeitsverteilung $U(x)$ in die Anströmungsgeschwindigkeit U_∞ und die Zusatzgeschwindigkeit $\Delta U(x)$, so kann der Integrand binomisch entwickelt werden. Bezeichnet man das dabei auftretende Integral, das die mittlere Übergeschwindigkeit längs der Kontur darstellt, als $\overline{\Delta U/U_\infty}$[1], so gewinnt man nach nochmaliger binomischer Entwicklung[2]:

$$c_f = c_{fo}\left(1 + b \cdot c\,\overline{\frac{\Delta U}{U_\infty}}\right) \approx c_{fo}\left(1 + 3\,\overline{\frac{\Delta U}{U_\infty}}\right). \tag{27}$$

Der Wert $b \cdot c$ ist im hydraulisch glatten und rauhen Fall für alle Re-Zahlen und relativen Rauhigkeiten etwa gleich 3. Somit erhält man als Näherung für die Widerstandserhöhung gegenüber dem Wert der ebenen Platte das Dreifache der über die Lauflänge gemittelten Übergeschwindigkeit längs des Körpers. Die Unveränderlichkeit des Wertes (bc) liefert die wichtige Erkenntnis, daß der Formeinfluß auf den Widerstand für alle Re-Zahlen und relativen Rauhigkeiten nahezu der gleiche ist. Einschränkend ist hierzu zu bemerken, daß dies nur für sehr kurze laminare Anlaufstrecken und ohne das Auftreten von Ablösungen gilt.

---

[1] Es ist $\overline{\Delta U/U_\infty} = \dfrac{1}{l}\displaystyle\int_0^l (U/U_\infty)\,dx - 1$

[2] Ausführlich geschrieben lautet die Entwicklung:

$$\left[\int_0^1 \left(\frac{U}{U_\infty}\right)^c d\,\frac{x}{l}\right]^b = \left[\int_0^1 \left(1 + c\,\frac{\Delta U}{U_\infty}\right) d\,\frac{x}{l}\right]^b = \left[1 + c\,\overline{\frac{\Delta U}{U_\infty}}\right]^b = 1 + b \cdot c\,\overline{\frac{\Delta U}{U_\infty}} .$$

Zahlentafel 1. *Universelle Funktionen zur Berechnung der turbulenten Grenzschicht bei* **glatter** *Wand.*

$Re_\vartheta = \dfrac{U_\infty \vartheta}{\nu}$	$Re = \dfrac{U_\infty l}{\nu}$	$10^3 \dfrac{2\tau_0}{\varrho U^2}$	$\dfrac{\vartheta}{\delta}$	n	a	α	b	β	c	$\dfrac{b \cdot}{(a+c)}$	$a \cdot b$	η_0
100	$7{,}8 \cdot 10^4$	7,62	0,1104	0,175	0,298	0,0150	0,770	0,0478	4,05	3,35	0,229	0,538
200	$1{,}8 \cdot 10^5$	6,37	0,1036	0,157	0,271	0,0134	0,787	0,0408	3,94	3,31	0,213	0,510
300	$2{,}9 \cdot 10^5$	5,80	0,0998	0,148	0,258	0,0126	0,795	0,0370	3,89	3,30	0,205	0,495
500	$5{,}1 \cdot 10^5$	5,13	0,0960	0,139	0,244	0,0117	0,804	0,0335	3,84	3,28	0,196	0,482
700	$8{,}0 \cdot 10^5$	4,74	0,0935	0,133	0,235	0,0111	0,810	0,0303	3,80	3,27	0,190	0,468
1 000	$1{,}1 \cdot 10^6$	4,36	0,0908	0,128	0,227	0,0107	0,815	0,0292	3,77	3,26	0,185	0,460
2 000	$2{,}7 \cdot 10^6$	3,73	0,0858	0,118	0,211	0,00927	0,826	0,0245	3,71	3,24	0,174	0,440
3 000	$4{,}3 \cdot 10^6$	3,42	0,0833	0,113	0,203	0,00869	0,831	0,0226	3,68	3,23	0,169	0,430
5 000	$7{,}4 \cdot 10^6$	3,09	0,0800	0,108	0,195	0,00813	0,837	0,0206	3,65	3,22	0,163	0,418
7 000	$1{,}0 \cdot 10^7$	2,90	0,0780	0,104	0,190	0,00779	0,840	0,0196	3,63	3,21	0,160	0,411
10 000	$1{,}7 \cdot 10^7$	2,71	0,0760	0,101	0,183	0,00731	0,845	0,0180	3,61	3,20	0,155	0,404
20 000	$3{,}7 \cdot 10^7$	2,40	0,0725	0,095	0,174	0,00667	0,852	0,0160	3,57	3,19	0,148	0,391
30 000	$5{,}3 \cdot 10^7$	2,24	0,0706	0,092	0,169	0,00639	0,856	0,0147	3,55	3,18	0,145	0,383
50 000	$1{,}1 \cdot 10^8$	2,06	0,0684	0,088	0,162	0,00595	0,860	0,0139	3,53	3,17	0,139	0,375
70 000	$1{,}7 \cdot 10^8$	1,96	0,0670	0,085	0,157	0,00565	0,864	0,0129	3,51	3,17	0,136	0,370
100 000	$2{,}6 \cdot 10^8$	1,85	0,0656	0,083	0,153	0,00538	0,868	0,0121	3,50	3,16	0,133	0,365
200 000	$5{,}6 \cdot 10^8$	1,67	0,0629	0,079	0,147	0,00502	0,872	0,0111	3,48	3,16	0,128	0,355
300 000	$1{,}1 \cdot 10^9$	1,58	0,0614	0,076	0,141	0,00467	0,876	0,0103	3,46	3,15	0,124	0,349
500 000	$1{,}8 \cdot 10^9$	1,47	0,0596	0,074	0,138	0,00449	0,879	0,0098	3,44	3,15	0,121	0,342
700 000	$3{,}1 \cdot 10^9$	1,40	0,0584	0,072	0,134	0,00426	0,882	0,0090	3,43	3,14	0,118	0,338
1 000 000	$4{,}5 \cdot 10^9$	1,33	0,0572	0,070	0,131	0,00406	0,884	0,0086	3,42	3,14	0,116	0,333

Zahlentafel 2. *Universelle Funktionen zur Berechnung der turbulenten Grenzschicht bei* **rauher** *Wand.*

ϑ/k_s	l/k_s	$10^3 \dfrac{2\tau_0}{\varrho U^2}$	$\dfrac{\vartheta}{\delta}$	n	a	α	b	β	c	$\dfrac{b \cdot}{(a+c)}$	$a \cdot b$	η_0	g
0,1	$1{,}4 \cdot 10^2$	37,5	0,1485	0,325	0,490	0,00607	0,671	0,0425	4,95	3,65	0,329	0,711	5
0,2	$3{,}2 \cdot 10^2$	22,8	0,1368	0,265	0,419	0,00581	0,705	0,0338	4,59	3,53	0,295	0,652	13
0,3	$4{,}9 \cdot 10^2$	18,1	0,1311	0,243	0,391	0,00565	0,719	0,0306	4,46	3,49	0,281	0,628	22
0,5	$9{,}0 \cdot 10^2$	14,02	0,1242	0,217	0,357	0,00547	0,737	0,0269	4,30	3,43	0,263	0,596	42
0,7	$1{,}4 \cdot 10^3$	12,07	0,1199	0,203	0,338	0,00534	0,747	0,0249	4,22	3,41	0,252	0,578	63
1	$2{,}0 \cdot 10^3$	10,43	0,1160	0,191	0,321	0,00522	0,757	0,0231	4,15	3,38	0,243	0,561	97
2	$4{,}3 \cdot 10^3$	8,07	0,1090	0,171	0,292	0,00498	0,774	0,0200	4,03	3,34	0,226	0,532	$2{,}2 \cdot 10^2$
3	$7{,}1 \cdot 10^3$	7,02	0,1044	0,160	0,276	0,00475	0,784	0,0183	3,96	3,32	0,216	0,515	$3{,}5 \cdot 10^2$
5	$1{,}3 \cdot 10^4$	6,00	0,0997	0,148	0,258	0,00454	0,795	0,0164	3,89	3,30	0,205	0,495	$6{,}4 \cdot 10^2$
7	$2{,}6 \cdot 10^4$	5,43	0,0968	0,141	0,241	0,00434	0,806	0,0147	3,85	3,29	0,194	0,482	$9{,}4 \cdot 10^2$
10	$3{,}2 \cdot 10^4$	4,90	0,0935	0,134	0,236	0,00422	0,809	0,0141	3,80	3,27	0,191	0,471	$1{,}4 \cdot 10^3$
20	$6{,}6 \cdot 10^4$	4,10	0,0889	0,122	0,217	0,00393	0,822	0,0124	3,73	3,25	0,178	0,451	$3{,}1 \cdot 10^3$
30	$1{,}3 \cdot 10^5$	3,72	0,0848	0,116	0,208	0,00378	0,828	0,0115	3,70	3,24	0,172	0,436	$4{,}9 \cdot 10^3$
50	$2{,}5 \cdot 10^5$	3,30	0,0809	0,109	0,198	0,00358	0,835	0,0105	3,65	3,22	0,165	0,422	$8{,}6 \cdot 10^3$
70	$4{,}1 \cdot 10^5$	3,07	0,0788	0,105	0,190	0,00344	0,840	0,00980	3,63	3,21	0,160	0,415	$1{,}2 \cdot 10^4$
100	$6{,}0 \cdot 10^5$	2,86	0,0770	0,102	0,185	0,00335	0,844	0,00934	3,61	3,20	0,156	0,408	$1{,}9 \cdot 10^4$
200	$1{,}4 \cdot 10^6$	2,50	0,0728	0,095	0,174	0,00316	0,852	0,00847	3,57	3,19	0,148	0,393	$4{,}0 \cdot 10^4$
300	$2{,}0 \cdot 10^6$	2,32	0,0709	0,092	0,169	0,00304	0,856	0,00800	3,55	3,18	0,145	0,386	$6{,}2 \cdot 10^4$
500	$4{,}3 \cdot 10^6$	2,11	0,0684	0,088	0,162	0,00289	0,860	0,00746	3,53	3,17	0,139	0,376	$1{,}1 \cdot 10^5$
700	$6{,}5 \cdot 10^6$	2,00	0,0668	0,085	0,157	0,00280	0,864	0,00704	3,51	3,17	0,136	0,370	$1{,}5 \cdot 10^5$
1 000	$1{,}8 \cdot 10^7$	1,89	0,0650	0,082	0,152	0,00270	0,868	0,00667	3,49	3,16	0,132	0,363	$2{,}3 \cdot 10^5$
2 000	$3{,}2 \cdot 10^7$	1,70	0,0622	0,078	0,143	0,00252	0,875	0,00600	3,47	3,16	0,125	0,352	$4{,}8 \cdot 10^5$
3 000	$4{,}5 \cdot 10^7$	1,61	0,0603	0,075	0,140	0,00247	0,877	0,00578	3,45	3,15	0,123	0,345	$7{,}4 \cdot 10^5$
5 000	$1{,}0 \cdot 10^8$	1,49	0,0584	0,072	0,134	0,00233	0,882	0,00529	3,43	3,15	0,118	0,337	$1{,}3 \cdot 10^6$
7 000	$1{,}5 \cdot 10^8$	1,42	0,0571	0,070	0,131	0,00226	0,884	0,00510	3,42	3,14	0,116	0,332	$1{,}8 \cdot 10^6$
10 000	$2{,}7 \cdot 10^8$	1,35	0,0558	0,068	0,127	0,00217	0,887	0,00483	3,41	3,14	0,113	0,327	$2{,}7 \cdot 10^6$

Es bleibt nun noch eine Beziehung für die Grenze des hydraulisch glatten Bereiches festzulegen. Nach Gl. (7) gilt für hydraulisch glatt:

$$\frac{v_* \cdot k_s}{\nu} < 5 \, .$$

Eine Umrechnung ergibt unter Einführung der Impulsverlustdicke als Bedingung für hydraulisch glatte Grenzschicht:

$$\frac{U\vartheta}{\nu} \leq \frac{5}{\sqrt{\tau_0/\varrho U^2}} \, \frac{\vartheta}{k_s} \equiv g\left(\frac{\vartheta}{k_s}\right) \, . \tag{28}$$

Bei konstanter Rauhigkeitshöhe längs der Wand liegt die Grenzschicht zunächst von der Vorderkante an im rauhen Gebiet, wenn von einem laminaren Anlauf abgesehen wird. Die Ungleichung (28) gibt nach Ermittlung von ϑ für rauhe Wand diejenige Stelle an, von wo aus stromabwärts die Grenzschicht im hydraulisch glatten Gebiet verläuft und damit den Gesetzmäßigkeiten für die glatte Wand gehorcht.

Alle für die Berechnung der Grenzschicht erforderlichen universellen Funktionen enthalten Zahlentafel 1 und 2.

5. Berechnung der Ablöseempfindlichkeit.

Um die Ablöseempfindlichkeit des turbulenten Grenzschichtprofiles zu charakterisieren, muß zunächst ein hierfür geeigneter Parameter gefunden werden. E. Gruschwitz fand auf Grund von Messungen den Formparameter

$$\eta = 1 - \left(\frac{u(\vartheta)}{U}\right)^2 \tag{29}$$

als brauchbar (vgl. *[7]*, S. 426), wobei $u(\vartheta)$ die Geschwindigkeit im Wandabstand ϑ bedeutet. Ablösung tritt nach Gruschwitz auf, wenn $\eta \geqslant 0{,}8$ ist. Aus seinen Messungen leitete er eine Beziehung für η ab von der Form

$$\frac{\vartheta}{U^2} \frac{d(U^2\eta)}{dx} + A\eta = B . \tag{30}$$

Die Konstante A erwies sich nach Messungen von A. Kehl *[9]* als unabhängig von der *Re*-Zahl; sie hat den Wert $A = 0{,}00894$. Wir folgern daraus, daß sie auch für das rauhe Gebiet Gültigkeit besitzt, da sowohl im glatten wie im rauhen Gebiet das Grenzschichtprofil dem gleichen logarithmischen Gesetz folgt. Die Konstante B, die nach A. Kehl bei glatter Wand mit der *Re*-Zahl veränderlich ist, kann durch Anwendung der Gl. (26) auf die Grenzschicht der ebenen Platte bestimmt werden. Für diese wird mit $U = U_\infty$ und $\eta = \eta_0$ aus Gl. (26):

$$\vartheta \frac{d\eta_0}{dx} + A\eta_0 = B ,$$

und wegen $\vartheta\, d\eta_0/dx \ll A\eta_0$ schließlich $B = A\eta_0$. Führt man zur Vereinfachung noch die Substitution

$$z = \frac{\eta}{\eta_0} \left(\frac{U}{U_\infty}\right)^2 \tag{31}$$

in die Differentialgleichung (29) ein, so wird schließlich

$$\vartheta \frac{dz}{dx} = A \left[\left(\frac{U}{U_\infty}\right)^2 - z\right] . \tag{32}$$

Der Formparameter η_0 der ebenen Platte kann mit dem universellen logarithmischen Gesetz (8) aus der Definitionsgleichung (29) für η ermittelt werden:

$$\eta_0 = 1 - \left(\frac{5{,}5 + 5{,}75 \log \dfrac{v_* \vartheta}{v}}{5{,}5 + 5{,}75 \log \dfrac{v_* \vartheta}{v}}\right)^2 \text{(glatt)} \qquad\qquad \eta_0 = 1 - \left(\frac{8{,}48 + 5{,}75 \log \dfrac{\vartheta}{k_s}}{8{,}48 + 5{,}75 \log \dfrac{\delta}{k_s}}\right)^2 . \text{(rauh)} \tag{33}$$

Unter Verwendung der in *[1]* und *[2]* enthaltenen Ergebnisse für die ebene Platte ist η_0 nach Gl. (33) als Funktion von Re_ϑ bzw. ϑ/k_s in Zahlentafel 1 und 2 berechnet worden. Ein Vergleich dieser Werte für glatte Wand mit einer von A. Kehl angegebenen empirischen Beziehung für die Konstante B ist aus Bild 4 zu ersehen. Zur Lösung der Differentialgleichung (32) für z, die nach dem Isoklinenverfahren erfolgen kann, muß zunächst der Verlauf von $\vartheta(x)$ ermittelt werden wie er in Gl. (17) angegeben wurde. Der Formparameter $\eta(x)$ ergibt sich dann aus Gl. (31) mit dem zu ϑ gehörigen Wert von η_0. Das Grenzschichtprofil ist nun um so ablöseempfindlicher, je mehr η gegenüber dem Wert η_0 der ebenen Platte anwächst, wobei für $\eta \geqslant 0{,}8$ Ablösung zu erwarten ist.

6. Anwendung auf Rotationskörper.

Wir haben uns bisher auf den ebenen Fall beschränkt. Die Anwendung auf den rotationssymmetrischen Fall bringt keine wesentlichen Änderungen. Ausgangspunkt der Untersuchung ist wiederum die Impulsgleichung der Grenzschicht, welche im rotationssymmetrischen Fall lautet:

$$\frac{d\Theta}{dx} + (2 + H) \frac{1}{U} \frac{dU}{dx} \Theta = \frac{T_0}{\varrho U^2} . \tag{34}$$

Hier tritt an Stelle der Impulsverlustdicke ϑ die Impulsverlustfläche Θ^1 und an Stelle der Wandschubspannung τ_0 die Wandschubbelastung $T_0 = 2\pi r_0 \tau_0$, wobei $r_0(x)$ den Radius des Körperquerschnittes senkrecht zur Achse bedeutet. Um das im ebenen Fall abgeleitete Verfahren auf den rotationssymmetrischen Fall übertragen zu können, muß eine der Impulsverlustdicke ϑ des ebenen Falles analoge Größe definiert werden, welche im rotationssymmetrischen Fall die Rolle der Impulsverlustdicke übernimmt. Dieses ist die Ringbreite der um den Rotationskörper gelegten Impulsverlustfläche Θ, Bild 6. Der Zusammenhang zwischen dieser Impulsverlustdicke ϑ und der Impulsverlustfläche Θ ist:

$$\vartheta = \sqrt{r_0{}^2 + \frac{\Theta}{\pi}} - r_0 . \tag{35}$$

Für $r_0 \gg \vartheta$, was für den weitaus größten Bereich des Rotationskörpers zutrifft, kann die Wurzel der Gl. (35) binomisch entwickelt werden. Dann ist ϑ identisch mit der im ebenen Fall definierten Impulsverlustdicke ϑ und wird aus der Impulsverlustfläche Θ durch

$$\vartheta = \frac{\Theta}{2 \pi r_0} \tag{36}$$

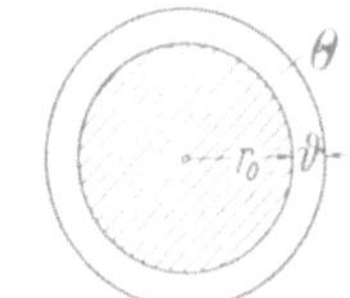

Bild 6. Zur Definition der Impulsverlustdicke im rotationssymmetrischen Fall.

erhalten[2]. Mit dieser Beziehung kann der früher abgeleitete Schubspannungsansatz (11) übernommen werden. Die Integration der Impulsgleichung (34) ergibt dann:

$$\frac{\Theta(x)}{l^2} = \frac{2 \pi \beta}{Re^{ab}\left(\dfrac{U}{U_\infty}\right)^{b(a+c)}} \left[\int_{x_u/l}^{x/l} \left(\frac{U}{U_\infty}\right)^c \left(\frac{r_0}{l}\right)^{\frac{1}{b}} d\,\frac{x}{l} + K_1 \right]^b \qquad \text{(glatt)}$$

$$\frac{\Theta(x)}{l^2} = \frac{2 \pi \beta}{\left(\dfrac{l}{k_s}\right)^{ab}\left(\dfrac{U}{U_\infty}\right)^{b(a+c)}} \left[\int_{x_u/l}^{x/l} \left(\frac{U}{U_\infty}\right)^c \left(\frac{r_0}{l}\right)^{\frac{1}{b}} d\,\frac{x}{l} + K_2 \right]^b \qquad \text{(rauh)} \tag{37}$$

mit den Integrationskonstanten:

$$K_1\left(\frac{x_u}{l}\right) = \left[\frac{1}{2\pi\beta} Re^{ab} \left(\frac{U}{U_\infty}\right)^{b(a+c)} \frac{\Theta(x_u)}{l^2}\right]^{\frac{1}{b}} \quad\bigg|\quad K_2\left(\frac{x_u}{l}\right) = \left[\frac{1}{2\pi\beta}\left(\frac{l}{k_s}\right)^{ab}\left(\frac{U}{U_\infty}\right)^{b(a+c)} \frac{\Theta(x_u)}{l^2}\right]^{\frac{1}{b}} . \tag{38}$$

Der Widerstand eines Rotationskörpers kann durch Anwendung des Impulssatzes auf eine koachsiale zylindrische Impulsfläche, die den Körper in genügender Entfernung umschließt, analog zum ebenen Fall [vgl. Gl. (1) und Bild 1] ermittelt werden. Es ist:

$$W = 2\pi\varrho \int_0^\infty u(r)\left[U_\infty - u(r)\right] r\,dr = \varrho\,U_\infty^2\,\Theta_\infty , \tag{39}$$

wobei dieses Integral über den Nachlauf in großem Abstand hinter dem Körper zu bilden ist. Θ_∞ ist die Impulsverlustfläche weit hinter dem Körper. Daraus wird der auf die Oberfläche S^3 des Rotationskörpers bezogene Widerstandsbeiwert

$$c_f = \frac{W}{\dfrac{\varrho}{2}\,U_\infty^2 \cdot S} = \frac{2}{S}\,2\pi \int_0^\infty \frac{u}{U_\infty}\left(1 - \frac{u}{U_\infty}\right) r\,dr = 2\,\frac{\Theta_\infty}{S} \tag{40}$$

erhalten. Damit ist analog zum ebenen Fall [Gl. (2)] der gesamte Strömungswiderstand des Rotationskörpers durch die Impulsverlustfläche Θ_∞ im Nachlauf des Körpers ausgedrückt. Die Größe Θ_∞ wird aus der Impulsverlustfläche Θ_1 an der Heckspitze des Körpers durch Integration der Impuls-

---

[1] Diese ist definiert durch $U^2 \Theta = 2\pi \int_{r_0}^{r_0+\delta} u(U-u)\,r\,d\,r$, wobei r die Entfernung von der Drehachse des Körpers bedeutet.

[2] Streng genommen gilt: $\Theta = 2\pi r_0 \vartheta + 2\pi \int_0^\delta \frac{u}{U}\left(1 - \frac{u}{U}\right)(r - r_0)\,dy .$

Die Vernachlässigung des zweiten Termes, die mit Ausnahme der unmittelbaren Umgebung der Heckspitze zulässig ist, geht lediglich in den Ansatz für die Wandschubspannung ein.

[3] Es ist $S = 2\pi \int_0^l r_0\,dx .$

gleichung (34) über dem Nachlauf des Körpers erhalten. Wie im ebenen Fall gelingt diese Integration auch hier universell und liefert:

$$\Theta_\infty = \Theta_1 \left(\frac{U_1}{U_\infty}\right)^{-\frac{5+H_1}{2}}. \tag{41}$$

Damit wird der Widerstandsbeiwert des Rotationskörpers wegen $(5+H_1)/2 \approx b\,(a+c)$ bei vollturbulenter Grenzschicht:

$$c_f = \frac{4\pi l^2}{S}\,\frac{\beta}{Re^{ab}}\cdot\left[\int_0^1 \left(\frac{U}{U_\infty}\right)^c \left(\frac{r_0}{l}\right)^{\frac{1}{b}} d\,\frac{x}{l}\right]^b \qquad c_f = \frac{4\pi l^2}{S}\,\frac{\beta}{\left(\frac{l}{k_s}\right)^{ab}}\left[\int_0^1 \left(\frac{U}{U_\infty}\right)^c \left(\frac{r_0}{l}\right)^{\frac{1}{b}} d\,\frac{x}{l}\right]^b. \tag{42}$$

Eine zu Gl. (26) analoge Form dieser Gleichung

$$c_f = c_{fo}\,\frac{2\pi l^2}{S}\left[\int_0^{x/l} \left(\frac{U}{U_\infty}\right)^c \left(\frac{r_0}{l}\right)^{\frac{1}{b}} d\,\frac{x}{l}\right]^b \tag{43}$$

zeigt wiederum den gegenüber der ebenen Platte auftretenden Zusatzwiderstand besonders deutlich. Die an Gl. (26) des ebenen Falles angeknüpfte Abschätzung des Formeinflusses auf den Widerstand ist hier wegen des unter dem Integral auftretenden Gliedes mit r_0 etwas komplizierter. Zieht man näherungsweise die Potenz b, die nahe bei eins liegt, unter das Integralzeichen, dann kann als Integrationsvariable die Größe $2\pi r_0\,dx = dS$, das ist das Oberflächenringelement, betrachtet werden. Jetzt kann die Betrachtung analog zum ebenen Fall durchgeführt werden und führt auf Gl. (27), wobei $\overline{\Delta U}/U_\infty$ hier die mittlere Übergeschwindigkeit längs der Oberfläche des Rotationskörpers ist[1]. Man erhält somit im rotationssymmetrischen Fall als Näherung für die Widerstandserhöhung gegenüber dem Wert der ebenen Platte das Dreifache der über die Oberfläche gemittelten Übergeschwindigkeit längs des Körpers.

Diese Mittelung liefert eine höhere Übergeschwindigkeit als die Mittelung über die Lauflänge im ebenen Fall. Andererseits sind aber die Übergeschwindigkeiten am Rotationskörper im Vergleich zum ebenen Fall bei gleicher Dicke wesentlich geringer, so daß im ganzen der Formeinfluß im rotationssymmetrischen Fall geringer sein wird als im ebenen Fall.

Die Ermittlung des Formparameters η kann ebenso wie im ebenen Fall erfolgen, da, wie A. Kehl [9] nachgewiesen hat, die Differentialgleichung (32) mit den gleichen Werten der Konstanten auch für konvergente und divergente Grenzschichten Gültigkeit besitzt. Die Größe ϑ muß dabei zunächst nach Gl. (35) aus der Impulsverlustfläche Θ ermittelt werden.

7. Durchführung des Verfahrens und Rechenbeispiele.[2]

Zur Durchführung des Verfahrens ist zunächst die Kenntnis der Geschwindigkeitsverteilung längs des umströmten Körpers erforderlich. Sie kann experimentell oder auch potentialtheoretisch[3] nach verschiedenen Verfahren für das ebene und rotationssymmetrische Problem[4] ermittelt werden. Endgültig wird für die Rechnung die Funktion $U/U_\infty = f\,(x/l)$ benötigt. Als Beispiel wurden sechs Profilformen der erweiterten NACA-Profilsystematik ausgewählt, Bild 7, von denen je drei bei verschiedener relativer Dicke d/l_0 die gleiche Dickenverteilung y/d aufweisen. Die zugehörigen Geschwindigkeitsverteilungen für ebene und rotationssymmetrische Strömung, Bild 8, zeigen, daß die Übergeschwindigkeiten im rotationssymmetrischen Fall erheblich geringer sind als im ebenen Fall.

---

[1] Es ist $\dfrac{\overline{\Delta U}}{U_\infty} = \dfrac{1}{S}\displaystyle\int_0^l (U/U_\infty)\,dS - 1$.

[2] Die hier mitgeteilten numerischen Rechnungen wurden größtenteils im Rahmen einer Diplom-Arbeit der Abteilung Maschinenbau der T. H. Braunschweig von Herrn cand. mach. H. Schaak durchgeführt.

[3] Von den potentialtheoretischen Verfahren zur Ermittlung der Druckverteilung längs der Kontur erwähnen wir hier für den ebenen Fall das Singularitätenverfahren von F. Riegels [11], für den rotationssymmetrischen Fall das Verfahren von W. Müller [12].

[4] Für die Anwendung auf einen Schiffskörper dürfte es hinreichend sein, die Geschwindigkeitsverteilung eines rotationssymmetrischen Ersatzkörpers zu verwenden, dessen Querschnitt längs der Drehachse gleich den zweifachen unter der W. L. liegenden Spantquerschnitten des Schiffes ist.

Als nächster Schritt ist nun zur Berechnung der Impulsverlustdicke ϑ nach Gl. (19) auszuführen, wobei die Konstanten aus den Zahlentafeln 1 und 2 für diejenige Re-Zahl bzw. relative Rauhigkeit zu entnehmen sind, die den vorliegenden Werten am nächsten liegen. Liegt die vorhandene relative Rauhigkeit in der Nähe des für hydraulisch glatte Wand zulässigen Wertes, so kann zunächst bei rauher Wand der Verlauf der Impulsverlustdicke ϑ ermittelt und mit Gl. (28) geprüft werden, ob und von welcher Stelle an die Oberfläche stromabwärts hydraulisch glatt wirkt. Von dieser Stelle an ist dann mit den entsprechenden Konstanten für den glatten Fall zu rechnen. Der berechnete Verlauf der Impulsverlustdicke für das Profil NACA 0015—63 ist in Bild 9 für zwei verschiedene Re-Zahlen und drei verschiedene relative Rauhigkeiten aufgetragen. Man erkennt das starke Ansteigen der Impulsverlustdicken mit Verringerung der Re-Zahl und

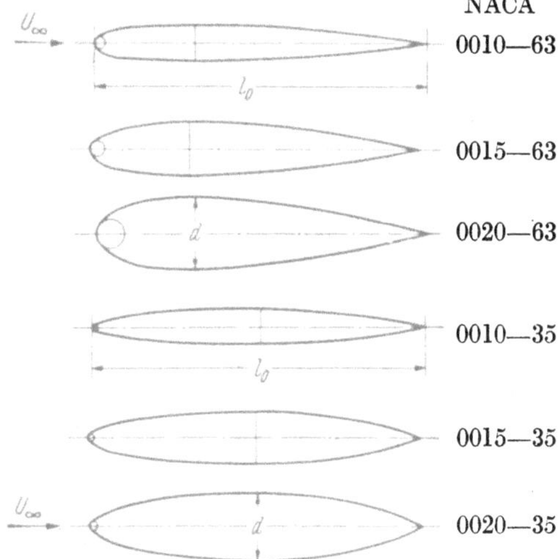

Bild 7. Profilformen der untersuchten NACA-Profile nach NACA Rep. 492; Dicken $\dfrac{d}{l_0} = 0,10 \cdot 0,15 \cdot 0,20$.

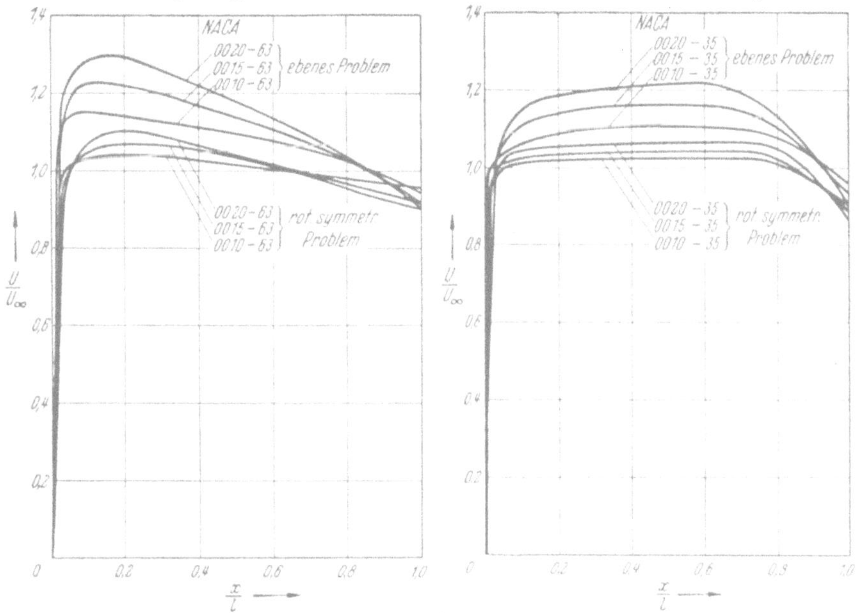

Bild 8. Geschwindigkeitsverteilungen der untersuchten NACA-Profile für ebenes und rotationssymmetrisches Problem.

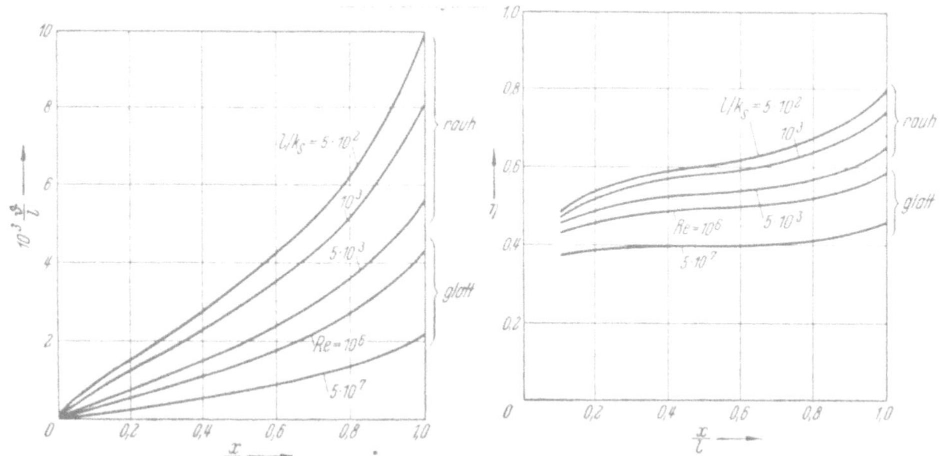

Bild 9. ...turbulenter Grenzschicht für NACA-Profile 0015—63, ebenes Problem.

Vergrößerung der relativen Rauhigkeit. In allen Fällen ist die Integrationskonstante K gleich Null gesetzt, da die Grenzschicht vom Staupunkt an als turbulent angenommen wurde. Für das rotationssymmetrische Problem[1] sind die Impulsverlustflächen Θ nach Gl. (37) zu berechnen. Bild 10 zeigt den Verlauf von $\Theta\,(x)$ für das Profil NACA 0015—63.

Mit der Impulsverlustdicke ϑ, die im rotationssymmetrischen Fall aus der Größe Θ nach Gl. (35) zu errechnen ist, kann schließlich durch graphische Integration der Differentialgleichung (32) (Isoklinenverfahren) der turbulente Formparameter η ermittelt werden. Bild 9 und 10 enthalten

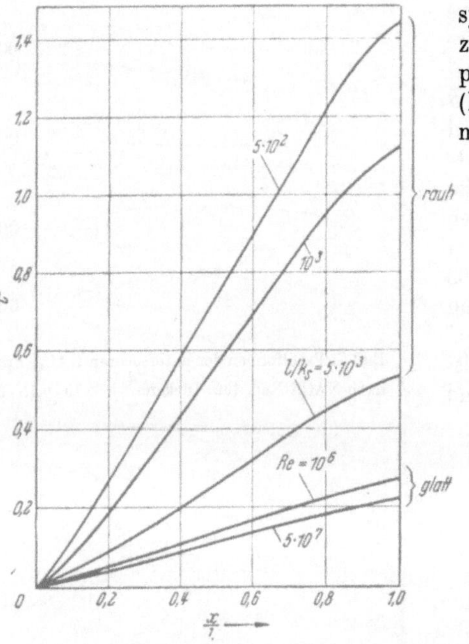

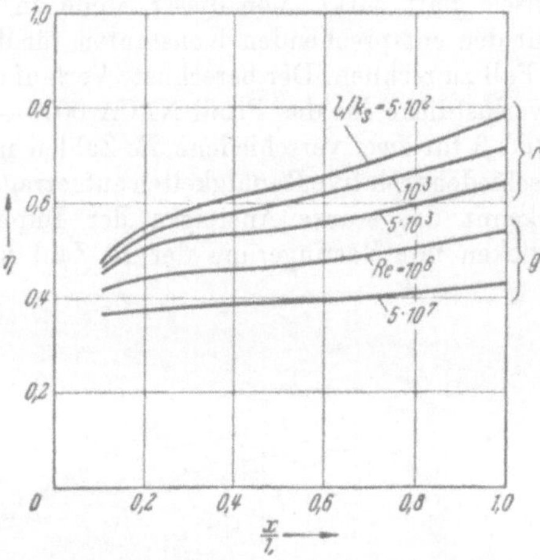

Bild 10. Impulsverlustfläche und Formparaméter bei vollturbulenter Grenzschicht für NACA-Profile 0015—63, rotationssymmetrisches Problem.

auch den Verlauf von η über der Profillänge aufgetragen. Die Ablöseempfindlichkeit wächst danach, wie zu erwarten, mit Verringerung der Re-Zahl und Vergrößerung der relativen Rauhigkeit. Für die dort nicht enthaltenen 20% dicken Profile ergibt sich im ebenen Fall nahe der Hinterkante

ein η von über 0,8, so daß bei diesen Profilen mit geringer Ablösung zu rechnen ist. Den Zusatzwiderstand infolge Ablösung kann die Grenzschichttheorie jedoch nicht liefern.

Für die Ermittlung des Widerstandes ist lediglich das in Gl. (23) bzw. (42) auftretende Integral über die ganze Lauflänge der Profilkontur zu ermitteln. Die Kenntnis der örtlichen Impulsverlustdicke längs der Kontur ist hierzu also nicht erforderlich. Die in den Gleichungen auftretenden Konstanten sind wiederum aus den Zahlentafeln 1 bzw. 2 für die entsprechende Re-Zahl bzw. relative Rauhigkeit zu wählen. Bild 11 und 12 zeigen den Verlauf der be

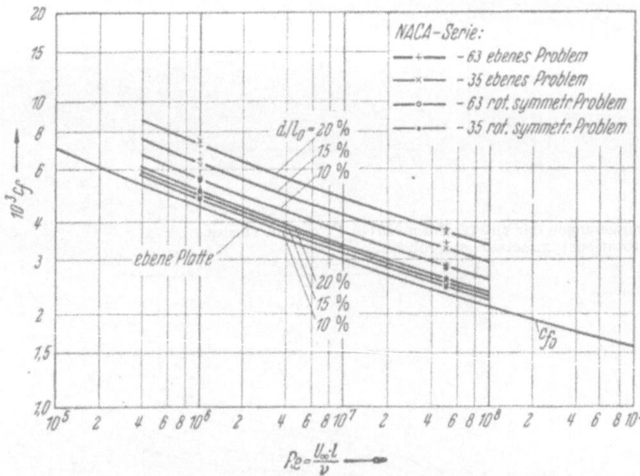

Bild 11. Widerstandsbeiwerte für hydraulisch glatte Wand bei vollturbulenter Grenzschicht; $c_{f0} = 0{,}455\,(\log Re)^{-2{,}58}$.

rechneten Widerstandsbeiwerte im Vergleich mit dem Widerstandsbeiwert der ebenen Platte. Da die entsprechenden Rechenpunkte für die beiden verschiedenen Profilformen nur wenig und unsystematisch voneinander abweichen, scheint der Einfluß der Profilform auf den Widerstand

---

[1] Für die Anwendung auf einen Schiffskörper muß hierbei ein Ersatz-Rotationskörper genommen werden, dessen Radius längs der Drehachse gleich dem hydraulischen Radius des unter der W. L. liegenden Spantquerschnittes des Schiffes ist, $r_0 = 2F/U$ (F = Spantquerschnitt, U = benetzter Spantumfang).

bei vollturbulenter Grenzschicht gering zu sein. Die Widerstandserhöhung gegenüber der ebenen Platte steigt, wie zu erwarten, mit zunehmender Profildicke zumindesten im ebenen Fall stark an, was durch Bild 13 noch einmal veranschaulicht wird. Das Verhältnis c_f/c_{fo} ist im wesentlichen unabhängig von der Re-Zahl und der relativen Rauhigkeit, wenn die Grenzschicht

als vollturbulent angesehen werden kann. Dies ist besonders bemerkenswert für die Übertragbarkeit von Messungen auf andere Reynoldszahlen bzw. relative Rauhigkeiten. Die im Vorangegangenen abgeleitéte Faustformel Gl. (27) für den Widerstandszuwachs bestätigt sich insbesondere bei kleinen Dickenverhältnissen recht gut. Die Widerstandserhöhung gegenüber der ebenen Platte $\Delta c_f = c_f - c_{fo}$ beträgt für glatte und rauhe Wand im ebenen Fall etwa

$$\Delta c_f = 2{,}4 \frac{d}{l_o} \cdot c_{fo} \quad \text{(ebener Fall)},$$

und im rotationssymmetrischen Fall etwa

$$\Delta c_f = 0{,}6 \frac{d}{l_o} \cdot c_{fo}$$

(rotationssymmetrischer Fall).

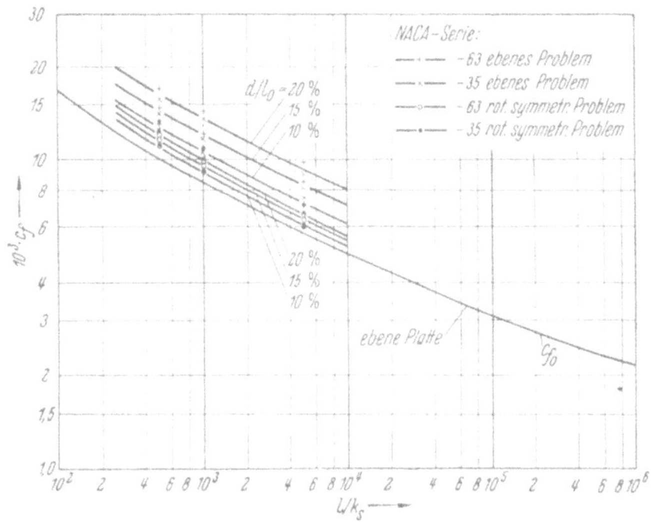

Bild 12. Widerstandsbeiwerte für rauhe Wand bei vollturbulenter Grenzschicht.
$$c_{fo} = (1{,}89 + 1{,}62 \log l/k_s)^{-2{,}5}.$$

Dieses Ergebnis bestätigt die Berechtigung, zumindestens näherungsweise den Reibungswiderstand von Schiffen nach den Gesetzen der längsangeströmten ebenen Platte zu berechnen, vorausgesetzt, daß keine Ablösung der Strömung auftritt. Dagegen ist bei der Umströmung von Schiffsschraubenprofilen, die im wesentlichen als eben anzusehen ist, mit erheblichen Zusatzwiderständen gegenüber der ebenen Platte zu rechnen. Zahlenwerte für die berechneten Widerstandsbeiwerte enthält Zahlentafel 3.

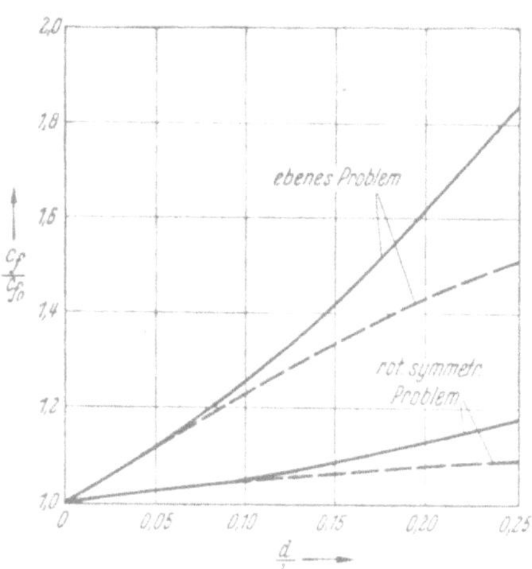

Bild 13. Abhängigkeit des Zusatzwiderstandes von der
relativen Dicke des Profiles
——— nach Grenzschichtrechnungen,
— · — nach Faustformel $c_f/c_{fo} = 1 + 3\,\overline{\Delta U/U\infty}$.

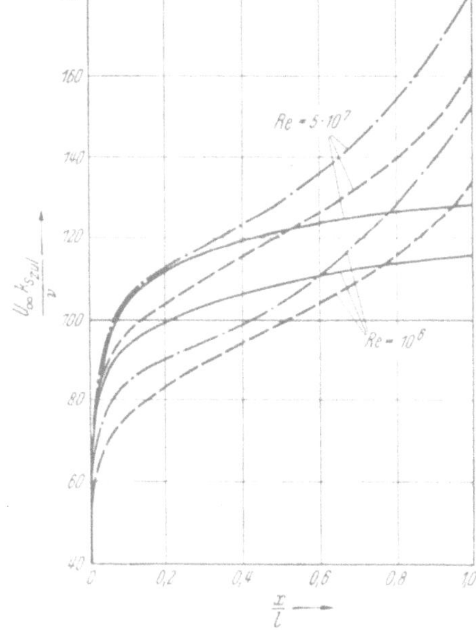

Bild 14. Zulässige örtliche Rauhigkeiten
längs der Profilkontur
——— ebene Platte,
——— Profil NACA 0015—63, eben;
— · — Profil NACA 0015—63, rotationssymmetrisch.

Der Verlauf der örtlichen zulässigen Rauhigkeit ist in Bild 14 für zwei verschiedene Re-Zahlen wiedergegeben, wobei als Ordinate die mit der örtlichen zulässigen Rauhigkeit gebildete Re-Zahl

Zahlentafel 3. *Widerstandsbeiwerte der untersuchten NACA-Profile.*

NACA-Profil		ebene Platte	0010—63	0015—63	0020—63	0010—35	0015—35	0020—35
Ebenes Problem	Re	$10^3 \cdot c_f$, hydraulisch glatt						
	10^6	4,47	5,53	6,45	7,20	5,62	6,30	7,29
	$5 \cdot 10^7$	2,35	2,86	3,37	3,73	2,86	3,35	3,69
	l/k_s	$10^3 \cdot c_f$, ausgebildet rauh						
	$5 \cdot 10^2$	10,20	12,92	14,72	17,00	12,60	14,23	16,70
	10^3	8,40	10,87	12,10	14,25	10,70	11,80	13,61
	$5 \cdot 10^3$	5,78	7,18	8,36	9,70	7,50	8,19	9,49
Rotationssymmetrisches Problem	Re	$10^3 \cdot c_f$, hydraulisch glatt						
	10^6	4,47	4,79	4,97	5,06	4,80	5,21	5,55
	$5 \cdot 10^7$	2,35	2,39	2,50	2,62	2,40	2,60	2,79
	l/k_s	$10^3 \cdot c_f$, ausgebildet rauh						
	$5 \cdot 10^2$	10,20	11,08	11,68	12,05	11,42	12,43	13,27
	10^3	8,40	9,24	9,66	9,94	9,29	10,35	10,86
	$5 \cdot 10^3$	5,78	6,13	6,39	6,62	6,16	6,80	7,20

$U_\infty k_{s\,\text{zul}}/\nu$ gewählt wurde. Diese Kennzahl ist nahezu unabhängig von der mit der Lauflänge gebildeten Re-Zahl Ul/ν, weshalb bekanntlich im allgemeinen als Bedingung für hydraulisch glatte Wand $U_\infty k_{s\,\text{zul}}/\nu \leq 100$ gesetzt wird. Die genauere Betrachtung zeigt, Bild 14, daß dieser Kennwert im hinteren Teil des umströmten Körpers größer wird und ferner mit der Re-Zahl etwas ansteigt. Dagegen ist der Einfluß der Dicke des Körpers auf die zulässige Rauhigkeit besonders im ebenen Fall gering, so daß für die Berechnung der zulässigen Rauhigkeit ohne weiteres die Ergebnisse der ebenen Platte herangezogen werden können. Im rotationssymmetrischen Fall steigt die zulässige Rauhigkeit in der Nähe der Heckspitze jedoch bereits merklich an, da dort infolge der Konvergenz der Stromlinien die Grenzschichtdicke sehr stark anwächst.

8. Zusammenfassung.

Die bisherigen Verfahren zur Berechnung der turbulenten Reibungsschicht werden auf den Fall erweitert, daß die Wand nicht mehr hydraulisch glatt wirkt. Gleichzeitig wird auch die hydraulisch glatte Wand bis zu sehr hohen Reynolds-Zahlen hin behandelt. Analog zu den bisherigen Verfahren für die hydraulisch glatte Wand wird für die Wandschubspannung aus den Widerstandsgesetzen der ebenen Platte ein Ansatz abgeleitet, der außer gewissen universellen Konstanten nur die mit der Impulsverlustdicke gebildete örtliche Reynolds-Zahl bzw. bei rauher Wand die örtliche relative Rauhigkeit ϑ/k_s enthält. Damit gelingt es, sowohl für das ebene wie für das rotationssymmetrische Problem den Strömungswiderstand durch eine einfache Quadratur zu ermitteln. Für eine grobe Abschätzung des durch die Profilform verursachten Zusatzwiderstandes gegenüber dem Plattenwiderstand wird eine einfache Faustformel angegeben. Die Berechnung der Ablöseempfindlichkeit des Grenzschichtprofiles längs der Profilkontur wird in Anlehnung an bisherige Verfahren ebenfalls für rauhe Wand ermöglicht.

Beispiele von zwei NACA-Profilformen mit drei verschiedenen relativen Dickenverhältnissen zeigen, daß der Zusatzwiderstand gegenüber dem Plattenwiderstand für ein Profil mit verschiedenen Reynolds-Zahlen und Rauhigkeiten annähernd in einem festen Verhältnis zum entsprechenden Plattenwiderstand steht, wenn von laminaren Anläufen in der Grenzschicht abgesehen wird. Der rotationssymmetrische Fall liefert erheblich geringere Zusatzwiderstände als der ebene Fall, was auch nach experimentellen Ergebnissen zu erwarten ist.

Schrifttum.

[1] Prandtl, L.: Zur turbulenten Strömung in Rohren und längs Platten. Ergebnisse der AVA, Göttingen, IV. Lieferung, 1932.

[2] Prandtl, L. und H. Schlichting: Das Widerstandsgesetz rauher Platten. Werft, Reederei, Hafen, XV. Jahrgang, S. 1, 1934.

[3] Schlichting, H.: Experimentelle Untersuchungen zum Rauhigkeitsproblem. Ingenieur-Archiv, Band 7, S. 1, 1936.

[4] Schultz-Grunow, F.: Der hydraulische Reibungswiderstand von Platten mit mäßig rauher Oberfläche, insbesondere von Schiffsoberflächen. Jahrbuch d. Schiffbautechnischen Gesellschaft, Band 39, S. 176, 1938.

[5] Amtsberg, H.: Untersuchungen über die Formabhängigkeit des Reibungswiderstandes. Jahrbuch der Schiffbautechnischen Gesellschaft, Band 38, S. 177, 1937.

[6] Graff, W.: Untersuchungen über den Maßstabseinfluß an Modellfamilien. Schiffahrttechnische Forschungshefte 10, S. 7, 1939.

[7] Schlichting, H.: Grenzschichttheorie. Verlag G. Braun, Karlsruhe, 1951.

[8] Ludwieg, H. und W. Tillmann: Untersuchungen über die Wandschubspannung in turbulenten Reibungsschichten. Ingenieur-Archiv, Band 17, S. 288, 1949.

[9] Kehl, A.: Über konvergente und divergente Reibungsschichten. Ingenieur-Archiv, Band 13, S. 293, 1943.

[10] Kempf, G.: Berechnung des Einflusses der Oberflächenreibung auf den Wirkungsgrad von Schiffsschrauben. Hydromechanische Probleme des Schiffsantriebes, Teil II, Seite 75, 1940.

[11] Riegels, F.: Das Umströmungsproblem bei inkompressiblen Potentialströmungen. I. Mitteilung, Ingenieur-Archiv, Band 16, S. 373, 1948; II. Mitteilung, Ingenieur-Archiv, Band 17, S. 94, 1949.

[12] Müller, W.: Längsbewegung eines Rotationskörpers in der Flüssigkeit. Ingenieur-Archiv, Band 19, S. 282, 1951.

Erörterung.

Dr.-Ing. **H. Amtsberg**, Berlin.

Ich glaube, wir müssen Herrn Dr. Scholz sehr dankbar dafür sein, daß er uns mit seinem heutigen Vortrag einen so wertvollen Beitrag zu dem Problem der Grenzschicht- und Widerstandsberechnung von Schiffen gegeben hat. Es ist sehr zu begrüßen, daß dieses den Schiffbauer so interessierende Gebiet jetzt von der Göttinger Schule — wenn ich so sagen darf „nunmehr in dritter Generation" — unter Anwendung der modernen Grenzschichttheorie und der für die Flugtechnik entwickelten Berechnungsverfahren in so eingehender Weise bearbeitet worden ist.

Herr Dr. Scholz hat uns in seinem interessanten Vortrag ein Verfahren zur Berechnung der turbulenten Reibungsschicht längs gekrümmter Wände aufgezeigt, das wirklich als rationell zu bezeichnen ist. Er hat sich dabei nicht nur auf den Fall hydraulisch glatter Flächen beschränkt, sondern sein Verfahren erfaßt auch den Einfluß der Rauhigkeit und erstreckt sich auf beliebig hohe Re-Zahlen.

Wenn ich hier zu den Ausführungen des Herrn Vortragenden das Wort ergreife, so tue ich es weniger, um zu Einzelheiten der nicht ganz einfachen theoretischen Gedankengänge seines Berechnungsverfahrens Stellung zu nehmen — hierzu bedarf es wohl doch eines eingehenderen Studiums des gedruckten Textes —, sondern vielmehr, um die mir als besonders wesentlich erscheinenden Punkte seines Verfahrens noch einmal hervorzuheben, und um mich mit dem Schlußergebnis seiner Untersuchungen bezüglich des sogenannten Formeinflusses auseinanderzusetzen. Ich selbst habe mich früher einmal eingehend mit der Frage der Formabhängigkeit des Reibungswiderstandes beschäftigt und über die Ergebnisse meiner Untersuchungen hier vor dieser Gesellschaft im Jahre 1936 berichtet. Es ist mir heute eine ganz besondere Freude, feststellen zu können, daß die Ergebnisse meiner damaligen theoretischen und experimentellen Untersuchungen durch die jetzt von Herrn Dr. Scholz gefundenen Ergebnisse vollauf bestätigt werden, daß nämlich der Formeffekt in der Hydrodynamik des Schiffes nicht die bedeutende Rolle spielt, die man ihm auf Grund der Erfahrungen in der Aerodynamik des Tragflügels zuzumessen geneigt war. Wir haben jedenfalls in der Zwischenzeit durch Vernachlässigung des Formeffektes im schiffbaulichen Versuchswesen keinen entscheidenden Fehler begangen und können in dieser Beziehung beruhigt sein.

Bei meinen damaligen Untersuchungen habe ich den Reibungswiderstand von Rotationskörpern — allerdings unter Beschränkung auf den Fall hydraulisch glatter Flächen — nach einem von Millikan angegebenen Verfahren berechnet und mit Versuchsergebnissen verglichen. Um den Geschwindigkeitsverlauf U/U_∞, der in die Millikanschen Gleichungen ebenso eingeht wie in die von dem Herrn Vortragenden entwickelten Gleichungen, längs der Kontur dieser Rotationskörper berechnen zu können, waren die Körper auf potentialtheoretischem Wege unter Zugrundelegung einer analytisch gegebenen Doppelquellverteilung ermittelt und angefertigt worden. Es ergab sich bei meinen damaligen Untersuchungen eine sehr gute Übereinstimmung zwischen der rechnerisch ermittelten Geschwindigkeitsverteilung längs der Körperkontur und der aus Druckmessungen am Modell festgestellten[1]. Der Ausgangspunkt meiner Reibungswiderstandsberechnungen war ähnlich wie bei dem Herrn Vortragenden der Impulssatz der Grenzschichttheorie, der oft auch als Kármánsche Integralbedingung bezeichnet wird und der sich aus der Integration der Prandtlschen Grenzschichtgleichung — hier natürlich auf den rotationssymmetrischen Fall erweitert — ergibt. Während ich bei meinen Berechnungen nach dem Vorgang von Millikan zur Ermittlung eines geeigneten Ansatzes für die Wandschubspannung τ_0 das 1/7-Potenzgesetz für die Geschwindigkeitsverteilung in der Grenzschicht einsetzte, hat Dr. Scholz unter Anwendung der Erkenntnisse der modernen Grenzschichttheorie das universelle logarithmische Geschwindigkeitsverteilungsgesetz der Rohrströmung eingeführt und damit erreicht, daß er bei der Berechnung der Reibungsschicht alle Gegebenheiten bezüglich der Oberflächenbeschaffenheit des Körpers und des Re-Zahl-Bereiches erfaßt. Wie wir heute wissen, gilt das 1/7-Potenzgesetz nur für einen begrenzten Re-Zahl-Bereich. An sich war auch schon zum Zeitpunkt meiner früheren Berechnungen das logarithmische Geschwindigkeitsverteilungsgesetz, das von Prandtl und von v. Kármán gleichzeitig gefunden war, bekannt

---

[1] S. Jhb. d. STG 1937, S. 211.

und hatte auch bereits Moore durch Einführung dieses Gesetzes das Millikansche Verfahren erweitert; ich bediente mich aber der Einfachheit halber bei meinen nur vergleichenden Charakter tragenden Berechnungen weiter des 1/7-Potenzgesetzes, zumal dieses ja auch in dem von mir untersuchten Re-Zahl-Bereich einigermaßen zutraf.

Einen wesentlichen Vorzug des von Herrn Dr. Scholz entwickelten Verfahrens gegenüber dem von mir benutzten Millikanschen Verfahren möchte ich darin sehen, daß es durch Einführung einer Beziehung zwischen der Impulsverlustdicke sehr weit hinter dem Körper und der Impulsverlustdicke im hinteren Staupunkt des Körpers gelingt, nicht nur den reinen Reibungswiderstand des Körpers, wie er sich auf Grund der Summierung der Wandschubspannungen längs der benetzten Oberfläche ergibt, zu ermitteln, sondern auch den sogenannten Druckwiderstand, der durch die Abdrängung der Potentialströmung von dem Körper infolge der Verdrängungswirkung der Grenzschicht zustande kommt. Außerdem liefert sein Verfahren — und das möchte ich hier noch einmal besonders herausstellen — ein einfaches Kriterium für die Ablöseempfindlichkeit der Grenzschicht, ein Punkt, der zur Feststellung der Ablösungsstelle und dessen Abhängigkeit von der Re-Zahl bzw. von der Rauhigkeit im schiffbaulichen Modellversuchswesen von großer Bedeutung ist und bisher noch recht unklar war. Den Zusatzwiderstand infolge Ablösung kann die Grenzschichttheorie jedoch leider nicht liefern.

Bei der Kürze der Zeit, die mir zur Durchsicht der umfangreichen und sehr interessanten Arbeit von Herrn Dr. Scholz zur Verfügung stand, konnte ich mich noch nicht mit allen darin angeschnittenen Problemen auseinandersetzen. Ich darf mir erlauben, meinen heutigen mündlichen Diskussionsbeitrag gegebenenfalls später noch schriftlich zu erweitern. Ich habe aber inzwischen einmal nach der von dem Herrn Vortragenden angegebenen wirklich sehr einfachen Faustformel, nach der im rotationssymmetrischen Fall die Widerstandserhöhung gegenüber dem Wert der ebenen Platte etwa das Dreifache der über die Oberfläche-gemittelten Übergeschwindigkeit beträgt, den Zusatzwiderstand für die früher von mir untersuchten Rotationskörper berechnet und dabei gute Übereinstimmung mit den damals von mir gefundenen Ergebnissen feststellen können.

Nun noch ein paar Worte zu den Ergebnissen bezüglich des Formeffektes! Herr Dr. Scholz kommt auf Grund einiger für 2 NACA-Profilformen durchgerechneter Beispiele zu dem Schluß, daß der rotationssymmetrische Fall erheblich geringere formbedingte Zusatzwiderstände liefert als der zweidimensionale Fall, und zwar — in Übereinstimmung mit den Ergebnissen meiner früheren Untersuchungen — in so geringer Größenordnung, daß sie praktisch vernachlässigt werden können, vorausgesetzt, daß keine Ablösung der Strömung eintritt. Man wird also — wie es seit Froude auch tatsächlich üblich ist — mit guter Näherung den Reibungswiderstand eines Schiffes gleich dem einer längs angeströmten ebenen Platte gleicher Oberfläche setzen können. Auch das von dem Herrn Vortragenden gefundene Ergebnis, daß der Einfluß der Profilform — d. h. bei Schiffskörpern der Verdrängungsverteilung bzw. der Völligkeit — bei gleichem Dickenverhältnis sehr gering ist, deckt sich mit meinen früheren Untersuchungen; so hatte ich beispielsweise gefunden, daß der Reibungswiderstandsbeiwert eines verhältnismäßig schlanken Rotationskörpers mit einer Völligkeit entsprechend $\varphi =$ rd. 0,55 um nur knapp 1% gegenüber demjenigen für einen Rotationskörper mit einer Völligkeit entsprechend $\varphi = 0,8$ differierte. Bei beiden Rotationskörpern, die ein Verhältnis $L/B = 8$ aufwiesen, ergab sich zwar ein sehr unterschiedlicher Geschwindigkeitsverlauf längs der Kontur, die über die Oberfläche gemittelten Übergeschwindigkeiten weichen aber nur wenig voneinander ab, so daß sich entsprechend der Scholzschen Faustformel auch nur wenig differierende Zusatzwiderstände ergeben können.

Zusammenfassend möchte ich sagen, daß durch die vorliegenden sehr dankenswerten Untersuchungen des Herrn Vortragenden die Frage des Reibungsformeffektes jetzt endgültig geklärt zu sein scheint. Dagegen bleibt aber das Problem der Formabhängigkeit des ablösungsbedingten Druckwiderstandes, dessen Größe die Grenzschichttheorie nicht zu erfassen vermag, weiterhin offen. Wenn ich nun also meine heutigen Ausführungen auch mit denselben Worten schließen kann, mit denen ich damals meinen eigenen Vortrag beendete, nämlich: „Für die weiteren Untersuchungen ergibt sich damit die Formulierung der Aufgabe: Formabhängigkeit des Ablösungswiderstandes", so glaube ich doch, daß mit der von dem Herrn Vortragenden bereits erfaßten Ablöseempfindlichkeit der Grenzschicht schon der erste m. E. sehr wichtige Schritt auf dem weiteren Weg getan ist.

Professor Dr.-Ing. **H. Dickmann**, Karlsruhe.

Ich darf und kann mich kurz fassen, da ich mit den ergänzenden Ausführungen von Herrn Dr. Amtsberg einverstanden bin und nur noch einen kleinen Beitrag zufügen möchte.

Ich hatte gestern abend Gelegenheit, Einblick in das Manuskript des Vortragenden zu nehmen, so daß ich in der Lage bin zu sagen, daß die Ableitungen von Herrn Dr. Scholz in jeder Weise überzeugen. Die Vereinfachungen, die er gemacht hat, indem er z. B. an sich veränderliche Glieder von sekundärer Bedeutung einfach als konstant angenommen hat, um auf diese Art und Weise eine geschlossene Integration zu ermöglichen, werden wohl einer intensiven Prüfung durchaus standhalten. Wir können uns freuen, und gerade die Praktiker unter uns haben Anlaß dazu, daß jetzt ein Verfahren so einfacher Art vorliegt, um die Berechnung des Reibungswiderstandes bei formbehafteten Körpern vornehmen zu können. Über die Bedeutung einer genauen rechnerischen Erfassung gerade des Reibungswiderstandes hier in diesem Kreise etwas zu sagen, ist wohl müßig, wir wissen, wie stark das Schiffbauversuchswesen danach verlangt.

Unterstreichen und etwas ergänzen möchte ich noch die Bemerkungen von Herrn Dr. Amtsberg über das, was jetzt noch zu tun bleibt. Wenn man sich nämlich die Frage vorlegt, ob man mit dieser neuen Berechnungsmethode nun den Reibungswiderstand eines ganzen Schiffes auch wirklich berechnen kann, dann muß man leider feststellen, daß die Methode bis zur Ablösungsstelle sehr schön funktioniert, aber dahinter wissen wir eigentlich nichts rechtes, was natürlich praktisch unbefriedigend ist. Andererseits wäre es unbillig, von der Grenzschichttheorie zu verlangen, daß sie auch das Gebiet hinter der Ablösungsstelle mit den bisherigen Methoden erschließt. Zu dem Grunde hierfür, den Herr Dr. Scholz selbst nannte, daß dort die Grenzschicht zu breit geworden ist, um nur noch von einer schmalen Schicht sprechen zu können , kommt m. E. noch ein weiterer hinzu: Die Wasserteilchen, die sich hinter der Ablösungsstelle befinden, stammen ja nicht aus dem Wasser, welches von vorn anströmt, sondern erhalten ihren Zufluß zum großen Teil von hinten. Ihr Zustand ist also nicht durch eine Untersuchung zu erfassen, welche auf einer Integration der Reibungsverhältnisse vor der Ablösungsstelle beruht. Immerhin ist es wichtig, daß der Vortragende ein Kriterium über die Ablösungsempfindlichkeit bringt, um wenigstens auf die Lage der Ablösungsstelle zu kommen. Bezüglich der Genauigkeit dieser Aussage habe ich zunächst nur gefühlsmäßige Bedenken. Ich kenne die Arbeit von Herrn Gruschwitz leider nicht. Trotzdem möchte ich immerhin die Frage stellen, ob der von G. eingeführte Begriff der Ablösungsempfindlichkeit und der dafür angegebene dimensionslose Wert eine Aussage liefert, welche scharf genug ist, um alle Bedingungen, die zur Ablösung beitragen, erfassen zu können. Es fällt zunächst auf, daß der Druckgradient nicht explicite enthalten ist, ich vermute aber, daß er doch implicite berücksichtigt wird. Man empfindet es als etwas bedauerlich, daß neben den sonstigen, physikalisch klar gegründeten Ableitungen dieser Arbeit an dieser Stelle ein mehr empirisches Kriterium auftaucht.

Wenn man an die Weiterführung der wissenschaftlichen Entwicklung des Reibungsproblems denkt, so müßten sich offenbar die Bemühungen jetzt auf das Ablösungsproblem konzentrieren. Gerade im Schiffbau müßten wohl verschiedene Einflüsse miteinbezogen werden, wie: Schiffswellen, Sog des Propellers u. ä.

Ich darf deshalb am Schluß der Hoffnung Ausdruck geben, daß die Braunschweiger Zweiglinie der Göttinger Familie eines Tages hier vor dieser Gesellschaft auf die noch offenen Fragen eine ebenso schöne Antwort geben wird, wie es heute geschehen ist für das spezielle Problem des Formeinflusses beim Reibungswiderstand.

Professor Dr. **H. Schlichting**, Braunschweig.

Aus den Bemerkungen der Herren Vorredner hat sich ergeben, daß mit den von Herrn Dr. Scholz heute vorgetragenen Ergebnissen über den Reibungs- und Formwiderstand von glatten und rauhen Körpern für ebenes und rotationssymmetrisches Problem bei turbulenter Reibungsschicht in der Erforschung des Reibungswiderstandes des Schiffes ein gewisser Abschluß erreicht worden ist. Es ist deshalb vielleicht angebracht, ein paar historische Bemerkungen über die Entwicklung dieses wichtigen Forschungsgebietes zu machen. In der Theorie des Form- und Reibungswiderstandes von Körpern mit glatter und rauher Wand können wir die folgenden vier Abschnitte unterscheiden. In allen Fällen handelt es sich dabei um die Strömung bei turbulenter Reibungsschicht, da nur diese für die Anwendung im Schiffbau von praktischer Bedeutung ist.

I. Reibungswiderstand der glatten Platte (1921).
II. Reibungswiderstand der rauhen Platte (1934).
III. Formwiderstand von profilierten Körpern bei glatter Wand (1932—1938).
IV. Formwiderstand von profilierten Körpern bei rauher Wand (1951).

Den Ausgangspunkt für diese heute weit ausgedehnte Theorie gab L. Prandtl im Jahre 1921 mit dem Reibungsgesetz der glatten ebenen Platte

$$c_f = \frac{0{,}074}{Re_l^{1/5}} ,$$

das er aus Rohrversuchen herleitete und das in seinem Gültigkeitsbereich gemäß dem damaligen Stand der experimentellen Untersuchungen auf mäßig große Reynoldszahlen, $Re < 10^7$, beschränkt war. Die Ausdehnung dieses Reibungsgesetzes auf größere Reynoldssche Zahlen brachte die bekannten Formeln von Prandtl-Schlichting 1932 und Schultz-Grunow 1940.

Der Reibungswiderstand der rauhen Platte wurde zuerst von L. Prandtl und H. Schlichting im Jahre 1934 geklärt, ebenfalls durch Umrechnung vom Rohr auf die Platte. Die experimentelle Grundlage hierfür bildeten die ausgedehnten Versuche von Nikuradse an sandrauhen Rohren (Göttinger Sandrauhigkeit), die kurz zuvor abgeschlossen waren. Um andere technische Rauhigkeiten in die Skala der Sandrauhigkeiten einordnen zu können, schuf ich seinerzeit 1935 den Begriff der „äquivalenten Sandrauhigkeit", der sich als recht brauchbar erwiesen und sich heute allgemein eingebürgert hat. Umfangreiche experimentelle Untersuchungen an künstlichen Rauhigkeiten von regelmäßiger geometrischer Struktur, die ich 1936 veröffentlichte, sowie Untersuchungen von Schultz-Grunow 1938 an speziellen Schiffsrauhigkeiten vervollständigten die Kenntnisse des Reibungswiderstandes von rauhen Wänden erheblich.

Mittlerweile war aber im Jahre 1932 von E. Gruschwitz der erste wichtige Schritt zur Erforschung des Formwiderstandes von profilierten Körpern bei glatter Wand getan worden. Aus sorgfältigen experimentellen Untersuchungen über die turbulente Reibungsschicht an einer glatten Wand mit Druckgradient, insbesondere auch an Tragflügelprofilen, konnte er ein Rechenverfahren für solche Reibungsschichten herleiten, das es auch gestattete, die Lage der Ablösestelle vorauszuberechnen. Von Pretsch in Deutschland und gleichzeitig von Squire und Young in England wurde dieses Rechenverfahren 1938 zu einem Verfahren zur theoretischen Berechnung des Formwiderstandes bei glatter Wand und für das ebene Problem ausgebaut. Die rechnerische Durchführung war allerdings damals sehr mühsam, so daß es nicht möglich war, eine größere Zahl von Beispielen zu rechnen.

Über den letzten Schritt, nämlich die Übertragung des Rechenverfahrens zur Ermittlung des Formwiderstandes auf die rauhe Wand, und zwar sowohl im ebenen als auch im rotationssymmetrischen Fall, hat heute Herr Dr. Scholz berichtet. Wesentlich ist dabei, daß nunmehr aber auch eine so weitgehende Vereinfachung des Rechenverfahrens erreicht worden ist, daß man in der Lage ist, eine größere Zahl von Beispielen in verhältnismäßig kurzer Zeit durchzurechnen, und auf diese Weise durch systematische Rechnungen einen wirklichen Einblick in dieses für den Schiffswiderstand wichtige Problem zu gewinnen.

Man fragt sich natürlich, warum dieser letzte Schritt, über den wir heute von Herrn Dr. Scholz gehört haben, nämlich die Übertragung auf den profilierten Körper mit rauher Wand für den ebenen und rotationssymmetrischen Fall, noch so lange, etwa 14 Jahre, hat auf sich warten lassen. Hierzu ist zu sagen, daß die jetzt endgültig gelöste Aufgabe in ihrer letzten Phase im wesentlichen ein Problem der angewandten Mathematik ist. Ich meine damit, daß in dieser letzten Zeit zu den physikalischen Grundlagen unserer Aufgabe kaum noch etwas Wesentliches hinzugekommen ist. Die grundlegenden Gleichungen der Grenzschichttheorie, welche das Problem beherrschen, waren schon damals sämtlich vorhanden. Aber die Lösungsmethoden für diese Gleichungen mußten erst noch ganz erheblich vereinfacht werden, um einen Lösungsweg zu finden, der praktisch gangbar ist, d. h. der es gestattet, eine größere Zahl von Beispielen mit erträglichem Aufwand zu rechnen. Denn erst bei genügender Variation der geometrischen und strömungsmechanischen Parameter erhält man eine Antwort, mit der die Praxis etwas anfangen kann.

Diese sehr beträchtliche Vereinfachung der Rechenverfahren der Grenzschichttheorie ist von seiten der Flugtechnik her während des Krieges stark angeregt worden, da für die Flugtechnik diese Probleme noch wichtiger sind als im Schiffbau. Überschläglich geschätzt ist der zeitliche Aufwand für die Berechnung der Reibungsschicht längs eines vorgegebenen Körpers gegenüber dem Stand vor 15 Jahren heute etwa auf den zehnten Teil herabgedrückt worden. Diese sehr beträchtliche Vereinfachung der Rechenverfahren konnte natürlich nicht auf einmal erreicht werden, sondern es waren dafür sehr viele mühsame einzelne Schritte notwendig.

Zusammenfassend möchte ich sagen, daß der heute erreichte praktisch sehr brauchbare Stand der Theorie des Reibungs- und Formwiderstandes des Schiffes außer den grundlegenden Erkenntnissen der Strömungsmechanik auch weitgehend der angewandten Mathematik zu verdanken ist, die die erforderlichen rationellen Rechenmethoden bereitzustellen hatte. Allerdings konnten die Strömungsfachleute hierbei von der Hilfe der Fachmathematiker wenig profitieren, da bei ihnen die hier gebrauchte Ingenieur-Mathematik wenig hoch im Kurs steht. So waren die Strömungsfachleute gezwungen, sich ihre mathematischen Methoden selber zu erarbeiten, und das ist vielleicht mit ein Grund, warum die endgültige praktische Vervollständigung der Theorie so lange auf sich warten ließ.

Professor Dr.-Ing. E. h., Dr.-Ing. **F. Horn,** Berlin.

Ich habe den Vortrag von Herrn Dr. Scholz soeben erst beim Anhören kennengelernt und fühle mich daher nicht in der Lage, unmittelbar zu ihm Stellung zu nehmen. Ich möchte mir aber zwei Bemerkungen erlauben, die in einem gewissen Zusammenhang mit dem Vortrag stehen.

Mit der ersten Bemerkung, die ein Rauhigkeitsproblem betrifft, greife ich auf einen Versuch zurück, den Kempf vor rund 20 Jahren zur Untersuchung des Einflusses der Form auf den durch die Rauhigkeit der Oberfläche erzeugten Zusatzwiderstand vorgenommen hat. Kempf hat darüber auf der Propellerkonferenz in Hamburg 1932 berichtet. Danach wurde an einer schlanken Schiffsmodellform zunächst der Widerstand bei glattem Zustand der Paraffinoberfläche gemessen. Alsdann wurde stückweise, vom Vorsteven beginnend, die Oberfläche aufgerauht, derart, daß feine Rillen senkrecht zur Fahrtrichtung eingeritzt wurden. Auf diese Weise konnte der zusätzliche Widerstandsanteil gemessen werden, den jedes weitere Stück der aufgerauhten Oberfläche erbrachte, bis schließlich das Modell völlig aufgerauht war und in diesem Zustand der gesamte Widerstandszuwachs gemessen wurde.

Über der Modellänge aufgetragen, hatte der auf diese Weise sukzessive gemessene Widerstandszuwachs etwa einen Verlauf, wie ihn die Skizze zeigt. Diese Kurve läßt einen Charakter erkennen, der von dem, wie er für eine ebene Oberfläche bekannt ist, außerordentlich abweicht. Insbesondere fällt der starke Anstieg der Zuwachskurve im Hinterschiff auf, ein Anstieg, der auf der hinteren Hälfte einer ebenen Oberfläche bekanntlich ganz fehlt.

Da der bei diesem Versuch festgestellte starke Formeinfluß auf den Rauhigkeitswiderstand möglicherweise von grundsätzlicher Bedeutung sein konnte, hatte ich gegen Ende der dreißiger Jahre in dem damaligen STG-Fachausschuß für Widerstand und Vortrieb Forschungsversuche angeregt, die diesen Effekt näher zu untersuchen ermöglichen sollten. Es war auch bereits gelungen, die erforderlichen Mittel für solche Versuche zu beschaffen, jedoch hat dann der Ausbruch und Verlauf des Krieges die Durchführung des Programms verhindert. Ich bin aber der Meinung, daß es auch jetzt noch von erheblichem Interesse wäre, dieser Sache auf den Grund zu gehen.

Auch meine zweite Bemerkung hat mit dem Rauhigkeitseinfluß zu tun. Ich möchte gewisse grundsätzliche Bedenken äußern gegen die Konzeption einer äquivalenten Sandrauhigkeit, wie sie für die Erfassung des Rauhigkeitswiderstandes der Schiffsoberfläche üblich geworden und auch in dem Vortrag von Herrn Dr. Scholz verwendet worden ist. Bekanntlich entspricht die Rauhigkeitsstruktur der Schiffsoberfläche in Wirklichkeit durchaus nicht einer Sandrauhigkeit, sondern eher einer Welligkeit. Infolgedessen zeigt der Beiwert des Gesamtreibungswiderstandes, also einschließlich des Rauhigkeitswiderstandes, bis zuletzt, d. i. bis zu den höchsten bei naturgroßen Schiffen erreichten Reynolds-Zahlen Re, als Funktion von Re eine abfallende Tendenz. Dementsprechend ist es weitgehend üblich geworden, mit einem konstanten Rauhigkeitszuschlag auf die glatte turbulente Reibungsbeiwertkurve zu rechnen — wie dies beispielsweise auch von der internationalen Konferenz der Leiter der Schiffbauversuchsanstalten in Verbindung mit der Schönherr-Kurve empfohlen worden ist. Während hiernach also auch die Beiwertskurve des gesamten Reibungswiderstandes mit wachsendem Re immer noch abfällt, würde diese Kurve im Falle der Sandrauhigkeit von einer bestimmten Reynolds-Zahl an, die bei größeren Schiffen stets erreicht wird, parallel der Abszissenachse verlaufen. Nun ist freilich mit dem Begriff der äquivalenten Sandrauhigkeit verbunden, daß es für bestimmte gegebene Bedingungen stets gelingt, den wirklichen Rauhigkeitsbeiwert durch den der äquivalenten Sandrauhigkeit zu ersetzen. Aus dem von mir angedeuteten Zusammenhang wird aber ersichtlich, daß verschiedenen Geschwindigkeiten ein und desselben Schiffes von bestimmter gegebener, einer normalen guten Schiffsoberfläche entsprechender Rauhigkeitsstruktur verschiedene Korngrößen der äquivalenten Sandrauhigkeit entsprechen. Dies empfinde ich vom grundsätzlichen Standpunkt aus als störend, und wenn die beiden Geschwindigkeiten weit auseinanderliegen, wie dies gerade bei Versuchen, die Forschungszwecken dienen, in Frage kommt, könnten wohl auch größere Fehler daraus erwachsen.

Dr.-Ing. **Scholz** (Schlußwort).

Gestatten Sie mir, abschließend kurz zu einigen Punkten der von den Herren Diskussionsrednern gegebenen Beiträgen Stellung zu nehmen.

Der von Herrn Dr. Amtsberg angeführte Fall seiner eigenen Rechnungen, bei denen er zur Gewinnung eines Wandschubspannungsansatzes das 1/7-Potenzgesetz verwendet, ist auch in meinem Verfahren enthalten. Es gilt hier allerdings nur für eine gewisse Reynolds-Zahl, nämlich etwa für $Re = 3 \cdot 10^5$. Die Erweiterung auf einen größeren Reynolds-Zahlbereich bei festgehaltener Potenz 1/7 bedeutet dabei einfach, daß die Widerstandskurve im logarithmischen Widerstandsdiagramm durch eine Gerade der Neigung 1/5 ersetzt wird. Wegen des nahezu gradlinigen Verlaufes der Widerstandskurve ist diese Annäherung über einen ziemlich großen Reynolds-zahlbereich brauchbar. Dies ist ja auch der Grund, weshalb in meinem Verfahren längs der ganzen Wand mit den zu einer festen Potenz n gehörigen universellen Konstanten gerechnet werden kann, wodurch die geschlossene Integration der Impulsgleichung ermöglicht wird.

Bezüglich der Ablöseempfindlichkeit der Grenzschicht darf ich zu den Ausführungen von Herrn Professor Dr. Dickmann hinzufügen, daß das hier zugrunde gelegte auf E. Gruschwitz zurückgehende Verfahren von der theoretischen Seite her tatsächlich sehr unbefriedigend ist, da eine physikalische Deutung der aufgestellten Differentialgleichung bisher nicht gelungen ist. Trotz mehrfacher Versuche, eine theoretisch mehr befriedigende Lösung zu finden, hat sich aber die Gruschwitzsche Differentialgleichung immer wieder als zuverlässige und zumindestens nicht schlechtere Lösung im Vergleich mit experimentellen Ergebnissen herausgestellt. Immerhin sind hier sicher noch Fortschritte für die Zukunft zu erwarten. Das Gruschwitzsche Ablösekriterium berücksichtigt jedenfalls durchaus die gesamte Vorgeschichte des Grenzschichtprofiles und somit selbstverständlich auch den Druckgradienten längs der Wand.

Die Aufgabe, auch den ablösungsbedingten Zusatzwiderstand theoretisch zu erfassen, ist ein zwar sehr schwieriges, aber für die Praxis sicher sehr wichtiges Problem. Immerhin glaube ich, daß für die Frage des Schiffswiderstandes dieser Punkt insofern untergeordnet ist, als man ja beim Entwurf eines Schiffes diese Ablösung unbedingt vermeiden sollte, wenn man auf hohe Geschwindigkeit Wert legt. Diese Frage kann aber mit den bisherigen Mitteln gelöst werden. Da der Schiffskörper, abgesehen von Kurvenfahrt, nur achsparallele Anströmung erfährt (etwa im Gegensatz zum Tragflügel mit veränderlichem Anstellwinkel), spielt der Fall der Ablösung hier wohl nicht eine so entscheidende Rolle.

Herr Professor Dr. Horn hält die Einführung einer äquivalenten Sandrauhigkeit beim Schiff deshalb für unbefriedigend, weil diese auf Grund von Widerstandsmessungen an Schiffskörpern noch von der Reynolds-Zahl abzuhängen scheint. Wenn dem so ist, so bedeutet das nichts anderes, als daß noch keine vollkommen ausgebildete Rauhigkeitsströmung vorhanden ist und somit noch kein reines quadratisches Widerstandsgesetz Geltung besitzt, wie dies für eine rauhe Grenzschichtströmung Voraussetzung ist. Es ist durchaus möglich, daß für viele beim Schiff auftretende Rauhigkeitsarten dieser Übergangsbereich, in dem der Widerstand sowohl von der Rauhigkeit als auch von der Reynolds-Zahl abhängt, weit größer ist als bei einer Sandrauhigkeit. Dies würde dadurch zum Ausdruck kommen, daß die Rauhigkeitsfunktion B (siehe Bild 2 des Hauptaufsatzes) nicht so rasch in eine Konstante übergeht wie die bisher untersuchten Rauhigkeiten. Wenn auch die Art des Verlaufes der Funktion B im Übergangsgebiet sehr von der Rauhigkeitsstruktur abhängt, so ist m. W. bei den bisher untersuchten Rauhigkeitsarten eine wesentliche Verbreiterung dieses Übergangsgebietes nicht beobachtet worden. Durch eine entsprechende Wahl der Rauhigkeitsfunktion B würde es jedoch möglich sein, das vorliegende Verfahren auf Grenzschichtströmungen in einem solchen Übergangsgebiet zu erweitern. Ich neige jedoch mehr zu der Ansicht, daß die vorliegenden Widerstandsmessungen an Schiffskörpern noch zuviel formbedingte Einflüsse enthalten, die den Verlauf der Widerstandskurve in unübersehbarer Weise beeinflussen.

Abschließend darf ich mit Freude feststellen, daß den mit meinem Vortrag angeschnittenen modernen Methoden der Grenzschichttheorie von seiten des Schiffbaues großes Interesse entgegengebracht wird und diese hier ein wichtiges Anwendungsgebiet finden. Wenn man auch weiterhin beruhigt sein darf, mit der Anwendung der Plattenwiderstandsgesetze keine allzu großen Fehler zu begehen, so möge man doch im Zuge einer immer schärferen Vorausbestimmung der Schiffsleistungen den wichtigen Punkt des Formeinflusses nicht mehr unberücksichtigt lassen.

Professor Dr.-Ing. E. h., Dr.-Ing. **F. Horn** (Dankwort).

Mit dem heutigen Vortrage von Herrn Dr. Scholz hat die STG an eine Tradition wieder angeknüpft, die uns sehr am Herzen liegt. Mit den Forschern der Göttinger Schule verbanden uns stets enge Beziehungen. Die Herren Professoren Schlichting und Schultz-Grunow haben vor dem Kriege in unserem Kreise mehrfach wertvolle Vorträge gehalten, Beiträge geliefert und in unserem Fachausschuß für Widerstand und Vortrieb mitgearbeitet. Wir freuen uns sehr, daß sich diese guten Beziehungen jetzt wieder fortpflanzen und mit dem ausgezeichneten Vortrag von Herrn Dr. Scholz, den wir soeben gehört haben, einen so schönen Wiederbeginn erlebt haben. Der Beitrag, den uns Herr Dr. Scholz auf einem gerade jetzt wieder sehr aktuellen Gebiet geliefert hat, stellt eine wertvolle Bereicherung unserer wissenschaftlichen Erkenntnis dar. Ich danke Ihnen, Herr Dr. Scholz, im Namen der Schiffbautechnischen Gesellschaft herzlich für Ihren Vortrag. (Lebhafter Beifall)

XVIII. Das Schiff in von achtern auflaufender See.

Von Dipl.-Ing. **Otto Grim**, Hamburg.

Die Hamburgische Schiffbau-Versuchsanstalt hat seit kurzem wieder das Studium des Verhaltens der Schiffe im Seegang in ihr Arbeitsprogramm aufgenommen. Ich möchte nun über eines der behandelten Probleme sprechen und hoffe damit zeigen zu können, daß solchen Arbeiten nicht nur eine wissenschaftliche, sondern auch eine praktische Bedeutung zukommen kann.

Das Verhalten eines Schiffes im Seegang kann unter verschiedenen Gesichtspunkten betrachtet werden: Kleine und angenehme Bewegungen, trockenes Deck, zusätzlicher Widerstand, Sicherheit und anderes mehr. Für die Gesamtbeurteilung eines Schiffstyps müßten natürlich alle diese Eigenschaften berücksichtigt werden. In diesem Vortrag wird jedoch ein Problem behandelt, das nur für die Sicherheit und Stabilitätsbeanspruchung im Seegang von Bedeutung ist. Dieses Problem der Sicherheit und Stabilitätsbeanspruchung im Seegang konnte trotz vieler Bemühungen bisher nicht befriedigend gelöst werden, andererseits muß aber eine Beschäftigung mit diesem Problem als dringend erwünscht gelten, da doch eine Reihe von Unfällen kleinerer Schiffe in See als Stabilitätsunfälle anzusehen sind.

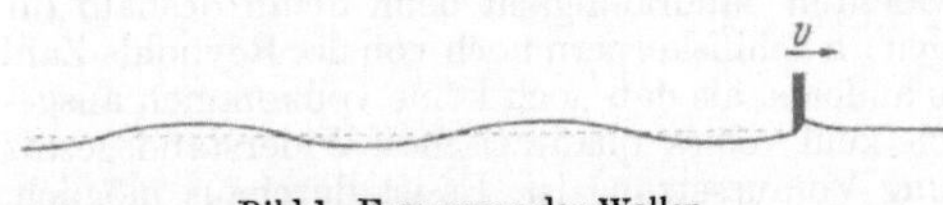

Bild 1. Erzeugung der Wellen.

Es ist bekannt, daß der gefährlichste Zustand eines Schiffes in See dann zu erwarten ist, wenn die See von achtern oder schräg von achtern kommt. Die übliche Erklärung hierfür ist, daß dann für die Rollschwingung der Resonanzzustand eintritt. Ich möchte im folgenden nun einen anderen Zustand behandeln, der ebenfalls bei See von achtern zu erwarten ist und der vermutlich gefährlicher werden kann als der Resonanzzustand. Dieser Zustand ist in der Praxis wohl bekannt, er ist aber bisher wissenschaftlich nicht behandelt worden. Es muß daher erwünscht sein, wenn durch eine wissenschaftliche Bearbeitung die Bedingungen festgestellt werden, die für das Zustandekommen dieses gefährlichen Zustandes zutreffen müssen.

Die bisher durchgeführten bekannten wissenschaftlichen Untersuchungen über das Schiff im Seegang beschäftigen sich zum großen Teil mit dem Fall, daß das Schiff senkrecht zu den Wellenkämmen der See entgegenläuft. Über den Fall, daß das Schiff mit den Wellen

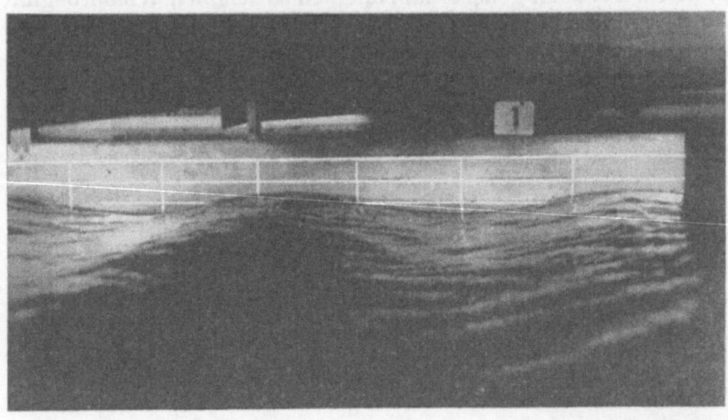

Bild 2. Geschwindigkeit 1,01 m/sek.

Bild 3. Geschwindigkeit 1,19 m/sek.

läuft, daß also die See genau von achtern kommt, ist mir nur eine 1948 veröffentlichte Arbeit von Davidson bekannt, die zusammen mit dem Stabilitätsunfall des Dampfers „Fidamus" den unmittelbaren Anstoß zu diesen Untersuchungen gab. Ich werde auf diese Arbeit von Davidson später noch zurückkommen. Zuerst werde ich nun die durchgeführten Versuche besprechen und anschließend daran die Bedeutung dieser Versuchsergebnisse an Hand theoretischer Überlegungen behandeln, obwohl der Weg der Untersuchungen tatsächlich in der umgekehrten Reihenfolge beschritten wurde.

Der Fall, daß das Schiff mit den Wellen und gerade so schnell wie die Wellen läuft, ist der einfachste Fall des Schiffes in Wellen, denn dieser Bewegungszustand ist stationär. Alle dynamischen Größen, wie Eigenperioden, Beschleunigungen, Massenträgheitsmomente, mitschwingende Wassermassen usw. sind hierfür ohne Bedeutung. Auch aus diesem Grunde schien es reizvoll, diesen Fall als einfachsten und besonders ausgezeichneten zu untersuchen. Leider schien es zunächst so, als ob mit den zur Zeit zur Verfügung stehenden Mitteln die Durchführung von Versuchen nicht möglich wäre. Diese Möglichkeit war erst dann gegeben, als eine bisher in Versuchsanstalten nicht angewandte Methode zur Erzeugung von Wellen gefunden wurde. Diese Methode besteht darin, daß an der Vorderkante des Schleppwagens ein senkrecht zur Fahrtrichtung stehendes Brett so eingespannt ist, daß die Unterkante wenige Millimeter unter die Wasseroberfläche reicht (Bild 1). Wenn damit der Wagen fährt, schiebt er vor sich das Brett her und hinterläßt sehr gleichmäßige, gut ausgebildete Wellen, die mit der gleichen Geschwindigkeit wie der Wagen laufen, und deren Kämme und Täler quer zur Fahrtrichtung liegen. Allein diese Methode der Wellenerzeugung wurde für die Untersuchungen benutzt, bei denen die Unterkante des wellenerzeugenden Brettes unter 45° angeschärft war und etwa 8 mm unter die Wasserfläche reichte.

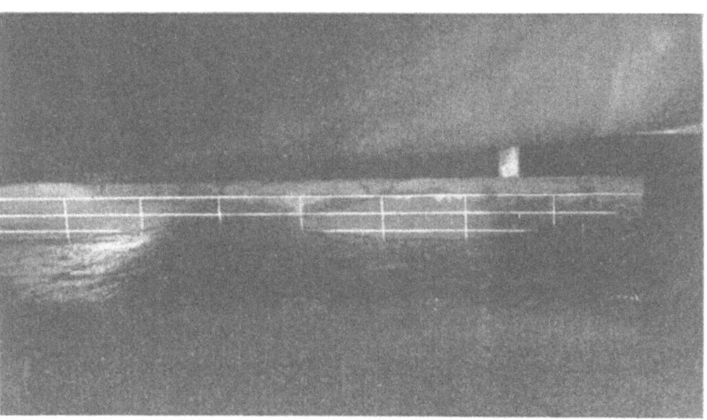

Bild 4. Geschwindigkeit 1,47 m/sek.

Um zuerst die Wellen gut beobachten und ausmessen zu können, wurde hinter dem Brett in den Wagen eine in Fahrtrichtung stehende Blechtafel eingespannt, auf die ein parallel und senkrecht zur glatten Wasserfläche liegendes Liniennetz gemalt war, und auf der sich die Wellen deutlich abzeichneten. Die Photographien Bild 2—5 zeigen für vier verschiedene Geschwindigkeiten Aufnahmen der Wellen, und sie lassen erkennen, daß diese Wellen sehr gleichmäßig ausgebildet waren.

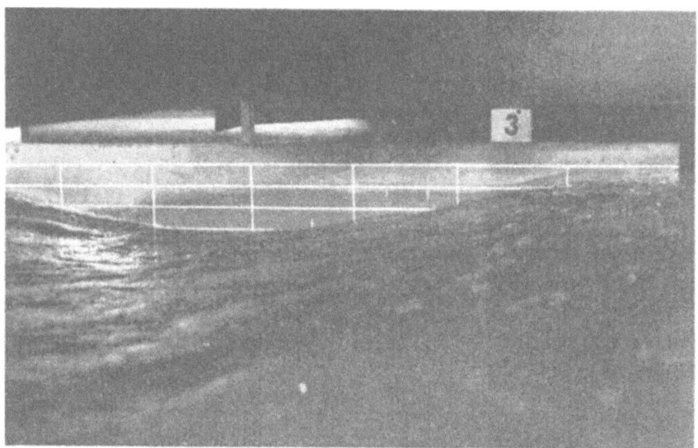

Bild 5. Geschwindigkeit 1,83 m/sek.

Auf diesem Wege wurden die folgenden drei Verhältnisse gefunden, durch die die entstehenden Wellen vollkommen bestimmt sind:

$$\frac{\text{Wellenlänge}}{(\text{Geschwindigkeit})^2} = \frac{\lambda}{v^2} = 0{,}58$$

$$\frac{\text{Wellenlänge}}{\text{Wellenhöhe}} = \frac{\lambda}{h} = 18$$

$$\frac{\text{Abstand des 1. Wellenberges vom wellenerzeugenden Brett}}{\text{Wellenlänge}} = 1{,}7 \;.$$

Eigentlich hätte für das erste Verhältnis λ/v^2 nicht 0,58, sondern entsprechend der Theorie der Oberflächenwellen 0,64 gefunden werden müssen. Es ist mir keine Erklärung dafür, daß dieses nicht der Fall war, möglich. Das zweite Verhältnis $\lambda/h = 18$ zeigt, daß die erzeugten Wellen etwas steiler waren als die, mit denen im Schiffbau zu meist gerechnet wird.

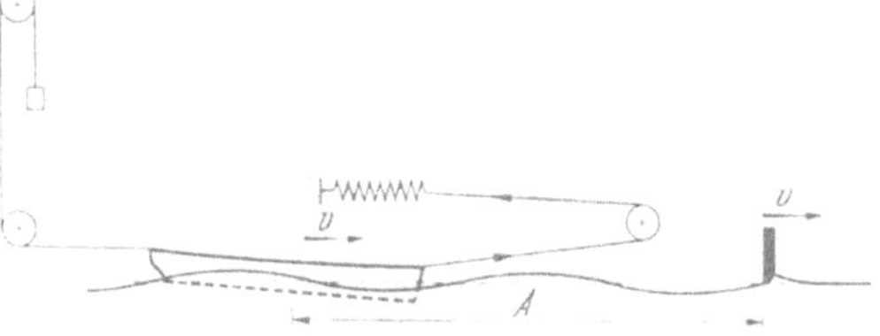

Bild 6. Versuchsanordnung.

Diese Methode der Wellenerzeugung war für die beabsichtigten Versuche besonders vorteilhaft, da nun leicht eine beliebige stationäre Lage des Schiffsmodells relativ zu den Wellen erreicht werden konnte. Bei einer anderen Art der Wellenerzeugung wäre das dagegen sehr schwierig gewesen.

Die Versuche wurden nun so fortgesetzt, daß in den erzeugten Wellen ein Schiffsmodell geschleppt und der Widerstand gemessen wurde. Die dafür benutzte Einrichtung konnte, wie Bild 6 zeigt, sehr einfach sein.

Der Widerstand ist für diesen stationären Bewegungszustand für ein gegebenes Modell nicht nur eine Funktion der Geschwindigkeit allein, sondern außerdem eine Funktion der relativen Lage zu

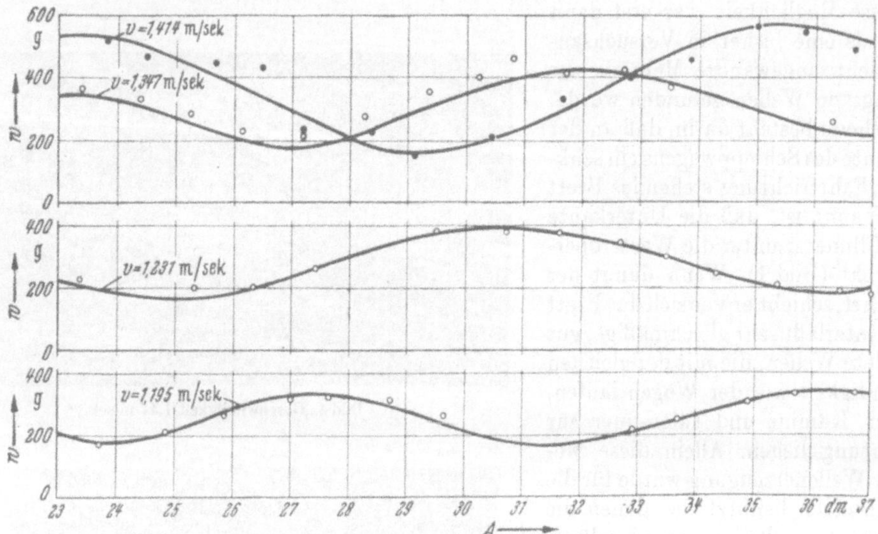

Bild 7. Widerstand in mitlaufender See, Modell 1.

den Wellen bzw. des Abstandes A von dem wellenerzeugenden Brett. Um diese Gesetzmäßigkeit erfassen zu können, waren sehr viele Messungen notwendig, denn es mußte bei mehreren Geschwindigkeiten für jede Geschwindigkeit eine Anzahl Fahrten für verschiedene relative Lagen A durchgeführt werden. Die Messungen waren nicht mit der gleichen Genauigkeit wie bei Widerstandsversuchen in ruhigem Wasser möglich, da der Widerstand um einen Mittelwert mehr oder weniger schwankte. Jedoch reichte die Genauigkeit doch sehr gut aus, um die Gesetzmäßigkeiten erfassen zu können.

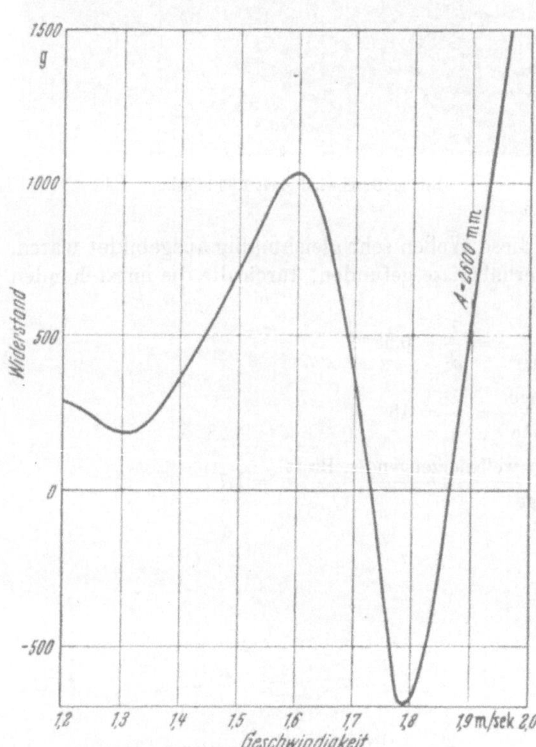

Bild 8. Widerstand in mitlaufender See, Modell 1.

Das Diagramm Bild 7 zeigt z. B., wie sich der Widerstand ändert, wenn bei einer konstant bleibenden Geschwindigkeit die relative Lage des Modells zur Wellenlage geändert wird. Das Diagramm zeigt recht gut einen sinusförmigen Verlauf des Widerstandes. Als Abszisse ist der Abstand des Modellschwerpunktes von dem wellenerzeugenden Brett aufgetragen. In dem Diagramm 8 ist dagegen der Widerstand über der Geschwindigkeit bei konstant bleibendem Abstand des Modells von dem wellenerzeugenden Brett aufgetragen. Auch in diesem Diagramm zeigt die Widerstandskurve sehr starke periodische Schwankungen entsprechend der Änderung der Geschwindigkeit und der relativen Lage des Modells zur Wellenform. Vollständiger sind die Gesetzmäßigkeiten aus den beiden weiteren Diagrammen 9 und 10 zu erkennen, in denen die Kurven für alle Geschwindigkeiten bzw. für alle Lagen übereinander gezeichnet sind. Aus dem Diagramm 9 ist zu entnehmen, daß die Widerstandsänderung bei Änderung der relativen Lage für alle Geschwindigkeiten annähernd sinusförmig verläuft. Die aus diesem Diagramm bestimmbare Länge der Wellen der Widerstandskurve muß natürlich identisch sein mit der Länge der Oberflächenwellen. Die Amplituden der Widerstandsänderungen wachsen, in dem untersuchten Bereich, sehr schnell mit der Geschwindigkeit. Das Diagramm 10 erscheint besonders anschaulich, weil es erkennen läßt, in welchen Grenzen der Widerstand bei einer bestimmten Geschwindigkeit

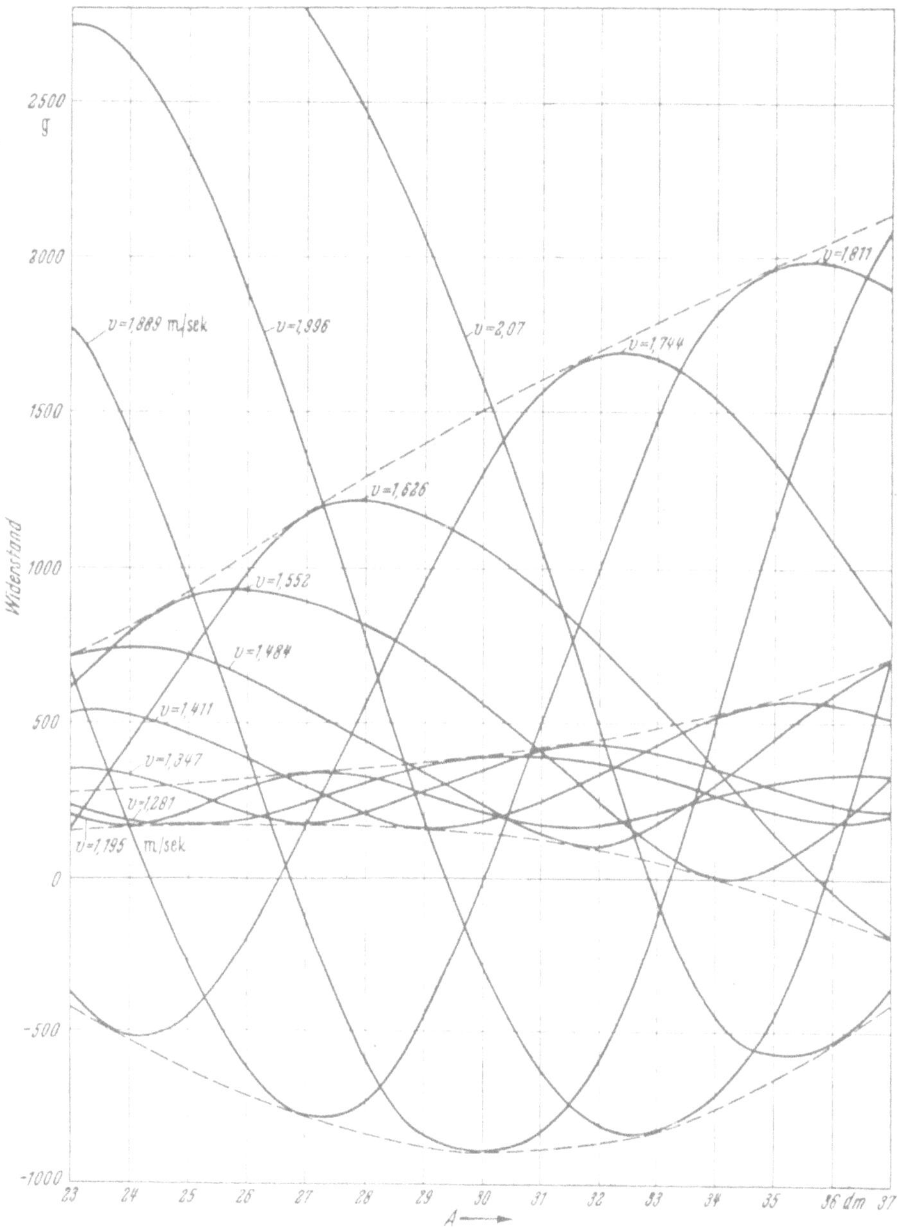

Bild 9. Widerstand in mitlaufender See, Modell 1.

schwanken kann. Es fällt auf, daß der Widerstand sogar negativ werden kann, d. h. also, daß in einem solchen Fall die Wellen das Modell schieben und sogar einen noch größeren Schub entwickeln, als für die Fortbewegung des Modelles notwendig ist. Dieses Ergebnis erinnert an das bekannte Vergnügen am Strand von Hawaii, wo sich Badende, auf einem Brett stehend, von einem Wellenzug an den Strand tragen lassen.

Die gezeigten Diagramme gelten für ein Modell mit den folgenden Abmessungen:

Modell 1: Länge ü. A.   1720 mm   Seitenhöhe i. d. M.   160 mm
         Breite   240 mm   Seitenhöhe am Bug   217 mm
         Tiefgang   70 mm   Verdrängung   16,5 kg.

Gleiche·Versuche wurden noch mit einem kleineren Modell durchgeführt. Die Diagramme 11, 12, 13 und 14 zeigen die mit diesem Modell gewonnenen Ergebnisse für einen Tiefgang von 50 mm und 60 mm. Die Abmessungen dieses Modells betragen:

Modell 2: Länge ü. A.   940 mm   Seitenhöhe in der Mitte 103 mm
           Breite   156 mm
           Tiefgang   50 mm   Verdrängung   5,1 kg
           Tiefgang   60 mm   Verdrängung   6,1 kg.

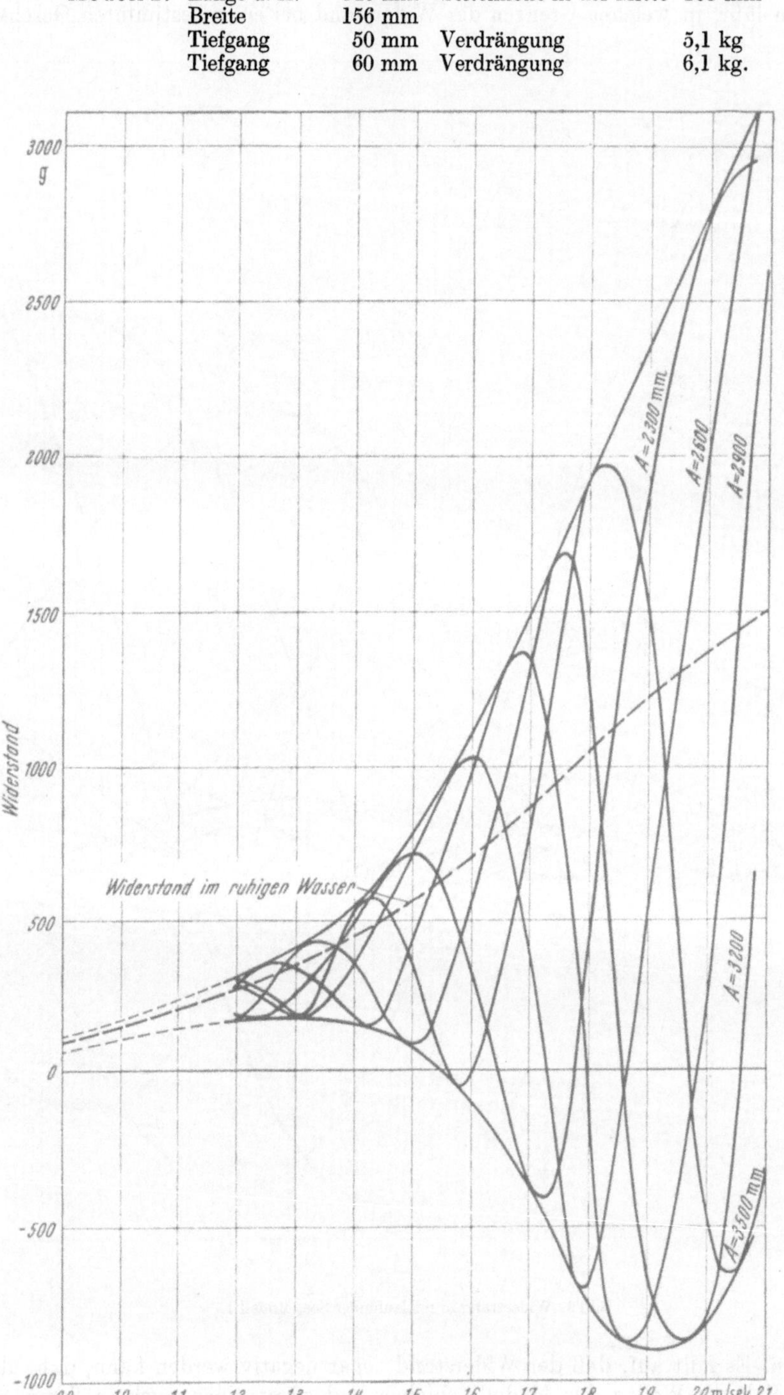

Bild 10. Widerstand in mitlaufender See, Modell 1.

Die vier Diagramme zeigen auch für dieses Modell einen ähnlichen Verlauf der gemessenen Widerstandskurven wie für das erste Modell.

Bevor nun weitere Schlüsse aus diesen Ergebnissen gezogen werden, soll versucht werden, den Einfluß der Wellen auf den Widerstand zu berechnen. Das ist in sehr einfacher Weise möglich, wenn man die Bedingungen für das Gleichgewicht des betrachteten stationären Zustandes aufstellt, und wenn man annimmt, daß die Oberflächenform und die Druckverteilung in der Welle durch das Schiff nicht gestört wird.

Es kommen hierfür praktisch nur zwei solche Gleichgewichtsbedingungen in Frage, nämlich

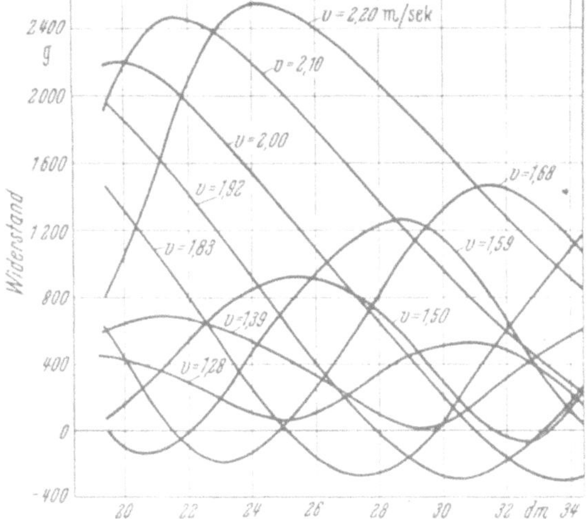

Bild 11. Widerstand in mitlaufender See, Modell 2, Tiefgang 50 mm.

Bild 12. Widerstand in mitlaufender See, Modell 2, Tiefgang 50 mm.

die Bedingungen für die in der Längsebene liegenden Kräfte. Es werden dafür eingeführt: das Gewicht G, die Auftriebskraft A, der Widerstand W und der Propellerschub bzw. beim Modell der Drahtzug S (Bild 15). Besonders wichtig ist es, die Richtung zu finden, in welcher die Auftriebskraft A einzuführen ist. Für die Gleichgewichtsbedingung der Kräfte in vertikaler Richtung ist diese Richtung zwar auch noch ohne Bedeutung, denn da diese Richtung nur wenig von der Vertikalen abweichen wird, spielt hierfür nur die Größe von A eine Rolle, und diese Größe muß praktisch mit dem Gewicht übereinstimmen. Für die Gleichgewichtsbedingung in horizontaler Richtung muß jedoch die Horizontalkomponente der Auftriebskraft bestimmt werden, denn diese Bedingung lautet, wenn man berücksichtigt, daß S und W klein sind im Vergleich zu G und A:

$$S = W + \text{Horizontal-} \atop \text{komponente von } A.$$

Wenn wir ein kleines Wasserteilchen betrachten, so wirkt auf dieses Teilchen aus seiner Umgebung eine resultierende äußere Kraft, die senkrecht zu der

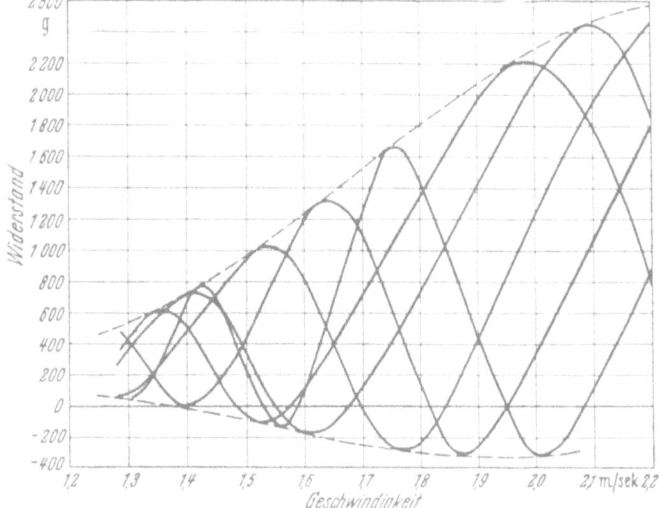

Bild 13. Widerstand in mitlaufender See, Modell 2, Tiefgang 60 mm.

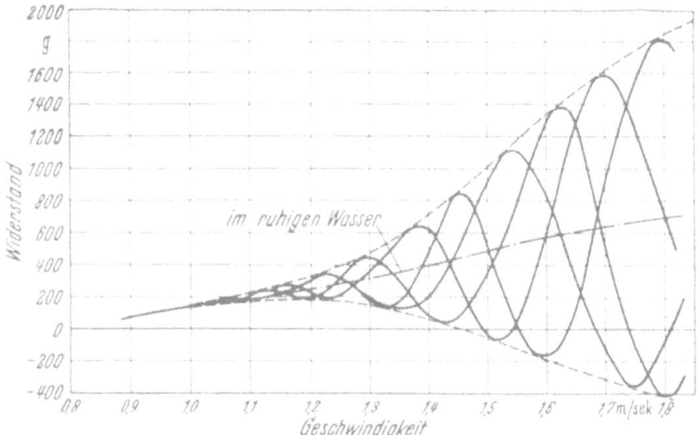

Bild 14. Widerstand in mitlaufender See, Modell 2, Tiefgang 60 mm.

Niveaufläche, das ist eine Fläche gleichen Druckes, gerichtet ist. An der Wasseroberfläche muß daher die Auftriebskraft immer senkrecht zu der jeweiligen Wasseroberfläche gerichtet sein, und das gilt natürlich auch dann, wenn die Wasseroberfläche durch Wellen gestört ist.

Die Wellenbewegung klingt mit der Tiefe ab, und die Niveauflächen sind daher um so flacher, je tiefer sie liegen. In erster Näherung kann man nun für die Berechnung der Horizontalkomponente der Auftriebskraft eines in Wellen befindlichen Schiffskörpers annehmen, daß auf jedes Teilchen dieses Schiffskörpers eine gleich große und gleichgerichtete Auftriebskraft wirkt, wie auf das entsprechende Wasserteilchen wirken würde, das an dieser Stelle liegen würde, wenn die Wellenform nicht durch den Schiffskörper gestört wäre. Die Horizontalkomponente der Auftriebskraft des in den Wellen liegenden Schiffskörpers ist demnach zu berechnen aus: (Bild 16)

$$\sim 2\,\pi \cdot \frac{r}{\lambda} \cdot e^{-\pi \frac{Tm}{\lambda}} \cdot \gamma \cdot \int\limits_{\text{Schiffslänge}} \cdot\, y \cdot \left[T + z + \psi x - r \cdot \cos\left(2\,\pi\,\frac{x}{\lambda} + 2\,\pi\,\frac{\xi}{\lambda} \right) \right] \cdot \sin\left(2\,\pi\,\frac{x}{\lambda} + 2\,\pi\,\frac{\xi}{\lambda} \right) \cdot dx$$

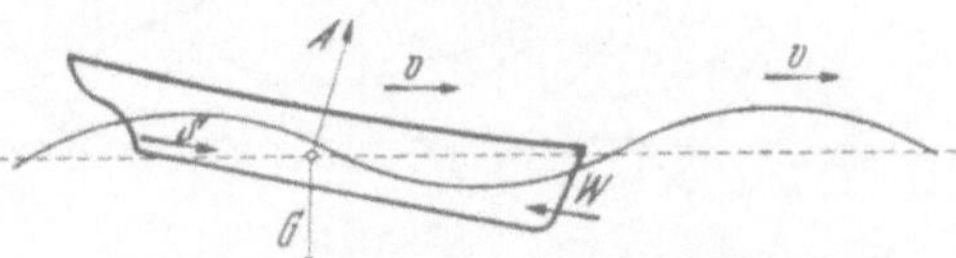

Bild 15. Auf das Schiff wirkende Kräfte.

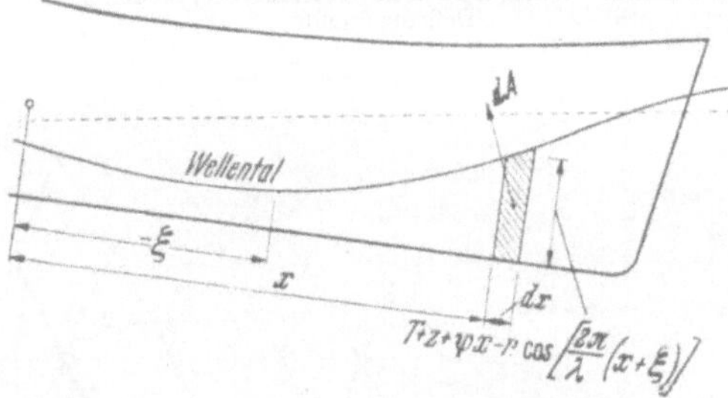

Bild 16. Richtung der Auftriebskraft.

r = halbe Wellenhöhe

λ = Wellenlänge

y = Breite der Wasserlinie

x = Koordinate in Längsrichtung (vom Schwerpunkt aus gerechnet)

$y \cdot T$ = Spantfläche

z = vertikale Verschiebung gegenüber der Lage im ruhigen Wasser

ψ = Vertrimmung gegenüber der Lage im ruhigen Wasser

ξ = relative Lage zur Wellenform

Tm = mittlerer Tiefgang = $\dfrac{\text{Verdrängung}}{\text{Wasserlinienfläche}}$

Der Faktor $e^{-\pi \frac{Tm}{\lambda}}$ ist eingeführt, da als Richtung der Auftriebskraft in einem Spantquerschnitt wegen der Abflachung der Niveaufläche mit der Tiefe nicht die Neigung der Wasseroberfläche eingesetzt werden kann, sondern besser die Neigung in der halben mittleren Tiefe. z und ψ sind selbst wieder Funktionen der relativen Lage. Einfach periodisch nach ξ ist daher nur das Glied (Periode $\xi = \lambda$):

$$2\,\pi\,\frac{r}{\lambda}\, e^{-\pi \frac{Tm}{\lambda}}\, \gamma \int\limits_{\text{Schiffslänge}} y \cdot T \cdot \sin\left(2\,\pi\,\frac{x}{\lambda} + 2\,\pi\,\frac{\xi}{\lambda} \right) dx,$$

und wenn die Spantflächenkurve in erster Näherung als symmetrisch zu $x = 0$ angesehen wird, ergibt sich für dieses Glied:

$$2\,\pi\,\frac{r}{\lambda} \cdot e^{-\pi \frac{Tm}{\lambda}} \cdot D \cdot \left(\frac{\varepsilon}{\alpha} \right)_{\text{Spfl.}} \cdot \sin\left(2\,\pi\,\frac{\xi}{\lambda} \right),$$

wobei $\left(\varepsilon/\alpha\right)_{\text{Spfl.}}$ die auf die Spantfläche bezogene Tauchfunktion nach Weinblum darstellt, die abhängig von der Spantflächenform und dem Verhältnis λ/L ist:

$$\left(\frac{\varepsilon}{\alpha} \right)_{\text{Spfl.}} = \frac{\int y \cdot T \cdot \cos\left(2\,\pi\,\frac{x}{\lambda} \right) dx}{\int y \cdot T\, dx} = \frac{\gamma \cdot \int y \cdot T \cdot \cos\left(2\,\pi\,\frac{x}{\lambda} \right) dx}{D}.$$

Die weiteren Glieder:

$$2\,\pi \cdot \frac{r}{\lambda} \cdot e^{-\pi \frac{Tm}{\lambda}} \cdot \gamma \cdot \int y \cdot \left[z + \psi x - r \cdot \cos\left(2\,\pi\,\frac{x}{\lambda} + 2\,\pi\,\frac{\xi}{\lambda} \right) \right] \cdot \sin\left(2\,\pi\,\frac{x}{\lambda} + 2\,\pi\,\frac{\xi}{\lambda} \right) dx$$

sind dagegen in Abhängigkeit von ξ durch die Funktion $\sin\left(4\,\pi \cdot \frac{\xi}{\lambda} \right)$ gegeben und ihr Amplitudenwert kann höchstens etwa 15% des Amplitudenwertes des obigen ersten Gliedes betragen. Das ist noch ein recht bedeutender Prozentsatz, aber trotzdem werden diese Glieder zu dem beabsichtigten

Vergleich nicht herangezogen. Denn die gemessenen Widerstandskurven lassen deutlich nur eine Abhängigkeit von der relativen Lage erkennen, die durch eine Kreisfunktion mit dem einfachen Argument $2\pi\frac{\xi}{\lambda}$ ausgedrückt werden kann. Daß die Messungen die weiteren mit $4\pi\frac{\xi}{\lambda}$ periodischen Glieder nicht so deutlich erkennen lassen, kann daran liegen, daß die Meßgenauigkeit nicht ausreichte, um auch diese Glieder feststellen zu können. Vor allem bei den großen Geschwindigkeiten, bei denen diese Glieder am deutlichsten hätten zur Geltung kommen müssen, litten die Messungen darunter, daß sich der stationäre Zustand infolge der für diese Messungen zu kurzen Meßstrecke erst knapp vor dem Ende der Meßfahrt einspielte, so daß für die Messung selbst nur eine sehr kurze Zeit blieb.

Die gemessenen Widerstände S können also verglichen werden mit den nach der Formel

$$S \cong W + 2\pi\,\frac{r}{\lambda}\cdot e^{-\pi\frac{Tm}{\lambda}}D\cdot\left(\frac{\varepsilon}{\alpha}\right)_{\text{Spfl.}}\sin\left(2\pi\frac{\xi}{\lambda}\right)$$

berechneten Widerständen, und zwar sowohl nach der Größe als auch nach der Phase. Zunächst zeigt diese Formel, daß nach ihr die Widerstände S um den Widerstand W im ruhigen Wasser gleich weit nach oben und unten schwanken sollten. Die Diagramme zeigen, daß das bei den in dem Diagramm 14 dargestellten Messungen gut der Fall war. Bei der in dem Diagramm 10 dargestellten Meßreihe war das jedoch nur angenähert der Fall, denn in diesem Diagramm liegt die obere Einhüllende nicht so weit über der Kurve des Widerstandes in ruhigem Wasser wie die untere Einhüllende darunter liegt.

Nun habe ich aus den Diagrammen 10, 13 und 14 für jede Geschwindigkeit die Differenzwerte zwischen dem maximalen und minimalen Widerstand genommen und dividiert durch $4\pi\cdot\frac{r}{\lambda}\cdot e^{-\pi\frac{Tm}{\lambda}}\cdot D$, wobei ich für r/λ entsprechend den Wellenmessungen $1/36$ und für $\lambda = 0{,}58\,v^2$ eingesetzt habe. Der so berechnete Wert ist dimensionslos und sollte identisch sein mit der aus der Spantflächenkurve berechneten Tauchfunktion $(\varepsilon/\alpha)_{\text{Spfl.}}$. Das Diagramm 17 enthält die so aus den drei Meßreihen berechneten dimensionslosen Werte über λ/L aufgetragen und zeigt zum Vergleich auch die für die entsprechenden Völligkeiten der Spantflächenkurven berechneten Tauchfunktionen $(\varepsilon/\alpha)_{\text{Spfl.}}$. Das Diagramm läßt wohl die Ähnlichkeit der aus den Messungen gewonnenen und der theoretisch berechneten Kurven erkennen. Es muß aber sehr auffallen, daß die aus den Messungen berechneten Kurven weit über den theoretischen Kurven liegen, daß also die gemessenen Widerstandsschwankungen größer waren als die, die auf Grund der einfachen theoretischen Berechnung zu erwarten gewesen wären. Diese Feststellung erscheint mir sehr

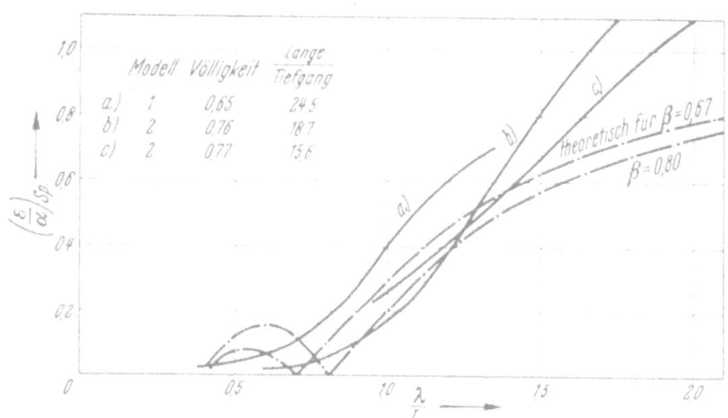

Bild 17. Vergleich der gemessenen und gerechneten Seegangskräfte.

überraschend, da ich eher kleinere Widerstandsschwankungen als die theoretisch berechneten erwartet hätte. Da der dimensionslose Beiwert (ε/α) für die Spantflächenkurve gebildet ist, tritt an Stelle der Völligkeit der WL der Zylinderkoeffizient β.

Nun können die gemessenen Widerstände auch noch nach ihrer Phase mit den berechneten verglichen werden. Die Formel zeigt, daß theoretisch der maximale Widerstand dann zu erwarten ist, wenn der Schwerpunkt des Modells auf der ansteigenden Wellenflanke liegt, und umgekehrt der minimale Widerstand dann, wenn der Schwerpunkt auf der abfallenden Flanke liegt. Allerdings trifft das nur zu, wenn die theoretische Funktion (ε/α) einen positiven Wert hat. Wenn (ε/α) negativ ist, das ist für kleine λ/L unter 0,7 bzw. 0,8 der Fall, sollte die Phase um 180° verschoben sein, d. h. der maximale Widerstand sollte dann für die Lage des Schwerpunktes auf der abfallenden Flanke zu erwarten sein.

Die Diagramme 18, 19 und 20 zeigen nun die gemessenen Widerstände über A/v^2 aufgetragen. Wenn nämlich über dieser Abszisse die Wellenform aufgetragen wird, so ist die Phase dieser Wellenform für alle Geschwindigkeiten die gleiche. Das Diagramm 18 enthält daher auch die Wellenform und es zeigt, daß tatsächlich die Phase der gemessenen Widerstände gegenüber der Phase der Wellenform um ½ Wellenlänge verschoben ist, also annähernd der Erwartung entspricht. Nur für kleine Geschwindigkeiten, also für kleine λ/L ist eine Phasenverschiebung zu erkennen. Theoretisch sollte hierfür die Phasenverschiebung 180° betragen. Daß das nicht der Fall ist, kann zum Teil

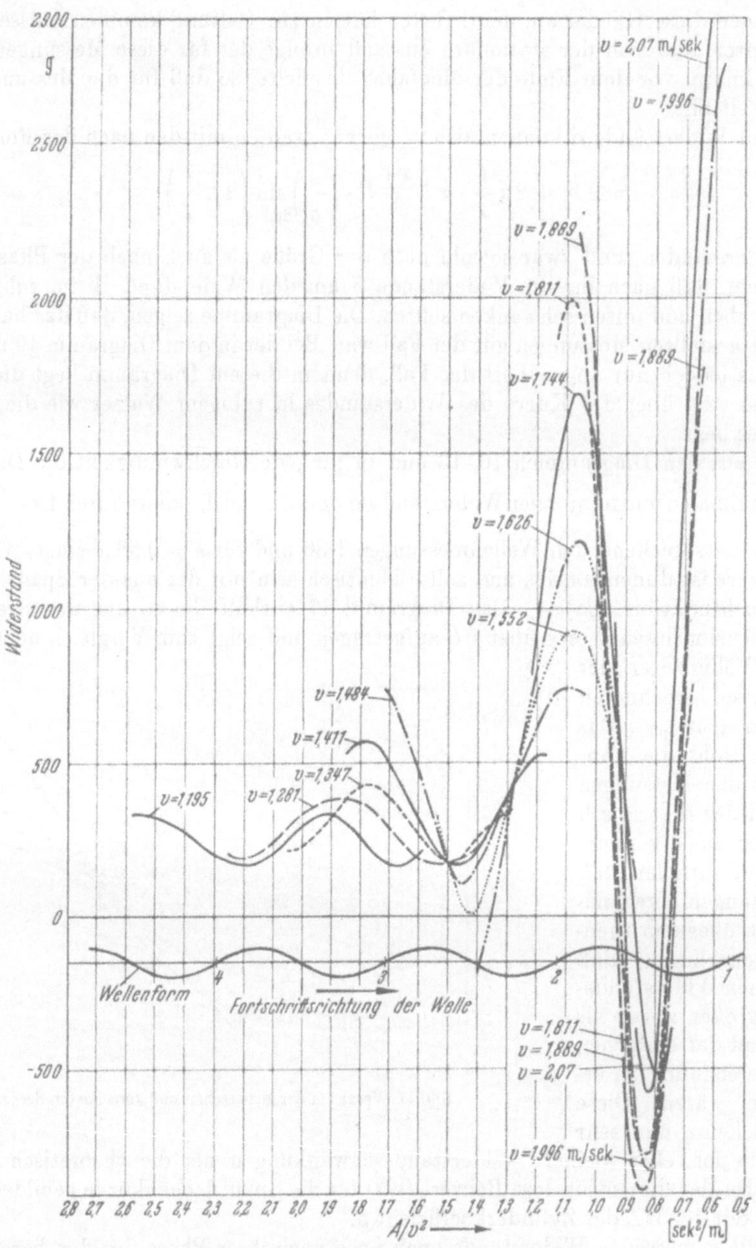

Bild 18. Widerstand in mitlaufender See, Modell 1.

daran liegen, daß die Spantflächenkurve nicht genau symmetrisch zu der Querachse durch den Schwerpunkt ist; und daß daher auch theoretisch die Phase nicht plötzlich um 180° springen kann, sondern ein stetiger Übergang erfolgen muß.

Insgesamt kann die einfache theoretische Berechnung der zusätzlichen Widerstände, wie sie hier versucht wurde, wohl als brauchbare Näherung angesehen werden, solange keine Methode zur Verfügung steht, die bessere Ergebnisse liefert. Das erscheint mir auch deswegen wichtig, weil die für diese Berechnung benutzten Annahmen auch benutzt werden, um für andere Zustände des Schiffes im Seegang die durch den Seegang erregten Kräfte zu berechnen. Und die durchgeführten

Vergleiche geben ein durch keine dynamischen Größen beeinflußtes Bild, wieweit mit diesen Annahmen richtige Ergebnisse erwartet werden können. Es würde sich wohl schon aus diesem Grunde lohnen, wenn weitere Messungen dieser Art durchgeführt werden könnten, um diese Unstimmigkeiten zwischen den Messungen und der Theorie weiter aufzuklären.

Ich möchte aber nun weitere Überlegungen anschließen, die sich auf das Verhalten eines Schiffes in einem derartigen stationären Bewegungszustand beziehen. Der Modellversuch und die freie Fahrt eines Schiffes in dem analogen Zustand sind nämlich nicht völlig identisch. Es sind zwar für beide Zustände die Gleichgewichtsbedingungen identisch, und daher können die an dem Modell gemessenen Widerstände auf das Schiff umgerechnet werden. Aber gewisse Stabilitätsbedingungen sind für die beiden Fälle sehr verschieden. Ich muß hier ausdrücklich betonen, daß ich hierbei unter Stabilität nicht die Stabilität gegenüber dem Kentern meine, sondern vielmehr die Stabilität der relativen Lage zur Wellenform. Beim Modell ist diese Stabilität durch einen vorn und hinten angreifenden Drahtzug, in den auch noch die Meßfeder eingeschaltet ist, von vornherein sichergestellt. Anders ist es jedoch beim Schiff. Dieses kann sich einerseits in der Längsrichtung relativ zur Wellenform verschieben, und es kann sich auch verdrehen, d. h. aus dem Kurs laufen. In bezug auf diese beiden Bewegungsmöglichkeiten müssen die Stabilitätsbedingungen erfüllt sein, wenn das Schiff in dem behandelten stationären Bewegungszustand bleiben soll. Es ist sehr interessant, sich mit diesen Stabilitätsbedingungen zu beschäftigen, denn erst dann, wenn wir sie kennen, werden wir uns ein Bild von dem Verhalten des Schiffes in diesem Zustand machen können.

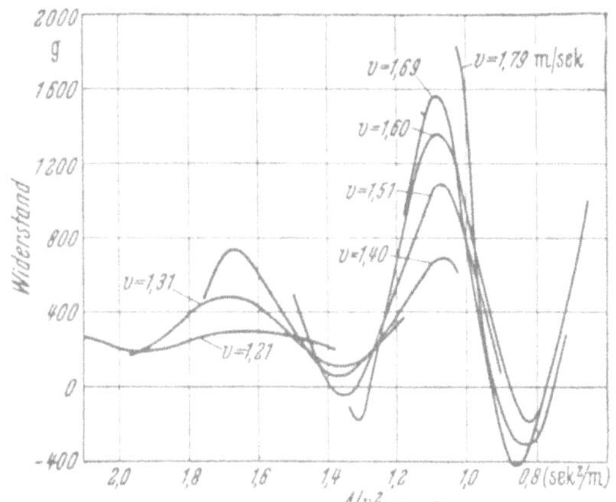

Bild 19. Widerstand in mitlaufender See, Modell 2, Tiefgang 50 mm.

Für Stabilitätsuntersuchungen ist es erforderlich, kleine Verschiebungen aus der Gleichgewichtslage vorauszusetzen, dann die hierdurch entstehenden zusätzlichen Kräfte zu berechnen und hiermit festzustellen, ob diese Kräfte bestrebt sind, die Gleichgewichtslage wiederherzustellen. In dem vorliegenden Fall ist sofort ersichtlich, daß solche zusätzlichen Kräfte nur eine Funktion des Seegangs bzw. der relativen Lage zur Wellenform sein können.

Nun sind also zwei Stabilitätsuntersuchungen durchzuführen: eine hinsichtlich der zusätzlichen Verschiebungen in der Längsrichtung, und eine weitere hinsichtlich der Verdrehungen bzw. der Kursabweichungen. Die erste der beiden Stabilitätsuntersuchungen ist in der folgenden Weise durchzuführen:

Zunächst kann man sofort erkennen, daß längs der halben Wellenkontur der Gleichgewichtszustand labil ist, und zwar immer dann, wenn der Schwerpunkt des Schiffes auf dem Wellenberg bzw. bis zu $^1/_4$ Wellenlänge davor oder dahinter liegt. Denn dann entstehen bei Abweichungen aus der Gleichgewichtslage Kräfte, die bestrebt sind, diese Abweichungen zu vergrößern. (Gilt nur für $(\varepsilon/\alpha)_{\mathrm{Spfl.}}$ = positiv, also für λ/L größer als etwa 0,7.)

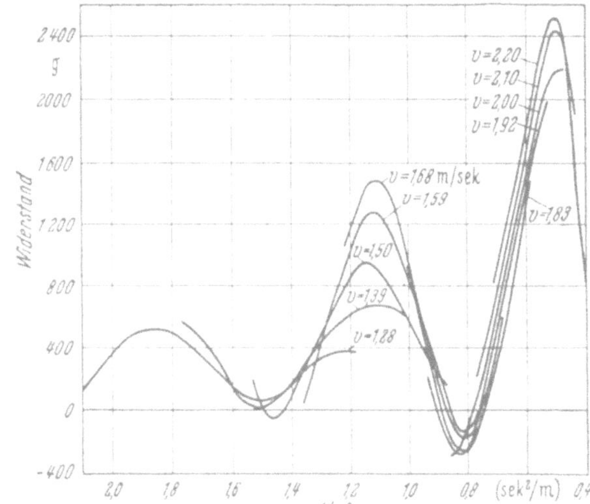

Bild 20. Widerstand in mitlaufender See, Modell 2, Tiefgang 60 mm.

Aber auch in dem verbleibenden Teil der Wellenform, also dann, wenn der Schwerpunkt des Schiffes im Wellental oder bis zu $^1/_4$ Wellenlänge davor oder dahinter liegt, wird der Gleichgewichtszustand nur in einem kleinen Bereich wirklich stabil sein. Um das erkennen zu können, muß die Bewegungsgleichung für diese Relativbewegung gesucht und gelöst werden.

Als Gleichgewichtsbedingung wurde oben die folgende Formel gefunden:

$$S = W + 2\,\pi \cdot \frac{r}{\lambda}\, D \cdot e^{-\pi\,\frac{Tm}{\lambda}} \cdot \left(\frac{\varepsilon}{a}\right)_{\text{Spfl.}} \cdot \sin\left(2\,\pi\,\frac{\xi}{\lambda}\right)$$

bzw. $S = W + P \cdot \sin\left(2\,\pi\,\frac{\xi}{\lambda}\right)$, wenn wir P einführen, um die Schreibweise zu erleichtern. Um nun zu der gesuchten Bewegungsgleichung zu kommen, muß die Abweichung η von der Gleichgewichtslage ξ, die eine Funktion der Zeit t ist, eingeführt werden, und es müssen die Trägheitskraft und der zusätzliche Bewegungswiderstand eingeführt werden. Wenn der Einfachheit halber der Bewegungswiderstand proportional dem Quadrat der Absolutgeschwindigkeit gesetzt wird, lautet die Bewegungsgleichung:

$$-S + W \cdot \frac{\left(c + \dfrac{d\eta}{dt}\right)^{2}}{c^{2}} + P \cdot \sin\left(2 \cdot \pi\,\frac{\xi}{\lambda} + 2 \cdot \pi\,\frac{\eta}{\lambda}\right) + M \cdot \frac{d^{2}\eta}{dt^{2}} = 0\,.$$

$$
\begin{aligned}
c &= \text{Wellenfortschrittsgeschwindigkeit}\\
W &= \text{Widerstand im ruhigen Wasser}\\
M &= \text{Masse des Schiffes.}
\end{aligned}
$$

Durch die Lösung dieser Differentialgleichung wird die Frage nach der Stabilität des untersuchten, durch die Lage ξ gekennzeichneten Gleichgewichtszustandes beantwortet. Diese Differentialgleichung kann nicht exakt gelöst werden. Da quantitativ an die Lösung keine hohen Ansprüche gestellt zu werden brauchen, erscheint es ohne weiteres zulässig, die Differentialgleichung durch Vereinfachungen zu einer linearen Differentialgleichung zu machen.

Ich möchte die Vereinfachung und Integration dieser Bewegungsgleichung dem Vortrag als Anhang beifügen und nun nur das Ergebnis schildern, das wohl auch so sehr verständlich erscheint:

Nur in einem sehr kleinen Gebiet in der unmittelbaren Nähe des Wellentales können die Lagen des Schiffes als stabil hinsichtlich Verschiebungen in der Längsrichtung gelten, d. h., wenn der Propellerschub gerade so groß ist, daß in einer solchen Lage ξ die Gleichgewichtsbedingung erfüllt ist, kann das Schiff in dieser Lage verharren und mit der Wellenform mitwandern. Nach einer beliebigen Störung wird das Schiff dann immer wieder in das gleiche oder in ein benachbartes Wellental zurückkehren und dort verbleiben. Außerhalb dieses kleinen stabilen Bereiches verhält sich das Schiff nach einer Störung jedoch völlig anders. Es gibt für jeden Propellerschub zwei Gleichgewichtslagen, die immer auf derselben Wellenflanke liegen. Für einen großen Schub liegen diese beiden Gleichgewichtslagen auf der ansteigenden Wellenflanke, und für einen kleinen Propellerschub liegen sie auf der abfallenden Flanke. Die obere Gleichgewichtslage ist ja in jedem Fall labil. Die untere Gleichgewichtslage ist, mit Ausnahme des wirklich stabilen Bereiches in unmittelbarer Nähe des Wellentales, nur dann stabil, wenn die Verschiebung aus dieser Lage so klein bleibt, daß die obere Gleichgewichtslage nicht überschritten wird. Nach so kleinen Störungen kehrt das Schiff dann wieder in die untere Gleichgewichtslage zurück; wenn aber die Störung so groß ist, daß die obere Gleichgewichtslage überschritten wird, kehrt das Schiff nicht wieder in die untere Gleichgewichtslage zurück und strebt dann auch nicht einer anderen stationären Gleichgewichtslage in einem anderen Wellental zu, sondern nimmt eine dauernde Relativbewegung gegenüber der Wellenform an. Ein solches Verhalten kann aber nicht als stabil angesehen werden. Die Grenzen des wirklich stabilen Bereiches werden also dadurch gekennzeichnet sein, daß nach dem Überschreiten der oberen labilen Gleichgewichtslage mit der Geschwindigkeit Null und nach dem Durchwandern des folgenden gänzen Wellenzuges das Schiff in der neuen oberen Gleichgewichtslage wieder mit der Geschwindigkeit Null ankommt. Denn auf der einen Seite dieser Grenze innerhalb des stabilen Bereiches wird das Schiff, wenn infolge einer Störung einmal die obere Gleichgewichtslage überschritten wird, wohl auch weiterwandern in das folgende Wellental, aber es wird in diesem Wellental die nächste obere Gleichgewichtslage nicht mehr erreichen, sondern vorher die Richtung der Relativbewegung ändern und in die neue Gleichgewichtslage in diesem Wellental einschwingen. Das Schiff kommt also in diesem stabilen Bereich nach einer Störung in einem Wellental zur Ruhe, wobei es natürlich von der Größe der Störung abhängt, in welchem Wellental es zur Ruhe kommt. Auf der anderen Seite der Stabilitätsgrenze, also im unstabilen Bereich, kommt das Schiff jedoch nach einer Störung in der nächsten oberen Gleichgewichtslage mit einer Geschwindigkeit an, die größer ist als die Geschwindigkeit, mit der die alte obere Gleichgewichtslage überschritten wurde, so daß sich relativ zu der Wellenbewegung eine beschleunigte Bewegung herausbildet, bis sich schließlich eine mehr oder weniger konstante Relativbewegung einstellt. Die Grenzen des stabilen Bereiches sind also, es darf das wiederholt werden, dadurch gekennzeichnet, daß der Propellerschub gerade so groß ist, daß ein Wellenzug von einer oberen Gleichgewichtslage zur nächsten so durchlaufen werden kann, daß in diesen beiden Gleichgewichtslagen die Relativgeschwindigkeit gleich Null beträgt. Und zwar gibt es eine solche Stabilitätsgrenze für einen kleinen Propellerschub bzw. eine kleinere Geschwindigkeit als die Wellengeschwindigkeit und damit für eine relative Lage, die etwas hinter dem Wellental auf der abfallenden Wellenflanke liegt (ξ = negativ), und dann gibt es eine weitere Stabilitätsgrenze für einen großen Propellerschub bzw. für eine größere Geschwindigkeit als die Wellengeschwindigkeit und damit für eine relative Lage, die vor dem Wellental liegt (ξ = positiv).

Dieses Ergebnis bedeutet, daß der Propellerschub in einem gewissen Bereich schwanken kann, ohne daß sich die Geschwindigkeit ändert. Denn in diesem Bereich wird sich dann nur die relative Lage ändern, aber die Geschwindigkeit wird gleich der Wellengeschwindigkeit bleiben, solange der zu dem Propellerschub gehörende Gleichgewichtszustand innerhalb des stabilen Bereiches bleibt. Es bedeutet ferner, daß sich die Schiffsgeschwindigkeit nicht stetig mit dem Propellerschub ändert. Denn solange der Propellerschub in dem stabilen Bereich bleibt, bleibt die Schiffsgeschwindigkeit gleich der Wellengeschwindigkeit. Wenn aber der Propellerschub die Grenze des stabilen Bereiches unter- oder überschreitet, wird die Schiffsgeschwindigkeit nicht stetig kleiner oder größer als die Wellengeschwindigkeit, sondern gleich um einen endlichen Betrag, denn die Grenzen des stabilen Bereiches sind dadurch gekennzeichnet, daß zwar in den oberen Gleichgewichtslagen die Relativgeschwindigkeiten Null sind, daß aber in dem zwischen den Gleichgewichtslagen liegenden Bereich die Relativgeschwindigkeit einen recht bedeutenden Betrag erreicht. Wenn nun die Stabilitätsgrenzen um einen geringen Betrag überschritten werden, ändert sich die mittlere Schiffsgeschwindigkeit nicht stetig, sondern sprunghaft.

Falls es mir nicht gelungen ist, mich vollkommen verständlich zu machen, möchte ich noch darauf hinweisen, daß für dieses Verhalten des Schiffes eine praktisch vollkommene Analogie besteht mit dem leichter zu verstehenden Fall eines gedämpft schwingenden Pendels, auf dessen Achse eine Seilscheibe befestigt und über die ein einseitig belastetes Seil gelegt ist (Bild 21). Einer Umdrehung des Pendels um 360° entspricht ein Weiterwandern des Schiffes um eine Wellenlänge. Auch dieses Pendel besitzt zwei Gleichgewichtslagen, von denen die obere immer labil ist. Die untere Gleichgewichtslage ist im allgemeinen auch nur für so kleine Bewegungen, bei denen die obere Gleichgewichtslage nicht überschritten wird, stabil; für größere Schwingungen ist sie dagegen nur dann als stabil zu bezeichnen, wenn die Dämpfung ausreicht, um eine dauernde Drehbewegung zu verhindern. Das ist — je nach der Größe der Dämpfung — nur für kleine einseitige Belastungen bzw. für Gleichgewichtslagen, die in der Nähe der untersten Lage des Pendels liegen, möglich.

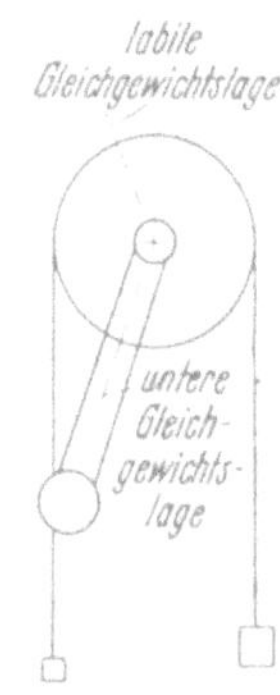

Bild 21.
Gedankenmodell.

Die Funktion Propellerschub zu Geschwindigkeit für das Schiff in See von achtern muß sich daher sehr von der entsprechenden Funktion für das Schiff im ruhigen Wasser unterscheiden. Diese Funktion kann nicht mehr stetig verlaufen, sondern muß im Bereich der Wellengeschwindigkeit einen unstetigen Bereich aufweisen (Bild 22). Das Diagramm gilt natürlich nur für eine bestimmte Wellenlänge und zeigt deutlich, daß, wenn der Propellerschub einen gewissen Wert überschreitet, das Schiff von den Wellen beschleunigt und mit der Wellengeschwindigkeit fortgeführt wird. Das Diagramm enthält des Vergleiches wegen auch die Kurve für das Schiff im ruhigen Wasser. Bei Geschwindigkeiten kleiner als die Wellengeschwindigkeit wird daher die See das Schiff schieben, und bei größeren Geschwindigkeiten wird auch bei nachlaufender See ein hemmender Einfluß sich geltend machen. Auch der bei kleinen Geschwindigkeiten aus dem Diagramm zu erkennende beschleunigende Einfluß der See läßt sich aus der Bewegungsgleichung berechnen. Diese Wirkung kommt dadurch zustande, daß das relativ zu den Wellen wandernde Schiff auf der abfallenden Wellenflanke etwas

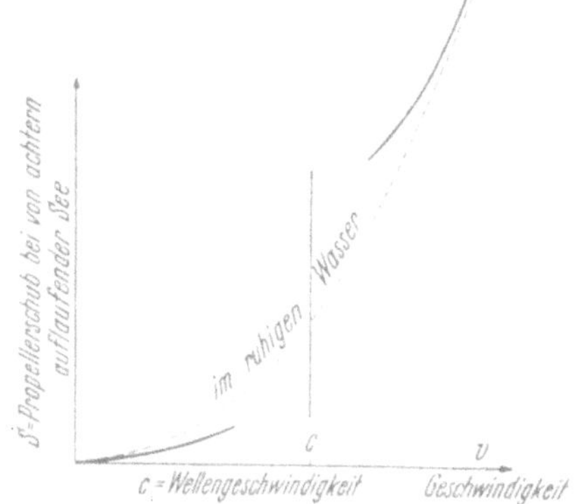

Bild 22. Propellerschub in mitlaufender See.

länger bleibt als auf der ansteigenden Wellenflanke. Bei einer größeren Relativbewegung wird allerdings dann auch die Stampf- und Tauchbewegung des Schiffes ihren Einfluß auf den Widerstand geltend machen. Dieser Einfluß ist bei der Berechnung des Widerstandes für das Diagramm nicht erfaßt, so daß dieses Diagramm also für sehr kleine und für sehr große Geschwindigkeiten schon aus diesem Grunde nicht mehr die Verhältnisse richtig wiedergeben wird.

Selbstverständlich sind die Grenzen des stabilen Bereiches, also die Unstetigkeitsstellen in dem Diagramm Propellerschub zu Geschwindigkeit, sehr von der Wellenlänge und der Wellenschräge abhängig. Einen vollständigen Überblick über die gesuchte Stabilitätsbedingung erhält man erst, wenn man sie für alle Verhältnisse λ/L kennt. Es ist möglich, hierfür eine sehr übersichtliche, sogar dimensionslose Darstellung zu bekommen, und zwar in einem Diagramm, in dem über dem Verhältnis λ/L eine Froudesche Zahl $\dfrac{v}{\sqrt{g \cdot L}}$ aufgetragen ist. Zunächst kann man in dieses Diagramm die Wellengeschwindigkeit eintragen. Sie beträgt:

$$c = \sqrt{\frac{g \cdot \lambda}{2 \cdot \pi}} \qquad \text{und dimensionslos} \qquad \frac{c}{\sqrt{g \cdot L}} = \frac{1}{\sqrt{2\,\pi}} \cdot \sqrt{\frac{\lambda}{L}}.$$

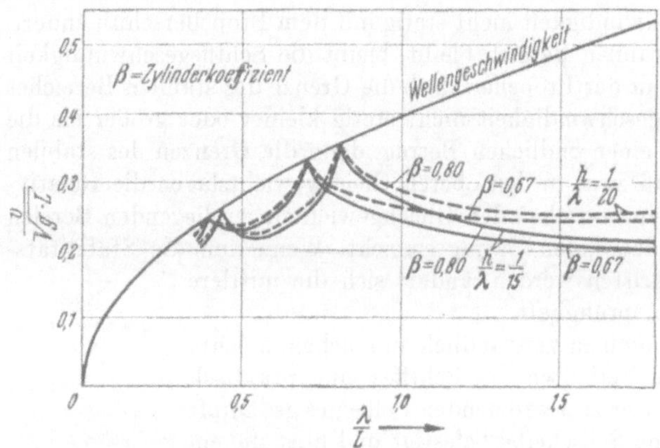

Bild 23. Grenzkurven für das Mitlaufen des Schiffes.

Außerdem kann in dieses Diagramm die untere Stabilitätsgrenze eingetragen werden, und zwar wird hierfür für jede Wellenlänge der Propellerschub ausgerechnet, bei dem diese Stabilitätsgrenze erreicht ist, und dann wird mit diesem Propellerschub die Geschwindigkeit bestimmt, die zu diesem Schub im ruhigen Wasser gehört. Man erhält dadurch für die untere Stabilitätsgrenze eine Kurve, die nur von der Wellenschräge und von der Wasserlinienform abhängig ist (Bild 23).

Da gemäß den im Anhang zu diesem Vortrag durchgeführten Berechnungen für den Propellerschub an der unteren Stabilitätsgrenze die folgende Formel:

$$S \cong W \cdot \left[1 - 5{,}6 \cdot \sqrt{\frac{h}{\lambda} \cdot \left(\frac{\varepsilon}{a}\right)_{\mathrm{Spfl.}} \cdot e^{-\pi\frac{Tm}{\lambda}}} + 7{,}5 \cdot \frac{h}{\lambda} \cdot \left(\frac{\varepsilon}{a}\right)_{\mathrm{Spfl.}} \cdot e^{-\pi\frac{Tm}{\lambda}} \right]$$

erhalten wurde, beträgt also die Geschwindigkeit, die im ruhigen Wasser mit diesem Schub erzielt würde:

$$v = c \cdot \sqrt{ 1 - 5{,}6 \sqrt{\frac{h}{\lambda} \cdot \left(\frac{\varepsilon}{a}\right)_{\mathrm{Spfl.}} \cdot e^{-\pi\frac{Tm}{\lambda}}} + 7{,}5 \cdot \frac{h}{\lambda} \cdot \left(\frac{\varepsilon}{a}\right)_{\mathrm{Spfl.}} \cdot e^{-\pi\frac{Tm}{\lambda}} }.$$

Diese Geschwindigkeit ist also in dimensionsloser Form aufgetragen.

Das so erhaltene Diagramm erscheint mir sehr aufschlußreich, denn es läßt für alle möglichen Verhältnisse erkennen, unter welchen Bedingungen ein Mitlaufen des Schiffes mit der See möglich ist. Danach ist ein solches Mitlaufen nur möglich, wenn das Schiff im ruhigen Wasser so schnell läuft, daß seine Froudesche Zahl über der gezeichneten Grenzkurve liegt. Das Diagramm zeigt, daß ein Schiff überhaupt nur dann von den Wellen erfaßt, beschleunigt und mitgeführt werden kann, wenn die Froudesche Zahl des Schiffes in ruhigem Wasser etwa 0,25 überschreitet, wobei diese Froudesche Zahl von der Wellenlänge nur wenig abhängig ist, wenn diese nur größer als etwa 0,5 der Schiffslänge ist. Endlich kann man dem Diagramm auch entnehmen, daß der Fall, daß der den Wellen entnommene Schub so groß ist, daß der Widerstand des Schiffes vollkommen überwunden wird, nicht realisiert werden kann, weil für diesen Fall zwar, wie die durchgeführten Widerstandsversuche zeigen, die Gleichgewichtsbedingung, aber nicht die Stabilitätsbedingung erfüllt werden kann. D. h. also, daß ein ohne Antrieb im Seegang liegendes Schiff nicht von den Wellen erfaßt und mitgeführt werden kann. Auf Grund der Widerstandsversuche hätte man nämlich glauben können, daß dieser Fall möglich sein müßte, und daß, da dies den Erfahrungen widerspricht, die Modellversuche ein falsches Bild ergeben. Nun ist also diese scheinbare Unstimmigkeit durch die Stabilitätsuntersuchung aufgeklärt.

Die in dem Diagramm gezeichnete Grenzkurve des stabilen Bereiches kommt tiefer zu liegen für steilere Wellen. Es sind daher die Grenzkurven außer für $\dfrac{h}{\lambda}=\dfrac{1}{20}$ auch für $\dfrac{1}{15}$ eingezeichnet.

Besondere Beachtung verdienen die Verhältnisse auf flachem Wasser. Auf flachem Wasser trifft nämlich das Schiff Wellen an, deren Fortschrittsgeschwindigkeit kleiner ist als auf tiefem Wasser, und daher liegt dann nicht nur die Wellenfortschrittsgeschwindigkeit, sondern auch die Grenzgeschwindigkeit zwischen stabilem und unstabilem Bereich tiefer. Die Möglichkeit, daß das Schiff von den Wellen beschleunigt und mitgeführt wird, ist daher auf flachem Wasser größer. Die beiden weiteren Diagramme (Bild 24 u. 25) zeigen die gleichen Kurven für flaches Wasser, und zwar für die Verhältnisse $\dfrac{\text{Wassertiefe}}{\text{Schiffslänge}} = \dfrac{H}{L} = 0{,}2$ und 0,15. Da auf flachem Wasser die Wellen zumeist auch steiler sind wie auf tiefem Wasser, ist die Möglichkeit, daß das Schiff von den Wellen fortgeführt wird, auch deswegen noch größer. Und in dem Fall $H/L = 0{,}15$ erscheint es bei Wellen

längen, die größer sind als $1\frac{1}{2}$ mal die Schiffslänge, sogar denkbar, daß auch das ohne Antrieb liegende Schiff von den Wellen erfaßt und mitgerissen wird. In diesem Fall muß aber der Seegang schon als Grundsee bezeichnet werden.

Damit kann nun die Untersuchung der Stabilität der Lage des Schiffes hinsichtlich Verschiebungen in der Längsrichtung zunächst als abgeschlossen angesehen werden. Vor Beginn dieser Stabilitätsuntersuchung wurde schon erwähnt, daß auch die Stabilität der Lage des Schiffes in bezug auf Kursabweichungen in dem besonderen Fall des Schiffes in mitlaufender See untersucht werden muß. Alle bisher gewonnenen Erkenntnisse können daher nur gelten, soweit sie nicht auf Grund der folgenden Stabilitätsuntersuchung korrigiert werden müssen.

Wenn ein Schiff mit der See läuft und die Längsrichtung des Schiffes mit der Fortschrittsrichtung der Wellen übereinstimmt, kommen auf das Schiff natürlich keine Querkräfte. Sobald das Schiff

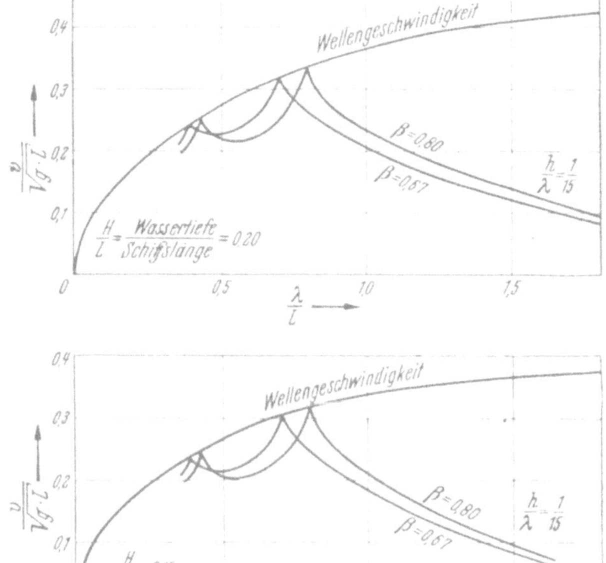

Bild 24 und 25. Grenzkurven für flaches Wasser.

aber etwas schräg zu liegen kommt, entwickeln die Wellen Kräfte, die bestrebt sind, das Schiff zu drehen. Läuft das Schiff im Wellental mit den Wellen mit, so sind diese Kräfte bestrebt, das Schiff weiterzudrehen und eine ursprünglich vielleicht nur kleine Schräglage zu vergrößern. Wenn dagegen das Schiff auf dem Wellenberg mitlaufen würde, wären die Seegangskräfte bestrebt, das

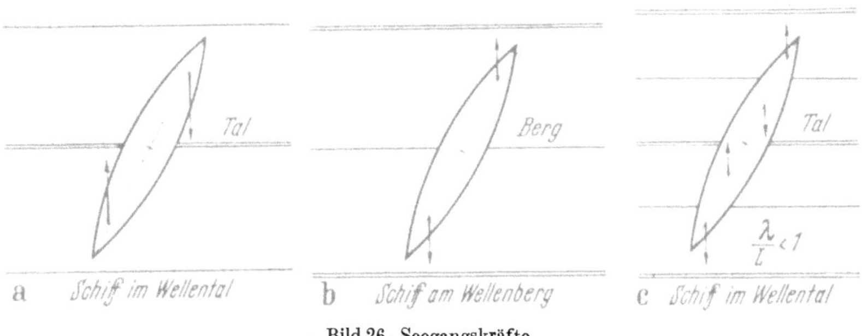

Bild 26. Seegangskräfte.

Schiff zurückzudrehen und die Schräglage zu verkleinern (Bild 26). Und wenn man sich das Ruder in seiner Mittellage festgehalten denkt, werden in dem ersten Fall die Seegangskräfte das Schiff immer weiterdrehen, bis dieses quer zu den Wellen zu liegen kommt bzw. bis das Schiff relativ zu den Wellen zurückbleibt. Das Schiff ist also in dieser Lage kursunstabil. Auf dem Wellenberg dagegen würde das Schiff kursstabil sein, da die Seegangskräfte bestrebt wären, es auf dem gleichen Kurs wie die Wellen zu halten. Diese Feststellung gilt für jedes Schiff, gleichgültig, ob es für die Fahrt im ruhigen Wasser kursstetig ist oder nicht. Eine Einschränkung ist nur erforderlich hinsichtlich der Wellenlängen, denn für Wellen, die viel kürzer als das Schiff sind, können sich die Verhältnisse umkehren (Bild 26 c).

Die Feststellung, daß das Schiff kursunstabil ist, braucht allerdings noch nicht zu bedeuten, daß ein solcher Fahrtzustand unmöglich ist. Denn durch dauerndes Ruderlegen kann diese Unstabilität bekämpft und die Fahrt auf geradem Kurs erzwungen werden. In dem vorliegenden Fall muß man sich allerdings die Frage stellen, ob nicht die Seegangskräfte zu groß sind, so daß die Ruderkraft nicht ausreicht, um diesen entgegenzuwirken. Um diese Frage beantworten zu können, wird nun versucht, die Ruderwinkel zu bestimmen, die erforderlich sind, um einen bestimmten Kurs des mit den Wellen mitlaufenden Schiffes schräg zur Fortschrittsrichtung der Wellen zu erzwingen. Der Bewegungszustand soll also wieder stationär sein.

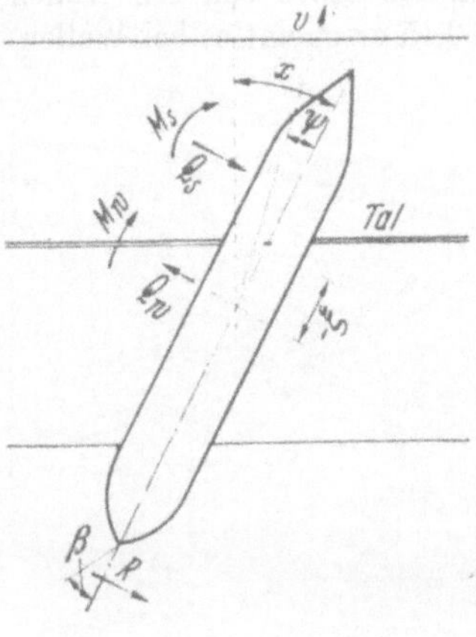

Dieser Bewegungszustand ist nur möglich, wenn die Fahrtrichtung und die Längsrichtung des Schiffes nicht identisch sind, denn nur dann können die Gleichgewichtsbedingungen für die in Querrichtung wirkenden Kräfte erfüllt sein (Bild 27). Die folgende Untersuchung kann dadurch vereinfacht werden, daß vorausgesetzt wird, daß die Untersuchung der Gleichgewichtsbedingung für die Kräfte in Längsrichtung des Schiffes zu ähnlichen Ergebnissen führt wie die oben durchgeführte Untersuchung für das in der Richtung der Wellen laufende Schiff. Dann bleiben nur die zwei Gleichgewichtsbedingungen für die Kräfte quer zum Schiff und für die Momente um eine senkrecht stehende Achse durch den Schwerpunkt zu untersuchen. Zu berücksichtigen sind hierbei (Bild 27):

Bild 27. Auf das Schiff wirkende Kräfte und Momente.

a) Die Kräfte, die durch die Wellen erzeugt werden:

$$\text{Kraft:}\qquad Q_W = c_y \cdot 2\,\pi\,\frac{r}{\lambda} \cdot D \cdot \sin\left(2\,\pi\,\frac{\xi}{\lambda}\right)$$

$$\text{Moment:}\qquad M_W = c_\Theta \cdot 2\,\pi\,\frac{r}{\lambda} \cdot D \cdot L \cdot \cos\left(2\,\pi\,\frac{\xi}{\lambda}\right).$$

Der Winkel $2\,\pi\,\dfrac{\xi}{\lambda}$ bezeichnet hier wieder wie schon oben (siehe Bild 16) die relative Lage des Gewichtsschwerpunktes zu den Wellen, Er beträgt Null für das Wellental und 180° für den Wellenberg. c_y und c_Θ sind dimensionslose Koeffizienten, deren Größe eine Funktion des Winkels der Längsachse des Schiffes zur Fortschrittsrichtung der Wellen $\varkappa$ und des Verhältnisses $\lambda/L =$ Wellenlänge zu Schiffslänge ist. Diese Koeffizienten können berechnet werden; sie sind für die folgende Berechnung aber Diagrammen entnommen, die von Weinblum und Denis angegeben sind.

$2\,\pi\,\dfrac{r}{\lambda}$ ist die Wellenschräge.

b) Die Ruderkraft:

$$\text{Kraft:}\qquad R = \frac{\partial c_R}{\partial \beta} \cdot \beta \cdot \frac{\varrho}{2} \cdot v^2 \cdot F_R$$

$$\text{Moment:}\qquad M_R = R \cdot \frac{L}{2}\,.$$

Der dimensionslose Beiwert c_R ist hierbei auf die Ruderfläche F_R bezogen.

c) Die Strömungskräfte:

$$\text{Kraft:}\qquad Q_S = \frac{\partial c_Q}{\partial \psi} \cdot \psi \cdot \frac{\varrho}{2} \cdot v^2 \cdot F_L$$

$$\text{Moment:}\qquad M_S = \frac{\partial c_M}{\partial \psi} \cdot \psi \cdot \frac{\varrho}{2} \cdot v^2 \cdot F_L \cdot L\,.$$

Die dimensionslosen Beiwerte c_Q und c_M sind hierbei auf die Fläche des Lateralplanes F_L bezogen.

Die beiden Gleichgewichtsbedingungen lauten nun

$$Q_W = R + Q_S$$
$$\text{und}\quad M_W = M_R - M_S\,.$$

Aus diesen beiden Gleichungen wird ψ eliminiert und der Ruderwinkel β berechnet:

$$\beta = \frac{2\,\pi\,\dfrac{r}{\lambda}\cdot D\cdot\left(c_y\cdot\dfrac{\partial\,c_M}{\partial\,\psi}\cdot\sin\left(2\,\pi\,\dfrac{\xi}{\lambda}\right)+c_\Theta\cdot\dfrac{\partial\,c_Q}{\partial\,\psi}\cdot\cos\left(2\,\pi\,\dfrac{\xi}{\lambda}\right)\right)}{\dfrac{\varrho}{2}\cdot v^2\cdot F_R\cdot\dfrac{\partial\,c_R}{\partial\,\beta}\cdot\left(\dfrac{\partial\,c_M}{\partial\,\psi}+\dfrac{1}{2}\dfrac{\partial\,c_Q}{\partial\,\psi}\right)}.$$

Die Geschwindigkeit v kann durch die Wellengeschwindigkeit $c = \sqrt{\dfrac{g\,\lambda}{2\,\pi}}$ ausgedrückt werden, da das Schiff mit den Wellen laufen soll

$$v = \frac{c}{\cos\,(\varkappa-\psi)}.$$

Der Ruderwinkel β ist also eine Funktion von ξ, $\dfrac{\lambda}{L}$, $\dfrac{r}{\lambda}$, $\varkappa$ und von

$$\frac{V}{F_R\cdot L}=\frac{\text{Volumen des Schiffes}}{\text{Ruderfläche}\times\text{Länge des Schiffes}}.$$

Denn wenn man D ersetzt durch $\gamma\cdot V$ erhält man

$$\beta = 2\,\pi\,\frac{r}{\lambda}\cdot\frac{V}{F_R\cdot L}\cdot\cos^2\,(\varkappa-\psi)\cdot 4\,\pi\,\frac{\lambda}{L}\cdot\frac{c_y\cdot\dfrac{\partial\,c_M}{\partial\,\psi}\cdot\sin\left(2\,\pi\,\dfrac{\xi}{\lambda}\right)+c_\Theta\cdot\dfrac{\partial\,c_Q}{\partial\,\psi}\cdot\cos\left(2\,\pi\,\dfrac{\xi}{\lambda}\right)}{\dfrac{\partial\,c_R}{\partial\,\beta}\cdot\left(\dfrac{\partial\,c_M}{\partial\,\psi}+\dfrac{1}{2}\dfrac{\partial\,c_Q}{\partial\,\psi}\right)}.$$

Das Diagramm Bild 28 zeigt den auf diese Weise für ein Beispiel berechneten Ruderwinkel, und zwar für $\xi = 0$ und $\dfrac{2\,r}{\lambda}=\dfrac{1}{20}$, also für das Schiff im Wellental. Hinsichtlich der Kursstabilität der Fahrt schräg zur Fortschrittsrichtung der Wellen erlaubt dieses Diagramm die weitere Aussage, daß dieser Fahrtzustand kursunstabil ist, solange der Ruderwinkel mit größer werden-dem Kurswinkel größer wird.

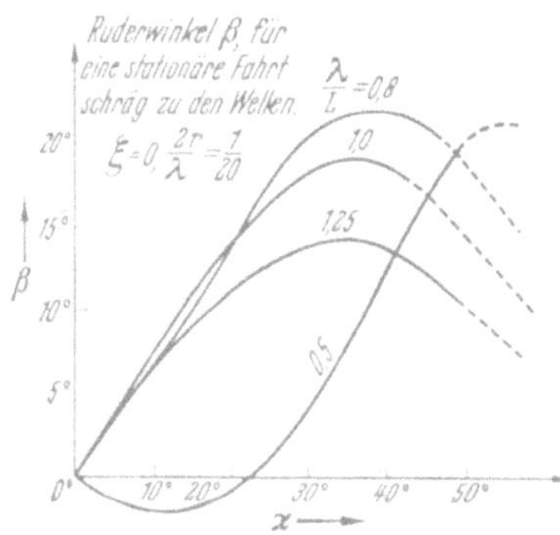

Bild 28. Diagramm für den zum Kurshalten erforderlichen Ruderwinkel.

Wenn nun dieses Diagramm auch nur für ein Beispiel gilt, so wird für andere Schiffe doch die Größenordnung der erforderlichen Ruderwinkel die gleiche sein, und es sind daher die folgenden Schlüsse berechtigt:

Es wäre vielleicht im regelmäßigen Seegang einem guten Rudergänger oder einer guten Automatik möglich, die Fahrt des mit der See mitlaufenden Schiffes in der Fortschrittsrichtung der Wellen zu erzwingen. Im natürlichen unregelmäßigen Seegang wird das dagegen bei steilen Wellen $\left(\dfrac{2\,r}{\lambda}=\dfrac{1}{20}\ \text{oder größer}\right)$ nicht möglich sein, denn es kann dann z. B. der Fall eintreten, daß einige große Wellen das Schiff etwas schräg treffen. Diese Wellen werden erstens die Geschwindigkeit des Schiffes genau ihrer eigenen anpassen und das Schiff im Wellental mit sich fortführen und zweitens das Schiff gleichzeitig schnell querdrehen. Dieses Aus-dem-Kurs-Laufen wird dann durch nichts mehr verhindert werden können, denn die dagegen erforderliche große Ruderbewegung ist dann sicher nicht mehr rechtzeitig möglich.

Die Fahrt des Schiffes mit den Wellen ist daher — bei langen Wellen — überhaupt nicht möglich, da in keiner Lage des Schiffes relativ zu den Wellen beide Stabilitätsbedingungen erfüllt sind. Für kürzere Wellen können sich beide Stabilitätsbedingungen ändern, und da diese Änderungen nicht bei den gleichen Wellenlängen eintreten, sind dann Lagen möglich, für die beide Stabilitätsbedingungen gleichzeitig erfüllt sind. Und zwar trifft das dann zu, wenn auf dem Wellenberg die Lage des Schiffes in bezug auf Verschiebungen in Längsrichtung stabil wird, denn dafür ist die Kursstabilität ebenfalls noch positiv. Es trifft das etwa zu für die kleinere Schleife der in dem Diagramm Bild 23 bis 25 gezeichneten Grenzkurven (zwischen λ/L von etwa 0,4 bis 0,75).

Damit ist die Untersuchung so weit geführt, daß sie auch für die Beurteilung der Sicherheit eines Schiffes von Interesse wird, denn das Aus-dem-Kurs-Laufen kann so schnell erfolgen, daß es zum Querschlagen wird und daß ein großes krängendes Moment entsteht. Ein gewisses Urteil über die Größe des krängenden Momentes kann man aus dem Diagramm Bild 28 gewinnen. Denn dieses

Diagramm läßt ja gleichzeitig erkennen, daß die Seegangskräfte etwa die gleiche Wirkung haben wie die dort angegebenen Ruderlagen. Das Querschlagen kann also bei ungünstigen Umständen etwa ebenso schnell erfolgen, wie wenn das Ruder auf 25° gelegt würde und man kann dafür etwa mit dem gleichen krängenden Moment rechnen wie für den entsprechenden Drehkreis. Und wenn ein solches krängendes Moment auch im ruhigen Wasser ungefährlich ist, so kann es in dem beim Querschlagen herrschenden starken Seegang unter Umständen wahrscheinlich doch gefährlich werden. Es wird daher auf jeden Fall richtig sein, das Querschlagen zu vermeiden.

Die Diagramme Bilder 23 bis 25 lassen erkennen, bei welchen Voraussetzungen es zur Fahrt des Schiffes mit den Wellen und damit zum Querschlagen kommen kann. Sie lassen erkennen, daß das Querschlagen nur dann vermieden werden kann, wenn bei von achtern auflaufender See die Geschwindigkeit des Schiffes genügend klein, und zwar so klein bleibt, daß die Froudesche Zahl unter der in den Diagrammen gezeichneten Grenzkurve bleibt, wobei das nur für große Wellenlängen gilt, da für die kleineren Schleifen der Grenzkurven eine stabile Fahrt möglich ist. Die Diagramme zeigen auch, daß das völligere Schiff etwas im Vorteil ist.

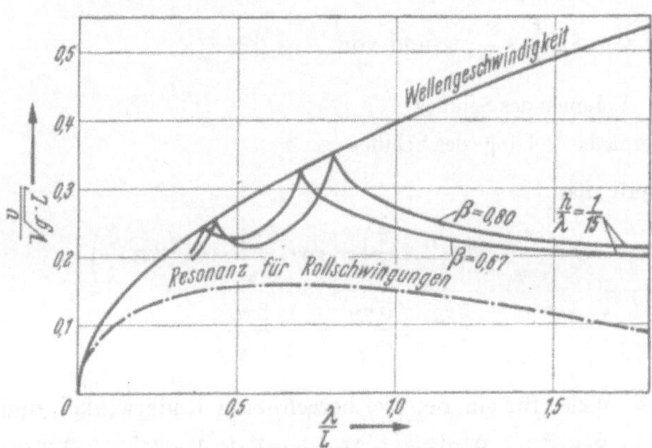

Bild 29. Gegenüberstellung der Grenzkurven und der Resonanzkurve für Rollschwingungen.

Besonders gefährlich muß das Querschlagen werden, wenn das Schiff hinsichtlich der Rollschwingung sich im Resonanzzustand befindet. Das ist dann der Fall, wenn die Rolleigenperiode so groß ist, daß die Kurve, die in dem Diagramm 29 den Resonanzzustand bezeichnet, den Grenzkurven für das Querschlagen sehr naheliegt.

Es muß nun nochmals die Arbeit von Davidson erwähnt werden. Denn Davidson hat sich schon mit der Stabilität der Lage des Schiffes in bezug auf Kursabweichungen in dem besonderen Fall des Schiffes in mitlaufender See beschäftigt, und er hat hierzu auch Modellversuche gemacht.

Davidson hat hierbei das Modell genau so schnell und in der gleichen Richtung wie die Wellen laufen lassen. Der Bewegungszustand war also stationär. Er hat aber das Modell schräg gestellt und dann nicht den Widerstand, sondern nur die Querkraft und das Giermoment gemessen (Bild 30).

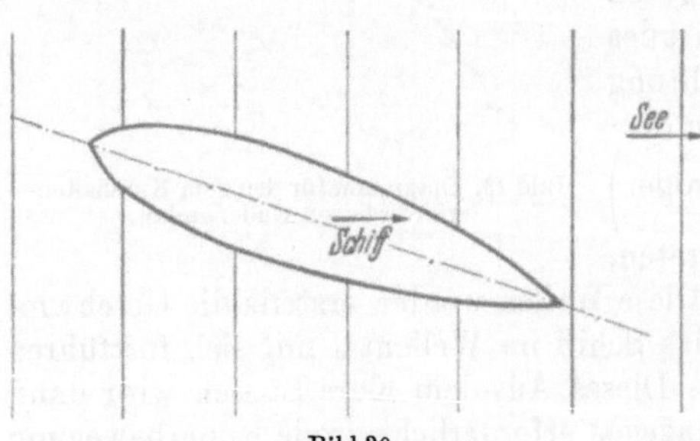

Bild 30.
Lage des Modells bei den Versuchen von Davidson.

Davidson hat dann die Meßergebnisse mit den Ergebnissen einer theoretischen Berechnung verglichen und im weiteren die für die stationäre Fahrt in schräger Richtung erforderliche Ruderlage sowie die Kursstabilität berechnet. Diese Untersuchung wurde zwar nur für eine Wellenlänge und auch nur für eine relative Lage des Schiffes zu den Wellen durchgeführt. Trotzdem kann sie, da sie entsprechend den theoretischen Überlegungen verlief, als deren Bestätigung angesehen werden. Davidson kommt zu den Folgerungen (in etwas erweiterter Formulierung):

1. Wenn das Schiff im Wellental mit den Wellen läuft und etwas schräg zur Wellenfortschrittsrichtung liegt, so sind die Wellen bestrebt, das Schiff weiterzudrehen. Diese Kräfte sind sehr groß, so daß schon bei kleinen Abweichungen des Kurses von der Wellenfortschrittsrichtung große Ruderwinkel nötig sind, um diesen Kräften begegnen und den geraden Kurs erzwingen zu können.

2. Die Kursstabilität des im Wellental mit den Wellen mitlaufenden Schiffes ist immer negativ. Sie muß daher durch dauerndes Ruderlegen erzwungen werden.

Diese Ergebnisse von Davidson stimmen mit den vorstehenden Überlegungen gut überein.

Das untersuchte Verhalten des Schiffes, das Querschlagen in von achtern auflaufender See ist auch dem Nautiker wohlbekannt und man kann es an verschiedenen Stellen beschrieben finden. Es wird da auch überall die Ansicht vertreten, daß dieser Vorgang gefährlich ist und daher vermieden werden muß und daß das nur dadurch möglich ist, daß die Geschwindigkeit des Schiffes genügend klein gehalten wird. Die vorstehende Untersuchung stellt daher nur die wissenschaftliche

Behandlung eines längst bekannten Vorganges dar. Ihren Wert erblicke ich darin, daß nun die Voraussetzungen, unter denen ein solches Querschlagen erfolgen kann, besser bekannt sind, daß eine Möglichkeit gezeigt wurde, dieses Querschlagen experimentall zu untersuchen und vor allem, daß damit ein Bewegungszustand nachgewiesen ist, der eine der größten Stabilitätsbeanspruchungen im Seegang zur Folge hat.

Ich glaube, daß die gewonnehen Erkenntnisse in qualitativer Hinsicht als gesichert angesehen werden können. In quantitativer Hinsicht erscheinen natürlich Ergänzungen wünschenswert und möglich. Die Folgerung, daß die Bedingungen, die zum Querschlagen führen können, vermieden werden müssen, kann hierbei wohl als feststehend betrachtet werden.

Nun am Schluß des Vortrages möchte ich meinen Dank aussprechen dem Bundesministerium für Verkehr für die finanzielle Unterstützung, Herrn Professor Dr.-Ing. Kempf für die wohlwollende Förderung und allen Mitarbeitern der HSVA, besonders Herrn Ing. Hattendorff, für die Hilfe bei der Durchführung der Arbeit.

Schrifttum.

[1] Davidson, K. S. M.: A Note on the Steering of Ships in Following Seas, VII. Int. Congress of Applied Mechanics London, September 1948.

[2] Davidson, K. S. M. u. L. M. Schiff: Turning and Course-Keeping Qualities SNAME 1946.

[3] Weinblum, G.: Über den Einfluß der Schiffsform auf die Bewegungen eines Schiffes im Seegang, WRH · 1933 (siehe auch VDI 1934).

[4] Weinblum, G. u. M. St. Denis: On the Motions of Ships at Sea, SNAME 1950.

[5] Horn, F.: Beitrag zur Theorie des Drehmanövers und der Kursstabilität, STG 1951.

Anhang (Mathematischer Teil).

Die Differentialgleichung für die Bewegung des Schiffes in der Wellenfortschrittsrichtung lautet:

$$M \frac{d^2\eta}{dt^2} + W \cdot \frac{\left(c + \frac{d\eta}{dt}\right)^2}{c^2} + P \cdot \sin\left(2\pi \frac{\xi}{\lambda} + 2\pi \frac{\eta}{\lambda}\right) - S = 0.$$

ξ bezeichnet die Gleichgewichtslage, für die die Stabilitätsuntersuchung durchgeführt wird und gibt den Abstand des Schiffsschwerpunktes vom Wellental für diese Gleichgewichtslage an. Es ist von der Zeit t unabhängig.

η bezeichnet die Relativbewegung zur Wellenform und gibt den Abstand des Schiffsschwerpunktes von der Gleichgewichtslage an. Es ist eine Funktion der Zeit t.

Die Integration dieser Differentialgleichung wird erschwert durch das quadratische Glied $W \frac{\left(\frac{d\eta}{dt}\right)^2}{c^2}$ und durch die Kreisfunktion $\sin\left(2\pi \frac{\xi}{\lambda} + 2\pi \frac{\eta}{\lambda}\right)$. Es wird nun versucht, die Differentialgleichung in eine lineare zu vereinfachen. Um hierbei die Fehler möglichst klein zu halten, wird das in der folgenden Weise durchgeführt.

Die Relativbewegung des Schiffes, die durch η bezeichnet ist, besteht entweder aus einem Pendeln um die dann als stabil zu bezeichnende Gleichgewichtslage oder aus einer mehr oder weniger ungleichmäßigen dauernd im gleichen Sinn ablaufenden Bewegung. Es interessiert in erster Linie, durch welche Bedingungen die Grenze zwischen den beiden so verschiedenen Bewegungsabläufen bestimmt ist.

Im ersten Fall wird die Gleichgewichtslage als stabil, im zweiten Fall dagegen als unstabil bezeichnet und die erwähnte Grenze zwischen den beiden Bereichen als Stabilitätsgrenze eingeführt.

Diese Stabilitätsgrenze wird dadurch bestimmt sein, daß für sie die Relativbewegung des Schiffes in der folgenden Weise verlaufen kann: Wenn die Bewegung an einer oberen Gleichgewichtslage beginnt, muß das Schiff eine ganze Wellenlänge ablaufen und an der nächsten oberen Gleichgewichtslage wieder ankommen, wobei am Anfang und am Ende der Bewegung die Relativgeschwindigkeit gleich Null sein muß. In diesem Fall wird aber zwischen den beiden oberen Gleichgewichtslagen das Schiff eine bestimmte endliche Relativgeschwindigkeit annehmen. Die mittlere Geschwindigkeit des Schiffes ist daher für diese Bewegung nicht gleich der Wellengeschwindigkeit, sie soll nun mit v bezeichnet werden. Da die Bewegungsgleichung nun für diese Bewegung integriert werden soll, ist es daher richtiger, das Dämpfungsglied $W \dfrac{\left(c + \dfrac{d\eta}{dt}\right)^2}{c^2}$ zur Linearisierung der Gleichung nicht in $W \cdot \left(1 + 2 \cdot \dfrac{\dfrac{d\eta}{dt}}{c}\right)$ zu vereinfachen, sondern die mittlere Geschwindigkeit einzuführen und dann nur das quadratische Glied der Abweichung der Geschwindigkeit von der mittleren Geschwindigkeit zu vernachlässigen. Es wird also in der folgenden Weise vereinfacht:

$$W \cdot \frac{\left[v + \left(\dfrac{d\eta}{dt} - v + c\right)\right]^2}{c^2} \cong W \frac{v^2 + 2v\left(\dfrac{d\eta}{dt} - v + c\right)}{c^2} = W \frac{2vc - v^2 + 2v\dfrac{d\eta}{dt}}{c^2}.$$

Das hierbei vernachlässigte quadratische Glied $W \dfrac{\left(\dfrac{d\eta}{dt} - v + c\right)^2}{c^2}$ ist immer viel kleiner als $W \dfrac{\left(\dfrac{d\eta}{dt}\right)^2}{c^2}$.

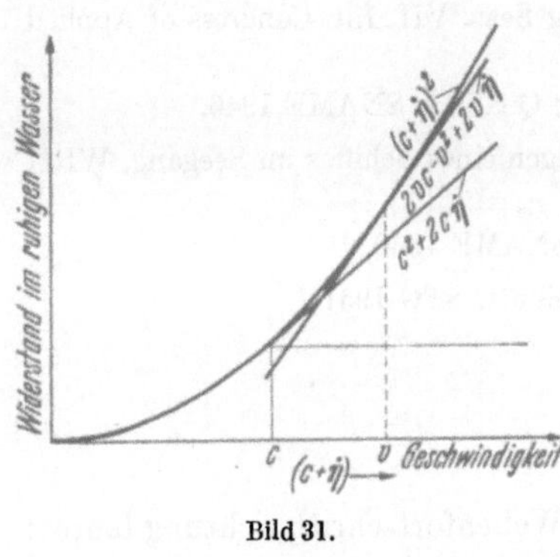

Bild 31.

Diese Vereinfachung kann auch in dem Widerstandsdiagramm sehr anschaulich dargestellt werden (Bild 31). Für die Linearisierung der Differentialgleichung ist es erforderlich, die Widerstandskurve in dem betrachteten kleinen Geschwindigkeitsbereich durch die Tangente an die Kurve zu ersetzen. Wenn der Widerstand annähernd proportional dem Quadrat der Geschwindigkeit ist, lautet die Gleichung der Tangente für den der Wellengeschwindigkeit c entsprechenden Berührungspunkt $W \cdot \left(1 + 2 \dfrac{\dfrac{d\eta}{dt}}{c}\right)$ und für den der mittleren Geschwindigkeit v entsprechenden Berührungspunkt aber

$$W \cdot \frac{2vc - v^2 + 2v\dfrac{d\eta}{dt}}{c^2}.$$

Als weiteres Hindernis steht der Integration der Gleichung nun noch das Glied mit der Winkelfunktion $\sin\left(2\pi\dfrac{\xi}{\lambda} + 2\pi\dfrac{\eta}{\lambda}\right)$ entgegen, das auch so umzugestalten ist, daß die Integration ermöglicht wird. Dieses Glied stellt zusammen mit dem Propellerschub und dem von der Relativbewegung unabhängigen Teil des Widerstandes eine Kraft dar:

$$P \cdot \sin\left(2\pi \cdot \frac{\xi}{\lambda} + 2\pi \cdot \frac{\eta}{\lambda}\right) + W\frac{2vc - v^2}{c^2} - S.$$

Diese Kraft leistet bei dem oben beschriebenen Bewegungsablauf, also beim Durchlaufen eines Wellenzuges von einer oberen Gleichgewichtslage zu der nächsten die Arbeit:

$$P \cdot \int \sin\left(2\pi \cdot \frac{\xi}{\lambda} + 2\pi \cdot \frac{\eta}{\lambda}\right) \cdot d\eta + \left[W\frac{2vc - v^2}{c^2} - S\right] \cdot \lambda.$$

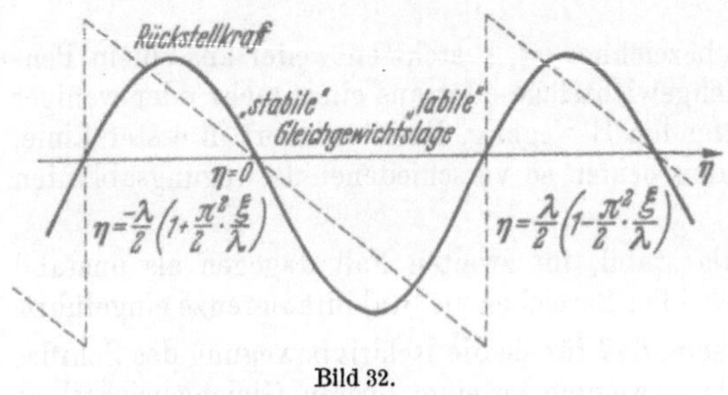

Bild 32.

Um nun eine lineare Funktion für die Kraft zu erhalten, wird die Kreisfunktion durch eine linear verlaufende Funktion ersetzt, die an den oberen Gleichgewichtslagen unstetig verläuft und die so gewählt ist, daß sowohl die positive als auch die negative Arbeit, die beim Durchlaufen eines Wellenzuges geleistet wird, die gleiche ist wie für die wirkliche Funktion (Bild 32). Es kann dann wohl erwartet werden, daß zwischen den beiden oberen Gleichgewichtslagen, also für den Bereich, in dem die Funktion stetig verläuft, der Bewegungsverlauf durch die Vereinfachung nicht mehr sehr geändert wird.

Auf diesem Wege erhält man an Stelle der genauen Funktion für die Kraft

$$P \cdot \sin\left(2\pi \cdot \frac{\xi}{\lambda} + 2\pi\frac{\eta}{\lambda}\right) + W \cdot \frac{2vc - v^2}{c^2} - S$$

die vereinfachte Funktion

$$0.8 \cdot \pi \cdot P \cdot \frac{\eta}{\lambda} \, ,$$

die stetig ist in dem Bereich

$$-\frac{1}{2} \cdot \left(1 + \frac{\pi^2}{2} \cdot \frac{\xi}{\lambda}\right) < \frac{\eta}{\lambda} < \frac{1}{2} \left(1 - \frac{\pi^2}{2} \cdot \frac{\xi}{\lambda}\right).$$

Die linearisierte Differentialgleichung lautet also nun:

$$M \frac{d^2 \eta}{dt^2} + W \frac{2v}{c^2} \cdot \frac{d\eta}{dt} + 0.8 \cdot \pi \cdot P \cdot \frac{\eta}{\lambda} = 0 \, ,$$

sie darf aber nur in dem Bereich integriert werden, in dem die vereinfachte Funktion $0.8 \cdot \pi \cdot P \cdot \frac{\eta}{\lambda}$ stetig ist.

Da die Stabilitätsgrenze dadurch bestimmt ist, daß ein Bewegungsablauf in der Weise möglich ist, daß an beiden oberen Gleichgewichtslagen die Relativgeschwindigkeit zu Null wird, kann diese Stabilitätsgrenze dadurch bestimmt werden, daß die Lösung der Differentialgleichung hierfür die beiden folgenden Randbedingungen erfüllen muß:

$$t = 0 \qquad \eta = -\frac{\lambda}{2} \cdot \left(1 + \frac{\pi^2}{2} \cdot \frac{\xi}{\lambda}\right) \qquad \frac{d\eta}{dt} = 0 \, ,$$

$$t = T \qquad \eta = +\frac{\lambda}{2} \cdot \left(1 - \frac{\pi^2}{2} \cdot \frac{\xi}{\lambda}\right) \qquad \frac{d\eta}{dt} = 0 \, .$$

Die allgemeine Lösung der Bewegungsgleichung lautet:

$$\eta = e^{-\frac{W \cdot v}{M c^2} \cdot t} \left[A \cdot \cos(\omega t) + B \cdot \sin(\omega t)\right] \quad \text{mit} \quad \omega^2 = 0.8 \cdot \pi \cdot \frac{P}{M \cdot \lambda} - \alpha^2 ; \quad \text{und} \quad \alpha = \frac{W \cdot v}{M \cdot c^2}.$$

Und wenn nun die beiden Integrationskonstanten A und B durch die obigen Randbedingungen bestimmt werden, erhält man die beiden Beziehungen:

$$\frac{\pi^2}{2} \cdot \frac{\xi}{\lambda} = \mp \frac{1 - e^{-2aT}}{(1 + e^{-aT})^2} \quad \text{und} \quad \omega T = \pi \, .$$

Dadurch sind nun die Stabilitätsgrenzen vollkommen bestimmt. Welches der beiden Vorzeichen zu wählen ist, hängt davon ab, welche der beiden Stabilitätsgrenzen bestimmt werden soll. Für die untere Stabilitätsgrenze, also für den Übergang zu kleineren Geschwindigkeiten v als der Wellengeschwindigkeit c, ist das negative Vorzeichen zu wählen.

In diese Formel für die Gleichgewichtslage ξ muß die mittlere Geschwindigkeit v eingesetzt werden. Diese mittlere Geschwindigkeit ist aber nun nicht mehr unbekannt, sondern ebenfalls schon völlig bestimmt durch

$$v = c \mp \frac{\lambda}{T} = c \mp \frac{\lambda \cdot \omega}{\pi} \, .$$

Denn die Zeit T wird benötigt, um eine Strecke von der Wellenlänge λ zu durchlaufen. Da die Kreisfrequenz ω schon oben bestimmt wurde, ist also die mittlere Geschwindigkeit v dadurch vollkommen bestimmt.

Innerhalb des stabilen Bereiches kann das Schiff nur mit der Wellengeschwindigkeit c laufen, außerhalb des stabilen Bereiches kann es aber nur mit einer kleineren Geschwindigkeit als $\left(c - \frac{\lambda \omega}{\pi}\right)$ oder mit einer größeren Geschwindigkeit als $\left(c + \frac{\lambda \omega}{\pi}\right)$ laufen, so daß also innerhalb dieser beiden Grenzen kein Zwischenwert für die Geschwindigkeit möglich ist.

Die Gleichgewichtslage ξ, die die obige Formel ergibt, bezeichnet die Lage, für die die Stabilitätsbedingung gerade erfüllt ist. Dieser Wert ξ ist immer sehr klein gegenüber λ, d. h. das Schiff kann nur im Wellental mit den Wellen mitlaufen.

Aufschlußreich ist es, die Propellerschübe zu bestimmen, die zu den Stabilitätsgrenzen gehören. Um hierfür übersichtlichere Formeln zu erhalten, wird der Ausdruck

$$\frac{\pi^2}{2} \cdot \frac{\xi}{\lambda} = \mp \frac{1 - e^{-2aT}}{(1 + e^{-aT})^2}$$

vereinfacht in

$$\frac{\pi^2}{2} \cdot \frac{\xi}{\lambda} = \mp \frac{a\,T}{2} = \mp \frac{1}{2} \cdot \frac{\pi}{\omega} \cdot \frac{W \cdot v}{M\,c^2}\,.$$

Das erscheint zulässig, da die Exponenten von e immer klein sind. Aus diesen Gleichgewichtslagen ξ folgen nun die dazugehörigen Propellerschübe aus:

$$S = W \cdot (2\,v\,c - v^2) + 0{,}8 \cdot \pi \cdot P \cdot \frac{\pi^2}{4} \cdot \frac{\xi}{\lambda}\,.$$

Damit sind die Grenzen für das stabile Verhalten des Schiffes vollkommen bestimmt, und zwar beträgt, wenn für P eingesetzt wird

$$P = 2\,\pi\,\frac{r}{\lambda} \cdot D \cdot e^{-\pi\,\frac{Tm}{\lambda}} \cdot \left(\frac{\varepsilon}{a}\right)_{\mathrm{Spfl.}} = \pi \cdot \frac{h}{\lambda} \cdot D \cdot e^{-\pi\,\frac{Tm}{\lambda}} \left(\frac{\varepsilon}{a}\right)_{\mathrm{Spfl.}}$$

für die untere Stabilitätsgrenze:

die mittlere Geschwindigkeit
$$v = c \cdot \left[1 - \sqrt{5\,\frac{h}{\lambda} \cdot \left(\frac{\varepsilon}{a}\right)_{\mathrm{Spfl.}} \cdot e^{-\pi\,\frac{Tm}{\lambda}}}\,\right]$$

die Gleichgewichtslage
$$\xi = -\frac{\lambda}{\pi} \cdot \frac{W \cdot v}{M \cdot \omega}$$

der Propellerschub
$$S = W \cdot c^2 \cdot \left\{1 - 5{,}6\,\sqrt{\frac{h}{\lambda} \cdot \left(\frac{\varepsilon}{a}\right)_{\mathrm{Spfl.}} \cdot e^{-\pi\,\frac{Tm}{\lambda}}} + 7{,}5\,\frac{h}{\lambda} \cdot \left(\frac{\varepsilon}{a}\right)_{\mathrm{Spfl.}} \cdot e^{-\pi\,\frac{Tm}{\lambda}}\right\}$$

für die obere Stabilitätsgrenze:

die mittlere Geschwindigkeit
$$v = c \cdot \left[1 + \sqrt{5 \cdot \frac{h}{\lambda} \cdot \left(\frac{\varepsilon}{a}\right)_{\mathrm{Spfl.}} \cdot e^{-\pi\,\frac{Tm}{\lambda}}}\,\right]$$

die Gleichgewichtslage
$$\xi = +\frac{\lambda}{\pi} \cdot \frac{W \cdot v}{M \cdot \omega}$$

der Propellerschub
$$S = W \cdot c^2 \cdot \left\{1 + 5{,}6\,\sqrt{\frac{h}{\lambda} \cdot \left(\frac{\varepsilon}{a}\right)_{\mathrm{Spfl.}} \cdot e^{-\pi\,\frac{Tm}{\lambda}}} + 7{,}5\,\frac{h}{\lambda} \cdot \left(\frac{\varepsilon}{a}\right)_{\mathrm{Spfl.}} \cdot e^{-\pi\,\frac{Tm}{\lambda}}\right\}\,.$$

Es ist ferner möglich, aus der Bewegungsgleichung auch den an die Stabilitätsgrenze anschließenden Teil des Diagrammes Propellerschub zu Geschwindigkeit annähernd zu bestimmen. Hierfür muß die Bewegungsgleichung in der gleichen Weise wie oben integriert werden, jedoch darf an den Rändern des Integrationsbereiches die Relativgeschwindigkeit $\frac{d\eta}{dt}$ nicht Null gesetzt werden, sie soll vielmehr einen endlichen positiven Wert annehmen:

$$l = 0 \qquad \eta = -\frac{\lambda}{2} \cdot \left(1 + \frac{\pi^2}{2} \cdot \frac{\xi}{\lambda}\right) \qquad \frac{d\eta}{dt} = \left(\frac{d\eta}{dt}\right)_0$$

$$l = T \qquad \eta = +\frac{\lambda}{2} \cdot \left(1 - \frac{\pi^2}{2} \cdot \frac{\xi}{\lambda}\right) \qquad \frac{d\eta}{dt} = \left(\frac{d\eta}{dt}\right)_0$$

$$\eta = e^{-a\,t} \cdot [A \cdot \cos(\omega\,l) + B \cdot \sin(\omega\,l)]\,.$$

Wieder werden die Integrationskonstanten A und B durch die Randbedingungen bestimmt und man erhält dadurch die beiden folgenden Beziehungen:

$$\frac{\pi^2}{2} \cdot \frac{\xi}{\lambda} = \pm \frac{1 - e^{-2\,a\,T} + \frac{2\,a}{\omega} \cdot e^{-a\,T} \cdot \sin(\omega\,T)}{1 + e^{-2\,a\,T} - 2 \cdot e^{-a\,T} \cdot \cos(\omega\,T)} \quad ; \quad \left(\frac{d\eta}{dt}\right)_0 = \pm \frac{\omega\,\lambda \cdot e^{-a\,T} \cdot \frac{a^2 + \omega^2}{\omega^2} \cdot \sin(\omega\,T)}{1 + e^{-2\,a\,T} - 2 \cdot e^{-a\,T} \cdot \cos(\omega\,T)}\,.$$

Für die Wahl des Vorzeichens gilt wieder, wie oben, daß für kleinere Geschwindigkeiten als c das negative, für größere Geschwindigkeiten dagegen das positive Zeichen zu wählen ist.

Für $\omega \cdot T = \pi$ nimmt die Gleichgewichtslage ein Maximum oder Minimum an und die Relativgeschwindigkeit $\left(\frac{d\eta}{dt}\right)_0$ wird zu Null. Dieser Punkt entspricht der oben bestimmten Stabilitätsgrenze. Größere Werte von T sind physikalisch bedeutungslos, da hierfür die Relativgeschwindigkeit negativ wird. Eine physikalische Bedeutung kommt nur Werten von T kleiner als π/ω zu.

Aus der obigen Beziehung zwischen T und ξ ergibt sich nun das Diagramm Propellerschub zu Geschwindigkeit wie folgt:

Die mittlere Geschwindigkeit v ergibt sich aus

$$v = c \pm \frac{\lambda}{T}$$

und der Propellerschub aus

$$S = W\,(2\,v\,c - v^2) + 0{,}8 \cdot \pi \cdot P \cdot \frac{\pi^2}{4} \cdot \frac{\xi}{\lambda}.$$

Wenn man nun z. B. für sehr kleine T die Beziehung zwischen ξ und T angenähert ausdrückt durch:

$$\frac{\pi^2}{2} \cdot \frac{\xi}{\lambda} = \mp 1{,}6 \frac{W \cdot v}{P} \cdot \frac{\lambda^2}{T}$$

und diesen Wert nun verwendet für die Bestimmung des Diagrammes Propellerschub zu Geschwindigkeit, erhält man hierfür den Propellerschub

$$S = W \cdot \left\{ 2\,vc - v^2 \pm 2 \cdot v\,\frac{\lambda}{T} \right\}.$$

Und da man für die mittlere Geschwindigkeit v den Wert $\left(c \pm \frac{\lambda}{T} \right)$ gefunden hat, erhält man also für den Propellerschub

$$S = W\,\frac{v^2}{c^2}$$

d. h. also, solange für kleine T die angenäherte Funktion für $\frac{\pi^2}{2}\frac{\xi}{\lambda}$ mit der genauen Funktion, die oben angeschrieben

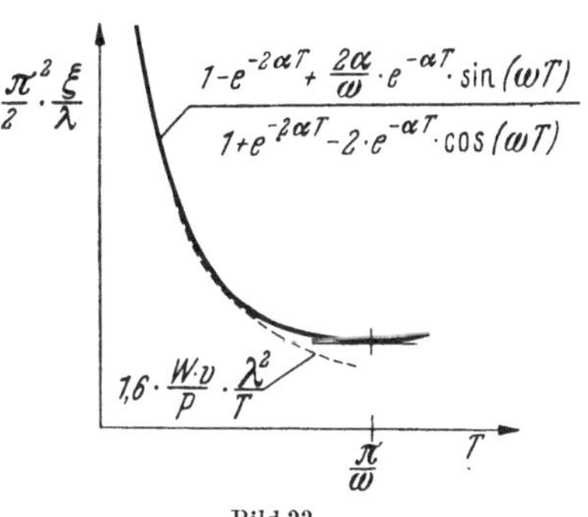

Bild 33.

ist, übereinstimmt (Bild 33), ist der Einfluß der nachlaufenden See auf den Widerstand bzw. auf den Propellerschub bedeutungslos. (Natürlich gilt das nur, weil der Einfluß der Tauch- und Stampfbewegung, der um so mehr zur Geltung kommt, je größer die Relativgeschwindigkeit zur Wellenform ist, vernachlässigt ist.)

Erörterung.

Dr.-Ing. Kurt Wendel, Hamburg:

Ich habe mich vor Jahren gleichfalls damit beschäftigt, Schiffsmodelle in Wellen zu untersuchen. Wenn es sich dabei auch nicht um die Bestimmung des Widerstandes handelte, so spielte doch die Erzeugung von gleichmäßigen Wellen und das richtige Hineinlegen des Modells in diese Wellenzüge eine ähnlich wichtige Rolle wie bei Widerstandsversuchen. Die nun vermutlich aus den Erschwerungen, unter denen die Schiffbauversuchstechnik in Deutschland zu leiden hat, entstandene Improvisation des vor dem Modell gefahrenen Wellenerzeugungsbrettes ist m. E. geistvoll, einfach und für manche Untersuchung zweckmäßig. Diese Methode, Wellen zu erzeugen, wird wohl in den festen Bestand der von den Versuchstanks verwendeten Methoden eingehen.

Dem Vortragenden ist mit diesem Hilfsmittel die theoretische Erklärung eines wichtigen bereits aus der Praxis bekannten Stabilitätsproblems gelungen. Die von ihm gemachten relativ einfachen Ansätze werden auch bei anderen Aufgaben angewendet werden können.

Mit dem neuen Wellenerzeugungsbrett kann man vielleicht auch auf einfache Weise gewisse Aufschlüsse über die Eignung einer bestimmten Schiffsform im Seegang erhalten. Nicht erschöpfend, weil die Welle ja stationär ist, also keine Tauch- und Stampfschwingungen auftreten. Aber doch einen Anhalt. Vielleicht ergänzt man in Zukunft den üblichen Schleppversuch in glattem Wasser durch einen Versuch mit vorgeschaltetem Wellenerzeugungsbrett. An Hand von diesen beiden Versuchen wird man dann die Auswahl der wirtschaftlichsten Schiffsform zweckmäßiger treffen können.

Zwei, allerdings das Endergebnis wohl nicht grundsätzlich beeinflussende, Meßergebnisse wurden von Herrn Grim mit Überraschung festgestellt. Einmal fand er nicht das sonst theoretisch und durch viele Messungen auch praktisch gesicherte Resultat, wonach für die Wellenlänge gilt: $\lambda/v^2 = 0{,}64$. Er fand dies Verhältnis etwa 10% kleiner, seine Wellen wurden gewissermaßen zu kurz. Ferner fand er im Versuch viel größere Widerstände in der Welle als sie die Theorie ergibt. Ich halte es nun für möglich, ja für wahrscheinlich, daß diese Abweichungen dadurch zustande kommen, daß es sich bei der Welle, an und in der die Messungen vorgenommen wurden, nicht oder besser noch nicht um eine Tiefseewelle handelt. Für Tiefwasserwellen gelten aber die theoretischen Ergebnisse. Eine Tiefseewelle klingt nach einer Exponentialfunktion nach unten ab, die Höhe ist in $^1/_9\,\lambda$ Wellenlänge Entfernung von der Oberfläche etwa halb so groß wie an der Oberfläche selbst.

Auch die Kreisbewegung der Wasserteilchen, deren Geschwindigkeiten und die kinetische Energie in der Welle klingt im selben Maße ab. An der Erzeugungsstelle der von Herrn Grim benutzten Wellen, an dem nur wenig eingetauchten Brett, muß die Bewegung aber auf eine viel dünnere Wasserschicht konzentriert sein, die kinetische Energie, die dort etwa ein Kubikzentimeter Wasser enthält, muß also viel größer sein. Erst allmählich nach mehreren Wellenlängen, wird die Energie sich so verteilt haben, wie es für die richtige Tiefwasserwelle der Fall sein muß. Eine nähere Untersuchung der Wellenentstehung wird diese Unstimmigkeiten vielleicht aufklären. Ähnliche Probleme sind wohl auch schon von Lamb und anderen Theoretikern rechnerisch untersucht worden. Man könnte natürlich auch im Versuch diesen Einfluß prüfen. Man müßte dann die Messungen nicht nur dicht hinter dem Brett, sondern vergleichsweise auch einige Wellenlängen von ihm entfernt vornehmen.

Herr Grim ging am Ende seines Vortrages auf das Schieben von Schwimmkörpern durch die Welle ein. Ein solches Schieben tritt nur selten auf, und es müssen ganz bestimmte Bedingungen erfüllt sein. Das stimmt mit den Beobachtungen überein. Aber wichtiger und praktisch sehr häufig zu beobachten ist das Antreiben von Booten oder schwimmenden Körpern an das Ufer. Hier findet doch ein tatsächlicher Transport durch die Wellen statt. Nur daß nicht eine Welle das Boot ans Ufer trägt, sondern sehr viele, jeder Berg schiebt das Boot ein Stück vorwärts und in jedem nachfolgenden Tal geht es wieder zurück. Aber nicht um dasselbe Stück, sondern um ein kleineres; es bewegt sich gewissermaßen im Pilgerschritt vorwärts. Diese Bewegung wird ja auch praktisch ausgenutzt und vielleicht kann man resultierende Geschwindigkeit und die Kursstabilität, auf die es dabei ja sehr ankommt, mit ähnlichen einfachen Ansätzen, wie sie von Herrn Grim benutzt worden sind, berechnen.

Ziviling. **Hans Hoppe,** Hamburg:

Herr Grim bemerkte im Zusammenhang mit der gezeigten Widerstandskurve, bei der die Einhüllenden die Grenzzustände für eine Widerstandsvermehrung bzw. -verminderung darstellten, daß diese Erscheinungen des vor der See mitlaufenden Schiffes in der Praxis noch nicht bemerkt worden sind.

Sie sind doch bemerkt worden, und zwar recht offensichtlich und recht instruktiv erkennbar in einem Falle, der mir gerade in Erinnerung kommt. Es wäre ja auch sonderbar, wenn Erscheinungen des Modellversuches nicht wenigstens qualitativ auch bei der Großausführung auftreten würden.

Ich denke gerade an den Fall des Barkassen-Rennens um das „Blaue Band" auf der Unterelbe.

In der Spitzengruppe bemerkt man, daß hinter dem Vorläufer eine nachlaufende Barkasse geradezu festklebt. Sie kommt weder voran noch fällt sie ab. Die 10—12 m langen Boote liegen bei rund 10 kn. Fahrt in dem Wellensystem des Vorläufers mit einer Wellenlänge von rund 17 m, also gut im Wellental der Heckwelle des vorausfahrenden Bootes. In dem nachfolgenden Boot kann man sogar die Propellerumdrehungen abfallen lassen und bleibt doch auf dem gleichen Abstand liegen. Man kann die Umdrehung aber nicht so stark erhöhen, um den vorausliegenden Wellenberg zu überlaufen. Es wird in diesen Fällen dann der Kunstgriff des plötzlichen harten Ruderlegens angewendet, wobei man dann nach Erreichen einer bestimmten Kursabweichung das Verhältnis der Schiffslänge zur Wellenlänge so verändert hat, daß sich der im Wege stehende Wellenberg mit schrägem Kurs überwinden läßt. Gelegentlich glückt dieses Manöver und der Vorbeilauf. Es liegt also der im Modellversuch erzwungene Fall „Schiff in mitlaufender See" vor, den die Praxis also leicht darstellen kann.

Eine Frage hinsichtlich der Wellenerzeugung bitte ich zu beantworten:

Wenn das vor dem Modell fahrende wellenerzeugende Brett plötzlich aus dem Wasser gehoben wird, bleibt dann das erzeugte Wellensystem hinter dem Modell stehen oder läuft die Welle mit der zur Wellenlänge gehörenden Fortschrittsgeschwindigkeit dem Modell nach, d. h. wird eine stehende oder eine fortschreitende Welle erzeugt. Bekanntlich ist der Energieinhalt dieser beiden Wellenarten unterschiedlich, so daß möglicherweise die weiteren Schlußfolgerungen des Vortrages beeinflußt werden. Ich darf hinsichtlich der Wellenerzeugung an die von mir in Versuchsanstalten angewendete, aber andersartige Methode zur Erzeugung fortschreitender Oberflächenwellen erinnern.

Baurat Dipl.-Ing. **C. W. Eichler,** Hamburg:

Ein ähnlicher Zustand, wie er im Vortrage erwähnt wurde, kann eintreten, wenn ein kleineres Schiff, etwa ein Boot, hinter einem größeren Schiff geschleppt wird. Namentlich ein Radschlepper erzeugt eine mit der Schiffsgeschwindigkeit mitlaufende starke Welle. Wenn dann das geschleppte Boot derart in dem Wellensystem des Schleppers liegt, daß es die Welle sozusagen herabfährt — was geschieht, wenn es mit seinem Heck in der Welle liegt —, dann kann es passieren, daß die Schleppleine, durch die man mit dem Schlepper verbunden ist, lose ins Wasser hängt. Ich habe diesen Zustand einmal selber einige Stunden lang mit meinem Boote verfolgt, das also nur durch diese mitlaufende Welle geschoben wurde. Ich hätte damals eigentlich kein Schleppgeld bezahlen müssen.

Das sogenannte Wellenreiten auf den langen Seen der Südsee dürfte übrigens eine ähnliche Erscheinung sein.

Professor Dr.-Ing. E. h., Dr.-Ing. **F. Horn,** Berlin (Nachträglicher schriftlicher Diskussionsbeitrag):

Ich möchte nur eine kleine Anregung geben. Vielleicht wird man die Versuche des Herrn Vortragenden gelegentlich noch dahin ergänzen können, daß man das Modell im Sinne des Wellenkamp-Systems durch einen gewichtsbelasteten, über am Schleppwagen angeordnete Rollen laufenden Draht schleppen läßt, so daß dem Modell also eine Eigenbewegung in der Längsrichtung gegenüber dem Wagen möglich ist. Man könnte dann die These des Vortragenden verifizieren, daß das Modell mit der See in einem bestimmten Geschwindigkeitsbereich mitläuft. Man kann durch Veränderung des Zuggewichts die Grenzen feststellen, jenseits deren das Modell sei es hinter den Wellen zurückbleibt, sei es sie überholt.

Dipl.-Ing. **Otto Grim** (Schlußwort):

Es freut mich, daß die Diskussionsredner so positiv Stellung genommen haben. Die beiden geschilderten Beispiele zeigen, daß in dem regelmäßigen Wellensystem hinter einem Schiff der große Einfluß von mitlaufenden Wellen auch in der Praxis beobachtet werden kann. Um so sicherer muß es daher erscheinen, daß sich dieser Einfluß, wenn die dafür nötigen Voraussetzungen gegeben sind, auch am Schiff im Seegang bemerkbar macht.

Den Versuch, den Herr Professor Horn vorgeschlagen hat, wollte ich auch schon durchführen, jedoch erlauben die zur Zeit zur Verfügung stehenden Einrichtungen das nicht. Ich hoffe, daß ich später, wenn wir die neue Versuchsanstalt haben, einen solchen Versuch durchführen kann.

Die Frage von Herrn Hoppe, wie sich die beim Modellversuch erzeugte Welle verhalten würde, wenn das wellenerzeugende Brett plötzlich aus dem Wasser gehoben würde, läßt sich auf Grund der Beobachtung der Welle beim plötzlichen Abstoppen des Schleppwagens am Ende jeder Fahrt leicht beantworten. Die Welle lief dann nämlich weiter und überholte den Wagen und das wellenerzeugende Brett. Sie würde also sicher auch nach dem plötzlichen Herausheben des wellenerzeugenden Brettes weiterlaufen, allerdings dabei schnell flacher werden und bald verschwinden.

Zu den Ausführungen von Herrn Dr. Wendel über die Länge der erzeugten Wellen möchte ich bemerken, daß Lamb das Problem der Erzeugung von Wellen durch einen auf die Wasserfläche wirkenden, längs einer sich mit gleichmäßiger Geschwindigkeit bewegenden Linie verteilten Druck, behandelt hat. Er hat hierbei auf theoretischem Wege gefunden, daß für die Länge der dadurch erzeugten Wellen auch gleich hinter der Wirkungslinie des Druckes das Gesetz $\lambda/v^2 = 0{,}64$ gilt. Allerdings gelten die Rechnungen von Lamb genau nur für sehr niedrige flache Wellen, und es könnte daher sein, daß die durch Messung festgestellte Abweichung von dem Gesetz $\lambda/v^2 = 0{,}64$ dadurch verursacht ist, daß die Wellen hoch und steil waren. Der Vorschlag, die Wellen nicht nur dicht hinter dem Brett, sondern auch einige Wellenlängen dahinter zu messen, läßt sich z. Z. leider nicht durchführen. Denn da der Schleppwagen nicht über die ganze Tankbreite reicht, kann auch das wellenerzeugende Brett nicht über die ganze Tankbreite geführt werden, und der störende Einfluß der Enden dieses Brettes macht sich daher einige Wellenlängen hinter dem Brett geltend.

Ich danke den Diskussionsrednern für die Beiträge und allen Zuhörern für die Aufmerksamkeit und das Ausharren bis zu der späten Stunde.

Professor Dr.-Ing. E. h., Dr.-Ing. **F. Horn** (Dankwort):

Mit seinem Vortrag ist Herr Dipl.-Ing. Grim regelrecht in ein Neuland der Schiffstheorie vorgestoßen. Sein Vortrag ist ein schönes Beispiel für eine Forschung, in der Theorie und Versuch gleichermaßen zu ihrem Recht kommen und sich gegenseitig ergänzen. Der Inhalt des Vortrags ist gekennzeichnet durch ebenso originelle wie gründlich durchdachte Konzeptionen und stellt auf einem wichtigen Gebiet eine Bereicherung unseres Wissens dar.

Ich danke Herrn Grim im Namen der Schiffbautechnischen Gesellschaft herzlich für seine schöne Arbeit. (Lebhafter Beifall.)

XIX. Forschungen aus der Blütezeit des Bauens hölzerner Segelschiffe im 19. Jahrhundert.

Von Professor Dr.-Ing. **Rudolf Erbach,** Düsseldorf.

Die Blütezeit des Bauens hölzerner Segelschiffe liegt etwa zwischen 1825 und 1870 und erreichte in den sechziger Jahren ihren Höhepunkt. Nach 25 Jahren, in denen die Kriege der französischen Revolution und die Napoleons, besonders aber die Kontinentalsperre den Welthandel schwer schädigten und auch die deutschen Segler in den Häfen verfaulen ließen, brachte eine lange Friedenszeit einen starken kulturellen Aufstieg. Die Geschichtsschreibung und der Geschichtsunterricht, die sich leider etwas einseitig auf die Dynastien, deren Kriege und dadurch verursachten Macht- und Gebietsverschiebungen beschränken, haben meines Erachtens die großen Leistungen der Kunst, Wissenschaft und Technik in den Jahren 1830 bis 1860 nicht genügend gewürdigt, obwohl diese die Lebensbedingungen der weißen Rasse völlig veränderten, mehr als es Jahrhunderte stärkster politischer Macht- und Gebietsverschiebungen vermochten. Die Befreiung der Wirtschaft vom Zwang durch liberale Maßnahmen, besonders in England, förderten auch den Seehandel und damit den Schiffbau in hohem Maße.

Daß die starke Schiffbautätigkeit bis in die siebziger Jahre weit überwiegend noch hölzerne Segelschiffe erzeugte, ist dem Laien oft unverständlich, denn Schiffsmaschinen- und Eisenschiffbau waren in den fünfziger Jahren so hoch entwickelt, daß schon 1859 im „Great Eastern", ein Wunderwerk der Schiffbaukunst vollendet wurde, das an Größe erst 50 Jahre später wieder erreicht wurde.

Der Mangel, daß dieses Schiff den wirtschaftlichen Verhältnissen seiner Zeit nicht entsprach, gilt auch bis etwa 1870 allgemein für die Dampfer, soweit sie nicht der transatlantischen Passagierfahrt oder anderen Sonderzwecken dienten. Bei Frachtschiffen waren die großen Verluste an Ladefähigkeit durch die hohen Eigengewichte, Raumanforderungen und den großen Kohlenbedarf der Maschinenanlagen wirtschaftlich nicht tragbar. Noch Mitte der sechziger Jahre besaß daher die Handelsflotte des späteren Reichsgebietes nur die wenigen größeren Passagierdampfer der Hamburg-Amerikanischen Paketfahrt A. G. und des Norddeutschen Lloyd, die alle in England gebaut waren; der Frachtverkehr lag noch fast ganz bei den hölzernen Seglern.

Es war nicht konservative Rückständigkeit, welche Seeleute und Reeder gegen den Eisenbau ihrer Segler einnahm, sondern dies hatte seine guten Gründe: Eiserne Schiffe hatten gegen hölzerne neben vielen Vorteilen auch erhebliche Nachteile, besonders für den Seemann. Sie waren im Winter sehr kalt, im Sommer sehr warm. Das Schwitzwasser an den Eisenteilen der Laderäume eiserner Schiffe verursachte besonders in den Tropen Ladungsschäden; der Rost und seine Bekämpfung erforderten viel Arbeit und Ausgaben. Kleinere Reparaturen am Schiffskörper konnten nicht, wie beim Holzschiff, vom Schiffszimmermann ausgeführt werden, und im außereuropäischen Ausland waren Reparaturwerften für eiserne Schiffe, besonders in den von Seglern angelaufenen Häfen, nicht vorhanden.

Starke Bedenken gegen eiserne Schiffe hatten die Kapitäne wegen der Ablenkung der Magnetnadel durch die großen Eisenmassen, die nicht nur mit den verschiedenen Kursrichtungen differiert, sondern sich auch mit den seitlichen Neigungen des Schiffes ändert. Seeamtsverhandlungen haben ergeben, daß bei Dampfern mit hoher Deckslast, die mit großer Schlagseite fuhren, Strandungen durch diese Kompaßfehler vorgekommen sind. Für Segler, die mit erheblichen Neigungen durch den Segeldruck fahren, wäre die Navigation in den an allen modernen Hilfsmitteln baren Segelschiffszeiten noch schwieriger geworden. Der Hauptnachteil eiserner Segler ist aber der, daß es praktisch unmöglich ist, auf der Eisenhaut den kupferhaltigen Metallbeschlag anzubringen, welcher allein das Bewachsen des Unterwasserschiffs mit Muscheln und Seegewächsen und damit den sehr hohen Verlust an Geschwindigkeit und Manövrierfähigkeit verhindern kann. Segler waren diesem Bewachsen besonders in warmen Gewässern weit mehr ausgesetzt als Dampfer, da sie länger in den Häfen lagen. Bei eisernen Kriegsschiffen für den Stationsdienst in warmen Gegenden wurde ein solcher Metallbeschlag auf einer wasserdichten hölzernen Haut angebracht, die auf der Eisenhaut als elektrische Isolation zwischen Eisen und Metall befestigt und sehr kostspielig war. Die Stationskanonenboote, die noch kurz vor dem ersten Weltkrieg gebaut wurden, hatten wegen der genannten

Vorteile des Holzes eine hölzerne Außenhaut auf eisernen Spanten, die Komposit-Bauart, die unter anderem auch für die schnellen englischen Teeklipper der sechziger Jahre Anwendung fand.

Als letzter Grund für die späte Einführung des Eisens als Baumaterial für Segler muß die Schwierigkeit der Umstellung der Holzschiffwerften, die mehr oder weniger handwerklich betrieben wurden, auf Eisenbau genannt werden, da dieser fabrikmäßigen Maschinenbetrieb und eine gut angelernte Arbeiterschaft verlangt, die erst allmählich heranwachsen mußte.

Von den vielen hundert deutschen größeren Segelschiffsneubauten der sechziger Jahre waren nur 14 auf den beiden Reiherstieg-Werften von Godefroy und Dreyer und 10 in England gebaute aus Eisen. Das erste deutsche seegehende eiserne Segelschiff, jawohl auch das erste eiserne Seeschiff überhaupt, wurde nicht an der Wasserkante, sondern 1844 am Rhein von der 1829 gegründeten Werft von Jacobi, Haniel und Huyssen in Ruhrort gebaut; es war die für Rhein-Seefahrt bestimmte Brigg „Hoffnung".

Der große Bedarf an Segelschiffneubauten hatte eine sehr starke Vermehrung der Holzschiffwerften, besonders in den sechziger Jahren, zur Folge. Für 1870 konnte ich etwa 190 Werften im Nordseegbiet und 140 im Ostseegebiet namentlich feststellen, die seegehende Schiffe bauten; es mögen aber noch einige mehr gewesen sein, da in den Schiffsregistern dieser Zeit die Bauwerften nur teilweise angegeben sind. Werften für Flußschiffe, Fischerboote und Bootsbauereien sind in den Zahlen nicht enthalten. Diese vielen Werften, die schnell entstanden und ebenso verschwanden, waren über die ganze Küste und bis tief ins Land verstreut. Die großen Hafenstädte hatten verhältnismäßig wenig Werften. In den kleinen Städtchen und Dörfern konnten sie mit billigerem Bauplatz und niedrigeren Löhnen wirtschaftlicher arbeiten. In Ostfriesland lagen viele dieser handwerklich betriebenen kleinen Werften an den Kanälen, Fehnen und Sielen der großen Moore.

Das kleine, etwas abseits der Ems gelegene Städtchen Papenburg war wohl der ausgesprochenste Schiffer- und Schiffbauerort des Reichsgebietes. Mit knapp 7000 Einwohnern hatte es 23 Seeschiffswerften und 1869 eine Seglerflotte von 200 Schiffen mittlerer Größe. 125 davon waren allein in den Jahren 1860 bis 1868 gebaut worden. Auf diese höchste Blüte folgte von 1870 an ein sehr schneller Niedergang von Schiffahrt und Schiffbau dieser einzigartigen Seestadt im Moor, die den Übergang zum Dampfer nicht finden konnte, und von den 23 Werften konnte nur die von Meyer sich auf den Eisen- und Dampfschiffbau umstellen, in dem sie heute noch mit Erfolg arbeitet.

Außer den großen Hafenplätzen waren die Bezirke um Brake, Vegesack und Blankenese stark schiffbaulich eingestellt. In der Ostsee blühte in Apenrade, an der Schlei, in Kiel und Lübeck der Holzschiffbau. Auch Wismar hatte viele Werften, aber besonders Rostock war reich an Werften und Schiffen, es stand nach Hamburg und Bremen an dritter Stelle. Andere Zentren für Schiffbau und Segelschiffsreederei waren Stettin, Stralsund, Greifswald und der vorpommersche Raum, in dem das heute fast unbekannte Städtchen Barth hervorragte. Weiter östlich war Schiffbau und Reederei in den wenigen Häfen Danzig, Memel, Pillau vereinigt. Elbing und Königsberg spielten eine untergeordnetere Rolle. Hier fehlten die vielen kleinen Häfen, an denen die westlichere Ost- und die Nordseeküste so reich sind. Die Zahl und der Tonnengehalt der deutschen Segler erreichte um 1870 den Kulminationspunkt, den ich in meinem Vortrag vor der S. T. G. 1940 eingehend geschildert habe und durch den ich Mitglied des Fachausschusses der S. T. G. für die Geschichte des Schiffbaus wurde.

In diesem wurde 1940 der großangelegte Plan gefaßt, die Geschichte des ganzen Schiffbaus, zunächst bis 1900, zu erforschen und in einem großen Werk der Nachwelt zu überliefern. Sachbearbeiter übernahmen einzelne Zeitabschnitte und Fachrichtungen; Schiff- und Schiffsmaschinenbau, Handels- und Kriegsschiffbau, und es war sogar ein großes deutsches Schiffbaumuseum geplant, für welches ich einen ausführlichen Entwurf machte. Krieg und Kriegsfolgen haben diese Pläne gründlich zerstört und heute müssen wir recht bescheiden versuchen, zu retten, was noch zu retten ist und mit geringen Mitteln doch noch etwas zu schaffen.

Es war durch meine umfangreichen Vorarbeiten für mich selbstverständlich, den Abschnitt „Segelschiffbau von 1825 bis zum Ende" zu übernehmen.

Über und aus diesem Abschnitt war zwar schon manches Wertvolle geschrieben, aber es fehlt die Schilderung des zeitlich geschlossenen und örtlich allesumfassenden „Geschehens", nicht einzelner „Geschehnisse", im Bauen hölzerner Segelschiffe aller Typen. Ich mußte daher, um wirklich Geschichte zu schreiben, meine Arbeit auf breiterer Grundlage aufbauen.

Die Geschichtsforschung behandelt vom politischen wie kulturellen Geschehen hauptsächlich die großen Begebenheiten, die Taten der großen Herrscher, Feldherren, Staatsmänner, Dichter und Künstler und ihre Spitzenleistungen, worüber ja auch die Überlieferungen zahlreicher und leichter zugänglich sind als die der weniger hervorragenden Ereignisse. Die Verallgemeinerung dieser Spitzen führt dann leicht zur Überschätzung der Gesamtheit. So verbindet sich mit dem

Segelschiffbau des beginnenden 19. Jahrhunderts die Vorstellung der stolzen Ostindienfahrer der Ostindischen Kompagnie, mit der Blüte des amerikanischen Segelschiffbaus in den fünfziger Jahren sofort der Gedanke an die genialen extremen Klipperkonstruktionen Donald MacKays. Die sechziger Jahre stehen unter dem Eindruck der schnellen kleinen englischen Teeklipper, und wenn man von der deutschen Segelschiffahrt gegen das Ende des vergangenen Jahrhunderts spricht, so sind die großen Vier- und Fünfmaster der Hamburger Reederei F. Laisz, die „Fliegenden P's" immer wieder im Mittelpunkt.

Die zahlreichen Schilderungen Basil Lubbocks in den blauen Büchern des Blue-Peter-Verlags, besonders in den drei Prachtbänden „Sail", in denen in 80 ausgezeichneten Gemälden von Spurling nur die „Champions of the Seas", die Klipper und Medium-Klipper-Vollschiffe, dargestellt sind, werden die Tausende der braven „Carriers", Vollschiffe und große Barken, stiefmütterlich behandelt, und die weiteren Tausende kleiner Barken, Briggs und Schoner nur in einem Band „Smal Fry" („Kleines Gebratenes", frei übersetzt „Kleines Gemüse"), an einzelnen Beispielen erwähnt, weil von allen diesen Seglern keine Rekordreisen zu vermelden sind, auf deren Aufzählung sich Lubbock in einer fast monoton wirkenden Einseitigkeit beschränkt.

So groß die Bedeutung dieser Spitzenschiffe auch in mancher Beziehung für die technische Entwicklung gewesen sein mag, so spielten sie wirtschaftlich eine untergeordnete Rolle. Ihre Zahl war sehr klein und ihre extremen nur auf Geschwindigkeit eingestellten Konstruktionen entsprachen nur einer kurzen, auf eine bestimmte Fahrtstrecke beschränkten Konjunktur, so daß sie auch nur ein kurzes Dasein führten.

Die Schiffbaugeschichte kann sich nicht nur auf die eigene nationale Entwicklung beschränken, denn gerade im Schiffbau sind die Fortschritte in enger Wechselwirkung zwischen den schiffbautreibenden Völkern entstanden. Auch kann man die Bedeutung und Leistungen des eigenen Schiffbaus nur in Vergleich mit anderen Ländern, für den Segelschiffbau besonders mit England, beurteilen. Die Feststellung, daß im Jahre 1870 die deutsche Seglerflotte 4400 Schiffe mit 900 000 Netto-Reg.-T. groß war, wird erst interessant, wenn man weiß, daß die englische Flotte etwa viermal so groß war.

Ich habe daher meine Studien und Zusammenstellungen auch auf die Seglerflotte anderer Länder, insbesondere England, ausgedehnt.

Diese Gesamtübersichten, ohne die eine wirkliche Geschichte nicht geschrieben werden kann, erfordert eine sehr große, mühevolle Sammel- und Sichtungsarbeit, da solche Übersichten nicht zu finden sind. Im späteren deutschen Reichsgebiet verhinderte die Zersplitterung der Schiffahrt auf acht Länder eine gemeinsame Statistik. So war ich auf die Schiffsregister der Klassifikationsgesellschaften, für das Reichsgebiet des französischen „Bureau Veritas", für England auf „Lloyds Register" angewiesen. Die Register des Germanischen Lloyd, der erst in den achtziger Jahren die Klassifikation der deutsche Schiffe beim „Bureau Veritas" verdrängte, konnten für die siebziger Jahre nur als zusätzliche Forschungsquelle dienen.

Es ist eine bedauerliche Einseitigkeit der deutschen Bibliotheken gewesen, daß sie diese Schiffsregister nicht aufgenommen haben, vermutlich, weil sie keinen literarischen Wert besitzen. Auch Büchereien wirtschaftlicher Institute teilten mir mit, daß die alten Register weggeworfen worden seien, wenn jährlich der neue Band erschien, so wie man dies bei einem Telephonverzeichnis oder Reichskursbuch zu tun pflegt. Wenn ein Archäologe in Griechenland eine alte Inschrift entdeckt und ein Buch darüber schreibt, so findet dieses sicher seinen Platz in den großen Bibliotheken, aber die unpersönlich herausgegebenen Schiffsregister, welche in Hunderttausenden von Zahlen, Abkürzungen, Zeichen und Namen in lückenloser Folge die Geschichte des ganzen Schiffbaus von 1835 bis heute wiedergeben, zumal die alten Register auch die Bauvorschriften der Klassifikation enthalten, werden achtlos weggeworfen! Auch das seit 1871 im Reichsamt des Inneren jährlich erschienene „Handbuch für die deutsche Handelsmarine" mit seinen sehr zuverlässigen Registern und wertvollen Statistiken, war in den Bibliotheken kaum bekannt. Nach langem Bemühen habe ich teils von der Direktion in Paris einige Bände von den ältesten Veritas-Registern, mit 1839 beginnend, spätere und auch solche von British Lloyd, vom Germanischen Lloyd leihweise erhalten und leider die meisten „zur Sicherstellung" bei der Bedrohung Danzigs nach Berlin zurückgeschickt, wo sie restlos verlorengegangen sind, während die wenigen, die ich gerade in Bearbeitung hatte, zusammen mit meinen Forschungsarbeiten, Bildern, Zeichnungen und den alten Archiven der Danziger Klawitterwerft und der Tecklenborgwerft nach langen Irrfahrten wieder in meinen Besitz kamen.

Ich möchte die Gelegenheit meines Vortrages zu der Bitte benutzen, von den genannten Registern, die sich vielleicht noch finden sollten, die älteren Jahrgänge dem Fachausschuß für die Geschichte des Schiffbaus der S.T.G. zu überlassen, der sie dann mir oder späteren Bearbeitern zugänglich machen wird.

Soweit ich feststellen konnte, kann ich wohl für mich in Anspruch nehmen, als erster die große Geduldsarbeit in Angriff genommen und zum Teil durchgeführt zu haben, Geschichte des Schiffbaus aus der Sichtung und Ordnung der vielen Angaben über wohl 40 000 alphabetisch aufgeführte Schiffe aller Nationen in den Schiffsregistern jedes Jahrgangs zu schreiben.

Diese statistische Arbeit ist durchaus nicht stumpfsinnig, wenn sie nicht nur Selbstzweck ist, sondern sie bietet, mit Liebe und Verständnis durchgeführt, interessante und wertvolle Einblicke, nicht nur in technische, sondern auch volkswirtschaftliche, politische und volkskundliche Entwicklungen. Den Verlauf des gesamten Segelschiffbaus von 1839 bis zum Ende wollte ich zunächst für das Reichsgebiet durch Interpolation zwischen den von etwa fünf zu fünf Jahren aufgestellten Übersichten über den Schiffsbestand, unterschieden nach Baujahren, Schiffstypen, Tonnengehalt, graphisch darstellen. Dazu mußte ich für die jeweils vier nicht untersuchten Jahre die Verluste und Abgänge durch Verkauf und Abwracken ermitteln und zuzählen. Bei dem Alter von 1 bis 5 Jahren dieser Schiffe waren letztere sehr gering. Die Verluste konnten natürlich nur geschätzt werden. Das Handbuch für die deutsche Handelsmarine gab hierüber von 1873 ab genaue Aufzeichnungen, die auch allgemein interessieren dürften. Im Jahresdurchschnitt 1873—1879 gingen 150 Schiffe mit 33 000 BRT verloren, das sind 3% der Gesamtzahl und Tonnage. 320 Seeleute von 42 000, also rund $\frac{3}{4}$% verloren dabei ihr Leben. Von der Besatzung der verlorenen Schiffe wurden 77% gerettet, von den Passagieren 85%. Eine große Schiffskatastrophe mit hohen Passagierverlusten ist für den Durchschnitt fortgelassen.

Für die Zusammenstellungsjahre 1839, 1845 sind die Übersichten nach Schiffstypen, Größe, Bauart, Bauwerft, Heimathafen fertig und graphisch über den Baujahren abgesetzt. Für 1850 sind sie leider verloren. 1860 ist in Arbeit, 1870 ziemlich fertig. Es fehlen mir die Register Veritas und Lloyds von 1850, Lloyds 1855, 1865, und 1870 und von Veritas und Lloyds alle späteren Jahrgänge. Die Handbücher für die deutsche Handelsmarine besitze ich von 1877 bis 1905.

Die nachstehende Tabelle zeigt in großen Zügen das Anwachsen der deutschen Seglerflotte durch die starke Bautätigkeit von 1845 bis 1870 und die Verschiebungen zwischen Ostsee und Nordsee, im Durchschnittsalter, der Durchschnittsgröße und in der Häufigkeit der Schiffstypen.

Die Zahl der Segler, in denen die Schiffe der kleinen Küstenfahrt und Wattfahrt unter 60 Netto-Reg.-T. sowie die Fischereifahrzeuge, die ja damals alle kleiner waren, nicht enthalten sind, ist im Reichsgebiet von 1845 bis 1870 von 2480 auf rund 3480 gestiegen, d. i. um 40%; der Tonnengehalt von 464 000 RT auf 932 000 RT, d. i. um 100%. Dementsprechend ist die Durchschnittsgröße von 187 RT auf 268 RT gestiegen. Das Durchschnittsalter je Schiff von 10,8 Jahren im Jahre 1845 hat sich 1870 wenig geändert und ist recht niedrig. Das erklärt sich für 1845 dadurch, daß die weitaus größte Zahl der 1845 vorhandenen Schiffe erst nach 1825 gebaut war.

Augenfällig ist es, daß die Ostseeschiffe schon 1845 erheblich älter waren als die in der Nordsee beheimateten und daß dieser Unterschied 1870 noch größer geworden ist. Dieses stärkere Vorwärtsstreben in der Nordsee zeigt sich auch darin, daß die Nordsee, die nach Zahl der Schiffe 1845 nur 44%, nach Tonnengehalt sogar nur 41% der Gesamtflotte beheimatete, diesen Anteil bis 1870 auf 52,5% bzw. 51,5% gesteigert hatte. Die Durchschnittsgröße war 1870 fast mit der in der Ostsee gleich geworden. Das größte Schiff der Ostsee war aber 1845 nur 700 Tonnen groß, in der Nordsee 825 Tonnen; 1870 hingegen 965 in der Ostsee und 1650 in der Nordsee. Diese Zahlen sind nicht tot, sondern deuten schon die große wirtschaftliche Verschiebung vom Osten nach dem Westen an, die nach 1871 in immer stärkerem, ja geradezu katastrophalem Ausmaß die Bedeutung des überwiegend agrarischen Ostens für die Gesamtwirtschaft, besonders aber die seiner Seeschiffahrt, zugunsten des schnell industrialisierten Westens herabsetzte. Die wirtschaftliche Tragödie des deutschen Ostens, besonders seines Seehandels und seiner Schiffahrt wurde im Westen im Taumel einer beispiellosen Entwicklung auf allen wirtschaftlichen Gebieten nicht empfunden. 1905 war die stolze Ostsee-Seglerflotte praktisch verschwunden, während in der Nordsee noch eine stattliche Flotte eiserner Großsegler und zahlloser Küstensegler mit 630 000 BRT vorhanden war. Die Dampfer, fast ausschließlich in der europäischen Fahrt beschäftigt, hatten mit 385 000 BRT nur knapp ein Sechstel vom Nordsee-Dampferraum. Die Geschichte dieses traurigen Niedergangs ist späteren Arbeiten vorbehalten. Die Tabelle zeigt ferner den Anteil der verschiedenen hauptsächlich nach der Takelung benannten Schiffstypen.

Schiffsneubauten für das spätere deutsche Reichsgebiet 1842–1865 (Schematisch).

Segelschiffe im Reichsgebiet 1870 und 1845 > 60 RT.

Schiffstyp		1870					1845			
	NO	Zahl	Reg.T. 1000	i. M. je S.	Alter i. M.	NO	Zahl	Reg.T. 1000	i. M. je S.	Alter i. M.
Vollschiff	N	115	[1] 98	850	12,9	N	99	43	440	11,4
	O	42	26	600	11,8	O	67	25	370	14,0
Sa.		157	124	790	12,6		166	68	415	12,4
Bark	N	432	[2] 193	450	8,7	N	148	44	295	10,6
	O	623	226	360	11,6	O	159	51	322	9,7
Sa.		1055	419	397	10,4		307	95	310	10,1
Brigg	N	242	54	225	9,4	N	191	36	190	11,3
	O	562	138	245	16,2	O	556	116	208	9,8
Sa.		804	192	270	14,2		747	152	203	10,2
Schonerbark	N	69	18	258	5,9	N	—	—	—	—
	O	73	18	238	7,3	O	—	—	—	—
Sa.		142	36	245	6,6		—	—	—	—
Schonerbrigg	N	288	49	172	7,0	N	50	7	136	6,8
	O	49	8	165	15,9	O	118	17	146	8,2
Sa.		337	57	169	8,3		168	24	143	7,8
Schoner	N	325	38	117	10,7	N	163	16	100	5,8
	O	239	27	120	13,4	O	219	25	114	9,1
Sa.		564	65	115	11,9		382	41	108	7,8
Galeassen	N	22	1,5	70	14,1	N	32	3	100	11,6
	O	52	5,6	102	21,3	O	262	38	143	21,7
Sa.		74	7,1	96	19,0		294	41	139	20,3
Galioten	N	266	24	97	10,5	N	141	14	99	7,9
	O	—	—	—	—	O	—	—	—	—
Kuffen	N	76	6	77	15,9	N	277	27	96	9,9
	O	—	—	—	—	O	—	—	—	—
Alle Typen	N	1835	482	265	9,2	N	1101	190	173	9,3
	O	1640	449	270	13,3	O	1381	273	200	12,0
Reichsgebiet Sa.		3475	931	268	10,7		2482	463	187	10,8

[1] 10 aus Eisen in England gebaut; 9 aus Eisen in Hamburg-Reiherstieg gebaut; 30 alte von USA angekauft.
[2] 5 aus Eisen in Hamburg-Reiherstieg gebaut.

Das königliche Vollschiff ist in der deutschen Seglerflotte nur schwach vertreten gewesen. England besaß z. B. 1860 allein 1800 dieser bis 2300 RT großen Segler mit doppelt soviel Tonnengehalt wie die ganze deutsche Seglerflotte. Der Ostseehandel beschäftigte für den kurzen Massentransport — Getreide und Holz nach, Kohle und Eisen von England — meist plumpe, schwach besegelte Vollschiffe, die sogenannten „Pinken", die aber allmählich ausstarben. Für den überseeischen Handel der Nordseehäfen waren die Vollschiffe hauptsächlich für die Baumwoll- und Tabakschiffe Bremens geeignet. Hamburg hat die kleineren Barken bevorzugt.

Im Jahre 1845 war die zweimastige volle getakelte Brigg besonders in der Ostsee vorherrschend. Ihre Durchschnittsgröße betrug nur rund 200 Tonnen, in seltenen Fällen bis 300 Tonnen. Diese kleinen nur 25 m langen Schiffchen waren gute Segler und befuhren alle Meere. Der geringe Ladungsanfall in den vielen kleinen Hafenplätzen des damaligen Welthandels machte auch die kleinen Schiffe wirtschaftlich, deren Finanzierung durch die Parten der Kleinsparer im Heimathafen auch leichter war, als die der größeren Schiffe. Die großen Reeder, zum Beispiel in Rostock, waren fast nur Korrespondenz-Reeder für diese Partenbesitzer, zu denen auch fast immer der Kapitän gehörte, und selten fuhren sie eigene Ladung oder hatten Überseekaufhäuser wie die hanseatischen Schiffseigner. Auch in Ostfriesland beruhte die Finanzierung der Schiffe auf bäuerlichem und handwerklichem Geld und Neubauaufträge wurden gerne nach dem Verkauf der Ernte erteilt.

Die allmähliche Vergrößerung der Schiffe führte zur Bevorzugung der dreimastigen Bark, die im Durchschnitt etwa doppelt so groß war. Dieser Schiffstyp hat von den sechziger Jahren bis zum Ende der hölzernen Segler in allen Ländern vorgeherrscht. England besaß 1860 3100 Barken mit 1,2 Million Tonnen.

Der beginnende Wettbewerb der Dampfer führte dann bei kleinen Barken und den Briggs zum Ersatz der materiell und personell teuren Raatakelung durch die billigeren Gaffelsegel, wobei man am vorderen Mast wegen besserer Wirkung vor dem Winde die Raatakelung allein bestehenließ

(Schonerbark und Schonerbrigg), oder unter Hinzufügung eines Gaffelsegels verkleinerte (Dreimastschoner und Schoner), oder nur eine kleine Raabeseglung am vorderen Mast bestehenließ (3-Mast-Topsegelschoner, Topsegelschoner), oder schließlich an allen Masten nur Gaffelsegel fuhr (3-Mast-Gaffelschoner und Gaffelschoner). Die Tabelle zeigt die starke Zunahme dieser Typen, besonders der Schonerbriggs und Schoner, die in den kleineren Häfen der Unterweser und Elbe zahlreich beheimatet waren und dort, sowie besonders in Ostfriesland, die völligen, plattbodigen Kuffen ersetzten, die, aus Holland stammend, sich mit ihrer fast rechteckigen Wasserlinienform den schmalen Durchlässen der Kanäle, Schleusen und Siele, mit ihrem platten Boden den geringen Wassertiefen und dem Trockenfallen bei Ebbe anpassen mußten.

Ein Übergangstyp von der Kuff zum Schoner ist die Galiot; auch sie ist sehr völlig gebaut und hat kein überhängendes Heck, nähert sich aber durch Ausbildung eines Totholzes vorne und hinten den normalen Formen der Hochseeschiffe. Die Bezeichnungen „Galiot“ und „Kuff“ bringen die Form des Rumpfes, nicht wie die übrigen Typennamen, die der Takelung zum Ausdruck. Es gab besonders in Holland Kuffen und Galioten mit allen Takelungen vom Vollschiff bis zum Einmaster; am gebräuchlichsten war die Schonertakelung oder die als Anderthalbmaster mit einem kleineren Gaffelmast hinten. Die Tabelle zeigt das Schwinden der großen Kuffen und das starke Anwachsen der Galioten, Schiffstypen, die nur in der Nordsee beheimatet waren. In der kleinen Küsten- und Wattfahrt hat sich die einmastige Kuff noch länger gehalten.

Was Kuff und Galiot für die Nordsee, das waren die völligen, etwas plumpen Galeassen für die Ostsee, wenn auch ihre Formen unbeeinflußt durch flaches Fahrwasser, Gezeiten oder Kanäle denen der Schoner ähnlich waren. In der Takelung waren sie durchweg Anderthalbmaster mit großer Raa- und Gaffeltakelung am vorderen Großmast. Überhaupt war die Besegelung bei dem hohen Widerstand der für höhere Geschwindigkeit sehr ungünstigen Formen sehr groß, und man fuhr auch bis in die siebziger Jahre noch allgemein Leesegel, die man bei mäßigen achterlichen Winden setzte. Die Tabelle zeigt das starke Abnehmen der Galeassen, die mit einem Durchschnittsalter von fast 22 Jahren neben den kleinen Jachten der holsteinischen Küste das höchste Alter erreichten.

Die Lebensdauer eines hölzernen Schiffs hängt in erster Linie von der Güte des Holzes, in zweiter von der Pflege ab. Im Gegensatz zum Eisenbau, wo das Material des Rumpfes keinerlei Schwierigkeiten mehr macht, ist das wichtigste Problem beim Holzbau die richtige Wahl und Verwendung der Holzart, die Beschaffung guten Schiffbauholzes und die richtige Behandlung und Konservierung desselben. Im Register Bureau Veritas wurden 20 Holzarten für den Bau des Rumpfes aufgeführt, und es war die Kunst des Schiffbauers, die richtige Holzart an die richtige Stelle zu setzen. Das Hauptmaterial war die Eiche, unter Wasser auch Buche. Für die Innenverbände wurden die verschiedensten Arten Nadelhölzer, meist amerikanische, verwendet, für das Oberdeck Pitchpine oder bei hochwertigen Schiffen das indische Teakholz, aus dem auch der ganze Rumpf der englischen in Indien selbst gebauten Schiffe gezimmert war. Diese Schiffe behielten lange Zeit die höchste Klasse und erreichten das höchste Alter.

Die skandinavischen Segler und die überwiegend in Kanada gebauten großen englischen Vollschiffe waren aus Weichholz, d. h. Kiefern- und Tannenhölzern gebaut, letztere, weil die großen Eichenstämme für die Hauptverbände und Decksbalken in England nicht mehr zu beschaffen waren. Diese Schiffe erhielten aber nicht die höchste Klasse und wurden besonders scharfen kurzfristigen Besichtigungen unterworfen. Auch die deutschen Nordseereeder haben in den neunziger Jahren viele dieser „second-hand“-Schiffe, die „Nova Scotschmen“ angekauft. Neben der Güte des Holzes war auch die der Verbolzung der Bauteile und der Unterwasserbeschlag ein Wertmaßstab für die Schiffe. Bei einem Beschlag aus Metall, einer sogenannten „Kupferung“, mußten auch alle Verbolzungen, die mit dem Seewasser in Berührung kamen, aus Messing sein, da eiserne Bolzen durch die elektrischen Ströme zwischen Metallbeschlag und Eisen schnell zerstört worden wären. Verzinkung hätte nicht helfen können, da das Zink noch schneller zerstört worden wäre als das Eisen. Eiserne Bolzen werden aber auch schon durch die Gerbsäure des Eichenholzes stark angegriffen, so daß eine Verbolzung des ganzen Schiffes aus Messing am hochwertigsten gewesen wäre. Diese Ausführung war aber für Handelsschiffe viel zu teuer. So galt ein Schiff schon als „kupferfest“ gebaut, wenn wenigstens die Bolzen aus Messing waren, bei denen dies besonders wichtig war. Auch wurde die teure Kupferung des Unterwasserschiffes nur bei solchen Schiffen ausgeführt, die auf längeren überseeischen oder Mittelmeerreisen eingesetzt wurden. Kupferung und kupferfeste Verbolzung, die auch für die höchste Klassifizierung verlangt wurden, ist somit ein Kennzeichen nicht nur für die hohe Qualität des ganzen Schiffes, sondern auch für die des Handels, in dem es eingesetzt wird. Die in der Nordsee beheimateten Hochseesegler, herunter bis zu Schonerbriggs und Schonern, hatten fast durchweg Kupferung, während diese in der Ostsee immer seltener wurde, je weiter östlich die Schiffe zu Hause waren, weil die preußischen Häfen vorwiegend nur Massengüter, hauptsächlich mit England, austauschten. War also auch die Ostseeflotte bis in die sechziger Jahre nach Zahl und Tonnage der Nordseeflotte überlegen, so war doch der Wert der Nordseeschiffe und des von ihnen betriebenen Handels für die Gesamtwirtschaft größer. So zeigt das Studium der Schiffsregister auch interessante volkswirtschaftliche Gegebenheiten auf.

Die Reeder bestellten ihre Neubauten möglichst auf den Werften des Heimathafens oder doch in der Nähe. Auslandsneubauten wurden erst mit dem Übergang zum Eisen und Dampf vornehmlich in England bestellt, bis dann die deutschen Eisenwerften und Maschinenfabriken konkurrenzfähig waren.

Ankäufe gebrauchter Schiffe aus dem Ausland waren häufiger. Ein Teil der großen Vollschiffe wurde von USA angekauft, die nach der beginnenden Industrialisierung sich mehr und mehr von der Überseeschiffahrt zurückzogen, weil Kapital und Arbeit lohnender auf dem Festlande waren. Alles dies ist nur ein Teil der geschichtlichen Erkenntnisse, die das Studium der Schiffsregister offenbart.

Neben diesem war es natürlich meine Aufgabe, Überlieferungen über die technische Ausführung und den Bau der Schiffe zu sammeln, die oft sehr primitiven, verschmutzten und verwitterten Zeichnungen neu zu zeichnen, zu ergänzen, Berechnungen daraus durchzuführen und so das Material für eine spätere Drucklegung und damit eine dauerhafte Überlieferung für die Nachwelt vorzubereiten. Die überkommenen Unterlagen hierfür waren, besonders im Ostseeraum, sehr kümmerlich. Von den zahllosen Holzschiffswerften war bis auf die Nüskewerft in Stettin und die Klawitterwerft in Danzig keine Spur mehr vorhanden, während doch im Nordseeraum eine größere Zahl von Holzschiffswerften sich zu bedeutenden Eisenwerften entwickelten und so die Tradition übernahmen. Mit dem Niedergang der Schiffahrt in der Ostsee überhaupt schwand auch das Interesse an ihrer Vergangenheit und so habe ich selbst in den Museen der ruhmreichen alten Hansestadt Danzig, ebenso in Stettin, fast nichts gefunden, was Kunde von der hohen Blüte des Bauens und Betreibens von Segelschiffen gibt.

Im Jahre 1942 wurde ich vom Oberbürgermeister von Stettin aufgefordert, zum 700jährigen Stadtjubiläum eine Festschrift über die Stettiner und die vorpommersche Schiffahrt und den Schiffbau zu schreiben und darüber eine Ausstellung zu veranstalten. Ich hoffte hierbei auch wertvolle Unterlagen für meine Forschungsarbeiten zu erhalten, war aber sehr enttäuscht, trotz aller Hilfe nur sehr wenig Überlieferungen über die Segelschiffahrt zu finden, eben deshalb, weil keine Traditionsträger mehr vorhanden waren. Das Stettiner Museum hatte zwar reiche Sammlungen von Uniformen, Fahnen und Waffen, aber praktisch nichts über die Geschichte seines alten Schiffbaus und seiner Segelschiffahrt. Nur die große Modellsammlung, die der Stettiner Vulkan bei seinem Abschied der Stadt geschenkt hatte, enthielt sehr wertvolle Stücke, aber keine Segelschiffe, die er ja nie gebaut hat. Diese schöne Sammlung war aber ziemlich unordentlich und gedrängt in einen Raum abgestellt, und ich erhielt dann weiter den Auftrag, diese Modelle und die wenigen anderen Überlieferungen zu einer Schiffahrtsabteilung auszubauen. Alles, was für das Jubiläum von mir gesammelt war, ist wahrscheinlich auch mit der aufs Land verlagerten Modellsammlung des Vulkan verlorengegangen. Es ist zu befürchten, daß überhaupt die wenigen im Osten vorhanden gewesenen geschichtlichen Unterlagen restlos verloren sind.

Dem Umstande, daß ich 1930 als Staatskommissar des Danziger Senats für die in Liquidation befindliche Klawitterwerft, einer der ältesten und angesehensten Werften für den Bau hölzerner Segler, das im Keller unter Ruß und Schmutz vergrabene alte Zeichnungsarchiv mit bis zu 120 Jahre alten Zeichnungen sicherstellen und rechtzeitig nach dem Westen verlagern konnte, ebenso wie das mir von der Deschimag zur Verfügung gestellte Archiv über den Holzschiffbau der Tecklenborgwerft, ist es zu verdanken, daß wertvolle zeichnerische Unterlagen über den Holzschiffbau des Ostens gerettet wurden. In der kleinen Ausstellung im kleinen Hörsaal des Museums sind einige Proben aus dem reichen Inhalt dieses wie des Tecklenborgarchivs ausgestellt. Alle eigentlichen Bauzeichnungen sind bis auf wenige sehr primitiv ausgeführt. Nur die Zeichnungen, welche Ingenieure der Werft im Ausland von ausländischen Bauten kopiert haben, sind besser ausgeführt, ebenso wie einzelne sehr gute Prüfungsarbeiten von Absolventen der Gewerbeschulen in Danzig und Grabow bei Stettin, die uns mit der liebevollsten Kleinarbeit, die wir leider heute bei den Studierenden vermissen, viele Einzelheiten auch über die Ausrüstung der Segler überliefert haben, von welchen die Werften gar keine oder nur skizzenhafte Angaben für die meist vom Werftbetrieb getrennten besonderen Handwerksbetriebe herausgaben. Die meisten Holzschiffswerften bauten nur den Schiffsrumpf, alles andere bestellte der Reeder gesondert. So erfordert die Durcharbeit dieser Unterlagen, ihre Neuzeichnung, Ergänzung und Berechnung, die fast ganz fehlen, eine sehr mühevolle Arbeit, die nur derjenige ausführen kann, welcher mit den heute fast ganz vergessenen alten Segelschiffen vertraut ist.

So mußte ich, trotz anerkennenswerten Interesses und treuer Hilfe von Assistenten und Studenten, die zeichnerische Hauptarbeit selbst ausführen, was ich bis zum bitteren Ende unserer Danziger Hochschule durchgehalten habe.

Von diesen Arbeiten habe ich in der kleinen Ausstellung nebenan eine Anzahl von Proben zur Besichtigung aufgehängt, welche zeigen sollen, daß im Fachausschuß der S. T. G. für die Geschichte des Schiffbaus trotz aller Schwierigkeiten der Zeit positive Sammlungs- und Forschungsarbeit geleistet worden ist mit dem Zweck, deren Ergebnisse der Nachwelt bleibend zu überliefern.

Es würde aber den Rahmen dieser Veranstaltung, für deren Verwirklichung ich dem Museum für Hamburgische Geschichte, insbesondere Herrn Professor Dr. Hävernick und Herrn Dr. Heckscher sehr dankbar bin, hinausgehen, auf die vielen interessanten Einzelergebnisse meiner Arbeit einzugehen; dies muß späteren Gelegenheiten anheimgegeben werden.

Zu allen hier ausgestellten Bildern und Zeichnungen muß ich bemerken, daß sie unter strengster Wahrung der in den Überlieferungen enthaltenen Angaben ohne phantasievolle Ergänzungen oder Änderungen ausgeführt sind.

Nach sechsjähriger durch die Verhältnisse erzwungenen sehr starken Behinderung meiner Arbeit habe ich diese mit frischem Mut wieder aufgenommen.

Mein großer Wunsch ist es, sie zu Ende oder doch zu einem gewissen Abschluß bringen zu können, und daß, falls mir dies nicht mehr vergönnt ist, sich nach mir ein Bearbeiter findet, der das Werk vollenden kann. Neben materieller und ideeller Hilfe aller an der Geschichte unseres Schiffbaus interessierten Kreise ist dies nur möglich, wenn dieser Nachfolger drei Eigenschaften dafür mitbringt: Fachkenntnis, Fleiß und Liebe, aber die letztere ist die wichtigste.

Professor Dr.-Ing. **G. Schnadel** (Dankwort).

Wir haben soeben einen außerordentlich interessanten Vortrag von Herrn Professor Dr. Erbach gehört, der an Stelle des leider plötzlich verstorbenen Herrn Professor Laas die Leitung des Fachausschusses für die „Geschichte des Schiffbaues" übernommen hat.

Ich möchte in meinem Namen und im Namen der Schiffbautechnischen Gesellschaft Herrn Professor Erbach für seine Arbeit, die er für die Geschichte des Schiffbaues geleistet hat, den herzlichsten Dank sagen und im besonderen auch für seinen heutigen Vortrag. Gleichzeitig möchte ich der Hoffnung Ausdruck geben, daß sich aus dem Kreise der älteren Schiff- und Schiffmaschinenbauer Herren bereit finden werden, Herrn Professor Erbach in seiner Arbeit zu unterstützen und ihr Können und ihre Arbeit dem Fachausschuß zur Verfügung zu stellen.

„Im Passat." Stettiner Brigg „Najade" um 1840.
(Aquarell des Verfassers.)

Segelriß eines 500 t großen englischen Westindienfahrers um 1835.
(Farbige Tuschezeichnung des Verfassers.)

Segelriß einer 350 t großen Bark um 1830. (Farbige Tuschezeichnung des Verfassers.

Segelriß einer französischen Brigg von 200 t um 1845.
(Farbige Tuschezeichnung des Verfassers.)

Segelriß eines holsteinischen Fruchtschoners von 120 t um 1845.
(Farbige Tuschezeichnung des Verfassers.)

„Beigedreht im nordatlantischen Wintersturm." Vollschiff der Hamburger Reederei
Rob. M. Sloman um 1845. (Aquarell des Verfassers.)

In den „Brüllenden Vierzigern". Stettiner Vollschiff „Der West". Um 1850.
(Aquarell des Verfassers.)

„Im Kanal bei St. Catherines Point." Auswandererbark der Hapag um 1853.
(Aquarell des Verfassers.)

„Abendliche Flaute." Rostocker Galeasse „Drei Sterne" und Apenrader Schoner
„Anna" um 1840. (Aquarell des Verfassers.)

Aussegelnde hannoversche Kuff. Emden um 1840. (Aquarell des Verfassers.)